岩土弹塑性力学行为及实用解析模型

万 征 曹 伟 宋琛琛 郝振立 著

中国建筑工业出版社

图书在版编目（CIP）数据

岩土弹塑性力学行为及实用解析模型／万征等著.
北京：中国建筑工业出版社，2025. 5. -- ISBN 978-7
-112-30956-6

Ⅰ. TU4

中国国家版本馆 CIP 数据核字第 2025Q0X010 号

责任编辑：徐仲莉　王砾瑶
责任校对：芦欣甜

岩土弹塑性力学行为及实用解析模型

万　征　曹　伟　宋琛琛　郝振立　著

*

中国建筑工业出版社出版、发行（北京海淀三里河路 9 号）

各地新华书店、建筑书店经销

北京红光制版公司制版

建工社（河北）印刷有限公司印刷

*

开本：787 毫米×1092 毫米　1/16　印张：26　字数：580 千字

2025 年 5 月第一版　　2025 年 5 月第一次印刷

定价：98.00 元

ISBN 978-7-112-30956-6

（44693）

前　　言

  土力学是一门研究土体工程特性及其力学行为的学科，而土的本构关系是其中最核心的研究内容之一。土的力学行为具有高度的非线性、各向异性及应力历史依赖性，不同土类在不同应力状态下的变形与强度特征复杂多变。因此，建立合理的本构模型，以准确描述土体在各种工程条件下的应力-应变关系，是岩土工程分析与设计的关键基础。

  本书围绕土的本构关系展开系统论述，内容涵盖土的基本物理力学性质、应力与应变分析、弹性模型、弹塑性理论、临界状态土力学的建立与应用等。书中主要详细介绍了笔者近十年来关于土本构理论的一些研究进展等。此外，本书介绍了本构模型在有限元中的应用，还介绍了一些土体动力学试验成果。

  本书在内容安排上力求兼顾理论与实践，既强调数学推导的严密性，也注重工程应用的可操作性，辅以一些试验数据和模型试验，以帮助读者理解理论与实际之间的联系。本书适用于土木工程、地质工程、岩土工程等相关专业的本科生、研究生，同时也可作为工程技术人员在土体力学分析与数值计算中的参考资料。

  本书的编写参考了国内外大量最新研究成果，并得到诸多同行专家的支持与指正，在此深表感谢。由于土力学本构关系研究涉及众多复杂因素，书中难免存在疏漏之处，敬请读者批评指正，以期不断完善与改进。希望本书能为相关领域的研究与工程实践提供有益的借鉴，并助力岩土工程技术的发展。

  本书在撰写过程中进行了任务分工，其中万征负责撰写了第 1、3、4 章，曹伟负责撰写了第 2、5 章，宋琛琛负责撰写了第 6 章，郝振立负责撰写了第 7 章。本书在成书过程中经历了多次修改，其中郭玉姝同学做了很多关于图表的修改工作，另外感谢中国建筑工业出版社辛勤工作的编辑同志，没有她们的辛苦工作，本书是不可能面世的，在此向她们表示深深的敬意和感谢！

万征　曹伟　宋琛琛　郝振立

2025 年 2 月 15 日

目　　录

1 岩土材料力学性质

1.1 岩土材料试验规律特性分析

岩土材料的力学性质是指引人们建立岩土材料本构模型与强度理论的指针,而反过来基于本构模型以及强度理论的描述,可进一步加深对于岩土材料客观性质的理解与把握,其本质是利用数学手段对岩土材料感性认识进行定量化的抽象描述。不同于人造材料,由于岩土材料属于自然界自然风化的产物,自身组成的矿物成分多样复杂,且常常伴随水以及气体等夹杂形成三相材料。对于单纯固体与液体混合物的理论尚且存在困难,更遑论固相材料为多种矿物颗粒堆积,且伴随气体的三相非饱和土材料,其特性更趋于复杂难解。早在 20 世纪 80 年代末期开展过针对黏土材料以及砂土材料的本构关系竞赛,通过预测加筋土墙的静力以及动力应力应变关系作为目标测试题目,而题干已知条件为已经公开的黏土以及砂土常规三轴压缩等多种加载条件下的测试参数值、土工织布以及土与织布间摩擦参数等。竞赛结果表明,轴应变与偏差应力关系勉强尚可,但体应变无一达到及格线。虽然距离 20 世纪 80 年代末期已经过去将近 40 年,岩土材料的本构模型方面也取得一定程度的进展,但由于研究对象自身的复杂性质,且目前绝大多数本构理论仍然借鉴了金属材料的固体本构关系理论,因而无可避免地存在理论框架上的客观局限性,故此本构关系的研究深度以及揭示土体物理关系的机理方面仍需要再接再厉。

1.1.1 岩土共有特性

1. 摩擦性

早在 18 世纪,法国军事工程师库伦就针对岩土材料开展了直剪试验,并由此试验规律提出了著名的库伦定律,摩尔-库伦定律直接表明了土体最为基本的性质——摩擦特性,即土体抵抗破坏的主要贡献因素。

$$\tau_f = c + \sigma \tan\varphi \tag{1.1.1}$$

式中,c 为凝聚性强度,φ 为内摩擦角,σ 为正应力,τ_f 为剪切强度。

实际上,探讨其抵抗变形的机理时,通常土体颗粒材料在实际受力状态时是由若干条应力链条传递应力,而应力链条周围的颗粒体往往承担了相当程度的约束作用,在荷载增量持续叠加下,应力链条会逐渐演化产生形态上的变化。通过大量统计的试验结果,可得知直剪破坏的剪切强度与土体正应力呈线性关系。凝聚性强度实质上包含土体矿物颗粒之间互相锁住的锁紧力，而内摩擦角正切值则表明颗粒之间的摩擦系数。通常没有颗粒破碎现象发生的话，表征强度值的内摩擦角不会发生变化。

2. 剪胀性

密砂或者超固结土在剪切加载过程中通常伴随着体积剪缩、剪胀的体变过程，由于剪切加载导致的三向应力的大小与固结状态时完全不同，在较高应力比作用下会导致土体的应力摩擦角逐渐增大，此时由于土颗粒在原有空间位置上出现滑动甚至翻滚现象，这些颗粒在每一级荷载下空间位置的调整会趋于稳定，此时出现的体积剪胀正是土体颗粒克服外力做功所出现的现象。

3. 压硬性

由于土体材料都是颗粒堆积体，因而其力学性质依赖围压以及初始密度，由于库伦定律实质上已经包含压硬性在强度方面的表达意义，而对于模量方面，Janbu 公式已经非常明确地给出了具体表达式。

$$E_i = K_E p_a \left(\frac{\sigma_3}{p_a} \right)^n \tag{1.1.2}$$

式中，K_E 和 n 为常数，p_a 为一标准大气压，σ_3 则通常表示小主应力的围压。通过上述公式，可通过提高围压来达到提高土体刚度的效果，例如对于软土地区的预压固结操作就是这种原理的具体应用。在软土预压固结后，刚度的提高有效减小了地基沉降量。

1.1.2 黏土的力学特性

1. 蠕变性

如图 1.1.1 所示，图中数据为挪威 Drammen 地区冰河时期后期海洋沉积黏土的蠕变试验结果，其中方框为超静孔隙水压力随加载时间的关系，而圆框为竖向应变随加载时间的关系。土样厚度为 18.8mm，应力增量为 37.2kPa，在加载瞬间，超静孔压力升到初始加载值，然后在加载不到 60min 时间内迅速消散为零值，且之后的时间一直保持为零值。在超静孔压保持零值前，称之为主固结沉降，而零值后则称之为次固结沉降，由圆框可见，在次固结沉降阶段，沉降值持续产生，且随着时间的增长而单调增长，没有停止现象。这种保持有效应力不变，而应变持续增长的现象称为蠕变。

2. 非饱和特性

对于半干旱和干旱地区，在地表范围内的黏土层通常处于非饱和状态，这时采用传统的饱和黏土力学的一系列测试以及理论描述方法都存在不适用的问题。其中很明显的问题是既有饱和土理论并不能很好地解释非饱和土所导致的一系列力学行为。由图 1.1.2 可知，在饱和水位以下是完全饱和土体，而水位线以上很薄的一层土体为毛细水饱和区域，从毛细水饱和区域土体表面到地表面一层为典型的非饱和土层，负孔隙水压力与深度关系为典型的非线性关系。由图 1.1.3 可知，土水特征曲线分为干化以及湿化两种路径，由于

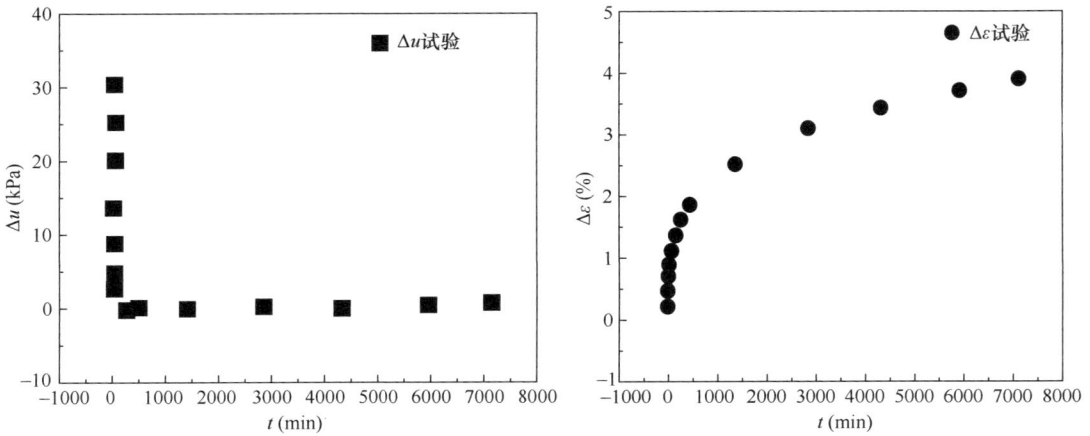

图 1.1.1　Drammen 海洋沉积黏土的蠕变试验结果

干化以及湿化对应于水滴与土颗粒之间物理作用机制的差异性，导致在基质吸力 s 与饱和度关系曲线上是两条截然不同的曲线，但这两条曲线形态相似，形成类似"S"的滞回曲线形态。考虑到基质吸力随外界荷载作用导致饱和度的变化而产生变化，同时会受到干化或者湿化这两种非机械荷载作用而导致的体积膨胀或者收缩，且强度特性受基质吸力的直接影响。由此可见，对于非饱和黏土而言，基质吸力的影响是主导考虑因素。

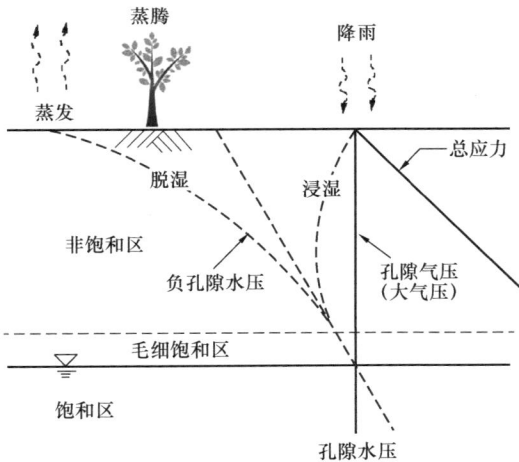

图 1.1.2　不同深度下地层中地下水赋存特性

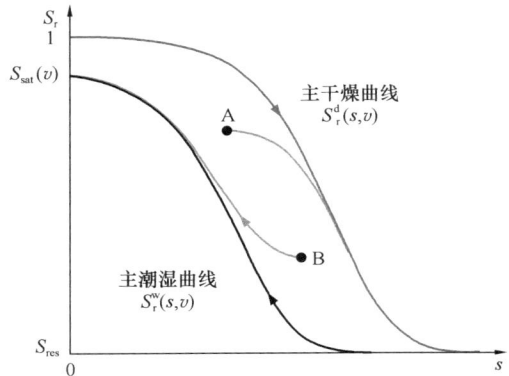

图 1.1.3　非饱和黏土不同基质吸力下的持水特性曲线

3. 结构性

事实上，天然黏土具有一定的结构特性，这是由软黏土成层沉积形成的，因而一般而言具有明显的横观各向同性特性，同时具有强烈的结构性。结构性产生的原因多是由于构成黏土矿物的蒙脱石、伊利石及高岭石形成的凝絮状大孔隙结构，而在荷载达到一定值时由黏土矿物形成的架空结构坍塌，从而导致比正常固结重塑土更大的体积应变量，这是结构性土体变特性的产生机理。如图 1.1.4 所示，在一维压缩曲线下，斜直线为正常固结重塑黏土的压缩线，而由一段斜直线及一段下坡曲线构成的组合曲线则形成"台阶"状曲线，是典型的结构性黏土的压缩曲线，显然初始结构孔隙坍塌导致的初始屈服球应力为 p_y，在此球应力下所对应的 Δe_i 则为结构性土与重塑土的孔隙比差值。在随后不断增大的球应力下，压缩曲线逐渐趋近于正常固结重塑土压缩线，且两者的孔隙比差值越来越小。在强度特性上，结构性土表现出较正常固结重塑土更高的峰值应力比。

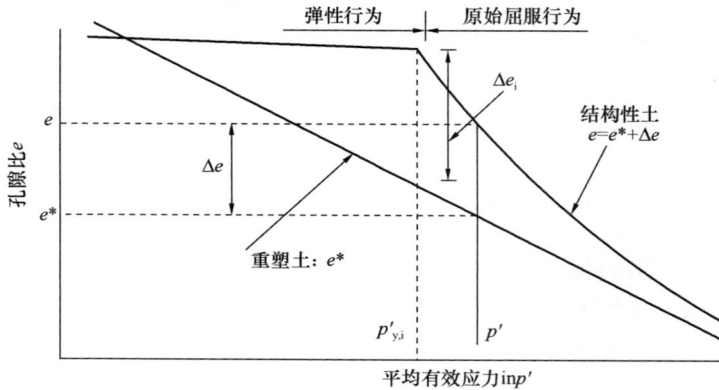

图 1.1.4　结构性土与重塑土在一维压缩曲线对比

1.1.3　砂土的力学特性

1. 密度与围压依存性

图 1.1.5～图 1.1.7 为 Toyoura 饱和砂土在三种不同密度下的不排水三轴试验结果。其中，初始孔隙比为 0.735 的是密砂试样，围压依次为 0.1～3MPa，对应小围压的显示密砂的变形特点，而对于大围压的试样则表现出松砂形变特点。对于密度中等砂土，如初始孔隙比为 0.833 的砂土试样，则在高围压下体现出非常明显的松砂变形特征，而对于松砂如孔隙比为 0.907 的砂土试样而言，高围压对应的是接近静力加载液化的变形特征。由此可见，相比黏土，砂土表现出明显的围压与密度依存性特征，表明砂土的强度贡献因素完全是由砂土内部摩擦力提供，其微观机理缘于砂土颗粒是典型的石英及长石等非亲水性矿物颗粒，这表明砂土孔隙之间仅存在由水的张力贡献的毛细吸力效应，而不存在矿物与水产生水合物等多相颗粒体材料，因而水极易在砂土孔隙通道中流动，水的流动、边界限值以及荷载等多因素的影响会导致超静孔隙水压力接近于荷载值，从而导致液化现象。

2. 各向异性

绝大多数天然材料都具有各向异性性质，如图 1.1.8 所示的圆柱形软岩试样，图 1.1.8(a)中由左到右分别为沉积面法线与圆柱轴线夹角 θ 从 0°到 90°的试样，经历了等方向压缩加载路径以及卸载路径下的试样如图 1.1.8(a) 所示，显然当沉积面与主应力方向存在非正交角度时，试样由于沉积面与主应力的共同作用而导致剪应变，从而导致试样

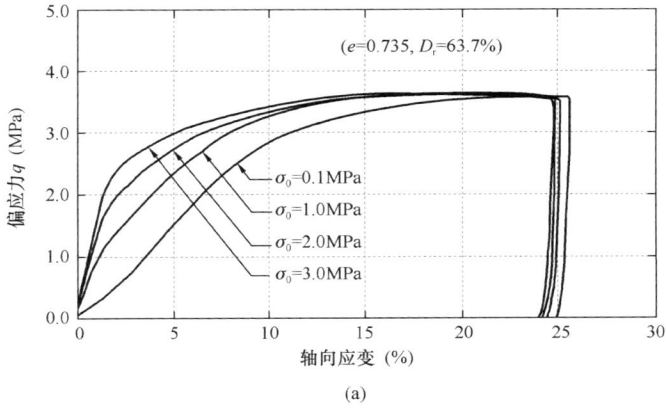

(a)

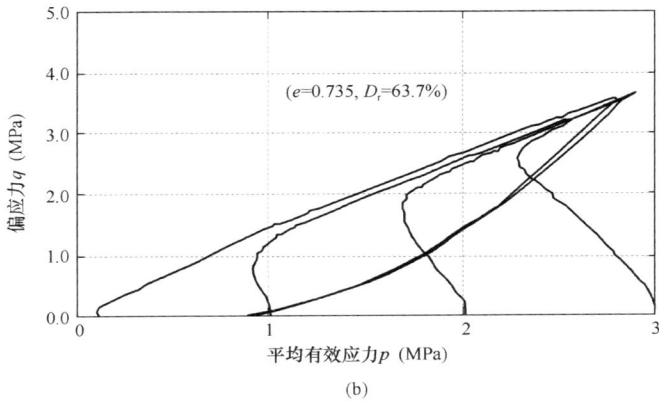

(b)

图 1.1.5　Toyoura 密砂试验三轴关系曲线

（a）密砂不排水路径下广义偏应力与轴应变关系；（b）密砂不排水路径下有效应力路径

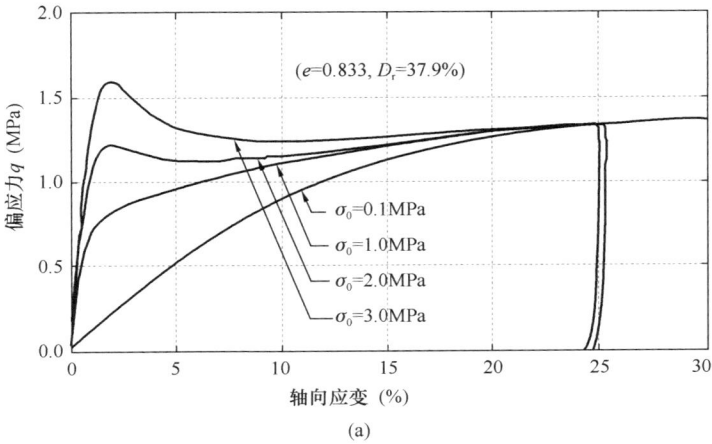

(a)

图 1.1.6　Toyoura 中砂试验三轴关系曲线

（a）中砂不排水路径下广义偏应力与轴应变关系

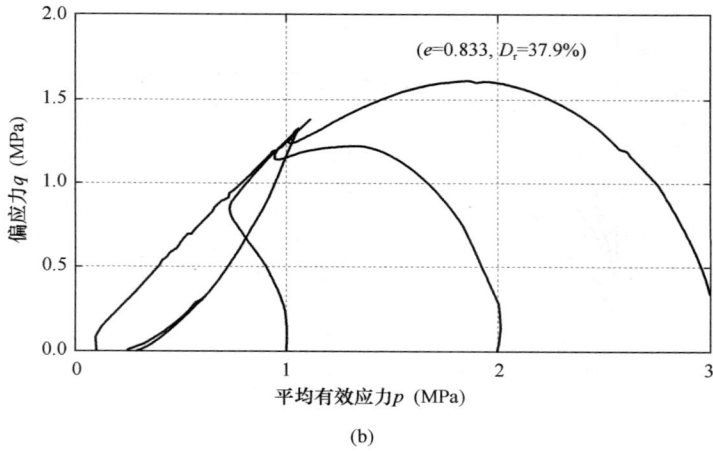

(b)

图 1.1.6 Toyoura 中砂试验三轴关系曲线（续）

（b）中砂不排水路径下有效应力路径

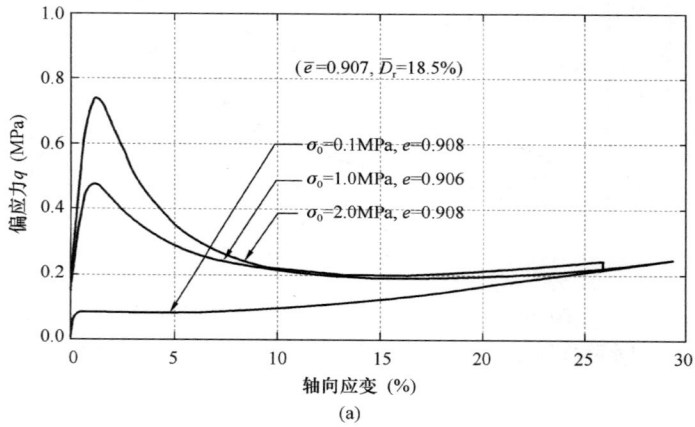

(a)

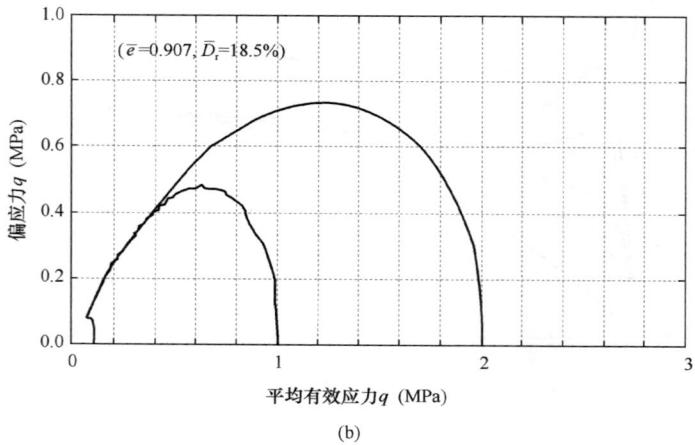

(b)

图 1.1.7 Toyoura 松砂试验三轴关系曲线

（a）松砂不排水路径下广义偏应力与轴应变关系；（b）松砂不排水路径下有效应力路径

形状出现类似于剪应力作用于各向同性试样的类似结果。图 1.1.8(b) 为各向异性圆柱体承受等方向压缩加载路径下前后对比图，显然对于左图而言，加载前后并未影响其各向异性性质，而对于右图，加载后进一步加剧了各向异性的强烈程度。因而加载路径以及加载方式会形成不同程度的应力诱导各向异性性质。这同样适用于砂土材料。

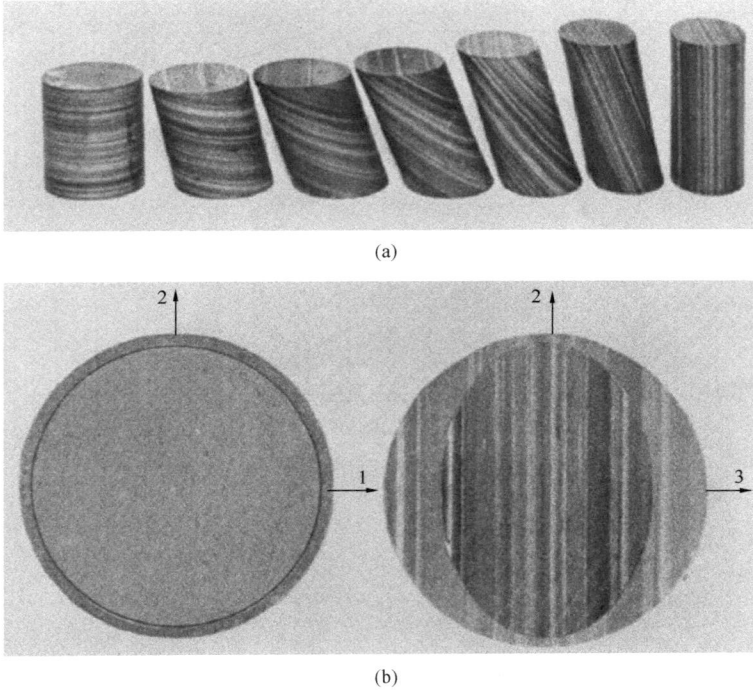

(a)

(b)

图 1.1.8　各向异性三轴软岩试样
（a）沉积面与圆柱轴呈现不同夹角的软岩三轴试样；（b）沉积面与圆柱轴呈现不同夹角的软岩三轴试样

　　图 1.1.9 为 Oda 等用于形成倾斜沉积面的饱和砂土试样制备技术，其中图 1.1.9(a) 为选取的长方体试样，其沉积面法线方向与大主应力加载方向之间的夹角为（90-δ)°；图 1.1.9(b) 为倾斜的制备箱体，用于制备初始时刻沉积面法线与大主应力加载方向不同角度的平面应变砂土试样。图 1.1.9(c) 则是对应的三轴压缩试样。

　　图 1.1.10 为对应的平面应变路径及三轴压缩路径下初始加载角不同的应力应变以及体应变测试结果。由图 1.1.10(a) 可知，当主应力加载方向与沉积面夹角达到 90°时，对应最高的峰值偏差应力强度值，其次对应的是 60°、45°、15°、0°、24°、30°。由此可知，峰值偏差应力强度并非与加载角呈现单调关系，由于平面应变的受力状态与真三轴中 b=0.3 相近，因而本质上平面应变约束也是真三轴一个特例。对于三轴压缩路径来说，峰值偏差应力依次从高到低为对应 90°、60°、30°、0°的应力应变曲线，而对应的体应变剪胀量从大到小依次为 90°、60°、0°、30°。由此可知，初始各向异性对于砂土的剪胀体积应变以及峰值偏差应力强度值都存在显著的影响。由图 1.1.10 (a) 显示的结果可知，虽然

7

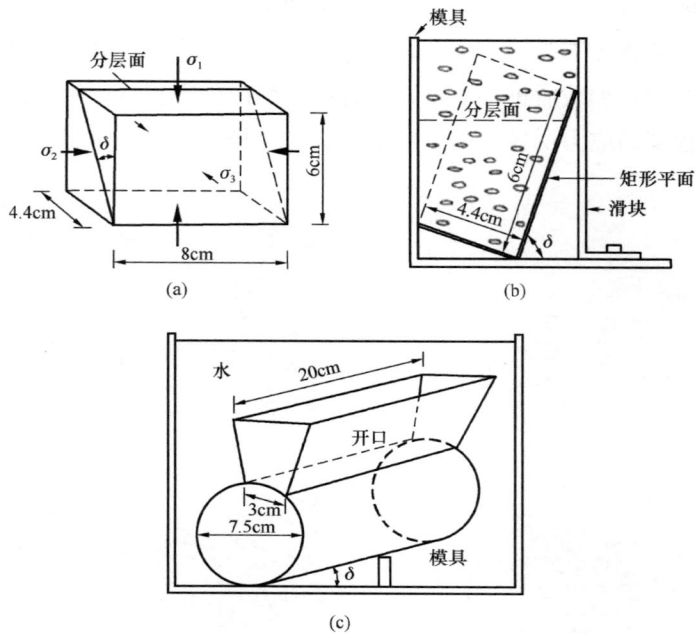

图 1.1.9　初始倾斜沉积面的砂土试样制备技术

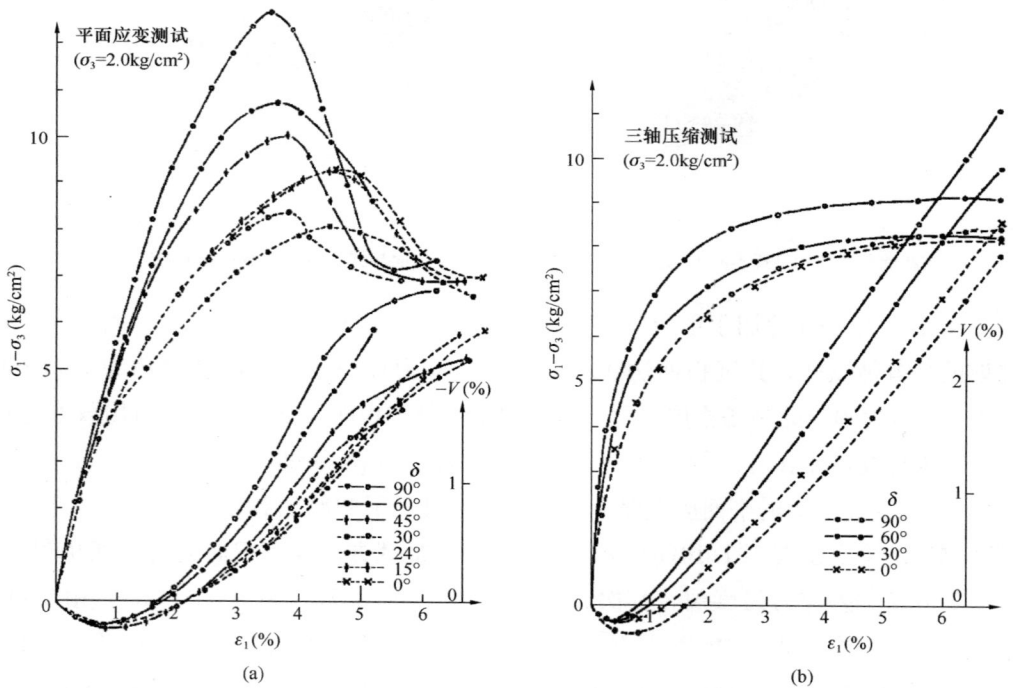

图 1.1.10　不同初始加载角下饱和砂土应力应变关系

（a）平面应变路径下不同初始加载角的应力应变关系测试结果；

（b）三轴压缩路径下不同初始加载角的应力应变关系测试结果

用加载角 δ 作为描述各向异性状态参量，能够充分考虑大主应力加载方向的影响，但并未考虑中主应力以及小主应力方向的影响，也就是并未综合考虑三个主应力方向的共同作用效应，因而沉积面方向对于三个主应力方向影响因素的综合效应并未得到合理考虑。

3. 液化特性

图 1.1.11 为 Ishihara 等关于 Toyoura 饱和砂土在双路循环不排水加载路径下的测试结果。其中，图 1.1.11(a) 为对应的有效应力路径，图 1.1.11(b) 则为对应的应力应变关系。对应三种不同初始密度的饱和砂土的有效应力路径有所差异，初始球应力 p_0 为 294kPa，但第一周期初始卸载时的控制偏差应力不同，对初始孔隙比为 0.756 的三轴压缩加载，其偏差应力控制在 343kPa，而后开始卸载直至反向三轴伸长达到偏差控制应力为 49kPa，再反向卸载直接达到原点，触发液化现象。而对于初始孔隙比为 0.757 的试样三轴压缩加载到偏差应力为 196kPa 后，开始反向卸载并持续三轴伸长持续加载达到 196kPa，再卸载后当达到偏差应力为零时刻对应的球应力小于 98kPa。表明超静孔压力很大。对于初始孔隙比为 0.774 的试样开始为三轴伸长路径，然后卸载到偏差应力为零时，此时球应力接近 98kPa。由此可见，三轴伸长路径只需要半个周期就达到 0.757 的试样一个周期的超静孔压力，因而，加载路径以及初始孔隙比差异对于有效应力路径以及偏应变的影响较为显著。且由图 1.1.11 可知，对于较为中密的饱和砂土，在加载若干循环后，超静孔隙水压力会持续随着加载周期数而累积，同时偏差应变也逐渐加大，且应力应变形成的滞回圈也逐渐增大，最终会触发液化现象。对于松砂而言，在初始单调加载时也可能直接导致液化。

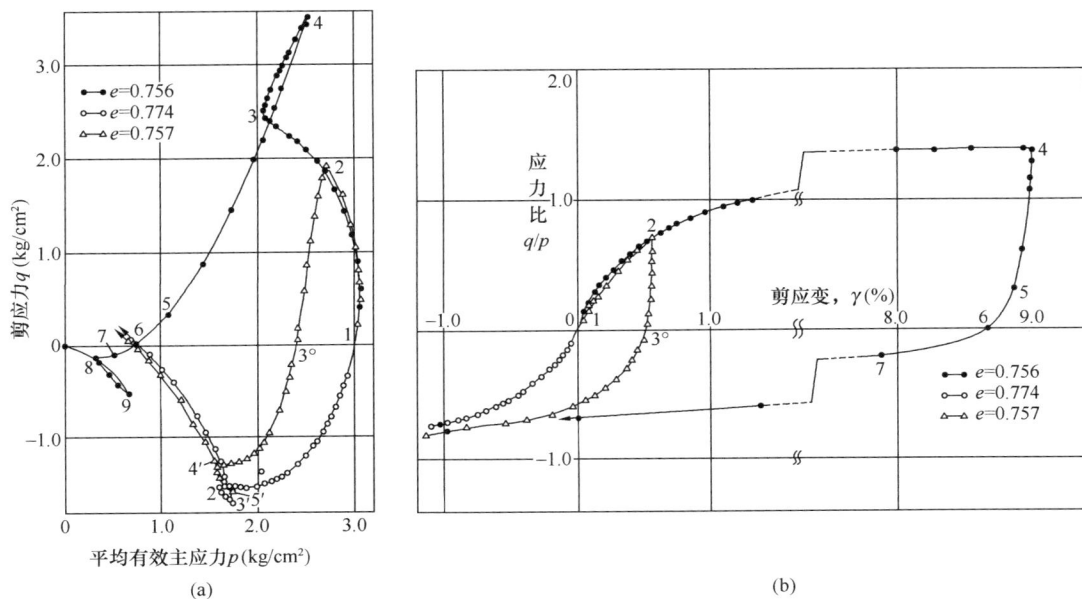

(a)   (b)

图 1.1.11　双路循环三轴不排水加载路径下
Toyoura 饱和砂土应力应变关系

（a）双路循环三轴不排水加载下的有效应力路径；（b）双路循环三轴不排水加载下的偏应变与应力比关系

1.2　岩土材料力学测试技术

黏土或者砂土力学性质非常复杂，自身构成土体主体的众多矿物特性不一，且受到环境影响。如受到外界温度影响，具有一定程度盐类矿物的土体更易受到化学因素的影响，因此土体最终表现出来的变形及破坏特性通常是诸多主控因素综合影响作用的结果。而为了揭示土体材料力学、热学及化学的综合耦合影响规律，通常会利用专用仪器设备开展特定影响因素或者特定应力路径的测试工作，通过测试结果阐明各种因素的作用机理，从而为建立本构模型提供有建设性的指导规律。

1.2.1　室内测试技术

1. 侧限压缩试验

为了测试土体的压缩性质，采用侧限压缩试验。将土体放置在一个刚性环中，土样上下都设置透水石，然后上面逐级加载，通过逐级加载得到荷载与沉降值的关系。本质上，土体变形是由于径向受到严格约束，仅产生轴向的位移，因而反映了土体一维压缩下的变形性质，卸载回弹后的荷载位移关系则反映了弹性变形下土体变形特性。由侧限压缩试验可以得到反映压缩与回弹的最基本的参数——C_c 和 C_s，分别能够用于反映压缩及回弹时的压缩系数。

2. 直剪测试

为了反映土体破坏时的特性，考察土体在剪切加载时的反应，采用直剪仪对土样进行直剪测试。直剪仪最为核心的装置是直剪盒，其内腔为一个圆柱形空间，内置土样，上盒与下盒密贴，土样固结好后，下盒可以连接电机，上盒则可以连接量力环以及位移计，然后推动剪切盒下盒，用位移计作为判断标准，剪切后可以得到位移与推力的关系。直剪试验可以描述土体在预定平面内剪切的全过程应力及应变，但由于事先明确预定了剪切平面，一般来说与土体自身潜在剪切面不一致，因而在剪切盒周围刚性约束的作用下，土样会产生包含主应力轴的旋转作用，在剪切盒侧壁上也会有摩擦阻力，最终呈现的并非理想状态下的剪应力与正应力。通常由直剪试验测试得到的强度参数内摩擦角，会高估实际土体的真实内摩擦角。

3. 单剪测试技术

为了克服上述直剪试验中刚性剪切盒刚度大、严格约束土样的弊端，采用一系列约束环叠置在一起，如图 1.2.1 所示，刚性环由一系列叠置环组合而成，土样的剪切面不会被预订，这样便于发挥土样潜在剪切面的强度性质，利用单剪仪剪切土样，通常得到的结果非常接近土样真实的内摩擦角。但单剪测试过程中，黄铜叠置环在剪切过程中仍然存在铜环之间具有一定摩擦力的问题。

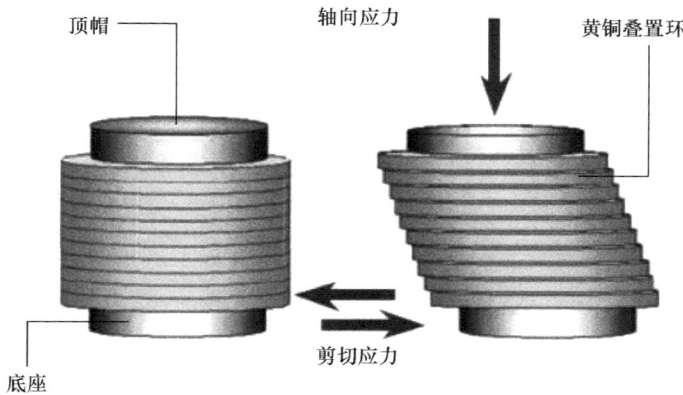

图 1.2.1　单剪试验仪剪切盒细部

4. 三轴测试技术

为了模拟土体在半无限空间中的应力应变关系，通常采用圆柱体试样，利用三轴试验机模拟其三轴压缩或者三轴伸长等路径下的响应关系。利用水压力模拟土样的围压，可以实现常围压下的三轴压缩以及三轴伸长应力应变关系测试，也可以实现变围压下的三轴压缩或者伸长路径加载，三轴压缩实现了正应力与主应力加载方向的一致性，能够测试得到土体主应力下的应变曲线。但由于三轴测试手段其径向应力同步，在三轴压缩路径下，其中主应力与小主应力相等，而对三轴伸长路径，其大主应力与中主应力相等，因而自始至终存在两个主应力完全相等的状况。本质上，三轴测试手段仅测试了二维应力状态下土体的应力应变关系。

5. 真三轴测试技术

为了克服常规三轴测试技术上的缺陷，利用三对独立的加载板来对六面体土体试样进行加载。如图 1.2.2 所示，Lade 与 Duncan 采用了具有混合边界的加载板，采用部分木质材料是为了容许加载板随试样具有一定的变形，从而克服在土样变形过程中刚性加载板在土样边界互相干扰问题。虽然一定程度上能够考虑刚性板变形与土样兼容问题，但由于土体模量与木质混合边界加载板刚度无法一致，因而存在边界干扰现象，这导致两个问题：①同时在边界上土样角落区域存在应力不均匀问题；②同时由于边界干扰而只能用应变控制加载很小的应变，无法展现从加载初期到临界状态全过程的应力应变历程曲线。为了克服上述问题，在借鉴了 Wood 等的滑移加载板思路基础上，Yin 等推出了三对滑移型加载板的真三轴加载装置，如图 1.2.3 所示。六面体土样由橡胶膜包裹，并内置在三对可滑移的加载板中，通过控制三对加载板的位移可实现应变式加载路径。由此克服了原有的两个固有缺陷，是目前为止最为接近真三轴路径下土样真实三维应力应变关系的测试手段。

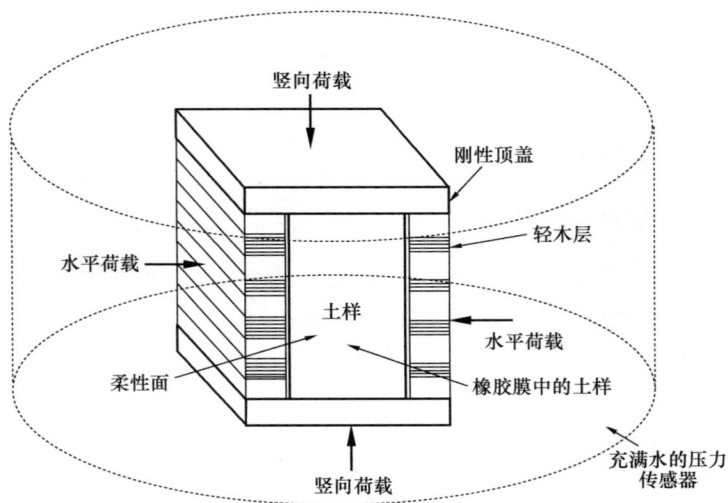

图 1.2.2　混合型边界的真三轴加载部分

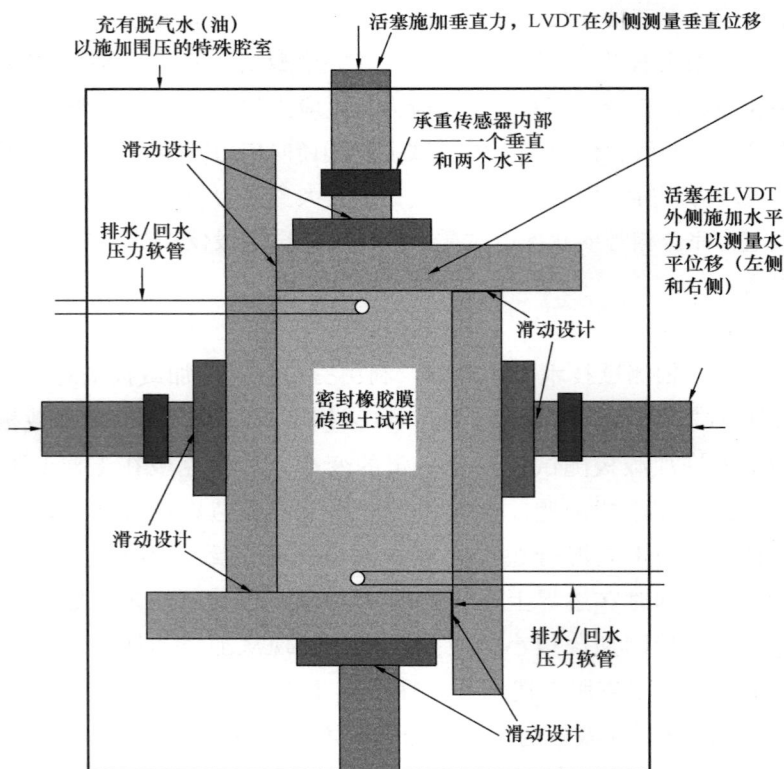

图 1.2.3　滑移型边界的真三轴加载部分

6. 温控热力耦合测试技术

由于我国幅员辽阔，在高纬度地区以及高原高海拔地区分布着大量的永久冻土或者季节性冻土，而冻土的力学性质受温度影响异常显著，因而需要开展考虑温度影响的冻土性质研究。通常采用温度控制全自动三轴系统来对冻土或者高温土体的应力应变关系开展测试。其基本功能是在常规三轴试验设备基础上，实现了土样的低温或者高温状态的热学控制，也可以实现变温度变压力这种热力耦合情况下的应力应变关系测试。

7. 基质吸力非饱和土测试技术

对于地下水位以上的非饱和土，可以采用非饱和土三轴仪进行测试。其是在传统常规饱和土的三轴试验系统上，增加了一个气压控制系统，具备土样变形数字图像测量技术、数据自动采集技术。试验设备由三轴加载主机、非饱和土压力室、围压测控系统、反压测控系统、孔压测控系统构成。

1.2.2 原位测试技术

1. 荷载板原位测试技术

为了探明自然沉积场地中土体的特性，通常选用刚度较大的承压钢板来作为压力板。板上可架设钢梁，采用堆载技术或者两侧锚杆架设钢架作为反力梁使用，配合千斤顶可对被测试地基施加每一级荷载。再逐级记录荷载与位移的关系曲线，最终可得到关于原状土地基的 p-s 曲线。通过读取 p-s 曲线，可量取得到对应的地基极限承载力以及临塑承载力。采用荷载板测试技术能够一定程度上反映地表浅层土体的力学性质，但仍然存在以下不足：①由于采用一维压缩路径，而受荷载土体会受到周围土体径向方向的力的约束作用，这种约束作用会随着加载等级的提高而增高，但达到一定临界荷载后径向压力不再提高，是明显异于室内侧限压缩的一种路径，但因其荷载路径为轴对称荷载作用，因此本质上属于二维应力路径，无法由此获取三维应力路径的一些信息。②由于荷载板的面积有限，也就表明浅层土体所受到荷载的影响深度有限，因而根据布辛内斯克解答可知，其竖向应力将在一定深度内迅速减小，无法影响位于深部的土体，由此获得的荷载位移曲线仅能表达浅层土体的力学性质。③地表形成的硬壳层会导致荷载板在地基中形成的应力不均匀，由此会导致测试结果的失真问题。

2. 原位扭剪仪测试技术

扭剪仪通过在室外场地中利用十字钢板插入土体中，在钻杆中施加扭矩，如图 1.2.4 所示。由于十字板在土体中扭动需要克服土体的抗剪强度，因而可以利用这个扭矩计算土体的剪切力。

3. 侧向扁铲测试技术

意大利学者 Marchettis 首先发明了一种原位测试技术，是一种特殊的旁压试验，其工作原理是采用一把扁铲探头贯入土中某一预定深度，利用气压使扁铲侧面的圆形钢膜向外扩张进行试验，测量不同侧胀位移时的侧向压力，可以用于土层的划分与命名、不排水抗剪强度、判别砂土的液化、量测土的静止土压力系数、压缩模量以及固结系数等参数。扁铲侧胀试验适宜于软黏土地层，由于利用钢膜与土体密贴感知土体的变形，适宜用于土

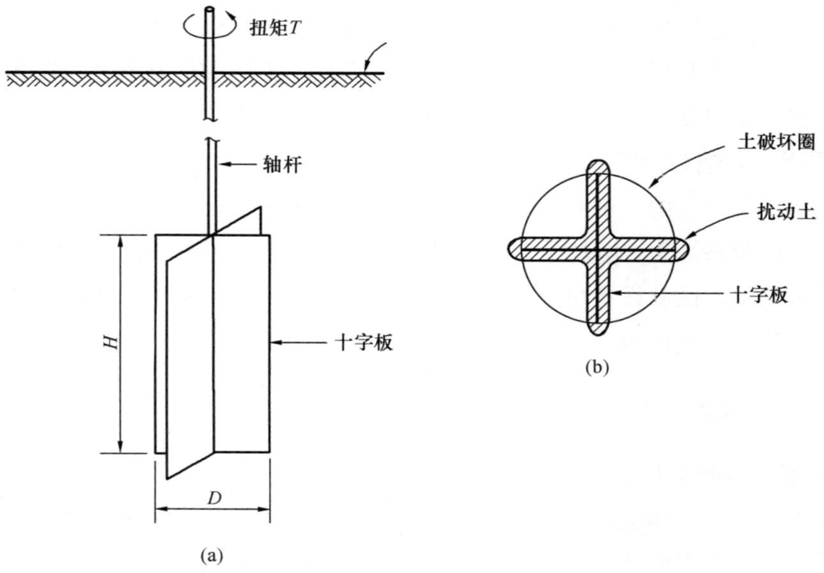

图 1.2.4　原位扭剪仪的使用

（a）仪器简图；（b）断面图

体的均匀变形。对于碎石土不适宜，主要是由于碎石土与扁铲的接触不均匀，会造成很大的误差。

4. 动力触探技术

动力触探技术是采用一定重量的柱形穿心击锤，从一定高度沿着刚性杆做自由落体运动，用于锤击插入土体中的圆锥形探头，测定探头进入土体中一定深度所需要的锤击次数。通过锤击次数确定被测土体的一些力学性质，按照使用土层不同可以依次分为几种动力触探试验，如标准贯入试验、轻型触探试验、重型触探试验。这种测试方法的原理是基于大量数据得到的贯入锤击次数与一些定量指标建立的相关关系来确定的，本质上是通过统计回归分析得到的一些定量关系，具有比较显著的实用性和可操作性。

2 应力及应变表达

2.1 应力以及弹性物理方程

2.1.1 一点的应力状态

取坐标轴 x、y、z 相垂直，通过土体中任意一点（x、y、z）取一无限小立方单元体，见图 2.1.1。作用在单元体六个面上的应力分量为三个正应力分量 σ_x、σ_y、σ_z 和六个剪应力分量 τ_{xy}、τ_{yx}、τ_{yz}、τ_{zy}、τ_{zx}、τ_{xz}。本书中正应力的正负号规定以压为正，拉为负；剪应力的正负号规定是，在与坐标轴一致的正面上，方向与坐标轴方向相反为正，反之为负，如图 2.1.1 所示，图中的正应力与剪应力均为正值。由单元体的力矩平衡可得，$\tau_{xy} = \tau_{yx}$，$\tau_{yz} = \tau_{zy}$，$\tau_{zx} = \tau_{xz}$，即单元体的应力状态可由六个应力分量表示，这六个应力分量的大小不仅与受力状态有关，还与坐标轴的方向有关，这种随坐标轴的变换按一定规律变化的量称为应力张量，应力张量可以表示为：

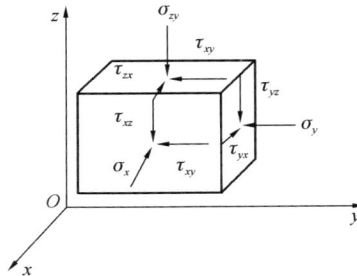

图 2.1.1 一点的应力状态

$$\sigma_{ij} = \begin{bmatrix} \sigma_x & \tau_{xy} & \tau_{xz} \\ \tau_{yx} & \sigma_y & \tau_{yz} \\ \tau_{zx} & \tau_{zy} & \sigma_z \end{bmatrix} \equiv \begin{bmatrix} \sigma_{xx} & \sigma_{xy} & \sigma_{xz} \\ \sigma_{yx} & \sigma_{yy} & \sigma_{yz} \\ \sigma_{zx} & \sigma_{zy} & \sigma_{zz} \end{bmatrix} \equiv \begin{bmatrix} \sigma_{11} & \sigma_{12} & \sigma_{13} \\ \sigma_{21} & \sigma_{22} & \sigma_{23} \\ \sigma_{31} & \sigma_{32} & \sigma_{33} \end{bmatrix} \tag{2.1.1}$$

根据不同的需要，可以使用式（2.1.1）中不同的符号。

若取平均法，向应力 σ_m 为：

$$\sigma_m = \frac{1}{3}(\sigma_x + \sigma_y + \sigma_z) \tag{2.1.2}$$

15

则应力张量 σ_{ij} 可写为：

$$\sigma_{ij} = \begin{bmatrix} \sigma_m & 0 & 0 \\ 0 & \sigma_m & 0 \\ 0 & 0 & \sigma_m \end{bmatrix} + \begin{bmatrix} \sigma_x - \sigma_m & \tau_{xy} & \tau_{xz} \\ \tau_{yx} & \sigma_y - \sigma_m & \tau_{yz} \\ \tau_{zx} & \tau_{zy} & \sigma_z - \sigma_m \end{bmatrix} \tag{2.1.3}$$

式（2.1.3）中第一个张量称为应力球张量，第二个张量称为应力偏张量，应力球张量可以表示为：

$$\sigma_m \delta_{ij} = \begin{bmatrix} \sigma_m & 0 & 0 \\ 0 & \sigma_m & 0 \\ 0 & 0 & \sigma_m \end{bmatrix} \tag{2.1.4}$$

其中，σ_{ij} 称为克朗内克（Kronecker）符号，可以看作单位矩阵的缩写形式，定义为：

$$\delta_{ij} = \begin{cases} 1 & \text{当 } i = j \\ 0 & \text{当 } i \neq j \end{cases} \tag{2.1.5}$$

应力偏张量可以表示为：

$$S_{ij} = \sigma_{ij} - \sigma_m \delta_{ij} = \begin{bmatrix} \sigma_x - \sigma_m & \tau_{xy} & \tau_{xz} \\ \tau_{yx} & \sigma_y - \sigma_m & \tau_{yz} \\ \tau_{zx} & \tau_{zy} & \sigma_z - \sigma_m \end{bmatrix} = \begin{bmatrix} S_x & S_{xy} & S_{xz} \\ S_{yx} & S_y & S_{yz} \\ S_{zx} & S_{zy} & S_z \end{bmatrix} = \begin{bmatrix} S_{11} & S_{12} & S_{13} \\ S_{21} & S_{22} & S_{23} \\ S_{31} & S_{32} & S_{33} \end{bmatrix}$$
$$\tag{2.1.6}$$

2.1.2 应力不变量

1. 应力不变量

由图 2.1.1 可知，单元体的每个面上分别作用有正应力和剪应力，若转变坐标轴的方向，应力张量将随之变化。对于图 2.1.1 所示的单元体，可以转变坐标轴的方向，使每个面上只有正应力，没有剪应力，这样的三个面称为主平面，主平面上的正应力称为主应力。设主平面的方向余弦分别为 l、m、n，根据向量运算可以求出主应力和主应力方向，即：

$$\left. \begin{aligned} \sigma_x l + \tau_{xy} m + \tau_{xz} n &= \sigma l \\ \tau_{yx} l + \sigma_y m + \tau_{yz} n &= \sigma m \\ \tau_{zx} l + \tau_{zy} m + \sigma_z n &= \sigma n \end{aligned} \right\} \tag{2.1.7}$$

把上式改写为：

$$\left. \begin{aligned} (\sigma_x - \sigma) l + \tau_{xy} m + \tau_{xz} n &= 0 \\ \tau_{yx} l + (\sigma_y - \sigma) m + \tau_{yz} n &= 0 \\ \tau_{zx} l + \tau_{zy} m + (\sigma_z - \sigma) n &= 0 \end{aligned} \right\} \tag{2.1.8}$$

这三个联立的线性方程组对 l、m、n 是齐次的，要得到非零解，由克莱姆法则，系数行列式必须为零，即：

$$\begin{vmatrix} \sigma_x - \sigma & \tau_{xy} & \tau_{xz} \\ \tau_{yx} & \sigma_y - \sigma & \tau_{yz} \\ \tau_{zx} & \tau_{zy} & \sigma_z - \sigma \end{vmatrix} = 0 \tag{2.1.9}$$

展开式（2.1.9）得特征方程：

$$\sigma^3 - I_1 \sigma^2 + I_2 \sigma - I_3 = 0 \tag{2.1.10}$$

上式是一元三次方程，三个根分别是三个主应力 σ_1、σ_2 和 σ_3。

公式中，I_1 是 σ_{ij} 的主对角线上各项之和，I_2 是 σ_{ij} 的对角项的代数余子式之和，I_3 是 σ_{ij} 的行列式，分别为：

$$I_1 = \sigma_x + \sigma_y + \sigma_z \tag{2.1.11}$$

$$I_2 = \begin{vmatrix} \sigma_x & \tau_{xy} \\ \tau_{yx} & \sigma_y \end{vmatrix} + \begin{vmatrix} \sigma_y & \tau_{yz} \\ \tau_{zy} & \sigma_z \end{vmatrix} + \begin{vmatrix} \sigma_z & \tau_{zx} \\ \tau_{xz} & \sigma_x \end{vmatrix} \tag{2.1.12}$$

$$= \sigma_x \sigma_y + \sigma_y \sigma_z + \sigma_z \sigma_x - \tau_{xy}^2 - \tau_{yz}^2 - \tau_{zx}^2$$

$$I_3 = \begin{bmatrix} \sigma_x & \tau_{xy} & \tau_{xz} \\ \tau_{yx} & \sigma_y & \tau_{yz} \\ \tau_{zx} & \tau_{zy} & \sigma_z \end{bmatrix} \tag{2.1.13}$$

$$= \sigma_x \sigma_y \sigma_z + 2\tau_{xy} \tau_{yz} \tau_{zx} - \sigma_x \tau_{yz}^2 - \sigma_y \tau_{zx}^2 - \sigma_z \tau_{xy}^2$$

由式（2.1.9）得到的式（2.1.10）是一个一元三次方程，其中 I_1、I_2、I_3 由一元三次方程根表示如下：

$$\left. \begin{array}{l} I_1 = \sigma_1 + \sigma_2 + \sigma_3 \\ I_2 = \sigma_1 \sigma_2 + \sigma_2 \sigma_3 + \sigma_3 \sigma_1 \\ I_3 = \sigma_1 \sigma_2 \sigma_3 \end{array} \right\} \tag{2.1.14}$$

三次方程式（2.1.10）无论是由 xyz 坐标系导出还是由主方向导出都是一样的，所以 I_1、I_2 和 I_3 是应力张量不变量，即坐标轴的转动不改变数值的大小。把 σ_1、σ_2 和 σ_3 分别代入式（2.1.8）并使用恒等式：

$$l^2 + m^2 + n^2 = 1 \tag{2.1.15}$$

可以求得对应于主应力每个值的单位法线的分量：

$$\left. \begin{array}{ll} \boldsymbol{n}_{(1)} = (l_1, m_1, n_1) & \sigma = \sigma_1 \\ \boldsymbol{n}_{(2)} = (l_2, m_2, n_2) & \sigma = \sigma_2 \\ \boldsymbol{n}_{(3)} = (l_3, m_3, n_3) & \sigma = \sigma_3 \end{array} \right\} \tag{2.1.16}$$

这三个方向称为该点的主方向。

若以主应力 σ_1、σ_2、σ_3 表示式（2.1.3），可以写成：

$$\sigma_{ij} = \begin{bmatrix} \sigma_m & 0 & 0 \\ 0 & \sigma_m & 0 \\ 0 & 0 & \sigma_m \end{bmatrix} + \begin{bmatrix} \sigma_1 - \sigma_m & 0 & 0 \\ 0 & \sigma_2 - \sigma_m & 0 \\ 0 & 0 & \sigma_3 - \sigma_m \end{bmatrix} \qquad (2.1.17)$$

式中，σ_m 是平均正应力：

$$\sigma_m = \frac{1}{3}(\sigma_1 + \sigma_2 + \sigma_3) \qquad (2.1.18)$$

2. 应力球张量

应力球张量表示各向等值应力状态，即静水压力状态。把 $\sigma_1 = \sigma_2 = \sigma_3 = \sigma_m$ 代入式 (2.1.14)，得到应力球张量的不变量：

$$\left. \begin{aligned} I_1 &= 3\sigma_m = I_1 \\ I_2 &= 3\sigma_m^2 = \frac{1}{3}I_1^2 \\ I_3 &= \sigma_m^3 = \frac{1}{27}I_1^3 \end{aligned} \right\} \qquad (2.1.19)$$

应力球张量不变量可以用一个参数 I_1 表示。

3. 应力偏张量不变量

应力偏量 S_{ij} 定义为应力张量与静水压力之差，用应力偏量 S_x、S_y、S_z 代替式 (2.1.11)~式 (2.1.13) 中的 σ_x、σ_y、σ_z，得到应力偏张量的不变量：

$$\left. \begin{aligned} J_1 &= (\sigma_x - \sigma_m) + (\sigma_y - \sigma_m) + (\sigma_z - \sigma_m) = 3S_m = 0 \\ J_2 &= (\sigma_x - \sigma_m)(\sigma_y - \sigma_m) + (\sigma_y - \sigma_m)(\sigma_z - \sigma_m) + (\sigma_z - \sigma_m)(\sigma_x - \sigma_m) - \tau_{xy}^2 - \tau_{yz}^2 - \tau_{zx}^2 \\ J_3 &= (\sigma_x - \sigma_m)(\sigma_y - \sigma_m)(\sigma_z - \sigma_m) + 2\tau_{xy}\tau_{yz}\tau_{zx} - \sigma_x\tau_{yz}^2 - \sigma_y\tau_{zx}^2 - \sigma_z\tau_{xy}^2 \end{aligned} \right\}$$

$$(2.1.20)$$

用主应力表示为：

$$\left. \begin{aligned} J_1 &= (\sigma_1 - \sigma_m) + (\sigma_2 - \sigma_m) + (\sigma_3 - \sigma_m) = 0 \\ J_2 &= \frac{1}{6}\left[(\sigma_1 - \sigma_2)^2 + (\sigma_2 - \sigma_3)^2 + (\sigma_3 - \sigma_1)^2\right] \\ J_3 &= (\sigma_1 - \sigma_m)(\sigma_2 - \sigma_m)(\sigma_3 - \sigma_m) \end{aligned} \right\} \qquad (2.1.21)$$

可以证明应力偏张量不变量 J_1、J_2、J_3 与应力张量不变量 I_1、I_2、I_3 的关系为：

$$\left. \begin{aligned} J_1 &= 0 \\ J_2 &= \frac{1}{3}(I_1^2 - 3I_2) \\ J_3 &= \frac{1}{27}(2I_1^3 - 9I_1I_2 + 27I_3) \end{aligned} \right\} \qquad (2.1.22)$$

式 (2.1.3) 中把应力张量分解为应力球张量和应力偏张量，也就是把应力分解为正应力和剪应力两种应力。弹性力学和传统的塑性理论认为，应力球张量只产生体积应变，不产生形状改变；应力偏张量只产生形状改变，不产生体积改变。而对于岩土材料，上述结论不再适用。在岩土塑性理论中，体积应变不仅与应力球张量相关，还会有剪应力产生，称为剪胀性；剪切变形不仅与应力偏张量相关，还与应力球张量相关，称为压硬性，即围压越大，抗剪强度越高。应力偏张量不变量 J_2 的物理意义是：在数值上 J_2 是八面体平面上剪应力的倍数，也是 π 平面上矢径的倍数，这个数值在岩土塑性理论中是十分重要的。

2.1.3 八面体应力

在主坐标系中，法线为 $\boldsymbol{n} = (n_1, n_2, n_3) = \left| \dfrac{1}{\sqrt{3}} \right| (1, 1, 1)$ 的平面称为八面体平面，或者称为等倾面，法线与三个应力主轴夹角的方向余弦为 $\cos(\alpha) = \dfrac{1}{\sqrt{3}}$，所以 $\alpha = 54.74°$。由于具有上述特性的面在所有象限内共有 8 个，它们构成了正八面体，见图 2.1.2。

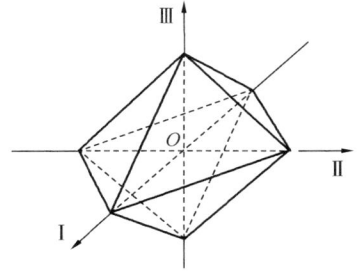

图 2.1.2 在主坐标系中的
八面体平面

在主坐标系中取四面体土单元如图 2.1.3 所示，在主应力方向上分别作用有主应力 σ_1、σ_2、σ_3，根据单元体上力的平衡条件，可得等倾面上的总应力 $\boldsymbol{T}_8$ 为：

$$\begin{aligned} \boldsymbol{T}_8^2 &= (\sigma_1 n_1)^2 + (\sigma_2 n_2)^2 + (\sigma_3 n_3)^2 \\ &= \frac{1}{3}(\sigma_1^2 + \sigma_2^2 + \sigma_3^2) \end{aligned} \tag{2.1.23}$$

在主坐标系中可以用向量表示为 $\boldsymbol{T}_8 = \left(\dfrac{1}{\sqrt{3}} \sigma_1, \dfrac{1}{\sqrt{3}} \sigma_2, \dfrac{1}{\sqrt{3}} \sigma_3 \right)$。

总应力 $\boldsymbol{T}_8$ 的正应力分量 σ_8 是 $\boldsymbol{T}_8$ 在八面体面法线上的投影，可得：

$$\sigma_8 = \frac{1}{3}(\sigma_1 + \sigma_2 + \sigma_3) = \frac{1}{3} I_1 \tag{2.1.24}$$

八面体面上的剪应力 τ_8 可由图 2.1.4 求出：

$$\tau_8^2 = \boldsymbol{T}_8^2 - \sigma_8^2 \tag{2.1.25}$$

$$\tau_8^2 = \frac{1}{3}(\sigma_1^2 + \sigma_2^2 + \sigma_3^2) - \frac{1}{3^2}(\sigma_1 + \sigma_2 + \sigma_3)^2 \tag{2.1.26}$$

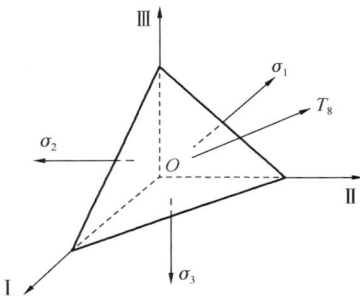

图 2.1.3 八面体上的应力

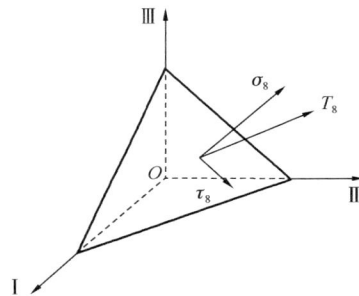

图 2.1.4 八面体正应力和剪应力

整理，得：

$$\tau_8 = \frac{1}{3}\sqrt{(\sigma_1-\sigma_2)^2+(\sigma_2-\sigma_3)^2+(\sigma_3-\sigma_1)^2} \tag{2.1.27}$$

与式（2.1.21）相比，可知：

$$\tau_8 = \sqrt{\frac{2}{3}J_2} \tag{2.1.28}$$

用应力不变量表示：

$$\tau_8 = \frac{1}{3}\sqrt{2(I_1^2-3I_2)} \tag{2.1.29}$$

用一般应力表示：

$$\tau_8 = \frac{1}{3}\sqrt{(\sigma_x-\sigma_y)^2+(\sigma_y-\sigma_z)^2+(\sigma_z-\sigma_x)^2+6(\tau_{xy}^2+\tau_{yz}^2+\tau_{zx}^2)} \tag{2.1.30}$$

2.1.4 应力空间与 π 平面

如果用三个主应力 σ_1、σ_2、σ_3 作为坐标轴，构成一个三维空间，则此应力空间内的一个点 $P(\sigma_1,\sigma_2,\sigma_3)$ 即可描述途中一点的应力状态。在应力空间中也可以构成满足某特殊条件的应力线，这些特征面和特征线为研究土力学问题提供了方便，例如空间对角线、π 平面等。

在主应力空间中，$\sigma_1=\sigma_2=\sigma_3=\sigma_m$ 的应力状态为各向等压的球应力状态，其轨迹是通过原点并与各个坐标轴有相同夹角的直线，称为空间对角线，也称为等倾线。垂直于空间对角线的平面称为偏平面，在土力学中也称为 π 平面，π 平面方程为：

$$\sigma_1+\sigma_2+\sigma_3 = 常数 = \sqrt{3}r \tag{2.1.31}$$

式中，r 为自原点沿法线到该平面的距离。通过原点的 π 平面方程为（在传统的塑性理论中，只把通过原点的偏平面称为 π 平面）：

$$\sigma_1+\sigma_2+\sigma_3 = 0 \tag{2.1.32}$$

主应力空间内的一个点 $P(\sigma_1,\sigma_2,\sigma_3)$，用矢量表示为 $\overrightarrow{OP}$，该矢量可以表示为空间对角线方向的投影 $\overrightarrow{OQ}$ 与 π 平面上的投影 $\overrightarrow{QP}$ 的和。把 $\overrightarrow{OQ}$ 称为 π 平面上的正应力分量 σ_π，把 $\overrightarrow{QP}$ 称为 π 平面上的剪应力分量 τ_π。根据图2.1.5可得：

$$\sigma_\pi = |\overrightarrow{OQ}| = \sigma_1\frac{1}{\sqrt{3}}+\sigma_2\frac{1}{\sqrt{3}}+\sigma_3\frac{1}{\sqrt{3}} = \frac{\sqrt{3}}{3}(\sigma_1+\sigma_2+\sigma_3) \tag{2.1.33}$$
$$= \sqrt{3}\sigma_m = \sqrt{3}p$$

$$\tau_\pi^2 = |\overrightarrow{QP}|^2 = |\overrightarrow{OP}|^2 - |\overrightarrow{OQ}|^2 \tag{2.1.34}$$

$$\tau_\pi = |\overrightarrow{QP}| = \sqrt{\sigma_1^2+\sigma_2^2+\sigma_3^2-\left[\frac{1}{\sqrt{3}}(\sigma_1+\sigma_2+\sigma_3)\right]^2}$$

$$= \frac{1}{\sqrt{3}}\sqrt{(\sigma_1-\sigma_2)^2+(\sigma_2-\sigma_3)^2+(\sigma_3-\sigma_1)^2}$$

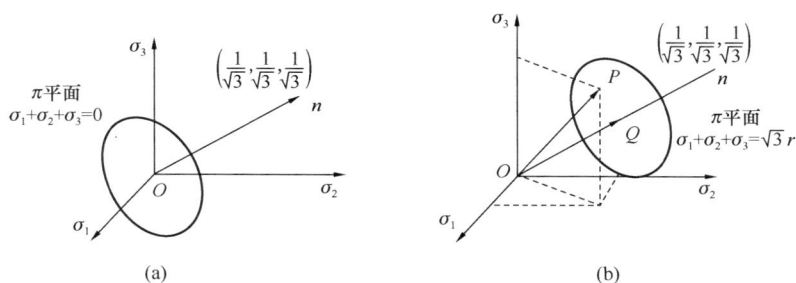

图 2.1.5 π平面上应力投影

（a）通过原点的 π 平面；（b）应力在 π 平面上的投影

$$= \sqrt{\frac{2}{3}}q = \sqrt{2J_2} \tag{2.1.35}$$

式中，p 称为平均正应力（Pa）；q 称为广义剪应力（Pa）。

$$p = \frac{\sigma_1 + \sigma_2 + \sigma_3}{3} \tag{2.1.36}$$

$$q = \frac{1}{\sqrt{2}}\sqrt{(\sigma_1 - \sigma_2)^2 + (\sigma_2 - \sigma_3)^2 + (\sigma_3 - \sigma_1)^2} \tag{2.1.37}$$

对于 $\sigma_2 = \sigma_3$ 的常规三轴试验：

$$\left.\begin{array}{l} p = \dfrac{\sigma_1 + 2\sigma_3}{3} \\ q = \sigma_1 - \sigma_3 \end{array}\right\} \tag{2.1.38}$$

π 平面应力 σ_π、τ_π 和八面体应力 σ_8、τ_8 的含义是不同的，二者的不同之处是：π 平面应力 σ_π、τ_π 分别是主应力空间中任意一点的应力 $P(\sigma_1,\sigma_2,\sigma_3)$ 在 π 平面上和 π 平面法线上的投影，可以用应力矢量表示为 $\overrightarrow{OP} = \vec{\sigma}_\pi + \vec{\tau}_\pi$，并且 $|\overrightarrow{OP}| = \sqrt{\sigma_1^2 + \sigma_2^2 + \sigma_3^2}$；八面体应力是根据四面体土单元力的平衡条件求出的，土单元的四个面分别是三个主应力面和一个等倾面，根据力的平衡条件得出等倾面上的正应力 σ_8、剪应力 τ_8 与三个主应力之间的关系。作用于八面体面上的总应力为 $\vec{T_8} = \vec{\sigma_8} + \vec{\tau_8}$，由式（2.1.23）可知，$|T_8| = \dfrac{1}{\sqrt{3}}\sqrt{\sigma_1^2 + \sigma_2^2 + \sigma_3^2}$，所以 σ_π、τ_π 和 σ_8、τ_8 在数值上相差一个八面体面的方向余弦。

逆着 $\vec{O_n}$ 轴从上向下看 π 平面，在 π 平面上出现了三个相互间夹角为 120° 的正的主轴 $O\sigma_1'$、$O\sigma_2'$、$O\sigma_3'$，见图 2.1.6(b)，它们是主应力空间三个垂直应力主轴的投影。已知图 2.1.6(a) 中空间对角线 $\vec{O_n}$ 的方向余弦为 $\cos\beta = \dfrac{1}{\sqrt{3}}$，所以图中 π 平面与应力主轴夹角的方向余弦 $\cos\alpha = \dfrac{\sqrt{2}}{\sqrt{3}}$，可得 π 平面上的坐标轴与主应力空间坐标轴有以下关系：

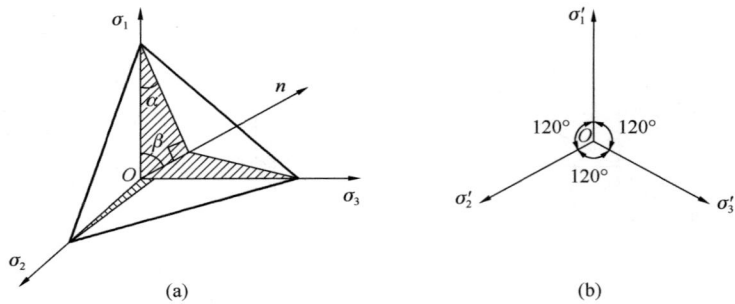

图 2.1.6　应力空间和 π 平面
(a) π 平面与应力主轴的夹角；(b) π 平面

$$
\left.\begin{array}{l}
\sigma'_1 = \sigma_1 \cos\alpha = \sqrt{\dfrac{2}{3}}\sigma_1 \\[2mm]
\sigma'_2 = \sigma_2 \cos\alpha = \sqrt{\dfrac{2}{3}}\sigma_2 \\[2mm]
\sigma'_3 = \sigma_3 \cos\alpha = \sqrt{\dfrac{2}{3}}\sigma_3
\end{array}\right\} \tag{2.1.39}
$$

如果在 π 平面上取直角坐标系 $O'xy$，见图 2.1.7，则 π 平面上应力 $(\sigma'_1,\sigma'_2,\sigma'_3)$ 在 x、y 轴上的投影为：

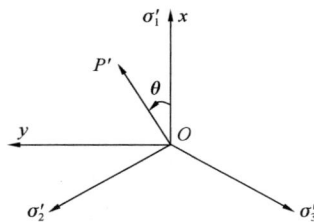

图 2.1.7　π 平面上应力的表示方法

$$
\begin{aligned}
x &= \sigma'_1 - (\sigma'_2 + \sigma'_3)\cos 60° \\
&= \sqrt{\dfrac{2}{3}}\left[\sigma_1 - \dfrac{1}{2}(\sigma_2+\sigma_3)\right] = \dfrac{1}{\sqrt{6}}(2\sigma_1-\sigma_2-\sigma_3)
\end{aligned} \tag{2.1.40}
$$

$$
\begin{aligned}
y &= (\sigma'_2 - \sigma'_3)\cos 30° \\
&= \sqrt{\dfrac{2}{3}}\dfrac{\sqrt{3}}{2}(\sigma_2-\sigma_3) = \dfrac{1}{\sqrt{2}}(\sigma_2-\sigma_3)
\end{aligned} \tag{2.1.41}
$$

如果在 π 平面上取极坐标 r、θ，则主应力空间中任意点 $P(\sigma_1,\sigma_2,\sigma_3)$ 在 π 平面上的投影为 $P'(\sigma'_1,\sigma'_2,\sigma'_3)$，$P'$ 在 π 平面上的矢径 r 和应力洛德角 θ 分别为：

$$
r = \sqrt{x^2+y^2} = \dfrac{1}{\sqrt{3}}\sqrt{(\sigma_1-\sigma_2)^2+(\sigma_2-\sigma_3)^2+(\sigma_3-\sigma_1)^2} = \tau_\pi \tag{2.1.42}
$$

$$\cos\theta = \frac{x}{r} = \frac{\sqrt{3}}{\sqrt{6}} \frac{2\sigma_1 - \sigma_2 - \sigma_3}{\sqrt{(\sigma_1-\sigma_2)^2 + (\sigma_2-\sigma_3)^2 + (\sigma_3-\sigma_1)^2}} \quad (2.1.43)$$

注意，此时定义的应力洛德角在三轴压缩处 $(\sigma_1 > \sigma_2 = \sigma_3)\theta = 0°$，见图 2.1.7。

设中主应力参数 b 为（图 2.1.8）：

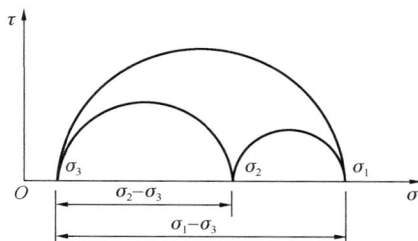

图 2.1.8　中主应力参数 b 的概念

$$b = \frac{\sigma_2 - \sigma_3}{\sigma_1 - \sigma_3} \quad (2.1.44)$$

把式 (2.1.44) 代入式 (2.1.43)，得：

$$\cos\theta = \frac{x}{r} = \frac{1}{\sqrt{2}\,\dfrac{2\dfrac{\sigma_1-\sigma_2}{\sigma_1-\sigma_3} + \dfrac{\sigma_2-\sigma_3}{\sigma_1-\sigma_3}}{\sqrt{\left(\dfrac{\sigma_1-\sigma_2}{\sigma_1-\sigma_3}\right)^2 + \left(\dfrac{\sigma_2-\sigma_3}{\sigma_1-\sigma_3}\right)^2 + \left(\dfrac{\sigma_3-\sigma_1}{\sigma_1-\sigma_3}\right)^2}}} \quad (2.1.45)$$

$$= \frac{1}{\sqrt{2}} \frac{2\dfrac{\sigma_1-\sigma_2}{\sigma_1-\sigma_3} + b}{\sqrt{\left(\dfrac{\sigma_1-\sigma_2}{\sigma_1-\sigma_3}\right)^2 + b^2 + 1}}$$

对于常规三轴试验中 $\sigma_2 = \sigma_3$ 的三轴压缩状态，$b=0,\theta=0°$；对于 $\sigma_2 = \sigma_1$ 的三轴伸长状态，$b=1,\theta=60°$；当 $\sigma_2 = \dfrac{\sigma_1+\sigma_3}{2}$ 时，$b=\dfrac{1}{2},\theta=30°$，见图 2.1.9。因此 θ 与 b 的变化范围为：

$$0 \leqslant b \leqslant 1, 0° \leqslant \theta \leqslant 60° \quad (2.1.46)$$

经整理可得主应力与不变量 σ_π、τ_π、θ 的关系为：

$$\left.\begin{aligned}
\sigma_1 &= \frac{\sqrt{3}}{3}\sigma_\pi + \frac{\sqrt{6}}{3}\tau_\pi\cos\theta \\
\sigma_2 &= \frac{\sqrt{3}}{3}\sigma_\pi + \frac{\sqrt{6}}{3}\tau_\pi\cos\left(\theta - \frac{2\pi}{3}\right) \\
\sigma_3 &= \frac{\sqrt{3}}{3}\sigma_\pi + \frac{\sqrt{6}}{3}\tau_\pi\cos\left(\theta + \frac{2\pi}{3}\right)
\end{aligned}\right\} \quad (2.1.47)$$

或整理为主应力与 p、q、θ 的关系为：

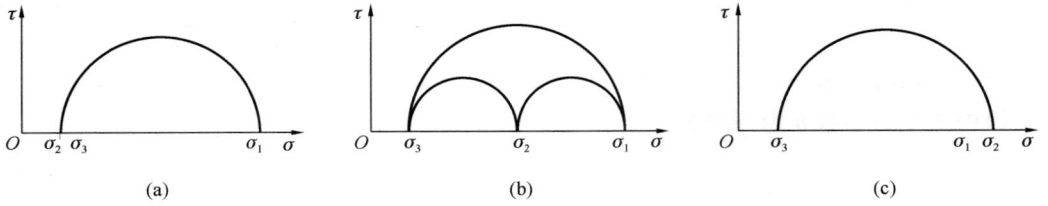

图 2.1.9　简单应力状态的应力圆

(a) $\sigma_2 = \sigma_3$；(b) $\sigma_2 = (\sigma_1 + \sigma_3)/2$；(c) $\sigma_1 = \sigma_2$

$$\left.\begin{array}{l} \sigma_1 = p + \dfrac{2}{3}q\cos\theta \\[2mm] \sigma_2 = p + \dfrac{2}{3}q\cos\left(\theta - \dfrac{2\pi}{3}\right) \\[2mm] \sigma_3 = p + \dfrac{2}{3}q\cos\left(\theta + \dfrac{2\pi}{3}\right) \end{array}\right\} \tag{2.1.48}$$

并可得 θ 与应力不变量的关系为：

$$\cos 3\theta = \frac{3\sqrt{3}}{2}\frac{J_3}{J_2^{1.5}} \tag{2.1.49}$$

2.1.5　各类应力之间的关系

1. 一点应力状态的不同表示方法

如前所述，一点应力状态可以用不同的方法表示出来。几种常用的应力表示方法的含义见表 2.1.1。

一点应力状态的不同表示方法　　　　　　　　表 2.1.1

应力	不同表示方法的含义
σ_{ij}	用应力张量表示，共有九个应力分量，该方法便于进行有限元的分析计算
σ_1、σ_2、σ_3	用主应力表示，常规三轴试验中主应力是确定的
p、q、θ	用平均正应力 p、广义剪应力 q 和应力洛德角 θ 表示，这是剑桥模型中使用的应力表示方法
I_1、J_2、θ	用应力不变量 I_1、J_2 和应力洛德角 θ 表示
σ_π、τ_π、θ	用 π 平面上的正应力、剪应力和应力洛德角表示，把空间问题简化为 π 平面和子午面上的问题
σ_8、τ_8、θ	用八面体面上的正应力、剪应力和应力洛德角表示

2. 各类应力之间的关系

为便于进行各类应力之间的相互换算和比较，表 2.1.2 中列出了各类正应力与第一应力不变量 I_1 之间的关系，表 2.1.3 列出了各类剪应力与第二应力偏张量不变量之间的关系。

各类正应力与第一应力不变量 I_1 之间的关系 表 2.1.2

各类正应力	$\sigma_{\mathrm{m}} = p$	σ_8	σ_π	I_1
平均应力 $\sigma_{\mathrm{m}} = p$	σ_{m}	σ_8	$\dfrac{\sigma_\pi}{\sqrt{3}}$	$\dfrac{I_1}{3}$
八面体正应力 σ_8	σ_{m}	σ_8	$\dfrac{\sigma_\pi}{\sqrt{3}}$	$\dfrac{I_1}{3}$
π 平面正应力 σ_π	$\sqrt{3}\sigma_{\mathrm{m}}$	$\sqrt{3}\sigma_8$	σ_π	$\dfrac{I_1}{\sqrt{3}}$
应力张量第一不变量 I_1	$3\sigma_{\mathrm{m}}$	$3\sigma_8$	$\sqrt{3}\sigma_\pi$	I_1

各类剪应力与第二应力偏张量不变量之间的关系 表 2.1.3

各类剪应力	q	τ_8	τ_π	J_2
广义剪应力 q	q	$\dfrac{3}{\sqrt{2}}\tau_8$	$\sqrt{\dfrac{3}{2}}\tau_\pi$	$\sqrt{3J_2}$
八面体剪应力 τ_8	$\dfrac{\sqrt{2}}{3}q$	τ_8	$\dfrac{1}{\sqrt{3}}\tau_\pi$	$\sqrt{\dfrac{2J_2}{3}}$
π 平面上剪应力 τ_π	$\sqrt{\dfrac{2}{3}}q$	$\sqrt{3}\tau_8$	τ_π	$\sqrt{2J_2}$
应力偏量第二不变量 J_2	$\dfrac{1}{3}q^2$	$\dfrac{3}{2}\tau_8^2$	$\dfrac{1}{2}\tau_\pi^2$	J_2

3. 应力的坐标转换

和矢量一样,张量在不同坐标系中的分量是不同的,它们之间存在一定的转换关系。如图 2.1.6 所示,由老坐标系 $x_i(i=1,2,3)$ 向新坐标系 $x'_i(i=1,2,3)$ 的坐标转换矩阵为(详见附录 2.1):

$$[\beta] = \begin{bmatrix} \beta_{11} & \beta_{12} & \beta_{13} \\ \beta_{21} & \beta_{22} & \beta_{23} \\ \beta_{31} & \beta_{32} & \beta_{33} \end{bmatrix} = \begin{bmatrix} l_1 & m_1 & n_1 \\ l_2 & m_2 & n_2 \\ l_3 & m_3 & n_3 \end{bmatrix} \qquad (2.1.50)$$

其中 l_1、m_1、n_1,l_2、m_2、n_2,l_3、m_3、n_3 分别是新基矢量 v'_1、v'_2、v'_3(即沿新坐标轴的三个单位矢量)在老坐标系中的方向余弦。可以看到,新基矢量 v'_1、v'_2、v'_3 在 $[\beta]$ 矩阵中是按列形式排列的,而它们各自的分量则按行形式排列。

用应力张量在老坐标系中的九个分量 σ_{ij} 求新坐标系中九个应力分量 σ'_{ij} 的计算公式称为应力的坐标转换公式,简称应力转换公式或转轴公式。图 2.1.6 表明,新坐标系中六面体微元的三个正面和图 2.1.6 应力的坐标转换三个负面的法线方向分别沿新坐标轴的正向和负向,在老坐标系中它们都是斜面。推导应力转换公式的第一步是用斜面应力公式计算作用在新微元三个正面上的应力矢量 $\boldsymbol{\sigma}_{(v'_1)}$、$\boldsymbol{\sigma}_{(v'_2)}$、$\boldsymbol{\sigma}_{(v'_3)}$。由式(2.1.7)得到:

$$\boldsymbol{\sigma}_{(v'_1)} = \begin{bmatrix} \sigma_{(v'_1)} & \sigma_{(v'_1)2} & \sigma_{(v'_1)3} \end{bmatrix} = \begin{bmatrix} l_1 & m_1 & n_1 \end{bmatrix} \begin{bmatrix} \sigma_{11} & \sigma_{12} & \sigma_{13} \\ \sigma_{21} & \sigma_{22} & \sigma_{23} \\ \sigma_{31} & \sigma_{32} & \sigma_{33} \end{bmatrix} \qquad (2.1.51)$$

这就是说，新微元 x'_1 方向正面上的应力矢量 $\boldsymbol{\sigma}_{(\nu'_1)}$ 等于用坐标转换矩阵 $[\beta]$ 的第一行左乘老坐标中的应力矩阵 $[\sigma]$。同理，x'_2 和 x'_3 方向正面上的 $\boldsymbol{\sigma}_{(\nu'_2)}$ 和 $\boldsymbol{\sigma}_{(\nu'_3)}$ 分别等于 $[\beta]$ 的第二和第三行左乘 $[\sigma]$。把它们合写在一起，有：

$$\begin{bmatrix} \boldsymbol{\sigma}_{(\nu'_1)} \\ \boldsymbol{\sigma}_{(\nu'_2)} \\ \boldsymbol{\sigma}_{(\nu'_3)} \end{bmatrix} = \begin{bmatrix} \sigma_{(\nu'_1)1} & \sigma_{(\nu'_1)2} & \sigma_{(\nu'_1)3} \\ \sigma_{(\nu'_2)1} & \sigma_{(\nu'_2)2} & \sigma_{(\nu'_2)3} \\ \sigma_{(\nu'_3)1} & \sigma_{(\nu'_3)2} & \sigma_{(\nu'_3)3} \end{bmatrix} = \begin{bmatrix} l_1 & m_1 & n_1 \\ l_2 & m_2 & n_2 \\ l_3 & m_3 & n_3 \end{bmatrix} \begin{bmatrix} \sigma_{11} & \sigma_{12} & \sigma_{13} \\ \sigma_{21} & \sigma_{22} & \sigma_{23} \\ \sigma_{31} & \sigma_{32} & \sigma_{33} \end{bmatrix} = [\beta][\sigma]$$

$$(2.1.52)$$

这里的 $\boldsymbol{\sigma}_{(\nu'_1)}$、$\boldsymbol{\sigma}_{(\nu'_2)}$、$\boldsymbol{\sigma}_{(\nu'_3)}$ 已经是作用在新微元上的新应力矢量，但上式第一等式后的九个应力分量是新矢量在老坐标系中分解的结果，对新微元来说它们既不是正应力，也不是剪应力。所以推导应力转换公式的第二步应是把新应力矢量对新坐标系分解。注意 $\boldsymbol{\sigma}_{(\nu'_1)}$、$\boldsymbol{\sigma}_{(\nu'_2)}$、$\boldsymbol{\sigma}_{(\nu'_3)}$ 的分量是按行排列的，所以应采用附录 2.1 中式（2.1.58）的转换关系，右乘转置矩阵 $[\beta]^{\mathrm{T}}$，得到：

$$\begin{bmatrix} \sigma'_{11} & \sigma'_{12} & \sigma'_{13} \\ \sigma'_{21} & \sigma'_{22} & \sigma'_{23} \\ \sigma'_{31} & \sigma'_{32} & \sigma'_{33} \end{bmatrix} = \begin{bmatrix} l_1 & m_1 & n_1 \\ l_2 & m_2 & n_2 \\ l_3 & m_3 & n_3 \end{bmatrix} \begin{bmatrix} \sigma_{11} & \sigma_{12} & \sigma_{13} \\ \sigma_{21} & \sigma_{22} & \sigma_{23} \\ \sigma_{31} & \sigma_{32} & \sigma_{33} \end{bmatrix} \begin{bmatrix} l_1 & l_2 & l_3 \\ m_1 & m_2 & m_3 \\ n_1 & n_2 & n_3 \end{bmatrix} \quad (2.1.53)$$

或简写为：

$$[\sigma'] = [\beta][\sigma][\beta]^{\mathrm{T}} \quad (2.1.54)$$

这就是应力的坐标转换公式。

将式（2.1.54）右端作矩阵乘，再令等式两端的对应分量相等，就得到应力转换公式的分量形式：

$$\left.\begin{aligned}
\sigma'_x &= \sigma_x l_1^2 + \sigma_y m_1^2 + \sigma_z n_1^2 + 2\tau_{xy} l_1 m_1 + 2\tau_{yz} m_1 n_1 + 2\tau_{zx} n_1 l_1 \\
\sigma'_y &= \sigma_x l_2^2 + \sigma_y m_2^2 + \sigma_z n_2^2 + 2\tau_{xy} l_2 m_2 + 2\tau_{yz} m_2 n_2 + 2\tau_{zx} n_2 l_2 \\
\sigma'_z &= \sigma_x l_3^2 + \sigma_y m_3^2 + \sigma_z n_3^2 + 2\tau_{xy} l_3 m_3 + 2\tau_{yz} m_3 n_3 + 2\tau_{zx} n_3 l_3 \\
\tau'_{xy} &= \sigma_x l_1 l_2 + \sigma_y m_1 m_2 + \sigma_z n_1 n_2 \\
&\quad + \tau_{xy}(l_1 m_2 + m_1 l_2) + \tau_{yz}(m_1 n_2 + n_1 m_2) + \tau_{zx}(n_1 l_2 + l_1 n_2) \\
\tau'_{yz} &= \sigma_x l_2 l_3 + \sigma_y m_2 m_3 + \sigma_z n_2 n_3 \\
&\quad + \tau_{xy}(l_2 m_3 + m_2 l_3) + \tau_{yz}(m_2 n_3 + n_2 m_3) + \tau_{zx}(n_2 l_3 + l_2 n_3) \\
\tau'_{zx} &= \sigma_x l_3 l_1 + \sigma_y m_3 m_1 + \sigma_z n_3 n_1 \\
&\quad + \tau_{xy}(l_3 m_1 + m_3 l_1) + \tau_{yz}(m_3 n_1 + n_3 m_1) + \tau_{zx}(n_3 l_1 + l_3 n_1)
\end{aligned}\right\} \quad (2.1.55)$$

如果用斜面上两个相互垂直的方向和斜面法线方向构成新坐标系，则用应力转换公式也能计算斜面应力，这样做能直接求得斜面上的正应力和剪应力。

附录 2.1：

把式（2.1.53）中的三式按列形式合并，得到：

$$\begin{Bmatrix} a'_1 \\ a'_2 \\ a'_3 \end{Bmatrix} = [\beta] \begin{Bmatrix} a_1 \\ a_2 \\ a_3 \end{Bmatrix} = \begin{bmatrix} a_1 l_1 + a_2 m_1 + a_3 n_1 \\ a_1 l_2 + a_2 m_2 + a_3 n_2 \\ a_1 l_3 + a_2 m_3 + a_3 n_3 \end{bmatrix} \tag{2.1.56}$$

令左右两边对应分量相等，得到矢量分量的坐标转换公式，简称转轴公式：

$$a'_1 = a_1 l_1 + a_2 m_1 + a_3 n_1$$
$$a'_2 = a_1 l_2 + a_2 m_2 + a_3 n_2 \tag{2.1.57}$$
$$a'_3 = a_1 l_3 + a_2 m_3 + a_3 n_3$$

若矢量 a 已经取成行矩阵形式，则应该将式（2.1.57）中第一个等号两侧转置成：

$$\begin{bmatrix} a'_1 & a'_2 & a'_3 \end{bmatrix} = \begin{bmatrix} a_1 & a_2 & a_3 \end{bmatrix} [\beta]^{\mathrm{T}} \tag{2.1.58}$$

其展开结果同样是式（2.1.55）。

2.2 应变及几何方程

对于连续的变形体来说，应力与应变存在一一对应的关系，有应力就会产生应变，有应变也会产生应力。应变与应力类似，都可以分解为球张量和偏张量，也都有不变量。

2.2.1 一点的应变状态

在小变形条件下，一点的应变状态可以用应变张量表示为：

$$\varepsilon_{ij} = \begin{bmatrix} \varepsilon_x & \dfrac{1}{2}\gamma_{xy} & \dfrac{1}{2}\gamma_{xz} \\ \dfrac{1}{2}\gamma_{yx} & \varepsilon_y & \dfrac{1}{2}\gamma_{yz} \\ \dfrac{1}{2}\gamma_{zx} & \dfrac{1}{2}\gamma_{zy} & \varepsilon_z \end{bmatrix} \equiv \begin{bmatrix} \varepsilon_{xx} & \varepsilon_{xy} & \varepsilon_{xz} \\ \varepsilon_{yx} & \varepsilon_{yy} & \varepsilon_{yz} \\ \varepsilon_{zx} & \varepsilon_{zy} & \varepsilon_{zz} \end{bmatrix} \equiv \begin{bmatrix} \varepsilon_{11} & \varepsilon_{12} & \varepsilon_{13} \\ \varepsilon_{21} & \varepsilon_{22} & \varepsilon_{23} \\ \varepsilon_{31} & \varepsilon_{32} & \varepsilon_{33} \end{bmatrix} \tag{2.2.1}$$

应变张量分解为应变球张量和应变偏张量：

$$\varepsilon_{ij} = \begin{bmatrix} \varepsilon_m & 0 & 0 \\ 0 & \varepsilon_m & 0 \\ 0 & 0 & \varepsilon_m \end{bmatrix} + \begin{bmatrix} \varepsilon_x - \varepsilon_m & \dfrac{1}{2}\gamma_{xy} & \dfrac{1}{2}\gamma_{xz} \\ \dfrac{1}{2}\gamma_{yx} & \varepsilon_y - \varepsilon_m & \dfrac{1}{2}\gamma_{yz} \\ \dfrac{1}{2}\gamma_{zx} & \dfrac{1}{2}\gamma_{zy} & \varepsilon_z - \varepsilon_m \end{bmatrix} \tag{2.2.2}$$

式中，ε_m 为：

$$\varepsilon_{\mathrm{m}} = \frac{1}{3}(\varepsilon_x + \varepsilon_y + \varepsilon_z) \tag{2.2.3}$$

用主应变表示为：

$$\varepsilon_{ij} = \begin{bmatrix} \varepsilon_{\mathrm{m}} & 0 & 0 \\ 0 & \varepsilon_{\mathrm{m}} & 0 \\ 0 & 0 & \varepsilon_{\mathrm{m}} \end{bmatrix} + \begin{bmatrix} \varepsilon_1 - \varepsilon_{\mathrm{m}} & 0 & 0 \\ 0 & \varepsilon_2 - \varepsilon_{\mathrm{m}} & 0 \\ 0 & 0 & \varepsilon_3 - \varepsilon_{\mathrm{m}} \end{bmatrix} \tag{2.2.4}$$

式中，ε_{m} 为：

$$\varepsilon_{\mathrm{m}} = \frac{1}{3}(\varepsilon_1 + \varepsilon_2 + \varepsilon_3) \tag{2.2.5}$$

应变张量不变量为：

$$\left. \begin{aligned} I'_1 &= \varepsilon_x + \varepsilon_y + \varepsilon_z \\ I'_2 &= \varepsilon_x \varepsilon_y + \varepsilon_y \varepsilon_z + \varepsilon_z \varepsilon_x - \left(\frac{\gamma_{xy}}{2}\right)^2 - \left(\frac{\gamma_{yz}}{2}\right)^2 - \left(\frac{\gamma_{zx}}{2}\right)^2 \\ I'_3 &= \varepsilon_x \varepsilon_y \varepsilon_z + 2\left(\frac{\gamma_{xy}}{2}\right)\left(\frac{\gamma_{yz}}{2}\right)\left(\frac{\gamma_{zy}}{2}\right) - \varepsilon_x \left(\frac{\gamma_{yz}}{2}\right)^2 - \varepsilon_y \left(\frac{\gamma_{zx}}{2}\right)^2 - \varepsilon_z \left(\frac{\gamma_{xy}}{2}\right)^2 \end{aligned} \right\} \tag{2.2.6}$$

用主应变表示为：

$$\left. \begin{aligned} I'_1 &= \varepsilon_1 + \varepsilon_2 + \varepsilon_3 \\ I'_2 &= \varepsilon_1 \varepsilon_2 + \varepsilon_2 \varepsilon_3 + \varepsilon_3 \varepsilon_1 \\ I'_3 &= \varepsilon_1 \varepsilon_2 \varepsilon_3 \end{aligned} \right\} \tag{2.2.7}$$

应变偏量的不变量为：

$$\left. \begin{aligned} J'_1 &= (\varepsilon_x - \varepsilon_{\mathrm{m}}) + (\varepsilon_y - \varepsilon_{\mathrm{m}}) + (\varepsilon_z - \varepsilon_{\mathrm{m}}) = 0 \\ J'_2 &= (\varepsilon_x - \varepsilon_{\mathrm{m}})(\varepsilon_y - \varepsilon_{\mathrm{m}}) + (\varepsilon_y - \varepsilon_{\mathrm{m}})(\varepsilon_z - \varepsilon_{\mathrm{m}}) + (\varepsilon_z - \varepsilon_{\mathrm{m}})(\varepsilon_x - \varepsilon_{\mathrm{m}}) \\ &\quad - \left(\frac{\gamma_{xy}}{2}\right)^2 - \left(\frac{\gamma_{\mathrm{g}}}{2}\right)^2 - \left(\frac{\gamma_{zx}}{2}\right)^2 \\ J'_3 &= (\varepsilon_x - \varepsilon_{\mathrm{m}})(\varepsilon_y - \varepsilon_{\mathrm{m}})(\varepsilon_z - \varepsilon_{\mathrm{m}}) + 2\left(\frac{\gamma_{xy}}{2}\right)\left(\frac{\gamma_{xz}}{2}\right)\left(\frac{\gamma_{zx}}{2}\right) - \varepsilon_x \left(\frac{\gamma_{yz}}{2}\right)^2 \\ &\quad - \varepsilon_y \left(\frac{\gamma_{zx}}{2}\right)^2 - \varepsilon_z \left(\frac{\gamma_{xy}}{2}\right)^2 \end{aligned} \right\} \tag{2.2.8}$$

用主应变表示为：

$$\left. \begin{aligned} J'_1 &= (\varepsilon_1 - \varepsilon_{\mathrm{m}}) + (\varepsilon_2 - \varepsilon_{\mathrm{m}}) + (\varepsilon_3 - \varepsilon_{\mathrm{m}}) = 0 \\ J'_2 &= \frac{1}{6}\left[(\varepsilon_1 - \varepsilon_2)^2 + (\varepsilon_2 - \varepsilon_3)^2 + (\varepsilon_3 - \varepsilon_1)^2\right] \\ J'_3 &= (\varepsilon_1 - \varepsilon_{\mathrm{m}})(\varepsilon_2 - \varepsilon_{\mathrm{m}})(\varepsilon_3 - \varepsilon_{\mathrm{m}}) \end{aligned} \right\} \tag{2.2.9}$$

2.2.2 各类应变

1. 八面体应变

八面体上正应变 ε_8：

$$\varepsilon_8 = \frac{1}{3}(\varepsilon_1 + \varepsilon_2 + \varepsilon_3) \qquad (2.2.10)$$

八面体上剪应变 γ_8：

$$\gamma_8 = \frac{2}{3}\sqrt{(\varepsilon_1-\varepsilon_2)^2 + (\varepsilon_2-\varepsilon_3)^2 + (\varepsilon_3-\varepsilon_1)^2} \qquad (2.2.11)$$

2. 广义剪应变 ε_d

$$\varepsilon_d = \frac{\sqrt{2}}{3}\sqrt{(\varepsilon_1-\varepsilon_2)^2 + (\varepsilon_2-\varepsilon_3)^2 + (\varepsilon_3-\varepsilon_1)^2} \qquad (2.2.12)$$

对于 $\varepsilon_2 = \varepsilon_3$ 的三轴试验：

$$\varepsilon_d = \frac{2}{3}(\varepsilon_1 - \varepsilon_3) \qquad (2.2.13)$$

3. 体积应变 ε_v

$$\varepsilon_v = \frac{\Delta V}{V} = (1+\varepsilon_1)(1+\varepsilon_2)(1+\varepsilon_3) - 1$$
$$\approx \varepsilon_1 + \varepsilon_2 + \varepsilon_3 \text{（小应变）} \qquad (2.2.14)$$

4. 应变空间与应变 π 平面

用三个主应变 ε_1、ε_2、ε_3 作为坐标轴，构成一个三维空间，见图 2.2.1。此应变空间内的一个点可以描述土中一点的应变状态。在主应变空间的等倾线 $\overrightarrow{OQ}$ 上，$\varepsilon_1 = \varepsilon_2 = \varepsilon_3 = \varepsilon_m$，与此线垂直的面称为应变 π 平面，其方程为：

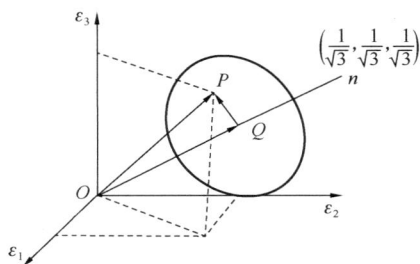

图 2.2.1　主应变空间中的 π 平面

$$\varepsilon_1 + \varepsilon_2 + \varepsilon_3 = \sqrt{3}r \qquad (2.2.15)$$

π 平面上的法向应变 ε_π：

$$\varepsilon_\pi = \sqrt{3}\varepsilon_m \qquad (2.2.16)$$

π 平面上的剪应变为 γ_π：

$$\gamma_\pi = \frac{2}{\sqrt{3}}\sqrt{(\varepsilon_1-\varepsilon_2)^2+(\varepsilon_2-\varepsilon_3)^2+(\varepsilon_3-\varepsilon_1)^2} = 2\sqrt{2}\sqrt{J_2'} \qquad (2.2.17)$$

2.2.3 应变张量

应变张量是完整描述物体中一点邻域内局部变形情况（简称一点应变状态）的物理量。式（2.2.1）表明应变张量：

$$\varepsilon = \begin{pmatrix} \varepsilon_{11} & \varepsilon_{12} & \varepsilon_{13} \\ \varepsilon_{21} & \varepsilon_{22} & \varepsilon_{23} \\ \varepsilon_{31} & \varepsilon_{32} & \varepsilon_{33} \end{pmatrix} = \begin{pmatrix} \varepsilon_x & \varepsilon_{xy} & \varepsilon_{xz} \\ \varepsilon_{yx} & \varepsilon_y & \varepsilon_{yz} \\ \varepsilon_{zx} & \varepsilon_{xy} & \varepsilon_z \end{pmatrix} \qquad (2.2.18)$$

式（2.2.18）是一个二阶对称张量，只有六个独立分量，它们的表达式为：

$$\left. \begin{aligned} \varepsilon_x &= \frac{\partial u}{\partial x}; \varepsilon_{xy}=\varepsilon_{yx}=\frac{1}{2}\left(\frac{\partial u}{\partial y}+\frac{\partial v}{\partial x}\right) \\ \varepsilon_y &= \frac{\partial v}{\partial y}; \varepsilon_{yz}=\varepsilon_{zy}=\frac{1}{2}\left(\frac{\partial v}{\partial z}+\frac{\partial w}{\partial y}\right) \\ \varepsilon_z &= \frac{\partial w}{\partial z}; \varepsilon_{zx}=\varepsilon_{xz}=\frac{1}{2}\left(\frac{\partial w}{\partial x}+\frac{\partial u}{\partial z}\right) \end{aligned} \right\} \qquad (2.2.19)$$

上式给出了小变形情况下应变分量和位移分量间的关系，称为应变-位移公式或几何方程。根据式（2.2.19）可以由位移分量求导得到应变分量，或由应变分量积分得到位移分量。

应变张量的三个对角分量 ε_x、ε_y、ε_z 称为正应变，分别等于坐标轴方向三个线元的单位伸长率，以缩短为正，伸长为负。应变张量的三个非对角分量 ε_{xy}、ε_{yz}、ε_{zx} 称为剪应变，分别等于变形前沿该分量下标所示两坐标方向的、相互正交的线元（它们是微元的两条邻边）在变形后的夹角减小量的一半。变形后线元 $P'A'$ 和 $P'B'$ 分别因其两端垂直于线元方向上的位移差而偏转了 α 角和 β 角。当角度很小时，可以用正切来表示其大小，所以：

$$\alpha = \frac{(v+\frac{\partial v}{\partial x}dx)-v}{dx}=\frac{\partial v}{\partial x}; \beta = \frac{(u+\frac{\partial u}{\partial y}dy)-u}{dy}=\frac{\partial u}{\partial y} \qquad (2.2.20)$$

在材料力学中直观地把两正交线元间的直角变化量定义为微元的工程剪应变 γ_{xy}：

$$\gamma_{xy} = \alpha+\beta = \frac{\partial v}{\partial x}+\frac{\partial u}{\partial y} \qquad (2.2.21)$$

弹性力学更注意物理概念的一致性。工程剪应变 γ_{xy} 是由作用在微元上的两对剪应力 τ_{xy} 和 τ_{yx} 共同引起的，如果只加一对剪应力 τ_{xy} 或 τ_{xx}，面元只会转动而无变形，所以与剪应力 τ_{xy} 或 τ_{xx} 对应的剪应变应该只是 γ_{xy} 的一半，即 $\varepsilon_{xy}=\varepsilon_{yx}=\frac{\gamma_{xy}}{2}=\frac{1}{2}\left(\frac{\partial v}{\partial x}+\frac{\partial u}{\partial y}\right)$，这就是式（2.2.19）中的第四式，读者可以类似地证明第五式、第六式。

应变张量与应力张量都是二阶对称张量，它们具有完全类似的性质，但在物理意义上一个是几何量，另一个是力学量。

应变张量分量的坐标转换公式为：

$$[\varepsilon'] = [\beta][\varepsilon][\beta]^{\mathrm{T}} \tag{2.2.22}$$

其中 $[\beta]$ 是坐标转换矩阵。若已知给定坐标系中的九个应变分量，由上式可以求出任意方向的正应变和剪应变，因而应变张量完全表征了一点的应变状态。

本章首先讲述弹性材料的本构关系——广义胡克定律。接着综合弹性力学的基本方程，讲述它们的基本解法，包括位移解法、应力解法和应力函数解法。然后讨论对工程应用十分重要的边界/界面条件。最后介绍弹性力学的三个一般原理，包括叠加原理、解的唯一性原理和圣维南原理。

2.2.4 广义胡克定理

胡克（Hooke，R.）在单向拉伸情况下用试验证明了弹性材料的应力和应变之间存在线性关系，或者说在小变形情况下弹性体的变形与所受的力成正比，称为胡克定理。一般来说，材料的应力与应变关系可以是非线性的，与加载过程及速率相关的甚至与变形本身的特性（如变形梯度）相关的，这关系取决于材料的物理性质，即物质的本构特性，统称为本构关系或本构方程。胡克定理是本构关系中最简单的一个特例。

1. 各向同性弹性体

对于各向同性弹性体，可以将材料力学中单向拉伸和纯剪切情况下的胡克定理推广到三向受力的一般情况。分别计算由三对正应力和三对剪应力所引起的应变，然后根据各向同性假设和叠加原理将它们相加，得到三维复杂应力状态下的应变应力关系，又称为逆弹性关系：

$$\left.\begin{aligned}
\varepsilon_x &= \frac{1}{E}[\sigma_x - \nu(\sigma_y + \sigma_z)] = \frac{1+\nu}{E}\sigma_x - \frac{\nu}{E}\Theta; \quad \gamma_{xy} = \frac{1}{G}\tau_{xy}\\
\varepsilon_y &= \frac{1}{E}[\sigma_y - \nu(\sigma_z + \sigma_x)] = \frac{1+\nu}{E}\sigma_y - \frac{\nu}{E}\Theta; \quad \gamma_{yz} = \frac{1}{G}\tau_{yz}\\
\varepsilon_z &= \frac{1}{E}[\sigma_z - \nu(\sigma_x + \sigma_y)] = \frac{1+\nu}{E}\sigma_z - \frac{\nu}{E}\Theta; \quad \gamma_{zx} = \frac{1}{G}\tau_{zx}
\end{aligned}\right\} \tag{2.2.23}$$

它们之间存在关系：

$$G = \frac{E}{2(1+\nu)} \tag{2.2.24}$$

注意，习惯上把剪切模量 G 定义为前应力与工程剪应变 γ_{ij} 之间的弹性常数，剪应力与剪应变 ε_{ij} 之间的剪切模量应为 $2G$。

把式（2.2.23）前三式叠加，得：

$$\vartheta = \frac{1-2\nu}{E}\Theta \qquad (2.2.25)$$

其中：

$$\vartheta = \varepsilon_x + \varepsilon_y + \varepsilon_z = \frac{\partial u}{\partial x} + \frac{\partial v}{\partial y} + \frac{\partial w}{\partial z} \ \text{和} \ \Theta = \sigma_x + \sigma_y + \sigma_z \qquad (2.2.26)$$

ϑ、Θ 分别是应变张量和应力张量的第一不变量，式（2.2.25）表示三向正应力之和与体积应变之间存在线性关系。利用式（2.2.25）由式（2.2.23）解得应力—应变关系，又称为弹性关系：

$$\left.\begin{array}{ll} \sigma_x = 2G\varepsilon_x + \lambda\theta; & \tau_{xy} = G\gamma_{xy} \\ \sigma_y = 2G\varepsilon_y + \lambda\vartheta; & \tau_{yz} = G\gamma_{yz} \\ \sigma_z = 2G\varepsilon_z + \lambda\theta; & \tau_{zx} = G\gamma_{zx} \end{array}\right\} \qquad (2.2.27)$$

其中：

$$\lambda = \frac{\nu E}{(1+\nu)(1-2\nu)} \qquad (2.2.28)$$

λ 和 G（不少文献将 G 记为 μ）一起称为拉梅（Lame，G.）常数。式（2.2.27）和式（2.2.3）总称为各向同性材料的广义胡克定理。

用平均正应力 $\sigma_0 = \Theta/3$ 将式（2.2.25）表示成：

$$\sigma_0 = K\vartheta \qquad (2.2.29)$$

其中：

$$K = \frac{E}{3(1-2\nu)} \qquad (2.2.30)$$

K 称为体积模量。上面共出现了 E、ν、G、λ 和 K 五个弹性常数，它们从不同的角度表示了材料的弹性性质，其中只有两个是独立常数，它们之间存在相互转换关系，见表2.2.1。

对于给定的工程材料，可以用单向拉伸试验测定 E 和 ν，用薄壁管扭转试验测定 G，用静水压试验测定 K。试验表明，在这三种加载情况下物体的变形总是与加载方向一致（即外力总在变形上作正功），所以必有：

$$E > 0; \ G > 0; \ K > 0 \qquad (2.2.31)$$

为满足上述要求，必须：

$$1 + \nu > 0; \ 1 - 2\nu > 0 \qquad (2.2.32)$$

因此泊松比 ν 的理论取值范围应为：

$$-1 < \nu < 1/2 \qquad (2.2.33)$$

作为理想化的极限情况，若 $\nu = 1/2$，则由式（2.2.30）得到体积模量 $K = \infty$，称为不可压缩材料。相应的，剪切模量 $G = E/3$。在塑性力学中经常采用不可压缩假设。在地球物理中研究应力波的传播规律时，经常假设 $\nu = 1/4$，此时 $\lambda = G$，弹性力学基本方程将其大为简化。对实际工程材料测得的泊松比都是正的，在 $0 < \nu < 1/2$ 的范围内。

弹性常数互换表

表 2.2.1

基本常数	E、ν	λ、G	K、G
E	—	$\dfrac{G(3\lambda + 2G)}{\lambda + G}$	$\dfrac{9KG}{3K + G}$
ν	—	$\dfrac{\lambda}{2(\lambda + G)}$	$\dfrac{3K - 2G}{6K + 2G}$
λ	$\dfrac{\nu E}{(1+\nu)(1-2\nu)}$	—	$K - \dfrac{2}{3}G$
G	$\dfrac{E}{2(1+\nu)}$	—	—
K	$\dfrac{E}{3(1-2\nu)}$	$\lambda + \dfrac{2}{3}G$	—

2. 各向异性弹性体

对于各向同性材料，逆弹性关系式表明，正应力只引起正应变，剪应力只引起剪应变，它们是互不耦合的。对于各向异性材料，一般情况下任何一个应力分量都可能引起任何一个应变分量的变化。广义胡克定律的一般形式为：

$$
\left.
\begin{aligned}
\sigma_x &= c_{11}\varepsilon_x + c_{12}\varepsilon_y + c_{13}\varepsilon_z + c_{14}\gamma_{xy} + c_{15}\gamma_{yz} + c_{16}\gamma_{zr} \\
\sigma_y &= c_{21}\varepsilon_x + c_{22}\varepsilon_y + c_{23}\varepsilon_z + c_{24}\gamma_{xy} + c_{25}\gamma_{yz} + c_{26}\gamma_{zr} \\
\sigma_z &= c_{31}\varepsilon_x + c_{32}\varepsilon_y + c_{33}\varepsilon_z + c_{34}\gamma_{xy} + c_{35}\gamma_{yz} + c_{36}\gamma_{zr} \\
\tau_{xy} &= c_{41}\varepsilon_x + c_{42}\varepsilon_y + c_{43}\varepsilon_z + c_{44}\gamma_{xy} + c_{45}\gamma_{yz} + c_{46}\gamma_{zr} \\
\tau_{yz} &= c_{51}\varepsilon_x + c_{52}\varepsilon_y + c_{53}\varepsilon_z + c_{54}\gamma_{xy} + c_{55}\gamma_{yz} + c_{56}\gamma_{zr} \\
\tau_{zr} &= c_{61}\varepsilon_x + c_{62}\varepsilon_y + c_{63}\varepsilon_z + c_{64}\gamma_{xy} + c_{65}\gamma_{yz} + c_{66}\gamma_{zr}
\end{aligned}
\right\}
$$

(2.2.34)

其中系数 c_{ij} $(i,j = 1,\cdots,6)$ 共有 36 个，称为弹性常数。可以从应变能的角度证明其对称性，即 $c_{ij} = c_{ji}$，所以对于一般的各向异性弹性材料，独立的弹性常数共有 21 个。

3 岩土材料破坏特性描述理论

3.1 基于 GNST 的屈服及破坏准则

摘　要：针对岩土材料的压剪耦合特性，将原广义非线性强度准则（GNST）扩展为可合理考虑岩土材料屈服与破坏特性的广义非线性屈服准则。在偏平面上，屈服准则表达式采用 SMP 与广义 Mises 准则的插值表达式；在子午面上，屈服准则表达式采用可考虑压剪耦合特性的封闭曲线表达式。由于在过渡空间中建立相应的屈服准则表达式，因此与已有的 Matsuoka-Nakai 和 Lade-Duncan 的插值准则（MNLD 准则）相比，新准则描述屈服时所采用的强度线为非线性强度曲线，同时能够更合理地考虑静水压力对于偏平面以及子午面上屈服特性的影响。模型参数均具有物理意义，且通过常规试验可以确定。通过不同岩土材料的破坏以及屈服特性的试验预测对比，结果显示了新准则在描述岩土材料压剪耦合特性方面的合理性。

关键词：岩土力学；岩土材料；强度准则；SMP 准则；广义 Mises 准则

引言

对于凝聚态材料如金属而言，静水压力对材料的屈服和破坏不会产生影响，材料只会在剪切条件下存在剪切屈服现象并最终破坏。作为摩擦型材料的岩土材料则与之不同，材料屈服与破坏的过程中，除受到剪应力水平的影响外，静水压力也会改变其屈服和破坏特性，这主要表现为：（1）在不同静水压力下，材料具有明显的应力诱导各向异性，根据 Randolph 的研究，在较低静水压力下，低应力比下的屈服面在偏平面上的形状为明显的曲边三角形，而在高静水压力下，低应力比下的屈服面在偏平面上的形状则趋近于圆形。显然，随着静水压力的增加，岩土材料的各向异性逐渐减小。（2）在等向压缩条件下，当静水压力超过材料的弹性极限压力后会进入弹塑性状态，此时岩土材料会产生屈服，即在静水压力的作用下会有塑性体应变产生。（3）在剪应力与静水压力共同作用下，剪切屈服与压缩屈服互相耦合在一起，即剪应力也会产生压缩屈服，静水压力也会产生剪切屈服。因此，岩土材料的压剪耦合特性决定了除剪切屈服与破坏之外，还需要考虑静水压力对岩土材料压缩屈服特性和强度的影响。

目前，大多数本构模型如经典的修正剑桥模型，采用分开考虑岩土材料的压缩屈服和剪切破坏的方法，即仅将剪切强度面与静水压力导致的压缩屈服面进行组合，在子午面上表现为剪切强度破坏线 CSL 线与考虑压缩屈服的椭圆屈服面之间的简单连接，而没有将两者有机地结合考虑，这种做法不能够耦合强度非线性特性。为解决这一问题，Mortara 提出了一种广义屈服与破坏准则，由于上述准则在偏平面上的表达式为幂函数的插值表达式，可分别还原为 Matsuoka-Nakai 准则与 Lade-Duncan 准则，因此可称之为 MNLD 准则。该准则采用开关函数来同时考虑子午面上的剪切屈服破坏以及静水压力导致的压缩屈服：当开关函数为幂函数时，可用于描述岩土材料的剪切破坏性质；变为封闭曲线表达式时，则可有效描述剪应力与静水压力相耦合导致的体积屈服。但是该准则作为屈服准则使用时，其屈服准则表达式中暗含了线性的剪切强度线，而该准则作为强度准则使用时，其剪切强度线为非线性幂函数曲线族，两者的表述不一致。关于材料强度准则的研究，近年来国内学者也取得大量成果。胡小荣等在分析摩尔-库伦准则与双剪统一强度准则基础上，将各主剪面上正应力与剪应力视为一个主剪面应力对。考虑上述作用，在双剪准则基础上提出了一个新准则，并将之用于围岩弹塑性分析。高红等重点分析了应力条件以及材料性质等因素，推导出岩土材料的三剪能量屈服准则。刘新荣等从盐岩的变形出发，讨论可释放应变能与耗散能之间关系，提出了基于能量原理的强度准则。邵生俊等分析了轴对称压缩、挤伸两组定法向剪切空间滑动面，分别建立了各向同性强度准则与各向异性强度准则。但上述准则仅着重于描述材料破坏时的应力条件以及材料特性，没有充分考虑岩土材料压缩屈服特性以及压剪耦合特性。

为统一描述偏平面及子午面上各种材料的非线性强度特性，姚仰平等建立了广义非线性强度准则（GNST 准则）。该准则在偏平面上，采用 SMP 准则与广义 Mises 准则的线性插值表达式来反映强度面的不同形状；在子午面上，采用幂函数表达式描述强度的非线性。但是，由于 GNST 准则只考虑了岩土材料的剪切破坏特性，也存在前述各种准则的缺陷。本文拟借鉴 MNLD 准则对剪切屈服与压缩屈服互相耦合的表述思想，通过改变子午面上 GNST 准则的表达式，将原 GNST 准则扩展为能考虑岩土材料剪切破坏和压剪耦合下屈服的广义非线性屈服准则——General Nonlinear Yield Criterion（缩写为 GNYC 准则）。由于在过渡应力空间建立相应的屈服准则表达式，因此其采用的强度线为幂函数曲线，静水压力对偏平面上屈服特性的影响也能得到合理考虑。通过与各种岩土材料破坏以及屈服特性试验资料的对比，验证了所提 GNYC 准则的合理性。

3.1.1 现有岩土材料本构模型中屈服准则的局限性

1. 修正剑桥模型屈服面的局限性

修正剑桥模型是由 Roscoe 等根据正常固结重塑黏土的应力应变特性，在合理的假定下得到的用于岩土材料的经典弹塑性本构模型。模型反映材料屈服破坏的核心是其采用椭圆形屈服面（$f=0$），以及反映剪切破坏的过 p、q 坐标原点的直线型强度线，如图 3.1.1 所示。上述屈服线以及强度线用来描述正常固结重塑黏土是适用的，但对于存在结构性等复杂应力应变特性的岩土材料来说，其适用范围则存在如下局限性：（1）采用直线形的强度线在较低应力水平下是适用的，但在高应力作用下，强度会存在不同程度的降低，即强度线并非始终保持直线形态。（2）相对于黏土材料而言，砂土材料由于其异于黏土材料的剪胀特性以及在大应力下所特有的破碎效应均决定了椭圆形屈服面不适用于砂土材料。（3）在默认情况下，修正剑桥模型在子午面上采用广义 Mises 破坏准则，因此在三维应力空间中屈服面是以静水压力轴为中心轴的旋转体面，无法反映岩土材料的应力诱导各向异性。因此，建立能够合理统一描述具有复杂特性的岩土材料屈服准则具有重要意义。

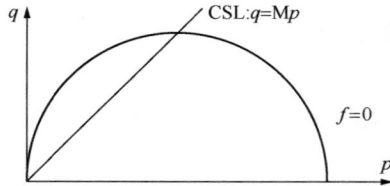

图 3.1.1　修正剑桥模型子午面上的屈服面

2. MNLD 准则的缺陷

为更好地描述各类岩土材料的破坏以及屈服特性，Mortara 提出了广义强度与屈服准则，其强度准则表达式与屈服准则表达式可通过开关函数进行切换，如式（3.1.1）所示，

$$\frac{I_1^n I_2^{(3-n)/2}}{I_3} = 3^{(3+n)/2} + \alpha \left(\frac{I_0}{I_1}\right)^{c_1} \left[1 - \mathrm{sgn}(c_2)\left(\frac{I_1}{I_0}\right)^{c_2}\right] \tag{3.1.1}$$

当 $c_2=0$ 时，则式（3.1.1）可化为：

$$\frac{I_1^n I_2^{(3-n)/2}}{I_3} = 3^{(3+n)/2} + \alpha \left(\frac{I_0}{I_1}\right)^{c_1} \tag{3.1.2}$$

即式（3.1.2）可作为强度表达式，当 $c_2>0$ 时，则式（3.1.1）可化为：

$$\frac{I_1^n I_2^{(3-n)/2}}{I_3} = 3^{(3+n)/2} + \alpha \left(\frac{I_0}{I_1}\right)^{c_1} \left[1 - \left(\frac{I_1}{I_0}\right)^{c_2}\right] \tag{3.1.3}$$

式（3.1.3）作为屈服准则表达式使用。

其中，n、α、c_1、c_2 为相应的材料参数，I_0 为状态参数。参数 n 为描述偏平面上强度线介于 SMP 准则与 Lade 准则曲线之间的插值参数。当作为强度准则使用时，参数 α 由岩土材料的破坏摩擦角与参数 n 共同确定；当作为屈服准则时，则参数 α 由破坏摩擦角与参数 c_2 共同确定。参数 c_1 为幂函数强度曲线的幂次。作为强度准则时，I_0 的作用是使应力无量纲化；作为屈服准则时，I_0 为硬化应力。

MNLD 准则作为强度准则时，$\mathrm{sgn}(c_2)=0$，在子午面上的形状为幂函数曲线族，如图 3.1.2 所示。由上到下参数 c_1 分别取值为 0、0.5、1.0、1.5、2.0、2.5。由此可见，准则所采用的强度曲线为弯曲的幂函数曲线。

MNLD 准则作为屈服准则时，$\mathrm{sgn}(c_2)=1$。图 3.1.3 为 MNLD 作为屈服准则时屈

服面的形态。在屈服过程中，当硬化应力从 100kPa 增加到 300kPa 时，该准则的屈服面保持相似性，但其采用的强度曲线为斜直线，并未与 MNLD 强度准则所表示的幂函数曲线相结合。因此在子午面上，其屈服准则不能体现强度值随净水压力增大而变化的特性。

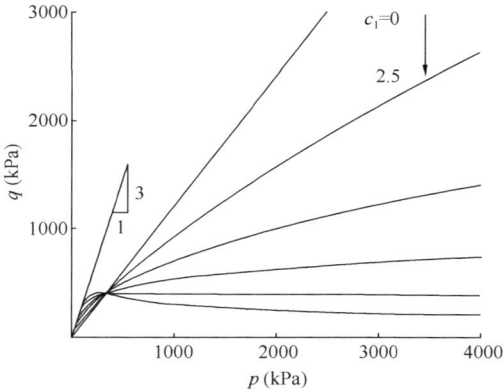

图 3.1.2　子午面上 MNLD 强度曲线　　　　图 3.1.3　子午面上 MNLD 屈服曲线

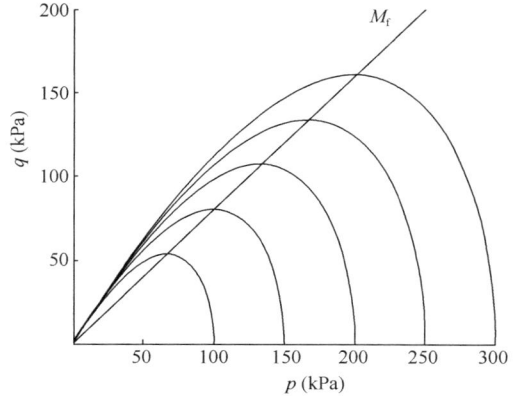

由此可见，MNLD 准则由于其屈服准则表达式中暗含的强度线并非幂函数剪切强度线，只是用了简单的直线表达式，因此，其屈服准则中的破坏应力比为一个固定值，并非与静水压力相关的幂函数形式的变量值，这使得 MNLD 准则中用于屈服准则的破坏应力比与强度准则中的破坏应力比不一致。

3.1.2　GNYC 准则

1. GNYC 准则表达式

GNST 准则是从岩土材料的破坏规律得到的用于描述摩擦型材料剪切破坏的强度准则，若作为屈服准则使用，则由两部分构成：在偏平面上，其屈服曲线由 SMP 屈服曲线与 Mises 屈服曲线插值得到，GNST 屈服曲线形状为介于上述两准则曲线之间的曲边三角形。在子午面上，GNST 表达式为幂函数形式，这种开口的曲线形式无法反映岩土材料压剪耦合的屈服特性。

基于此，要将原 GNST 准则拓展为 GNYC 准则，新准则需能够考虑剪切屈服与等向压缩屈服特性以及二者之间的耦合压剪屈服特性，同时保证屈服准则表达式中暗含的剪切强度线与破坏准则表达式所表示的剪切强度线相一致。

在子午面上，GNYC 准则与原 GNST 准则相同，采取开口的幂函数形式，强度线所采取的表达式可写为：

$$\bar{q}_\alpha^* = M_f \bar{p} \tag{3.1.4}$$

式中：

$$\bar{p} = p_r \left(\frac{p + \sigma_0}{p_r} \right)^n \qquad (3.1.5)$$

p_r 为参考球应力，反映在此应力值下子午面上破坏曲线的割线斜率，可保证式 (3.1.5) 括号中的比值无量纲，使等式左右量纲相同。对于散粒体材料，p_r 通常取一个标准大气压值。

在偏平面上，剪应力可表示为：

$$\bar{q}_\alpha^* = \alpha \sqrt{\bar{I}_1^2 - 3\bar{I}_2} + \frac{2(1-\alpha)\bar{I}_1}{3\sqrt{(\bar{I}_1\bar{I}_2 - \bar{I}_3)/(\bar{I}_1\bar{I}_2 - 9\bar{I}_3)} - 1} \qquad (3.1.6)$$

其中，$\bar{I}_1$、$\bar{I}_2$、$\bar{I}_3$ 可表示为：

$$\left. \begin{array}{l} \bar{I}_1 = \bar{\sigma}_1 + \bar{\sigma}_2 + \bar{\sigma}_3 \\ \bar{I}_2 = \bar{\sigma}_1\bar{\sigma}_2 + \bar{\sigma}_2\bar{\sigma}_3 + \bar{\sigma}_3\bar{\sigma}_1 \\ \bar{I}_3 = \bar{\sigma}_1\bar{\sigma}_2\bar{\sigma}_3 \end{array} \right\} \qquad (3.1.7)$$

应力分量记为：

$$\bar{\sigma}_i = \sigma_i + \left[p_r \left(\frac{p + \sigma_0}{p_r} \right)^n - p \right] \quad n \in [0,1] \\ i = 1,2,3 \qquad (3.1.8)$$

记 $\bar{\sigma}_i$ 对应的应力空间为过渡应力空间。过渡应力空间与普通应力空间之间仅对应于球应力的变换，即将普通应力空间中子午面上幂函数曲线形式的强度线，通过应力的变换，在过渡应力空间表述为直线形式。图 3.1.4 为在普通主应力空间中的破坏曲线，而图 3.1.5 为与之相应的过渡主应力空间中的破坏曲线。由此可见，主应力空间中的破坏曲线的母线由普通应力空间中的曲线变换为过渡应力空间中的直线。

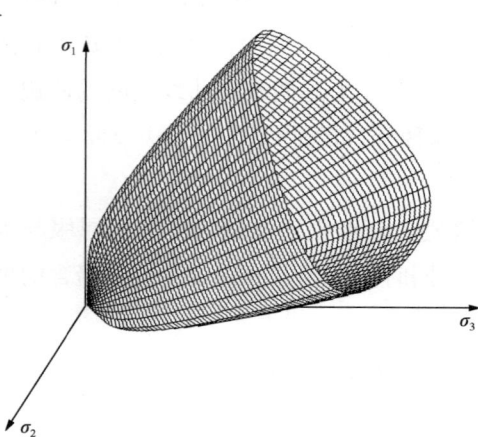

图 3.1.4 主应力空间中的破坏曲线　　图 3.1.5 过渡应力空间中的破坏曲线

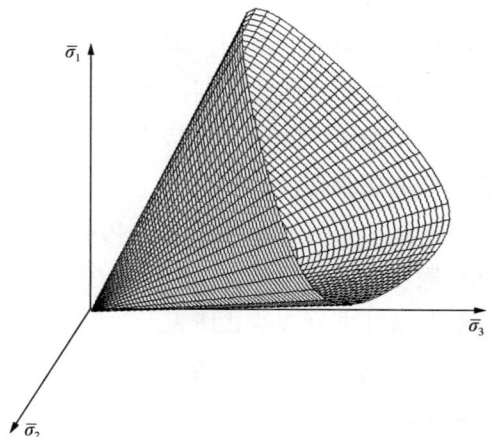

为将原 GNST 准则扩展为 GNYC 准则，在过渡应力空间中，屈服面的强度线与原 GNST 准则相同，采用斜直线的形式。参考罗汀等提出的渐近状态模型屈服面的构造形式，则可写出 GNYC 在过渡应力空间中的数学表达式：

$$\bar{q}_a^* = M\bar{p}\sqrt{\left[\left(\frac{\bar{p}_c}{\bar{p}}\right)^{1-\mu} - 1\right]} \tag{3.1.9}$$

其中，$\bar{p}_c$ 表示屈服面在 $\bar{p} - \bar{q}$ 面上与 $\bar{p}$ 轴的右端交点，为状态参数，表征加载过程中屈服面的硬化程度称为硬化应力。μ 为新的耦合参数。M 为材料的残余强度。对于黏土或者砂土而言，残余强度通常指在临界状态条件下的应力比，自然界状态下的土体通常处于不同超固结度以及具有不同结构特性的土体，正常固结土或正常压密砂土的峰值应力比与临界状态应力比相等，因此，将这种材料对应的正常固结土或者正常压密砂土在三轴剪切条件下做破坏试验，即可测得其临界状态应力比；而对于软岩，由于可将其视为强超固结土，因此可通过三轴剪切得到残余应力比，即可作为临界状态应力比使用；对于硬岩，由于其属于脆性材料，因此塑性剪应变可作为硬化参量，其屈服准则可由反映剪切屈服的开口幂函数表达，则此时测得其在三轴剪切下的破坏应力比即可得到强度参数。上述引入屈服准则，在 GNST 的材料参数基础上增加了 1 个新参数，共计 5 个参数：α、$M_f(M)$、σ_0、n、μ。

参考 MNLD 准则开关函数的表达形式，将广义非线性强度准则与所提出的可考虑压剪耦合特性的屈服面统一表述为：

$$\bar{q}_a^* = M^* \bar{p}\left[\operatorname{sgn}(\mu-1) + \operatorname{sgn}(\mu)\sqrt{\left[\left(\frac{\bar{p}_c}{\bar{p}}\right)^{1-\mu} - 1\right]}\right] \tag{3.1.10}$$

$$其中，M^* = \begin{cases} M_f & \mu = 1 \\ M & 0 \leqslant \mu < 1 \end{cases} \tag{3.1.11}$$

$$\operatorname{sgn}(x) = \begin{cases} 0 & x < 0 \\ 1 & x \geqslant 0 \end{cases} \tag{3.1.12}$$

则当参数 $\mu = 1$ 时，式（3.1.10）退化为式（3.1.4），GNYC 准则回到原 GNST 准则；当参数 $0 \leqslant \mu < 1$ 时，式（3.1.10）退化为式（3.1.9），GNYC 准则为考虑压剪耦合的屈服准则。由式（3.1.10）可知，当 $\mu = 1$ 时，GNYC 准则在主应力空间为开口曲面，描述的是岩土材料在剪切破坏模式下的特性，其破坏曲面见图 3.1.4。而当 $0 \leqslant \mu < 1$ 时，GNYC 准则在主应力空间为封闭曲面，表述的是岩土材料剪切、等向压缩屈服相互耦合特性的屈服面。

2. GNYC 表达式分析

参考式（3.1.10），当参数 $\mu = 1$ 时，则公式化为：

$$\alpha\sqrt{\bar{I}_1^2 - 3\bar{I}_2} + \frac{2(1-\alpha)\bar{I}_1}{3\sqrt{\dfrac{\bar{I}_1\bar{I}_2 - \bar{I}_3}{\bar{I}_1\bar{I}_2 - 9\bar{I}_3}} - 1} = M_f\bar{p} \tag{3.1.13}$$

此时，式（3.1.13）所表述曲面为图 3.1.5 所示过渡空间中破坏面，由于等式左边为 Mises 曲线与 SMP 曲线的加权平均表达式，而 Mises 曲线与 SMP 曲线在 $\sigma_1>0$、$\sigma_2>0$、$\sigma_3>0$ 时为唯一曲线形态，即在主应力空间第一象限内单值唯一，因此可唯一确定破坏面。

（1）常规三轴压缩条件：当材料应力状态处于常规三轴压缩状态时，$\sigma_1>\sigma_2=\sigma_3$，此时应力状态实质上为二维应力状态。此时：

$$\begin{cases} \bar{\sigma}_1 = \bar{p} + \dfrac{2}{3}\bar{q} \\ \bar{\sigma}_3 = \bar{p} - \dfrac{2}{3}\bar{q} \end{cases} \tag{3.1.14}$$

将式（3.1.14）代入式（3.1.6）～式（3.1.10），可得到三轴压缩条件下的准则表达式：

$$\alpha\bar{q} + \frac{6(1-\alpha)\bar{p}}{3\sqrt[3]{\dfrac{12\bar{p}^3 - \bar{p}\bar{q}^2 - \bar{q}^3/9}{3\bar{p}\bar{q}^2 - \bar{q}^3}} - 1} = \tag{3.1.15}$$

$$M^* \bar{p}\left[\mathrm{sgn}(\mu-1) + \mathrm{sgn}(\mu)\sqrt{\left[\left(\frac{\bar{p}_c}{\bar{p}}\right)^{1-\mu} - 1\right]} \right]$$

（2）常规三轴伸长条件：当材料处于常规三轴伸长状态时，则 $\sigma_1=\sigma_2>\sigma_3$，此时：

$$\begin{cases} \bar{\sigma}_1 = \bar{p} + \dfrac{1}{3}\bar{q} \\ \bar{\sigma}_3 = \bar{p} - \dfrac{2}{3}\bar{q} \end{cases} \tag{3.1.16}$$

推导得到准则表达式为：

$$\alpha\bar{q} + \frac{6(1-\alpha)\bar{p}}{3\sqrt[3]{\dfrac{12\bar{p}^3 - \bar{p}\bar{q}^2 + \bar{q}^3/9}{3\bar{p}\bar{q}^2 + \bar{q}^3}} - 1} = \tag{3.1.17}$$

$$M^* \bar{p}\left[\mathrm{sgn}(\mu-1) + \mathrm{sgn}(\mu)\sqrt{\left[\left(\frac{\bar{p}_c}{\bar{p}}\right)^{1-\mu} - 1\right]} \right]$$

3. GNYC 参数取值范围分析

合理的屈服面应表现为外凸性。为将 GNYC 应用于岩土工程的数值计算中，应对影响其形状的参数进行讨论并确定其取值范围，从而可以了解屈服面形态受参数影响的变化规律。

在偏平面上，由于形状参数 α 为介于 $0\sim1$ 之间的系数，因此，其形状外凸的下限为 SMP 准则，上限为广义 Mises 的圆形。因此，无论 α 取 $0\sim1$ 之间的任何值都不影响屈服面在偏平面上的外凸性。

由式（3.1.9）可知，在子午面上，μ 为独立参数，由于二次根号下取值的非负性，因此，幂次 $1-\mu$ 要满足不小于零。当幂次为零时，则屈服面退化为与 p 轴重合的直线段。下面探讨不同范围的 μ 取值对屈服面外凸性的影响。

由式（3.1.8）、式（3.1.9）可知，由 $\bar{q}_a^*$ 对自变量 p 求二阶偏导数，通过偏导数的正负性可判定屈服面的外凸性。

一阶偏导：

$$\frac{\partial \bar{q}_a^*}{\partial p} = \frac{\partial \bar{q}_a^*}{\partial \bar{p}} \frac{\partial \bar{p}}{\partial p} \tag{3.1.18}$$

$$\frac{\partial \bar{q}_a^{*2}}{\partial p^2} = \frac{\partial \left(\dfrac{\partial \bar{q}_a^*}{\partial p} \right)}{\partial p} \tag{3.1.19}$$

联立式（3.1.18）和式（3.1.19）：

$$\frac{\partial \bar{q}_a^{*2}}{\partial p^2} = \left[\frac{\partial \bar{q}_a^{*2}}{\partial \bar{p}^2} \frac{\partial \bar{p}}{\partial p} + \frac{\partial \bar{q}_a^*}{\partial \bar{p}} \frac{\partial \left(\dfrac{\partial \bar{p}}{\partial p} \right)}{\partial \bar{p}} \right] \frac{\partial \bar{p}}{\partial p} \tag{3.1.20}$$

$$\frac{\partial \bar{q}_a^{*2}}{\partial p^2} = \frac{\partial \bar{q}_a^{*2}}{\partial \bar{p}^2} \left(\frac{\partial \bar{p}}{\partial p} \right)^2 + \frac{\partial \bar{q}_a^*}{\partial \bar{p}} \frac{\partial \left(\dfrac{\partial \bar{p}}{\partial p} \right)}{\partial \bar{p}} \frac{\partial \bar{p}}{\partial p} \tag{3.1.21}$$

由于：

$$\frac{\partial \bar{p}}{\partial p} = n \left(\frac{p + \sigma_0}{p_r} \right)^{n-1} \tag{3.1.22}$$

所以得到：

$$\frac{\partial \left(\dfrac{\partial \bar{p}}{\partial p} \right)}{\partial \bar{p}} = 0 \tag{3.1.23}$$

因此，式（3.1.21）可简化为：

$$\frac{\partial \bar{q}_a^{*2}}{\partial p^2} = \frac{\partial \bar{q}_a^{*2}}{\partial \bar{p}^2} \left(\frac{\partial \bar{p}}{\partial p} \right)^2 \tag{3.1.24}$$

由于 $\left(\dfrac{\partial \bar{p}}{\partial p} \right)^2 \geqslant 0$，因此可通过 $\dfrac{\partial \bar{q}_a^{*2}}{\partial \bar{p}^2}$ 的正负性判断屈服面的凹凸性。$\dfrac{\partial \bar{q}_a^{*2}}{\partial \bar{p}^2}$ 为过渡空间中剪应力对球应力的二阶偏导数。

令 $\dfrac{\partial \bar{q}_a^{*2}}{\partial \bar{p}^2} = f$，下面分别确定参数 μ 取值范围为 $0 < \mu < 1$，$-9 < \mu < 1$ 时，关于二阶偏导数 f 在 $\bar{p} - \mu$ 空间中的分布图，其中控制 $\bar{p}$ 取值为 $0 \sim 900\text{kPa}$。由图 3.1.6 可知，当参数 μ 取值在 $0 \sim 1$ 时，则 f 始终取负值，因此说明屈服面总满足外凸条件。当 $-9 < \mu < 1$ 时，如图 3.1.7 所示，由三维图在 $\bar{p} - \mu$ 坐标系上的投影可知，在此定义域内存在一条弧

状等高线 $f=0$，在此圆弧状以内，即 $\bar{p}$ 小于等高线上的球应力时，则表示 f 大于零，屈服面为非外凸；当在等高线右侧时，则 f 小于零，屈服面外凸。由图 3.1.7 可知，当固定 μ 时，球应力越小，越靠近非外凸区域；当 μ 取值很小时，则进入非外凸区域，当球应力足够大时，μ 的影响变小，此时球应力起主导作用。即球应力越小，子午面以及偏平面上截面形状越趋向于直线形；而球应力越大，越趋向于圆形，则屈服面外凸性增强。当 μ 取值范围增大时，如图 3.1.7 所示，即当从 -1 减小到 -9 时，则非外凸区域扩大。只有当球应力足够大时，才满足外凸条件，因此 μ 取值不宜过小。控制在 $-1\sim1$ 之间时，对于球应力的连续变化，能够保证屈服面始终外凸。

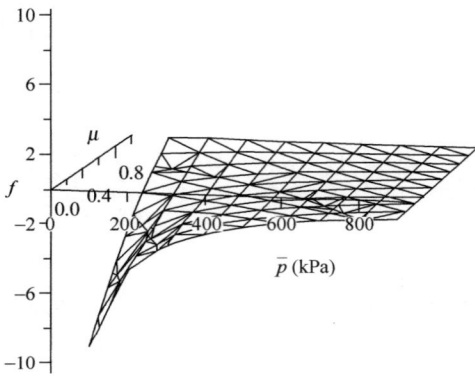

图 3.1.6　当 $0<\mu<1$ 时，过渡空间中屈服面二阶偏导数分布图

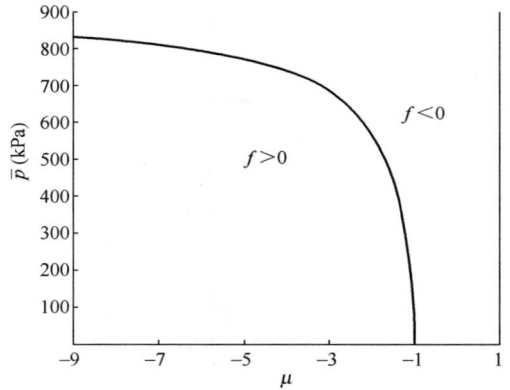

图 3.1.7　当 $-9<\mu<1$ 时，过渡空间中屈服面二阶偏导数分布图

4. 参数物理意义及确定方法

本节对 GNYC 参数 α、$M_f(M)$、σ_0、n、μ 的物理意义以及确定方法做出阐述。

（1）α 含义

在偏平面上，屈服准则采用的表达式与强度准则的表达式相同，因此，在式（3.1.4）中，α 表示在偏平面上 Mises 圆与 SMP 曲边三角形的加权值。如图 3.1.8 所示，α 从 1 变化到 0 表示从圆到 SMP 曲边三角形之间的屈服形状，它刻画了从金属、混凝土到无凝聚性土等一系列材料的破坏屈服特性。在同一偏平面上，若采用三轴伸长强度 q_e 与三轴压缩强度 q_c 之比 β 来表示 α，则存在如下关系表达式：

$$\alpha = \frac{\beta(3+M^*)-3}{\beta^2 M^*} \tag{3.1.25}$$

当 $\beta=1$ 时，则 $\alpha=1$，表示 Mises 强度曲线；当 $\beta=3/(3+M_f)$ 时，则 $\alpha=0$，表示 SMP 强度曲线。因此，参数 α 可通过三轴压缩与三轴伸长强度值确定。

（2）M_f 含义

在原 GNST 准则中，M_f 表示在参考应力 p_r 下的强度曲线的割线斜率。GNYC 作为屈服准则时，如图 3.1.9 所示，M_f 的物理意义不变。

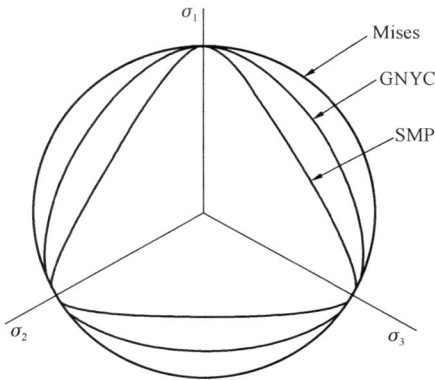

图 3.1.8 偏平面上的屈服曲线

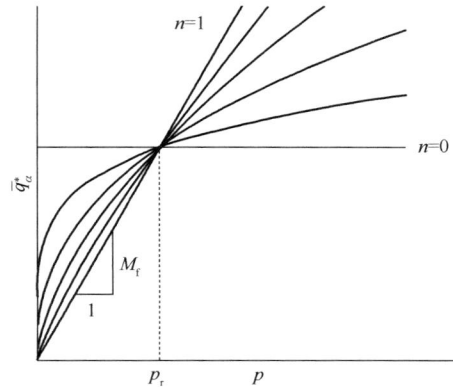

图 3.1.9 子午面上的强度曲线

（3）n 含义

n 为幂函数曲线族的幂次，表示子午面上破坏曲线的弯曲程度。如图 3.1.9 所示，当 $n=0$ 时，破坏曲线退化为与静水压力无关的直线，平行于静水压力轴；当 $n=1$ 时，幂函数曲线变为一条过原点的斜直线；当 $0<n<1$ 时，幂函数曲线为介于上述两直线之间的开口曲线。图 3.1.9 中，从下向上分别是 n 为 0、0.2、0.4、0.6、0.8、1.0 时强度曲线的变化趋势。

联立式（3.1.4）、式（3.1.5），并变形可得到：

$$\ln\left(\frac{\overline{q}_\alpha^*}{p_r}\right) = n\ln\left(\frac{p+\sigma_0}{p_r}\right) + \ln M_f \tag{3.1.26}$$

将材料的三轴压缩试验结果整理在 $\ln\left(\dfrac{\overline{q}_\alpha^*}{p_r}\right) \sim \ln\left(\dfrac{p+\sigma_0}{p_r}\right)$ 坐标系内，则显然可见，整理出的直线型拟合直线，其斜率为 n，而截距值为 $\ln M_f$。

（4）σ_0 含义

σ_0 为强度曲线与静水压力轴的左交点值，其物理意义表示材料在拉伸条件下的强度值，可以反映材料的凝聚力。图 3.1.10 中，从下向上分别表示 σ_0 为 0、50、100、150、200、250kPa 时强度曲线的变化趋势。

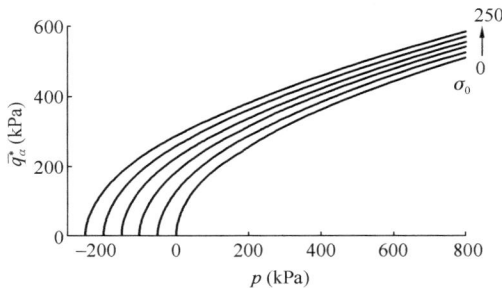

图 3.1.10 凝聚力对子午面上破坏曲线的影响

参数 σ_0 为材料的三向拉伸强度值，一般三向拉伸很难实现，对于无黏性土，则取为零。对于凝聚力材料，如混凝土材料，根据过镇海等的研究成果，可采用如下关系式：

$$\sigma_0 = f_{\text{ttt}} = 0.9 f_{\text{t}} = 0.09 f_{\text{c}} \tag{3.1.27}$$

其中，f_{ttt} 为三向拉伸强度，而 f_{t} 为单轴抗拉强度，f_{c} 为单轴抗压强度。

（5）μ 含义

在过渡空间中，参数 μ 对屈服面形状影响如图 3.1.11 所示。当 $\mu=1.0$ 时，屈服面成为与 p 轴重合的线段。当 $\mu=0.0$ 时，则在子午面上屈服面回到与修正剑桥模型相同的椭圆屈服面。由图 3.1.11 可知，μ 影响屈服面左端点初始斜率的大小，μ 越大，初始左端斜率越大，则屈服面初始状态越陡；μ 减小，屈服面左端初始斜率降低，则屈服面形态趋于扁平。

回到普通应力空间，如图 3.1.12 所示，子午面上强度线变为曲线形态，屈服面整体向左端倾斜。

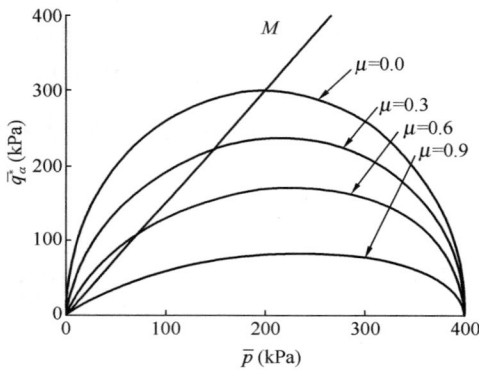

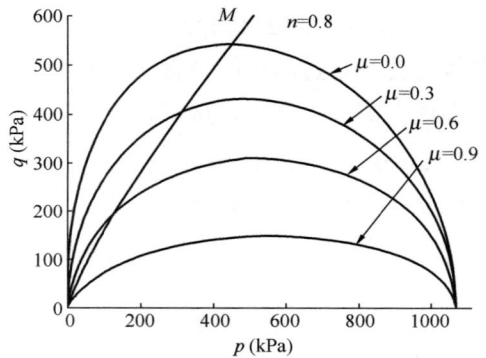

图 3.1.11 过渡空间中参数 μ 对子午面上屈服曲线的影响　　图 3.1.12 普通应力空间中参数 μ 对屈服曲线的影响

对于岩土材料而言，耦合参数 μ 是用来反映压剪耦合程度的土性参数。对于黏土材料而言，由三轴压缩下固结不排水抗剪强度确定。假设初始固结应力为 $\bar{p}_{\text{c}0}$，则由不排水路径从初始固结加载到破坏，硬化应力从 $\bar{p}_{\text{c}0}$ 到 $\bar{p}_{\text{c}}$，由式（3.1.9）可解出：

$$\mu = 1 - \frac{\ln 2}{\ln(M\bar{p}_{\text{c}}/\bar{q}_{\text{u}})} \tag{3.1.28}$$

其中，$\bar{q}_{\text{u}}$ 表示不排水抗剪强度。而硬化应力 $\bar{p}_{\text{c}}$ 可由衡量黏土材料的硬化参量以及土性参数确定，其具体的确定方法可参见附录 3.1.1。

（6）$\bar{p}_{\text{c}}$ 含义

在过渡应力空间中，$\bar{p}_{\text{c}}$ 为屈服曲线与 p 轴的右交点，描述等向压缩时，土体体积屈服，塑性模量硬化的程度。如图 3.1.13 所示，图中曲线为当 $\bar{p}_{\text{c}}$ 分别为 400、800、1200、1600、2000kPa 时的屈服面形态。回到普通应力空间，$\bar{p}_{\text{c}}$ 对屈服曲线的影响如图 3.1.14 所示。

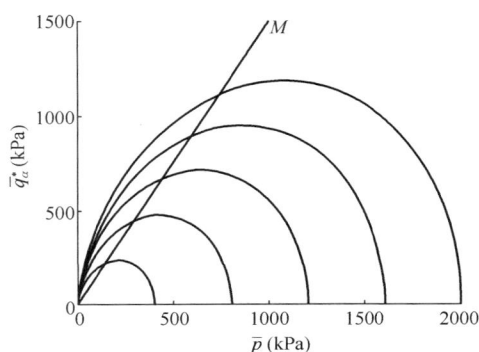

图 3.1.13　过渡空间中硬化应力对
子午面上屈服曲线的影响

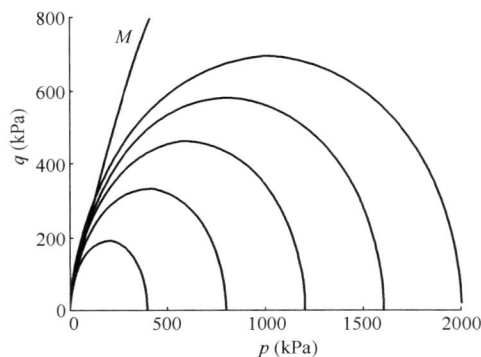

图 3.1.14　普通应力空间中硬化应力对
子午面屈服曲线的影响

5. GNYC 准则特性分析

由于过渡应力空间与普通应力空间之间仅对应于球应力的变换，则：

$$q_\alpha^* = \bar{q}_\alpha^* \tag{3.1.29}$$

考虑过渡应力空间中 GNYC 准则在子午面上的表达式，则由式（3.1.29）可得：

$$q_\alpha^* = M_f p_r \left(\frac{p+\sigma_0}{p_r}\right)^n \sqrt{\left[\left(\frac{p_c+\sigma_0}{p+\sigma_0}\right)^{n(1-\mu)} - 1\right]} \tag{3.1.30}$$

取对应的硬化应力为 $p_c=300$kPa，则对于 GNYC 屈服面在偏平面上垂直于静水压力轴的截面如图 3.1.15 所示，其参数分别为 $\alpha=0$、$\sigma_0=0$kPa、$p_r=150$kPa、$\mu=0$、$n=0.5$、$M=1.5$。

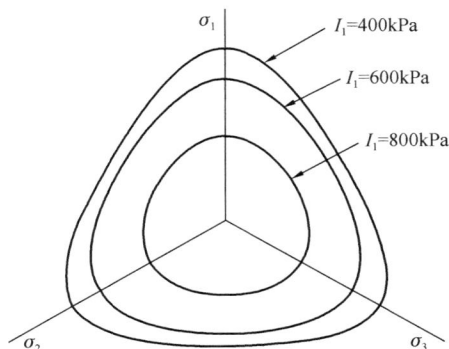

图 3.1.15　偏平面上 GNYC 屈服曲线

从图 3.1.15 中可知，当静水压力较小时，即 $I_1=400$kPa 时，偏平面上屈服曲线形状呈现为明显的曲边三角形，随着静水压力的增大，尤其是当 $I_1=600$kPa 或 800kPa 时，形状趋近于圆形，表现出明显的应力诱导各向异性。

如图 3.1.16 所示，在过渡应力空间中的屈服面形态，由于强度线为直线形式，其子午面上为较规则的封闭曲线，偏平面上为曲边三角形。而在普通主应力空间中，当静水压力较小时，偏平面上的屈服面形态表现出明显的应力诱导各向异性。图 3.1.17 为对应的在真实主应力空间中的三维屈服面形态。

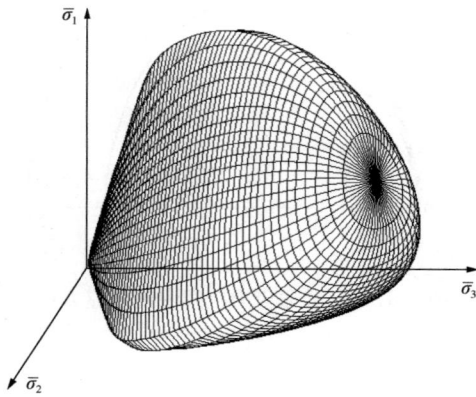

图 3.1.16　过渡应力空间中 GNYC 屈服曲面　　图 3.1.17　普通应力空间中 GNYC 屈服曲面

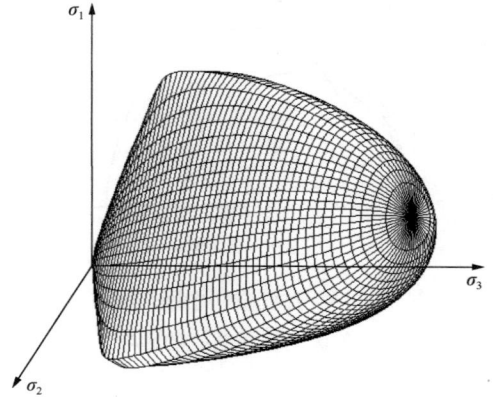

3.1.3　试验验证

1. GNYC 准则试验验证

下面选用多种不同岩土材料的试验结果来验证所提 GNYC 准则的合理性和适用性，材料参数如表 3.1.1 所示。

材料参数　　　　　　　　　　　　　表 3.1.1

准则	图号（岩土）		α	σ_0 (MPa)	p_r (MPa)	μ	n	M_f
GNYC	18（丰浦砂）		0	0	0.1	1	1	1.68
	19（粗面岩）		0.52	1.41	100	1	0.58	2.15
	20（粗面岩）		0.63	1.41	100	1	0.59	2.18
	21（白云岩）		0.25	17.5	200	1	0.6	2.2
	22	(a)（灰屑岩）	0.5	0	2.4	0.10	0.95	1.18
		(b)（浅湾砂）	0.5	0	P_c	0.05	0.96	1.08
		(c)（Leda 黏土）	0.5	0	0.15	0.43	0.97	2.18
MNLD	参数		n	t (MPa)	α	c_1	c_2	I_0 (MPa)
	22	(a)	1.0	0.14	1.4	1.0	1.6	7.2
		(b)	1.0	0	12.0	1.1	0.11	$3P_c$
		(c)	1.0	0	1.5	1.8	40	0.69

日本学者松冈与中井在 1983 年得到关于丰浦砂土的真三轴试验结果，图 3.1.18 中圆圈为该试验球应力控制在 196kPa 时对应于应力洛德角分别为 0°、15°、30°、45°、60°时的破坏点，此时，GNYC 作为强度准则使用，在参数 μ 取 1 的条件下，式（3.1.10）退化

为式（3.1.4），与原 GNST 相同，预测结果如图 3.1.18 中粗线所示。

图 3.1.19 中的圆圈为 Mogi 在 1971 年得到的粗面岩石的三轴压缩试验破坏点，此时，GNYC 仍作为强度准则使用，与原 GNST 相同，由式（3.1.4）得到的预测结果如图 3.1.19 中粗线所示。

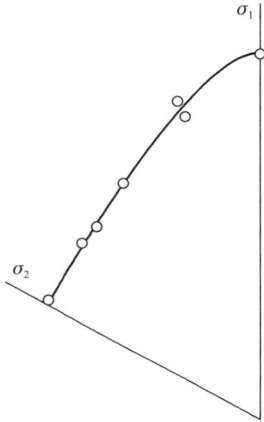

图 3.1.18　主应力空间中偏平面上
强度准则与试验点比较

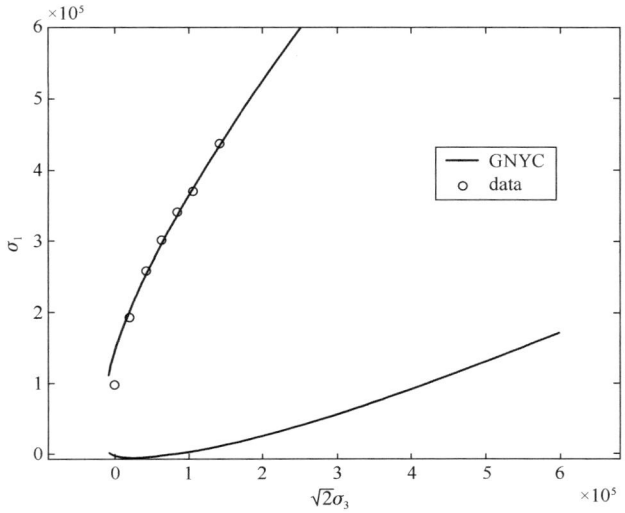

图 3.1.19　主应力空间中 Rendulic 平面上
强度准则与破坏点比较

图 3.1.20 中的圆圈为粗面岩石真三轴试验中不同路径上的破坏点，其中控制 $I_1 = 500\mathrm{MPa}$。按照表 3.1.1 中参数预测时，结果如图 3.1.20 中粗线所示。

图 3.1.21 中圆圈为平面应力条件下白云岩强度特性的测试结果，试验控制小主应力的取值为零，粗线为 GNYC 准则预测结果。

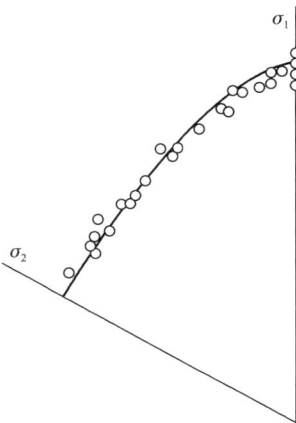

图 3.1.20　主应力空间中偏平面上
强度准则与试验点比较

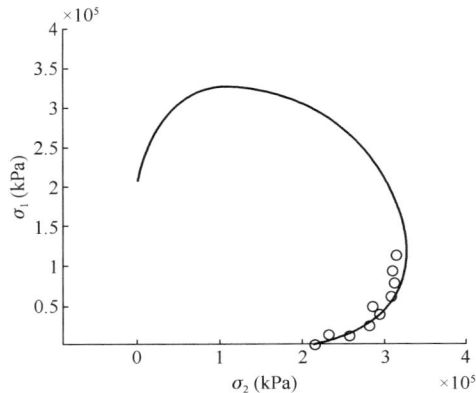

图 3.1.21　双主应力空间中平面应力
强度准则与试验点比较

根据 Lagioia 与 Nova 在 1995 年对钙质灰屑岩石所做的屈服特性的试验结果，图
3.1.22(a) 中的圆圈为相应屈服轨迹试验点，此时，GNYC 作为屈服准则使用，
式（3.1.10）退化为式（3.1.9），采用表 3.1.1 中参数的预测结果如图 3.1.22(a) 中实线
所示，虚线为采用 MNLD 准则预测结果。

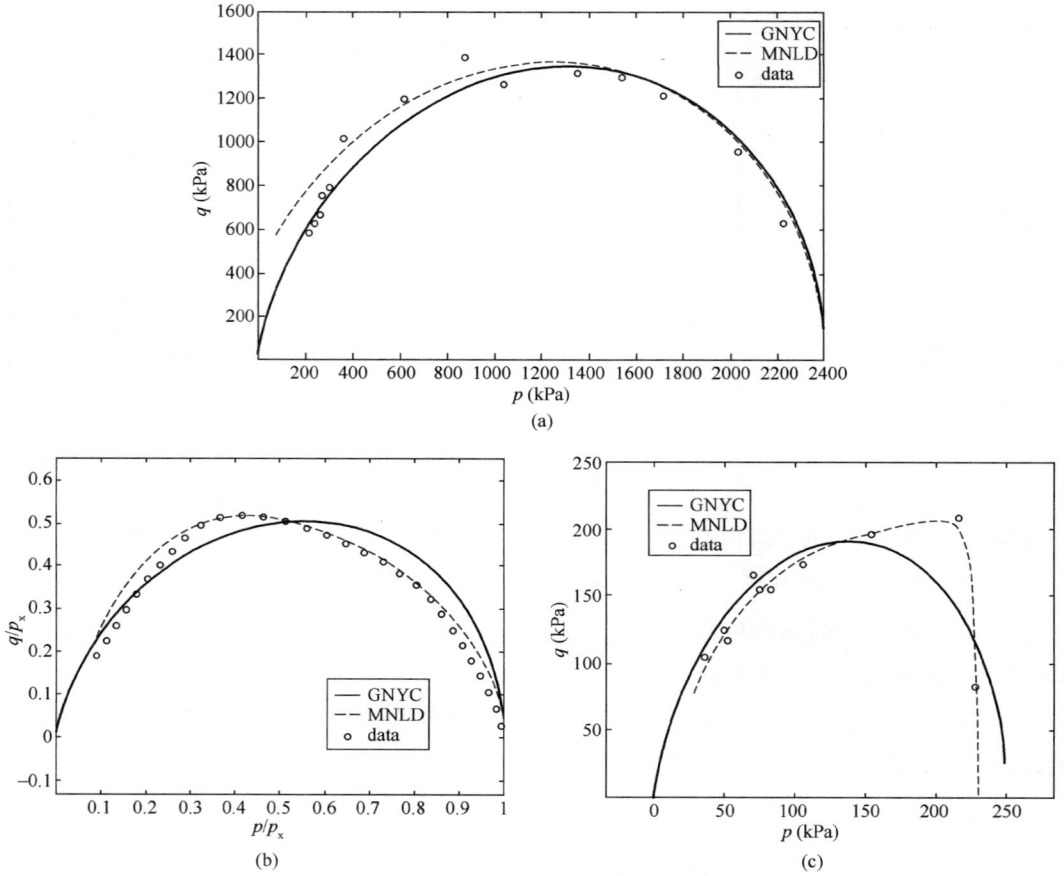

图 3.1.22　子午面上屈服准则与试验点比较

Coop 在 1990 年研究犬湾砂土时得到相应屈服轨迹的试验点，由于每个试验点是在不
同先期压密球应力 p_x 下得到的，因此 Coop 为便于归纳，将所有数据用其归一化，图
3.1.22(b) 中圆圈表示被该先期压密球应力归一化后的试验点，将表 3.1.1 中参数代入式
（3.1.9），可知实线所示的 GNYC 屈服准则的预测曲线与试验规律较好地吻合，MNLD
为虚线结果。

图 3.1.22(c) 中圆圈为 Nguyen 在 1972 年研究 Leda 黏土得到屈服轨迹试验点，将对
应的参数值代入式（3.1.9）中，得到 GNYC 屈服准则的预测曲线如图 3.1.22(c) 中实线
所示，虚线为 MNLD 预测结果。可知所提屈服准则较好地模拟了黏土的屈服特性。

通过比较两种屈服准则在图 3.1.22(a)、(b)、(c) 中对于试验结果的预测，发现对

三种不同岩土材料的屈服特性模拟中，采用 GNYC 准则在图 3.1.22(a) 预测较 MNLD 更准确，在图 3.1.22(b) 中的预测比较中，GNYC 与 MNLD 预测结果相差不多，在对图 3.1.22(c) 中试验点的预测中，GNYC 较 MNLD 稍差，两种准则都表现出与数据点轨迹相一致的趋势。

GNYC 准则虽然总体上在岩土材料屈服特性上要略逊于 MNLD 准则，但 GNYC 准则较 MNLD 具备三大优势：(1) GNYC 屈服准则表达式中由于采用了非线性强度表达式，因此其屈服准则表达式中表示剪切破坏的剪切强度线与破坏准则表达式所表示的剪切强度线相一致，MNLD 准则中屈服准则表达式中的剪切强度线为直线型强度线，而破坏准则中剪切强度线表达式却是非线性表达式，两者并不一致，因此物理意义相悖。(2) GNYC 准则的所有参数都具有明确的物理意义，且参数取值都有具体的确定方法，本文也对此进行了详细阐述。而 MNLD 准则在偏平面上采用了 MN 准则与 LD 准则的幂次线性插值函数，在子午面上采用了球应力的幂函数乘积表达式。表达式中除了 t 和 I_0 具有一定的物理意义外，其余 4 个参数皆没有给出物理含义，且所有 6 个参数也没有给出具体的确定方法。(3) GNYC 准则参数由于具有一定的物理意义，因此其参数取值在一固定区间内，且参数取值离散性小。而 MNLD 准则由于 4 个参数没有明确的物理含义，参数取值范围没有确定，因此参数取值离散性大，不易确定。比如，在图 3.1.22(b)、(c) 中参数 c_2 的取值分别为 0.11 和 40，两者相差了近 400 倍，因此，参数数据的不易确定性使其很难进行工程上的应用。

2. GNYC 准则与 MNLD 准则比较

为了对 GNYC 准则的优越性进行进一步证明，仍然使用国际上新近研发出来的 MN-LD 准则进行比较。采用 Mogi 对白云岩以及石灰岩的真三轴试验结果进行验证比较（图 3.1.23～图 3.1.26）。

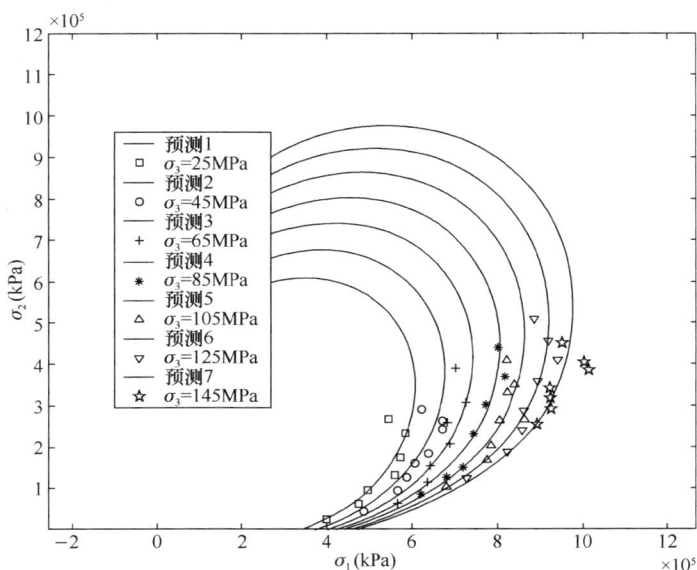

图 3.1.23 白云岩的破坏点与 GNYC 准则预测对比

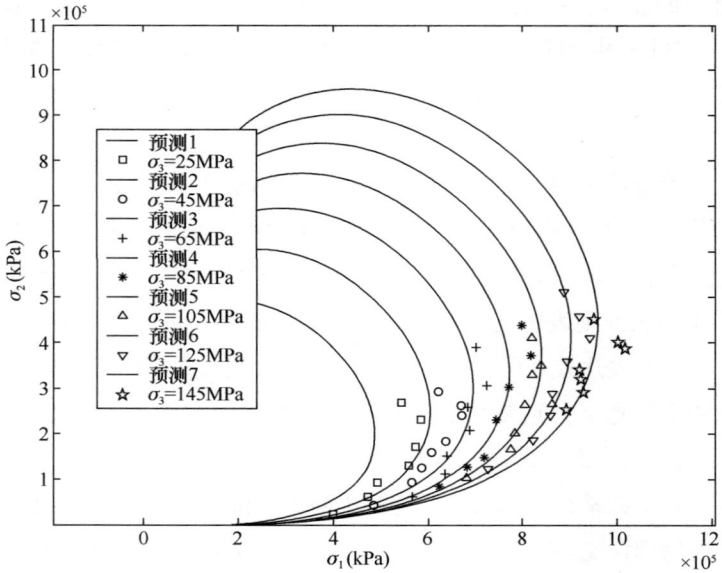

图 3.1.24　白云岩的破坏点与 MNLD 准则预测对比

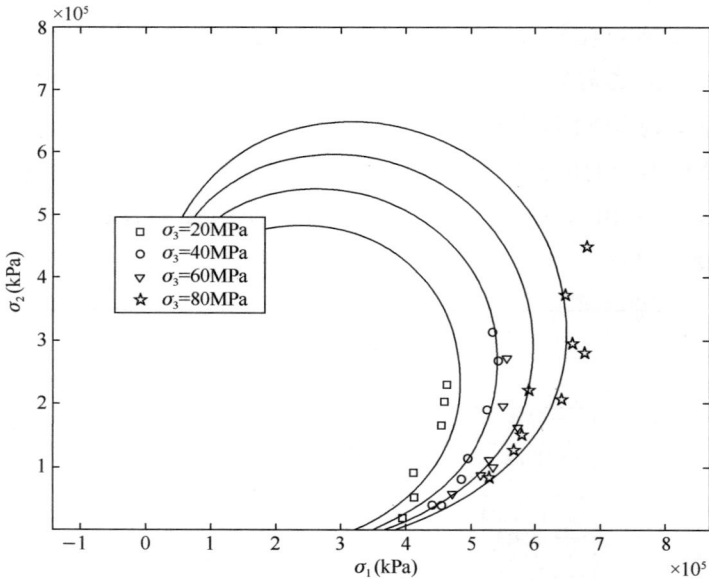

图 3.1.25　石灰岩的破坏点与 GNYC 准则预测对比

采取的参数分别如表 3.1.2、表 3.1.3 所示。

GNYC 材料参数　　　　　　　　　　　　表 3.1.2

参数	α	M_f	μ	σ_0（MPa）	n	p_τ（MPa）
白云岩	0.8	2.15	1	11	0.64	200
石灰岩	0.75	2.04	1	20	0.56	200

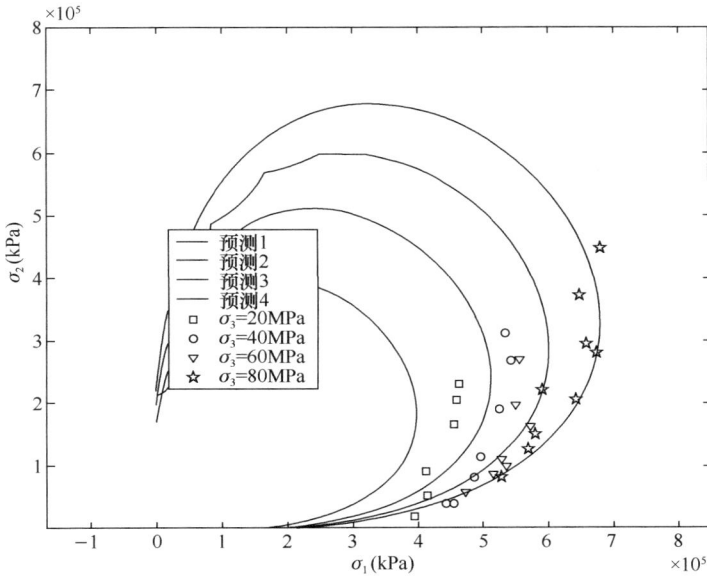

图 3.1.26　石灰岩的破坏点与 MNLD 准则预测对比

MNLD 材料参数　　　　　　　　　　　　　　　　　　表 3.1.3

参数	n	t	α	c_1	c_2	I_0（MPa）
白云岩	4.32	3.77	3.75×10^8	1.58	0	0.1
石灰岩	4.89	6.76	5.07×10^7	1.36	0	0.1

对两种岩石破坏试验点与预测点的差值绝对值与试验点数值的比值作为预测准确率的判断指标。根据对白云岩破坏点的验证比较分析，白云岩共分为 7 组不同小主应力值的试验，合计共有 52 个试验点。采用 GNYC 准则预测，经统计，预测点与试验点差值最大达到试验点的 68.5%，最小差值为 0.03%，52 个点平均预测差值为试验点的 17.4%。采用 MNLD 准则进行预测，最大差值点为 128.4%，最小差值点为 0%，平均预测差值为试验点的 23.9%。采用石灰岩破坏点进行比较预测，共分为 4 组不同小主应力值的试验点，合计共有 29 个试验点。GNYC 预测值与试验点差值与试验点的比值最大差值点为 141.4%，最小差值点为 0.93%，平均差值为 24.4%，而 MNLD 准则最大差值点为 671.2%，最小差值点为 0%，平均差值为 64.9%。

对于白云岩以及石灰岩的破坏点预测比较，由于 GNYC 的差值从统计意义上来说比 MNLD 准则的差值率更小，也就说明 GNYC 预测的结果要较 MNLD 准则更好一些。而对于个别点差值率过高，一方面，试验数据的获取不可避免地会造成一些人为操作的影响，从而对试验结果造成一定的影响；另一方面，准则参数的选取对于计算会造成一定的影响。降低上述误差的一个有效手段是获取足够大的试验样本进行比较，这样会减小由于个别问题试验点所造成的误导。从白云岩比石灰岩更多试验点来说，采用 GNYC 预测的结果以及 MNLD 预测的结果更为合理，得到的数据也说明了 GNYC 准则较 MNLD 准则用于预测岩石破坏点更为准确。

3.1.4 结论

本文针对岩土材料的屈服特性，将广义非线性强度准则进行了合理的改造，使之既能描述岩土材料的强度特性，同时可合理地考虑岩土材料的屈服特性。主要得到以下结论：

（1）在原 GNST 基础上，将原 GNST 扩展为 GNYC 准则，使新准则既可描述岩土材料的强度特性，同时可以描述岩土材料具有压剪耦合性质的屈服特性。

（2）与 MNLD 屈服准则相比较，GNYC 屈服准则表达式中暗含了非线性强度破坏线，这与 GNYC 作为强度准则时表述的非线性剪切强度线一致。且 GNYC 所有参数均具有明确物理意义，参数具有具体确定方法。参数取值区间相对固定，取值离散性小。

（3）采用了包括各类岩石、砂土、黏土的强度以及屈服特性试验数据，对所提出的强度与屈服准则进行验证。对比结果显示，所提准则能够合理地考虑一般岩土材料的强度与屈服特性。

附录 3.1.1：参数 μ 的具体确定方法

对于黏土而言，应力路径相关性导致压剪耦合程度的不同，因此对于耦合参数 μ 可通过不排水剪切试验测定。而对于岩土材料，塑性体应变通常作为硬化参量，因此类比修正剑桥模型屈服函数表达式，假设初始固结应力为 $\bar{p}_{c0}$，则由 $\bar{p}_{c0}$ 到当前应力 $\bar{p}$ 所产生的塑性体应变由式（3.1.9）可表达为：

$$\varepsilon_v^p = \frac{(1-\mu)(\bar{\lambda}-\bar{\kappa})}{1+e_0}\ln\frac{\bar{p}}{\bar{p}_{c0}} + \frac{\bar{\lambda}-\bar{\kappa}}{1+e_0}\ln\left(1+\frac{\bar{q}^2}{M^2\bar{p}^2}\right) \tag{3.1.31}$$

其中，$\bar{\lambda}$、$\bar{\kappa}$ 分别为在过渡应力空间中整理得到的压缩斜率与回弹斜率。相应的弹性体应变表示为：

$$\varepsilon_v^e = \frac{\bar{\kappa}}{1+e_0}\ln\frac{\bar{p}}{\bar{p}_{c0}} \tag{3.1.32}$$

则总体应变为：

$$\varepsilon_v = \frac{\bar{\kappa}+(1-\mu)(\bar{\lambda}-\bar{\kappa})}{1+e_0}\ln\frac{\bar{p}}{\bar{p}_{c0}} + \frac{(\bar{\lambda}-\bar{\kappa})}{1+e_0}\ln\left(1+\frac{\bar{q}^2}{M^2\bar{p}^2}\right) \tag{3.1.33}$$

在不排水条件下，当土体处于临界状态时，应力比达到破坏应力比 M，此时的剪应力为不排水抗剪强度 $\bar{q}_u$，对应的球应力为 $\bar{p}_u$。由式（3.1.33）可得到：

$$\mu = 1 + \left[\frac{\bar{\kappa}}{\bar{\lambda}-\bar{\kappa}} + \frac{\ln 2}{\ln\dfrac{\bar{q}_u}{M\bar{p}_{c0}}}\right] \tag{3.1.34}$$

对于黏土或者砂土材料，通常取 $n=0$、$\sigma_0=0$，则上式化为：

$$\mu = 1 + \left[\frac{\kappa}{\lambda - \kappa} + \frac{\ln 2}{\ln \dfrac{q_\mathrm{u}}{M p_{c0}}} \right] \tag{3.1.35}$$

其中，参数 λ、κ、M、q_u 等都可由常规试验得到。由式（3.1.35），参数 μ 的取值范围为 0～1，此时可保证屈服面的外凸性。

3.2　基于 GNST 的简明横观各向同性准则

摘　要： 横观各向同性是岩土材料各向异性力学特性的典型特征，为简单地反映横观各向同性对于岩土材料强度特性的影响规律，在广义非线性强度准则（GNST）基础上，采用一个假设，即完全各向同性土体与横观各向异性土体中，在破坏时刻其所对应的大主应力比互为线性关系，且假设反映该横观各向同性强度应力比的参数为 β。则可根据常规三轴压缩的大主应力与沉积面垂直以及平行两个方向分别确定相对应的参数 β，用上述参数反映原生各向异性对于偏平面上强度曲线的影响规律。对于应力诱导各向异性，则可通过 GNST 中用于确定形状的参数 α 反映。通过各种不同洛德角下的强度试验数据，与所提出的横观各向同性广义非线性准则预测结果对比，对比结果表明：所提出的各向异性准则能够简单、准确地反映横观各向同性对于真三轴加载条件下岩土材料的破坏影响规律。

关键词： 土壤；各向异性；强度准则；三轴压缩；破坏

引言

原生各向异性是天然土在沉积过程中或人工土在填筑工程中，因各种原因导致土颗粒在不同方向上的排列不同，通常土颗粒的长轴方向倾向于沿着水平方向排列，导致水平方向具有大致相同的特性，因此可以把土看成横观各向同性，而与竖直方向的特性存在较大差别。这种各向异性对土的变形和强度产生较大的影响，即沿着不同方向加载时，将会产生不同的变形和强度的变化规律。

1944 年，Casagrande 和 Carillo 区分了原生各向异性与次生各向异性，将原生各向异性定义为"材料的固有物理属性，并且完全独立于附加应变"；次生各向异性定义为"只和因附加应力引起的应变有关的物理属性"。

对于岩土材料而言，由于是在重力作用下沉积形成的，因而在细观层次上，土壤颗粒的长轴往往平行于水平沉积面，而短轴方向则垂直于沉积面。且由于水平沉积面内颗粒长轴方向的随机分布特点，决定了土壤材料在宏观层次上具有横观各向同性的特点。而对于横观各向同性材料的强度特性，目前对此方面的研究已经成为一个热点与难点。综合来看，目前对于岩土材料横观各向同性的研究方法存在如下几种：（1）联合应力不变量方法；（2）组构张量法；（3）经典强度准则修正法；（4）以大主应力为参考基准的强度准则修正方法；（5）以具有物理意义的破坏面为参考基准的准则修正方法。虽然上述方法能够一定程度上考虑原生各向异性对于强度准则的影响特性，但上述各种方法仍然各有利弊。采用大主应力与沉积面夹角是一种常用的做法，虽然简单直接，但事实上当在平面应变条件下时，强度值并不与上述夹角呈现单调关系，而是会形成"V"形曲线，因而通过上述大主应力与沉积面构成夹角作为参考变量的做法，存在强度值的不唯一性。以 Dafalias 等为代表的采用联合应力不变量的做法，其实质是考虑了组构张量对于宏观强度特性的影响，将细观层次信息考虑到对强度值的影响中。实质上是宏观应力量在组构张量上的投影值，也就是反映了宏观应力量作用的有效应力量。虽然能够直观地反映物理含义，但构造应力联合不变量的构造方法仍然采用人为主观确定，这缺乏物理规律，构造方法的正确性也有待证明。组构张量法则是以 Oda 为代表的从细观颗粒出发，通过分析颗粒之间相互作用，通过统计手段得到一些经验性公式，力图通过细观颗粒的相互作用关系来确定得到描述宏观各向异性规律的方法。这种方法在参数确定上严重依赖于先进的试验手段，不同土壤颗粒无法相互借鉴，因而距离应用还有不少客观限制因素。经典强度准则修正法则是通过以往常见的准则，通过引入反映各向异性的参数对其进行修正，以期得到反映各向异性的统一准则。虽然通过引入反映一个各向异性的参数来试图确定各向异性对于各种应力路径下的强度特性，显然有人为假设的因素在内，尚缺乏进一步验证。以具有物理含义的破坏面为基准，则能够从物理概念上阐述材料破坏的机理，对于理解材料破坏过程以及形成原因具有帮助作用。但对于某些特殊应力路径，尚缺乏进一步的验证以及完善。

本文试图通过广义非线性强度准则，通过人为假设一个各向异性空间与各向同性空间相互等效的主应力比值相等的概念来构造一个简单的反映横观各向同性强度准则。该准则通过各向异性参数来反映原生各向异性，通过已有的广义非线性强度准则 GNST 来反映诱导各向异性特性，通过一系列的岩土材料的破坏特性来进一步阐明所提准则对于各向异性特性的反应。

对于一些完全各向同性性质的材料，例如工程材料，如金属、玻璃的一个单元格，其不同方向的力学行为完全相同，弹性模量、强度、变形量等沿 x、y、z 三个方向完全相同。由上述现象可知，完全各向同性材料具有与加载方向无关的特性，即加载方向独立。同时，还有一类横向各向同性的材料，如沉积岩、分层分布的黏土或砂、木材等材料都是典型的横向各向同性材料。加载方向在平面内时，其性能相同，而沿沉积平面垂直方向加载时，其性能有不同的特点。弹性模量值在纹理方向和垂直于纹理方向的弹性模量值之间存在较大差异。抗压强度也是如此。对于分层黏土，在水平方向上模量和强度通常相同，而在垂直于沉积面的垂直方向上模量和强度通常较高。对于正交各向异性和完全各向异性材料，正交各向异性材料在相互垂直加载方向上的变形是非耦合的，即法向应力只引起法向应变，而不引起剪切应变；剪应力只引起剪切应变，而不引起法向应变。而完全各向异性材料具有与加载方向相关的特性，垂直加载方向上的变形具有耦合特性，即正应力同时产生正应变和剪切应变，而剪应力同时产生剪切应变和正应变。它们具有加载方向的耦合特性。本文只考虑横向各向同性。横向各向同性是三维正交各向异性在两个方向上具有相同物理性质的一种特殊情况，而完全各向同性是三维正交各向异性在三个方向上具有相同物理性质的一种特殊情况。为了比较完全各向同性应力和横向各向同性应力的差异，分析了弹性材料在上述两种特性影响下的本构方程差异，并将其强度描述作为类比分析。

从图 3.2.1 可以看出，对于纯弹性材料，图 3.2.1 左侧为完全各向同性材料，右侧为横向各向同性材料。根据弹性理论，完全各向同性弹性材料的弹性本构关系可以表示为：

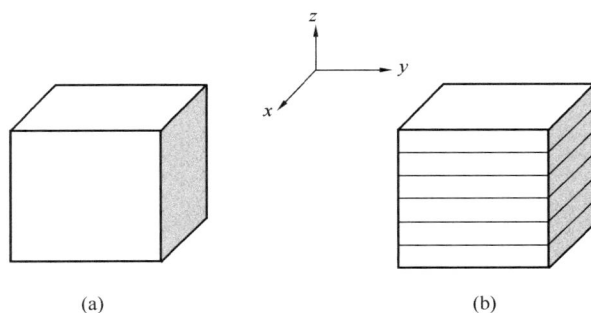

图 3.2.1　两种材料对比

（a）各向同性材料；（b）横观各向同性材料

$$\begin{bmatrix} \sigma_{11} \\ \sigma_{22} \\ \sigma_{33} \\ \sigma_{12} \\ \sigma_{23} \\ \sigma_{31} \end{bmatrix} = \begin{bmatrix} c_{11} & c_{12} & c_{12} & 0 & 0 & 0 \\ c_{12} & c_{11} & c_{12} & 0 & 0 & 0 \\ c_{12} & c_{12} & c_{11} & 0 & 0 & 0 \\ 0 & 0 & 0 & c_{44} & 0 & 0 \\ 0 & 0 & 0 & 0 & c_{44} & 0 \\ 0 & 0 & 0 & 0 & 0 & c_{44} \end{bmatrix} \begin{bmatrix} \varepsilon_{11} \\ \varepsilon_{22} \\ \varepsilon_{33} \\ 2\varepsilon_{12} \\ 2\varepsilon_{23} \\ 2\varepsilon_{31} \end{bmatrix} \tag{3.2.1}$$

对于横向各向同性弹性材料，其弹性本构关系可表示为：

$$\begin{bmatrix} \sigma_{11} \\ \sigma_{22} \\ \sigma_{33} \\ \sigma_{12} \\ \sigma_{23} \\ \sigma_{31} \end{bmatrix} = \begin{bmatrix} d_{11} & d_{12} & d_{13} & 0 & 0 & 0 \\ d_{12} & d_{11} & d_{13} & 0 & 0 & 0 \\ d_{13} & d_{13} & d_{33} & 0 & 0 & 0 \\ 0 & 0 & 0 & d_{44} & 0 & 0 \\ 0 & 0 & 0 & 0 & d_{66} & 0 \\ 0 & 0 & 0 & 0 & 0 & d_{66} \end{bmatrix} \begin{bmatrix} \varepsilon_{11} \\ \varepsilon_{22} \\ \varepsilon_{33} \\ 2\varepsilon_{12} \\ 2\varepsilon_{23} \\ 2\varepsilon_{31} \end{bmatrix} \tag{3.2.2}$$

假设下列公式成立：

$$\begin{cases} d_{33} = k_1 d_{11} \\ d_{13} = k_2 d_{12} \\ d_{44} = k_3 d_{66} \end{cases} \tag{3.2.3}$$

显然，可以建立各向同性和横观各向同性弹性刚度矩阵之间的关系，可表示为：

$$
\begin{bmatrix}
d_{11} & d_{12} & d_{13} & 0 & 0 & 0 \\
d_{12} & d_{11} & d_{13} & 0 & 0 & 0 \\
d_{13} & d_{13} & d_{33} & 0 & 0 & 0 \\
0 & 0 & 0 & d_{44} & 0 & 0 \\
0 & 0 & 0 & 0 & d_{66} & 0 \\
0 & 0 & 0 & 0 & 0 & d_{66}
\end{bmatrix}
=
\begin{bmatrix}
d_{11} & d_{12} & d_{12} & 0 & 0 & 0 \\
d_{12} & d_{11} & d_{12} & 0 & 0 & 0 \\
d_{12} & d_{12} & d_{11} & 0 & 0 & 0 \\
0 & 0 & 0 & d_{66} & 0 & 0 \\
0 & 0 & 0 & 0 & d_{66} & 0 \\
0 & 0 & 0 & 0 & 0 & d_{66}
\end{bmatrix}
+
\begin{bmatrix}
0 & 0 & (k_2-1)d_{12} & 0 & 0 & 0 \\
0 & 0 & (k_2-1)d_{12} & 0 & 0 & 0 \\
(k_2-1)d_{12} & (k_2-1)d_{12} & (k_1-1)d_{11} & 0 & 0 & 0 \\
0 & 0 & 0 & (k_3-1)d_{66} & 0 & 0 \\
0 & 0 & 0 & 0 & 0 & 0 \\
0 & 0 & 0 & 0 & 0 & 0
\end{bmatrix}
$$

$$(3.2.4)$$

显然，各向同性弹性模量可以用横向各向同性模量表示，可以用方程表示：

$$
\begin{bmatrix}
d_{11} & d_{12} & d_{12} & 0 & 0 & 0 \\
d_{12} & d_{11} & d_{12} & 0 & 0 & 0 \\
d_{12} & d_{12} & d_{11} & 0 & 0 & 0 \\
0 & 0 & 0 & d_{66} & 0 & 0 \\
0 & 0 & 0 & 0 & d_{66} & 0 \\
0 & 0 & 0 & 0 & 0 & d_{66}
\end{bmatrix}
=
\begin{bmatrix}
d_{11} & d_{12} & d_{13} & 0 & 0 & 0 \\
d_{12} & d_{11} & d_{13} & 0 & 0 & 0 \\
d_{13} & d_{13} & d_{33} & 0 & 0 & 0 \\
0 & 0 & 0 & d_{44} & 0 & 0 \\
0 & 0 & 0 & 0 & d_{66} & 0 \\
0 & 0 & 0 & 0 & 0 & d_{66}
\end{bmatrix}
-
\begin{bmatrix}
0 & 0 & (k_2-1)d_{12} & 0 & 0 & 0 \\
0 & 0 & (k_2-1)d_{12} & 0 & 0 & 0 \\
(k_2-1)d_{12} & (k_2-1)d_{12} & (k_1-1)d_{11} & 0 & 0 & 0 \\
0 & 0 & 0 & (k_3-1)d_{66} & 0 & 0 \\
0 & 0 & 0 & 0 & 0 & 0 \\
0 & 0 & 0 & 0 & 0 & 0
\end{bmatrix}
$$

$$(3.2.5)$$

假设转换应力空间为完全各向同性应力状态，则各向同性应力空间可以用转换应力空间表示：

$$
\begin{bmatrix}
\tilde{d}_{11} & \tilde{d}_{12} & \tilde{d}_{12} & 0 & 0 & 0 \\
\tilde{d}_{12} & \tilde{d}_{11} & \tilde{d}_{12} & 0 & 0 & 0 \\
\tilde{d}_{12} & \tilde{d}_{12} & \tilde{d}_{11} & 0 & 0 & 0 \\
0 & 0 & 0 & \tilde{d}_{66} & 0 & 0 \\
0 & 0 & 0 & 0 & \tilde{d}_{66} & 0 \\
0 & 0 & 0 & 0 & 0 & \tilde{d}_{66}
\end{bmatrix}
=
\begin{bmatrix}
d_{11} & d_{12} & d_{13} & 0 & 0 & 0 \\
d_{12} & d_{11} & d_{13} & 0 & 0 & 0 \\
d_{13} & d_{13} & d_{33} & 0 & 0 & 0 \\
0 & 0 & 0 & d_{44} & 0 & 0 \\
0 & 0 & 0 & 0 & d_{66} & 0 \\
0 & 0 & 0 & 0 & 0 & d_{66}
\end{bmatrix}
-
\begin{bmatrix}
0 & 0 & (k_2-1)d_{12} & 0 & 0 & 0 \\
0 & 0 & (k_2-1)d_{12} & 0 & 0 & 0 \\
(k_2-1)d_{12} & (k_2-1)d_{12} & (k_1-1)d_{11} & 0 & 0 & 0 \\
0 & 0 & 0 & (k_3-1)d_{66} & 0 & 0 \\
0 & 0 & 0 & 0 & 0 & 0 \\
0 & 0 & 0 & 0 & 0 & 0
\end{bmatrix}
$$

$$(3.2.6)$$

由式（3.2.6）得到横向各向同性应力空间弹性模量矩阵与过渡应力空间弹性模量矩阵的转换关系。

显然，横向各向同性弹性刚度矩阵可以用完全各向同性弹性刚度矩阵表示。参数 K_1、K_2、K_3 可通过试验确定。以上是横向各向同性模量与完全各向同性的关系。根据上述思路，显然破坏时刻的应力与横向各向同性和完全各向同性材料的应力相似。

强度准则是描述材料破坏时刻应力状态点的一组数学表达式。对于一般完全各向同性材料，其一般解析表达式可表示为：

$$f(\sigma_{ij},\xi_i)=0 \qquad\qquad (3.2.7)$$

由式（3.2.7）可知，σ_{ij} 为应力张量，ξ_i 为试验确定的失效常数。

对于图 3.2.1 中完全各向同性材料，材料单元沿三个方向的单轴抗压强度相等，即 $f_x=f_y=f_z$，而横向各向同性材料三个方向的抗压强度关系如下：

$$f_x = f_y \neq f_z \tag{3.2.8}$$

由上式可知，沿 z 方向的抗压强度与沿 x 或 y 方向的抗压强度不同。因此，可以将两者的强度比设为常数 K，可以确定两者之间的关系。

$$f_z = \mathrm{K} f_x = \mathrm{K} f_y \tag{3.2.9}$$

如果存在转换应力空间，该空间属于完全各向同性应力空间，则各个方向的抗压强度明显完全相同。由此可知，在变换后的应力空间中，$\widetilde{f}_x = \widetilde{f}_y = \widetilde{f}_z$，可以给出横向各向同性应力空间到完全各向同性应力空间的最简单变换公式：

$$\begin{cases} \widetilde{f}_x = \mathrm{K} f_x \\ \widetilde{f}_y = \mathrm{K} f_y \\ \widetilde{f}_z = f_z \end{cases} \tag{3.2.10}$$

显然，横向各向同性材料在 x 和 z 方向上的两次抗压强度试验可以确定横向各向同性参数 K，然后通过上述转换关系得到转换后的应力空间。转换后的应力空间对应于一个完全各向同性的应力空间。因此，在转换应力空间中可以采用较为成熟的经典各向同性强度准则公式，如典型的 Mohr-Coulomb 准则。

$$\widetilde{f}_x = \widetilde{c} + \widetilde{\sigma} \tan\widetilde{\varphi} \tag{3.2.11}$$

然后将考虑横向各向同性的变形公式与变形应力空间中的 Mohr-Coulomb 准则公式相结合，得到考虑横向各向同性的 Mohr-Coulomb 强度准则。本文的思想是寻找从横向各向同性应力空间到过渡应力空间的转换关系，然后结合现有的基于各向同性应力空间的广义非线性强度准则（GNSC），最终得到能够反映横向各向同性性质的广义非线性强度准则。

3.2.1 广义非线性强度理论

1. 概述

广义非线强度理论是基于摩擦材料的试验规律并在前人研究成果的基础上，提出的适用于不同类次生各向异性材料的非线性强度理论（简称广义强度理论），它用一个表达式统一描述材料在 π 平面及子午面上的非线性强度特性，共有 4 个强度参数，均具有明确的物理意义，通过简单的试验即可确定（图 3.2.2）。广义强度理论在主应力空间的 π 平面上的破坏函数为 SMP 准则和广义 Mises 准则的某种线性组合。

（1）广义 Mises 准则在 π 平面上的破坏曲线为圆，表达式为：

$$q_{\mathrm{M}}^* = \sqrt{I_1^2 - 3I_2} \tag{3.2.12}$$

（2）SMP 准则在 π 平面上的破坏曲线表达式为：

$$q_{\mathrm{S}}^* = \frac{2I_1}{3\sqrt{(I_1 I_2 - I_3)/(I_1 I_2 - 9I_3)} - 1} \tag{3.2.13}$$

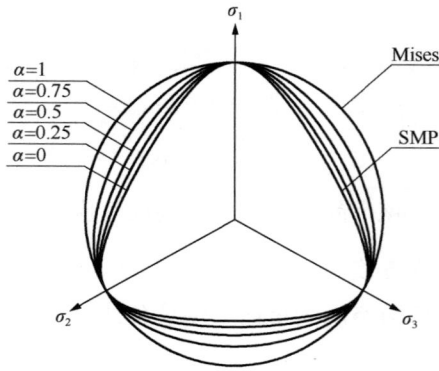

图 3.2.2 广义强度理论在 π 平面内的强度曲线

（3）广义非线性强度准则在 π 平面上的破坏曲线表达式为：

$$q_\alpha^* = \alpha\sqrt{I_1^2 - 3I_2} + \frac{2(1-\alpha)I_1}{3\sqrt{(I_1 I_2 - I_3)/(I_1 I_2 - 9I_3)} - 1} \tag{3.2.14}$$

式中，$I_1 = \sigma_1 + \sigma_2 + \sigma_3$；$I_2 = \sigma_1\sigma_2 + \sigma_2\sigma_3 + \sigma_3\sigma_1$；$I_3 = \sigma_1\sigma_2\sigma_3$；$\alpha$ 为材料常数。

α 为广义非线性强度理论的变化参数，通过 α 的变化体现不同的强度准则。如图 3.2.2 所示，当 $\alpha = 0$，代表的是 SMP 准则；当 $\alpha = 1$，代表的是广义 Mises 准则。

GNST 是从岩土材料的破坏规律得到的用于描述摩擦型材料剪切破坏的强度准则，若作为屈服准则使用，则由两部分构成：在偏平面上，其屈服曲线由 SMP 准则屈服曲线与 Mises 准则屈服曲线插值得到，GNST 屈服曲线形状为介于上述两准则曲线之间的曲边三角形。在子午面上，GNST 表达式为幂函数形式，这种开口的曲线形式反映了岩土材料剪切屈服特性。

基于此，GNST 反映的是材料在广义偏应力作用下的破坏特性。其在偏平面上的形状反映的是凝聚力与摩擦力在最终破坏时刻所占据的权重。若凝聚力完全占据主导地位，则反映的是以金属材料为代表的凝聚性材料，反之，若是以摩擦力完全占据主导地位，则反映的是以砂土材料为代表的离散摩擦性材料。

在子午面上，GNST 相同，采取开口的幂函数形式，强度线表达式可写为：

$$\bar{q}_\alpha^* = M_f \bar{p} \tag{3.2.15}$$

其中：

$$\bar{p} = p_r \left(\frac{p + \sigma_0}{p_r}\right)^n \tag{3.2.16}$$

式中：p、σ_0 表示有效球应力和三向拉伸强度。p_r 为参考球应力，反映在此应力值下，子午面上破坏曲线的割线斜率可保证式（3.2.16）括号中的比值量纲为一，使等式左右量纲相同。对于散粒体材料，p_r 通常取一个标准大气压值。

在偏平面上，剪应力可表示为：

$$\bar{q}_{\alpha}^{*} = \alpha\sqrt{\bar{I}_1^2 - 3\bar{I}_2} + \frac{2(1-\alpha)\bar{I}_1}{3\sqrt{(\bar{I}_1\bar{I}_2 - \bar{I}_3)/(\bar{I}_1\bar{I}_2 - 9\bar{I}_3)} - 1} \tag{3.2.17}$$

其中：

$$\left.\begin{array}{l} \bar{I}_1 = \bar{\sigma}_1 + \bar{\sigma}_2 + \bar{\sigma}_3 \\ \bar{I}_2 = \bar{\sigma}_1\bar{\sigma}_2 + \bar{\sigma}_2\bar{\sigma}_3 + \bar{\sigma}_3\bar{\sigma}_1 \\ \bar{I}_3 = \bar{\sigma}_1\bar{\sigma}_2\bar{\sigma}_3 \end{array}\right\} \tag{3.2.18}$$

$$\bar{\sigma}_i = \sigma_i + \left[p_r\left(\frac{p+\sigma_0}{p_r}\right)^n - p\right] \quad (n \in [0,1], i=1,2,3) \tag{3.2.19}$$

记 $\bar{\sigma}_i$ 对应的应力空间为过渡应力空间。过渡应力空间与普通应力空间之间仅对应球应力变换，即将普通应力空间中子午面上幂函数曲线形式的强度线，通过应力变换，在过渡应力空间表述为直线形式。图 3.2.3(a) 为在普通应力空间中的破坏曲线，而图 3.2.3(b) 为与之相应的过渡应力空间中的破坏曲线。由此可见，应力空间中的破坏曲线的母线由普通应力空间中的曲线变换为过渡应力空间中的直线。

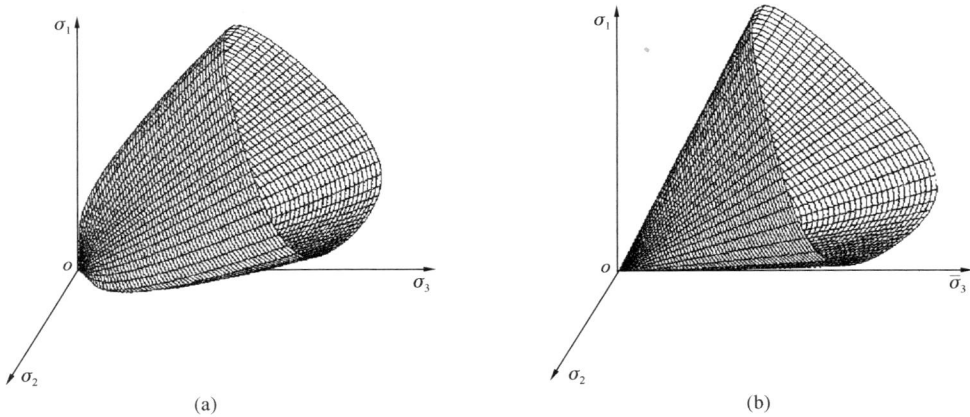

图 3.2.3 普通应力空间和过渡应力空间中的破坏曲线
(a) 普通应力空间中；(b) 过渡应力空间中

2. α 含义及确定

在偏平面上，屈服准则采用的表达式与强度准则的表达式相同，因此，在式 (3.2.17) 中，α 表示在偏平面上 Mises 圆与 SMP 曲边三角形的加权值。如图 3.2.4 所示，α 从 1 变化到 0 表示从 Mises 圆到 SMP 曲边三角形之间的屈服形状，它描述了从金属、混凝土到无凝聚性土等一系列材料的破坏屈服特性。在同一偏平面上，若采用三轴伸长强度 q_e 与三轴压缩强度 q_c 之比 β 表示 α，则存在如下关系：

$$\alpha = \frac{\beta(3+M^*) - 3}{\beta^2 M^*} \tag{3.2.20}$$

若采用三轴压缩和三轴伸长试验确定，则可通过上述两种路径下的内摩擦角表示，

59

式（3.2.20）可以表示为式（3.2.21）：

$$\alpha = \frac{3(3 + \sin\varphi_e)(\sin\varphi_e - \sin\varphi_c)}{2\sin^2\varphi_e(3 - \sin\varphi_c)} \quad (3.2.21)$$

$\sin\varphi_e$、$\sin\varphi_c$ 分别表示三轴伸长和三轴压缩时对应的内摩擦角的正弦值。

当 $\beta = 1$ 时，则 $\alpha = 1$，表示 Mises 强度曲线；当 $\beta = 3/(3 + M_f)$ 时，则 $\alpha = 0$，表示 SMP 强度曲线。因此，参数 α 可通过三轴压缩与三轴伸长强度值确定。

3. M_f 含义及确定

在原 GNST 中，M_f 表示在参考应力 p_r 下的强度曲线的割线斜率。GNYC 作为屈服准则时，如图 3.2.5 所示，M_f 的物理意义不变。

4. n 含义及确定

n 为幂函数曲线族的幂次，表示子午面上破坏曲线的弯曲程度，如图 3.2.5 所示，当 $n=0$ 时，则破坏曲线退化为与静水压力无关的直线，平行于静水压力轴；当 $n=1$ 时，则幂函数曲线变为一条过原点的斜直线；当 $0 < n < 1$ 时，则幂函数曲线为介于上述 2 条直线之间的开口曲线。

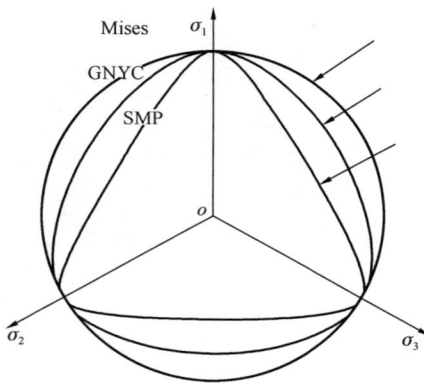

图 3.2.4　偏平面上的屈服曲线

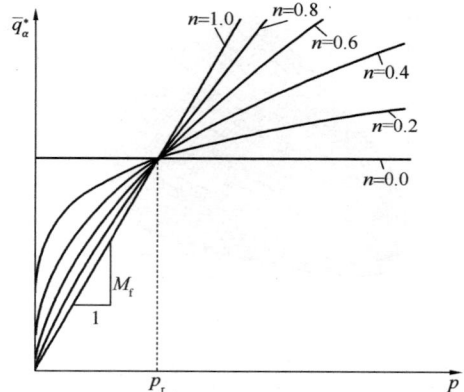

图 3.2.5　子午面上的强度曲线

$$\ln\frac{\overline{q}_\alpha^*}{p_r} = n\ln\frac{p + \sigma_0}{p_r} + \ln M_f \quad (3.2.22)$$

将材料的三轴压缩试验结果整理在 $\ln(\overline{q}_\alpha^*/p_r) - \ln[(p + \sigma_0)/p_r]$ 坐标系内，显然可见，整理出的直线型拟合直线其斜率为 n，而截距值为 $\ln M_f$。

5. σ_0 含义及确定

σ_0 为强度曲线与静水压力轴的左交点值，其物理意义表示材料在拉伸条件下的强度值，可以反映材料的凝聚力。图 3.2.6 中，从下向上分别表示 σ_0 为 0、50、100、150、200、250kPa 时强度曲线的变化趋势。

参数 σ_0 为材料的三向拉伸强度值，一般三向拉伸很难实现，对于无黏性土，则取为 0。对于凝聚力材料如混凝土材料，根据过镇海的研究成果，可采用如下关系式：

$$\sigma_0 = f_{ttt} = 0.9 f_t = 0.09 f_c \qquad (3.2.23)$$

式中：f_{ttt} 为三向拉伸强度，f_t 为单轴抗拉强度，f_c 为单轴抗压强度。

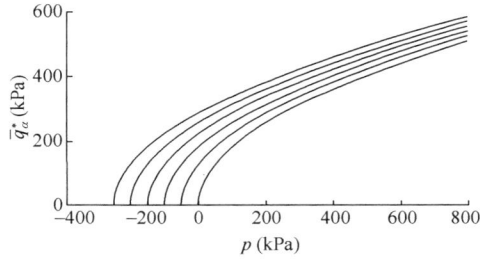

图 3.2.6 凝聚力对子午面上破坏曲线的影响

3.2.2 材料各向异性变换应力方法

假设土体为正交各向异性，即在沉积面内为各向同性，只有垂直方向与沉积面的性质不同，为各向异性。最终通过合理的变换使正交各向异性的土体转换成等效各向同性的土体。如图 3.2.7 所示，各向异性土体的主应力分别为 σ_x、σ_y、σ_z，与之对应的等效各向同性土体的主应力分别为 $\bar{\sigma}_x$、$\bar{\sigma}_y$、$\bar{\sigma}_z$。等效各向同性土体的主应力与对应各向异性土体的主应力共轴，x-y 平面平行于沉积面，z 轴垂直于沉积面。β_1、β_2 分别为 x 和 y 方向上对应的各向异性参数。假设各向异性土体与等效各向同性土体之间存在以下关系：

$$\frac{\sigma_z}{\sigma_x} = \beta_1 \cdot \frac{\bar{\sigma}_z}{\bar{\sigma}_x}, \quad \frac{\sigma_z}{\sigma_y} = \beta_2 \cdot \frac{\bar{\sigma}_z}{\bar{\sigma}_y} \qquad (3.2.24)$$

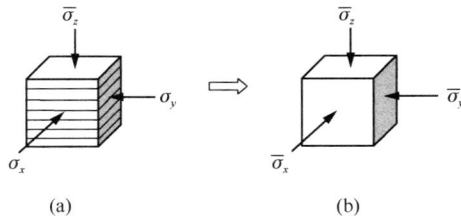

图 3.2.7 各向异性土体变换应力方法示意图

(a) 各向异性土体；(b) 等效各向同性土体

对于原生各向异性土体，由于在平行于沉积面的方向上具有轴对称特性，所以可以得出 $\beta_1 = \beta_2 = \beta$。这样可以通过 σ_x、σ_y、σ_z 来表示 $\bar{\sigma}_x$、$\bar{\sigma}_y$、$\bar{\sigma}_z$，如下所示：

$$\left. \begin{array}{l} \bar{\sigma}_x = (\bar{\sigma}_z / \sigma_z) \cdot (\beta \sigma_x) \\ \bar{\sigma}_y = (\bar{\sigma}_z / \sigma_z) \cdot (\beta \sigma_y) \\ \bar{\sigma}_z = (\bar{\sigma}_z / \sigma_z) \cdot \sigma_z \end{array} \right\} \qquad (3.2.25)$$

令 $p = \bar{p}$，因此：

$$\sigma_x + \sigma_y + \sigma_z = (\bar{\sigma}_z / \sigma_z) \cdot (\beta\sigma_x + \beta\sigma_y + \sigma_z) \tag{3.2.26}$$

$$\frac{\bar{\sigma}_z}{\sigma_z} = \frac{\sigma_x + \sigma_y + \sigma_z}{\beta(\sigma_x + \sigma_y) + \sigma_z} \tag{3.2.27}$$

根据式（3.2.27），可利用一般各向异性空间中的三向应力来表示等效各向同性空间中的三向应力。根据各向异性参数 β，等效各向同性土体的主应力 $\bar{\sigma}_x$、$\bar{\sigma}_y$、$\bar{\sigma}_z$ 可以表示为：

$$\left. \begin{aligned} \bar{\sigma}_x &= \frac{\sigma_x + \sigma_y + \sigma_z}{\beta(\sigma_x + \sigma_y) + \sigma_z} \cdot (\beta\sigma_x) \\ \bar{\sigma}_y &= \frac{\sigma_x + \sigma_y + \sigma_z}{\beta(\sigma_x + \sigma_y) + \sigma_z} \cdot (\beta\sigma_y) \\ \bar{\sigma}_z &= \frac{\sigma_x + \sigma_y + \sigma_z}{\beta(\sigma_x + \sigma_y) + \sigma_z} \cdot \sigma_z \end{aligned} \right\} \tag{3.2.28}$$

在等效各向同性应力空间中，存在一个反映完全各向同性应力破坏特性的广义非线性强度准则。此时的广义非线性强度准则可表示为：

$$\bar{q}_a^* = \alpha\sqrt{\bar{I}_1^2 - 3\bar{I}_2} + \frac{2(1-\alpha)\bar{I}_1}{3\sqrt{(\bar{I}_1\bar{I}_2 - \bar{I}_3)/(\bar{I}_1\bar{I}_2 - 9\bar{I}_3)} - 1} \tag{3.2.29}$$

式中，$\bar{I}_1 = \bar{\sigma}_1 + \bar{\sigma}_2 + \bar{\sigma}_3$；$\bar{I}_2 = \bar{\sigma}_1\bar{\sigma}_2 + \bar{\sigma}_2\bar{\sigma}_3 + \bar{\sigma}_3\bar{\sigma}_1$；$\bar{I}_3 = \bar{\sigma}_1\bar{\sigma}_2\bar{\sigma}_3$。将上述变换命名为 β 变换，通过式（3.2.28），可建立横观各向同性应力空间与完全各向同性应力空间的主应力映射关系。由此可知，将一般横观各向同性应力空间破坏曲线通过 β 变换后可以得到完全各向同性破坏曲线，也可以将各向异性土体看作等效各向同性土体。通过此变换方式，就可以把各向异性与各种各向同性强度准则联系起来，更好地模拟土体的性质，并且这种变换方式中参数 β 的确定也比较容易，只需要常规三轴压缩与常规伸长试验结果就可求出。

3.2.3 考虑各向异性的广义非线性强度准则参数确定方法

下面具体介绍引入上述反映横观各向同性土体各向异性参数 β 的确定方法。其确定思路为：利用上节中提到的横观各向同性破坏曲线与完全各向同性破坏曲线为一一映射的关系，则利用上述变换公式，将一般应力空间中的破坏曲线进行 β 变换，进行变换后，在变换应力空间中得到的破坏曲线应与完全各向同性应力空间中的破坏曲线相同。由于对应相同的破坏曲线，则决定偏平面上曲线形状的形状参数 $\bar{\alpha}$ 应与完全各向同性应力空间中破坏曲线形状参数 α 相等。通过上述形状参数相等的原则，可进而求解相对应的各向异性参数 β。

如图 3.2.8 所示，c 点表示三轴压缩试验点，i 点表示各向同性的三轴伸长试验点，a 点表示各向异性的三轴伸长试验点。由应力状态可以看出，三轴压缩条件点 c 与三轴伸长条件点 i 应在同一条各向同性强度曲线上，称此强度曲线为 α 线，而三轴压缩条件点 c 与

三轴伸长条件点 a 由于原生各向异性的影响不在同一条各向同性强度曲线上，需要进行转换来消除原生各向异性的影响，使其在同一条各向同性强度曲线上。图中三种应力状态下的应力比分别为：

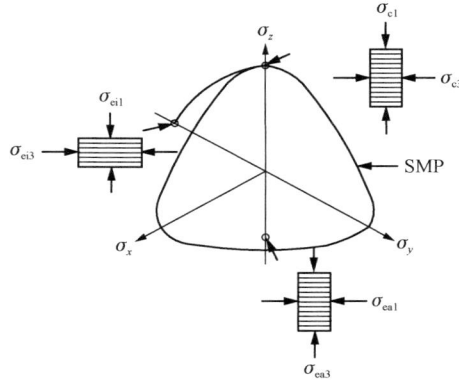

图 3.2.8　真实应力空间中强度准则示意图

$$R_c = \frac{\sigma_{c1}}{\sigma_{c3}}, R_{ea} = \frac{\sigma_{ea1}}{\sigma_{ea3}}, R_{ei} = \frac{\sigma_{ei1}}{\sigma_{ei3}} \tag{3.2.30}$$

与之对应的内摩擦角为 φ_c、φ_{ea}、φ_{ei}。在变换应力空间中表示方法为：

$$\sin\overline{\varphi}_c = \frac{\sigma_{c1} - \beta\sigma_{c3}}{\sigma_{c1} + \beta\sigma_{c3}} = \frac{R_c - \beta}{R_c + \beta} \tag{3.2.31}$$

$$\sin\overline{\varphi}_{ea} = \frac{\beta\sigma_{ea1} - \sigma_{ea3}}{\beta\sigma_{ea1} + \sigma_{ea3}} = \frac{\beta R_{ea} - 1}{\beta R_{ea} + 1} \tag{3.2.32}$$

如图 3.2.8 所示的应力状态，根据式（3.2.21）求得形状参数 α：

$$\alpha = \frac{3(3 + \sin\varphi_{ei})(\sin\varphi_{ei} - \sin\varphi_c)}{2\sin^2\varphi_{ei}(3 - \sin\varphi_c)} \tag{3.2.33}$$

三轴压缩条件点 c 与三轴伸长条件点 a 由于原生各向异性的影响，在一条各向异性强度曲线上，通过变换，使各向异性强度曲线变成等效各向同性强度曲线，变换后的形状参数 $\overline{\alpha}$ 应与形状参数 α 相等。

因此，三轴压缩条件点 c 与三轴伸长条件点 a 的应力根据式（3.2.28）变换后求得 $\overline{\alpha}$：

$$\overline{\alpha} = \frac{3(3 + \sin\overline{\varphi}_{ea})(\sin\overline{\varphi}_{ea} - \sin\overline{\varphi}_c)}{2\sin^2\overline{\varphi}_{ea}(3 - \sin\overline{\varphi}_c)} \tag{3.2.34}$$

令 $\overline{\alpha} = \alpha$，把式（3.2.31）、式（3.2.32）代入式（3.2.34）中化简得：

$$\beta^3 + d\beta^2 + e\beta + f = 0 \tag{3.2.35}$$

求得：

$$\beta = \lambda - \frac{d}{3} \tag{3.2.36}$$

其中：

$$\lambda = \sqrt[3]{-\frac{\eta_2}{2} + \sqrt{\left(\frac{\eta_2}{2}\right)^2 + \left(\frac{\eta_1}{3}\right)^3}} + \sqrt[3]{-\frac{\eta_2}{2} - \sqrt{\left(\frac{\eta_2}{2}\right)^2 + \left(\frac{\eta_1}{3}\right)^3}} \quad (3.2.37)$$

$$\eta_1 = e - \frac{d^2}{3}, \ \eta_2 = \frac{2}{27}d^3 - \frac{de}{3} + f \quad (3.2.38)$$

$$d = \frac{\alpha R_c - \dfrac{4\alpha}{R_{ea}} - \dfrac{3}{R_{ea}}}{2\alpha - 6} \quad (3.2.39)$$

$$e = \frac{\dfrac{\alpha}{R_{ea}^2} - \dfrac{\alpha R_c}{R_{ea}} + \dfrac{3R_c}{R_{ea}}}{\alpha - 3} \quad (3.2.40)$$

$$f = \frac{\dfrac{\alpha R_c}{R_{ea}^2} + \dfrac{3R_c}{R_{ea}^2}}{2\alpha - 6} \quad (3.2.41)$$

式（3.2.36）～式（3.2.41）即为基于广义非线性强度准则变换的各向异性参数的求解公式。

根据主应力与小主应力之比的取值范围，可以得到判据的取值范围：

$$\Delta = \left(\frac{\eta_2}{2}\right)^2 + \left(\frac{\eta_1}{3}\right)^3 < 0 \quad (3.2.42)$$

$\eta_1 < 0$。可以看出，式（3.2.37）有三个不等的实根。

这三个实根表示为下面的方程：

$$\lambda_1 = 2\sqrt[3]{\rho}\cos\omega \quad (3.2.43)$$

$$\lambda_2 = 2\sqrt[3]{\rho}\cos(\omega + 120°) \quad (3.2.44)$$

$$\lambda_3 = 2\sqrt[3]{\rho}\cos(\omega + 240°) \quad (3.2.45)$$

$$\rho = \sqrt{-\left(\frac{\eta_1}{3}\right)^3} \quad (3.2.46)$$

$$\omega = \frac{1}{3}\arccos\left(-\frac{\eta_2}{2\rho}\right) \quad (3.2.47)$$

将 λ 的三个根代入式（3.2.36），可依次得到各向异性参数 β 的表达式：

$$\beta_1 = 2\sqrt[3]{\rho}\cos\omega - \frac{d}{3} \quad (3.2.48)$$

$$\beta_2 = 2\sqrt[3]{\rho}\cos(\omega + 120°) - \frac{d}{3} \quad (3.2.49)$$

$$\beta_3 = 2\sqrt[3]{\rho}\cos(\omega + 240°) - \frac{d}{3} \quad (3.2.50)$$

根据三个根值的取值范围确定最终的合理值。

可以看出，当 $\beta = 1$ 时，转换应力空间与真应力各向异性空间等效，两者的强度准则曲线完全一致。当 $\beta>1$ 时，AGNSC 强度准则曲线在相应实际应力空间中的三轴延伸偏应力值小于各向同性 GNSC 准则曲线。一般来说，对于以上三个根的选择，可以根据 $\beta>1$ 做出正确的解决方案。当 $\alpha=0$ 时，GNSC 的各向同性准则简化为 SMP 的各向同性准则。此时，由式（3.2.35）导出的新参数 β 可表示为：

$$\beta_{\text{SMP}}=\sqrt{\frac{R_{\text{c}}}{R_{\text{ea}}}} \tag{3.2.51}$$

式（3.2.36）～式（3.2.51）为基于 GNSC 变换求解各向异性参数的公式。

在图 3.2.8 中，考虑实际试验结果，一般取常规三轴抗拉强度结果对应的点 c，主应力方向垂直于土壤沉积面。同理，由于需要保证各向同性，通过对各向同性土体进行常规三轴拉伸试验结果得到 i 点，与各向同性强度准则试验结果相对应。对于 a 点，由于原有各向异性的影响，得到主应力方向平行于土体沉积表面的常规三轴抗拉强度对应的加载条件。通过以上三组试验，可以得到反映横向各向同性的各向异性参数 β。

考虑实际试验结果中，通常用 c 点对应大主应力方向与岩土材料沉积面相互垂直方向所得到的常规三轴压缩强度结果。而 i 点同样由于保证各向同性的需要，因而该加载工况同样是大主应力方向与岩土材料沉积面相互垂直方向所得到的常规三轴伸长强度结果。对于 a 点，由于原生各向异性的影响，此加载工况为大主应力方向与岩土材料沉积面相互平行方向所得到的常规三轴伸长强度结果。通过上述三组试验，可以得到反映横观各向同性的各向异性参数 β。

3.2.4 AGNST 特性分析

为了便于显示横观各向同性 GNSC 准则对破坏曲线的影响，确定了材料 I 主轴对应的主应力 1 方向，如图 3.2.9(a) 所示。材料沉积面垂直于 z 轴方向，如图 3.2.9(a) 所示。材料沉积面垂直于主轴 x 方向，材料沉积面垂直于主轴 y 方向，如图 3.2.9(b、c) 所示。中间主应力 2 对应材料主轴 II 的方向，小主应力 3 对应材料主轴 III 的方向。此时，偏离面实线对应 AGNSC 准则，虚线对应完全各向同性 GNSC 准则，点线对应 Von-Mises 准则。

σ_1 与 σ_3 的主应力比可以用 R_{ea} 表示，三轴拉伸加载路径对应于横向各向同性材料；σ_1 与 σ_3 的主应力比可以用 R_{ei} 表示，三轴拉伸加载路径对应于各向同性材料。由于各向异性的影响，导致 $R_{\text{ea}}<R_{\text{ei}}$，可以提出一个各向异性状态参数 $s=R_{\text{ea}}/R_{\text{ei}}$ 来描述各向异性的程度。当各向异性状态参数 $s=1$ 时，横向各向同性完全退化为完全各向同性。此时参数 $\beta=1$。当 $s<1$ 时，结果是 $\beta>1$。考虑不同形状因子 α 下 s 与 β 的关系，从图 3.2.10 可以看出有两个规律：（1）随着形状因子 α 的增大，各向异性度态参数 s 的域逐渐增大。当 $\alpha=0.1$ 时，$0.97<s<1$。当 $\alpha=0.9$ 时，$0.75<s<1$。（2）对于某一形状因子，随着 s 值的增大，参数 β 值逐渐减小，呈单调递减关系。当 $s=$ 时，参数 $\beta=1$。s 值越小，材料的各向异性越显著，对应的 β 值越大，这符合各向异性对材料强度特性的影响规律。

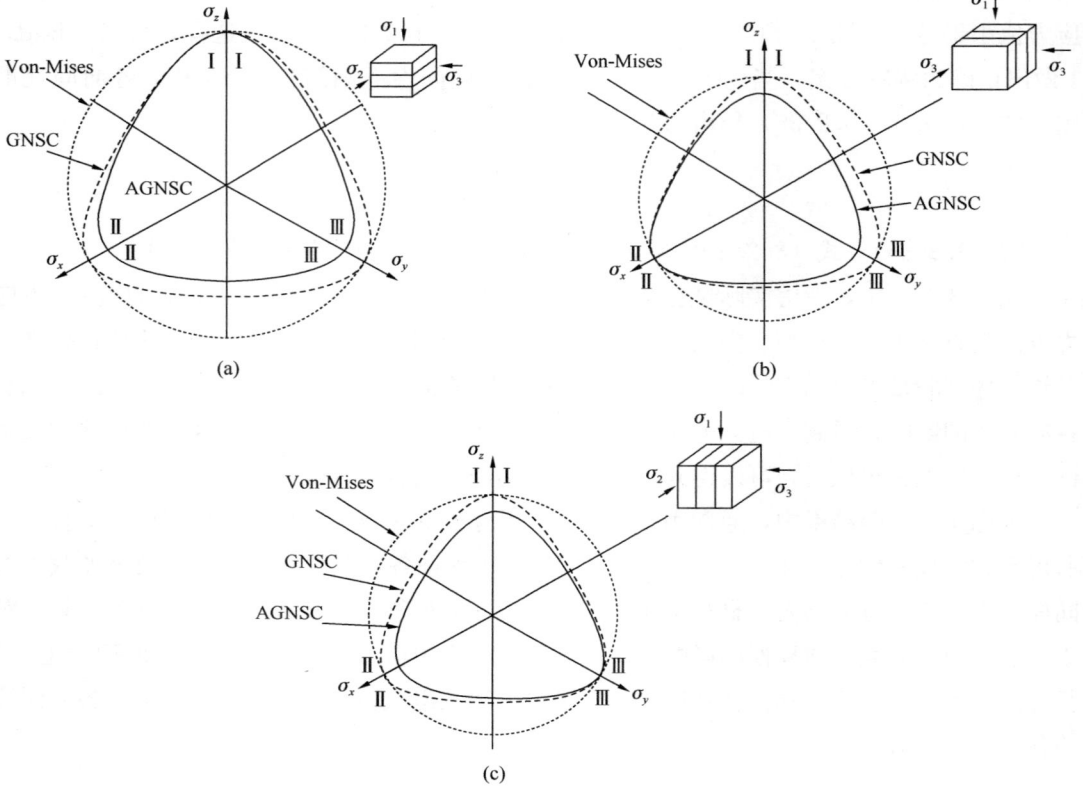

图 3.2.9　沉积面垂直于三方向时的偏平面破坏面

（a）沉积面垂直于 z 轴情形；（b）沉积面垂直于 x 轴情形；（c）沉积面垂直于 y 轴情形

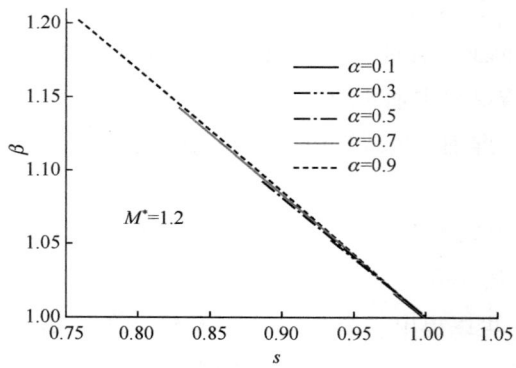

图 3.2.10　不同 α 值下 β 与 s 的关系曲线

3.2.5　各向异性的广义非线性强度准则的验证

Lade 等详细研究了 San Francisco Bay Mud 黏土在真三轴荷载作用下的破坏特征，得到 San Francisco Bay Mud 黏土在不同应力洛德角下的破坏点数据。本研究中使用的样本来自加利福尼亚州旧金山国际机场以南约 1 英里（1 英里＝1.6 公里）处的沟渠挖掘。海沟暴露了旧金山湾的上层沉积层。这种土壤被称为旧金山湾泥。直径和高度均为 1 英尺（1 英尺＝30.5cm）的圆柱形块样品在深度约 6.5m 处采集（Kirkgard 和 Lade，1991）。采样深度的天然黏土的总单位重量约为 1.44g/cm^3，含水量约为 98.5%。相应的材料参数如表 3.2.1 所示。

材料参数   表 3.2.1

参数	p_r (kPa)	σ_0	n	M_f	α	β
灰泥	92	10	0.97	1.23	0.15	1.11
旧金山湾黏土	1	10	1	1.49	0.55	1.15
坎布里亚沙	1	10	1	1.62	0.61	1.08
粗面岩	10^5	1400	0.74	2.2	0.83	1.05
混凝土	9.32×10^3	1520	0.94	2.2	0.82	1.04

在图 3.2.11 中，离散点对应的是 San Francisco Bay Mud 黏土常规三轴压缩破坏点数据。在 $\ln \bar{q}_a^*$ 和 $\ln \left[\dfrac{(p + \sigma_0)}{p_r} \right]$ 坐标系中整理后，结果基本符合线性规律。因式（3.2.11）为线性方程，可依次标定子午线平面上的参数 n、p_r、σ_0、M_f。

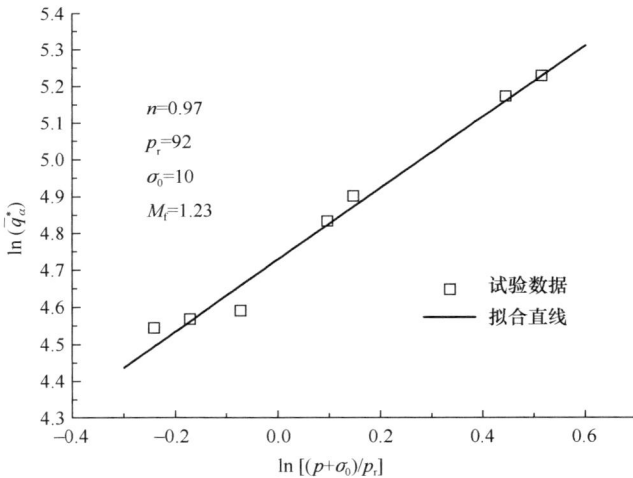

图 3.2.11 子午面上用于标定参数的关系曲线

Lade 等对旧金山湾泥黏土在真三轴加载条件下的破坏特征进行了详细研究，获得旧金山湾泥黏土在不同应力洛德角下的破坏数据。图 3.2.12 中的试验数据为相应的试验结果。

原试验数据点在普通应力空间中，即不同洛德角的三轴试验如图 3.2.12 所示。可分别得到 $\alpha = 0.149$，$\beta = 1.11$，$\beta_{SMP} = 1.086$，将 β 和 β_{SMP} 的值代入式（3.2.27），转化为偏平面上的等效各向同性。

图 3.2.12 中的失效曲线为 SMP 准则表示的模型曲线。由于 SMP 准则是基于空间移动

平面存在假设的破坏准则，且材料是典型的摩擦材料，适用于描述离散堆积材料的破坏特性。由图 3.2.12 可知，由于 SMP 准则中不能考虑黏合力对破坏抗力的贡献，在常规三轴拉伸路径附近的应力洛德角处，其对应的曲线半径较小，说明对应的广义偏应力强度较小。

图 3.2.13 为图 3.2.12 中一般主应力空间对应的转换应力空间中试验数据与 SMP 准则的对比。从图 3.2.13 可以看出，虽然可以采用各向异性参数修正后的 SMP 判据来反映不同应力洛德角的偏平面上横向各向同性的影响，但不能考虑 SMP 判据对不同洛德角破坏曲线上黏合力的贡献，不能充分反映应力诱发各向异性应力比的差异。

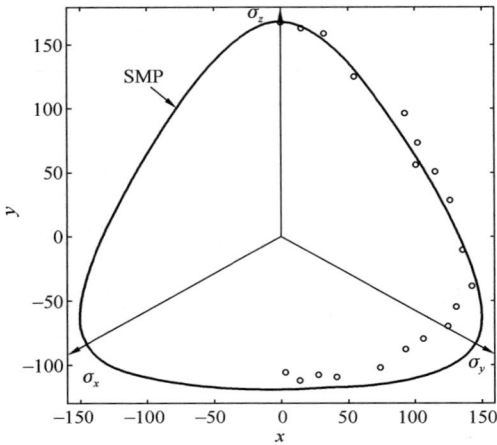

图 3.2.12　普通应力空间中试验点与
SMP 强度曲线对比

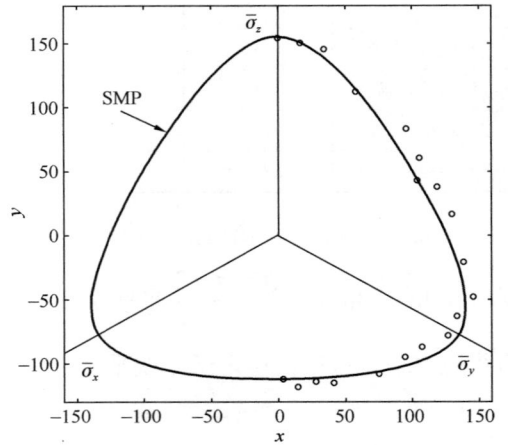

图 3.2.13　变换应力空间中试验点与
SMP 强度曲线对比

采用全各向同性 GNSC 的预测结果与试验数据对比如图 3.2.14 所示。从图 3.2.14 可以看出，虽然可以用 GNSC 来描述凝聚力和摩擦对强度应力比的贡献率，但 GNSC 是基于全各向同性广义 Von-Mises 准则和 SMP 准则线性插值公式的线性插值解析公式。因

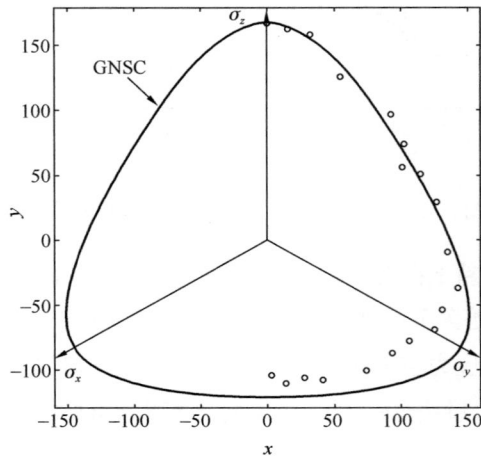

图 3.2.14　普通应力空间中试验点与 GNST 强度曲线对比

此，GNSC 也是完全各向同性强度准则，不能考虑岩土材料沉积面对不同应力洛德角下强度值的影响。如图 3.2.14 所示，破坏曲线所对应的最高点为常规三轴压缩的结果，性能得到较好的反映。由于主应力方向与沉积面方向相对应的加载条件，利用竖向条件下的三轴压缩强度外推其他洛德角所对应的强度值，得到较大的预测结果，特别是曲线底部的点与正常的三轴拉伸加载结果相对应。主应力对应的曲线垂直于沉积面，而主应力方向平行于沉积面方向为测点。因此，常规三轴拉伸路径接近洛德角的强度值被高估。

利用 AGNSC 曲线进行预测与试验结果的对比与上述对比结果在图 3.2.15 的转换应力空间中显示。从图 3.2.15 中可以看出，各向异性广义非线性强度准则（AGNSC）由于采用了反映横向各向同性的各向异性参数 β，可以更好地反映沉积面对不同应力洛德角强度的影响。

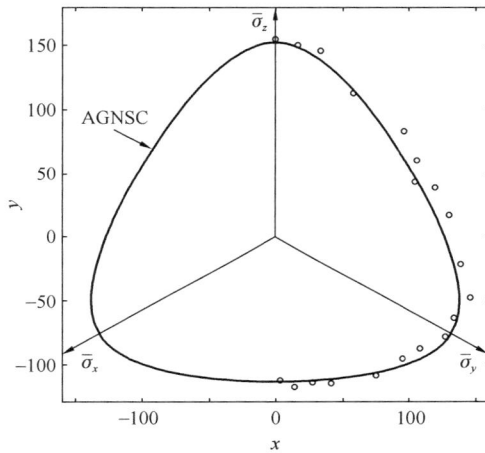

图 3.2.15 变换应力空间中试验点与 AGNSC 强度曲线对比

从图 3.2.12～图 3.2.15 可以看出，SMP 判据不能很好地反映应力引起的各向异性和土体的原始各向异性。采用广义非线性强度准则可以较好地反映应力引起的土体各向异性，但不能考虑土体原有各向异性对强度的影响。采用各向异性变换方法，AGNSC 在变换后的应力空间中与试验结果吻合较好。

图 3.2.16 将 GNSC、各向异性 SMP 准则和各向异性 GNSC 与试验结果及全各向同性 SMP 准则预测结果进行对比。从图 3.2.16 中可以看出，对于完全各向同性准则，如 SMP 准则和 GNSC，不能考虑原始各向异性对不同洛德角下强度值的影响，因此非三轴压缩下的应力路径加载结果一般较大。对于各向异性 SMP（ASMP）准则，由于不能更合理地考虑应力诱发各向异性，即不能很好地考虑不同应力洛德角下加载结果的差异，因此低估了垂直于沉积面主应力的常规三轴拉伸结果，而高估了平行于沉积面主应力的三轴拉伸结果。对于 AGNSC，一方面考虑了应力诱导各向异性的影响（由参数 α 反映）。另一方面，可以考虑原始各向异性对强度值的影响（由参数 β 反映）。综上所述，图 3.2.16 中提出的 AGNSC 曲线与试验结果吻合较好。

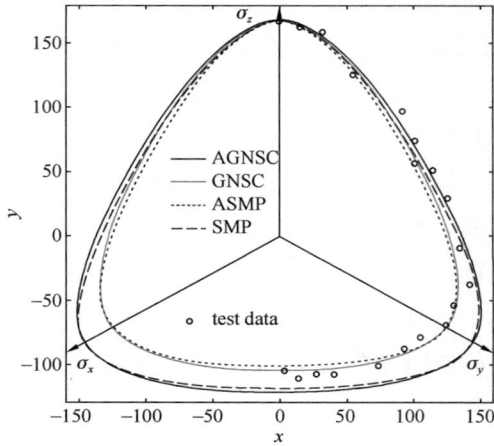

图 3.2.16 普通应力空间中试验点与各种强度曲线对比

为了定量评价 AGNSC 准则的优越性，图 3.2.16 显示，可以使用离散点距离准则曲线的距离均方误差作为评价标准。测试点半径 r_t 与标准极半径 r_p 之差除以测试点半径 r_t 即为距离差比。用总共 20 个离散点的距离差比的平方和的平方根可以得到四条准则曲线的平均方差数据，可以用来判断准则曲线与试验数据的接近程度。

$$E_{AGNSC} = \sqrt{\frac{\sum_{i=1}^{20}\left(\dfrac{r_t - r_{pAG}}{r_t}\right)^2}{20}} = 0.0429 \tag{3.2.52}$$

$$E_{GNSC} = \sqrt{\frac{\sum_{i=1}^{20}\left(\dfrac{r_t - r_{pG}}{r_t}\right)^2}{20}} = 0.0757 \tag{3.2.53}$$

$$E_{ASMP} = \sqrt{\frac{\sum_{i=1}^{20}\left(\dfrac{r_t - r_{pAS}}{r_t}\right)^2}{20}} = 0.0579 \tag{3.2.54}$$

$$E_{SMP} = \sqrt{\frac{\sum_{i=1}^{20}\left(\dfrac{r_t - r_{pS}}{r_t}\right)^2}{20}} = 0.0816 \tag{3.2.55}$$

显然，均值方差越小，所提出的准则曲线越接近实测数据。上述定量评价结果表明 AGNSC 准则效果最好，其次是 ASMP 准则，再次是 GNSC 准则，最后是 SMP 准则。这与图 3.2.16 中预测曲线与离散点的接近程度一致。

因此，对于应力各向异性的反映，广义非线性强度准则优于 SMP 准则。广义非线性强度准则能合理考虑凝聚力和摩擦力对强度值的贡献比例分布，可用于描述具有一定凝聚力的岩土材料的破坏规律。对于原各向异性对偏平面上强度曲线形状的影响，可以根据两者一定的比例确定。一是主应力垂直于沉积面平行于沉积面三轴拉伸结果，二是主应力垂直于沉积面三轴抗压强度值。可以看出，对于土体，应首先确定广义强度形状参数 α，然后根据原始各向异性对强度值的影响权重确定参数 β，使其根据破坏行为最终反映应力诱发各向异性和原始各向异性的影响。

如图 3.2.17 所示，图中的离散点为平均应力 167kPa 下在 San Francisco Clay 上获得的真三轴试验结果（Kirkgard 等，1993），实线为提出的横观各向同性 GNSC 准则预测的结果。从图 3.2.17 中可以看出，所提出的准则能够很好地描述横观各向同性效应对偏平面抗剪强度的影响。垂直于沉积面方向的抗剪强度明显大于水平方向的抗剪强度。

图 3.2.18 中离散点为 Cambria 砂土在偏平面上的真三轴试验结果（Ochiai 等，1983），粗线为采用所提出准则的预测结果。对比结果表明，所提出的准则能较好地描述不同应力洛德角下横观各向同性因素对抗剪强度的影响。在垂直于积沙面 z 轴方向上，抗剪强度最大。

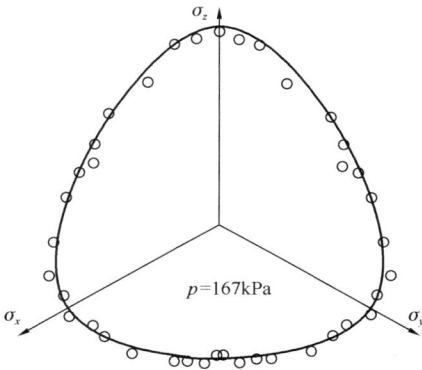

图 3.2.17　应力空间中试验点与
旧金山黏土测试结果对比

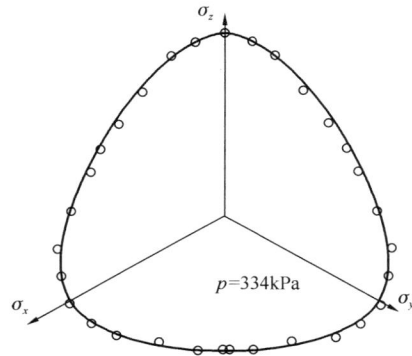

图 3.2.18　应力空间中试验点与
Canbria 砂土测试结果对比

为了探索所提出的准则的适用范围，选取具有一定内聚力的页岩破坏试验数据作为预测对象（Mogi，1971）。图 3.2.19 中的离散点为页岩真三轴试验结果，平均应力为 167MPa。实线为所提准则的预测结果。对比结果表明，所提准则也可以应用于具有一定凝聚力的材料真三轴破坏结果的预测。

图 3.2.20 显示了混凝土加载试验和预测的对比结果（Launay，1970）。其中，四条曲线对应不同的平均应力，当平均应力逐渐增大时，对应的破坏曲线预测结果变得平坦，当平均应力值较小时，对应的破坏曲线趋于尖曲线三角形形式。上述性质表明，所提出的准则可以用来描述静水压力效应对破坏曲线形状的影响。此外，混凝土还存在一定程度的各向异性，其对破坏曲线的影响不容忽视。除平均应力为 32.9MPa 时预测抗剪强度小于试验值外，其余平均应力下预测结果与试验结果基本一致。初步分析，平均应力为 32.9MPa 的试验结果表明，不同应力洛德角下的抗剪强度差异较大，可能是由于各向异性特性更为显著所致。

71

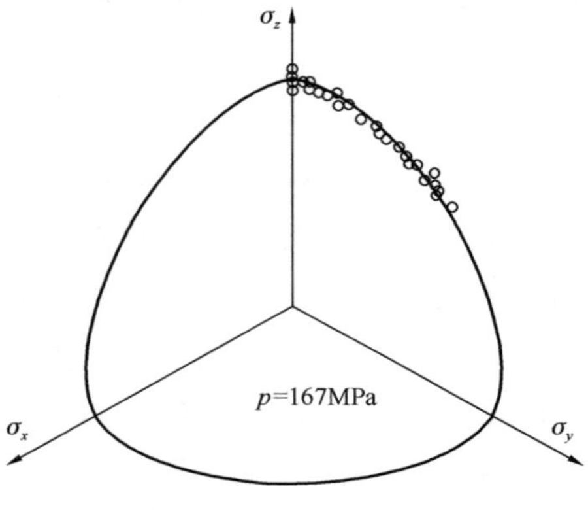

图 3.2.19 应力空间中试验点与页岩测试结果对比

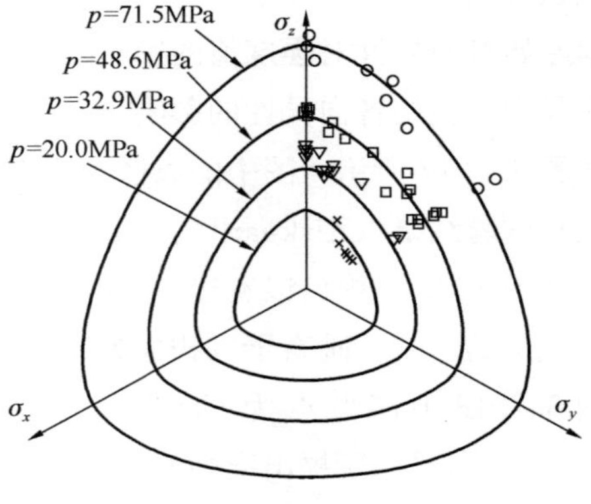

图 3.2.20 应力空间中试验点与混凝土测试结果对比

3.2.6 结论

本文在已有 GNST 准则的基础上，将原广义非线性强度准则只能适用于描述各向同性岩土材料的情况推广为可以合理考虑岩土材料原生各向异性强度规律的各向异性强度准则。该准则具有如下特点：

(1) 假定岩土材料为横观各向同性材料，对于垂直于沉积面、平行于沉积面加载模式，假定上述两种加载下其主应力强度值的比例为 β，β 为反映原生各向异性对于大小主应力强度比值的分配权重系数。可分别通过垂直于沉积面的三轴压缩伸长以及平行于沉积面的三轴压缩伸长路径确定。

(2) 假定岩土材料为横向各向同性，对于垂直于沉积面、平行于沉积面加载模式，假设上述两种加载条件下主应力强度值之比为 β，β 为原始各向异性主应力强度值之比的分布权重系数，由垂直于沉积面、平行于沉积面三轴压缩伸展路径确定。

(3) 本文提出了一种简单的非线性强度判据。应力诱发各向异性和原始各向异性可以合理考虑，该判据也可以简单方便地应用于实际岩土工程。该准则适用范围较广，不仅可以用来描述黏土和砂土的破坏特性，也可以用来描述一些黏性材料的破坏特性，如岩石和混凝土。

3.3 基于 VML 的扩展强度及屈服准则

摘 要： 土壤材料是一种典型的摩擦型材料，天然岩石却具有一定的凝聚力，金属材料则完全是凝聚型材料。在分析三种典型的材料强度准则表达式基础上，即 SMP、Lade-Duncan 以及广义 Von-Mises 准则，通过利用应力张量的不变量表达形式，提出了一种扩展准则即 VML 准则，该准则能够分别退化为上述三种典型准则。在偏平面上，新准则能够描述从曲边三角形到圆形在内的多种开口形态。在子午面上，采用幂函数作为破坏准则公式，能够描述静水压力对于强度特性影响的非线性性质。而对于土壤的屈服性质，岩土材料具有典型的压剪耦合特性，因此为了描述剪切与等方向压缩两种路径下的体积耦合现象，采用水滴型屈服面作为屈服准则。对于偏平面上的截面形状，讨论了给定球应力下偏应力强度值的分布形式及特点，讨论了应力洛德角对于偏平面上强度曲线的凹凸性的影响。最后，通过多种材料的破坏与屈服试验成果，用所提新准则进行了验证。通过强度以及屈服特性测试对比，验证了所提 VML 准则的合理性。

关键词：岩土材料；破坏；强度准则；屈服准则；应力路径

引言

自然界的天然材料同时用作工程材料的主要有岩石、土壤、木材材料，由于是天然材料，因而材料的力学性质一般都比较复杂。通过试验以及不断的工程实践，土壤材料是一种典型的摩擦型材料，主要是源于材料的强度特点所决定的。而岩石材料相对于土壤材料具有一定的抗拉强度，因而具备相当程度的凝聚性特点。对于人工材料金属而言，由于是典型的凝聚型材料，因而偏差应力是造成金属晶体破坏的主因。由于是对应的偏差应力，因而根据金属破坏性质，首先给出的是偏平面上对应正六边形的 Tresca 准则，以及广义 Von-Mises 准则等。与之不同的是，岩土材料，则是由应力比来决定破坏与否。如著名的摩尔-库伦准则、Lade-Duncan 准则以及 Matsuoka 和 Nakai 所提出的 SMP 准则。

对于描述主应力空间中的破坏特性，显然三维强度以及屈服准则是主要手段。目前，针对岩土材料提出了众多的破坏与屈服准则。从准则表达式本身是否具备一定的物理意义来区分，从大类上分为两大类，一大类是物理概念型准则，另一大类是统计实用型准则。前者包含很多准则，如俞茂宏等所提的双剪应力强度准则、SMP 准则、三剪应力准则、广义非线性强度准则。而后者存在大量的准则表达式，如 Lade-Duncan 准则、适用于岩石材料的 Hoek-Brown 准则、适用于混凝土的四参数准则。还有通过形状函数来表达偏平面上破坏形态的拟合参数准则，如 Zienkiewicz、郑颖人等提出的准则，能够描述破坏时应力状态，但这种静水压力效应造成的形状影响无法得到合理反映。此外，针对影响岩土强度性质的一系列因素的分析研究也得以展开，如各向异性因素、黏土胶结结构性因素、非饱和土的基质吸力因素、冻土的温度影响因素等，也都取得一定的进展。

分析广义 Von-Mises 准则以及 Lade-Duncan 准则、SMP 准则采用应力不变量表达形式，借鉴 Mortara 对 SMP 准则和 Lade-Duncan 准则采用幂参数插值的做法。在幂参数上分别引入两个参量 m、n，将上述三种准则扩展为一个统一准则中，新准则除了能够退化为上述三个强度准则之外，还能广泛地描述在偏平面上开口形状为曲边三角形到完全圆形的广阔破坏形态。子午面上，为了能够反映静水压力效应带来的破坏应力非线性特点，采用广义非线性准则中的幂函数表达形式来反映子午面上的非线性强度特性。为了反映岩土材料的压剪耦合性质，采用水滴型屈服面作为屈服准则。新准则具有参数较少、物理意义明确、表达形式简单等特点。

3.3.1 偏平面上 VML 强度准则公式

1. MNLD 准则

意大利学者 Mortara 在分析 SMP 准则以及 Lade-Duncan 准则由主应力不变量表述形式的相似性后，提出了 MNLD 准则，其通过巧妙地在幂次上设置一个参数 n，便在偏平面上得到一个非线性的广义强度准则。该准则表述如下：

$$\frac{I_1^n I_2^{(3-n)/2}}{I_3} = d \tag{3.3.1}$$

式（3.3.1）中，I_1 为第一应力张量不变量，而 I_3 为第三应力张量不变量，其中，n 为参数，而 d 为一个常数。显然，当 $n=1$ 时，则式（3.3.1）退化为 SMP 准则公式，当 $n=3$ 时，则式（3.3.1）退化为 Lade-Duncan 准则公式。

当 MNLD 准则退化为上述两种常用的强度准则公式时，常数 d 可由三轴压缩状态下的内摩擦角 φ 表达。显然式（3.3.1）中的常数 d 不仅与内摩擦角 φ 有关，而且还与参数 n 有关，因此通过常规三轴压缩应力路径的强度值关系可得到如下表达式：

$$\frac{(3-\sin\varphi)^n (3+\sin\varphi)^{(3-n)/2}}{(1+\sin\varphi)(1-\sin\varphi)^{(1+n)/2}} = d \tag{3.3.2}$$

由于参数 n 可用于调整偏平面上破坏曲线的形状，故参数 n 可通过如下公式联合确定：

$$d\left[2\left(\frac{M_c\beta}{9}\right)^3 + \left(\frac{M_c\beta}{9}\right)^2 - \frac{1}{27}\right] + \left[\frac{1}{3} - 3\left(\frac{M_c\beta}{9}\right)^2\right]^{(3-n)/2} = 0 \tag{3.3.3}$$

$$\beta = \frac{q_e}{q_c} \tag{3.3.4}$$

其中，M_c 表示常规三轴压缩下的应力比值，β 表示常规三轴伸长与压缩偏应力强度值之比。

式（3.3.1）中等式右端为常数，表示其不受静水压力 p 的影响。然而充分的试验证据表明，岩土材料具有典型的静水压力效应，即偏应力强度受到球应力的影响。为了能够反映静水压力带来的强度值影响性质，可将式（3.3.1）扩展为如下公式：

$$\frac{I_1^n I_2^{(3-n)/2}}{I_3} = 3^{1.5+0.5n} + \alpha\left(\frac{I_0}{I_1}\right)^{c_1} \tag{3.3.5}$$

观察式（3.3.5）可以发现，在子午面上的强度曲线为曲线形态，表明随着球应力 p 的增加，偏应力强度值不再按照线性规律变化，而是按照曲线形态变化，且随着参数 c_1 的增大，偏应力强度曲线的斜率逐渐减小，表明增加速率在减小。

2. VML 准则

根据适用于金属材料的广义 Von-Mises 准则，以及适用于岩土材料的 SMP 准则、Lade-Duncan 准则表达式，可用主应力变量表达的不变量形式依次表达为如下形式：

对于广义 Von-Mises 准则，可表达为：

$$\frac{I_2}{I_1^2} = \frac{(1-\sin\varphi)(3+\sin\varphi)}{(3-\sin\varphi)^2} = c_1 \qquad (3.3.6)$$

对于 SMP 准则，可表达为：

$$\frac{I_1 I_2}{I_3} = \frac{(9-\sin^2\varphi)}{(1-\sin^2\varphi)} = c_2 \qquad (3.3.7)$$

对于 Lade-Duncan 准则，可表达为：

$$\frac{I_1^3}{I_3} = \frac{(3-\sin\varphi)^3}{(1+\sin\varphi)(1-\sin\varphi)^2} = c_3 \qquad (3.3.8)$$

其中，式（3.3.6）～式（3.3.8）中，I_1、I_2、I_3 分别是主应力变量表达的应力第一、第二、第三不变量，而 φ 则是对应三轴压缩路径下的内摩擦角。等式最右端的 c_1、c_2、c_3 都表示为常数。

观察上述三种准则的表达式形式，可以利用两个参数 m、n 将其在幂次位置上进行插值，从而得到一个非线性强度准则表达式，表达式形式可以统一写为如下形式：

$$\frac{I_1^{n-3m} I_2^{\frac{(3-n)}{2}}}{I_3^{1-m}} = c_4 \qquad (3.3.9)$$

显然，当 $m=1$ 时，则式（3.3.4）退化为：

$$I_1^{n-3} I_2^{\frac{(3-n)}{2}} = c_4 \qquad (3.3.10)$$

当 $n=1$ 时，则式（3.3.10）退化为式（3.3.6），表示为反映金属材料的广义 Von-Mises 准则表达式。

当 n 不等于 1 时，则式（3.3.10）表示为与 I_3 无关的非线性准则。

当 $m=0$ 时，则式（3.3.9）退化为：

$$\frac{I_1^n I_2^{\frac{(3-n)}{2}}}{I_3} = c_4 \qquad (3.3.11)$$

式（3.3.11）退化为 Mortara 所提出的 MNLD 准则。该准则为 SMP 准则与 Lade-Duncan 准则的幂次参数插值非线性准则。

显然，在 $m=0$ 前提下，当 $n=1$ 时，则式（3.3.11）退化为式（3.3.7），表示为 SMP 准则。而当 $n=3$ 时，则式（3.3.11）退化为式（3.3.8），表示为 Lade-Duncan 准则。三种典型的强度曲线分别如图 3.3.1 所示，当参数 m 与 n 的组合满足图中所示情形，则所提的 VML 准则分别退化为 SMP 准则、Lade-Duncan 准则以及广义 Von-Mises 准则。

将式（3.3.9）整理，可得到关于球应力以及三轴压缩对应的内摩擦角的函数。可表示为如下形式：

$$\frac{I_1^{n-3m} I_2^{\frac{(3-n)}{2}}}{I_3^{1-m}} = \frac{(3-\sin\varphi)^{(n-3m)}(3+\sin\varphi)^{(1.5-0.5n)}}{(1+\sin\varphi)^{1-m}(1-\sin\varphi)^{0.5n-2m+0.5}} = c_4 \qquad (3.3.12)$$

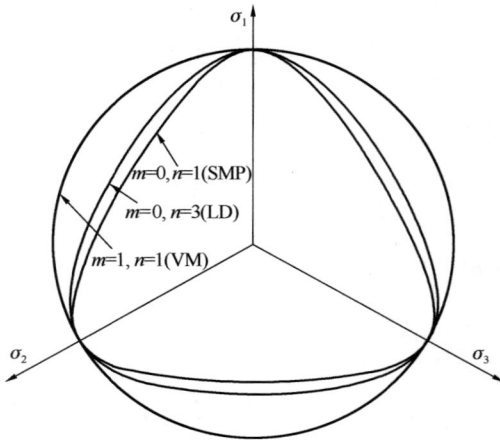

图 3.3.1　内摩擦角为 30°下偏平面上三种典型准则曲线

对于子午面上的广义偏应力强度，可表示为：

令：

$$\bar{p} = p_r \left(\frac{p + \sigma_0}{p_r} \right)^t \tag{3.3.13}$$

$$\left. \begin{array}{l} \bar{I}_1 = \bar{\sigma}_1 + \bar{\sigma}_2 + \bar{\sigma}_3 \\ \bar{I}_2 = \bar{\sigma}_1 \bar{\sigma}_2 + \bar{\sigma}_2 \bar{\sigma}_3 + \bar{\sigma}_3 \bar{\sigma}_1 \\ \bar{I}_3 = \bar{\sigma}_1 \bar{\sigma}_2 \bar{\sigma}_3 \end{array} \right\} \tag{3.3.14}$$

$$\bar{\sigma}_i = \sigma_i + \left[p_r \left(\frac{p + \sigma_0}{p_r} \right)^n - p \right] \quad (n \in [0, 1], i = 1, 2, 3) \tag{3.3.15}$$

其中，p_r 表示使球应力无量纲化的参量，通常可取为一个大气压。σ_0 是一个参数，表示材料的拉伸强度。t 是反映静水压力效应的幂参数参量。当 $t=1$ 时，随着静水压力的增大，偏应力强度值不受影响，而当 $t<1$ 时，偏应力强度随着静水压力的增大而出现增长缓慢现象，表现出静水压力对强度值的影响效应。

对于三轴压缩的广义偏应力强度，可表示为如下形式：

$$\bar{q}_c = M\bar{p} \left\{ \text{sgn} \left(\frac{1}{s-1} \right) + \text{sgn}(1-s) \sqrt{ \left(\frac{\bar{p}_x}{\bar{p}} - 1 \right)^s - 1 } \right\} \tag{3.3.16}$$

其中，$\bar{q}_c$ 为对应三轴压缩下的广义偏应力强度。

$$\text{sgn}(x) = \begin{cases} 0 & x < 0 \\ 1 & x \geqslant 0 \end{cases} \tag{3.3.17}$$

显然，当参数 $s>1$ 时，则式（3.3.16）退化为如下形式：

$$\bar{q}_c = M\bar{p} \tag{3.3.18}$$

显然，当参数 $s<1$ 或者 $s=1$ 时，则式（3.3.16）退化为如下形式：

$$\bar{q}_c = M\bar{p}\sqrt{(\frac{\bar{p}_x}{\bar{p}} - 1)^s - 1}\tag{3.3.19}$$

对于一般应力，式（3.3.12）可表达为：

$$\frac{\bar{I}_1^{n-3m}\bar{I}_2^{\frac{(3-n)}{2}}}{\bar{I}_3^{1-m}} = \frac{(3-\sin\varphi)^{(n-3m)}(3+\sin\varphi)^{(1.5-0.5n)}}{(1+\sin\varphi)^{1-m}(1-\sin\varphi)^{0.5n-2m+0.5}} = c_4\tag{3.3.20}$$

若利用 p、q、θ 为变量的形式，则式（3.3.13）可表达为：

$$\frac{\bar{I}_1^{n-3m}\bar{I}_2^{\frac{(3-n)}{2}}}{\bar{I}_3^{1-m}} = \frac{\left(\dfrac{1}{3} - \dfrac{\bar{q}^2}{27\bar{p}^2}\right)^{\frac{(3-n)}{2}}}{\left(-\dfrac{2}{27^2}\dfrac{\bar{q}^3}{\bar{p}^3}\sin3\theta - \dfrac{\bar{q}^2}{81\bar{p}^2} + \dfrac{1}{27}\right)^{1-m}} = c_4\tag{3.3.21}$$

当对于三轴压缩所对应的破坏点时，式（3.3.21）可化简为：

$$\frac{\bar{I}_1^{n-3m}\bar{I}_2^{\frac{(3-n)}{2}}}{\bar{I}_3^{1-m}} = \frac{\left(\dfrac{1}{3} - \dfrac{\bar{q}_c^2}{27\bar{p}^2}\right)^{\frac{(3-n)}{2}}}{\left(\dfrac{2}{27^2}\dfrac{\bar{q}_c^3}{\bar{p}^3} - \dfrac{\bar{q}_c^2}{81\bar{p}^2} + \dfrac{1}{27}\right)^{1-m}} = c_4\tag{3.3.22}$$

显然，联立式（3.3.13）、式（3.3.16）、式（3.3.20），即为 VML 强度与屈服准则表达式。

如图 3.3.2 所示，除了球应力 p、偏应力 q，还有应力洛德角 θ 能够联合表示由三个主应力表达的强度准则。当 $\sigma_0=0$、$n=1$ 时，则式（3.3.19）可表示为如下形式：

$$\frac{I_1^{n-3m}I_2^{\frac{(3-n)}{2}}}{I_3^{1-m}} = \frac{\left(\dfrac{1}{3} - \dfrac{q^2}{27p^2}\right)^{\frac{(3-n)}{2}}}{\left(-\dfrac{2}{27^2}\dfrac{q^3}{p^3}\sin3\theta - \dfrac{q^2}{81p^2} + \dfrac{1}{27}\right)^{1-m}} = c_4\tag{3.3.23}$$

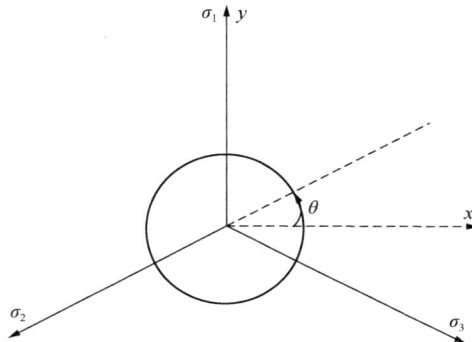

图 3.3.2　应力洛德角示意图

根据应力比表达式 $q/p=\eta$，则式（3.3.22）可化为：

$$\frac{\left(\dfrac{1}{3}-\dfrac{\eta^2}{27}\right)^{\frac{(3-n)}{2}}}{\left(-\dfrac{2\eta^3}{27^2}\sin3\theta-\dfrac{\eta^2}{81}+\dfrac{1}{27}\right)^{1-m}}=c_4 \tag{3.3.24}$$

对于式（3.3.23），当 $\theta=90°$ 时，沿 y 轴的破坏点所对应的是三轴压缩路径破坏点，而当 $\theta=150°$ 时，所对应的是三轴伸长路径破坏点，当 θ 取异于上述两种应力路径时，破坏点所对应的是真三轴压缩路径破坏点。三轴压缩与伸长路径下所对应的破坏应力比分别为 M_c、M_e，则经过变换可得到如下公式：

$$(1-m)\ln\left(\frac{2M_c^3}{27^2}-\frac{M_c^2}{81}+\frac{1}{27}\right)+\ln c_4=\frac{(3-n)}{2}\ln\left(\frac{1}{3}-\frac{M_c^2}{27}\right) \tag{3.3.25}$$

$$(1-m)\ln\left(-\frac{2M_e^3}{27^2}-\frac{M_e^2}{81}+\frac{1}{27}\right)+\ln c_4=\frac{(3-n)}{2}\ln\left(\frac{1}{3}-\frac{M_e^2}{27}\right) \tag{3.3.26}$$

利用岩土材料具有临界状态这一特性，当岩土体进入临界状态时，屈服面所对应的塑性体积应变保持恒定，此时塑性体变增量为零，应力增量为零。则可假设以式（3.3.22）为屈服面表达式，此时，假设材料服从理想弹塑性特性，服从相关联流动法则，则由屈服面方程可得到：

$$f=c_4\left(-\frac{2}{27^2}\frac{q^3}{p^3}\sin3\theta-\frac{q^2}{81p^2}+\frac{1}{27}\right)^{1-m}-\left(\frac{1}{3}-\frac{q^2}{27p^2}\right)^{\frac{(3-n)}{2}}=0 \tag{3.3.27}$$

根据条件可知：

$$d\varepsilon_v^p=d\varepsilon_{ii}^p=\lambda\frac{\partial f}{\partial\sigma_{ii}} \tag{3.3.28}$$

由于塑性因子 λ 不为零，因此可将式（3.3.28）化为如下方程：

$$\left(2m-\frac{2}{3}n\right)\frac{q^3}{I_1^3}\sin3\theta+(1-n+2m)\frac{q^2}{I_1^2}+2(1-m)\frac{q}{I_1}\sin3\theta+\left(1-2m+\frac{n}{3}\right)=0 \tag{3.3.29}$$

显然，联立式（3.3.24）、式（3.3.25）、式（3.3.29），最终可求取出参数 m、n、c_4，即可确定所需强度参数 m 和 n 的值。

3.3.2 偏平面上参量 $m \backslash n$ 对破坏曲线形状影响

为了考察参量 $m \backslash n$ 对于偏平面上破坏曲面开口形状的影响规律，分别先选用 $m=0$、1、2、5 为常量情况下，变动参量 n 以探究 n 值不同所带来的偏平面上形状变化。如图 3.3.3～图 3.3.6 所示，当 $m=0$ 且内摩擦角为 $30°$ 时，$n=1$ 以及 $n=3$ 时，则新准则分别退化为 SMP 与 Lade-Duncan 准则，随着 n 值的增大，则应力洛德角对于广义偏应力强度的影响越来越小。当 $n=100$ 时，开口形状趋近于圆形。当 $m=1$ 时，由于准则表达式中缺乏 I_3

项，n 值的变化对于曲线开口形状影响几乎可以忽略，除了 $n=1$ 是严格的圆形外，其他都是准圆形。当 $m=2$ 时，n 值增大，则开口形状的变化呈现与 $m=0$ 完全相反的规律。当 n 值越大，则开口形状由外凸逐渐变为内凹；当 $n=7$ 时，则偏平面上强度曲线由凸曲线变为凹曲线。

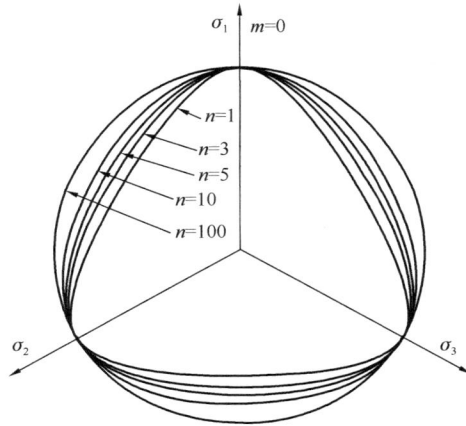

图 3.3.3 $m=0$ 情形内摩擦角为 30° 时偏平面上准则曲线分布

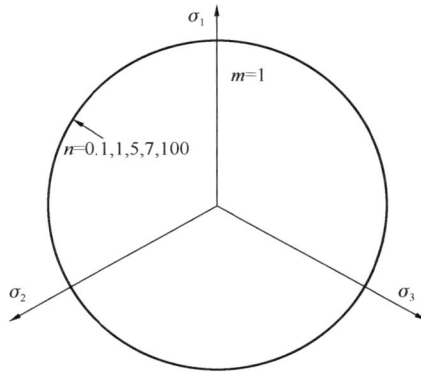

图 3.3.4 $m=1$ 情形内摩擦角为 30° 时偏平面上准则曲线分布

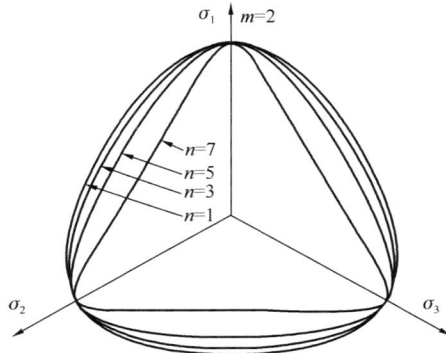

图 3.3.5 $m=2$ 情形内摩擦角为 30° 时偏平面上准则曲线分布

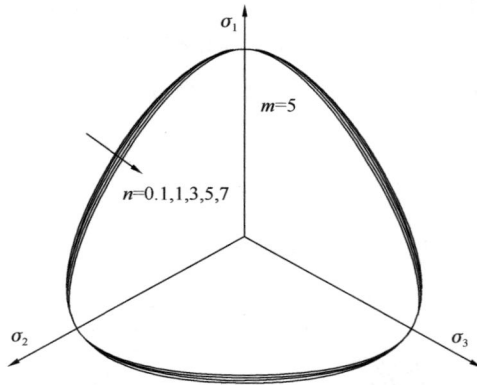

图 3.3.6　$m=5$ 情形内摩擦角为 30°时偏平面上准则曲线分布

当 $m=5$ 时，随着 n 值的增大，虽然偏平面上对于广义偏应力强度仍然从外向内变化，即由外凸逐渐向内凹变化，但由于 m 值的幂次过大，造成式（3.3.22）中分母项过大，因而 n 值的变化影响很小。分析 m 值从 0~5 的变化过程可知，$m=1$ 是分水岭，当 $0<m<1$ 时，随着 n 值的增大，偏平面开口形态越来越趋近于圆形，表明凝聚性越大，而摩擦性越小。当 $m=1$ 时，由于缺失了 I_3 项，因此 n 值的变化不影响开口形状，都是圆形曲线。而当 $m>1$ 时，出现两点变化：（1）随着 n 值的增大，曲线开口由外向内逐渐由圆向三角形形状变化；（2）随着 m 值的增大，由于幂次过大，因而出现 n 值对于曲线性状差异影响越来越小的趋势。

3.3.3　偏平面上强度准则广义偏应力强度值有效根的选取

为了考察新强度准则下 m、n 参数取值对于广义偏应力强度 q 的影响，考察式（3.3.27）的根 q 的分布规律。取 $\sigma_0=0$，$\theta=90°$，$t=1$，$\varphi=30°$，$I_1=300\text{kPa}$，$m=0$、1、2、5，在每个 m 值下分别取 $n=1$、3、5、10，分别考察三维空间下根的分布规律。

式（3.3.27）可化为：

$$f = c_4 \left(\frac{2}{27^2} \frac{q^3}{p^3} - \frac{q^2}{81p^2} + \frac{1}{27} \right)^{1-m} - \left(\frac{1}{3} - \frac{q^2}{27p^2} \right)^{\frac{(3-n)}{2}} \tag{3.3.30}$$

如图 3.3.7 所示，当 $m=0$ 时，分别选取 $n=1$~5，则函数式（3.3.30）的曲线分别为图中曲线。图中黑色水平直线为 $f=0$ 所对应的常数函数，而其他曲线与水平直线的交点显然是式（3.3.30）的根。五条曲线有两个公共根，一正一负，正根对应的是 Mp 值，也是曲线准则所对应的三轴压缩的广义偏应力强度值。而对于无侧限抗压强度值 $3p$，则 $n=1$ 所对应 SMP 准则同样取到该值。而 $n=2/3$ 则略过该值。对于 $n=4/5$，则曲线表现出不同的形态，不同于 $n=1$~3 的倒 "S" 形态，$n=4/5$ 表现为类似于准抛物型形态曲线，且 $3p$ 为其右侧曲线的渐近线。

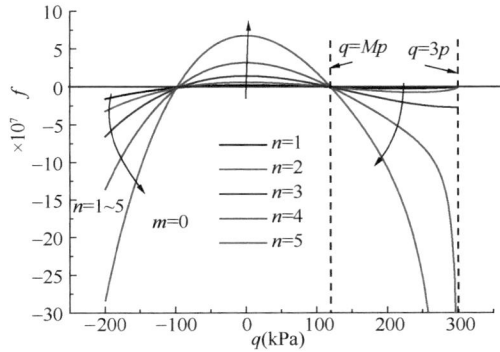

图 3.3.7　$m=0$ 情况下式（3.3.24）的根的分布曲线

$m=1$ 情况下，式（3.3.30）中左端第一项化为 c_4，最终可求解出关于 p 的一正一负两个根。正根具有唯一性。对应于图 3.3.4 中圆形曲线上的广义偏应力强度值。

$m=2$ 情况下，由图 3.3.8 可知，则 $n=1\sim5$ 所对应的 5 条曲线在靠近原点附近存在一个开口的类抛物线曲线，且具有公共的一正一负两个根，而正根对应的是 Mp 值，$3p$ 对应的是 5 条曲线的一条渐近线。

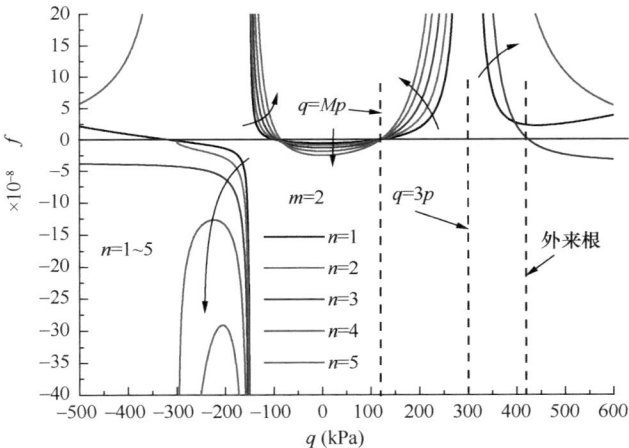

图 3.3.8　$m=2$ 情况下式（3.3.24）的根的分布曲线

由图 3.3.9 可知，$m=3$ 情况下，上述 5 条曲线表现出与 $m=2$ 情况相类似的分布规律特点。与 $m=2$ 相比较，可发现类抛物线曲线开口更小，且不同 n 值曲线的间距更小，表明曲线受到 n 值影响越来越小，曲线趋近于渐近线更为迅速。

图 3.3.10 为偏平面上根的分布特点，当 $m=0$ 时，图中黑色实线以及曲线分别表示 SMP 准则与 Lade-Duncan 准则的根，而正三角形则表示 SMP 准则的外凸边界形状，表示的是对应 $3p$ 的根的分布情况。

图 3.3.11 中则是 $m=2$ 时，$n=1$、3、5 时所对应的破坏曲线。显然图 3.3.11 中最上端的根所对应的是图 3.3.8 中最右端曲线与 $f=0$ 的交点，即对应的是 $n=3$ 所对应的正值

81

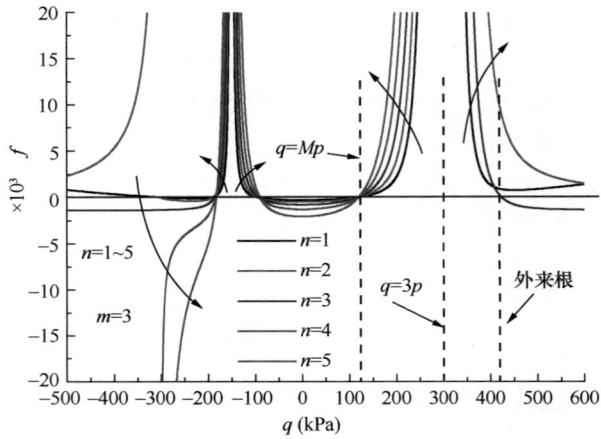

图 3.3.9　$m=3$ 情况下式（3.3.24）的根的分布曲线

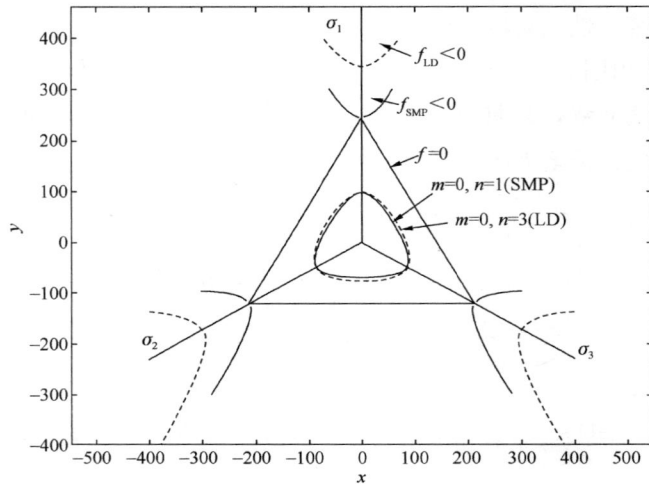

图 3.3.10　偏平面上 $m=0$ 情况下式（3.3.24）的根的分布曲线

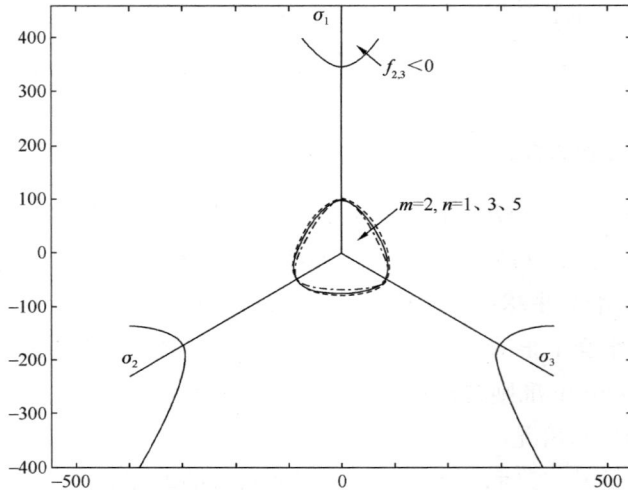

图 3.3.11　偏平面上 $m=2$ 情况下式（3.3.24）的根的分布曲线

大于 $3p$ 的增根。

3.3.4 偏平面上 θ 角对曲面凹凸性的影响

为了考察偏平面上参数 m、n 对于破坏曲线凹凸性的影响,主要考察应力洛德角 θ 在变化时对于曲面凹凸性的影响。设定参数分别取 $\sigma_0=0$,$\theta=90°$,$t=1$,$\varphi=30°$,$I_1=300\text{kPa}$,先固定每个 m 值,然后考察 n 与 θ 变动时曲面凹凸性的大小。为了便于分析判断凹凸性,对凹凸性的大小进行定量化考量。

定义凹凸性判断参量为 F。按照图 3.3.2 中选用偏平面上的直角坐标 xy 坐标系,由图 3.3.11 可知,由于强度曲线关于三个主应力轴轴线以及 $\theta=30°$、$150°$、$270°$,六根直线呈轴对称图形,因而可分析强度曲线在 $90°\sim150°$ 的凹凸性。由图 3.3.11 可知,一般在 xy 坐标系上半区间为上凸曲线,此时 y 对 x 的二阶导数为小于零的值。

$$F=\frac{\partial^2 y}{\partial x^2} \tag{3.3.31}$$

对于图 3.3.10,由极坐标可知,强度曲线上的点的极半径可表示为广义偏应力 q 的函数。

$$q=\sqrt{\frac{3}{2}}r=\sqrt{\frac{3}{2}}\sqrt{x^2+y^2} \tag{3.3.32}$$

洛德角 θ 也可表示为:

$$\theta=\arctan\left(\frac{y}{x}\right) \tag{3.3.33}$$

由此,式(3.3.27)可表达为含有 xy 的隐函数,因而凹凸性参数 F 可表达为:

$$F=\frac{\partial^2 y}{\partial x^2}=\frac{2f_{xy}f_x f_y - f_{xx}f_y^2 - f_{yy}f_x^2}{f_y^3} \tag{3.3.34}$$

其中,上式中,f_x、f_y、f_{xx}、f_{yy}、f_{xy} 分别是隐函数 f 对于 x、y 的一阶以及二阶偏导数。

$$f_x=f_q q_x + f_\theta \theta_x \tag{3.3.35}$$

$$f_y=f_q q_y + f_\theta \theta_y \tag{3.3.36}$$

$$f_{xx}=(f_{qq}q_x+f_{q\theta}\theta_x)q_x+(f_{\theta q}q_x+f_{\theta\theta}\theta_x)\theta_x+f_q q_{xx}+f_\theta \theta_{xx} \tag{3.3.37}$$

$$f_{xy}=(f_{qq}q_y+f_{q\theta}\theta_y)q_x+(f_{\theta q}q_y+f_{\theta\theta}\theta_y)\theta_x+f_q q_{xy}+f_\theta \theta_{xy} \tag{3.3.38}$$

$$f_{yy}=(f_{qq}q_y+f_{q\theta}\theta_y)q_y+(f_{\theta q}q_y+f_{\theta\theta}\theta_y)\theta_y+f_q q_{yy}+f_\theta \theta_{yy} \tag{3.3.39}$$

如图 3.3.12 所示,当 $m=0$ 情况下,对于 $n=1\sim9$,显然所有的 $F<0$,恒满足曲线外凸条件。当 n 较小时,显然对应的三轴压缩路径下曲线的外凸性最强烈,而对于三轴伸长路径的 $\theta=150°$,则对应最小的外凸性,也就是对应最大的曲率半径。随着 n 值的增大,规律反转,对应三轴伸长路径的 $\theta=150°$ 所对应的外凸性更为强烈,而三轴压缩所对应的

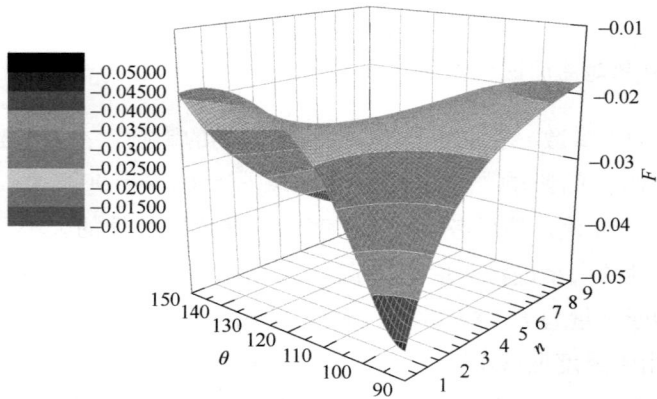

图 3.3.12　$m=0$ 情况下应力洛德角 θ 对偏平面上曲线的凹凸性的影响

外凸性变得较弱，这从图 3.3.3 中曲线开口形状的变化可看出，与其表现相一致。

当 $m=2$ 时，由图 3.3.13 可知，由于 $m=2$ 与 $m=0$ 表现出完全相反的特点，因而在 $n=7$ 以及 $n>7$ 的情况下，在应力洛德角 $\theta=150°$ 附近所对应的 F 值为正值，说明此时对应该曲线的位置为内凹形态。这与图 3.3.5 中当 $n=7$ 时所对应的曲线局部区域内凹曲线完全一致。

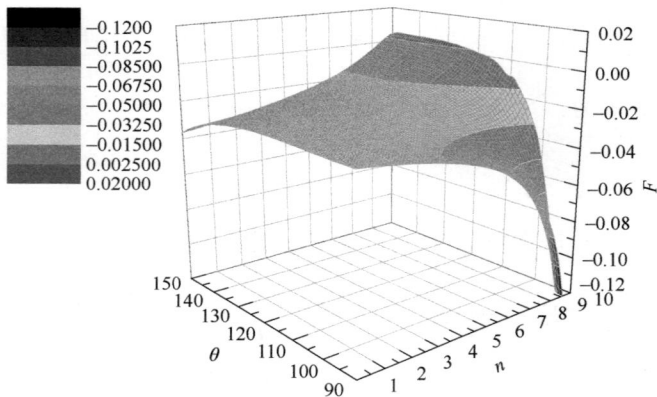

图 3.3.13　$m=2$ 情况下应力洛德角 θ 对偏平面上曲线凹凸性的影响

当 $m=5$ 时，由图 3.3.14 可知，所对应的所有曲线都满足 $F<0$，也就是所有曲线都满足外凸性条件。对于三轴压缩所对应的 $90°$ 附近的外凸性，随着 n 值的增大，F 呈现单调减小规律，表明 n 值越大，曲线越凸。且曲线最"凹"的位置由原来的 $150°$ 附近转移到 $130°$ 左右，且随着 n 值的增大，逐渐趋向于 $150°$ 的位置。说明当 $m=5$ 时，随着 n 值的增大，开口曲线的形态外凸性整体位置分布以及外凸性大小都产生了变化。

再来考察一下在 $m \setminus n$ 空间中对于三轴拉伸 $\theta=150°$ 位置处曲线外凸性情况。图 3.3.15 为在 m-n-F 三维空间中的曲线分布形态，由图 3.3.15 可见，在 $m=0.5\sim1$ 时，对应越大的 n 值，则对应越大的 F 值，表现出强烈的凹曲线特点。而当 m 与 n 满足图 3.3.16 中曲线所示关系时，则对应的是 $F=0$ 曲线。

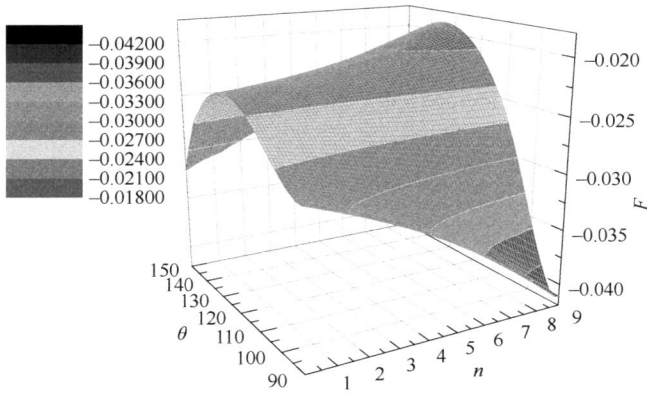

图 3.3.14　$m=5$ 情况下应力洛德角 θ 对偏平面上曲线凹凸性的影响

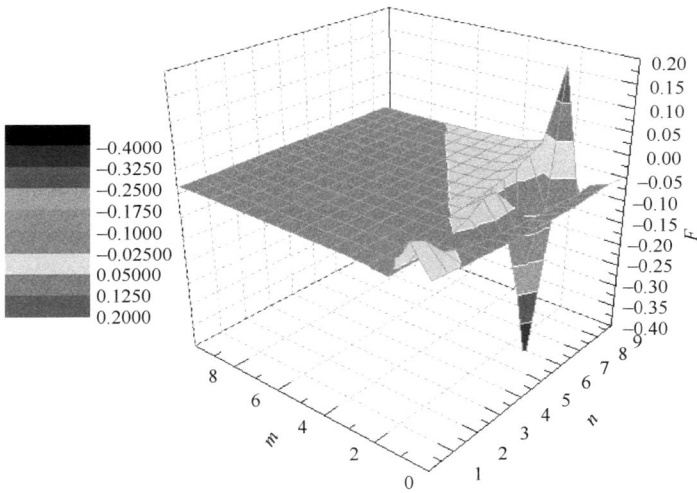

图 3.3.15　$\theta=150°$ 情况下应力 $m \setminus n$ 空间中曲线凹凸性的影响

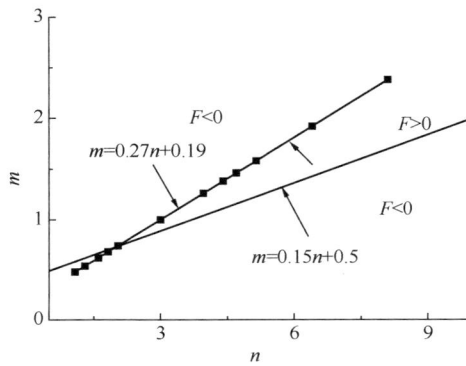

图 3.3.16　$\theta=150°$ 情况下应力 $m \setminus n$ 空间中凹凸分界线

85

图 3.3.16 表明，当 $F=0$ 时所对应 m 与 n 参数关系近似为一条直线关系。可利用该直线判断凹凸性质。由图 3.3.16 可知，对应两条 $F=0$ 的相交直线，由两条零线相交区域为 $F>0$ 区域，表示为凹曲面形状，而对应 $F<0$ 区域，则表示为凸曲面分布的区域。

3.3.5 子午面上屈服面的凹凸性

对于子午面上的屈服面，判断其凹凸性可通过参数 s 进行分析。

$$\bar{q}_c = M\bar{p}\sqrt{\left(\frac{\bar{p}_x}{\bar{p}}-1\right)^s-1} \tag{3.3.40}$$

由图 3.3.17 可知，当参数 s 介于 0～1 之间时，则屈服面形状为介于直线与椭圆之间的水滴型屈服面。

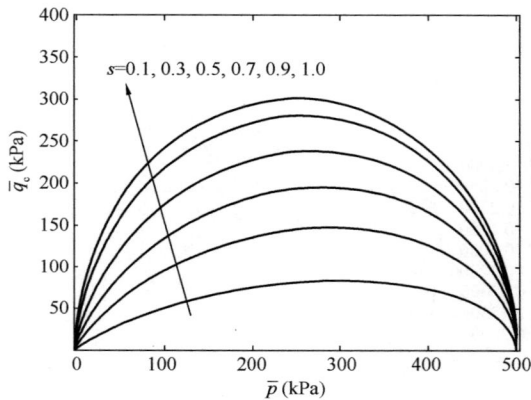

图 3.3.17 三轴压缩情况下屈服面形状受参数 s 的影响分布规律

由于屈服面外凸性可由下述二阶偏导数判定：

$$\frac{\partial^2 \bar{q}_c}{\partial p^2} = \frac{\partial\left(\frac{\partial \bar{q}_c}{\partial p}\right)}{\partial p} \tag{3.3.41}$$

$$\frac{\partial \bar{q}_c}{\partial p} = \frac{\partial \bar{q}_c}{\partial \bar{p}}\frac{\partial \bar{p}}{\partial p} \tag{3.3.42}$$

将式（3.3.42）代入式（3.3.41），可得：

$$\frac{\partial^2 \bar{q}_c}{\partial p^2} = \frac{\partial\left(\frac{\partial \bar{q}_c}{\partial p}\right)}{\partial p} = \left[\frac{\partial^2 \bar{q}_c}{\partial \bar{p}^2}\frac{\partial \bar{p}}{\partial p} + \frac{\partial \bar{q}_c}{\partial \bar{p}}\frac{\partial\left(\frac{\partial \bar{p}}{\partial p}\right)}{\partial \bar{p}}\right]\frac{\partial \bar{p}}{\partial p} \tag{3.3.43}$$

由于：

$$\frac{\partial \bar{p}}{\partial p} = t\left(\frac{p+\sigma_0}{p_r}\right)^{t-1} \tag{3.3.44}$$

观察式（3.3.44）中并无含有 $\bar{p}$ 的分项，因此可得：

$$\frac{\partial\left(\frac{\partial\bar{p}}{\partial p}\right)}{\partial\bar{p}} = 0 \tag{3.3.45}$$

式（3.3.43）可化简为：

$$\frac{\partial^2\bar{q}_c}{\partial p^2} = \frac{\partial\left(\frac{\partial\bar{q}_c}{\partial p}\right)}{\partial p} = \frac{\partial^2\bar{q}_c}{\partial\bar{p}^2}\left(\frac{\partial\bar{p}}{\partial p}\right)^2 \tag{3.3.46}$$

由于：

$$\left(\frac{\partial\bar{p}}{\partial p}\right)^2 \geqslant 0 \tag{3.3.47}$$

因此，屈服面凹凸性可由 $\frac{\partial^2\bar{q}_c}{\partial\bar{p}^2}$ 的正负性质判断。由图 3.3.17 可知，图中所有曲线都满足上凸条件，即满足 $\frac{\partial^2\bar{q}_c}{\partial\bar{p}^2} < 0$，因而当参数 $0 < s < 1$ 时，屈服面恒满足外凸条件。

3.3.6 强度及屈服准则预测及变换应力法验证

利用一些岩土材料的强度测试数据以及真三轴试验数据对所提的强度准则以及变换应力法进行验证。图 3.3.18 中离散点为 Nakai 等关于 Toyoura 砂土在真三轴条件下的测试结果，有效球应力为 196kPa，保持恒定。通过三轴压缩直到三轴伸长的各个测试点，如图 3.3.18 所示，所提的 VML 准则其预测曲线较好地符合了砂土的真三轴测试结果。岩土材料参数见表 3.3.1。

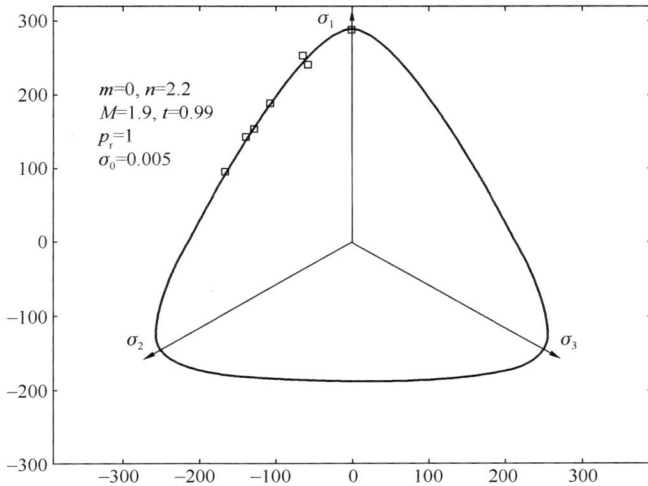

图 3.3.18　利用 VML 准则对 Toyoura 砂土在偏平面上破坏数据的预测对比

岩土材料参数 表 3.3.1

材料	VML 准则						
	m	n	σ_0 (MPa)	p_r (MPa)	s	t	M
Toyoura 砂土	0.0	2.2	0.005	1	2	0.99	1.9
粗面岩	0.0	10.4	89	87.6	2	0.55	1.89
灰屑岩	2.0	1.05	0.0	1	0.65	1.0	1.5
黏土	2.0	1.6	0.0	1	0.55	1.0	2.4

强度准则验证及预测对比：

图 3.3.19 中离散点为 Mogi 等关于粗面岩在真三轴偏平面上的测试结果。球应力保持在 167MPa 不变，基于已有的不同中主应力对强度的贡献，从三轴伸长到三轴压缩路径，随着中主应力的增大，广义偏应力强度也随着增大，在三轴压缩条件下达到最大的偏应力强度值。基于 VML 准则所给出的预测曲线较好地符合了试验结果。

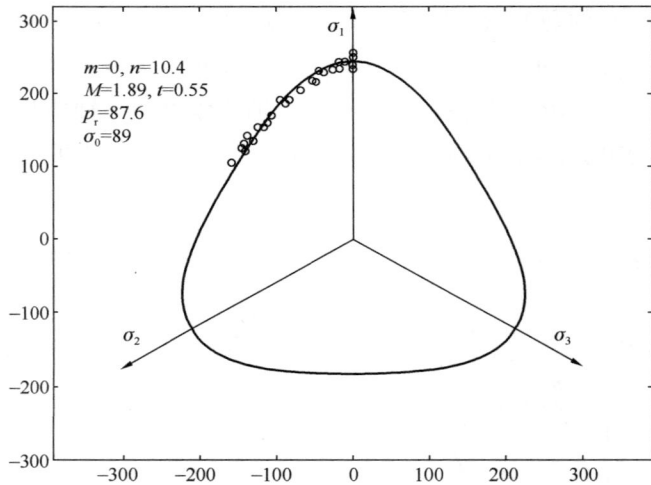

$m=0$, $n=10.4$
$M=1.89$, $t=0.55$
$p_r=87.6$
$\sigma_0=89$

图 3.3.19　利用 VML 准则对粗面岩在偏
平面上破坏数据的预测对比

图 3.3.20 中离散点为 Lagioia 等关于灰屑岩所做的岩石屈服轨迹的试验成果。利用 VML 屈服准则，可以用来描述该类岩石在子午面上的屈服特性。

图 3.3.21 中离散点为 Nguyen 等关于 Leda 黏土的屈服轨迹测试结果数据。由图 3.3.21 可知，黏土屈服特性表现出显著的静水压力效应，随着 p 值的增大，广义偏应力强度 q 表现出强烈的非线性特点，同时表现出剪切屈服与体积压缩屈服强烈耦合的特点。所提的 VML 准则曲线能较好地符合测试结果。

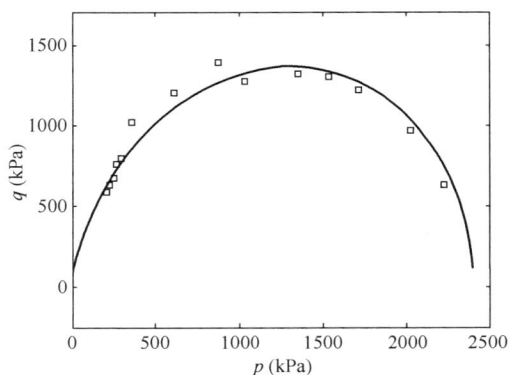

图 3.3.20 利用 VML 准则对灰屑岩在 p-q 空间
中屈服数据的预测对比

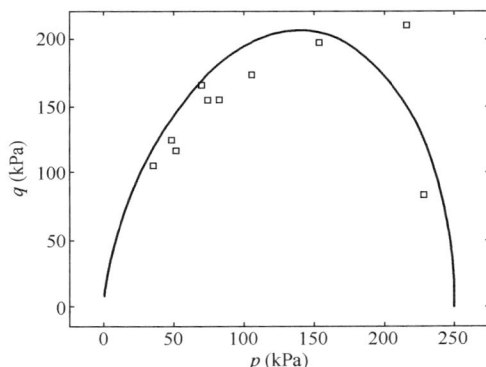

图 3.3.21 利用 VML 准则对 Leda 黏土在 p-q 空间
中屈服数据的预测对比

3.3.7 结论

通过分析广义 Von-Mises 准则、SMP 准则、Lade-Duncan 准则的主应力不变量 I_1、I_2、I_3 的表达形式，提出了一种广义的非线性强度与屈服准则，该准则可通过适当的变形分别退化为上述三种典型强度准则。在子午面上，利用广义非线性的幂函数来作为反映静水压力效应带来的破坏曲线非线性表达式，对于压剪耦合特性，采用水滴型函数作为屈服面表达式，并基于该新准则探讨了新准则参数 $m \backslash n$ 对于偏平面上开口形状的影响规律。基于上述分析，得到如下结论：

（1）在三种典型强度准则基础上，利用幂参数 $m \backslash n$ 外插表达式，得到一种新的适用于岩土、金属等多种材料的非线性强度准则。

（2）在子午面上，利用幂函数曲线型作为强度准则表达式，而岩土材料具有压剪耦合特性。基于体积压缩所导致的屈服特性，提出了一并考虑剪切破坏屈服与压缩体积屈服相耦合的破坏准则关系式。

（3）基于上述所提的 VML 强度准则，分析了 m、n 对于偏平面破坏曲线的形状影响规律。结果表明，当 m 为较小的正数以及 n 在较小正数范围内，准则满足强度以及屈服曲面的外凸性质，且便于用作岩土类材料的破坏与屈服准则。

采用所提的 VML 准则对砂土、岩石和黏土的强度以及屈服性质进行预测。对比结果表明，所提的 VML 准则可简单准确地应用到岩土材料模拟中，具有很强的适用性以及实用性。

3.4　基于 VML 准则的平面应变强度特性

摘　要：基于已提出的 VML 准则，该准则表达式采用应力不变量形式，可分别退化为 SMP、Lade-Duncan 及 Von-Mises 准则。由于该准则在偏平面上能够描述曲边三角形到完全圆形等各种形状，因而该准则是能够用于描述从无黏性土到完全凝聚型材料如金属等材料的非线性准则。在相关联流动法则以及材料的理想弹塑性等假定下，推导得到关于 VML 准则的中主应力公式。并基于 VML 准则的参数 $m \setminus n$，对于中主应力条件下的内摩擦角和三轴压缩条件下的内摩擦角的关系进行了比较分析。结果表明，当 $m=0$ 时，中主应力的内摩擦角与三轴压缩的内摩擦角关系曲线呈现"勺子"状曲线，且随着 n 值的增大，曲线越明显。当 $m\neq0$ 时，随着 n 值增大，则两者关系呈现非收敛的增大关系。本文建议了平面应变与三轴压缩内摩擦角的关系式。通过各种不同黏土的平面应变试验结果与所建议的内摩擦角关系式的对比，所建议的公式能够较好地描述黏土的平面应变强度特性。

关键词：土；岩石；强度准则；屈服准则；破坏

引言

平面应变状态是自然界以及工程实践中岩土材料通常要承受的一种应力状态，如堤坝修筑以及服役期间坝体地基中的单元应力状态，再比如公路、铁路路基、隧道基坑后的土体都处于平面应变状态。分析岩土材料在平面应变条件下的破坏行为，对于人们掌握岩土材料的变形特点以及破坏机理具有进一步的理论意义，同时为岩土工程实践提供更具有实际价值的指导建议。根据以往的研究成果，一些学者针对某些适用于岩土材料的强度准则给出了平面应变下的主应力关系。Satake 首先根据相关联流动法则和 SMP 强度准则，给出了基于 SMP 准则的中主应力关系式。罗汀等根据上述主应力关系，进一步给出了平面应变与三轴压缩的内摩擦角关系式，通过给出常用指标与平面应变指标的关系式，使平面应变的应用得到进一步深化。李刚等通过观察 Mises 平面应变下摩尔圆关系与 SMP 摩尔圆关系，假设平面应变下黏土材料破坏时大中主应力与中小主应力摩尔圆具有相同的凝聚性发挥度与摩擦发挥度。通过上述假设，得到一个中主应力关系式。邓楚键等采用 M-C 准则，通过引入洛德角以及平面应变等效 Von-Mises 准则，推导得到一个反映平面应变条件的中主应力关系式。张玉等通过类比 Lade-Duncan、Von-Mises、SMP 以及 AC-SMP 四种准则的平面应变条件下的中主应力关系式，讨论了各类准则的适用性。结论表明，当摩擦角大于 30°时，Von-Mises 准则已不适用于描述岩土材料的强度特性，而 SMP 准则更适合于无黏性土的强度特性描述，Lade-Duncan 和 AC-SMP 准则可以用于描述黄土强度特性。此外，还有一些学者针对岩土类材料在平面应变下的破坏行为做出了一些探索，给出了相应的成果。

当前，国内外很多学者提出了基于岩土材料的破坏及屈服准则，很多具有鲜明的特色，且诸多岩土材料普遍表现出既具有散体材料的摩擦性质，同时具有一定的凝聚性质。

3.4.1 VML 强度准则简介

根据适用于金属材料的 Von-Mises 准则，以及适用于岩土材料的 SMP 准则、Lade-Duncan 准则表达式，可用主应力变量表达的不变量形式依次表达为如下形式：

对于 Von-Mises 准则，可表达为：

$$\frac{I_2}{I_1^2} = \frac{(1-\sin\varphi)(3+\sin\varphi)}{(3-\sin\varphi)^2} = c_1 \tag{3.4.1}$$

对于 SMP 准则，可表达为：

$$\frac{I_1 I_2}{I_3} = \frac{9-\sin^2\varphi}{1-\sin^2\varphi} = c_2 \tag{3.4.2}$$

对于 Lade-Duncan 准则，可表达为：

$$\frac{I_1^3}{I_3} = \frac{(3-\sin\varphi)^3}{(1+\sin\varphi)(1-\sin\varphi)^2} = c_3 \tag{3.4.3}$$

其中，上述公式中，I_1、I_2、I_3 分别是主应力变量表达的应力第一、第二、第三不变量，而 φ 是对应三轴压缩路径下的内摩擦角。等式最右端的 c_1、c_2、c_3 都表示为常数。

观察上述三种准则的表达式形式，可以利用两个参数 m、n 将其在幂次位置上进行插值，从而得到一个非线性强度准则表达式。表达式形式可以统一写为如下形式：

$$\frac{I_1^{n-3m} I_2^{\frac{3-n}{2}}}{I_3^{1-m}} = c_4 \tag{3.4.4}$$

显然，当 $m=1$ 时，则式（3.4.4）退化为：

$$I_1^{n-3} I_2^{\frac{3-n}{2}} = c_4 \tag{3.4.5}$$

当 $n=1$ 时，则式（3.4.5）退化为式（3.4.1），表示为反映金属材料的 Von-Mises 准则表达式。

当 $n\neq1$ 时，则式（3.4.5）表示为与 I_3 无关的非线性准则。

当 $m=0$ 时，则式（3.4.4）退化为：

$$\frac{I_1^n I_2^{\frac{3-n}{2}}}{I_3} = c_4 \tag{3.4.6}$$

式（3.4.6）退化为 Mortara 所提出的 MNLD 准则。该准则为 SMP 准则与 Lade-Duncan 准则的幂次参数插值非线性准则。

显然，在 $m=0$ 前提下，当 $n=1$ 时，则式（3.4.6）退化为式（3.4.2），表示为 SMP 准则。而当 $n=3$ 时，则式（3.4.6）退化为式（3.4.3），表示为 Lade-Duncan 准则。三种典型的强度曲线分别如图 3.4.1 所示，显然当参数 m 与 n 的组合满足图中所示情形，则所提的 VML 准则分别退化为 SMP、Lade-Duncan 及 Von-Mises 准则。

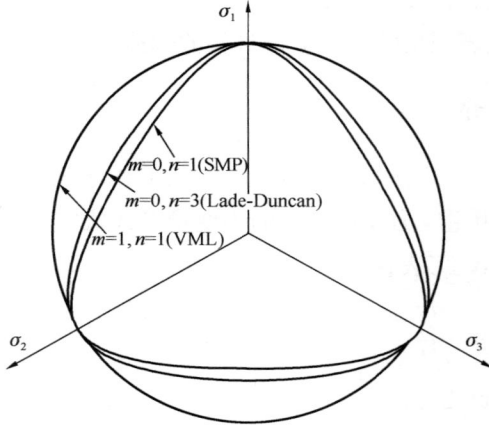

图 3.4.1　内摩擦角为 30°情况下偏平面上三种典型准则曲线

将式（3.4.4）整理，可得到关于球应力以及三轴压缩对应的内摩擦角的函数。可表示为如下公式形式：

$$\frac{I_1^{n-3m} I_2^{\frac{(3-n)}{2}}}{I_3^{1-m}} = \frac{(3-\sin\varphi)^{(n-3m)} (3+\sin\varphi)^{(1.5-0.5n)}}{(1+\sin\varphi)^{1-m} (1-\sin\varphi)^{0.5n-2m+0.5}} = c_4 \tag{3.4.7}$$

对于子午面上的广义偏应力强度，可表示为：

令：

$$\bar{p} = p_r \left(\frac{p+\sigma_0}{p_r}\right)^t \tag{3.4.8}$$

$$\left.\begin{aligned} \bar{I}_1 &= \bar{\sigma}_1 + \bar{\sigma}_2 + \bar{\sigma}_3 \\ \bar{I}_2 &= \bar{\sigma}_1\bar{\sigma}_2 + \bar{\sigma}_2\bar{\sigma}_3 + \bar{\sigma}_3\bar{\sigma}_1 \\ \bar{I}_3 &= \bar{\sigma}_1\bar{\sigma}_2\bar{\sigma}_3 \end{aligned}\right\} \tag{3.4.9}$$

$$\bar{\sigma}_i = \sigma_i + \left[p_r \left(\frac{p+\sigma_0}{p_r}\right)^n - p\right] \quad (n \in [0, 1], i = 1, 2, 3) \tag{3.4.10}$$

其中，p_r 表示使球应力无量纲化的参量，通常可取为一个大气压。σ_0 是一个参数，表示材料的拉伸强度。t 是反映静水压力效应的幂参数参量。当 $t=1$ 时，随着静水压力的增大，偏应力强度值不受影响，而当 $t<1$ 时，偏应力强度随着静水压力的增大而出现增长缓慢现象，表现出静水压力对强度值的影响效应。

对于三轴压缩的广义偏应力强度，可表示为如下形式：

$$\bar{q}_{\mathrm{c}} = M\bar{p}\left\{\mathrm{sgn}\left(\frac{1}{s-1}\right) + \mathrm{sgn}(1-s)\sqrt{\left(\frac{\bar{p}_x}{\bar{p}}-1\right)^s - 1}\right\} \tag{3.4.11}$$

其中，$\bar{q}_{\mathrm{c}}$ 为对应三轴压缩下的广义偏应力强度。

$$\mathrm{sgn}(x) = \begin{cases} 0 & x<0 \\ 1 & x\geqslant 0 \end{cases} \tag{3.4.12}$$

显然，当参数 $s>1$ 时，则式（3.4.11）退化为如下形式：

$$\bar{q}_{\mathrm{c}} = M\bar{p} \tag{3.4.13}$$

显然，当参数 $s\leqslant 1$ 时，则式（3.4.11）退化为如下形式：

$$\bar{q}_{\mathrm{c}} = M\bar{p}\sqrt{\left(\frac{\bar{p}_x}{\bar{p}}-1\right)^s - 1} \tag{3.4.14}$$

对于一般应力，式（3.4.8）可表达为：

$$\frac{\bar{I}_1^{n-3m}\bar{I}_2^{\frac{(3-n)}{2}}}{\bar{I}_3^{1-m}} = \frac{(3-\sin\varphi)^{(n-3m)}(3+\sin\varphi)^{(1.5-0.5n)}}{(1+\sin\varphi)^{1-m}(1-\sin\varphi)^{0.5n-2m+0.5}} = c_4 \tag{3.4.15}$$

若利用 p、q、θ 为变量的形式，则式（3.4.14）可表达为：

$$\frac{\bar{I}_1^{n-3m}\bar{I}_2^{\frac{(3-n)}{2}}}{\bar{I}_3^{1-m}} = \frac{\left(\dfrac{1}{3} - \dfrac{\bar{q}^2}{27\bar{p}^2}\right)^{\frac{(3-n)}{2}}}{\left(-\dfrac{2}{27^2}\dfrac{\bar{q}^3}{\bar{p}^3}\sin 3\theta - \dfrac{\bar{q}^2}{81\bar{p}^2} + \dfrac{1}{27}\right)^{1-m}} = c_4 \tag{3.4.16}$$

当对于三轴压缩所对应的破坏点时，显然，式（3.4.15）可化简为：

$$\frac{\bar{I}_1^{n-3m}\bar{I}_2^{\frac{(3-n)}{2}}}{\bar{I}_3^{1-m}} = \frac{\left(\dfrac{1}{3} - \dfrac{\bar{q}_{\mathrm{c}}^2}{27\bar{p}^2}\right)^{\frac{(3-n)}{2}}}{\left(\dfrac{2}{27^2}\dfrac{\bar{q}_{\mathrm{c}}^3}{\bar{p}^3} - \dfrac{\bar{q}_{\mathrm{c}}^2}{81\bar{p}^2} + \dfrac{1}{27}\right)^{1-m}} = c_4 \tag{3.4.17}$$

显然，联立式（3.4.9）、式（3.4.12）、式（3.4.16），则上述三个公式即为 VML 强度与屈服准则表达式。

如图 3.4.2 所示，除了球应力 p、偏应力 q，还有应力洛德角 θ 能够联合表示由三个主应力表达的强度准则。当 $\sigma_0 = 0$，$n=1$ 时，则式（3.4.15）可表示为如下形式：

$$\frac{I_1^{n-3m}I_2^{\frac{(3-n)}{2}}}{I_3^{1-m}} = \frac{\left(\dfrac{1}{3} - \dfrac{q^2}{27p^2}\right)^{\frac{(3-n)}{2}}}{\left(-\dfrac{2}{27^2}\dfrac{q^3}{p^3}\sin 3\theta - \dfrac{q^2}{81p^2} + \dfrac{1}{27}\right)^{1-m}} = c_4 \tag{3.4.18}$$

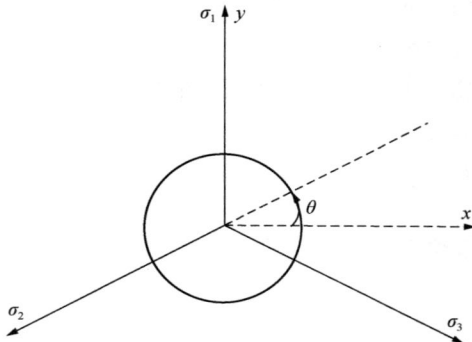

图 3.4.2　应力洛德角示意图

根据应力比表达式 $q/p=\eta$，则式（3.4.18）可化为：

$$\frac{\left(\dfrac{1}{3}-\dfrac{\eta^2}{27}\right)^{\frac{(3-n)}{2}}}{\left(-\dfrac{2\eta^3}{27^2}\sin3\theta-\dfrac{\eta^2}{81}+\dfrac{1}{27}\right)^{1-m}}=c_4 \tag{3.4.19}$$

对式（3.4.19），当 $\theta=90°$ 时，沿 y 轴的破坏点所对应的是三轴压缩路径破坏点，而当 $\theta=150°$ 时，所对应的是三轴伸长路径破坏点，当 θ 取易于上述两种应力路径时，破坏点所对应的是真三轴压缩路径破坏点。三轴压缩与伸长路径下所对应的破坏应力比分别为 M_c、M_e，则经过变换可得到如下公式：

$$(1-m)\ln\left(\frac{2M_c^3}{27^2}-\frac{M_c^2}{81}+\frac{1}{27}\right)+\ln c_4=\frac{(3-n)}{2}\ln\left(\frac{1}{3}-\frac{M_c^2}{27}\right) \tag{3.4.20}$$

$$(1-m)\ln\left(-\frac{2M_e^3}{27^2}-\frac{M_e^2}{81}+\frac{1}{27}\right)+\ln c_4=\frac{(3-n)}{2}\ln\left(\frac{1}{3}-\frac{M_e^2}{27}\right) \tag{3.4.21}$$

利用岩土材料具有临界状态的特性，当岩土体进入临界状态时，显然屈服面所对应的塑性体积应变保持恒定，此时塑性体变增量为零，应力增量为零。可假设以式（3.4.18）为屈服面表达式，此时，假设材料服从理想弹塑性特性，服从相关联流动法则，由屈服面方程可得到：

$$f=c_4\left(-\frac{2}{27^2}\frac{q^3}{p^3}\sin3\theta-\frac{q^2}{81p^2}+\frac{1}{27}\right)^{1-m}-\left(\frac{1}{3}-\frac{q^2}{27p^2}\right)^{\frac{(3-n)}{2}}=0 \tag{3.4.22}$$

根据条件可知：

$$d\varepsilon_v^p=d\varepsilon_{ii}^p=\lambda\frac{\partial f}{\partial\sigma_{ii}} \tag{3.4.23}$$

由于塑性因子 λ 不为零，因此可将式（3.4.23）化为如下方程：

$$\left(2m-\frac{2}{3}n\right)\frac{q^3}{I_1^3}\sin3\theta+(1-n+2m)\frac{q^2}{I_1^2}+2(1-m)\frac{q}{I_1}\sin3\theta+\left(1-2m+\frac{n}{3}\right)=0$$

$$\tag{3.4.24}$$

显然，联立式（3.4.20）、式（3.4.21）、式（3.4.24），最终可求取出参数 m、n、c_4，即可确定所需的强度参数 m 和 n 的值。

3.4.2　基于 VML 准则平面应变主应力关系

为了探讨基于 VML 准则的平面应变条件下的主应力关系。选用 VML 准则作为屈服准则。此时，假定材料为理想弹塑性材料，服从相关联流动法则。当应力状态进入并达到塑性屈服面后，此时弹性应变增量为零，应力增量为零。

假设变形可由弹塑性变形来表达，则对于中主应变可表示为：

$$\varepsilon_2 = \varepsilon_2^e + \varepsilon_2^p = 0 \tag{3.4.25}$$

由于在任意增量步，应变增量为零，且假设为理想弹塑性变形，则当达到破坏阶段时，此时所对应的弹性变形增量为零，因而对上式进行微分，可得到：

$$d\varepsilon_2 = d\varepsilon_2^e + d\varepsilon_2^p = d\varepsilon_2^p = 0 \tag{3.4.26}$$

假设材料服从相关联流动法则，则显然塑性应变增量可表达为：

$$d\varepsilon_2^p = \lambda \frac{\partial f}{\partial \sigma_2} \tag{3.4.27}$$

屈服面方程为：

$$f = f(\sigma_{ij}, H) \tag{3.4.28}$$

硬化参量表达为塑性应变的函数：

$$H = H(\varepsilon_{ij}^p) \tag{3.4.29}$$

对屈服面方程进行全微分，可得到：

$$df = \frac{\partial f}{\partial \sigma_{ij}} d\sigma_{ij} + \frac{\partial f}{\partial H} \frac{\partial H}{\partial \varepsilon_{ij}^p} d\varepsilon_{ij}^p = 0 \tag{3.4.30}$$

对于应力增量，可表示为：

$$d\sigma_{ij} = D_{ijkl}^e d\varepsilon_{kl}^e = D_{ijkl}^e (d\varepsilon_{kl} - d\varepsilon_{kl}^p) \tag{3.4.31}$$

联立上述两式，可得到：

$$\frac{\partial f}{\partial \sigma_{ij}} D_{ijkl}^e (d\varepsilon_{kl} - d\varepsilon_{kl}^p) + \frac{\partial f}{\partial H} \frac{\partial H}{\partial \varepsilon_{ij}^p} d\varepsilon_{ij}^p = 0 \tag{3.4.32}$$

由于塑性应变增量，可表示为：

$$d\varepsilon_{ij}^p = \lambda \frac{\partial f}{\partial \sigma_{ij}} \tag{3.4.33}$$

对式（3.4.4）整理可得：

$$f = \frac{I_1^{n-3m} I_2^{\frac{(3-n)}{2}}}{I_3^{1-m}} - c_4 = 0 \tag{3.4.34}$$

由于中主应变增量，可表示为：

$$d\varepsilon_2^p = \lambda \frac{\partial f}{\partial \sigma_2} \tag{3.4.35}$$

因此可得：

$$\frac{\partial f}{\partial \sigma_2} = \frac{\partial f}{\partial I_i} \frac{\partial I_i}{\partial \sigma_2} \tag{3.4.36}$$

将式（3.4.34）代入式（3.4.36）中，并注意塑性因子 λ 恒不为零，因此可简化得到如下方程：

$$(n-3m)I_2 I_3 + \frac{(3-n)}{2}I_1 I_3 (\sigma_1 + \sigma_3) - (1-m)I_1 I_2 \sigma_1 \sigma_3 = 0 \tag{3.4.37}$$

令：

$$a = \left(\frac{1+n}{2} - 2m\right)(\sigma_1 + \sigma_3) \tag{3.4.38}$$

$$b = \left(\frac{1-n}{2} + m\right)(\sigma_1^2 + \sigma_3^2) \tag{3.4.39}$$

$$c = (m-1)(\sigma_1 + \sigma_3)\sigma_1 \sigma_3 \tag{3.4.40}$$

中主应力满足如下一元二次方程：

$$a\sigma_2^2 + b\sigma_2 + c = 0 \tag{3.4.41}$$

由于中主应力为正值，可得中主应力表达式为：

$$\sigma_2 = \frac{-b + \sqrt{b^2 - 4ac}}{2a} \tag{3.4.42}$$

$$\sigma_2 = \max\left\{\frac{-\left(\frac{1-n}{2} + m\right)(\sigma_1^2 + \sigma_3^2) \pm}{(1+n-4m)(\sigma_1 + \sigma_3)}\right.$$

$$\left.\frac{\sqrt{\left[\left(\frac{1-n}{2} + m\right)(\sigma_1^2 + \sigma_3^2)\right]^2 - 2(1+n-4m)(m-1)(\sigma_1 + \sigma_3)^2 \sigma_1 \sigma_3}}{(1+n-4m)(\sigma_1 + \sigma_3)}\right\} \tag{3.4.43}$$

分析式（3.4.43），当 $m=0$，$n=1$ 时，此时 VML 准则退化为 SMP 准则，则式（3.4.43）化简为如下公式：

$$\sigma_2 = \sqrt{\sigma_1 \sigma_3} \tag{3.4.44}$$

当 $m=0$，$n=3$ 时，VML 准则退化为 Lade-Duncan 准则，此时式（3.4.43）化简为如下公式：

$$\sigma_2 = \frac{(\sigma_1^2 + \sigma_3^2) + \sqrt{(\sigma_1^2 + \sigma_3^2)^2 + 8\sigma_1 \sigma_3 (\sigma_1 + \sigma_3)^2}}{4(\sigma_1 + \sigma_3)} \tag{3.4.45}$$

当 $m=1$，$n=1$ 时，VML 准则退化为 Von-Mises 准则，此时式（3.4.43）化简为如下公式：

$$\sigma_2 = \frac{\sigma_1^2 + \sigma_3^2}{\sigma_1 + \sigma_3} \tag{3.4.46}$$

针对岩土的摩擦型材料，中主应力恒大于零，因而式（3.4.43）可采取加号的那一项：

$$\frac{\overline{I}_1^{n-3m}\,\overline{I}_2^{\frac{(3-n)}{2}}}{\overline{I}_3^{1-m}} = \frac{(3-\sin\varphi_c)^{(n-3m)}\,(3+\sin\varphi_c)^{(1.5-0.5n)}}{(1+\sin\varphi_c)^{1-m}\,(1-\sin\varphi_c)^{0.5n-2m+0.5}} \tag{3.4.47}$$

φ_c 表示三轴压缩下的内摩擦角。由于在摩尔圆图中有如下关系：

$$R_p = \frac{1+\sin\varphi_p}{1-\sin\varphi_p} \tag{3.4.48}$$

其中，R_p 为大小主应力之比。φ_p 则表示平面应变下的内摩擦角。

将式（3.4.43）代入式（3.4.47）中，并联立式（3.4.48），可最终得到三轴压缩下的内摩擦角与平面应变下的内摩擦角之间的关系式：

$$\frac{\left(R_p + \dfrac{\sigma_2}{\sigma_3} + 1\right)^{n-3m}\left(R_p\dfrac{\sigma_2}{\sigma_3} + \dfrac{\sigma_2}{\sigma_3} + R_p\right)^{\frac{(3-n)}{2}}}{\left(R_p\dfrac{\sigma_2}{\sigma_3}\right)^{1-m}} = \frac{(3-\sin\varphi_c)^{(n-3m)}\,(3+\sin\varphi_c)^{(1.5-0.5n)}}{(1+\sin\varphi_c)^{1-m}\,(1-\sin\varphi_c)^{0.5n-2m+0.5}}$$

$$\tag{3.4.49}$$

由于考虑式（3.4.43），可得：

$$\frac{\sigma_2}{\sigma_3} = \max\left\{\frac{-\left(\dfrac{1-n}{2}+m\right)(R_p^2+1)}{(1+n-4m)(R_p+1)}\pm\right.$$

$$\left.\frac{\sqrt{\left[\left(\dfrac{1-n}{2}+m\right)(R_p^2+1)\right]^2 - 2(1+n-4m)(m-1)\,(R_p+1)^2 R_p}}{(1+n-4m)(R_p+1)}\right\} \tag{3.4.50}$$

将式（3.4.48）、式（3.4.50）代入式（3.4.49）中，最终可得到三轴压缩内摩擦角和平面应变条件下内摩擦角之间的关系式：

$$\frac{B_1^{n-3m}B_2^{\frac{(3-n)}{2}}}{B_3^{1-m}} = \frac{(3-\sin\varphi_c)^{(n-3m)}\,(3+\sin\varphi_c)^{(1.5-0.5n)}}{(1+\sin\varphi_c)^{1-m}\,(1-\sin\varphi_c)^{0.5n-2m+0.5}} \tag{3.4.51}$$

其中：

$$B_1 = \frac{2}{1-\sin\varphi_p} + \max\left\{\frac{-\left(\dfrac{1-n}{2}+m\right)\left[\left(\dfrac{1+\sin\varphi_p}{1-\sin\varphi_p}\right)^2+1\right]}{(1+n-4m)\left(\dfrac{2}{1-\sin\varphi_p}\right)}\pm\right.$$

$$\left.\frac{\sqrt{\left\{\left(\dfrac{1-n}{2}+m\right)\left[\left(\dfrac{1+\sin\varphi_\text{p}}{1-\sin\varphi_\text{p}}\right)^2+1\right]\right\}^2-2(1+n-4m)(m-1)\left(\dfrac{2}{1-\sin\varphi_\text{p}}\right)^2\left(\dfrac{1+\sin\varphi_\text{p}}{1-\sin\varphi_\text{p}}\right)}}{(1+n-4m)\left(\dfrac{2}{1-\sin\varphi_\text{p}}\right)}\right\}$$

$$(3.4.52)$$

$$B_2=\frac{1+\sin\varphi_\text{p}}{1-\sin\varphi_\text{p}}+\left(\frac{2}{1-\sin\varphi_\text{p}}\right)\max\left\{\frac{-\left(\dfrac{1-n}{2}+m\right)\left[\left(\dfrac{1+\sin\varphi_\text{p}}{1-\sin\varphi_\text{p}}\right)^2+1\right]}{(1+n-4m)\left(\dfrac{2}{1-\sin\varphi_\text{p}}\right)}\pm\right.$$

$$\left.\frac{\sqrt{\left\{\left(\dfrac{1-n}{2}+m\right)\left[\left(\dfrac{1+\sin\varphi_\text{p}}{1-\sin\varphi_\text{p}}\right)^2+1\right]\right\}^2-2(1+n-4m)(m-1)\left(\dfrac{2}{1-\sin\varphi_\text{p}}\right)^2\left(\dfrac{1+\sin\varphi_\text{p}}{1-\sin\varphi_\text{p}}\right)}}{(1+n-4m)\left(\dfrac{2}{1-\sin\varphi_\text{p}}\right)}\right\}$$

$$(3.4.53)$$

$$B_3=\left(\frac{1+\sin\varphi_\text{p}}{1-\sin\varphi_\text{p}}\right)\max\left\{\frac{-\left(\dfrac{1-n}{2}+m\right)\left[\left(\dfrac{1+\sin\varphi_\text{p}}{1-\sin\varphi_\text{p}}\right)^2+1\right]}{(1+n-4m)\left(\dfrac{2}{1-\sin\varphi_\text{p}}\right)}\pm\right.$$

$$\left.\frac{\sqrt{\left\{\left(\dfrac{1-n}{2}+m\right)\left[\left(\dfrac{1+\sin\varphi_\text{p}}{1-\sin\varphi_\text{p}}\right)^2+1\right]\right\}^2-2(1+n-4m)(m-1)\left(\dfrac{2}{1-\sin\varphi_\text{p}}\right)^2\left(\dfrac{1+\sin\varphi_\text{p}}{1-\sin\varphi_\text{p}}\right)}}{(1+n-4m)\left(\dfrac{2}{1-\sin\varphi_\text{p}}\right)}\right\}$$

$$(3.4.54)$$

式（3.4.51）～式（3.4.54）的表现形式如图 3.4.3 所示。

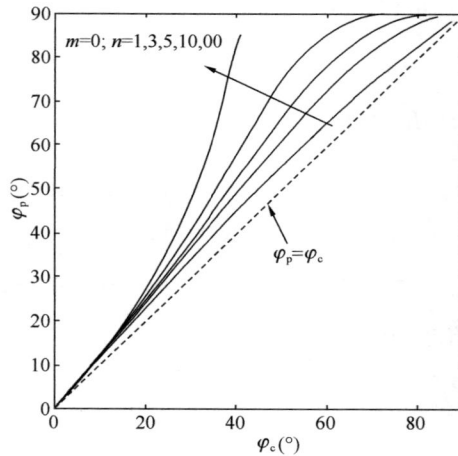

图 3.4.3 $m=0$ 不同 n 值下平面应变内摩擦角与
三轴压缩内摩擦角关系

3.4.3 基于 VML 准则平面应变与三轴压缩指标关系

对于岩土材料，由于三轴压缩是常规室内试验，指标易于获取，而由于受限于室内试验条件，平面应变下的强度指标难于获得。为了能够更方便地获得平面应变下的强度指标，可以建立平面应变与三轴压缩强度指标的关系式，通过转换关系式，即可利用三轴压缩强度指标更快捷地得到平面应变强度指标。

针对岩土的摩擦型材料，中主应力恒大于零，因而式（3.4.43）可采取加号的那一项：

$$\frac{\overline{I}_1^{n-3m}\,\overline{I}_2^{\frac{(3-n)}{2}}}{\overline{I}_3^{1-m}} = \frac{(3-\sin\varphi_c)^{(n-3m)}\,(3+\sin\varphi_c)^{(1.5-0.5n)}}{(1+\sin\varphi_c)^{1-m}\,(1-\sin\varphi_c)^{0.5n-2m+0.5}} \tag{3.4.55}$$

φ_c 表示三轴压缩下的内摩擦角。由于在摩尔圆图中有如下关系：

$$R_p = \frac{1+\sin\varphi_p}{1-\sin\varphi_p} \tag{3.4.56}$$

其中，R_p 为大小主应力之比，φ_p 则表示平面应变下的内摩擦角。

将式（3.4.43）代入式（3.4.47）中，并联立式（3.4.48），可最终得到三轴压缩下的内摩擦角与平面应变下的内摩擦角之间的关系式：

$$\frac{\left(R_p+\frac{\sigma_2}{\sigma_3}+1\right)^{n-3m}\left(R_p\frac{\sigma_2}{\sigma_3}+\frac{\sigma_2}{\sigma_3}+R_p\right)^{\frac{(3-n)}{2}}}{\left(R_p\frac{\sigma_2}{\sigma_3}\right)^{1-m}} = \frac{(3-\sin\varphi_c)^{(n-3m)}\,(3+\sin\varphi_c)^{(1.5-0.5n)}}{(1+\sin\varphi_c)^{1-m}\,(1-\sin\varphi_c)^{0.5n-2m+0.5}}$$

$$\tag{3.4.57}$$

由于考虑式（3.4.43），可得：

$$\frac{\sigma_2}{\sigma_3} = \max\left\{\frac{-\left(\frac{1-n}{2}+m\right)(R_p^2+1)}{(1+n-4m)(R_p+1)}\pm\right.$$

$$\left.\frac{\sqrt{\left[\left(\frac{1-n}{2}+m\right)(R_p^2+1)\right]^2 - 2(1+n-4m)(m-1)\,(R_p+1)^2 R_p}}{(1+n-4m)(R_p+1)}\right\}$$

$$\tag{3.4.58}$$

将式（3.4.57）、式（3.4.58）代入式（3.4.55）中，最终可得到三轴压缩内摩擦角和平面应变条件下内摩擦角之间的关系式：

$$\frac{B_1^{n-3m}B_2^{\frac{(3-n)}{2}}}{B_3^{1-m}} = \frac{(3-\sin\varphi_c)^{(n-3m)}\,(3+\sin\varphi_c)^{(1.5-0.5n)}}{(1+\sin\varphi_c)^{1-m}\,(1-\sin\varphi_c)^{0.5n-2m+0.5}} \tag{3.4.59}$$

其中：

$$B_1 = \frac{2}{1-\sin\varphi_\mathrm{p}} + \max\left\{\frac{-\left(\frac{1-n}{2}+m\right)\left[\left(\frac{1+\sin\varphi_\mathrm{p}}{1-\sin\varphi_\mathrm{p}}\right)^2+1\right]}{(1+n-4m)\left(\frac{2}{1-\sin\varphi_\mathrm{p}}\right)}\pm\right.$$

$$\left.\frac{\sqrt{\left\{\left(\frac{1-n}{2}+m\right)\left[\left(\frac{1+\sin\varphi_\mathrm{p}}{1-\sin\varphi_\mathrm{p}}\right)^2+1\right]\right\}^2-2(1+n-4m)(m-1)\left(\frac{2}{1-\sin\varphi_\mathrm{p}}\right)^2\left(\frac{1+\sin\varphi_\mathrm{p}}{1-\sin\varphi_\mathrm{p}}\right)}}{(1+n-4m)\left(\frac{2}{1-\sin\varphi_\mathrm{p}}\right)}\right\}$$

$$(3.4.60)$$

$$B_2 = \frac{1+\sin\varphi_\mathrm{p}}{1-\sin\varphi_\mathrm{p}} + \left(\frac{2}{1-\sin\varphi_\mathrm{p}}\right)\max\left\{\frac{-\left(\frac{1-n}{2}+m\right)\left[\left(\frac{1+\sin\varphi_\mathrm{p}}{1-\sin\varphi_\mathrm{p}}\right)^2+1\right]}{(1+n-4m)\left(\frac{2}{1-\sin\varphi_\mathrm{p}}\right)}\pm\right.$$

$$\left.\frac{\sqrt{\left\{\left(\frac{1-n}{2}+m\right)\left[\left(\frac{1+\sin\varphi_\mathrm{p}}{1-\sin\varphi_\mathrm{p}}\right)^2+1\right]\right\}^2-2(1+n-4m)(m-1)\left(\frac{2}{1-\sin\varphi_\mathrm{p}}\right)^2\left(\frac{1+\sin\varphi_\mathrm{p}}{1-\sin\varphi_\mathrm{p}}\right)}}{(1+n-4m)\left(\frac{2}{1-\sin\varphi_\mathrm{p}}\right)}\right\}$$

$$(3.4.61)$$

$$B_3 = \left(\frac{1+\sin\varphi_\mathrm{p}}{1-\sin\varphi_\mathrm{p}}\right)\max\left\{\frac{-\left(\frac{1-n}{2}+m\right)\left[\left(\frac{1+\sin\varphi_\mathrm{p}}{1-\sin\varphi_\mathrm{p}}\right)^2+1\right]}{(1+n-4m)\left(\frac{2}{1-\sin\varphi_\mathrm{p}}\right)}\pm\right.$$

$$\left.\frac{\sqrt{\left\{\left(\frac{1-n}{2}+m\right)\left[\left(\frac{1+\sin\varphi_\mathrm{p}}{1-\sin\varphi_\mathrm{p}}\right)^2+1\right]\right\}^2-2(1+n-4m)(m-1)\left(\frac{2}{1-\sin\varphi_\mathrm{p}}\right)^2\left(\frac{1+\sin\varphi_\mathrm{p}}{1-\sin\varphi_\mathrm{p}}\right)}}{(1+n-4m)\left(\frac{2}{1-\sin\varphi_\mathrm{p}}\right)}\right\}$$

$$(3.4.62)$$

利用上述式（3.4.59），即可得到平面应变内摩擦角 φ_p 与三轴压缩内摩擦角 φ_c 之间的关系曲线。如图 3.4.4 所示，当 $m=0$ 时，此时 $n=1\sim100$ 的曲线如图 3.4.4 中黑色实线所示。

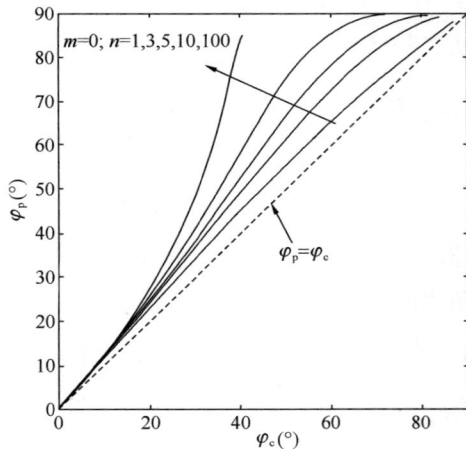

图 3.4.4 $m=0$ 不同 n 值下平面应变内摩擦角与三轴压缩内摩擦角关系

由图 3.4.4 可知，随着三轴压缩内摩擦角的增大，平面应变内摩擦角呈现单调增大的规律，且对应的曲线增长斜率由下凸逐渐转化为上凸。由此表明，曲线的斜率先增大后减小，且曲线的拐点随着 n 值的增大逐渐上移。随着 n 值的增大，曲线形状也发生较大的变化，由于 $n=1$ 接近于等值线的直线形态，逐渐过渡为"勺子"形状，但当内摩擦角 φ_c 趋近于 90°时，则所有曲线的末端 φ_p 最终收敛于 90°。当 $n=1$ 时，表明 SMP 准则的平面应变与三轴压缩的内摩擦角关系曲线；而 $n=3$ 时，则表明 Lade-Duncan 准则的平面应变与三轴压缩的内摩擦角关系曲线。由图 3.4.4 可知，由于 Lade-Duncan 所对应的曲线在 SMP 对应曲线上方，因此 Lade-Duncan 准则的平面应变下内摩擦角放大效应更为显著。当 $n=100$ 时，由于偏平面上界面开口形状接近于圆形，此时对应的平面应变内摩擦角放大效应更突出。

图 3.4.5 为对应 $m=1$ 条件下 n 取不同值时的关系曲线。随着 n 值的增大，曲线开始左移，且曲线形态由初始的下凸形状快速转变为上凹形状，拐点随着 n 值的增大逐渐减小。当 $n=102$ 时，此时拐点消失，曲线转为全部上凹曲线。当 $m=1$ 时，此时偏平面上开口形状为圆形，当三轴压缩内摩擦角大于一定值如 40°时，对应的平面应变内摩擦角接近 90°，显然并不适用于岩土材料。

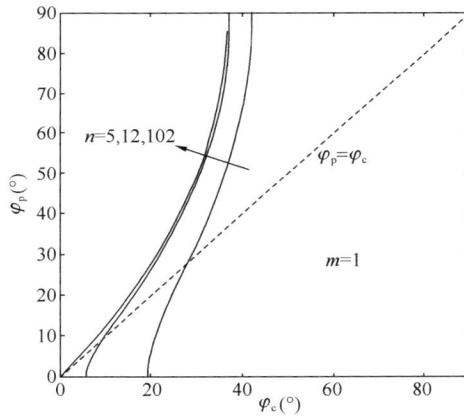

图 3.4.5 $m=1$ 不同 n 值下平面应变内摩擦角与
三轴压缩内摩擦角关系

图 3.4.6 中曲线对应的是当 $m=2$ 时，n 分别取 1、12、102 时的几何形态。显然，由于 m 值的增大，使强度准则表达式中球应力的影响加大，而当 n 足够大时，如 $n=102$ 时，则此时对应的关系曲线才与图 3.4.3 中曲线相似。因此，当 $m=2$，n 较小时，此时强度准则曲线几乎不受 n 值影响，而只有当 n 值足够大时，才会影响平面应变与三轴压缩之间的强度值关系。综合判断不同 m 值对于两种强度指标的关系曲线影响，对于岩土材料而言，$m=0$ 时，n 取较小值时较为符合岩土材料的平面应变强度特点。

由于岩土类材料的内摩擦角通常位于 20°～40°，在此范围内，由图 3.4.3 可看出，在 n 值较小时，可近似视为直线线性关系，则平面应变内摩擦角与三轴压缩内摩擦角可由如

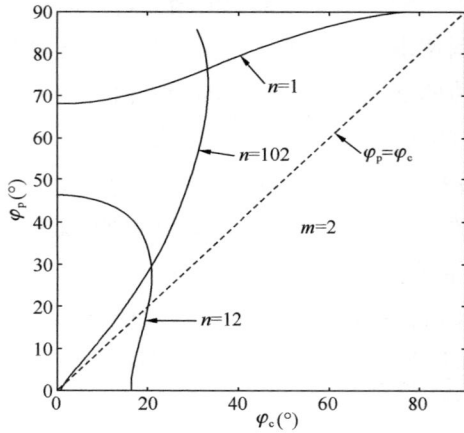

图 3.4.6　$m=2$ 不同 n 值下平面应变内摩擦角与
三轴压缩内摩擦角关系

下关系表示：

$$\varphi_p = B\varphi_c \qquad (3.4.63)$$

其中，B 为放大系数。

图 3.4.7 为采用不同试验结果拟合得到的 n 值与 B 值之间的关系曲线。显然，当 $m=0$ 时，n 与放大系数 B 之间的关系可由如下经验公式表达：

$$B = 1.65 - 0.83 e^{-2\left(\frac{n+7.4}{18.5}\right)^2} \qquad (3.4.64)$$

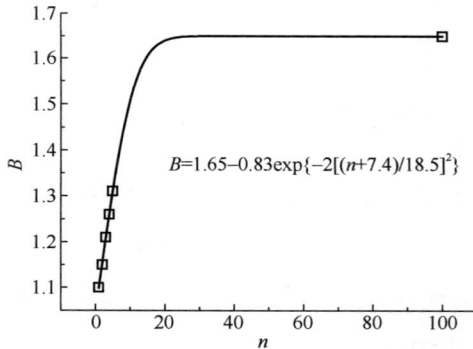

图 3.4.7　参数 n 与放大系数 B 的关系曲线

通过上述公式，可方便地建立放大系数与 VML 准则中参数 n 之间的定量关系。

3.4.4　试验验证

利用一些岩土材料的强度测试数据以及真三轴试验数据对所提的强度准则进行验证。

图 3.4.8 中离散点为 Nakai 等关于 Toyoura 砂土在真三轴条件下的测试结果，有效球应力为 196kPa，保持恒定。通过三轴压缩直到三轴伸长的各个测试点，如图 3.4.8 所示，所提的 VML 准则其预测曲线较好地符合了砂土的真三轴测试结果。岩土材料参数见表 3.4.1。

岩土材料参数　　　　　　　　　　　　　　　表 3.4.1

材料	VML 准则						
	m	n	σ_0 (MPa)	p_r (MPa)	s	t	M
Toyoura 砂土	0.0	2.2	0.005	1	2	0.99	1.9
粗面岩	0.0	10.4	89	87.6	2	0.55	1.89
灰屑岩	2.0	1.05	0.0	1	0.65	1.0	1.5
黏土	2.0	1.6	0.0	1	0.55	1.0	2.4

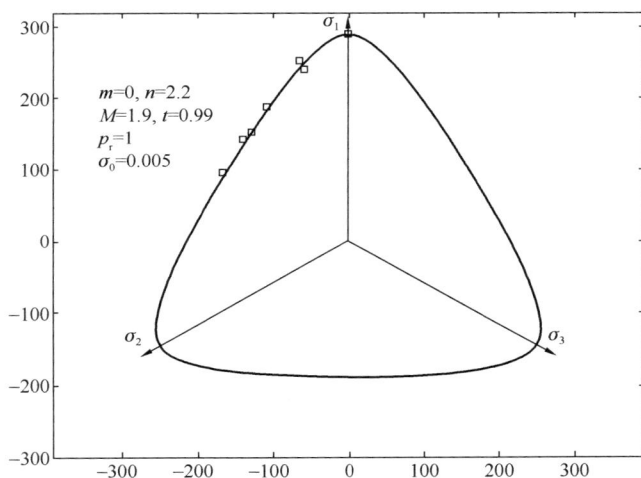

图 3.4.8　利用 VML 准则对 Toyoura 砂土在偏平面上
破坏数据的预测对比

图 3.4.9 中离散点为 Mogi 等关于粗面岩在真三轴偏平面上的测试结果。球应力保持 167MPa 不变，基于已有的不同中主应力对强度的贡献，从三轴伸长到三轴压缩路径，随着中主应力的增大，广义偏应力强度也随着增大，在三轴压缩条件下达到最大的偏应力强度值。基于 VML 准则所给出的预测曲线较好地符合了试验结果。

图 3.4.10 中离散点为 Lagioia 等关于灰屑岩所做的岩石屈服轨迹的试验成果。利用 VML 屈服准则，可以用来描述该类岩石在子午面上的屈服特性。

图 3.4.11 中离散点为 Nguyen 等关于 Leda 黏土的屈服轨迹测试结果数据。由图 3.4.11 可知，黏土屈服特性表现出显著的静水压力效应，随着 p 值的增大，广义偏应力强度 q 表现出强烈的非线性特点，同时表现出剪切屈服与体积压缩屈服强烈耦合的特点。所提的 VML 准则曲线能较好地符合测试结果。

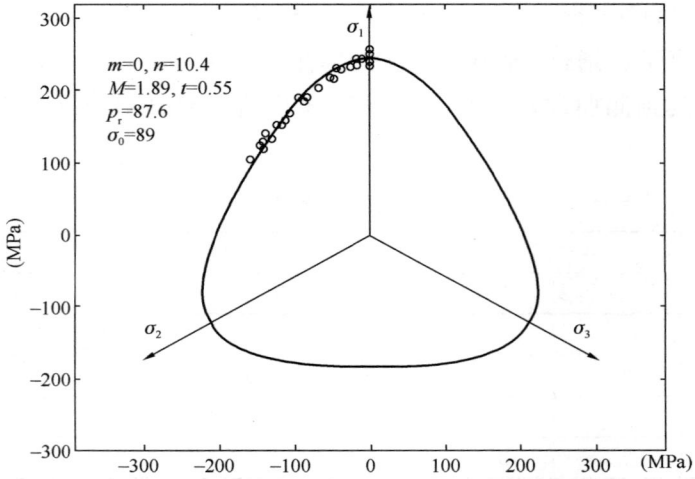

图 3.4.9 利用 VML 准则对粗面岩在偏平面上破坏数据的预测对比

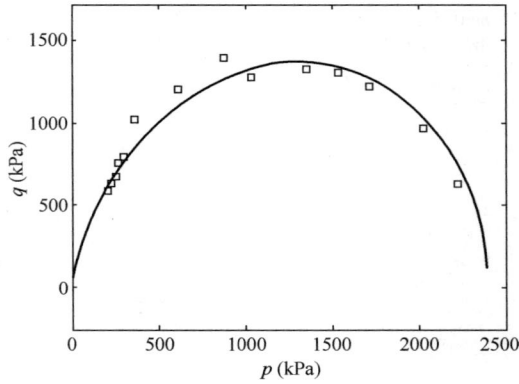

图 3.4.10 利用 VML 准则对灰屑岩在 p-q 空间中屈服数据的预测对比

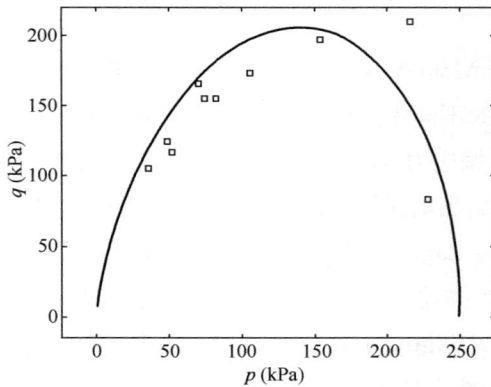

图3.4.11 利用 VML 准则对 Leda 黏土在 p-q 空间中屈服数据的预测对比

图 3.4.12 中离散点为对应的 10 种黏土的平面应变内摩擦角与三轴压缩下内摩擦角之间的关系。采用所建议的关系式对黏土材料的平面应变强度指标进行预测，由此可知，大部分黏土的三轴压缩内摩擦角均位于 $20°\sim40°$。由平面应变与三轴压缩的内摩擦角关系可知，采用直线型的关系可以较好地描述平面应变下的强度指标。

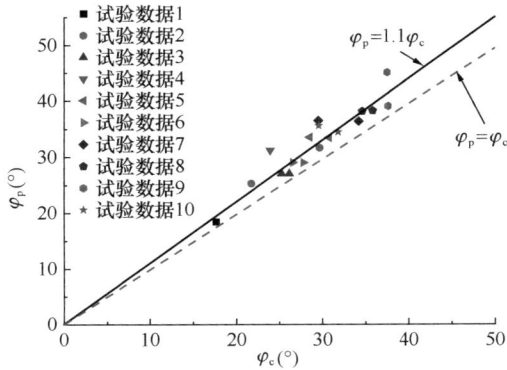

图 3.4.12　$m=2$ 不同 n 值下平面应变内摩擦角与
三轴压缩内摩擦角关系

3.4.5　结论

采用 VML 准则，根据相关联流动法则与理想弹塑性材料的假定，得到基于 VML 准则的中主应力与大小主应力之间的关系式，并以此为依据进一步得到平面应变与三轴压缩内摩擦角的关系式。通过分析该关系，得到如下结论：

基于 VML 强度准则得到的中主应力关系表达式，根据参数 m/n 的组合情况，可依次退化为由 Von-Mises 准则、SMP 准则以及 LD 准则所表达的平面应变下的中主应力关系式。

通过比较不同 m 值下平面应变内摩擦角与三轴压缩内摩擦角关系可以发现，由于 m 值直接影响球应力以及 I_3 不变量对于偏平面上破坏曲线开口形状的影响，因此，当 $m=0$ 时，最适于用于描述岩土材料的平面应变强度指标特性。

当 $m=0$ 时，随着 n 值的增大，平面应变与三轴压缩指标关系曲线变化规律：由上凹逐渐过渡到上凸的拐点逐渐增高，曲线性状上凸越来越大，平面应变强度指标放大性系数随之增大。

利用一些岩土及岩石材料，验证了本文所提的 VML 准则的准确性及普适性。利用 10 种黏土的平面应变内摩擦角的指标与三轴压缩的指标关系，以及所提的强度指标关系式，验证了所提的基于 VML 准则的平面应变强度与三轴压缩强度关系式的合理与适用性。

3.5 基于 t 强度准则的破坏特性描述

摘 要：岩土材料在二维破坏模式下具有较强烈的曲线形态，在一般剪应力与正应力空间中提出用幂参数曲线表达上述曲线，该曲线与摩尔圆的外切点即对应为破坏应力点，则利用该点的外切直线斜率的反正切值来得到有效滑移角。对于三维单元体，共存在三个有效滑移角，利用三个有效滑移角确定空间有效滑移面。基于岩土材料为摩擦型材料的基本特性，利用空间有效滑移面上的应力比为一定值作为衡量材料破坏与否的判断准则，基于上述思路推导得到 t 强度准则。在偏平面上，t 准则开口形状为介于 Von-Mises 圆形曲线与 SMP 曲边三角形形态之间。在子午面上，引入开口的幂函数作为反映静水压力效应以及剪切破坏的曲线，而闭口的水滴型屈服面函数作为反映体积压缩屈服曲线，反映了岩土材料的压剪耦合特性。基于所提出的 t 强度准则，推导了变换应力公式，可将以 p、q 为应力量的二维模型简单方便地转换为三维应力状态本构模型。通过强度以及多种应力路径的测试对比，验证了所提 t 准则及基于该准则的变换应力公式的合理性。

关键词：岩土材料；破坏；强度准则；屈服准则；应力路径

引言

区别于金属材料等人造工程材料，作为自然界中天然材料的岩土介质具有摩擦性，其压硬性与剪胀性也是两大基本特性。摩擦性表明了岩土材料的破坏特点，是以应力比作为其应力极限强度的；作为类比，金属材料是以应力差作为其应力极限强度的。由于岩土材料具有压剪耦合特性，表明纯剪切加载下也产生塑性体积应变，发生体积屈服现象，同时单纯的等方向压缩也会产生塑性偏应变，发生剪切屈服现象。说明岩土材料具有压缩与剪切耦合特点。由于压剪耦合特性，在不同中主应力的约束下，会形成随中主应力系数先增大后减小的内摩擦角特点。因而，这种非单调变化的内摩擦角强度变化规律，决定了中主应力在构成最终强度值过程中起到无法忽略的作用。

对于岩土材料破坏准则的研究，从是否具备物理含义方面区分，大体分为两类：一种是基于物理概念所提出的假说准则，另一种是基于大量试验结果的统计抽象准则。前一种准则如著名的摩尔-库伦准则，还有 Matsuoka 与 Nakai 所提出的 SMP 准则，俞茂宏所提的双剪准则，都属此类。而后一种准则比如 Lade 与 Duncan 所提出的 Lade-Duncan 准则，Willam-Warnke 准则，Hoek-Brown 准则等。

目前，基于对单元体破坏认知所提出的假说，较为著名的如双剪应力强度理论，该理论认为单元体上某一单元面上大主剪应力与中间主剪应力的线性函数达到某一极限值时，材料开始产生屈服破坏。受双剪应力思想的影响，高江平等又提出了三剪应力强度准则，即认为大、中、小三个主剪应力的共同构造的函数达到某一极限值时，材料才发生破坏现象。由于未考虑静水压力对于应力诱导各向异性的影响，因而无论球应力为何值，其在偏平面上的形状保持几何相似不变。而 Randolph 等的试验结果证实，岩土材料由于压剪耦合特性以及静水压力效应，在较低的静水压力下，偏平面上表现出较为尖锐的曲边三角形形态，而在较高的静水压力下，偏平面上表现出较为趋近于圆形的曲边三角形形态。类似的还有很多形状函数，如 Zienkiewicz、郑颖人等提出的准则，能够描述破坏时应力状态，但这种静水压力效应造成的形状影响无法得到合理反映。在岩土材料广义准则的研究中，也取得一系列成果，如 Mortara 所提出的 MNLD 准则，即将 SMP 准则与 Lade-Duncan 准则通过引入一个幂参数，形成幂参数形式表达的内插函数，该准则巧妙地将 SMP 准则与 Lade 准则结合并推广为一个广义强度准则，但由于幂次上存在一个新参数，故该准则无法用广义偏应力强度显示表达，无法以此为基础得到变换应力公式。而 Yao 等所提出的广义非线性强度准则，则直接将 SMP 准则与广义 Mises 准则合并并推广为一个广义准则，且由于表达为两者的偏应力强度的线性插值形式，因而便于以此为基础推出基于该准则的变换应力公式。此外，还有其他学者基于某一特性提出反映特定性质的材料强度准则。Lu 等基于微观结构张量法，以大主应力垂直作用于水平沉积面时应力空间与物理空间重合为基准，利用三维滑动面与沉积面之间的相对位置关系，并综合方向角 δ 方向上的强度变化规律，提出了三维横观各向同性强度参数 η_n 且将其与 M-N 强度准则相结合而得到一种横观各向同性材料强度准则。此外，其他一些学者从微观组构方面对岩土材料的各向异性强度展开了研究，取得一定的进展。对于特殊岩土的破坏特性研究，也取得一定的成果。

基于大量的试验结果，岩土材料，无论是土壤材料还是岩石材料，其二维破坏测试点在 τ-σ 坐标中表现出强烈的非线性特点，因此其破坏点的边界应为一条非线性曲线。基于上述认识，并在之前取得的成果基础上，假定在 τ-σ 坐标中存在一条幂函数曲线可用来表达破坏曲线，该条曲线与摩尔应力圆的外切点则为破坏点。为有效简单地反映该点破坏特性，引入共点的外切直线，该直线的斜率的反正切值则为有效滑移角。对于三维单元体而言，基于三个破坏面的综合作用，由三个有效滑移角能够构造出一个空间有效滑移面。利用应力比是决定岩土材料破坏与否的判断准则，提出该空间有效滑移面上剪应力与正应力比值达到一定值时，该材料即达到破坏状态。基于上述思路，推导得到反映岩土材料破坏特性的强度准则，在子午面上，利用开口型的幂函数曲线用于反映子午面上的剪切破坏特性，用闭口型的水滴型屈服面用于反映等方向压缩时的体积压缩屈服特性。由此推导得到一并反映压剪耦合特性的 t 准则。为了将二维以 p-q 为变量的弹塑性模型推广为真三维应力状态模型，以该 t 准则为基础，提出了基于 t 准则的变换应力公式，使用转换应力法能够将上述二维模型修正为三维应力模型。

3.5.1 偏平面上 t 强度准则公式

在二维平面坐标系 σ-τ 中，假设存在强度线为曲线型，其表达式可写为：

$$\tau = n_1 \sigma^{n_2} \tag{3.5.1}$$

则当 $n_2 = 1$ 时，式（3.5.1）表示为直线，写为：

$$\tau = n_1 \sigma \tag{3.5.2}$$

表示为库伦准则。

而当 $n_2 = 0$ 时，则：

$$\tau = n_1 \tag{3.5.3}$$

即退化为一水平直线，退化为广义 Mises 准则。

当 $0 < n_2 < 1$ 时，则表示为一过原点的幂函数曲线。

对于介于 0 与 1 之间的任一值，假定当此曲线与摩尔圆相外切时，此时，在外切点表示破坏状态，可由图 3.5.1 表示出来。

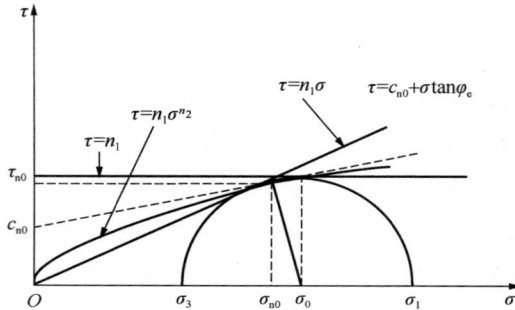

图 3.5.1 幂函数曲线与莫尔圆相外切图

由图 3.5.1 可知，当此幂函数曲线与摩尔圆相外切时，此时外切点为 p（σ_{n0}，τ_{n0}）。根据外切条件，有共点以及共切线两个条件。令幂函数曲线为 $\tau_1 = n_1 \sigma^{n_2}$，而摩尔圆函数为 $\tau_2 = [R^2 - (\sigma - \sigma_0)^2]^{0.5}$。其中，$R$ 表示摩尔圆的半径，而 σ_0 表示摩尔圆的圆心横坐标值。由上述两个条件，可得如下方程组：

$$\begin{cases} \tau_1(\sigma_{n0}, \tau_{n0}) = \tau_2(\sigma_{n0}, \tau_{n0}) \\ \tau'_1 \big|_{\sigma = \sigma_{n0}} = \tau'_2 \big|_{\sigma = \sigma_{n0}} \end{cases} \tag{3.5.4}$$

$$\begin{cases} n_1 \sigma^{n_2} = \sqrt{R^2 - (\sigma - \sigma_0)^2} \\ n_1 n_2 \sigma^{n_2 - 1} = \dfrac{-(\sigma - \sigma_0)}{\sqrt{R^2 - (\sigma - \sigma_0)^2}} \end{cases} \tag{3.5.5}$$

通过求解，可得到：

$$\sigma_{n0} = \frac{\sigma_0(1 - 2n_2) + \sqrt{\sigma_0^2 - 4n_2(1 - n_2)R^2}}{2(1 - n_2)} \tag{3.5.6}$$

在切点（σ_{n0}，τ_{n0}）处的切线斜率为：

$$\tau'_{n0}\big|_{\sigma=\sigma_{n0}} = n_1 n_2 \sigma_{n0}^{n_2-1} =$$

$$n_1 n_2 \left[\frac{\sigma_0(1-2n_2)+\sqrt{\sigma_0^2-4n_2(1-n_2)R^2}}{2(1-n_2)}\right]^{n_2-1} \tag{3.5.7}$$

记此时的切点斜率为等效摩擦角的正切值：

$$\tan\varphi_e = \begin{cases} n_1 n_2 \left[\dfrac{\sigma_0(1-2n_2)+\sqrt{\sigma_0^2-4n_2(1-n_2)R^2}}{2(1-n_2)}\right]^{n_2-1} & n_2 < 1 \\ \dfrac{R}{\sqrt{\sigma_0^2-R^2}} & n_2 = 1 \end{cases} \tag{3.5.8}$$

由图 3.5.1 可知，曲线与摩尔圆切点斜率始终处于过原点的斜直线与过摩尔圆顶点的水平直线之间，也就是斜率始终处于 0 与 $\dfrac{R}{\sqrt{\sigma_0^2-R^2}}$ 之间。

下面给出数学上的证明。

由图 3.5.1 可知，当曲线退化为过原点直线时，此时切点斜率为 n_1，而对于任意曲线与圆周外切斜率则表达为式（3.5.8），由此可得如下不等式：

$$n_1 n_2 \left[\frac{\sigma_0(1-2n_2)+\sqrt{\sigma_0^2-4n_2(1-n_2)R^2}}{2(1-n_2)}\right]^{n_2-1} < n_1 \tag{3.5.9}$$

式（3.5.9）经过化简，可得如下不等式：

$$-n_2(1-n_2)\sigma_1\sigma_3 - \sigma_0(1-2n_2)\left[n_2^{\frac{1}{(1-n_2)}}-n_2^{\frac{(2-n_2)}{(1-n_2)}}\right]+\left[n_2^{\frac{1}{(1-n_2)}}-n_2^{\frac{(2-n_2)}{(1-n_2)}}\right]^2 < 0 \tag{3.5.10}$$

上述不等式左侧最后一项，可化为：

$$\left[n_2^{\frac{1}{(1-n_2)}}-n_2^{\frac{(2-n_2)}{(1-n_2)}}\right]^2 = n_2^{\frac{(3-2n_2)}{(1-n_2)}}\left(\frac{1}{n_2}+n_2-2\right) \tag{3.5.11}$$

将式（3.5.11）代入式（3.5.10）中，并化简可得：

$$-\sigma_1\sigma_3 - n_2^{\frac{n_2}{(1-n_2)}}\sigma_0(1-2n_2)+1-n_2 < 0 \tag{3.5.12}$$

分两种情况讨论：

（1）$0 < n_2 < 0.5$

由于：

$$\frac{n_2}{1-n_2} < 1 \tag{3.5.13}$$

$$n_2^{\frac{n_2}{(1-n_2)}} > n_2 \tag{3.5.14}$$

$$-\sigma_1\sigma_3 - n_2^{\frac{n_2}{(1-n_2)}}\sigma_0(1-2n_2)+1-n_2 < f = -\sigma_1\sigma_3 - n_2\sigma_0(1-2n_2)+1-n_2 \tag{3.5.15}$$

不等式右端，当 $n_2=0$ 时，则简化为：

$$1-\sigma_1\sigma_3<0 \tag{3.5.16}$$

而其导函数为：

$$f'=-(1-4n_2)\sigma_0-1<0 \tag{3.5.17}$$

（2）$0.5<n_2<1$

$$n_2^{\frac{n_2}{(1-n_2)}}>n_2^{\frac{1}{(1-n_2)}}>\frac{1}{4} \tag{3.5.18}$$

$$-\sigma_1\sigma_3-n_2^{\frac{n_2}{(1-n_2)}}\sigma_0(1-2n_2)+1-n_2<f=-\sigma_1\sigma_3-0.25\sigma_0(1-2n_2)+1-n_2 \tag{3.5.19}$$

由于右侧的导函数为：

$$f'=0.5\sigma_0-1>0 \tag{3.5.20}$$

又因为：

$$f(1)=-\sigma_1\sigma_3+0.25\sigma_0<0 \tag{3.5.21}$$

因此仍然 $f<0$，证毕。

可设置一个表征摩擦性与凝聚性权重分配的参数 t，且 $0<t<1$，由此可得：

$$\tan\varphi_e=\frac{tR}{\sqrt{\sigma_0^2-R^2}} \qquad 0\leqslant t\leqslant 1 \tag{3.5.22}$$

显然，当 $t=0$ 时，$\tan\varphi_e=0$；当 $t=1$ 时，$\tan\varphi_e=\frac{R}{\sqrt{\sigma_0^2-R^2}}=\frac{\sigma_1-\sigma_3}{2\sqrt{\sigma_1\sigma_3}}$。

设过两条曲线公共切点的直线切线为如下表达式：

$$\tau=c_{n0}+\sigma\tan\varphi_e \tag{3.5.23}$$

可写为：

$$\tau_e=\tau-c_{n0}=\sigma\tan\varphi_e \tag{3.5.24}$$

如图 3.5.2 所示，当处于三轴压缩时，由 σ_1、σ_3 所组成的一对应力作用下，滑移面与 σ_1 作用面所成的夹角为 $45°+\varphi_{e13}/2$。其中，φ_{e13} 为幂函数强度线与摩尔圆的切点所对应的等效摩擦角。根据 SMP 空间滑移面的构建思路，同理，也在三维物理空间中相应存在着一个等效滑移面（图 3.5.3），其中作用于该滑移面上的为等效切应力 τ_{en} 和等效正应力 σ_{en}。下面推导得到该等效切应力以及等效正应力。

令 $EA=1$，根据三角形关系可知：

$$EB=1/\tan(45°-\varphi_{e13}/2) \tag{3.5.25}$$

同理：

$$EC=1/\tan(45°-\varphi_{e23}/2) \tag{3.5.26}$$

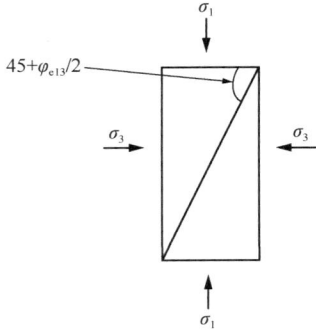

图 3.5.2 三轴试样中的滑移面

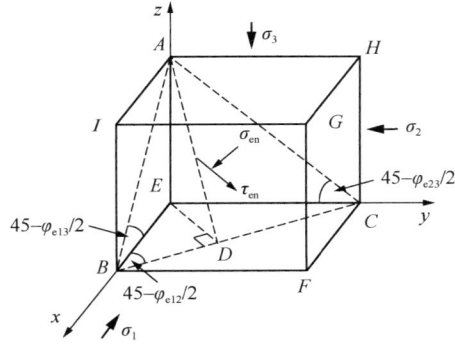

图 3.5.3 空间坐标系中的滑移面

根据三角函数关系，可表示为：

$$EB = \tan\varphi_{e13} + \sec\varphi_{e13} \tag{3.5.27}$$

$$EC = \tan\varphi_{e23} + \sec\varphi_{e23} \tag{3.5.28}$$

$$\tan\varphi_{e13} = \frac{tR}{\sqrt{\sigma_0^2 - R^2}} = \frac{t(\sigma_1 - \sigma_3)}{2\sqrt{\sigma_1\sigma_3}} \tag{3.5.29}$$

$$\sec\varphi_{e13} = \frac{\sqrt{t^2(\sigma_1^2 + \sigma_3^2) + (4 - 2t^2)\sigma_1\sigma_3}}{2\sqrt{\sigma_1\sigma_3}} \tag{3.5.30}$$

$$EB = \frac{t(\sigma_1 - \sigma_3) + \sqrt{t^2(\sigma_1^2 + \sigma_3^2) + (4 - 2t^2)\sigma_1\sigma_3}}{2\sqrt{\sigma_1\sigma_3}} \tag{3.5.31}$$

$$\tan\varphi_{e23} = \frac{tR}{\sqrt{\sigma_0^2 - R^2}} = \frac{t(\sigma_2 - \sigma_3)}{2\sqrt{\sigma_2\sigma_3}} \tag{3.5.32}$$

$$\sec\varphi_{e23} = \frac{\sqrt{t^2(\sigma_2^2 + \sigma_3^2) + (4 - 2t^2)\sigma_2\sigma_3}}{2\sqrt{\sigma_2\sigma_3}} \tag{3.5.33}$$

$$EC = \frac{t(\sigma_2 - \sigma_3) + \sqrt{t^2(\sigma_2^2 + \sigma_3^2) + (4 - 2t^2)\sigma_2\sigma_3}}{2\sqrt{\sigma_2\sigma_3}} \tag{3.5.34}$$

对于四面体 ABCE 上的斜面，可先确定该斜面上的法向方向，可通过方向余弦确定。则该斜面上法向方向线与三个坐标轴之间夹角的余弦可分别表示为 l、m、n。

$$l = \frac{EC}{r} = \frac{EC}{\sqrt{EB^2 + EC^2 + EB^2 EC^2}} \tag{3.5.35}$$

$$m = \frac{EB}{r} = \frac{EB}{\sqrt{EB^2 + EC^2 + EB^2 EC^2}} \tag{3.5.36}$$

$$n = \frac{EBEC}{r} = \frac{EBEC}{\sqrt{EB^2 + EC^2 + EB^2 EC^2}} \tag{3.5.37}$$

$$s_{\triangle AEB} = \frac{EC}{2} \tag{3.5.38}$$

$$s_{\triangle AEC} = \frac{EB}{2} \tag{3.5.39}$$

$$s_{\triangle EBC} = \frac{EBEC}{2} \tag{3.5.40}$$

$$AB = \sqrt{1+EB^2} \tag{3.5.41}$$

$$AC = \sqrt{1+EC^2} \tag{3.5.42}$$

令：

$$BC = \sqrt{EB^2+EC^2} \tag{3.5.43}$$

$$r = \sqrt{EB^2+EC^2+EB^2EC^2} \tag{3.5.44}$$

$$\sin BAC = \frac{r}{\sqrt{(1+EB^2)(1+EC^2)}} \tag{3.5.45}$$

则等效正应力可表示为：

$$\sigma_{en} = \frac{l\sigma_1 s_{\triangle AEC} + m\sigma_2 s_{\triangle AEB} + n\sigma_3 s_{\triangle EBC}}{s_{\triangle BAC}} \tag{3.5.46}$$

$$\sigma_{en} = \frac{\sigma_1 EC^2 + \sigma_2 EB^2 + \sigma_3 EB^2 EC^2}{r^2} \tag{3.5.47}$$

$$\tau_{en} = \sqrt{\left(\frac{\sigma_1 EC}{r}\right)^2 + \left(\frac{\sigma_2 EB}{r}\right)^2 + \left(\frac{\sigma_3 EBEC}{r}\right)^2 - \sigma_{en}^2} \tag{3.5.48}$$

$$\frac{\tau_{en}}{\sigma_{en}} = \sqrt{\frac{(EB^2+EC^2+EB^2EC^2)(\sigma_1^2 EC^2 + \sigma_2^2 EB^2 + \sigma_3^2 EB^2 EC^2)}{(\sigma_1 EC^2 + \sigma_2 EB^2 + \sigma_3 EB^2 EC^2)^2} - 1} \tag{3.5.49}$$

$$\frac{\tau_{en}}{\sigma_{en}} = \frac{\sqrt{(\sigma_1-\sigma_2)^2 + EB^2(\sigma_2-\sigma_3)^2 + EC^2(\sigma_3-\sigma_1)^2}}{\sigma_1 EC/EB + \sigma_2 EB/EC + \sigma_3 EB \cdot EC} \tag{3.5.50}$$

（1）当 $t=1$ 时，则幂函数退化为一过原点的斜直线，此时根据摩尔圆上几何关系可得：$\tan\varphi_{e13} = (\sigma_1-\sigma_3)/(2\sqrt{\sigma_1\sigma_3})$，$\sec\varphi_{e13} = (\sigma_1+\sigma_3)/(2\sqrt{\sigma_1\sigma_3})$，因此可得：$EB=\sqrt{(\sigma_1/\sigma_3)}$。

同理可得：$EC=\sqrt{(\sigma_2/\sigma_3)}$。

根据四面体 ABCE 的力平衡条件，可推导得到：

$$\sigma_{en} = \frac{3I_3}{I_2} \tag{3.5.51}$$

$$\tau_{en} = \frac{\sqrt{I_1 I_2 I_3 - 9I_3^2}}{I_2} \tag{3.5.52}$$

因此，正应力与剪应力均退化为 SMP 面上的正应力与剪应力。

（2）当 $t=0$ 时，则幂函数退化为一与横坐标轴相平行的水平直线。此时，四面体上斜面退化为八面体面，由于对称性，该面上法线余弦互相相等，且由其平方和为 1 的条件可知：$l=m=n=\sqrt{3}/3$，因此易推知得到：

$$\sigma_{\text{en}} = \frac{I_1}{3} = p \tag{3.5.53}$$

$$\tau_{\text{en}} = \frac{\sqrt{(\sigma_1 - \sigma_2)^2 + (\sigma_2 - \sigma_3)^2 + (\sigma_3 - \sigma_1)^2}}{3} = \frac{\sqrt{2}}{3} q \tag{3.5.54}$$

当处于三轴压缩时，则式（3.5.50）可表达为：

$$\frac{\tau_{\text{en}}}{\sigma_{\text{en}}} = c_1 \tag{3.5.55}$$

此时，大小主应力可分别表示为：

$$\begin{cases} \sigma_1 = p + \dfrac{2}{3} q_{\text{c}} \\ \sigma_2 = \sigma_3 = p - \dfrac{1}{3} q_{\text{c}} \end{cases} \tag{3.5.56}$$

其中，p 表示有效球应力，q_{c} 表示处于三轴压缩下的广义偏应力，脚标 c 表示处于常规三轴压缩下的路径。将式（3.5.56）代入式（3.5.50）中，可得到关于 p、q_{c} 的函数。

$$f(p, q_{\text{c}}) = \frac{q_{\text{c}}\sqrt{1 + EC_{\text{c}}^2}}{(p + 2q_{\text{c}}/3)\dfrac{EC_{\text{c}}}{EB_{\text{c}}} + (p - q_{\text{c}}/3)\left(\dfrac{EB_{\text{c}}}{EC_{\text{c}}} + EB_{\text{c}} EC_{\text{c}}\right)} \tag{3.5.57}$$

$$A_1 = (EB_{\text{c}}^2 + EC_{\text{c}}^2 + EB_{\text{c}}^2 EC_{\text{c}}^2) \tag{3.5.58}$$

其中：

$$EB_{\text{c}} = \frac{tq_{\text{c}} + \sqrt{t^2(2p^2 + 5q_{\text{c}}^2/9 + 2pq_{\text{c}}/3) + (4 - 2t^2)(p^2 + pq_{\text{c}}/3 - 2q_{\text{c}}^2/9)}}{2\sqrt{p^2 + pq_{\text{c}}/3 - 2q_{\text{c}}^2/9}}$$

$$\tag{3.5.59}$$

$$EC_{\text{c}} = 1 \tag{3.5.60}$$

由于在三轴压缩路径下，式（3.5.50）、式（3.5.57）完全相等，因此得到：

$$\frac{3q_{\text{c}} EB_{\text{c}} EC_{\text{c}} \sqrt{1 + EC_{\text{c}}^2}}{(3p + 2q_{\text{c}}) EC_{\text{c}}^2 + (3p - q_{\text{c}}) EB_{\text{c}}^2 (1 + EC_{\text{c}}^2)}$$

$$= \frac{\sqrt{(\sigma_1 - \sigma_2)^2 + EB^2 (\sigma_2 - \sigma_3)^2 + EC^2 (\sigma_3 - \sigma_1)^2}}{\sigma_1 EC/EB + \sigma_2 EB/EC + \sigma_3 EB \cdot EC} \tag{3.5.61}$$

对于子午面上的广义偏应力 q_{c} 可以表示为如下统一的表达式：

$$q_{\text{c}} = Mp_{\text{r}} \left(\frac{p + \sigma_0}{p_{\text{r}}}\right)^{n_3}$$

$$\left[\text{sgn}(\mu-1) + \text{sgn}\mu \sqrt{\left[\frac{\bar{p}_c}{p_r \left(\frac{p+\sigma_0}{p_r} \right)^{n_3}} \right]^{1-\mu} - 1} \right] \tag{3.5.62}$$

其中，p 表示有效球应力，σ_0 表示三向拉伸强度。p_r 为参考球应力，反映在此应力值下，子午面上破坏曲线的割线斜率，可保证式（3.5.62）括号中的比值量纲唯一，使等式左右量纲相同。对于散粒体材料，p_r 通常取一个标准大气压值。μ 则表示为反映压剪耦合特性的材料参数，由岩土材料的不排水剪切强度确定。

$$M = \begin{cases} M_f & (\mu = 1) \\ M_y & (0 \leqslant \mu < 1) \end{cases} \tag{3.5.63}$$

开关函数可表达为：

$$\text{sgn}x = \begin{cases} 0 & (x < 0) \\ 1 & (x \geqslant 0) \end{cases} \tag{3.5.64}$$

当参数 $\mu = 1$ 时，则式（3.5.62）可退化为式（3.5.65）。式（3.5.65）即为广义非线性强度准则中用于描述子午面上偏应力强度的关系式。

$$q_c = M_f p_r \left(\frac{p+\sigma_0}{p_r} \right)^{n_3} \tag{3.5.65}$$

为了合理考虑岩土材料的压剪耦合特性，引入能够描述岩土体积剪切与体积压缩相耦合的屈服面表达式。当参数满足 $0 \leqslant \mu < 1$ 时，则式（3.5.62）可退化为如下形式：

$$q_c = M p_r \left(\frac{p+\sigma_0}{p_r} \right)^{n_3} \sqrt{\left[\frac{\bar{p}_c}{p_r \left(\frac{p+\sigma_0}{p_r} \right)^{n_3}} \right]^{1-\mu} - 1} \tag{3.5.66}$$

当参数 $\mu = 1$ 时，t 准则在主应力空间为开口曲面，描述的是岩土材料在剪切破坏模式下的特性，其破坏曲面如图 3.5.4 所示。而当 $0 \leqslant \mu < 1$ 时，则 t 准则在主应力空间为封闭曲面，表述的是岩土材料剪切、等向压缩屈服相互耦合特性的屈服面。

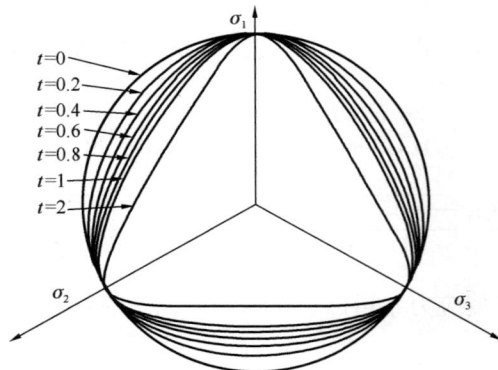

图 3.5.4 参数 t 对于偏平面上破坏曲线性状的影响

3.5.2　t 强度与屈服准则参数

由于该强度准则的核心是由比例因子参数 t 作为控制偏平面上形状的主要因素，因此命名该准则为 t 准则。由图 3.5.4 可知，反映摩擦性与凝聚性权重的比例因子参数 t 对于偏平面上不同应力洛德角下材料的强度特性影响显著。当 $t=0$ 时，由于有效滑移角为零，材料破坏只受到偏差应力强度控制，因而退化为广义 Mises 强度准则，反映的是金属材料的宏观破坏性质。当 $t=1$ 时，t 准则退化为 SMP 准则，反映的是纯摩擦性的材料破坏特性；当 $0<t<1$ 时，反映的是具有部分摩擦性部分凝聚性材料的破坏特性。当 $t>1$ 时，反映的是受应力洛德角影响更为显著的材料破坏特性，如图 3.5.4 中 $t=2$ 时的破坏曲线，反映了偏平面上破坏曲线逐渐趋向于正三角形曲线的特点。

图 3.5.5 中分别为不同 t 值下的破坏面形态。为了便于观察，取 M_f 不同值时，即对 M_f 由小到大为 0.7、1.0、1.4、1.8、2.4 下的破坏面分别对应着图 3.5.5 中由内到外的空间破坏面，其所对应的 t 值分别为 0、0.3、0.6、0.8、1.0。由图 3.5.5 可知，当 t 值由小到大变化时，对应的破坏面的形态在偏平面上由圆形逐渐过渡为较为尖锐的曲边三角形形态。

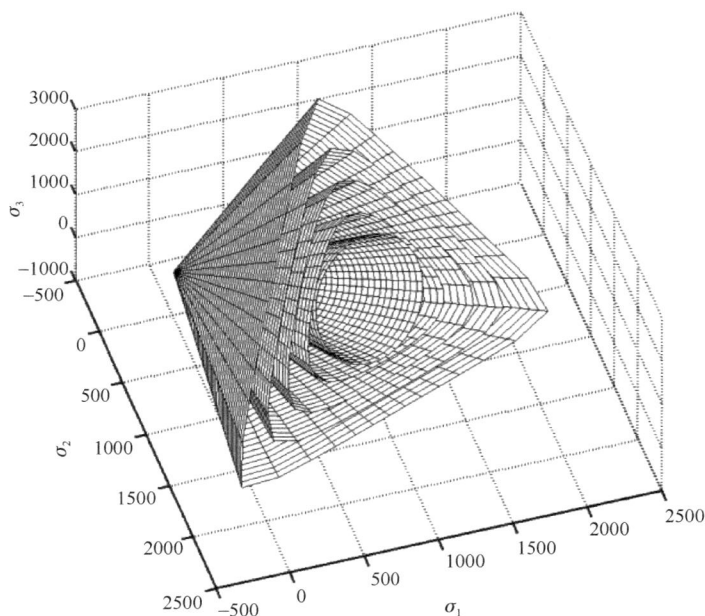

图 3.5.5　主应力空间中参数 t 及 M_f 不同值下的三维空间破坏面

1. 参数 t 的确定

由图 3.5.4 可知，对于任意 t 值，在三轴压缩所对应的偏应力强度值恒定，但对于其他应力洛德角下的广义偏应力强度值却均不同，显然可将 t 值与描述偏平面上曲线形状特性相联系。观察图 3.5.4 可知，由于对应三轴伸长的偏应力强度值各不相同，因而可将三轴伸长偏应力强度值与对应的三轴压缩偏应力强度值的比值 $\beta = q_c/q_e$ 作为确定 t 值参数的依据。根据近似，建议可取如下公式作为确定参数 t 的表达式：

$$t = 1 - \sqrt{\beta + \frac{3(\beta - 1)}{M}} \qquad (3.5.67)$$

分析式（3.5.67），当 $\beta = 1$ 时，此时 $t = 0$，对应的是广义 Mises 准则；当 $\beta = 3/（3 + M）$ 时，此时 $t = 1$，对应的是 SMP 准则。

2. 参数 μ 含义及确定

岩土材料往往具有压剪耦合特性，利用参数 μ 作为度量压剪耦合性质的参数。可由三轴压缩不排水应力路径下固结不排水抗剪强度确定。根据屈服面的解析式（3.5.66），可由体变为零条件导出如下公式确定参数 μ：

$$\mu = 1 + \frac{\kappa}{\lambda - \kappa} + \frac{\ln 2}{\ln \dfrac{q_u}{M p_{c0}}} \qquad (3.5.68)$$

其中，λ、κ 分别为在 $e\text{-}\ln p$ 坐标中整理得到的压缩线斜率与回弹线斜率；e_0 为土体的初始孔隙比。在不排水条件下加载直至达到临界状态时，应力比等于临界状态应力比 M，此时剪应力为不排水抗剪强度 q_u，p_{c0} 为初始固结应力。

3. 参数 n 含义及确定

为表示子午面上强度曲线的弯曲程度，采用参数 n 作为强度曲线的幂次。

通过式（3.5.65）变形，可得到如下的关系式：

$$\ln \frac{q_c}{p_r} = n \ln \frac{p + \sigma_0}{p_r} + \ln M_f \qquad (3.5.69)$$

由上述方程拟合出的直线型曲线，斜率为 n，而截距值为 $\ln M_f$。由此可确定参数 n 以及 M_f。

4. 参数 σ_0 含义及确定

强度曲线的初始点在原点左侧时，此时 σ_0 为强度曲线与静水压力轴的左交点值，该参数的物理意义表示材料在三轴拉伸条件下的强度值，其往往通过材料的单轴拉伸强度结合经验公式确定。

5. 参数 p_r 含义及确定

参数 p_r 反映在一定静水压力下将剪切强度 q 归一化的特征压力，也起到将静水压力无量纲化的作用。通常在砂土等散粒体条件下，可取为一个大气压力值。

3.5.3 基于 t 强度准则的转换应力法

如图 3.5.4 所示，材料参数 t 影响偏平面上强度曲线的形状，且都通过三轴压缩路径上一点，根据变换应力一般化的思路，可采用图 3.5.4 中强度曲线上任意一点的应力状态来表示三轴压缩上的应力状态点。根据上述思路可知，当处于三轴压缩路径下达到强度线上的应力状态时，根据空间滑移面的物理意义，对应三轴压缩路径下的空间滑移面上的剪应力与正应力之比，与一般应力路径下的空间滑移面上剪应力正应力之比相等。

滑移面上剪应力正应力之比相等：

$$\tan\varphi_{\text{mo}}(p, q_c) = \tan\varphi_{\text{mo}}(\sigma_1, \sigma_2, \sigma_3) \tag{3.5.70}$$

$$\frac{3\sqrt{2}q_c EB_c}{(3p + 2q_c) + 2(3p - q_c)EB_c^2} = \frac{\sqrt{(\sigma_1 - \sigma_2)^2 + EB^2(\sigma_2 - \sigma_3)^2 + EC^2(\sigma_3 - \sigma_1)^2}}{\sigma_1 EC/EB + \sigma_2 EB/EC + \sigma_3 EB \cdot EC} \tag{3.5.71}$$

类比 SMP 的形状函数，由于所提的 t 准则表达式具有更为一般的摩擦法则含义，因此其表达式的广义偏应力可表示为：

$$q = \frac{3\sqrt{3}p\sin\varphi_{\text{mo}}}{2\sqrt{2 + \sin^2\varphi_{\text{mo}}}\cos\psi} \tag{3.5.72}$$

$$\varphi_{\text{mo}} = \tan^{-1}\left[\frac{\sqrt{(\sigma_1 - \sigma_2)^2 + EB^2(\sigma_2 - \sigma_3)^2 + EC^2(\sigma_3 - \sigma_1)^2}}{\sigma_1 EC/EB + \sigma_2 EB/EC + \sigma_3 EB \cdot EC}\right] \tag{3.5.73}$$

$$EB = \frac{t(\sigma_1 - \sigma_3) + \sqrt{t^2(\sigma_1^2 + \sigma_3^2) + (4 - 2t^2)\sigma_1\sigma_3}}{2\sqrt{\sigma_1\sigma_3}} \tag{3.5.74}$$

$$EC = \frac{t(\sigma_2 - \sigma_3) + \sqrt{t^2(\sigma_2^2 + \sigma_3^2) + (4 - 2t^2)\sigma_2\sigma_3}}{2\sqrt{\sigma_2\sigma_3}} \tag{3.5.75}$$

$$\psi = \frac{1}{3}\cos^{-1}\left[-\left(\frac{3}{2 + \sin^2\varphi_{\text{mo}}}\right)^{3/2}\sin\varphi_{\text{mo}}\cos3\theta\right] \tag{3.5.76}$$

其中，θ 为应力洛德角，可表示为：

$$\theta = \tan^{-1}\frac{\sqrt{3}(\sigma_2 - \sigma_3)}{2\sigma_1 - \sigma_2 - \sigma_3} \tag{3.5.77}$$

对应 t 准则的偏平面上的形状函数可表示为：

$$g(\theta) = \frac{\sqrt{3}(\sqrt{8 + \sin^2\varphi_{\text{mo}}} - \sin\varphi_{\text{mo}})}{4\sqrt{2 + \sin^2\varphi_{\text{mo}}}\cos\psi} \tag{3.5.78}$$

由于已知有基于 t 准则的形状函数，因此可得到在对应任意一个球应力 p 下的三轴压缩路径下的广义偏应力 q_c，可得到：

$$q_c = \frac{q}{g(\theta)} = \frac{6p\sin\varphi_{\text{mo}}}{\sqrt{8 + \sin^2\varphi_{\text{mo}}} - \sin\varphi_{\text{mo}}} \tag{3.5.79}$$

由于变换应力基于每个增量步进行变换，对于每个应力，将其用偏应力分量 s_i 表示，由于在偏平面上偏应力为主要考察因素，因此将每一个应力的偏应力分量与三轴压缩路径下的偏应力分量做对比，可对于每个应力的所有分量相应成比例地放大与 q_c 相对应的相同值，因此可参考姚仰平等基于 SMP 准则的变换应力方法，采用的基于 t 准则的一般化变换应力公式可表示为：

$$\widetilde{\sigma}_i = \begin{cases} p + \dfrac{q_c}{q}(\sigma_i - p), & (q \neq 0) \\ \sigma_i, & (q = 0) \end{cases} \tag{3.5.80}$$

$$\frac{\partial \widetilde{\sigma}_j}{\partial \sigma_i} = \frac{1}{3} + \frac{s_j}{q} \frac{\partial q_c}{\partial \sigma_i} + \frac{q_c}{q}\left(\delta_{ij} - \frac{1}{3} - \frac{3}{2q^2}s_i s_j\right) \tag{3.5.81}$$

式（3.5.81）中，$\dfrac{\partial q_c}{\partial \sigma_i}$ 可表示为：

$$\frac{\partial q_c}{\partial \sigma_i} = \frac{1}{3} \frac{\partial q_c}{\partial p} + A_5 \frac{\partial q_c}{\partial \sin\varphi_{mo}} (1 + \tan^2\varphi_{mo})^{-\frac{3}{2}} \tag{3.5.82}$$

$$A_5 = B_i + \left(\frac{\partial \tan\varphi_{mo}}{\partial EB} \frac{\partial EB}{\partial \sigma_i} + \frac{\partial \tan\varphi_{mo}}{\partial EC} \frac{\partial EC}{\partial \sigma_i}\right) \tag{3.5.83}$$

$$\frac{\partial q_c}{\partial \sin\varphi_{mo}} = \frac{24p}{(4 + \sin^2\varphi_{mo})\sqrt{8 + \sin^2\varphi_{mo}} - \sin\varphi_{mo}(8 + \sin^2\varphi_{mo})} \tag{3.5.84}$$

令：

$$\sigma_A = \sigma_1 EC^2 + \sigma_2 EB^2 + \sigma_3 EB^2 EC^2 \tag{3.5.85}$$

$$\sigma_B = t + \frac{t^2 \sigma_i + (2 - t^2)\sigma_j}{\sqrt{t^2(\sigma_i^2 + \sigma_j^2) + (4 - 2t^2)\sigma_i \sigma_j}} \tag{3.5.86}$$

$$\sigma_C = \sqrt{\frac{\sigma_j}{\sigma_i}}\left[t(\sigma_i - \sigma_j) + \sqrt{t^2(\sigma_i^2 + \sigma_j^2) + (4 - 2t^2)\sigma_i \sigma_j}\right] \tag{3.5.87}$$

$$R = \sqrt{(\sigma_1 - \sigma_2)^2 + EB^2 (\sigma_2 - \sigma_3)^2 + EC^2 (\sigma_3 - \sigma_1)^2} \tag{3.5.88}$$

$$\frac{\partial \tan\varphi_{mo}}{\partial EB} = \frac{1}{\sigma_A^2}\left\{\left[R \cdot EC + \frac{EB^2 \cdot EC (\sigma_2 - \sigma_3)^2}{R}\right]\sigma_A - 2R \cdot EB^2 \cdot EC(\sigma_2 + \sigma_3 EC^2)\right\} \tag{3.5.89}$$

$$\frac{\partial \tan\varphi_{mo}}{\partial EC} = \frac{1}{\sigma_A^2}\left\{\left[R \cdot EB + \frac{EB \cdot EC^2 (\sigma_3 - \sigma_1)^2}{R}\right]\sigma_A - 2R \cdot EB \cdot EC^2(\sigma_1 + \sigma_3 EB^2)\right\} \tag{3.5.90}$$

$$\frac{\partial EB}{\partial \sigma_i} = \begin{cases} \dfrac{2\sqrt{\sigma_i \sigma_j}\sigma_B - \sigma_c}{4\sigma_i \sigma_j} & i \neq 2, j \neq 2 \\ 0 & i = 2 \end{cases} \tag{3.5.91}$$

$$\frac{\partial EC}{\partial \sigma_i} = \begin{cases} 0 & i = 1 \\ \dfrac{2\sqrt{\sigma_i \sigma_j}\sigma_B - \sigma_c}{4\sigma_i \sigma_j} & i \neq 1, j \neq 1 \end{cases} \tag{3.5.92}$$

3.5.4 强度及屈服准则预测及变换应力法验证

利用一些岩土材料的强度测试数据以及真三轴试验数据，对所提的强度准则以及变换应力法进行验证。图 3.5.6 中离散点为 Nakai 等关于 Toyoura 砂土在真三轴条件下的测试结果，有效球应力为 196kPa，保持恒定。通过三轴压缩直到三轴伸长的各个测试点，如图 3.5.6 所示，所提的 t 准则其预测曲线较好地符合了砂土的真三轴测试结果。岩土材料参数见表 3.5.1。

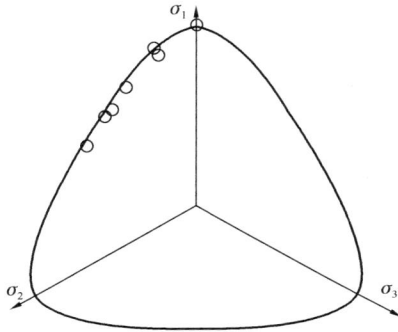

图 3.5.6　利用 t 准则对 Toyoura 砂土在偏
平面上破坏数据的预测对比

岩土材料参数　　　　　　　　　　　　　　　　　表 3.5.1

材料	a 准则					
	t	σ_0（MPa）	p_r（MPa）	μ	n	M_f
Toyoura 砂土	0.51	0.05	0.012	1.00	0.9	1.9
粗面岩	0.21	91	98	1.00	0.28	2.28
砂土 1	1.05	0.0	0.035	1.00	1.0	1.45
砂土 2	1.0	0.0	0.035	1.00	1.0	1.64
砂土 3	1.1	0.0	0.035	1.00	1.0	1.7
富金森黏土	0.8	0.00	0.1	1	1	1.38

1. 强度准则验证及预测对比

图 3.5.7 中离散点为 Mogi 等关于粗面岩在真三轴偏平面上的测试结果。球应力保持167MPa 不变，基于已有的不同中主应力对强度的贡献，从三轴伸长到三轴压缩路径，随着中主应力的增大，广义偏应力强度也随着增大，在三轴压缩条件下达到最大的偏应力强度值。基于 t 准则所给出的预测曲线较好地符合了试验结果。

图 3.5.8 中离散点为 Sutherland 等关于两种砂土的真三轴强度测试结果数据。随着中主应力系数 b 的增大，砂土内摩擦角表现出先增大后减小的现象。且出现两种特点：（1）三轴压缩即 $b=0$ 所对应的内摩擦角与三轴伸长 $b=1$ 所对应的角度几乎相等。（2）关

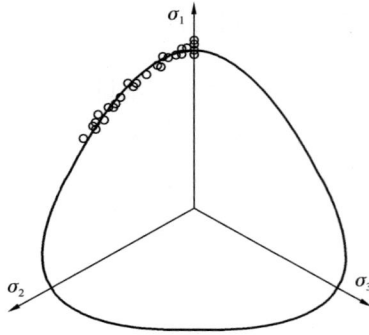

图 3.5.7　利用 t 准则对粗面岩在偏平面上
破坏数据的预测对比

于 $b=0.5$ 内摩擦角的曲线显然呈现非对称性，在 b 从 $0\sim0.4$ 阶段内，曲线单调增大，在 b 从 $0.4\sim1$ 阶段内，曲线单调减小。随着中主应力的变化，当 $b=0.3$ 左右时，此时接近平面应变状态，由于中主应变变形较小，因而会得到较高的内摩擦角强度值。由图 3.5.8 可知，所提的 t 准则所预测的两条曲线较好地符合了上述两条特点，且与试验数据符合较好。

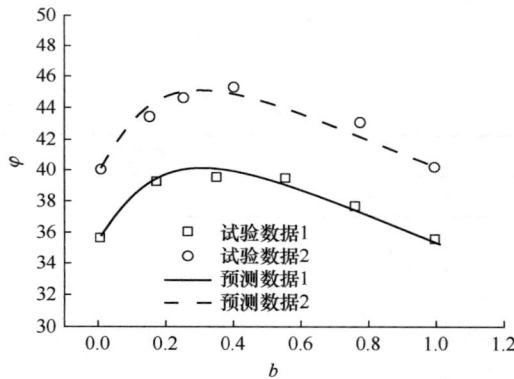

图 3.5.8　利用 t 准则对砂土 1、2 随不同中主应力系数的
内摩擦角数据的预测对比

图 3.5.9 中离散点为 Ramamurthy 等关于砂土的真三轴强度测试结果数据。由图 3.5.9 可知，砂土内摩擦角随中主应力系数 b 的变化仍然是先增大后减小的规律，且由所提的 t 准则曲线能较好地符合测试结果。

2. 基于 t 准则变换应力法验证及预测对比

利用所提的基于 t 准则变换应力法对 DUH 模型进行应力的一般化处理，修正后的 DUH 模型为三维应力本构模型。为了对应力变换法进行测试验证，取一组关于黏土的真三轴测试结果进行预测对比。图 3.5.10～图 3.5.14 中离散点为 Chowdhury 等关于藤森黏土的真三轴应力应变关系测试结果。测试中，保持有效球应力 $p=196\text{kPa}$，为恒定值，

120

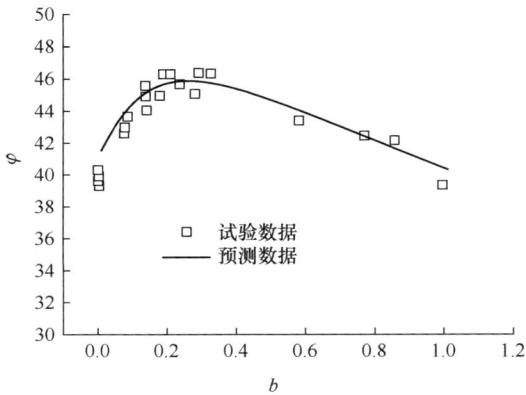

图 3.5.9　利用 t 准则对砂土 3 随不同中主应力系数的
内摩擦角数据的预测对比

应力路径沿着偏平面上等倾线，分别沿着应力洛德角 $\theta=0°$、$15°$、$30°$、$45°$、$60°$五条直线路径加载。

图 3.5.10 为三轴压缩即 $b=0$ 条件下的预测与试验对比结果。由于中主应力与小主应力相等，因而只绘制了小主应变曲线与大主应变曲线随应力比的结果，图 3.5.10 中点划线为体应变随大主应变的预测对比结果。由图 3.5.10 可知，利用所提的 t 准则变换应力法修正后的 DUH 模型，可较好地预测三轴压缩的测试结果。

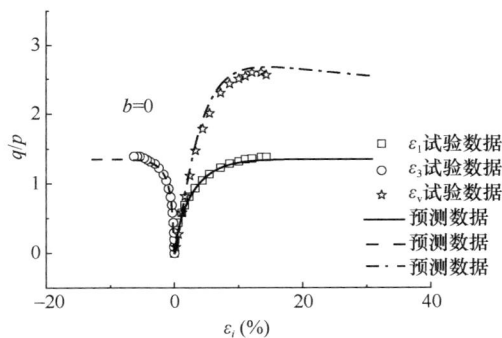

图 3.5.10　基于 t 准则变换应力法修正的 DUH 模型
对 Fujinomori 黏土在三轴压缩下的预测对比

图 3.5.11 为对应三轴伸长即 $b=1$ 的测试与预测对比。由图 3.5.11 可知，对于大小主应变随应力比的预测结果，应力比强度值预测稍小于测试结果。而根据体应变与大主应变的关系曲线对比，体应变预测值要稍大于实测值。

对于真三轴路径下 $b=0.268$ 的预测对比结果，由图 3.5.12 可知，由于此时的真三维应力状态接近于平面应变应力状态，因而此时中主应变接近于零，图 3.5.12 中实测值中主应变为负值。基于 t 准则的应力变换法修正的 DUH 模型可较好地预测 $b=0.268$ 条件下应力应变关系曲线。

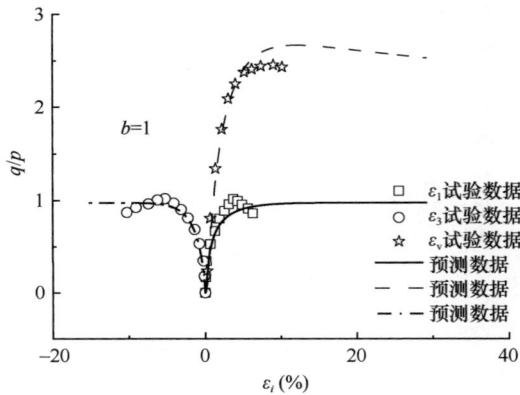

图 3.5.11　基于 t 准则变换应力法修正的 DUH 模型
对 Fujinomori 黏土在三轴伸长下的预测对比

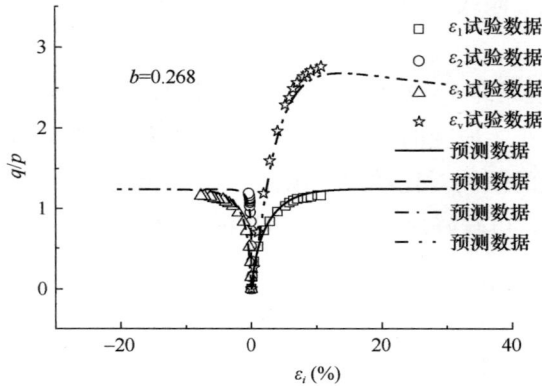

图 3.5.12　基于 t 准则变换应力法修正的 DUH 模型对
Fujinomori 黏土在 $b=0.268$ 条件下的预测对比

图 3.5.13 为 $b=0.5$ 条件下的预测对比结果。由图 3.5.13 可知，随着 b 值增大，中

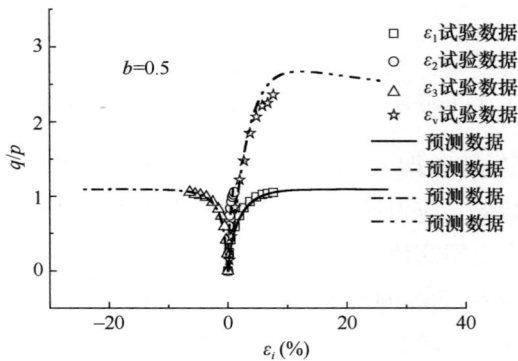

图 3.5.13　基于 t 准则变换应力法修正的 DUH 模型对
Fujinomori 黏土在 $b=0.5$ 条件下的预测对比

主应力增大，中主应变转为正值，表现为压缩应变，利用所提的应力一般化方法修正的模型可较好地预测这一现象，预测体变值稍大于实测值。

图 3.5.14 为 $b=0.732$ 条件下的预测对比结果。由图 3.5.14 可知，中主应变越来越接近大主应变的应力应变曲线，预测曲线也较好地预测了这一规律。对于大中小主应变随应力比的关系曲线，预测值与实测值吻合较好，而体变值与大主应变的关系曲线，预测值要稍低于实测值。

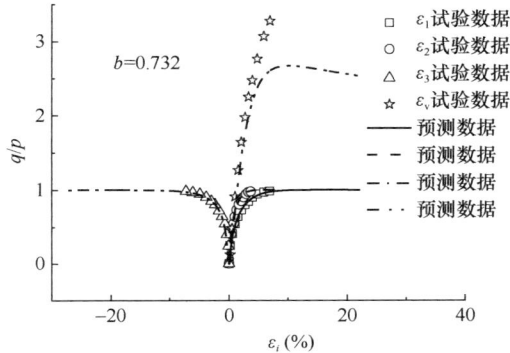

图3.5.14 基于 t 准则变换应力法修正的 DUH 模型对
Fujinomori 黏土在 $b=0.732$ 条件下的预测对比

3.5.5 结论

（1）基于平面应力强度为曲线型的假设，利用该曲线与摩尔圆外切点的共点直线斜率反正切值作为二维有效滑移角。对于三维单元体，可得到三维有效滑移面，并基于三维滑移面切应力与正应力之比达到某一定值即材料破坏的思想，推导得到该三维有效滑移面的 t 强度准则关系式。

（2）在子午面上，利用幂函数曲线型作为强度准则表达式，而岩土材料具有压剪耦合特性。基于体积压缩所导致的屈服特性，提出了剪切破坏屈服与压缩体积屈服相耦合的破坏准则关系式。

（3）基于上述所提的 t 强度准则，利用有效滑移面的思想，提出了基于 t 强度准则的变换应力公式。基于 t 准则的变换应力法修正的二维模型，可以方便地用于描述真三维应力状态下的应力应变关系。

采用所提的 t 准则以及基于 t 准则的变换应力法，对于砂土、岩石及黏土的强度以及应力应变关系进行预测，对比结果表明，所提的 t 准则及变换应力法可简单准确地应用到岩土材料的模拟中，具有很强的适用性及实用性。

3.6 基于横观各向同性的 t 强度准则

摘　要：岩土材料通常呈现成层水平分布特点，即可将其视为横观各向同性材料。横观各向同性对于岩土材料的变形以及强度值都会产生显著的影响。t 强度准则是基于各向同性单元体中存在有效滑移面来构建的，并根据该空间有效滑移面上主剪应力与主法向应力的比值达到一定阈值为破坏条件。在空间中存在有效滑移面与物理沉积面，基于上述两个面在空间的位置关系，用两面夹角作为表征横观各向同性在剪切强度影响程度的参量，并假定当该夹角值越大，各向异性对强度贡献程度越大，对应更大的应力比强度值，反之，则对应更小的应力比强度值。基于上述思路并类比，将其推广为正交三维各向异性准则。基于三维各向异性材料的三维沉积面，提出了三维特征沉积面的概念，基于空间滑移面与三维特征沉积面之间的夹角作为度量各向异性程度的变量，提出了基于两面角作为参量考虑原生各向异性的应力比强度公式，利用该应力比强度公式来修正已提出的 t 强度准则，最终建立了考虑各向异性强度准则的 t 准则公式。在上述准则基础上，考虑将各向异性应力空间转换为各向同性应力空间的思路，在各向异性 t 准则基础上，推导得到基于各向异性强度 t 准则的变换应力公式，利用变换应力公式可以将传统的以 p、q 为变量的各向同性本构模型转变为可考虑各向异性的三维本构模型。通过对岩土材料的强度以及真三轴条件下的应力应变关系试验数据预测，验证了所提的各向异性 t 准则及其变换应力公式的有效性及适用性。

关键词：各向异性；强度；滑动面；沉积面；本构模型

引言

自然界中的很多天然材料都具备强烈的各向异性性质，比如岩石、木材、土壤等材料在宏观尺度的各个方向上表现出较大的差异性。从变形及破坏机理角度解释，则是由于材料在细观层次上具有显著的差异性所导致的。Oda 等的试验结果证实：对于某些条件下，岩土材料的各向异性是由于微观颗粒在自然沉积作用过程中颗粒的空间排列定向性以及土壤团粒胶结过程中的复杂作用而形成的。一般而言，对于层状水平分布的岩土材料，由于在水平方向内颗粒间的随机分布状态，颗粒长轴一般会平行于水平沉积面，因而形成了正交各向异性，也可称为横观各向同性性质。Abelev 等针对大主应力与沉积面呈不同夹角下的试样开展了真三轴排水加载测试，结果表明：大主应力方向与沉积面法向一致的试样表现出更高的应力比强度，而当大主应力方向与沉积面法向相互垂直时，则表现出较低的应力比强度。Kirkgard 等针对旧金山湾区黏土的试验结果也得到相同的结论。Duncan 等首先发现饱和自然沉积黏土在不排水剪切加载测试中随着大主应力与沉积面夹角的变化会产生差异显著的应力应变关系结果。Yong 等针对灵敏性黏土开展的无侧限压缩强度测试表明，最小强度值仅为最高强度值的 60%。Nishimura 等发现自然沉积黏土的强度具有很强的沉积方向依赖性。同样，Yamada、Ochiai、Miura、Hight、Tatsuoka 以及 Pradhan 等针对砂土所开展的一系列三轴压缩、真三轴加载以及空心圆柱扭剪等复杂加载测试结果表明：自然沉积砂土强度以及应力应变关系特性同样具有强烈的沉积方向依赖性。为描述横观各向同性性质，从细观机理上揭示与描述上述各向异性性质强弱程度，Oda 等建议采用组构张量来描述微观颗粒形状信息的长细比以及长轴在空间中分布方向等宏观统计信息。为了能够考虑各向异性性质对于砂土应力应变关系以及强度特性的影响，Li 和 Dafalias 等建议将一般应力量 σ_{ij} 与组构张量 F_{ij} 进行并乘以得到一组反映各向异性性质的联合应力不变量，使用上述联合应力不变量来构建弹塑性本构模型。Pietruszczak 和 Mroz 建议了一个随组构量变化的黏聚力和内摩擦角的强度指标，以此反映各向异性对于临界状态的影响。Hashiguchi 为了能够反映原生各向异性性质，将组构张量中的三个主分量直接引入本构模型中屈服面的转轴分量中，通过屈服面在应力空间中初始位置的不同来反映各向异性程度。

国内学者对于各向异性的研究一直处于热点状态。张连卫等基于 SMP 准则，将构成 SMP 面的三个平面的摩擦角表达为该平面随沉积面夹角变化的变量，构造了反映沉积面信息的 ASMP 准则。曹威等在 SMP 准则基础上，将组构张量参量引入摩擦法则表达式中，以此能够反映横观各向同性砂土的各向异性性质。姚仰平等采用 SMP 空间滑移面与沉积面之间的夹角作为基本变量，构造了反映横观各向同性材料强度的应力比公式。Kong 等采用考虑了岩土组构张量修正的加载应力量，并与各向同性 SMP 准则相结合，得到考虑微观结构影响的横观各向同性强度准则。路德春等采用微观结构张量在滑动面法线方向上的投影，定义了一个反映三维横观各向同性强度参数，并利用此参数修正 SMP 准则，据此建立了一个反映横观各向同性土体的强度准则。刘洋、李学丰、Gao 等采用反映微观信息的组构张量与应力相结合的方法，对各向异性性质进行了研究。此外，黄茂松等从微观机理出发，对各向异性性质进行了探讨。王国盛等针对混凝土的加载速率效应提出了 S 强度准则。高江平等考虑菱形十二面单元体主剪面上三个主剪应力与三个正应力都会对材料破坏产生影响，建议了三剪应力统一强度准则。

上述已提出的各类各向异性准则，按照构建的思路分类，可大致分为如下几类：（1）将大主应力与沉积面夹角作为反映各向异性程度的变量，对已有的各向同性强度准则进行修正；（2）根据组构张量来构造各向异性状态变量，用来修正既有各向同性准则；（3）利用组构张量与应力量进行并乘得到联合应力不变量来修正各向同性准则；（4）基于 SMP 准则或者某一强度准则，用物理破坏面与沉积面夹角作为状态变量来修正各向同性准则；（5）扩展经典各向同性准则为各向异性强度准则。

上述各种方法各有利弊，采用大主应力与沉积面夹角来作为判断各向异性程度发挥的变量，显然比较直观，然而在某些情况下，比如平面应变条件下，各向异性强度值与上述夹角并不呈现单调关系，而是形成"V"字形曲线，若采用上述加载角与沉积面夹角作为各向异性状态变量则存在弊端。利用组构张量表达的各向异性程度状态变量来直接修正既有的强度准则可能具有一定的实用性，但仍然不具有普适性。利用组构张量与普通应力量按照某种规则相结合为联合应力不变量的方法，能够在一定程度上考虑各向异性对于应力量的修正作用，但联合应力不变量的构造方法目前只是猜想阶段，缺乏严谨的理论证明。采用基于某种准则的破坏面与沉积面的夹角作为状态变量，由于破坏面与沉积面都具有明确的物理概念，且夹角与各向异性强度呈现单调关系，表明具有较好的归一性。但在某些路径下，如三轴压缩或三轴伸长加载情况下会出现较多的破坏面，需要进行筛选，选择其中最小强度值，这可能违背物质客观性原理。利用经典准则扩展为各向异性准则，只是对原有准则在一定程度上的修补，缺乏物理机理以及普适性。

基于已提出的适用于具有凝聚性以及摩擦性材料的 t 强度准则，在有效滑移面的物理概念上，考虑沉积面的位置关系，利用有效滑移面与材料沉积面之间夹角作为反映各向异性程度的状态变量。由于 t 准则在偏平面上能够反映包括金属材料的 Von-Mises 准则到岩土材料的 SMP 准则，在子午面上是幂函数表达式，因而其适用范围大，且具有明确的物理含义。按照上述各向异性状态变量所构建的各向异性强度准则，能够反映诸多材料的各向异性性质，如金属、岩石、混凝土、黏土、砂土等。通过上述各向异性强度准则公式，在主应力空间中按照将各向异性 t 准则变换为 Von-Mises 准则的变换思路，推导了变换应力公式，该变换应力公式实质上是从各向异性应力空间到各向同性应力空间的转换方程。

3.6.1　t 强度准则

根据已提出的 t 强度准则，如图 3.6.1 所示，立方体表示材料单元，当材料发生破坏时，按照应力比的思想，假设存在空间有效滑移面 ABC，在 ABC 面上等效主剪应力 τ_{en} 与主法向力 σ_{en} 之比成为一个材料常数。其中 φ_{e12} 表示由第一、第二主应力所构成的有效摩擦角，而 φ_{e23} 表示由第二、第三主应力所构成的有效摩擦角。

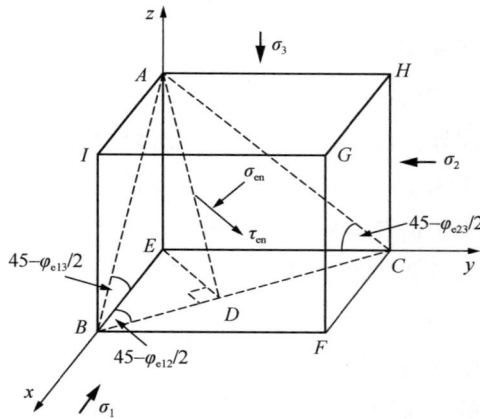

图 3.6.1　空间坐标系中的滑移面

令 $EA=1$，根据三角函数关系，可推导得到如下关系：

在直角三角形 AEB 中，因此可知 $\tan(45° - \varphi_{e13}/2) = \dfrac{EA}{EB}$，根据三角函数关系求解上式可得到如下公式：

$$EB = \tan\varphi_{e13} + \sec\varphi_{e13} \tag{3.6.1}$$

同理，可得到：

$$EC = \tan\varphi_{e23} + \sec\varphi_{e23} \tag{3.6.2}$$

可设置一个表征摩擦性与凝聚性权重分配的参数 t，且 $0<t<1$，由此可得：

$$\tan\varphi_e = \frac{tR}{\sqrt{\sigma_0^2 - R^2}} \quad 0 \leqslant t \leqslant 1 \tag{3.6.3}$$

显然，当 $t=0$ 时，$\tan\varphi_e = 0$；当 $t=1$ 时，则：

$$\tan\varphi_e = \frac{R}{\sqrt{\sigma_0^2 - R^2}} = \frac{\sigma_1 - \sigma_3}{2\sqrt{\sigma_1\sigma_3}}$$

$$\tan\varphi_{e13} = \frac{tR}{\sqrt{\sigma_0^2 - R^2}} = \frac{t(\sigma_1 - \sigma_3)}{2\sqrt{\sigma_1\sigma_3}} \tag{3.6.4}$$

$$\tan\varphi_{e23} = \frac{tR}{\sqrt{\sigma_0^2 - R^2}} = \frac{t(\sigma_2 - \sigma_3)}{2\sqrt{\sigma_2\sigma_3}} \tag{3.6.5}$$

引入参数 t，用来反映摩擦性与凝聚性的比例权重，两者所对应的有效摩擦角可分别由 τ-σ 空间内的摩尔圆外切直线的反正切值表示，相应的直线截距可分别表示为：

$$EB = \frac{t(\sigma_1 - \sigma_3) + \sqrt{t^2(\sigma_1^2 + \sigma_3^2) + (4 - 2t^2)\sigma_1\sigma_3}}{2\sqrt{\sigma_1\sigma_3}} \tag{3.6.6}$$

$$EC = \frac{t(\sigma_2 - \sigma_3) + \sqrt{t^2(\sigma_2^2 + \sigma_3^2) + (4 - 2t^2)\sigma_2\sigma_3}}{2\sqrt{\sigma_2\sigma_3}} \tag{3.6.7}$$

由图 3.6.1 可知，由于确定了夹角 ABE 与夹角 ACE，则相应的空间滑移面为平面的假设前提下已完全确定，另外的 σ_1、σ_2 之间构成的夹角则可由三角函数的正切值定义求出：

$$\tan(45° - \varphi_{e12}/2) = \frac{EC}{EB} \tag{3.6.8}$$

可解出：

$$\varphi_{e12} = 2\arctan\left(\frac{EB - EC}{EB + EC}\right) \tag{3.6.9}$$

根据式（3.6.1）、式（3.6.2）的关系，将其代入可得：

$$\varphi_{e12} = 2\arctan\left(\frac{\tan\varphi_{e13} - \tan\varphi_{e23} + \sec\varphi_{e13} - \sec\varphi_{e23}}{\tan\varphi_{e13} + \tan\varphi_{e23} + \sec\varphi_{e13} + \sec\varphi_{e23}}\right) \tag{3.6.10}$$

上述式（3.6.10）即为空间有效滑移面中用以确定有效滑移面（*ESMP*）空间位置的三个角的关系式。

如图3.6.2所示，若需确定有效滑移面 *ESMP*，则需要先确定该面的法线方向，法线方向可由余弦表示。

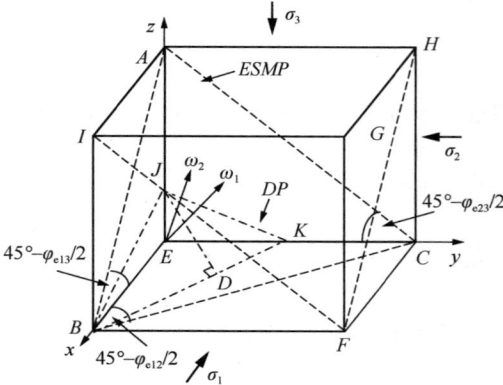

图 3.6.2　空间坐标系中的滑移面与沉积面

空间滑移面的方向余弦可表示为 ω_1（l_1，m_1，n_1），而岩土材料在空间坐标系中存在一个空间沉积面（*DP*），此空间沉积面可以用该面的方向向量表示，可令空间沉积面的方向余弦表示为 ω_2（l_2，m_2，n_2），则两空间平面的夹角可由两个方向向量点积反余弦值表示（图3.6.3）：

$$\alpha = \arccos\left(\frac{l_1 l_2 + m_1 m_2 + n_1 n_2}{\sqrt{l_1^2 + m_1^2 + n_1^2}\sqrt{l_2^2 + m_2^2 + n_2^2}}\right) \tag{3.6.11}$$

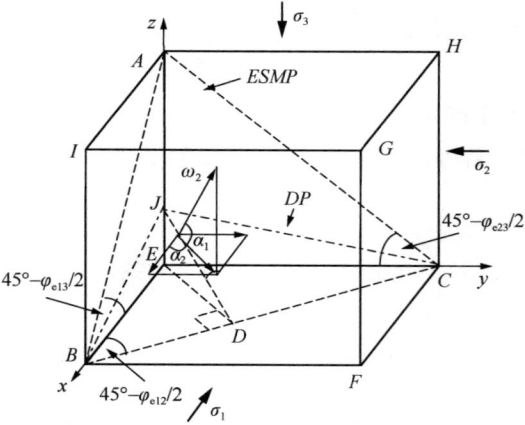

图 3.6.3　空间坐标系中沉积面方向投影

强度可由应力比表示，由于强度值随上述夹角 α 变化，当 $\alpha = \alpha_{\min} = 0°$ 时，空间滑移面与空间沉积面相重合，此时由于沉积面之间联结最为薄弱，因而强度最低；当 $\alpha = \alpha_{\max}$ 时，空间滑移面与空间沉积面呈现最大夹角状态，此时最难破坏，因而强度最高；而当 $0°<\alpha<\alpha_{\max}$ 时，应力比介于上述两者之间，由此可知，可利用上述两者极端应力比强度值，选用合理的插值函数进行表达。根据上述思路，可利用比较简单的内插函数来表示各向异性强度表达式：

$$M_\alpha = f(M_{\min}, M_{\max}, \alpha) \tag{3.6.12}$$

空间沉积面法向单位向量为 ω_2，法向量在三个空间坐标方向的投影分别如图 3.6.3 所示，ω_2 与 xy 平面夹角为 α_1，其在 xy 平面的投影向量与 x 轴夹角为 α_2。则空间沉积面法向方向可表示为：

$$\omega_2 \ (l_2, \ m_2, \ n_2) = \omega_2 \ (\cos\alpha_1 \cos\alpha_2, \ \cos\alpha_1 \sin\alpha_2, \ \sin\alpha_1) \tag{3.6.13}$$

首先求出有效空间滑移面与沉积面夹角为 90° 时的强度值。

令：

$$r = \sqrt{EB^2 + EC^2 + EB^2 EC^2} \tag{3.6.14}$$

则有效空间滑移面法向向量分量可表示为：

$$l_1 = \frac{EC}{r} \tag{3.6.15}$$

$$m_1 = \frac{EB}{r} \tag{3.6.16}$$

$$n_1 = \frac{EBEC}{r} \tag{3.6.17}$$

$$s_{\triangle AEB} = \frac{EB}{2} \tag{3.6.18}$$

$$s_{\triangle AEC} = \frac{EC}{2} \tag{3.6.19}$$

$$s_{\triangle EBC} = \frac{EBEC}{2} \tag{3.6.20}$$

$$\sin BAC = \frac{r}{\sqrt{1+r^2}} \tag{3.6.21}$$

根据三角函数关系，可知：

$$\tan BAC = r \tag{3.6.22}$$

根据正四面体 $AEBC$ 的力平衡关系，并利用上述公式，可得到等效正应力公式。

则等效正应力可表示为：

$$\sigma_{en} = \frac{l\sigma_1 s_{\triangle AEC} + m\sigma_2 s_{\triangle AEB} + n\sigma_3 s_{\triangle EBC}}{s_{\triangle BAC}} \tag{3.6.23}$$

$$\sigma_{en} = \frac{\sigma_1 EC^2 + \sigma_2 EB^2 + \sigma_3 EB^2 EC^2}{r^2} \tag{3.6.24}$$

129

$$\tau_{en} = \sqrt{\left(\frac{\sigma_1 EC}{r}\right)^2 + \left(\frac{\sigma_2 EB}{r}\right)^2 + \left(\frac{\sigma_3 EBEC}{r}\right)^2 - \sigma_{en}^2} \tag{3.6.25}$$

经推导可得到如下公式：

$$\frac{\tau_{en}}{\sigma_{en}} = \frac{EBEC\sqrt{(\sigma_1-\sigma_2)^2 + EB^2(\sigma_2-\sigma_3)^2 + EC^2(\sigma_3-\sigma_1)^2}}{\sigma_1 EC^2 + \sigma_2 EB^2 + \sigma_3 EB^2 EC^2} = \tan\varphi_{mo} \tag{3.6.26}$$

其中，φ_{mo} 表示空间有效滑移面的内摩擦角。

当处于三轴压缩时，则式（3.6.27）可表达为：

$$\frac{\tau_{en}}{\sigma_{en}} = c_1 \tag{3.6.27}$$

此时，大小主应力可分别表示为：

$$\begin{cases} \sigma_1 = p + \dfrac{2}{3}q_c \\ \sigma_2 = \sigma_3 = p - \dfrac{1}{3}q_c \end{cases} \tag{3.6.28}$$

将式（3.6.28）代入式（3.6.26）中，可得到关于 p、q_c 的函数：

$$f(p,q_c) = \frac{q_c EB_c EC_c \sqrt{1+EC_c^2}}{(p+2q_c/3)EC_c^2 + (p-q_c/3)EB_c^2(1+EC_c^2)} \tag{3.6.29}$$

$$r_c = \sqrt{EB_c^2 + EC_c^2 + EB_c^2 EC_c^2} \tag{3.6.30}$$

采用破坏时应力比的表示方法，$M = q_c/p$，则可表示为：

$$EC_c = 1 \tag{3.6.31}$$

$$EB_c = \frac{tq_c + \sqrt{t^2(2p^2 + 5q_c^2/9 + 2pq_c/3) + (4-2t^2)(p^2 + pq_c/3 - 2q_c^2/9)}}{2\sqrt{p^2 + pq_c/3 - 2q_c^2/9}}$$

$$\tag{3.6.32}$$

其中，M 表示三轴压缩时所对应的破坏应力比。若三轴伸长下的破坏应力比为 M_e，且设三轴伸长破坏应力比与三轴压缩破坏应力比之比值为 λ，则 $M_e = \lambda M$。

$$EC_c = 1 \tag{3.6.33}$$

$$r_c^2 = 2EB_c^2 + 1 \tag{3.6.34}$$

由于在三轴压缩路径下式（3.6.26）、式（3.6.29）完全相等，因此得到：

$$\frac{3\sqrt{2}q_c EB_c}{(3p+2q_c) + 2(3p-q_c)EB_c^2} = \frac{\sqrt{(\sigma_1-\sigma_2)^2 + EB^2(\sigma_2-\sigma_3)^2 + EC^2(\sigma_3-\sigma_1)^2}}{\sigma_1 EC/EB + \sigma_2 EB/EC + \sigma_3 EBEC}$$

$$\tag{3.6.35}$$

式（3.6.35）即为偏平面上广义偏应力强度公式。

子午面上可采用考虑静水压力效应的关于平均应力的双曲线函数来作为强度表达式：

$$q_c = M_f p_r \left(\frac{p + \sigma_0}{p_r} \right)^n \tag{3.6.36}$$

3.6.2 三维正交各向异性的特征沉积面

由上节可知，对于横观各向同性而言，其三维立方体只存在一个沉积面，一般情况下存在三维正交各向异性固体材料，其三个方向都存在物理上的沉积面。如图 3.6.4 所示。考虑沿着 xyz 三个方向都存在沉积面，三个沉积面两两正交，且沿着三个方向的特征沉积面的沉积厚度分别为 h_x、h_y、h_z。由图 3.6.4 可知：

$$h_x = |\overrightarrow{LM}| \tag{3.6.37}$$

$$h_y = |\overrightarrow{LO}| \tag{3.6.38}$$

$$h_z = |\overrightarrow{LP}| \tag{3.6.39}$$

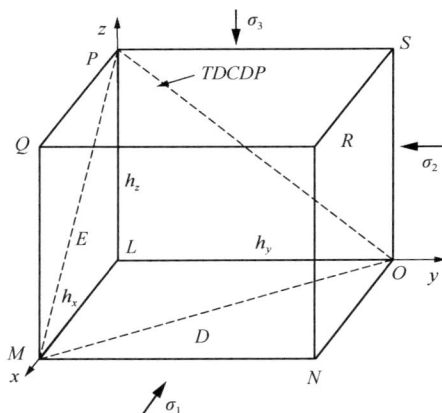

图 3.6.4 三维空间坐标系中的三维特征沉积面

上述三个方向的沉积面厚度为沉积面的特征尺寸，表征沿该长度方向的性质均匀化的最小单位。同理，在 y 及 z 方向都存在类似的沉积特征厚度。由上述三个特征沉积厚度假定三个正交沉积面同时发挥抵抗破坏的贡献影响力，可由此得到空间的三维特征沉积面，空间四面体为 $LMOP$。空间特征沉积面的法向向量可由 MO 与 MP 的叉积得到。

$$\vec{n}_2 = \overrightarrow{MO} \times \overrightarrow{MP} \tag{3.6.40}$$

$$\vec{n}_2 = \begin{vmatrix} \vec{i} & \vec{j} & \vec{k} \\ -h_x & h_y & 0 \\ -h_x & 0 & h_z \end{vmatrix} = h_y h_z \vec{i} + h_x h_z \vec{j} + h_x h_y \vec{k} \tag{3.6.41}$$

空间特征沉积面法向单位向量为：

$$\vec{n}_3 = \frac{\vec{n}_2}{|\vec{n}_2|} = \frac{h_y h_z \vec{i} + h_x h_z \vec{j} + h_x h_y \vec{k}}{\sqrt{h_x^2 h_y^2 + h_y^2 h_z^2 + h_z^2 h_x^2}} \tag{3.6.42}$$

当岩土材料为二维正交各向异性情况时，其中一个方向的特征尺寸为无穷大，此时存在三种情形：

（1）当 $h_x = +\infty$ 时，则式（3.6.42）可退化为如下公式：

$$\vec{n}_3 = \lim_{h_x \to \infty} \frac{h_y h_z \vec{i} + h_x h_z \vec{j} + h_x h_y \vec{k}}{\sqrt{h_x^2 h_y^2 + h_y^2 h_z^2 + h_z^2 h_x^2}} = \frac{h_z \vec{j} + h_y \vec{k}}{\sqrt{h_y^2 + h_z^2}} \tag{3.6.43}$$

由式（3.6.43）可知，该二维特征沉积面平行于 x 轴。

（2）当 $h_y = +\infty$ 时，则式（3.6.42）可退化为如下公式：

$$\vec{n}_3 = \lim_{h_y \to \infty} \frac{h_y h_z \vec{i} + h_x h_z \vec{j} + h_x h_y \vec{k}}{\sqrt{h_x^2 h_y^2 + h_y^2 h_z^2 + h_z^2 h_x^2}} = \frac{h_z \vec{i} + h_x \vec{k}}{\sqrt{h_x^2 + h_z^2}} \tag{3.6.44}$$

上述沉积面平行于 y 轴。

（3）当 $h_z = +\infty$ 时，则式（3.6.42）可退化为如下公式：

$$\vec{n}_3 = \lim_{h_z \to \infty} \frac{h_y h_z \vec{i} + h_x h_z \vec{j} + h_x h_y \vec{k}}{\sqrt{h_x^2 h_y^2 + h_y^2 h_z^2 + h_z^2 h_x^2}} = \frac{h_y \vec{i} + h_x \vec{j}}{\sqrt{h_x^2 + h_y^2}} \tag{3.6.45}$$

当岩土材料退化为一维各向异性，即为横观各向同性情形时，此时其沉积面仍分为三种情形：

（1）当 $h_x = +\infty, h_y = +\infty$ 同时满足，此时式（3.6.42）退化为：

$$\vec{n}_3 = \lim_{\substack{h_x \to \infty \\ h_y \to \infty}} \frac{h_y h_z \vec{i} + h_x h_z \vec{j} + h_x h_y \vec{k}}{\sqrt{h_x^2 h_y^2 + h_y^2 h_z^2 + h_z^2 h_x^2}} = \vec{k} \tag{3.6.46}$$

此时法向方向为沿着 z 轴方向。

（2）当 $h_y = +\infty, h_z = +\infty$ 同时满足，此时式（3.6.42）退化为：

$$\vec{n}_3 = \lim_{\substack{h_y \to \infty \\ h_z \to \infty}} \frac{h_y h_z \vec{i} + h_x h_z \vec{j} + h_x h_y \vec{k}}{\sqrt{h_x^2 h_y^2 + h_y^2 h_z^2 + h_z^2 h_x^2}} = \vec{i} \tag{3.6.47}$$

此时法向方向为沿着 x 轴方向。

（3）当 $h_z = +\infty, h_x = +\infty$ 同时满足，此时式（3.6.42）退化为：

$$\vec{n}_3 = \lim_{\substack{h_x \to \infty \\ h_z \to \infty}} \frac{h_y h_z \vec{i} + h_x h_z \vec{j} + h_x h_y \vec{k}}{\sqrt{h_x^2 h_y^2 + h_y^2 h_z^2 + h_z^2 h_x^2}} = \vec{j} \tag{3.6.48}$$

此时法向方向为沿着 y 轴方向。

3.6.3　横观各向同性 t 强度准则

对于各向异性，需要将式（3.6.36）中应力比强度 M_f 表示为有效滑移面与三维特征沉积面夹角的函数即可，需要构造一个表示夹角的关系式，首先需满足以下两个条件：

（1）首先满足夹角越大，强度值越大的单调规律；

（2）需要构造一个各向同性函数，以此满足物质客观性原理。

其中，右端的 φ_{mo} 表示有效滑移面的内摩擦角，在各向异性情形下，通常 $\tan\varphi_{mo}$ 并非恒定值，可由函数 $\tan\varphi_{mo}=F（\alpha，M）$ 表示。α 表示滑移面与三维特征沉积面的夹角，是各向异性程度的度量参数，因此上述函数包含描述各向异性方向以及各向异性程度双重信息。

同理，有效滑移面与三维特征沉积面夹角公式由两个面法向向量的点积反余弦表示，可表示为如下公式：

$$\beta = \arccos\left(\frac{ECh_yh_z + EBh_xh_z + EB \cdot ECh_xh_y}{r\sqrt{h_x^2h_y^2 + h_y^2h_z^2 + h_z^2h_x^2}}\right) \tag{3.6.49}$$

在三轴压缩条件下，可得到式（3.6.49）的简化表达式为：

$$\beta = \arccos\left(\frac{EC_ch_yh_z + EB_ch_xh_z + EB_c \cdot EC_ch_xh_y}{r_c\sqrt{h_x^2h_y^2 + h_y^2h_z^2 + h_z^2h_x^2}}\right) \tag{3.6.50}$$

采用大主应力与沉积面之间夹角 δ 作为衡量各向异性对强度应力比的主要影响变量是常用的一种做法，上述方法可以部分考虑各向异性沉积面对于强度的贡献。然而，由 Matsuoka 等关于砂土在平面应变的强度测试结果表明，平面应变强度与 δ 是非单调关系，两者关系呈现先减小后增大的规律。若是采用空间滑动面与沉积面夹角 ζ 与强度值建立关系，则会发现两者具有单调关系。

通过类比横观各向同性沉积面与空间滑移面之间夹角与强度应力比的单调试验关系结果，进一步可将其推广为三维正交各向异性的情形，此时，三维特征沉积面综合考虑了三个主方向的沉积面的影响，在各自三个主方向上由沉积面特征厚度来确定该方向上的特征尺度，综合反映在三维特征沉积面上。该三维特征沉积面与空间滑移面之间的夹角与最终强度应力比表现为单调关系。可将其简单地用如下抛物线型公式表达：

$$M_\beta = M_n + (M_x - M_n)\left(\frac{\beta}{\beta_x}\right)^2 \tag{3.6.51}$$

其中，x 表示 max 的简称，表示最大值，而 n 为 min 的缩写，表示为最小值。分析式（3.6.51）可知，强度应力比随夹角 β 呈现二次函数的单调递增关系，完全符合试验点的单调递增规律。

当为横观各向同性情形时，大主应力方向垂直于沉积面时，此时存在最大角度 β_x。由类比可知，当大主应力方向与三维特征沉积面垂直时，此时存在最大角度 β_x。而当 ESMP 面与三维特征沉积面相重合时，则存在最小夹角 $\beta_n=0$。对于 M_x 的确定，可由图 3.6.5 所示加载工况，根据三维特征沉积面与大主应力轴相垂直条件下的三轴压缩试验来确定最终的内摩擦角，内摩擦角可通过式（3.6.52）计算得到。而 M_n 针对的是当 $\beta=0$ 时的强度应力比，直接确定较为困难，可间接通过由顺沉积面的三轴压缩试验得到的强度值 M_0 求出，由图 3.6.6 可知，采用大主应力方向与沉积面法向相互垂直时的加载工况，M_0 为此种加载条件下的强度应力比。其中表达式可表示为：

$$M_x = \frac{6\sin\varphi_v}{3 - \sin\varphi_v} \tag{3.6.52}$$

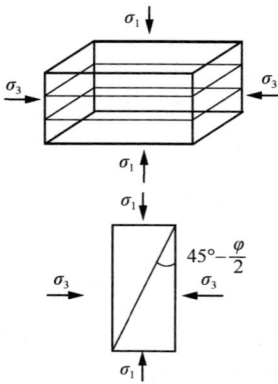

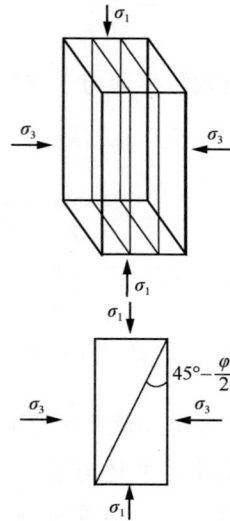

图 3.6.5　大主应力与三维特征沉积面垂直时的
三轴压缩示意图

图 3.6.6　大主应力与三维特征沉积面平行
时的三轴压缩示意图

强度应力比最小值 M_n 可通过式（3.6.52）变形导出，可由通过常规试验测试得到的强度值 M_0 以及最大值 M_x 的关系表达式表达。由于三轴压缩条件，因而 $EC_o = 1$，联合式（3.6.51）可得到如下公式：

$$M_n = \frac{M_0 - M_x \left\{ \dfrac{\arccos\left[\dfrac{(h_y h_z + EB_0 h_x h_z + EB_0 h_x h_y)}{r_0 \sqrt{h_x^2 h_y^2 + h_y^2 h_z^2 + h_z^2 h_x^2}}\right]}{\beta_x} \right\}^2}{1 - \left\{ \dfrac{\arccos\left[\dfrac{(h_y h_z + EB_0 h_x h_z + EB_0 h_x h_y)}{r_0 \sqrt{h_x^2 h_y^2 + h_y^2 h_z^2 + h_z^2 h_x^2}}\right]}{\beta_x} \right\}^2} \tag{3.6.53}$$

其中：

$$EB_0 = \frac{t M_0 + \sqrt{t^2(2 + 5M_0^2/9 + 2M_0/3) + (4 - 2t^2)(1 + M_0/3 - 2M_0^2/9)}}{2\sqrt{1 + M_0/3 - 2M_0^2/9}} \tag{3.6.54}$$

$$r_0 = \sqrt{1 + 2EB_0^2} \tag{3.6.55}$$

$$\beta_x = \arccos\left[\frac{(h_y h_z + EB_x h_x h_z + EB_x h_x h_y)}{r_x\sqrt{h_x^2 h_y^2 + h_y^2 h_z^2 + h_z^2 h_x^2}}\right] \tag{3.6.56}$$

$$r_x = \sqrt{1 + 2EB_x^2} \tag{3.6.57}$$

$$EB_x = \frac{tM_x + \sqrt{t^2(2 + 5M_x^2/9 + 2M_x/3) + (4 - 2t^2)(1 + M_x/3 - 2M_x^2/9)}}{2\sqrt{1 + M_x/3 - 2M_x^2/9}}$$

$$\tag{3.6.58}$$

考察各向异性性质对于三轴压缩强度的影响规律，由于微观颗粒在重力场及外部自然作用下会形成一定的排序分布，在空间中微观颗粒会产生定向性，若用空间椭球体作为对长方体颗粒的近似，则长轴会平行于沉积方向，而垂直于沉积面的法向方向是沉积面的空间对称轴。由于长轴方向平行于沉积面的分布形态是形成岩土体的一种稳态结构，因而在这种作用下形成的岩土体在自然界非常普遍。关于空间沉积面在空间中的排布方式，为了研究方便考虑三种特殊情况，分别对应空间有效滑移面与沉积面的三个特殊位置。

当为横观各向同性情况时，此时只沿着一个方向分布沉积面。

（1）考察式（3.6.49），若当沉积面法向方向与 z 轴相一致时，可知：$h_x = \infty$，$h_y = \infty$，则滑移面与沉积面夹角表示为：

$$\beta = \arccos\left[\frac{ECEB}{r}\right] \tag{3.6.59}$$

（2）当沉积面法向方向与 x 轴相一致时，可知：$h_z = \infty$，$h_y = \infty$，则滑移面与沉积面夹角表示为：

$$\beta = \arccos\left[\frac{EC}{r}\right] \tag{3.6.60}$$

（3）当沉积面法向方向与 y 轴相一致时，可知：$h_z = \infty$，$h_x = \infty$，则滑移面与沉积面夹角表示为：

$$\beta = \arccos\left[\frac{EB}{r}\right] \tag{3.6.61}$$

当处于二维各向异性情况时，此时也存在三种情况。

（1）当沉积面沿 x 与 y 轴均存在分布时，此时可知 $h_z = \infty$，由此可知滑移面与特征沉积面夹角表示为：

$$\beta = \arccos\left[\frac{(ECh_y + EBh_x)}{r\sqrt{h_y^2 + h_x^2}}\right] \tag{3.6.62}$$

（2）当沉积面沿 y 与 z 轴均存在分布时，此时可知 $h_x = \infty$，由此可知滑移面与特征沉积面夹角表示为：

$$\beta = \arccos\left[\frac{(EBh_z + EB \cdot ECh_y)}{r\sqrt{h_y^2 + h_z^2}}\right] \tag{3.6.63}$$

（3）当沉积面沿 z 与 x 轴均存在分布时，此时可知 $h_y = \infty$，由此可知滑移面与特征沉积面夹角表示为：

$$\beta = \arccos\left[\frac{(ECh_z + EB \cdot ECh_x)}{r\sqrt{h_x^2 + h_z^2}}\right] \tag{3.6.64}$$

综合考虑偏平面与子午面上强度表达式，联立式（3.6.26）、式（3.6.35）、式（3.6.36）、式（3.6.51），可得到最终关于各向异性的岩土非线性强度准则：

$$\frac{3p(1+2EB_x^2)\tan\varphi_{mo}}{3\sqrt{2}EB_x - 2\tan\varphi_{mo}(1-EB_x^2)} - M_\beta p_r\left(\frac{p+\sigma_0}{p_r}\right)^n = 0 \tag{3.6.65}$$

式（3.6.65）即为表示各向异性强度准则表达式。

下面具体讨论当参量取值不同时强度准则的表现形式。

（1）对于各向异性强度准则偏平面表示式，式（3.6.51）中当 M_β 与 M_x、M_0 各不相等时，则表示的是一般的横观各向异性强度应力比，此时 M_β 为一随 β 角变化的强度值，此时强度准则为三维正交各向异性 a 准则。

（2）对于各向异性强度准则偏平面表示式，式（3.6.51）中当 $M_\beta = M_x = M_0$ 时，由于其两个相互垂直方向的应力比强度相同，则介于两者之间的任意应力比强度值都相同，此时 M_β 为一恒定值。当 $a_{13} = a_{23}$ 时，此时强度准则退化为 a 准则。

（3）进一步的，当 $a_{13} = a_{23} = 0$ 时，则强度准则退化为偏平面上为 SMP 准则的非线性强度准则。

（4）当 M_x 与 M_0 都不为 0，而 $a_{13} = a_{23} = 0$ 时，则强度准则退化为偏平面上为各向异性 SMP 准则的非线性强度准则。

3.6.4 主要参数意义及确定方法

1. 参数 t 对于偏平面上强度准则曲线的影响

由于该强度准则的核心是由比例因子参数 t 作为控制偏平面上形状的主要因素，因此命名该准则为 t 准则。由图 3.6.7 可知，反映摩擦性与凝聚性权重的比例因子参数 t 对于

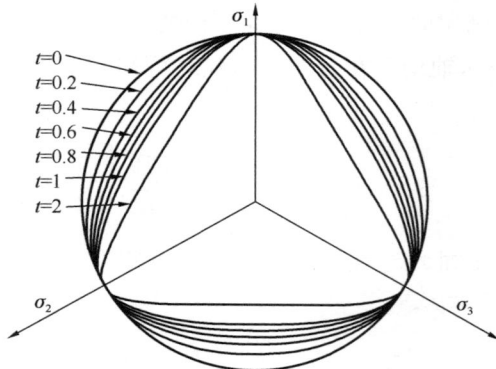

图 3.6.7 各向同性不同 t 值下偏平面上的破坏曲面

偏平面上不同应力洛德角下材料的强度特性影响显著。当 $t=0$ 时，由于有效滑移角为 0，材料破坏只受到偏差应力强度控制，因而退化为广义 Mises 强度准则，反映的是金属材料的宏观破坏性质。当 $t=1$ 时，t 准则退化为 SMP 准则，反映的是纯摩擦性的材料破坏特性，而当 $0<t<1$ 时，反映的是具有部分摩擦性部分凝聚性材料的破坏特性。当 $t>1$ 时，则反映的是受应力洛德角影响更为显著的材料破坏特性，如图 3.6.7 中 $t=2$ 时的破坏曲线，反映了偏平面上破坏曲线逐渐趋向于等三角形曲线的特点。

由图 3.6.7 可知，对于任意 t 值下，在三轴压缩所对应的偏应力强度值恒定，但对于其他应力洛德角下的广义偏应力强度值却均不同，因而，可将 t 值与描述偏平面上曲线形状特性相联系。观察图 3.6.7 可知，由于对应三轴伸长的偏应力强度值各不相同，因而可将三轴伸长偏应力强度值与对应的三轴压缩偏应力强度值的比值 $\lambda=q_c/q_e$ 作为确定 t 值参数的依据。根据近似，建议可取如下公式作为确定参数 t 的表达式：

$$t=1-\sqrt{\lambda+\frac{3(\lambda-1)}{M}} \tag{3.6.66}$$

分析上式，当 $\lambda=1$ 时，此时 $t=0$，对应的是广义 Mises 准则，而当 $\lambda=3/(3+M)$ 时，此时 $t=1$，对应的是 SMP 准则。

图 3.6.8 中分别为不同 t 值下的破坏面形态。为了便于观察，取 M_f 不同值时，即对 M_f 由小到大为 0.7、1.0、1.4、1.8、2.4 下的破坏面分别对应图 3.6.8 中由内到外的空间破坏面，其所对应的 t 值分别为 0、0.3、0.6、0.8、1.0。由图 3.6.8 可知，当 t 值由小到大变化时，对应的破坏面的形态在偏平面上由圆形逐渐过渡为较为尖锐的曲边三角形

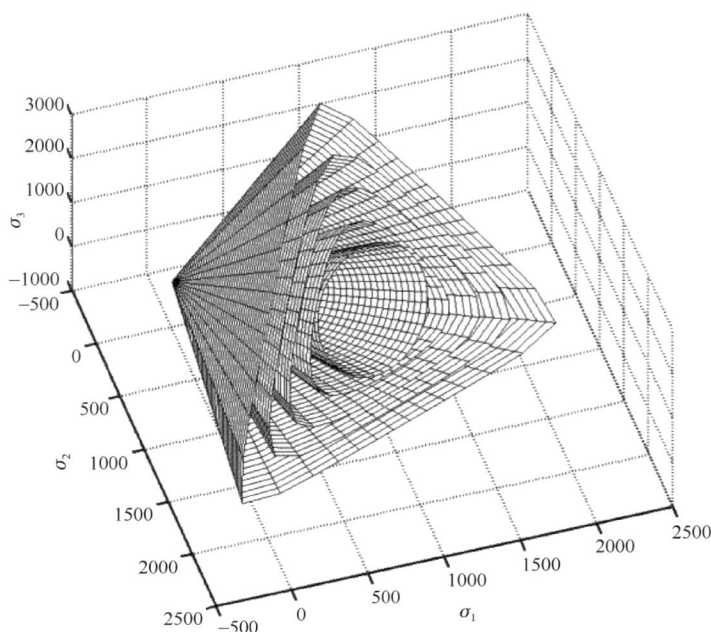

图 3.6.8 主应力空间中参数 t 及 M_f 不同值下的三维空间破坏面

形态。

对于各向同性 a 准则，当参数 a 变化时，由图 3.6.9 可知，随着 a 值由 $0\sim1$ 逐渐增大，偏平面上强度曲线由表示 SMP 准则的曲边三角形逐步过渡到表示 Von-Mises 准则的圆形曲线。由此可知，参数 a 关于中主应力对于强度应力比的影响非常明确直接，可以直接决定中主应力对于强度的贡献程度。

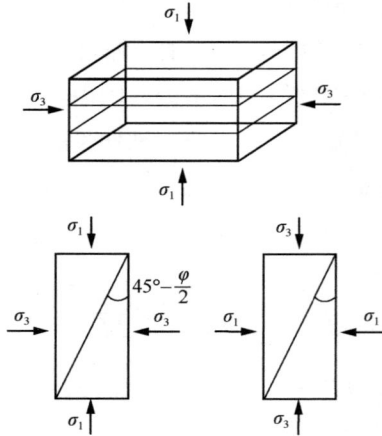

图 3.6.9　大主应力与沉积面垂直时的三轴压缩及三轴伸长示意图

2. 参数 n 意义及确定

从图 3.6.10 可以看出，在子午面上，由下到上分别对应 $n=0.2$、0.4、0.6、0.8、1.0 时的破坏曲线。由此可以看出，参数 n 对于破坏形态的影响主要体现在两个方面。第一，在子午面上，随着 n 值增大，子午面上破坏线逐渐趋近于一条斜直线，随着 n 值减小逐渐趋近于零，破坏线逐渐趋近于平行于球应力轴的水平直线；当为水平直线时，则破坏时对应的广义偏应力恒定不变，即不受静水压力影响，起决定作用的是广义偏应力。而当

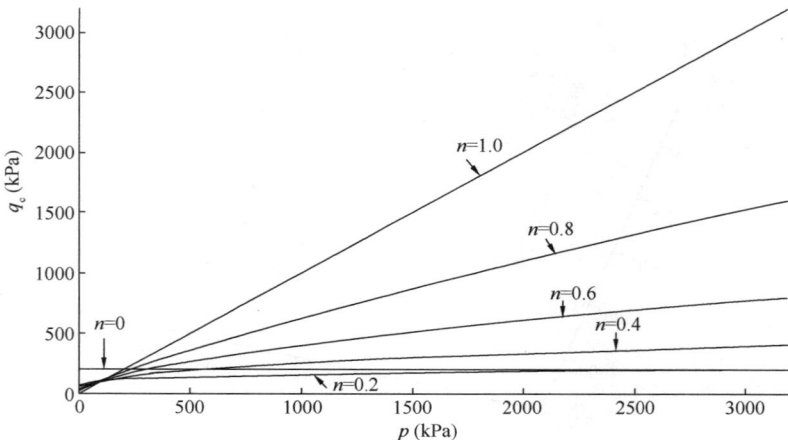

图 3.6.10　不同幂参数 n 值下破坏曲线形态

n 值介于 0 与 1 之间时，子午面上对应的是一条幂函数曲线，随着球应力的增大，广义偏应力也逐渐增大，但增加率逐渐减小，体现了非线性特点，表明静水压力对于三轴压缩下的剪切强度有直接影响。第二，在偏平面上，随着 n 值的增大，三轴压缩对应的广义偏应力强度相应增大，在相同的球应力下，随着三轴压缩剪切强度的增大，不同洛德角作用下的强度值差异逐渐显著，也就是应力诱导各向异性程度逐渐加深。

通过式（3.6.36）变形，可得到如下关系式：

$$\ln\frac{q_c}{p_r} = n\ln\frac{p+\sigma_0}{p_r} + \ln M_f \tag{3.6.67}$$

等式左右两端的对数分别为变量，则上述公式是关于参数 n 的一次函数。利用三轴压缩试验结果，可将对应不同静水压力下的剪切强度整理在对数坐标系内，拟合出的直线型曲线斜率为 n，而截距值为 $\ln M_f$。

3. 参数 σ_0 含义及确定

σ_0 为强度曲线与静水压力轴的左交点值，其物理意义表示材料在拉伸条件下的强度值，可以反映材料的凝聚力特性。在实际状态中，三向拉伸作用下的强度值一般很难实现，对于无黏性土，取为 0。对于具有拉伸强度的材料，如混凝土等，根据过镇海的建议，可将其取为单轴拉伸强度值的 0.9 倍。

4. 参数 p_r 含义及确定

参数 p_r 反映在一定静水压力下将剪切强度 q 归一化的特征压力，同时起到将静水压力无量纲化的作用，通常在砂土等散粒体条件下，可取为一个大气压力值。参数 p_r 的确定可根据式（3.6.36），将试验结果整理在对数坐标系内，根据拟合出来的直线确定参数 p_r 的值。

5. 参数 M_x 与 M_0 含义及确定

作为反映各向异性的参数，通常只需确定沉积面与空间有效滑移面呈现最大夹角和最小夹角状态下的三轴压缩强度值，即可得到相应的 M_x 与 M_n 值。M_x 根据大主应力方向垂直于沉积面加载条件下的三轴压缩强度值测试得到，而 M_n 可间接通过 M_0 用式（3.6.53）求取得到，M_0 则是利用大主应力与沉积面顺层方向的三轴压缩强度测试得到。

3.6.5 各向异性对强度曲线影响

由图 3.6.3 可知，当空间沉积面的法线不与三维空间坐标轴的任一轴重合时，即空间沉积面处于三维空间的一般位置时，沉积面与有效滑移面的夹角可由式（3.6.49）表述，由式（3.6.51）可知，应力比强度值是夹角 β 的单增函数。沉积面空间位置一旦确定后是固定不变的，随着主应力大小以及方向的调整，显然有效滑移面始终是动态变化的，在非三轴压缩条件下，其强度值始终小于 M_x，随着夹角 β 在 0° 附近变化，则强度值也会相应地升高或降低，若按照大主应力与沉积面法向夹角为加载角的定义，则强度值会随着加载角产生先减小后增大的规律。

如图 3.6.11 所示，为便于描述，按照主应力的变化，在偏平面上将全部区域分为三个象限Ⅰ、Ⅱ、Ⅲ。

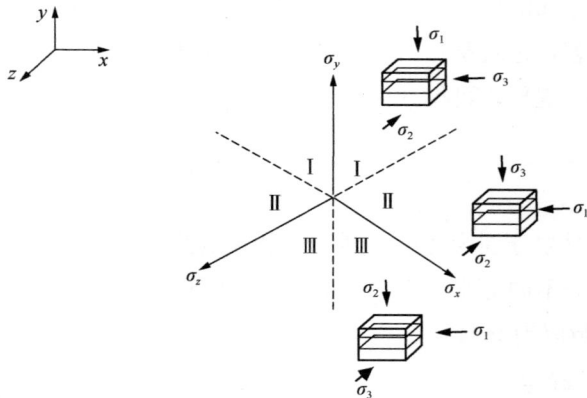

图 3.6.11　描述横观各向同性状态的偏平面空间区划图

当沉积面法线方向与 x 轴，即 σ_1 方向相一致时，由图 3.6.12 可知，当为各向同性强度准则时，如图 3.6.12 中的虚线与点划线，即当 M_f 为恒定值时，破坏曲线在偏平面上为一个几何对称图形，对于实线，即 M_f 为一个变量时，此时的破坏曲线仅关于材料主轴对称。

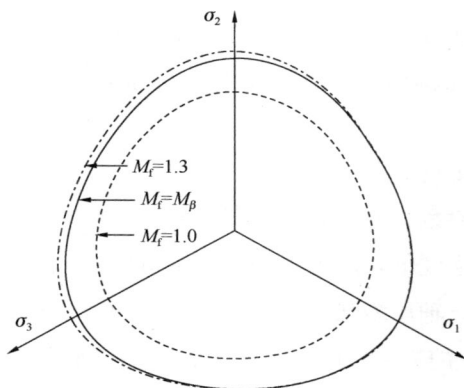

图 3.6.12　各向异性强度准则（沉积面垂直于 x 轴）

由图 3.6.13 可知，当沉积面垂直于 y 轴时，此时最大应力比为位于与 σ_2 轴相重合的纵轴上，而两侧的几何破坏线关于该轴几何对称分布。

由图 3.6.14 可知，当沉积面垂直于 z 轴时，此时最大应力比为位于与 σ_3 轴相重合的轴线上，而两侧的几何破坏线关于该轴几何对称分布。

综合图 3.6.12～图 3.6.14 可知，采用考虑有效滑移面与沉积面的夹角作为反映各向异性程度的状态量，能够有效地反映材料本身沉积面对于强度应力比的影响规律。

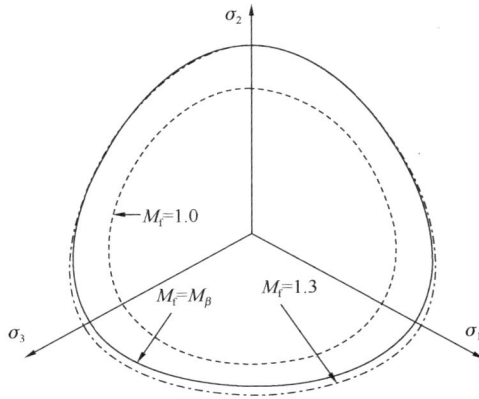

图 3.6.13　各向异性强度准则（沉积面垂直于 y 轴）

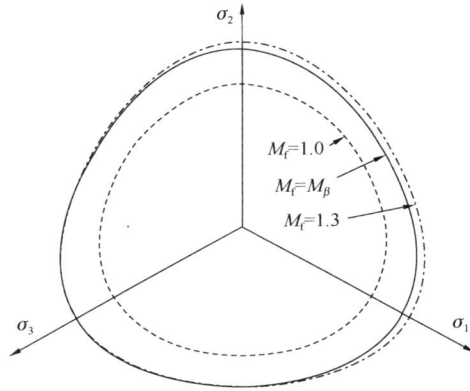

图 3.6.14　各向异性强度准则（沉积面垂直于 z 轴）

3.6.6　基于横观各向同性 t 准则的变换应力公式

为了可简单合理地将已有的基于 p-q 空间的二维弹塑性模型推广到能应用于描述原生各向异性特性对本构关系的影响规律，基于所提的横观各向同性 t 准则，将其应用于构造变换应力方程，由此可将横观各向同性应力空间转变为各向同性应力空间。其基本思路是，先将一般的考虑各向异性的广义偏应力 q 进行归一化处理，即将对于某一特定加载条件下的 q 转换为 q_{f}，第一步实现了将各向异性转换为各向同性，q_{f} 即为对应大主应力方向与沉积面法向方向一致的三轴压缩的广义偏应力强度值。然后通过将各个偏应力分量放大到对应 Von-Mises 圆的对应点上，第二步是将各向同性应力空间中中主应力对应力比强度的影响进行归一化处理。通过上述两个步骤，即可实现由各向异性应力空间与各向同性应力空间的转换。

由 Satake 等针对纯摩擦特性所提出的基于 SMP 准则的形状函数，是基于摩擦角的概念提出的，因而本文中的有效摩擦角可将其替换以得到基于有效摩擦角的形状函数。

$$q = \frac{3\sqrt{3}\,p\sin\varphi_{\mathrm{mo}}}{2\sqrt{2+\sin^2\varphi_{\mathrm{mo}}}\cos\psi} \tag{3.6.68}$$

$$\varphi_{\mathrm{mo}} = \tan^{-1}\left[\frac{\sqrt{(\sigma_1-\sigma_2)^2+EB^2(\sigma_2-\sigma_3)^2+EC^2(\sigma_3-\sigma_1)^2}}{\sigma_1 EC/EB+\sigma_2 EB/EC+\sigma_3 EBEC}\right] \tag{3.6.69}$$

EB、EC 是 σ_1、σ_2、σ_3 的函数，具体见式（3.6.6）、式（3.6.7）、式（3.6.26）。

$$\psi = \frac{1}{3}\cos^{-1}\left[-\left(\frac{3}{2+\sin^2\varphi_{\mathrm{mo}}}\right)^{3/2}\sin\varphi_{\mathrm{mo}}\cos3\theta\right] \tag{3.6.70}$$

其中，θ 为应力洛德角，可表示为：

$$\theta = \tan^{-1}\frac{\sqrt{3}(\sigma_2-\sigma_3)}{2\sigma_1-\sigma_2-\sigma_3} \tag{3.6.71}$$

对应 t 准则的偏平面上的形状函数可表示为：

$$g(\theta) = \frac{\sqrt{3}\left(\sqrt{8+\sin^2\varphi_{\mathrm{mo}}}-\sin\varphi_{\mathrm{mo}}\right)}{4\sqrt{2+\sin^2\varphi_{\mathrm{mo}}}\cos\psi} \tag{3.6.72}$$

由于已知有基于 t 准则的形状函数，因此可得到在对应任意一个球应力 p 下的三轴压缩路径下的广义偏应力 q_c，表示为：

$$q_c = \frac{q}{g(\theta)} = \frac{6p\sin\varphi_{\mathrm{mo}}}{\sqrt{8+\sin^2\varphi_{\mathrm{mo}}}-\sin\varphi_{\mathrm{mo}}} \tag{3.6.73}$$

考虑到偏平面上各向异性的修正，最终得到偏平面上考虑各向异性的 t 准则：

$$q_{\mathrm{ac}} = \frac{M_{\mathrm{f}}}{M_{\beta}}q_c = \frac{6M_{\mathrm{f}}\,p\sin\varphi_{\mathrm{mo}}}{M_{\beta}\left(\sqrt{8+\sin^2\varphi_{\mathrm{mo}}}-\sin\varphi_{\mathrm{mo}}\right)} \tag{3.6.74}$$

基于各向异性强度准则的转换应力公式可表示为：

$$\tilde{\sigma}_i = \begin{cases} p+\dfrac{q_{\mathrm{ac}}}{q}(\sigma_i-p), & (q\neq0)\\ \sigma_i, & (q=0) \end{cases} \tag{3.6.75}$$

将其推广为一般应力表示的转换应力公式：

$$\tilde{\sigma}_{ij} = \begin{cases} p\delta_{ij}+\dfrac{q_{\mathrm{ac}}}{q}(\sigma_{ij}-p\delta_{ij}), & (q\neq0)\\ \sigma_{ij}, & (q=0) \end{cases} \tag{3.6.76}$$

$$\frac{\partial\tilde{\sigma}_j}{\partial\sigma_i} = \frac{1}{3}+\frac{s_j}{q}\frac{\partial q_{\mathrm{ac}}}{\partial\sigma_i}+\frac{q_{\mathrm{ac}}}{q}\left(\delta_{ij}-\frac{1}{3}-\frac{3}{2q^2}s_i s_j\right) \tag{3.6.77}$$

式（3.6.77）中 $\dfrac{\partial q_{\mathrm{ac}}}{\partial\sigma_i}$ 可表示为：

$$\frac{\partial q_{\mathrm{ac}}}{\partial\sigma_i} = \frac{M_{\mathrm{f}}}{M_{\beta}}\left[\frac{1}{3}\frac{\partial q_c}{\partial p}+A_5\frac{\partial q_c}{\partial\sin\varphi_{\mathrm{mo}}}(1+\tan^2\varphi_{\mathrm{mo}})^{-\frac{3}{2}}\right] \tag{3.6.78}$$

$$A_5 = B_i + \left(\frac{\partial \tan\varphi_{mo}}{\partial EB} \frac{\partial EB}{\partial \sigma_i} + \frac{\partial \tan\varphi_{mo}}{\partial EC} \frac{\partial EC}{\partial \sigma_i} \right) \quad (3.6.79)$$

$$\frac{\partial q_c}{\partial \sin\varphi_{mo}} = \frac{24p}{(4 + \sin^2\varphi_{mo})\sqrt{8 + \sin^2\varphi_{mo}} - \sin\varphi_{mo}(8 + \sin^2\varphi_{mo})} \quad (3.6.80)$$

令：

$$\sigma_A = \sigma_1 EC^2 + \sigma_2 EB^2 + \sigma_3 EB^2 EC^2 \quad (3.6.81)$$

$$\sigma_B = t + \frac{t^2\sigma_i + (2-t^2)\sigma_j}{\sqrt{t^2(\sigma_i^2 + \sigma_j^2) + (4-2t^2)\sigma_i\sigma_j}} \quad (3.6.82)$$

$$\sigma_C = \sqrt{\frac{\sigma_j}{\sigma_i}}\left[t(\sigma_i - \sigma_j) + \sqrt{t^2(\sigma_i^2 + \sigma_j^2) + (4-2t^2)\sigma_i\sigma_j} \right] \quad (3.6.83)$$

$$R = \sqrt{(\sigma_1 - \sigma_2)^2 + EB^2(\sigma_2 - \sigma_3)^2 + EC^2(\sigma_3 - \sigma_1)^2} \quad (3.6.84)$$

$$\frac{\partial \tan\varphi_{mo}}{\partial EB} = \frac{1}{\sigma_A^2}\left\{ \left[R \cdot EC + \frac{EB^2 \cdot EC(\sigma_2 - \sigma_3)^2}{R} \right]\sigma_A - 2R \cdot EB^2 \cdot EC(\sigma_2 + \sigma_3 EC^2) \right\} \quad (3.6.85)$$

$$\frac{\partial \tan\varphi_{mo}}{\partial EC} = \frac{1}{\sigma_A^2}\left\{ \left[R \cdot EB + \frac{EB \cdot EC^2(\sigma_3 - \sigma_1)^2}{R} \right]\sigma_A - 2R \cdot EB \cdot EC^2(\sigma_1 + \sigma_3 EB^2) \right\} \quad (3.6.86)$$

$$\frac{\partial EB}{\partial \sigma_i} = \begin{cases} \frac{2\sqrt{\sigma_i\sigma_j}\sigma_B - \sigma_C}{4\sigma_i\sigma_j} & i \neq 2, j \neq 2 \\ 0 & i = 2 \end{cases} \quad (3.6.87)$$

$$\frac{\partial EC}{\partial \sigma_i} = \begin{cases} 0 & i = 1 \\ \frac{2\sqrt{\sigma_i\sigma_j}\sigma_B - \sigma_C}{4\sigma_i\sigma_j} & i \neq 1, j \neq 1 \end{cases} \quad (3.6.88)$$

式（3.6.55）～式（3.6.63）为将普通应力转换为变换应力空间的变换应力公式，而式（3.6.64）～式（3.6.88）为将变换应力空间中变换应力应用到具体本构模型中时微分的导函数公式。

3.6.7 平面应变条件下的 t 准则公式

平面应变条件是自然界以及工程实践中常常遇到的某种约束条件，是指三维条件下材料某一方向的尺寸远大于另外两个相近方向上的尺寸，比如堤坝、路基或者挡土墙等工程中的土体约束作用。将所提的 t 准则应用于平面应变约束下的工况，一方面可将其具体应用化，另一方面可对于所提准则进行相应的检验。

假设屈服准则表达式为：

$$f = \frac{3p(1 + 2EB_x^2)\tan\varphi_{mo}}{3\sqrt{2}EB_x - 2\tan\varphi_{mo}(1 - EB_x^2)} - M_\beta p_r\left(\frac{p + \sigma_0}{p_r}\right)^n \quad (3.6.89)$$

143

且屈服准则为理想弹塑性屈服面，则对中主应变的塑性增量可由一致性条件表达为：

$$d\varepsilon_2^p = \lambda \frac{\partial f}{\partial \sigma_2} \tag{3.6.90}$$

由理想弹塑性的流动法则可知，当进入塑性流动状态后，应变增量完全为塑性应变增量，此时，弹性应变增量为零。而由平面应变条件可知，中主应变增量为零，因此可得：

$$d\varepsilon_2 = d\varepsilon_2^p = \lambda \frac{\partial f}{\partial \sigma_2} = 0 \tag{3.6.91}$$

由于塑性因子 λ 在加载阶段为大于零的数值，由此可知，平面应变条件的等价方程为：

$$\frac{\partial f}{\partial \sigma_2} = 0 \tag{3.6.92}$$

$$\frac{\partial f}{\partial \sigma_2} = \frac{3(1 + 2EB_c^2)}{\left[3\sqrt{2}EB_c - 2(1 - EB_c^2)\tan\varphi_{mo}\right]^2} \left\{ \left[3\sqrt{2}EB_c - 2(1 - EB_c^2)\tan\varphi_{mo}\right] \right.$$
$$\left[\frac{1}{3}\tan\varphi_{mo} + p\frac{\partial\tan\varphi_{mo}}{\partial \sigma_2}\right] + p\tan\varphi_{mo}\left[2(1 - EB_c^2)\frac{\partial\tan\varphi_{mo}}{\partial \sigma_2}\right] \right\} -$$
$$p_r\left(\frac{p + \sigma_0}{p_r}\right)^n \frac{\partial M_\beta}{\partial \sigma_2} - \frac{n}{3}M_\beta\left(\frac{p + \sigma_0}{p_r}\right)^{n-1} = 0 \tag{3.6.93}$$

由链式法则，可依次求取得到：

$$\frac{\partial\tan\varphi_{mo}}{\partial \sigma_2} = \frac{\partial\tan\varphi_{mo}}{\partial EB}\frac{\partial EB}{\partial \sigma_2} + \frac{\partial\tan\varphi_{mo}}{\partial EC}\frac{\partial EC}{\partial \sigma_2} + \frac{\partial F}{\partial \sigma_2} \tag{3.6.94}$$

其中：

$$\frac{\partial EB}{\partial \sigma_2} = 0 \tag{3.6.95}$$

$$\frac{\partial F}{\partial \sigma_2} = \frac{EBEC}{\sigma_A^2}\left\{\left[\frac{\sigma_2 - \sigma_1 + EB^2(\sigma_2 - \sigma_3)}{R}\right]\sigma_A - EB^2R\right\} \tag{3.6.96}$$

其余变量可参见式（3.6.85）～式（3.6.88）。

3.6.8 准则及变换应力法的试验验证

为了便于对所提各向异性 t 准则及其变换应力公式进行验证，分别采用如表 3.6.1 所示的岩土材料，对真三轴及平面应变加载条件下的破坏以及应力应变关系试验结果进行对比分析。

岩土材料参数   表 3.6.1

材料	t 准则					
	t	σ_0（MPa）	p_r（MPa）	M_0	n	M_x
灰泥	0.69	0.001	0.12	1.45	0.89	1.57
Toyoura 砂土	0.54	0.0015	0.015	1.22	0.85	1.46

材料	t 准则					
	t	σ_0 (MPa)	p_τ (MPa)	M_0	n	M_x
粗砂岩	0.36	0.035	0.45	1.57	0.75	1.61
蒙特雷砂	0.12	0.0005	0.001	1.33	0.95	1.36
霍斯顿砂	0.43	0.0009	0.001	1.33	0.92	1.45
硅砂	0.33	0.0005	0.001	1.22	0.9	1.27
Toyoura 砂土 1	0.21	0.0005	0.001	1.4	0.9	1.45
Toyoura 砂土 2	0.2	0.0005	0.001	1.3	0.9	1.37
伦敦黏土	0.24	0.001	0.12	1.1	0.88	1.2
秃鹰砂	0.24	0.001	0.001	1.17	0.9	1.2

1. 真三轴强度准则预测

图 3.6.15 中圆圈表示 Lade 等关于 Grundite 黏土的真三轴加载测试结果，对该试验结果在如图 3.6.15 所示的偏平面进行预测对比。黏土除了具备应力诱导各向异性，即随着应力洛德角的不同而表现出不同的偏应力强度以外，还具有一定程度的原生各向异性，即由于沉积过程的特点所形成的近似为横观各向同性的材料。采用所提 t 准则可以较好地描述该黏土在真三轴下的强度特性。

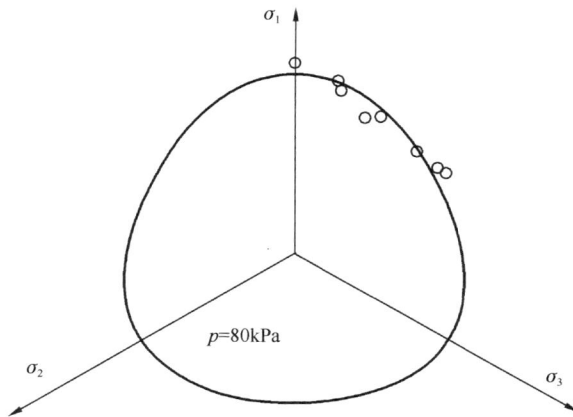

图 3.6.15 偏平面 Grundite 黏土的真三轴测试结果与预测对比

图 3.6.16 中测试点为 Lam 等关于 Toyoura 砂土的真三轴测试结果。由图 3.6.16 可知，测试点在偏平面上形成了较为尖锐的曲边三角形形态，且三轴伸长较三轴压缩强度值具有显著的减小特点。采用所提准则可以较好地模拟砂土的这种特性。

图 3.6.17 中离散点为 Mogi 等关于粗面岩岩石的真三轴测试结果。岩石具有更为显著的原生各向异性性质，且应力诱导各向异性对于强度值的影响也很明显。采用所提准则可以很好地预测岩石的真三轴强度特性。

145

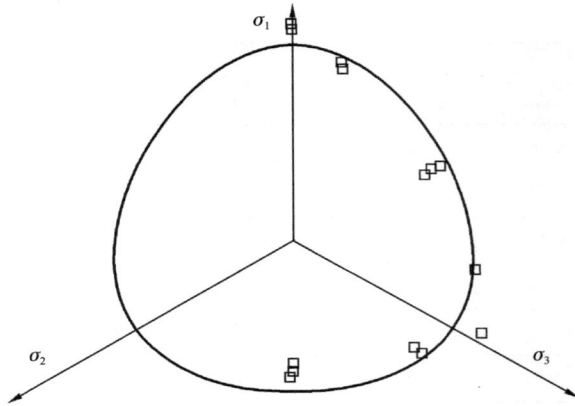

图 3.6.16　偏平面 Toyoura 砂土的真三轴测试结果与预测对比

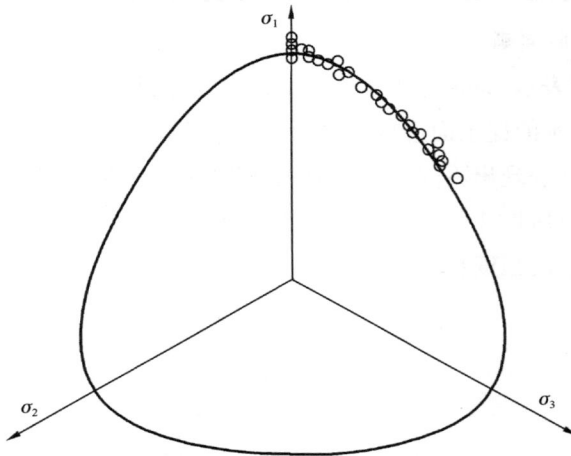

图 3.6.17　偏平面粗面岩石的真三轴测试结果与预测对比

2. 平面应变条件强度准则预测

图 3.6.18 中离散点为 Park 等关于三种砂土在平面应变条件下的内摩擦角特性得到的

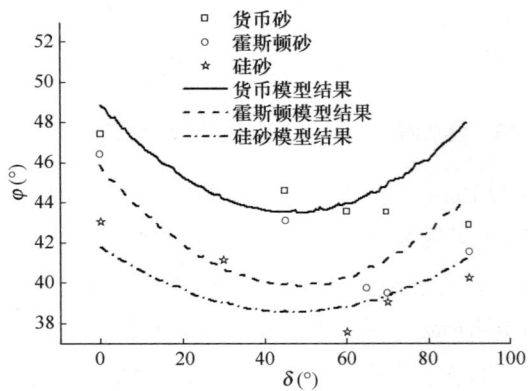

图 3.6.18　平面应变下三种砂土内摩擦角测试结果与预测对比

试验研究结果。其中角度 δ 表示大主应力与沉积面法线的夹角，而 φ 表示内摩擦角。由试验曲线可知，随着大主应力与沉积面法线夹角 δ 的单调增大，在 $0°\sim90°$ 区间，内摩擦角呈现先减小后增大的规律特点，而对于 Monetary 砂土，则呈现了单调减小的规律，与 Hostun 砂土和 Silica 砂土的规律不一致，表明 Monetary 砂土在 δ 趋近 90°时的测试值有待商榷。采用所提的 t 准则在平面应变条件下，三条曲线也呈现了先减小后增大的规律，且 $\delta=0°$ 对应的值要大于 $\delta=90°$ 对应的值。

图 3.6.19 中测试点为 Oda 等关于两种 Toyoura 砂土在平面应变条件下的内摩擦角值。δ 角仍与前述相同，由两种测试结果可知，内摩擦角曲线随 δ 角的曲线形态表现为明显的"汤匙"形状。一方面，仍然是 $\delta=0°$ 对应的值要大于 $\delta=90°$ 对应的内摩擦角值；另一方面，最小的内摩擦角所对应的 δ 角向右侧偏移，集中在 $60°\sim80°$。说明当 δ 角在最低曲线时刻，破坏面与沉积面相互平行，此时达到最小的内摩擦角。采用所提准则可以较好地描述上述特性。

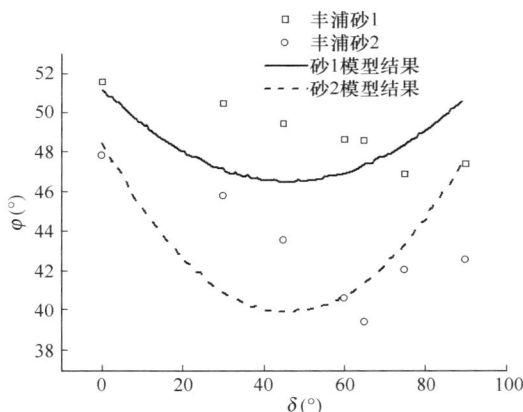

图 3.6.19　平面应变下两种砂土内摩擦角测试结果与预测对比

3. 变换应力法应用预测

图 3.6.20 中测试点为 Ward 和 Indraratna 关于伦敦裂隙黏土所做的常规不排水三轴压缩测试结果。显然裂隙可以视为某种沉积面的弱化物态状态，则图 3.6.20 中广义偏应力强度分为大、中、小三条曲线，分别对应着大主应力方向与裂隙面法线夹角为 0°、某种锐角以及 90°三种情况下的测试结果。采用基于 t 准则的变换应力法修正 UH 模型，用于反映超固结度以及裂隙等原生各向异性对应力应变关系的影响。由图 3.6.20 可知，采用基于 t 准则的变换应力法能够有效地反映原生各向异性所带来的对应力应变关系的影响。

图 3.6.21～图 3.6.28 中离散点为 Yang 等关于 Leighton Buzzard 砂土在原生各向异性以及应力洛德角影响下的应力应变关系测试结果。图中连续曲线为采用所提的变换应力法修正的 UH 模型做出的预测结果。其中，对于原生各向异性的影响，利用大主应力与

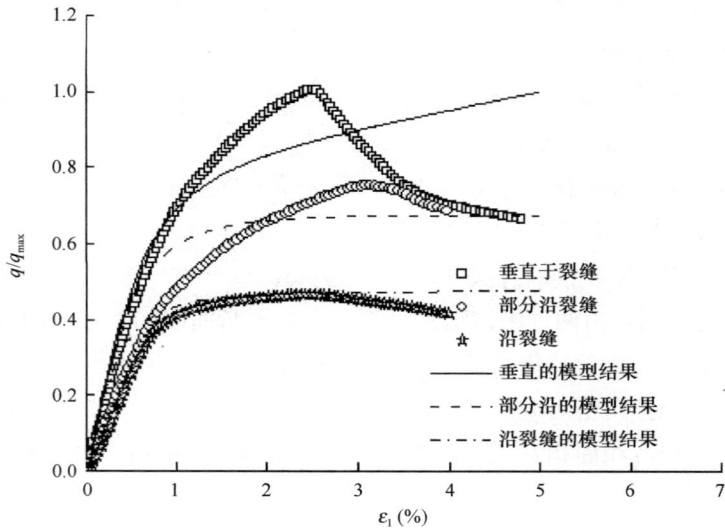

图 3.6.20　伦敦裂隙黏土应力应变关系测试结果与预测对比

沉积面法线夹角 δ 呈现为 0°、30°、60°、90°四种情况作为初始加载条件，在上述四种工况下再分别考察 $b=0$、0.2、0.5、1 下的应力应变关系曲线。

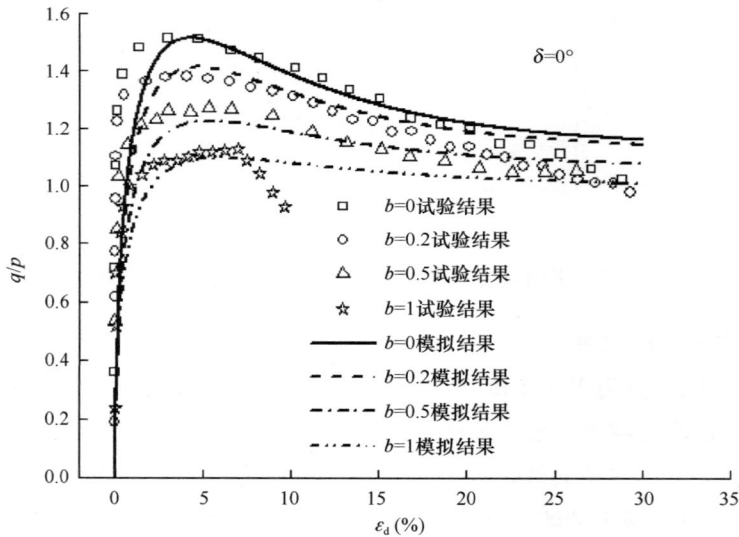

图 3.6.21　$\delta=0°$条件下 Leighton Buzzard 砂土应力比与
偏应变关系测试结果与预测对比

　　图 3.6.21 为大主应力垂直于沉积面加载时的测试与预测对比结果。由图 3.6.21 可知，应力比与偏应变的关系，采用修正后模型可以较好地反映随着 b 值增大，应力比强度减小的规律，以及应变软化现象。图 3.6.22 为所对应的体应变随偏应变的关系对比结果，随着 b 值的增大，剪胀体应变逐渐减小，所用模型可较好地反映上述特点。

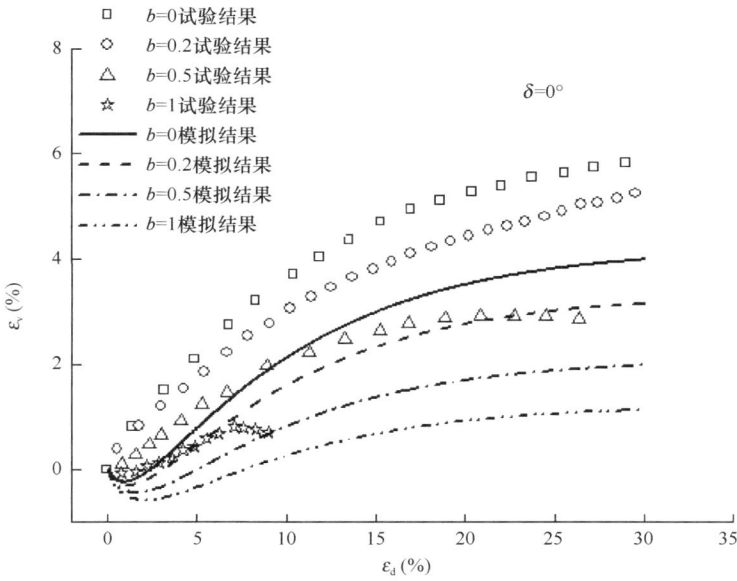

图 3.6.22　$\delta=0°$ 条件下 Leighton Buzzard 砂土体应变与
偏应变关系测试结果与预测对比

　　图 3.6.23 与图 3.6.24 为对应 $\delta=30°$ 下的应力应变关系对比结果。除了反映随 b 值增大，应力比峰值减小的规律以外，由于 δ 的增大，对应的各条曲线的峰值应力比较 $\delta=0°$ 工况下有所减小，采用所提变换应力法修正后模型可较好地反映上述规律。图 3.6.24 中体变特性也能用模型较好地描述。

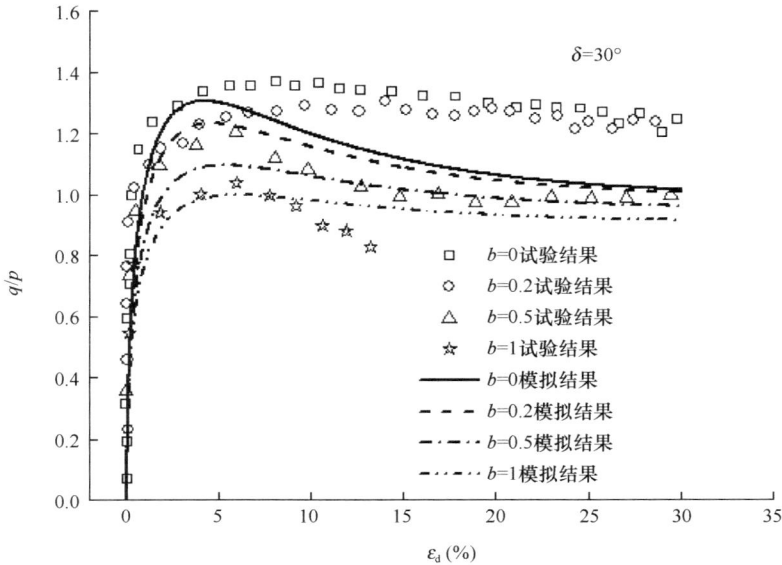

图 3.6.23　$\delta=30°$ 条件下 Leighton Buzzard 砂土应力比与
偏应变关系测试结果与预测对比

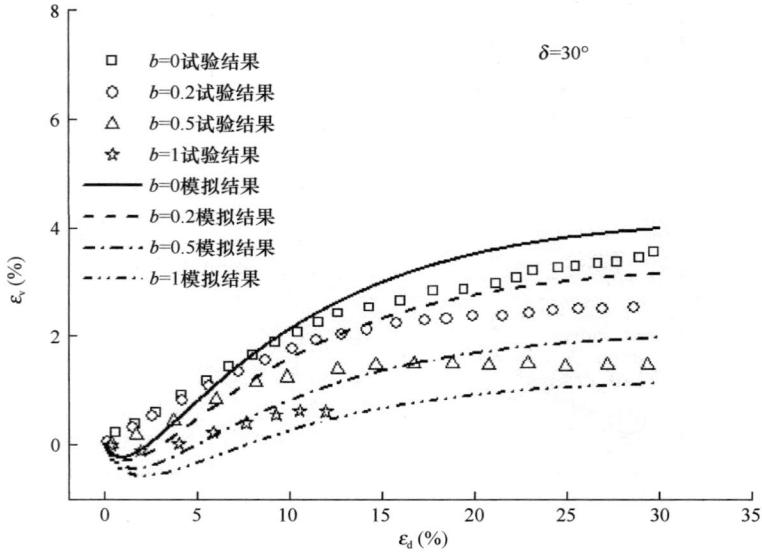

图 3.6.24　δ＝30°条件下 Leighton Buzzard 砂土体应变与
偏应变关系测试结果与预测对比

　　图 3.6.25 与图 3.6.26 为对应 δ＝60°下的应力应变关系对比结果。由图 3.6.25、图 3.6.26可知，随着 δ 的增大，各条曲线的应力比强度值出现小幅度减小，用修正后模型能够反映上述规律。图 3.6.26 中的体应变的剪胀量较 δ＝30°工况有所减小，用修正模型可以反映上述特点。

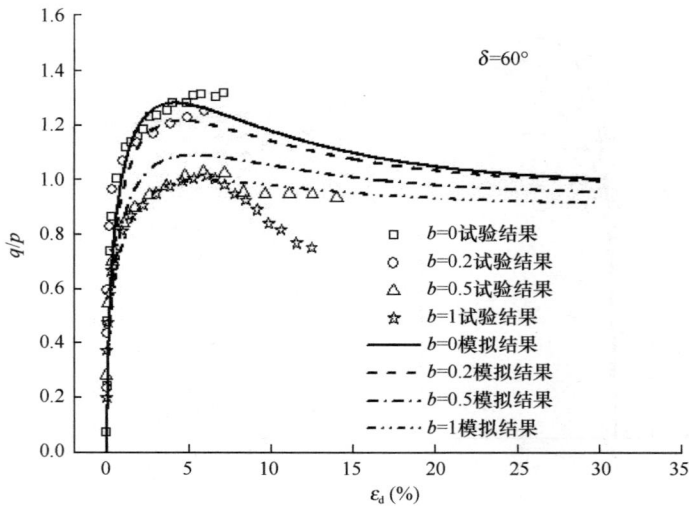

图 3.6.25　δ＝60°条件下 Leighton Buzzard 砂土应力比与
偏应变关系测试结果与预测对比

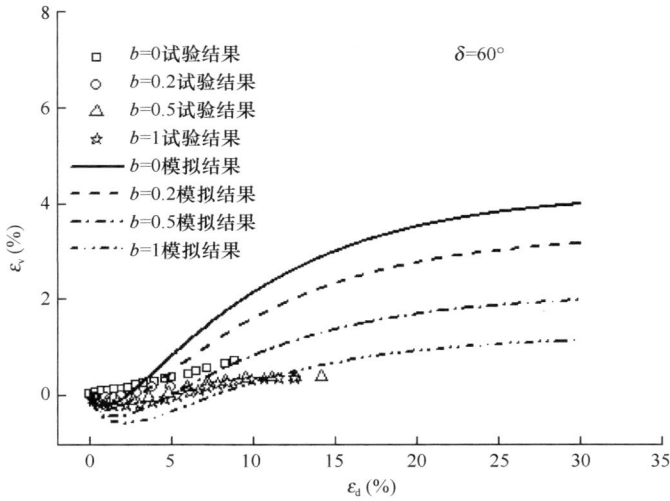

图 3.6.26 $\delta=60°$ 条件下 Leighton Buzzard 砂土体应变与
偏应变关系测试结果与预测对比

图 3.6.27 与图 3.6.28 为对应 $\delta=90°$ 下的应力应变关系对比结果。由图 3.6.27、图 3.6.28 可知，各条曲线峰值应力比仍出现小幅度的减小，但所用修正模型过高地预估了应力比强度值。图 3.6.28 中预测的剪胀体变值也稍大于实测值。

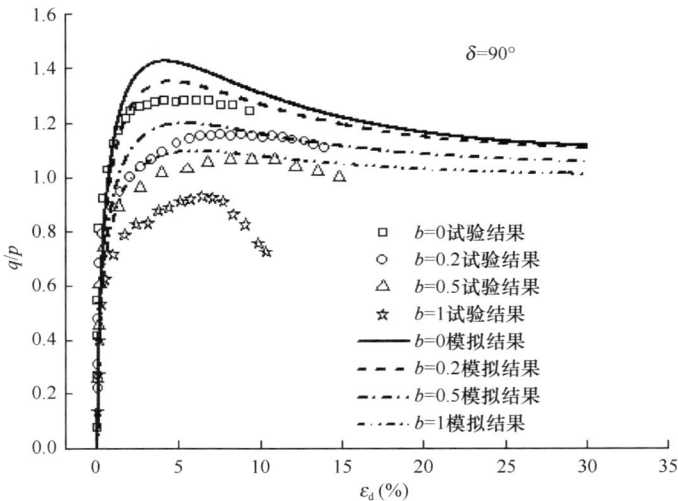

图 3.6.27 $\delta=90°$ 条件下 Leighton Buzzard 砂土应力比与
偏应变关系测试结果与预测对比

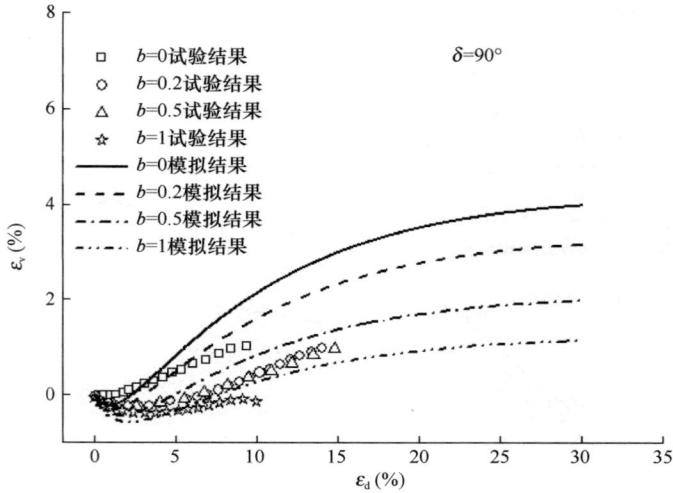

图 3.6.28　$\delta = 90°$ 条件下 Leighton Buzzard 砂土体应变与
偏应变关系测试结果与预测对比

3.6.9　结论

基于已提出的 t 强度准则，考察横观各向同性性质，以由主应力构成的空间滑移面与材料宏观上的物理沉积面之间的夹角作为度量各向异性程度的状态量。同理，将其推广于三维正交各向异性的描述，提出了用于描述三维各向异性的状态量。在此基础上，给出了基于各向异性 t 准则的变换应力方程。主要完成如下工作：

（1）基于已有的 t 准则公式，通过引入有效滑移面与沉积面之间的夹角作为各向异性程度状态量，建立了三维各向异性 t 准则。

（2）基于上述所提出的各向异性 t 准则，得到了变换应力方程，可方便地将既有的以 p-q 为变量的二维模型推广为可考虑各向异性影响的三维应力应变关系模型。

（3）通过真三轴、平面应变条件的强度测试对比，以及真三轴下的应力应变关系预测对比，进一步验证了所提准则及变换应力法的合理性与适用性。

4 岩土材料应力应变关系本构描述

4.1 一种增量本构模型——WB模型

摘　要：为了探究主应力轴旋转作用下土体的变形规律，采用如下思路构建模型：(1)分析二维铝棒的单剪试验结果可知，剪应力与正应力之比（剪应力比）是剪应变的类似双曲线关系，采用威布尔函数作为描述上述二者的关系表达式，不仅可以反映双曲线型关系，还能充分考虑应力比的应变软化现象。(2)利用应力摩尔圆上的应力比表达式，与威布尔函数联立得到剪应变的隐函数。该隐函数认为有三个影响剪应变的因素：反映等向压缩或偏压作用下产生剪应变的球应力 p，对于一般剪切作用下产生相应剪应变的滑动摩擦角 φ_m，在摩尔圆上剪应力与大主应力之间的夹角半角 α。(3)通过对上述隐函数求导可得到剪应变与剪应力比之间的增量表达式，联立 Rowe 剪胀方程，建立二维条件下考虑主应力轴旋转的增量本构模型，上述二维方程可通过 SMP 准则拓展为三维增量本构模型。所提 WB 模型不仅能反映土体的压硬性、剪切体缩、体胀、应变硬化、软化，还能充分反映主应力轴旋转作用下的土体一般应力应变关系。通过摩尔圆圆周应力路径以及单剪试验和等向压缩试验的结果及预测对比，验证了所提模型的适用性及合理性。

关键词：土力学；单剪；剪应力比；应变软化；剪胀方程；主应力轴旋转

引言

室内试验以及现场实测皆表明，土体在主应力轴发生旋转而主应力值大小不变的情况下，也会产生不可逆的变形。在一定的变形控制条件下或者不排水条件下，土体会产生较大的塑性剪切变形或者相当大的孔压，某些循环加载条件下土体甚至产生破坏。目前，室内土工试验仪器可模拟主应力轴旋转应力路径仪器有空心圆柱扭剪仪，包含主应力轴旋转路径的有直剪试验以及单剪试验。对于空心圆柱扭剪试验，由于可实现在垂直于径向应力的平面内进行大小主应力轴旋转，因此更具有针对性；而直剪以及单剪试验，由于试样内部土体单元包含主应力轴旋转以及偏应力 q 增大的耦合复杂加载路径，其应力路径相当复杂。

目前，针对岩土材料构建的本构模型大多基于三个主应力变量或者其等价变量形式，如 p、q、θ 等，大多关注主应力值的变化对应的塑性变形，而对于主应力轴的方向变化所引起的土体塑性变形的问题尚考虑不够。对于主应力轴旋转所引起的土体变形的考虑，目前构建模型的主要思路有三种。第一种是继续在以主应力变量为基础的模型上，增加考虑主应力轴转角的变量，将由主应力轴转角变化引发的塑性剪切应变与塑性体积应变引入原有的本构模型中，使之能反映主应力轴旋转的影响。比较典型的如陈生水等构建的无黏性土的弹塑性模型，通过将某一平面内主应力轴旋转所引起的塑性体应变及塑性剪应变与纯 q 变化所导致的两种塑性应变相等，等效求取两者的修正系数，即可通过转角求取相应的塑性变形。上述方法能够考虑转角所导致的塑性变形影响，但由于仍然基于三个主应力构建模型，因而无法反映一般应力如剪应力作用下的剪应变，不能从本质和机制上对于土体的主应力轴旋转变形做出合理解释。刘元雪等采用的是类似的思路。第二种则是从一般应力-应变关系出发构建模型，比如 H. Matsuoka 和 K. Sakakibara 先从二维直剪试验来建立剪应力比 τ/σ 与剪应变 γ 之间的关系，然后通过所建立的剪胀方程联立求得二维条件下一般应力应变方程，通过 SMP 空间滑动面思想推广至三维。虽然上述模型能反映一些基本特性，如摩擦性、剪胀性，但由于构建的基本函数为双曲型函数，无法反映一般土体达到峰值后应变软化的基本特性。第三种是利用主应力作为变量，通过在主应力空间中屈服面的非典型塑性变形实现。典型模型为 K. Hashiguchi 等提出的矢量弹塑性模型，认为在主应力空间中，屈服面不仅服从相关联流动法则，同时认为不同的材料都具有黏滞性，表现为沿屈服面切向方向作用有加载路径时，也会产生切向塑性应变。而主应力轴旋转即对应屈服面上沿切向应力路径运动。上述矢量模型虽可考虑较为广泛的一类岩土材料的变形特性，但由于上述模型所依据的是非典型塑性变形理论，因此在对具体的岩土材料的参数物理意义以及参数值确定方面尚不明确。

针对一般应力中剪应力比 τ/σ 与剪应变 γ 之间的关系，可采用能描述峰值后应变软化的威布尔函数描述。利用应力摩尔圆上一般应力之间的关系，联立威布尔函数，可得到关于剪应变与剪应力比之间的隐函数方程。认为该方程中对于影响剪应变大小及方向的三个变量分别为球应力、滑动摩擦角以及剪应力与大主应力夹角半角，以一般应力作为变量将上述三个变量表示出来，并对隐函数方程全微分得到剪应变增量与一般应力增量之间的增量关系式。再利用 Rowe 剪胀方程建立剪应变增量与塑性体变、塑性偏应变增量之间的关联表达式。上述基于剪应力作用下构建的二维方程，为考虑等方向压缩下的体变特性，假设等方向压缩下为弹塑性变形，而卸载阶段为纯弹性变形，则可利用等方向压缩再回弹试验，得到压缩线斜率以及回弹线斜率，由此推导得到等方向压缩作用下的体变方程。将上述方程综合考虑，可得到在单一平面内主应力旋转模型，属于二维模型。为考虑三维条件下一般应力应变关系，利用 SMP 空间滑动面的思想，即某一主应力方向的塑性应变增量应由与该方向非平行的两个滑移面所贡献的塑性应变增量之和来考虑。由此可建立考虑主应力轴旋转的一般应力应变关系增量本构模型（WB 模型）。

本文建立的模型摒弃了以往传统的采用主应力轴与某一沉积面呈一定夹角的表达思路，而是直接分析一般剪应力与剪应力比之间的应力应变关系，对主应力轴旋转作用产生体变的根源上，即一般剪应变所导致的体变进行剖析，从而直接用一般应力来构建三维模型，避免采用主应力轴转角表述的转换过程，物理概念更为明确清晰。

4.1.1 剪应力比-剪应变曲线

1. 试验规律

为考察二维条件下颗粒体之间剪切的宏观应力应变关系，采用截面直径分别为 3mm 和 5mm 两种铝棒堆积体模拟砂土颗粒的二维等效体，按照两者总体重量比为 3：2 来配比得到铝棒堆积体。堆积体正表面上作用均布荷载 52kPa。图 4.1.1 为对应的剪应力比与剪应变关系。由图 4.1.1 可知，曲线整体类似双曲线函数曲线，出现峰值，在峰值后出现应变软化现象。

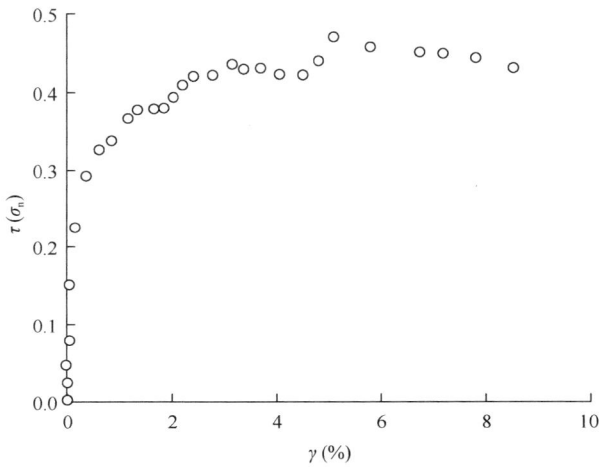

图 4.1.1　二维铝棒堆积体单剪试验的剪应力比与剪应变关系

在峰值点后，伴随应变软化阶段。考虑到加载条件为平面应变条件，因此正应变与体应变相等，因此，图 4.1.2 也可视为体应变与剪应变的关系曲线。由图 4.1.2 可知，在剪

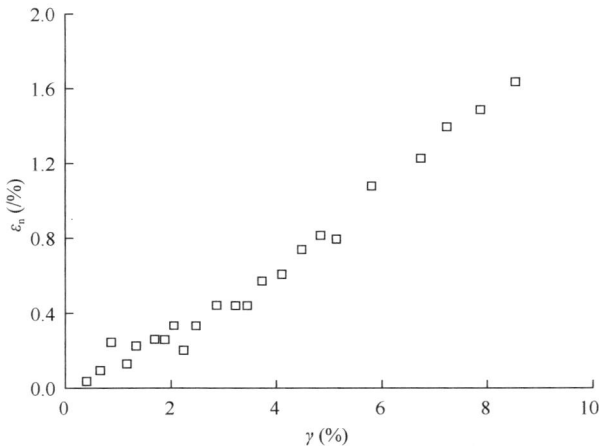

图 4.1.2　二维铝棒堆积体单剪试验的正应变与剪应变关系

切初始时刻，体变为体积收缩，发生剪缩，在随后的加载过程中，体变逐渐增大，产生剪切体胀现象，体胀应变最大值为 1.63%。

2. 剪应变增量方程

对于能够产生应变软化现象的全量函数，可用威布尔函数描述。其中剪应力比 R_1 可表示为：

$$R_1 = \frac{\tau_{xy}}{\sigma_x} \tag{4.1.1}$$

式中：τ_{xy} 为一般六面体土体单元某一面上的剪应力，σ_x 为垂直于上述侧面的正应力。根据威布尔函数表达式，可令应力比 R_1 表示为：

$$R_1 = \frac{a\gamma_{xy}}{e^{\left(\frac{\gamma_{xy}}{b}\right)^c}} \tag{4.1.2}$$

式中：a、b、c 为对应的 3 个参量；γ_{xy} 为在剪应力作用下产生的一般剪应变，e 表示自然对数的底。

图 4.1.3 为参量 c 取不同值，而 a、b 为固定值时所对应的函数曲线形态。当 c 值较小时，曲线形态倾向于双曲线形态，而当 c 值逐渐增大时，曲线在达到峰值点后出现软化段。分析上述曲线形态，可根据三个条件确定函数中三个参量 a、b、c：（1）曲线原点 O 处，曲线切线斜率为可确定的参量。根据土的压硬性，围压越大，所对应的初始切线斜率越大。根据初始切线斜率值可确定曲线初始时的陡缓特点。（2）无论是否存在应变软化段，无论曲线形态怎样，都存在一个曲线峰值点，曲线峰值点所对应的点为一典型特征点，其表征了土体单元在剪切过程中所能达到的最大摩擦角。（3）对于应变软化段曲线，由于在软化下降阶段，曲线存在残余应力比，则此时对应的土体单元摩擦角保持不变。当 $\gamma_{xy} = 0$ 时，曲线斜率为剪应力比的增长率：

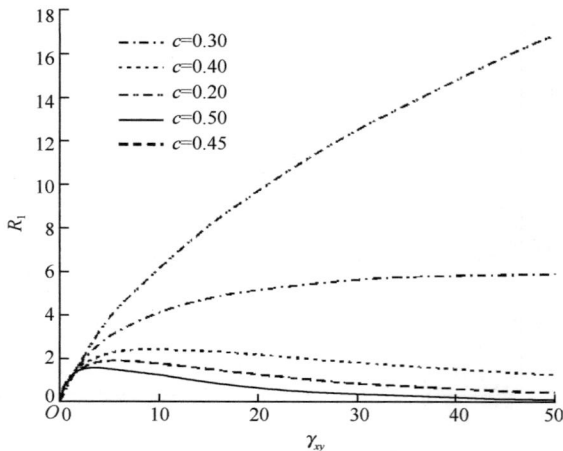

图 4.1.3 威布尔函数曲线形态

$$R_1'\big|_{\gamma_{xy}=0} = \frac{ae^{\left(\frac{\gamma_{xy}}{b}\right)^c} - a\gamma_{xy}e^{\left(\frac{\gamma_{xy}}{b}\right)^c}\frac{c}{b}\left(\frac{\gamma_{xy}}{b}\right)^{c-1}}{e^{2\left(\frac{\gamma_{xy}}{b}\right)^c}} = \frac{a - a_0\frac{c}{b}\left(\frac{0}{b}\right)^{c-1}}{e^{2\left(\frac{\gamma_{xy}}{b}\right)^c}} = a \quad (4.1.3)$$

随着围压增大，第三主应力增大，导致球应力增大，根据试验结果，可表示为：

$$a = \frac{k_1}{\ln\frac{p}{p_b}} \tag{4.1.4}$$

式中：p_b 为量纲一的参数，k_1 为剪应力比-剪应变关系曲线初始斜率的调整系数。

对于 $\tau\sigma$ 平面内，如图 4.1.4 所示，按照摩尔应力圆，可表示峰值点对应的峰值应力比。对于峰值点，峰值应力比 R_{1f} 为：

$$R_{1f}(\varphi_m = \varphi_f) = \frac{\sin(2\alpha)\sin\varphi_f}{1 + \cos(2\alpha)\sin\varphi_f} \tag{4.1.5}$$

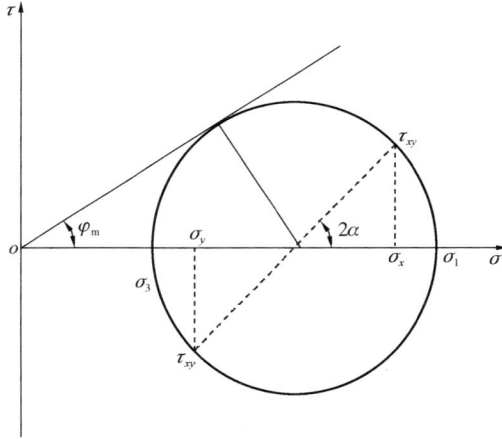

图 4.1.4　一般应力状态的摩尔圆表示图

式中：φ_m 为在当前应力下所形成的滑动摩擦角，当土样破坏时，则 $\varphi_m = \varphi$，即自动退化为内摩擦角；α 为一般剪应力与大主应力之间夹角的一半。

对式（4.1.2）求导可得：

$$R_1'\big|_{\varphi_m=\varphi} = \frac{ae^{\left(\frac{\gamma_{xy}}{b}\right)^c} - a\gamma_{xy}e^{\left(\frac{\gamma_{xy}}{b}\right)^c}\frac{c}{b}\left(\frac{\gamma_{xy}}{b}\right)^{c-1}}{e^{2\left(\frac{\gamma_{xy}}{b}\right)^c}}\Bigg|_{\varphi_m=\varphi} = 0 \tag{4.1.6}$$

分析式（4.1.6）可知，分母 $e^{2\left(\frac{\gamma_{xy}}{b}\right)^c} \neq 0$，因此分子必为 0，因此可导出：

$$ae^{\left(\frac{\gamma_{xy}}{b}\right)^c}\left[1 - \frac{c\gamma_{xy}}{b}\left(\frac{\gamma_{xy}}{b}\right)^{c-1}\right] = 0 \tag{4.1.7}$$

同理，可得：

$$\gamma_{xy} = b \left(\frac{1}{c} \right)^{\frac{1}{c}} \tag{4.1.8}$$

对于峰值点，以下方程式成立：

$$\left. \begin{array}{c} R_{1f}(\varphi_m = \varphi_f) = \dfrac{\sin(2\alpha)\sin\varphi_f}{1 + \cos(2\alpha)\sin\varphi_f} = \dfrac{a\gamma_{xy}}{e^{\left(\frac{\gamma_{xy}}{b}\right)^c}} \\[4mm] \gamma_{xy} = b \left(\dfrac{1}{c} \right)^{\frac{1}{c}} \end{array} \right\} \tag{4.1.9}$$

联立并求解式（4.1.9），可得：

$$b = \frac{(ec)^{\frac{1}{c}} \sin(2\alpha)\sin\varphi_f}{a[1 + \cos(2\alpha)\sin\varphi_f]} \tag{4.1.10}$$

存在残余强度应力比 R_{1r} 使应力比不变，剪应变增大，即满足如下条件：

$$\mathrm{d}R_{1r} = 0 \tag{4.1.11}$$

$$\frac{\sin(2\alpha)\sin\varphi_r}{1 + \cos(2\alpha)\sin\varphi_r} = \frac{a\gamma_r}{e^{\left(\frac{\gamma_r}{b}\right)^c}} \tag{4.1.12}$$

式中：φ_r 为对应残余应力比时刻的摩擦角，γ_r 为对应残余应力比时刻的 γ_{xy}。

由式（4.1.11）、式（4.1.12）可得：

$$\left. \begin{array}{c} \dfrac{a\gamma_r}{e^{\left(\frac{\gamma_r}{b}\right)^c}} = R_{1r} \\[4mm] b = \dfrac{(ec)^{\frac{1}{c}}}{a}R_{1r} \end{array} \right\} \tag{4.1.13}$$

联立式（4.1.13），可得：

$$ec \ln \frac{a\gamma_r}{R_{1r}} = \left(\frac{a\gamma_r}{R_{1r}} \right)^c \tag{4.1.14}$$

令：

$$\left(\frac{\gamma_r a}{R_{1r}} \right)^c = x \tag{4.1.15}$$

则可得：

$$\ln x = \frac{x}{e} \tag{4.1.16}$$

为确定式（4.1.16）的解析解，可将式（4.1.16）方程两端各视为一个初等函数，则如图 4.1.5 所示，根据函数 $y_1 = \ln x$ 与函数 $y_2 = x/e$ 的关系，当 $x = e$ 时，则满足如下方程：

$$y'_1 \big|_{x=e} = y'_2 \big|_{x=e} = \frac{1}{e} \tag{4.1.17}$$

$$y_2\mid_{x=e} = y_1\mid_{x=e} = 1 \tag{4.1.18}$$

即在坐标点（e，1），y_2直线与y_1对数曲线相切，因此：

$$c = \frac{1}{\ln\dfrac{a\gamma_r}{R_{1r}}} \tag{4.1.19}$$

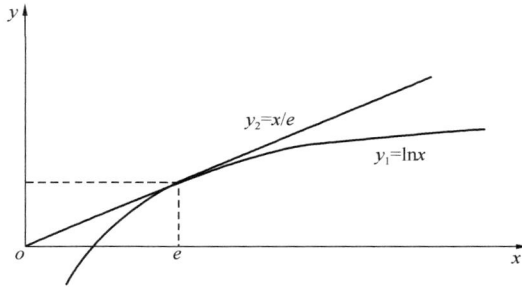

图 4.1.5 两曲线相切形态分布

由此推导出确定三个参数 a、b、c 的计算公式：

$$\left. \begin{array}{l} a = \dfrac{k_1}{\ln\dfrac{p}{p_b}} \\[4mm] b = \dfrac{(ec)^{\frac{1}{c}}}{a}R_{1f} \\[4mm] c = \dfrac{1}{\ln\dfrac{a\gamma_r}{R_{1r}}} \end{array} \right\} \tag{4.1.20}$$

对于一般应力状态，联立式（4.1.2）、式（4.1.5）可得到如下方程式：

$$\frac{\sin(2\alpha)\sin\varphi_m}{1+\cos(2\alpha)\sin\varphi_m} - \frac{a\gamma}{e^{\left(\frac{z}{b}\right)^c}} = 0 \tag{4.1.21}$$

对于式（4.1.21），假设对于上述方程，存在三个相关变量具有不可忽视的影响，分别为球应力 p、主应力轴旋转时剪应力 τ 与大主应力 σ_1 的夹角 α，另外由于关注的是应力应变关系，则对应于任意一点的应力状态，都存在一个滑动摩擦角 φ_m 与之相对应，该摩擦角表示强度发挥程度。上述 p、α、φ_m 三个变量所主导的因素是基于岩土材料的三个根本性质来确定的，第一个因素与球应力相关，表明岩土材料具有压硬性，因此随着球应力的增大，其变形模量以及刚度也随之相应增大。第二个因素由主应力轴旋转时剪应力 τ 与大主应力 σ_1 的夹角 α 所主导，表明岩土材料具有典型的非共轴性，即应变增量方向与主应力方向不一致，其根本原因是一般剪应力作用下产生的不可逆体变，传统基于主应力为变量的模型无法考虑一般剪应力所引发的体变，因而无法考虑主应力轴旋转作用下发生的体变现象。第三个因素由滑动摩擦角 φ_m 所主导，主要基于岩土材料是一种典型的摩擦型材料

159

这一基本依据，其强度及变形受到滑动摩擦角的支配。事实上，在未到达破坏前的任一点的应力应变状态点，其应力状态都对应一个摩擦角。因此，摩擦角可用来表征一般的应力组合状态。

令关于 p、α、φ_{m} 的隐函数为：

$$f(p,\alpha,\varphi_{\mathrm{m}}) = \frac{\sin(2\alpha)\sin\varphi_{\mathrm{m}}}{1+\cos(2\alpha)\sin\varphi_{\mathrm{m}}} - \frac{a\gamma}{e^{\left(\frac{\gamma}{b}\right)^c}} = 0 \qquad (4.1.22)$$

对上式进行全微分，可得：

$$\mathrm{d}f = \frac{[1+\cos(2\alpha)\sin\varphi_{\mathrm{m}}]\mathrm{d}[\sin(2\alpha)\sin\varphi_{\mathrm{m}}]}{[1+\cos(2\alpha)\sin\varphi_{\mathrm{m}}]^2} - \frac{\sin(2\alpha)\sin\varphi_{\mathrm{m}}\mathrm{d}[1+\cos(2\alpha)\sin\varphi_{\mathrm{m}}]}{[1+\cos(2\alpha)\sin\varphi_{\mathrm{m}}]^2}$$

$$- \frac{e^{\left(\frac{\gamma}{b}\right)^c}\mathrm{d}(a\gamma) - a\gamma\mathrm{d}\left[e^{\left(\frac{\gamma}{b}\right)^c}\right]}{e^{2\left(\frac{\gamma}{b}\right)^c}} = 0 \qquad (4.1.23)$$

对式（4.1.20）进行求微分，并代入式（4.1.23）中，可得到关于 $\mathrm{d}\gamma$ 与 $\mathrm{d}\alpha$、$\mathrm{d}\varphi_{\mathrm{m}}$、$d\mathrm{p}$ 之间的增量关系式：

$$\mathrm{d}\gamma = \frac{e^{\left(\frac{\gamma}{b}\right)^c}}{a\left[1-c\left(\frac{\gamma}{b}\right)^c\right]}\left\{\frac{2\sin\varphi_{\mathrm{m}}[\sin\varphi_{\mathrm{m}}+\cos(2\alpha)]\mathrm{d}\alpha + \sin(2\alpha)\cos\varphi_{\mathrm{m}}\mathrm{d}\varphi_{\mathrm{m}}}{[1+\cos(2\alpha)\sin\varphi_{\mathrm{m}}]^2} + \right.$$

$$\frac{\left\{\left\{\frac{\left(\frac{\gamma}{b}\right)^c\ln\left(\frac{\gamma}{b}\right)}{\left(\ln\frac{a\gamma_{\mathrm{r}}}{R_{1\mathrm{r}}}\right)^2} + \frac{c}{ab}\left(\frac{\gamma}{b}\right)^c(ec)^{\frac{1}{c}}R_{1\mathrm{f}}\left[\frac{\ln c}{c^2\left(\ln\frac{a\gamma_{\mathrm{r}}}{R_{1\mathrm{r}}}\right)^2}-1\right]\right\}+1\right\}}{e^{\left(\frac{\gamma}{b}\right)^c}}$$

$$\left. \frac{\gamma k_1 \mathrm{d}p}{p\left(\ln\frac{p}{p_{\mathrm{b}}}\right)^2} \right\} \qquad (4.1.24)$$

对于 $\mathrm{d}\alpha$ 部分，由于主应力轴方向与应变主轴方向存在 δ 角度，即设应变增量方向落后于主应力方向一个角度 δ，则表达于 $\mathrm{d}\alpha$ 部分中的 $\cos(2\alpha)$ 可替换为 $\cos[2(\alpha-\delta)]$。

4.1.2 剪胀关系及剪应变增量式

1. 剪胀关系

根据 P. W. Rowe 剪胀试验所得到的规律可知，第一、第三主应力比 $R = \sigma_1/\sigma_3$ 与第三主应变增量第一主应变增量比 $\mathrm{d}\varepsilon_3/\mathrm{d}\varepsilon_1$ 的关系可表示为一线性方程：

$$R = -k_2\frac{\mathrm{d}\varepsilon_3}{\mathrm{d}\varepsilon_1} + k_3 \qquad (4.1.25)$$

式中，k_2、k_3 为待定参数，可根据在不同 α 值时刻的剪切试验结果拟合得到：

$$k_2 = \tan\left(45° + \frac{\varphi_e}{2}\right) \tag{4.1.26}$$

式中，φ_e 为等效内摩擦角。

由图 4.1.6 可知，大、小主应力之比与小、大主应变增量比存在直线型关系。上述试验结果分别由应力摩尔圆中剪应力与横坐标轴之间的夹角 α 为恒定值以及单剪和沿着应力摩尔圆路径得到的测试结果。结果表明，无论何种路径，上述二者的关系曲线可采用直线表达。分析式（4.1.25）可知，当 R 为一个大于 0 的极小数值，则 $k_3 > 0$ 时，$-k_2 \frac{\mathrm{d}\varepsilon_3}{\mathrm{d}\varepsilon_1} < 0$，此时由于 $k_2 > 0$ 是确定的，因此有 $\mathrm{d}\varepsilon_3 > 0$ 且 $\mathrm{d}\varepsilon_1 > 0$，此时发生体缩，当应力比 R 逐渐增大为足够大的数值，则 $R - k_3 > 0$ 成立时，此时 $\mathrm{d}\varepsilon_3 > 0$ 且 $\mathrm{d}\varepsilon_1 < 0$ 或者 $\mathrm{d}\varepsilon_3 < 0$ 且 $\mathrm{d}\varepsilon_1 > 0$，此时发生体胀。因此该剪胀方程能够有效模拟砂土颗粒在剪切作用下先剪缩后剪胀的特性。

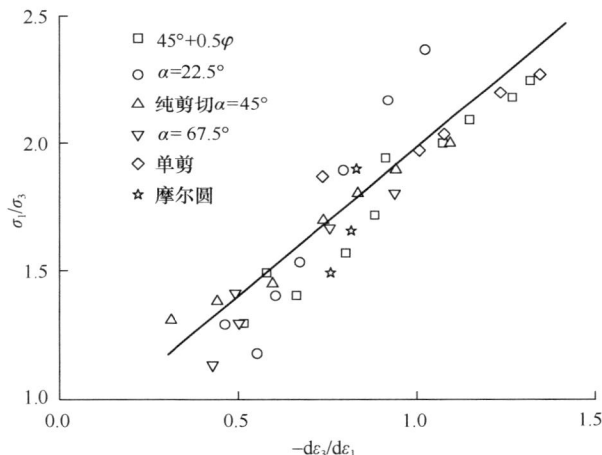

图 4.1.6 剪胀关系试验结果

剪应变增量与大小主应变增量之间的关系式采用如下公式进行表达：

$$\mathrm{d}\gamma = (\mathrm{d}\varepsilon_1 - \mathrm{d}\varepsilon_3)\sin[(2\alpha + 1.2\delta)] = \left[1 + \frac{(R-k_3)}{k_2}\right]\sin(2\alpha + 1.2\delta)\mathrm{d}\varepsilon_1 \tag{4.1.27}$$

$$\mathrm{d}\varepsilon_x(\mathrm{d}\varepsilon_y) = \frac{(\mathrm{d}\varepsilon_1 + \mathrm{d}\varepsilon_3)}{2} \pm \frac{(\mathrm{d}\varepsilon_1 - \mathrm{d}\varepsilon_3)}{2}\cos(2\alpha + 1.2\delta)$$
$$= 0.5\left[\left(1 - \frac{R-k_3}{k_2}\right) \pm \left(1 + \frac{R-k_3}{k_2}\right)\cos(2\alpha + 1.2\delta)\right]\mathrm{d}\varepsilon_1 \tag{4.1.28}$$

式（4.1.28）中，加号表示对应的求取 $\mathrm{d}\varepsilon_x$ 的方程，而减号表示求取 $\mathrm{d}\varepsilon_y$ 的方程。α 为应力摩尔圆中剪应力 τ 与大主应力 σ_1 之间的夹角半角。考虑平面上单元体中任一楔形体，其斜面上的主剪应力以及主正应力的主应力表述形式都与主剪应变及正应变表述形式是相同的，因而可类比应力表达形式，将剪应变及一般应变用主应变表述为式（4.1.27）与式（4.1.28）。

2. 剪应变增量式

根据式（4.1.27）与式（4.1.28），可得到正应变与剪应变增量比为：

$$
\begin{aligned}
\mathrm{d}\varepsilon_x / \mathrm{d}\gamma (\mathrm{d}\varepsilon_y / \mathrm{d}\gamma) &= \frac{\dfrac{k_2 - (R - k_3)}{k_2 + (R - k_3)} \pm \cos(2\alpha + 1.2\delta)}{2\sin(2\alpha + 1.2\delta)} \\
&= \frac{k_2 - (R - k_3)}{2\sin(2\alpha + 1.2\delta)[k_2 + (R - k_3)]} \pm \frac{1}{2\tan(2\alpha + 1.2\delta)}
\end{aligned}
\quad (4.1.29)
$$

式（4.1.29）中，加号表示求取 $\mathrm{d}\varepsilon_x / \mathrm{d}\gamma$ 的方程，而减号表示求取 $\mathrm{d}\varepsilon_y / \mathrm{d}\gamma$ 的方程。根据摩尔圆上的几何关系，可得到由应力量表示的滑动摩擦角、剪应力与主应力夹角半角、球应力关系式，分别为：

$$
\sin\varphi_{\mathrm{m}} = \frac{\sqrt{(\sigma_x - \sigma_y)^2 + 4\tau_{xy}^2}}{\sigma_x + \sigma_y} \quad (4.1.30)
$$

$$
\alpha = 0.5\arctan^{-1}\frac{2\tau_{xy}}{\sigma_x - \sigma_y} \quad (4.1.31)
$$

$$
p = \frac{(\sigma_x + \sigma_y)}{2} \quad (4.1.32)
$$

将 $\mathrm{d}\gamma$ 分解为三部分，即 $\mathrm{d}\gamma = \mathrm{d}\gamma_\alpha + \mathrm{d}\gamma_\varphi + \mathrm{d}\gamma_p$。由于 $\mathrm{d}\alpha$、$\mathrm{d}\varphi_{\mathrm{m}}$、$\mathrm{d}p$ 可分别由一般应力增量表示，将式（4.1.30）、式（4.1.31）、式（4.1.32）分别求微分，并代入式（4.1.24）中，可得到三部分增量关系式：

$$
\mathrm{d}\gamma_\alpha = \frac{e^{\left(\frac{\gamma}{b}\right)^c}}{a\left[1 - c\left(\frac{\gamma}{b}\right)^c\right]} \frac{2\sin\varphi_m\{\cos[2(\alpha - \delta)] + \sin\varphi_m\}}{\{1 + \cos[2(\alpha - \delta)]\sin\varphi_m\}^2} \cdot \left[\frac{(\sigma_x - \sigma_y)\mathrm{d}\tau_{xy} - \tau_{xy}(\mathrm{d}\sigma_x - \mathrm{d}\sigma_y)}{(\sigma_x - \sigma_y)^2 + 4\tau_{xy}^2}\right]
$$

$$(4.1.33)$$

$$
\mathrm{d}\gamma_\varphi = \frac{e^{\left(\frac{\gamma}{b}\right)^c}}{a\left[1 - c\left(\frac{\gamma}{b}\right)^c\right]} \frac{\sin(2\alpha)}{[1 + \cos(2\alpha)\sin\varphi_m]^2 (\sigma_x + \sigma_y)^2} \cdot
$$

$$
\left\{\left[\frac{\sigma_x^2 - \sigma_y^2}{\sqrt{(\sigma_x - \sigma_y)^2 + 4\tau_{xy}^2}} - \sqrt{(\sigma_x - \sigma_y)^2 + 4\tau_{xy}^2}\right]\mathrm{d}\sigma_x - \right.
$$

$$
\left[\frac{\sigma_x^2 - \sigma_y^2}{\sqrt{(\sigma_x - \sigma_y)^2 + 4\tau_{xy}^2}} + \sqrt{(\sigma_x - \sigma_y)^2 + 4\tau_{xy}^2}\right]\mathrm{d}\sigma_y +
$$

$$
\left.\frac{4(\sigma_x + \sigma_y)\tau_{xy}\mathrm{d}\tau_{xy}}{\sqrt{(\sigma_x - \sigma_y)^2 + 4\tau_{xy}^2}}\right\}
$$

$$(4.1.34)$$

$$\mathrm{d}\gamma_p = \left\{\left\{\frac{\left(\frac{\gamma}{b}\right)^c \ln\left(\frac{\gamma}{b}\right)}{\left(\ln\frac{a\gamma_r}{R_{1r}}\right)^2} + \frac{c}{ab}\left(\frac{\gamma}{b}\right)^c (ec)^{\frac{1}{c}} R_{1f}\left[\frac{\ln c}{c^2\left(\ln\frac{a\gamma_r}{R_{1r}}\right)^2} - 1\right]\right\} + 1\right\} \Big/$$

$$\left\{2a\left[1 - c\left(\frac{\gamma}{b}\right)^c\right] \cdot p\left(\ln\frac{p}{p_b}\right)^2\right\} k_1\gamma(\mathrm{d}\sigma_x + \mathrm{d}\sigma_y) \tag{4.1.35}$$

3. 等方向压缩应变增量式

由式（4.1.33）、式（4.1.34）、式（4.1.35）联立，可得到剪应变的增量表达式：

$$\mathrm{d}\gamma = \mathrm{d}\gamma_a + \mathrm{d}\gamma_\varphi + \mathrm{d}\gamma_p \tag{4.1.36}$$

$$\mathrm{d}\varepsilon_x(\mathrm{d}\varepsilon_y) = \left\{\frac{k_2 - (R - k_3)}{2\sin(2\alpha)[k_2 + (R - k_3)]} \pm \frac{1}{2\tan(2\alpha)}\right\}\mathrm{d}\gamma \tag{4.1.37}$$

式（4.1.37）中，加号表示求取 $\mathrm{d}\varepsilon_x$ 的方程，而减号表示求取 $\mathrm{d}\varepsilon_y$ 的方程。等方向路径下的体变，则可根据在 $e - (p/p_b)^\zeta$ 坐标系中整理得到。

正常压缩线：

$$e_N = e_{N0} - c_c\left(\frac{p}{p_b}\right)^\zeta \tag{4.1.38}$$

式中，e_N 为正常压缩线上在任一点球应力 p 下所对应的孔隙比，e_{N0} 表示正常压缩线的截距，而 c_c 则表示正常压缩线的斜率。

回弹线为：

$$e_s = e_{s0} - c_e\left(\frac{p}{p_b}\right)^\zeta \tag{4.1.39}$$

式中，e_s 为回弹线上在任一点 p 下所对应的孔隙比，e_{s0} 表示回弹线的截距，c_e 表示回弹线的斜率。

初始孔隙比为 e_0，压缩再回弹所得到的孔隙比变化量为：

$$\Delta e = (c_c - c_e)\left[\left(\frac{p}{p_b}\right)^\zeta - \left(\frac{p_0}{p_b}\right)^\zeta\right] \tag{4.1.40}$$

塑性体应变为：

$$\varepsilon_v^p = \frac{\Delta e}{1 + e_0} = \frac{(c_c - c_e)}{1 + e_0}\left[\left(\frac{p}{p_b}\right)^\zeta - \left(\frac{p_0}{p_b}\right)^\zeta\right] \tag{4.1.41}$$

如图 4.1.7 所示，由于主应变增量可分解为四个分量，其中三个分量为共轴增量，另一个为异轴分量。若假设在二维条件下，沿着 x 方向或者 y 方向，两者塑性应变增量相同，即忽略二者间存在的各向异性影响，则：

$$\mathrm{d}\varepsilon_{ix}^p = \mathrm{d}\varepsilon_{iy}^p \tag{4.1.42}$$

$$\mathrm{d}\varepsilon_{ix}^{\mathrm{p}} = \mathrm{d}\varepsilon_{iy}^{\mathrm{p}} = \frac{\zeta(c_{\mathrm{c}} - c_{\mathrm{e}})}{2p(1 + e_0)} \left(\frac{p}{p_{\mathrm{b}}}\right)^{\zeta}(\mathrm{d}\sigma_x + \mathrm{d}\sigma_y) \tag{4.1.43}$$

$$\mathrm{d}\varepsilon_{iv}^{\mathrm{p}} = \mathrm{d}\varepsilon_1^{ic} + \mathrm{d}\varepsilon_2^{ic} \tag{4.1.44}$$

$\mathrm{d}\varepsilon_{is}$、$\mathrm{d}\varepsilon_{iac}$、$\mathrm{d}\varepsilon_{ir}$ 三者可通过方程式（4.1.36）、式（4.1.37）联立求解得到。对于等向压缩塑性增量部分，可通过式（4.1.43）得到。

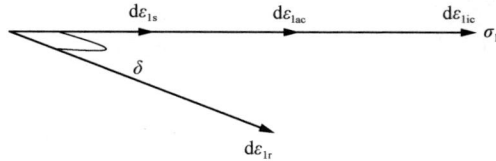

图 4.1.7　应变增量分解图

4.1.3　加、卸载准则

由前述分析可知，引起剪应变发展的三个变量，即由 α、φ_{m}、p 三个变量造成的剪应变增量可分别由增量式（4.1.33）、式（4.1.34）、式（4.1.35）表达。而由球应力所引发的应变增量可由式（4.1.43）表述。

由图 4.1.8 可知，在剪应力与球应力坐标系中，在任意一点状态，其应力点当前应力比为 η，则对于下一个应力增量，可有 4 个区域进行选择，当应力增量进入 1 区域时，显然应力比增大，且球应力增大，剪切硬化与等向压缩硬化同时产生，因此为加载区域。当进入 2 区域时，应力比增大而球应力减小，剪切硬化产生而等向压缩硬化未产生，也为加载区域。当进入 3 区域时，可判断应力比与球应力同时减小，剪切硬化与等向压缩硬化均未产生，因此可判断为卸载。当进入 4 区域时，应力比减小，而球应力增大，此时剪切硬化未产生而等向压缩硬化产生，可判断为加载。

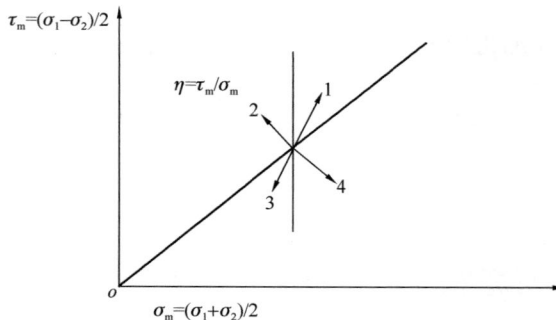

图 4.1.8　加载区域分区图

4.1.4　二维增量本构模型方程

假定应变增量可分解为两部分，即弹性增量部分和塑性增量部分，则弹性模量可表示为：

$$E = \frac{3(1-2\nu)p_{\mathrm{b}}^{\zeta}}{\zeta c_{\mathrm{e}}p^{\zeta-1}} \tag{4.1.45}$$

式中，p 为有效平均应力，ν 为泊松比，ζ 为等方向压缩的幂次参数，c_{e} 为回弹曲线在 $e-(p/p_{\mathrm{b}})^{\zeta}$ 坐标系中的斜率。

弹性剪切模量可表示为：

$$G = \frac{E}{2(1+\nu)} = \frac{3(1-2\nu)p_{\mathrm{b}}^{\zeta}}{2(1+\nu)\zeta c_{\mathrm{e}}p^{\zeta-1}} \tag{4.1.46}$$

拉梅系数可表示为：

$$L = \frac{E}{3(1-2\nu)} - \frac{2}{3}G \tag{4.1.47}$$

以应力增量控制来表达，本构方程可表示为：

$$\begin{Bmatrix} \mathrm{d}\varepsilon_x^{\mathrm{p}} \\ \mathrm{d}\varepsilon_y^{\mathrm{p}} \\ \mathrm{d}\gamma_{xy}^{\mathrm{p}} \end{Bmatrix} = \boldsymbol{D}^{-1} \begin{Bmatrix} \mathrm{d}\sigma_x \\ \mathrm{d}\sigma_y \\ \mathrm{d}\tau_{xy} \end{Bmatrix} = \boldsymbol{M} \begin{Bmatrix} \mathrm{d}\sigma_x \\ \mathrm{d}\sigma_y \\ \mathrm{d}\tau_{xy} \end{Bmatrix} =$$

$$\begin{bmatrix} M_{11} & M_{12} & M_{13} \\ M_{21} & M_{22} & M_{23} \\ M_{31} & M_{32} & M_{33} \end{bmatrix} \begin{Bmatrix} \mathrm{d}\sigma_x \\ \mathrm{d}\sigma_y \\ \mathrm{d}\tau_{xy} \end{Bmatrix} \tag{4.1.48}$$

$$\mathrm{d}\boldsymbol{\sigma}_i = \boldsymbol{D}_{ij}^{\mathrm{e}}\mathrm{d}\boldsymbol{\varepsilon}_j^{\mathrm{e}} = \boldsymbol{D}_{ij}^{\mathrm{e}}(\mathrm{d}\boldsymbol{\varepsilon}_j - \mathrm{d}\boldsymbol{\varepsilon}_j^{\mathrm{p}}) = \boldsymbol{D}_{ij}^{\mathrm{e}}\mathrm{d}\boldsymbol{\varepsilon}_j - \boldsymbol{D}_{ij}^{\mathrm{e}}\mathrm{d}\boldsymbol{\varepsilon}_j^{\mathrm{p}} \tag{4.1.49}$$

$$\mathrm{d}\boldsymbol{\sigma}_i = \boldsymbol{D}_{ij}^{\mathrm{e}}\mathrm{d}\boldsymbol{\varepsilon}_j - \boldsymbol{D}_{ij}^{\mathrm{e}}\boldsymbol{M}_{jk}\mathrm{d}\boldsymbol{\sigma}_k \tag{4.1.50}$$

$$\mathrm{d}\boldsymbol{\sigma}_{\mathrm{k}} = (\boldsymbol{\Delta}_{i\mathrm{k}} + \boldsymbol{D}_{ij}^{\mathrm{e}}\boldsymbol{M}_{j\mathrm{k}})^{-1}\boldsymbol{D}_{ij}^{\mathrm{e}}\mathrm{d}\boldsymbol{\varepsilon}_j \tag{4.1.51}$$

式中，$\boldsymbol{\Delta}_{i\mathrm{k}}$ 为单位张量。

令：

$$\boldsymbol{D}_{i\mathrm{k}}^{\mathrm{ee}} = (\boldsymbol{\Delta}_{i\mathrm{k}} + \boldsymbol{D}_{ij}^{\mathrm{e}}\boldsymbol{M}_{j\mathrm{k}})^{-1} \tag{4.1.52}$$

弹塑性刚度矩阵张量为：

$$\boldsymbol{D}_{\mathrm{k}j} = \boldsymbol{D}_{\mathrm{k}i}^{\mathrm{ee}}\boldsymbol{D}_{ij}^{\mathrm{e}} \tag{4.1.53}$$

$$\boldsymbol{D}_{ij}^{\mathrm{e}} = L\boldsymbol{\delta}_i\boldsymbol{\delta}_j + G(\boldsymbol{\delta}_i\boldsymbol{\delta}_j + \boldsymbol{\delta}_i\boldsymbol{\delta}_{\mathrm{k}}) \tag{4.1.54}$$

式中，$\boldsymbol{M}_{j\mathrm{k}}$ 为塑性部分柔度矩阵张量。

4.1.5 三维增量本构模型方程

如图 4.1.9 所示，对于任意一个三维单元体，在三个方向正应力作用下会产生相应的正应变，则应变可表示为两者之和的形式：

$$
\left.
\begin{aligned}
\mathrm{d}\varepsilon_x &= \mathrm{d}\varepsilon_{xy} + \mathrm{d}\varepsilon_{xz} \\
\mathrm{d}\varepsilon_y &= \mathrm{d}\varepsilon_{yz} + \mathrm{d}\varepsilon_{yx} \\
\mathrm{d}\varepsilon_z &= \mathrm{d}\varepsilon_{zx} + \mathrm{d}\varepsilon_{zy}
\end{aligned}
\right\}
\tag{4.1.55}
$$

式中，$\mathrm{d}\varepsilon_x$、$\mathrm{d}\varepsilon_y$、$\mathrm{d}\varepsilon_z$ 分别为沿着正应力方向的应变增量；而 $\mathrm{d}\varepsilon_{xz}$ 为在 xz 二维条件下得到的沿着 x 方向的应变增量，$\mathrm{d}\varepsilon_{xx}$ 为二维条件下两个正应力值相等条件下的应变增量。

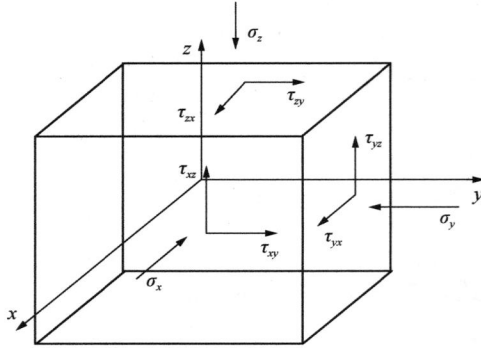

图 4.1.9　单元体的一般应力分解图

（1）三轴压缩条件下，可确定如下应变增量算式：

$$
\sigma_z > \sigma_x = \sigma_y
\tag{4.1.56}
$$

$$
\mathrm{d}\varepsilon_{xz} = \mathrm{d}\varepsilon_{yz} < \mathrm{d}\varepsilon_{zx}
\tag{4.1.57}
$$

$$
\mathrm{d}\varepsilon_z = 2\mathrm{d}\varepsilon_{zx}
\tag{4.1.58}
$$

（2）三轴伸长条件下，有如下应变增量公式：

$$
\sigma_z < \sigma_x = \sigma_y
\tag{4.1.59}
$$

$$
\mathrm{d}\varepsilon_{xz} = \mathrm{d}\varepsilon_{yz} > \mathrm{d}\varepsilon_{zx}
\tag{4.1.60}
$$

$$
\mathrm{d}\varepsilon_z = 2\mathrm{d}\varepsilon_{zx}
\tag{4.1.61}
$$

$$
\begin{Bmatrix}
\mathrm{d}\varepsilon_x^{\mathrm{p}} \\
\mathrm{d}\varepsilon_y^{\mathrm{p}} \\
\mathrm{d}\varepsilon_z^{\mathrm{p}} \\
\mathrm{d}\gamma_{xy}^{\mathrm{p}} \\
\mathrm{d}\gamma_{yz}^{\mathrm{p}} \\
\mathrm{d}\gamma_{zx}^{\mathrm{p}}
\end{Bmatrix}
=
\begin{bmatrix}
C_{1111} & C_{1122} & C_{1133} & C_{1112} & C_{1123} & C_{1131} \\
C_{2211} & C_{2222} & C_{2233} & C_{2212} & C_{2223} & C_{2231} \\
C_{3311} & C_{3322} & C_{3333} & C_{3312} & C_{3323} & C_{3331} \\
C_{1211} & C_{1222} & C_{1233} & C_{1212} & C_{1223} & C_{1231} \\
C_{2311} & C_{2322} & C_{2333} & C_{2312} & C_{2323} & C_{2331} \\
C_{3111} & C_{3122} & C_{3133} & C_{3112} & C_{3123} & C_{3131}
\end{bmatrix}
\begin{Bmatrix}
\mathrm{d}\sigma_x \\
\mathrm{d}\sigma_y \\
\mathrm{d}\sigma_z \\
\mathrm{d}\tau_{xy} \\
\mathrm{d}\tau_{yz} \\
\mathrm{d}\tau_{zx}
\end{Bmatrix}
\tag{4.1.62}
$$

仿照前文二维的做法，对于 xoz 平面、yoz 平面，都可得到相似的塑性柔度矩阵张量。

根据三维塑性柔度矩阵以及二维塑性柔度矩阵，可联立式（4.1.62）以及三个表示式相似的二维柔度矩阵张量方程，可得到三维矩阵张量公式：

$$\mathrm{d}\boldsymbol{\sigma}_{ij} = \boldsymbol{D}^{\mathrm{e}}_{ij\,\mathrm{kl}}\,\mathrm{d}\boldsymbol{\varepsilon}^{\mathrm{e}}_{\mathrm{kl}} = \boldsymbol{D}^{\mathrm{e}}_{ij\,\mathrm{kl}}(\mathrm{d}\boldsymbol{\varepsilon}_{\mathrm{kl}} - \mathrm{d}\boldsymbol{\varepsilon}^{\mathrm{p}}_{\mathrm{kl}}) = \boldsymbol{D}^{\mathrm{e}}_{ij\,\mathrm{kl}}\,\mathrm{d}\boldsymbol{\varepsilon}_{\mathrm{kl}} - \boldsymbol{D}^{\mathrm{e}}_{ij\,\mathrm{kl}}\,\mathrm{d}\boldsymbol{\varepsilon}^{\mathrm{p}}_{\mathrm{kl}} \tag{4.1.63}$$

$$\mathrm{d}\boldsymbol{\sigma}_{ij} = \boldsymbol{D}^{\mathrm{e}}_{ij\,\mathrm{kl}}\,\mathrm{d}\boldsymbol{\varepsilon}_{\mathrm{kl}} - \boldsymbol{D}^{\mathrm{e}}_{ij\,\mathrm{kl}}\boldsymbol{C}_{\mathrm{klmn}}\,\mathrm{d}\boldsymbol{\sigma}_{\mathrm{mn}} \tag{4.1.64}$$

$$\mathrm{d}\boldsymbol{\sigma}_{\mathrm{mn}} = (\boldsymbol{\Delta}_{ij\,\mathrm{mn}} + \boldsymbol{D}^{\mathrm{e}}_{ij\,\mathrm{kl}}\boldsymbol{C}_{\mathrm{klmn}})^{-1}\boldsymbol{D}^{\mathrm{e}}_{ij\,\mathrm{kl}}\,\mathrm{d}\boldsymbol{\varepsilon}_{\mathrm{kl}} \tag{4.1.65}$$

$$\boldsymbol{D}_{\mathrm{mnkl}} = (\boldsymbol{\Delta}_{ij\,\mathrm{mn}} + \boldsymbol{D}^{\mathrm{e}}_{ij\,\mathrm{kl}}\boldsymbol{C}_{\mathrm{klmn}})^{-1}\boldsymbol{D}^{\mathrm{e}}_{ij\,\mathrm{kl}} \tag{4.1.66}$$

式中，$\boldsymbol{D}_{\mathrm{mnkl}}$ 即为三维弹塑性刚度矩阵张量，$\boldsymbol{\Delta}_{ij\,\mathrm{mn}}$ 为单位张量。

4.1.6 模型参数及预测

1. 模型参数

所建议的 WB 模型，其所用的参数分别为 k_1、p_{b}、$R_{1\mathrm{f}}$、$R_{1\mathrm{r}}$、γ_{r}、k_2、k_3、c_{c}、c_{e}、ζ，共计 10 个参数。

2. 模型参数确定

对于所提 WB 模型的 10 个参数，其中，k_1、p_{b}、$R_{1\mathrm{f}}$、$R_{1\mathrm{r}}$、γ_{r} 为对应单剪试验的应力应变关系曲线所得到的参数。k_2、k_3 为对应多种应力路径根据主应力比与应变增量比之间的线性关系得到的参数。c_{c}、c_{e}、ζ 是由等向压缩及回弹试验所确定的参数。其中，k_1、p_{b} 的确定按照如下思路进行：可根据不同平均应力值进行单剪试验而得到一系列曲线，再整理剪应力比和剪应变的关系曲线，可确定得到对应某一平均应力下的初始斜率值。由斜率值拟合得到 k_1、p_{b} 取值。a 为对应的初始斜率值。则：

$$\frac{1}{a} = \frac{1}{k_1}\ln p - \frac{1}{k_1}\ln p_{\mathrm{b}} \tag{4.1.67}$$

将初始斜率倒数表示为 $\ln p$ 的线性函数，则式（4.1.67）即为 $1/a$ 关于 $\ln p$ 的一次函数，根据不同平均应力下的一系列测试点，可拟合得到一条直线，直线的斜率为 $1/k_1$，截距为 $\ln p_{\mathrm{b}}/k_1$。根据拟合得到的斜率和截距，可计算出参数值 k_1、p_{b}，$R_{1\mathrm{f}}$、$R_{1\mathrm{r}}$，γ_{r} 可根据单剪试验剪应力比与剪应变曲线试验结果确定得到。k_2、k_3 根据图 4.1.6 试验结果拟合直线得到。c_{c}、c_{e}、ζ 根据等方向压缩与回弹曲线在 $e - (p - p_{\mathrm{b}})^{\zeta}$ 坐标系中拟合直线得到。

3. 模型预测

根据 Matsuoka 等针对铝棒集合体所做的摩尔应力圆圆周应力路径试验，可分别进行预测，对应两组试验：第一组试验为大主应力保持为 48kPa，而小主应力保持为 32kPa；第二组试验为大主应力保持为 49kPa，而小主应力保持为 29.4kPa。两组试验所选用的参数如表 4.1.1 所示。

模型参数 表 4.1.1

k_1	p_{b} (kPa)	$R_{1\mathrm{f}}$	$R_{1\mathrm{r}}$	γ_{r}	k_2	k_3	c_{c}	c_{e}	ζ
60	6	2.05	2	10	2	0.3	0.0050	0.0015	0.5
2	0.6	1.05	1	10	1.8	5.6	0.0050	0.0015	0.5
0.4	15	1.60	1	15	0.8	1.2	0.0010	0.0002	0.8

k_1	p_b (kPa)	R_{1f}	R_{1r}	γ_r	k_2	k_3	c_c	c_e	ζ
3000	289	2.05	1	1.2	1.0	8.4	0.0050	0.0015	0.5
1200	28	2.50	2	30	5.6	1.3	0.0008	0.0002	0.5
3400	21	2.50	2	30	5.6	1.3	0.0008	0.0002	0.5

由图 4.1.10 可知，在大、小主应力值保持不变而主应力轴旋转条件下，在 x 方向即正压力方向产生伸长应变，而在 z 方向即水平剪切方向则产生了压缩应变。在剪应力 τ 作用下所产生的剪应变，与应力摩尔圆中剪应力与大主应力夹角（2α）关系类似于正弦曲线形态。而体变则随着角度 2α 呈现近似于直线型正比例关系。由预测对比关系可知，WB 模型较好地模拟了在单一平面内大、小主应力轴纯转动所导致的应力应变关系。由图 4.1.10 可知，虽然应力路径沿摩尔圆为圆周路径，即主应力大小不发生变化，但由于剪应力 τ 的作用，仍然会产生一般剪应变 γ，在一般正应力作用下产生相对应的正应变，在上述作用下发生了塑性体变的累积效应，即发生了不可恢复的体积应变。图 4.1.10 曲线表现了体变的单调递增规律特点。本文模型能有效地对上述变形特性进行描述。

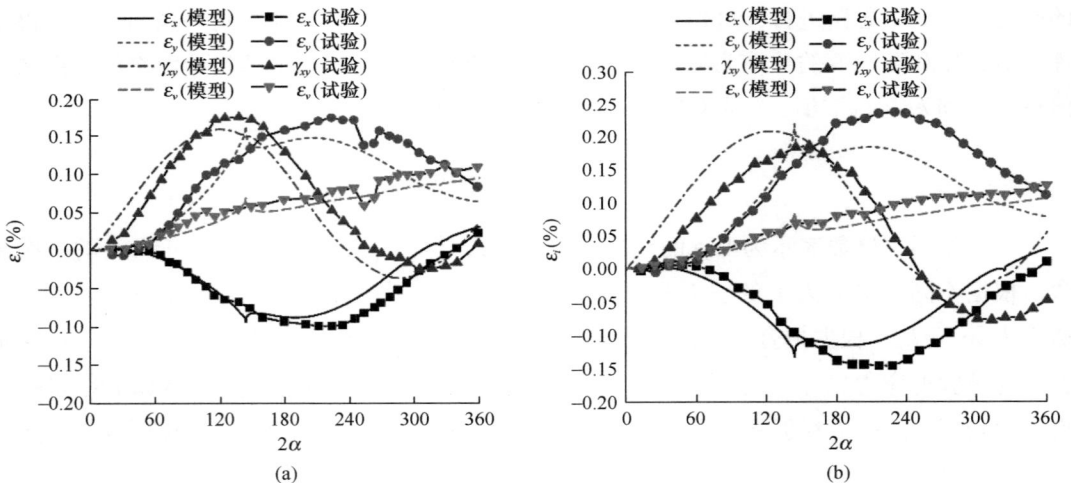

图 4.1.10 应力摩尔圆圆周应力路径预测对比
(a) 第一组；(b) 第二组

图 4.1.11 为铝棒堆积体的单剪试验与模型试验结果对比，其所选取参数见表 4.1.1 第 2 行。由图 4.1.11 可知，剪应力比随剪应变呈现逐渐增大的趋势，而与剪应力同方向的正应变 ε_y 则与体变相等，由此可知，体变规律呈现先剪缩后剪胀的规律。由对比结果可知，模型预测的曲线与试验结果吻合较好。

图 4.1.12 为与图 4.1.11 对应条件下的应力值对比，由图 4.1.12 可知，当竖向应力 σ_x 保持不变时，随着剪应变的增大，水平向正应力 σ_y 随着剪应变的增大而逐渐增大，模型预测与试验结果相吻合。图 4.1.11 和图 4.1.12 中的单剪路径包含主应力旋转以及类似

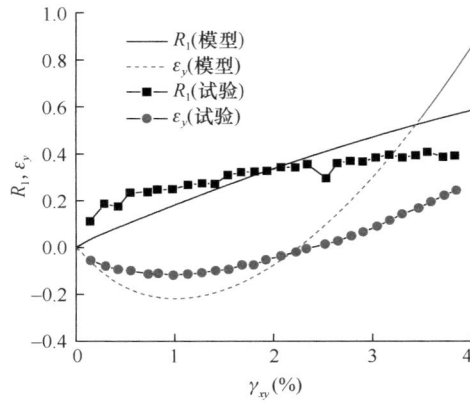

图 4.1.11　单剪试验应力应变关系预测对比

于三轴压缩路径的混合加载模式，其体变规律则是上述两种路径作用下相互叠加的结果，可看出先剪缩后剪胀的特点。

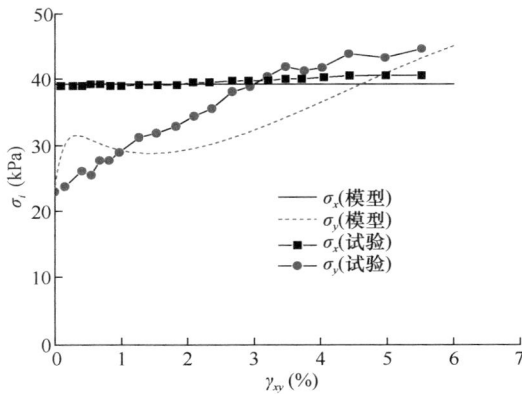

图 4.1.12　单剪试验应力预测对比

图 4.1.13 为针对 Toyoura 砂土开展的单剪试验结果，其中加载在砂土试样上的恒压

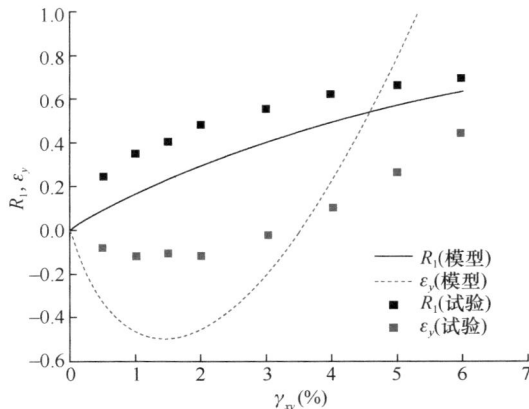

图 4.1.13　Toyoura 砂土单剪试验应力应变关系预测对比

力为 196kPa。随着剪应变的增加，剪应力比逐渐增大，砂土的侧向位移即体变则表现出先剪缩后剪胀的规律。对比可知，模型预测曲线能反映砂土在主应力轴发生转动时的应力-应变关系。模型预测的剪缩及剪胀的体变幅值都较大，主要原因在于砂土除了是典型的密度与围压依存性材料外，其体变及强度特性主要还受到原生各向异性的影响，砂土颗粒形状以及颗粒间定向排列方式都会对其体变结果产生较大的影响。相同的加载方式，作用于各向异性程度不同的砂土试样上，会产生不同的体变结果。本文模型对于这种原生各向异性对体变的影响尚未考虑，因而会产生较大的差异。

图 4.1.14 为 Lee 和 Seed 对 Sacra 砂土进行常规排水三轴压缩时的应力-应变关系曲线，图 4.1.14（a）、（b）、（c）分别对应初始球应力为 290kPa、590kPa、1030kPa，由于砂土为密度状态相关材料，其变形及强度受当前围压以及密度影响很大，在此，将 p_b 视为状态变量，则当其分别为 289kPa、120kPa、50kPa 时，可得到如图 4.1.14 所示的广义偏应力与大主应变的关系及体变与大主应变之间的关系。对于不同初始围压下的砂土，用 WB 模型可以有效反映其压硬性、剪缩剪胀特性。

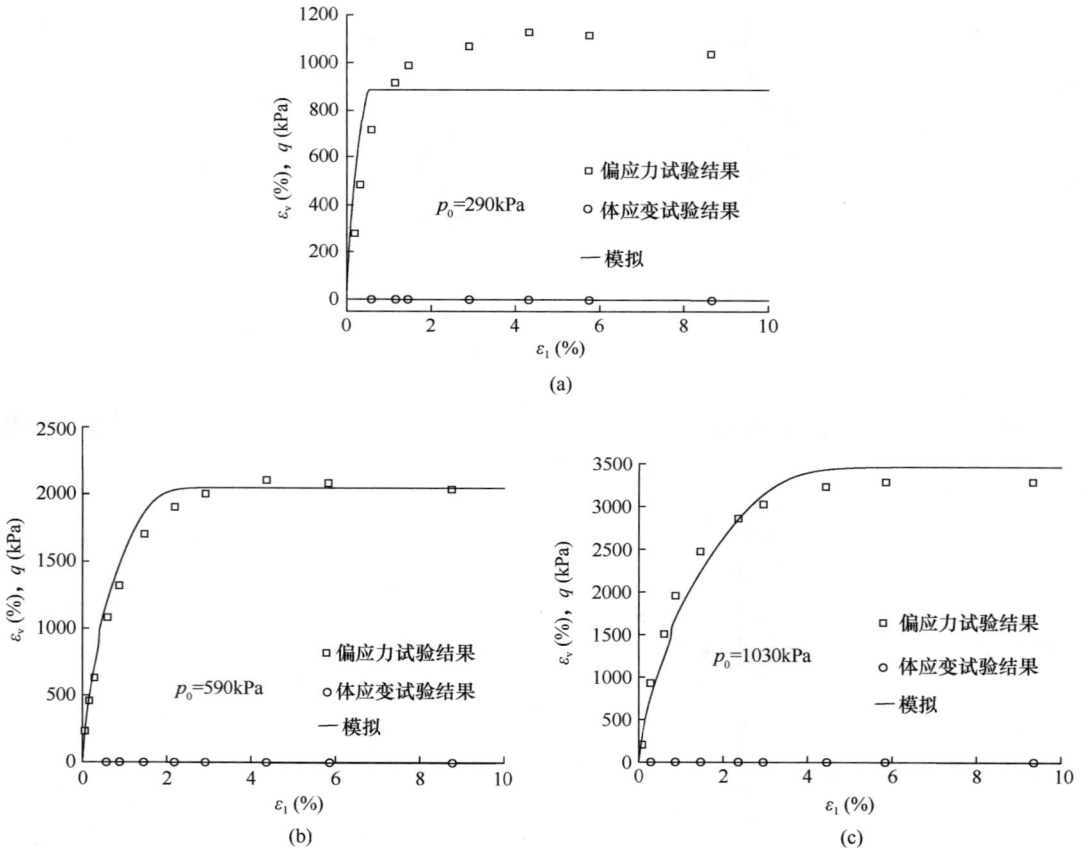

图 4.1.14　Sacra 砂土排水常三轴压缩的应力应变关系预测对比

（a）$p_0 = 290$kPa；（b）$p_0 = 590$kPa；（c）$p_0 = 1030$kPa

图 4.1.15 中数据点为 K. L. Lee 和 I. Farhoomand 针对 Sacramento 河砂土所进行的一组等方向压缩试验结果，其所用参数见表 4.1.1 中第 5 行。对应于 4 种不同初始密度的砂土，在等向压缩作用下孔隙比逐渐减小，最终趋向于一致。对比图 4.1.15 中结果可知，WB 模型可较为合理地用于描述等向压缩下砂土的变形特性。

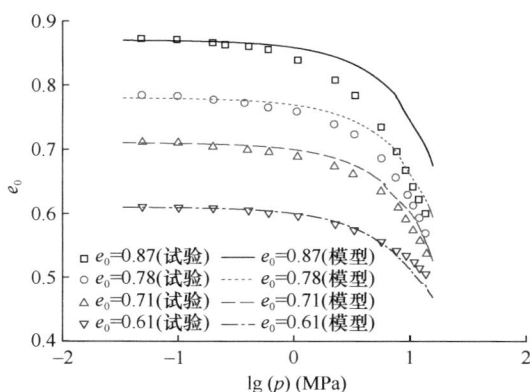

图 4.1.15　Sacramento 河砂土等向压缩预测对比

图 4.1.16 中数据点为 P. V. Lade 和 P. A. Bopp 针对 Cambria 砂所进行的等向压缩试验结果。选用参数见表 4.1.1 中第 6 行。由图 4.1.16 可知，在较大围压作用下，本文 WB 模型仍可用于描述等向压缩下的砂土体变。

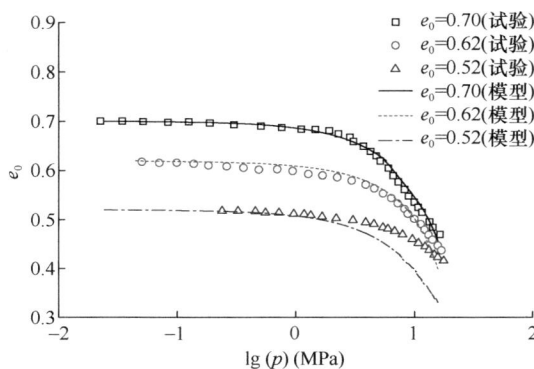

图 4.1.16　Cambria 砂土等向压缩预测对比

4.1.7　结论

根据剪应力比与剪应变之间所形成的类似于双曲线型的关系曲线，采用威布尔函数描述二者的关系，并根据曲线初始斜率、曲线峰值点、曲线残余值，分别确定威布尔函数的三个参量，采用摩尔应力圆所表达的剪应力比与威布尔函数联立得到应力比方程，假定上述应力比方程是关于球应力 p、剪应力大主应力夹角 α、任意一点应力状态对应的摩擦角

φ_m 的函数关系式。通过对上述三个变量的方程进行微分，可分别得到对应于上述三个变量所贡献的剪应变增量，再联立 Rowe 剪胀方程可建立二维条件下一般应力应变关系式。根据 SMP 准则的思想，对于任意一个主应变方向上所产生的主应变，应由与其非平行的两个滑动面贡献得到，这样能够两两相叠加，得到三维条件下的应变增量。根据上述思想，可由二维应力应变关系式推导得到最终的三维应力应变关系式。通过上述推导，并根据计算结果，得到如下结论：

（1）利用威布尔函数，对于一般剪应变增量，将其分解为由球应力 p、剪应力大主应力夹角 α、任意一点应力状态对应的摩擦角 φ_m 三个变量所贡献的增量表达式，并联立 Rowe 剪胀方程建立了二维条件下的应力应变关系式。

（2）采用 SMP 空间滑动面思想，通过推导得到二维应力应变关系式，进而得到三维条件下的本构方程。

（3）所构建的模型摒弃了以往的传统思路，而是从一般剪应变与剪应力比的关系入手，通过联合 Rowe 剪胀方程以及等向体变硬化特性，从三维单元体的 SMP 滑移面的思路拓展为三维模型。模型直接从一般应力应变关系入手来构建，避免采用主应力轴转角这个中间转换变量，因此也避免了采用传统思路中需要特殊路径构建主应力轴转角与塑性体变以及塑性偏应变之间的增量关系式，减少了等效转换的过程，也避免了一些特殊参数的确定过程。

分别采用摩尔应力圆圆周路径加载试验、直剪试验、常规三轴压缩以及等向压缩试验结果，对所提的模型进行验证，结果对比表明：WB 模型不仅能反映土体的三大基本特性——摩擦性、压硬性、剪胀性，还能反映应变硬化、应变软化特性。所建议的模型可合理、方便地应用于一般应力应变关系的模拟。

4.2　WB 模型在主应力旋转加载分析中的应用

摘　要：岩土材料在主应力轴旋转作用下会产生无法忽视的塑性体变以及不可逆剪应变，为探讨主应力轴旋转作用产生变形的根源，对主应力轴旋转过程进行分解，主应力轴在物理空间中转动步骤可分解为绕任意三个 xyz 轴的自旋转相叠加的过程，分析单元体在物理空间中围绕单轴旋转过程，建立物理空间中主应力轴旋转角与摩尔圆中剪正应力比反正切值的关系。利用所提的考虑主应力轴旋转的增量模型，对于纯主应力轴旋转在循环加载以及正反旋转加载作用下的变形以及三轴压缩进行模拟。模拟结果表明，所提模型可有效地用于模拟主应力轴旋转作用下岩土材料的变形预测。

关键词：土力学；主应力轴旋转；塑性体变；摩尔圆；循环加载；三轴压缩

引言

经典塑性理论认为，构建固体材料本构模型的自变量应满足物质客观性原理，即选用自变量所表达的本构方程原则上应不会随着观察者位置的改变而改变。借鉴金属等固体材料的塑性本构关系，选用主应力或者由主应力表达的应力不变量来表达本构方程，这在描述金属材料这种无体积屈服特性的材料是恰当的，但用于岩土材料，则会存在许多不符合实际情况的问题，最典型的就是岩土材料的主应力旋转作用引发的变形问题。

主应力轴旋转引发不可恢复变形问题，这一直是国内外研究的热点和难点之一。D. M. Wood 早在 20 世纪 70 年代采用真三轴仪对 Kaolin 黏土做偏平面上的圆周应力路径加载时，发现应力洛德角的变化也会产生塑性变形，并从试验结果上揭示了岩土材料不符合正交流动法则的规律。H. Matsuoka 等采用铝棒堆积体模拟平面应变条件下岩土材料的路径相关性试验，试验结果表明，相同起始及终点而不同加载路径所产生的塑性变形差异很大，表明岩土材料具有明显的应力路径相关性。M. Oda 和 J. Konishi 采用铝棒堆积体用单剪试验来揭示出随着剪应力的增大，粒间接触面法向方向随着剪应力初值到达峰值过程中从 0°到 45°范围变化，解释了单剪过程中伴随剧烈的主应力轴旋转现象。在饱和砂土的不排水循环加载测试方面，I. Towhata 和 K. Ishihara 利用空心圆柱扭剪仪做单轴循环加载，K. Ishihara 和 I. Towhara 采用双路三轴压缩与伸长路径进行测试，结果表明，在旋转角剧烈变化时，孔压累积速率越高，随着旋转角稳定变化孔压增量保持稳定增长。K. Miura 等对排水条件下的主应力轴循环旋转作用下的砂土变形特性进行了研究，以 360°为一周期，每个循环周期中体变增量逐渐减小，且当反方向旋转时，在初始转动角度较小范围内，出现中性变载现象，当旋转角达到一定阈值后，才出现体变增量。另外，应变增量方向与应力方向出现不一致的非共轴现象，且随着主应力轴旋转角度增大而增大。此外，对于原状黏土，严佳佳等开展了主应力轴纯旋转作用下的变形试验研究。

在反映主应力轴旋转作用下的土体本构模型研究方面，国内外主要从一般应力应变关系、移动硬化理论、各向异性理论三个方面做过积极的探索。H. Matsuoka 和 K. Sakakibara 首先认为，造成主应力轴旋转作用的土体变形主要是由于土体单元中一般剪应力与正应力等的作用下导致土体出现的剪缩、剪胀等现象。基于此，从一般应力应变关系出发，并利用假设塑性体变与塑性偏应变增量比与在 SMP 面上的剪应力与正应力之比的线性关系，联立得到二维条件下的增量关系，再利用线性叠加原理，将其推广为三维情况。但是假设单元体一般剪应变与剪正应力比关系时采用的是双曲线函数，因而无法反映应变软化现象。另外，用线性叠加原理将二维直接推广到三维模型，目前受制于三维条件下的主应力轴旋转试验尚不能实现的现状，因而，其三维模型的表现仍然有待于验证。此外，刘元雪等也从一般应力或主应力旋转路径出发构建相应的模型。A. M. Puzrin 和 E. Kirschenboim 通过引入屈服面的移动硬化规律，认为主应力轴在旋转过程中，屈服面也会在主应力空间运动且保持当前应力点位于屈服面上，这使得主应力轴旋转作用下也会产生塑性变形。但当应力路径特殊时，比如沿着屈服面的对称轴方向加载，或者沿着屈服面切向加载，则该类模型尚不能计算塑性变形。S. Tsutsumi 和 K. Hashiguchi 认为土体总是初始各向异性的，构造出组构张量状态参量作为屈服面方程的对称轴。此外，屈服面也有切向速率效应，与下加载面的概念相结合，其所构建的模型能有效地反映主应力轴旋转作用下的土体变形以及非共轴等现象。但采用屈服面的切向率效应所表达的非共轴性，物理意义并不明确。K. Hashiguchi 等发展的考虑切向应力率的新塑性模型采用了类似的思路。但直接将组构张量状态参量用来表示屈服面的对称轴，缺乏物理依据以及内在机制的解释，且其模型参数的物理意义以及确定方法不够明确。Z. W. Gao 等基于各向异性临界状态框架，建议了描述各向异性演化特性的增量公式，可以用来描述主应力轴旋转引发的非共轴特性，但所建议模型参数过多，参数确定也存在一定的困难。Y. P. Yao 等利用组构张量与应力张量进行组合形成各向异性应力量，并基于此构造了各向异性应力变换公式，可以简单描述横观各向同性的非共轴现象。此外，X. S. Li 等以及 Y. F. Dafalias 等也根据各向异性对非共轴现象进行了研究，所建议模型也存在参数确定的困难。Z. X. Tong 等在空心圆柱扭剪试验模拟的单轴主应力轴连续旋转试验成果基础上，在边界面框架内，利用初始各向异性构建了一个可以描述主应力轴连续旋转作用下砂土变形的本构模型。黄茂松等对初始各向异性非饱和结构性黏土在循环荷载下的变形特性进行了研究，在边界面框架下构建了一个实用模型。

上述发展的模型各有利弊，以 Matsuoka 等为代表的主张从一般应力应变关系入手建立模型虽然具有普适性，但是由于采用空间坐标表示的应力违背了本构方程的客观性原理，因此，仍然需要采用以主应力或应力不变量作为变量来构建本构方程。以 Hashiguchi 等为代表的采用移动硬化准则以及屈服面切向率效应来处理虽然满足了客观性原理，但构建的模型过于抽象，缺乏物理机制的阐释，在实际应用中受到限制。Dafalias 等采用各向异性作为切入点，能够避免上述两种方法所造成的问题，但各向异性参数表征以及参数定量化方法目前尚无统一的表述，从细观到宏观这种跨尺度的定量描述方法也没有公认的成果。基于此，拟对纯主应力轴旋转过程进行分析，将主应力空间中的一般旋转过程分解为绕三个初始轴的自旋转相叠加的结果，将主应力轴旋转的一般过程表达为主应力轴旋转角的增量，将单元体主应力轴旋转角增量由物理空间坐标自旋转角增量表达。在二维条件以及三维条件下，建立空间坐标轴转角与一般剪应力正应力比值反正切的关系式。基于已提出的 WB 增量模型，用上述模型模拟在二维应力空间中摩尔圆连续四周的连续加载以及半周循环和整周循环加载，利用上述路径测试所提出的模型的适用性。

4.2.1 纯主应力轴旋转过程分析

1. 主应力轴旋转关系

用于描述材料在一般应力路径下的本构关系可分为全量型与增量型两种，若材料处于加载状态，已知材料目前的应力状态 σ 就可求出相应的应变，而无须知道对应应力路径的全部加载历史，则可称为全量型。而增量型则必须给定应力加载历史或者应变历史，才能确定求出对应的应变或应力。显然，全量型只需得到应力的初始以及最终状态，而与中间过程无关，即与应力路径无关。因此，当应力 σ 与应变 ε 存在明确的函数关系时，则为全量型。若可将任意旋转加载路径分解为绕各自的物理轴自旋相叠加的过程，满足初始与最终应力状态相同，而与过程无关，当材料满足上述应力路径无关性时，则可应用上述分解过程，且上述绕各自转轴的旋转无相互耦合效应。

由于土体材料具有强烈的应力路径相关性，因此最终的应变结果依赖于全部加载历史，采用增量型更适合描述这种应力路径相关性材料的本构关系。由于主应力轴旋转实质上是一般应力在摩尔圆路径上的圆周路径组合的结果，也就是一般正应力 σ 与一般剪应力 τ 相互组合变化的结果。因而，其可以用一般应力的增量型本构关系表达，对于一般的应力路径，若采用一条充分接近的应力路径来逼近它，就是在微元上分解，而宏观上则充分接近，最终的应变历程曲线也充分接近。上述思想已经为很多理论模型以及试验验证。而在微元增量上，将一般主应力轴旋转过程分解为绕各自主应力轴自旋相叠加，即在微元的加载初始与最终状态，保持与一般加载过程的初始最终应力状态相同，在宏观路径下，表现出充分接近的加载路径，最终由增量型本构关系表达的分解历程与一般加载路径下的结果基本相同。

由于土体材料的各向异性性质，在微元增量步中，沿一般旋转路径加载的变形过程，并非与绕各自主应力轴自旋旋转过程的线性叠加结果严格意义上完全等效，前者存在两者的耦合作用。类似于球应力与广义偏应力之间的体积变形耦合作用，对于两者耦合的解耦方法，可参考 T. Luo 等关于饱和砂土渐进状态特性中关于塑性体变的解耦过程，即将球应力与广义偏应力导致的塑性体变求和再扣除耦合部分。同理，将上述一般旋转路径增量步导致的塑性体变表示为绕各自主应力轴自旋产生塑性体变之和再扣除耦合部分。由于上述解耦做法涉及各向异性性质，需要设计一些特殊的路径测试并获取耦合部分占总体变比例以及其比值与各向异性程度的定量关系。对于一般土体而言，若一般路径所产生塑性体变为 $d\varepsilon_v^p$，则此耦合部分可用 $\Delta d\varepsilon_v^p$ 来表示。即耦合部分是总体变增量的高阶小量，因而在一般的简单叠加中，可将其忽略。

土单元体中做主应力大小不变，而主应力轴纯旋转的应力路径时，则假设主应力方向初始时刻 σ_1、σ_2、σ_3 分别与 xyz 空间坐标轴重合，当沿着任意旋转路径加载时，如图 4.2.1 中 AB 转角弧度路径，可将 AB 路径分解为绕 y 轴旋转的 α_i 增量角与绕 z 轴旋转的 β_i 增量角之和的形式。Matsuoka 等已通过包含主应力旋转的试验证实，同样起点与终点下不同应力路径下的应力应变关系结果不同，表明土体具有很强的应力路径相关性，但若两条应力路径充分接近，其应力应变曲线也就基本相同。由于上述用逼近任意加载路径的微元路径叠加做法适用于一般的应力路径，而主应力轴旋转加载路径事实上也是一般正应力与剪应力在应力摩尔圆上的加载过程，因此同样适用于主应力轴旋转的加载路径。在全量上，由于土体材料具有强烈的体积剪缩剪胀性，因而单元体绕各主应力轴自旋在应变结果上具有一定的相互耦合特点，同时球应力与剪应力在体应变方面的耦合特点也注定了球应力在三个自旋轴之间会产生一定的耦合作用。但在增量路径上，由于可将任意旋转角路径分解为绕三个主轴的微元自旋角的线性叠加，可避免在全量关系上无法绕开的耦合问题。

下面分析单元体主应力轴旋转过程与自旋的关系。

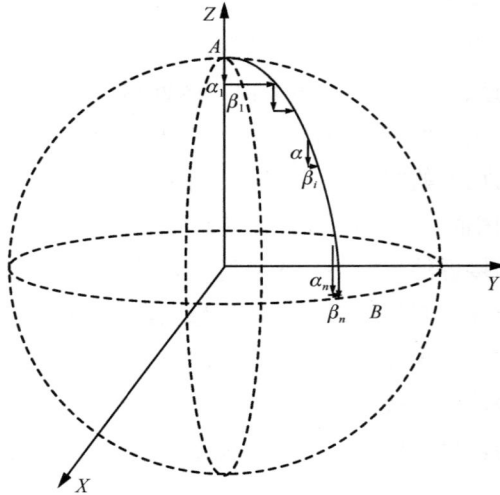

图 4.2.1　主应力轴转角任意路径微元分解示意图

如图 4.2.2 所示，在 $t = t_0$ 时刻，土体中单元初始应力状态为 σ_1、σ_2、σ_3。当各大、中、小主应力值确定，而方向发生改变时，作纯主轴方向改变；在任意时刻，旋转结果可分解为沿三个初始主应力轴方向的自旋相叠加，设在 $t = t_1$ 时刻，与初始主应力轴方向，即 z 轴相一致为 σ_1 方向，转到与 $\vec{n}$ 方向重合，则 $\vec{n}$ 与三轴之间的夹角余弦记为：$n_1 = \cos\alpha$，$n_2 = \cos\beta$，$n_3 = \cos\gamma$。在球坐标系中，矢量 n 在平面 xy 坐标系中的投影矢量与 x 轴间夹角为 ϕ。

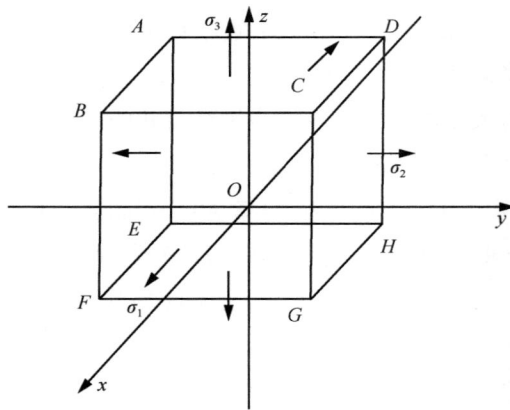

图 4.2.2　单元体初始主应力轴方向示意图

因为存在 $\vec{n_z} = \vec{n}\cos\gamma$，$\vec{n_x} = \vec{n}\sin\gamma\cos\phi$，$\vec{n_y} = \vec{n}\sin\gamma\sin\phi$，则 $\cos\alpha = |\vec{n_x}|/|\vec{n}|$，$\cos\beta = |\vec{n_y}|/|\vec{n}|$，$\cos\alpha = \sin\gamma\cos\phi$，$\cos\beta = \sin\gamma\sin\phi$，因为 $\cos^2\alpha + \cos^2\beta = \sin^2\gamma$，所以 $\cos^2\alpha + \cos^2\beta + \cos^2\gamma = \sin^2\gamma + \cos^2\gamma = 1$。表示 $t = t_1$ 时刻单元体主应力轴位置状态的独立变量

可用 α、β、γ 的任意两个表示即可：$\vec{\sigma}_1 = (\sigma_1, 0, 0)$，$\vec{\sigma}_2 = (0, \sigma_2, 0)$，$\vec{\sigma}_3 = (0, 0, \sigma_3)$，则图 4.2.3 可视为以 z 轴为轴自旋旋转角度 ψ，然后绕经过原点位于 xy 平面内并与 x 轴有一定夹角的直线旋转 γ 角形成，γ 角可视为沿 x 轴转过 φ 角与沿 y 轴转过 θ 角形成。其中，

$$\tan\varphi = \frac{|\vec{n}_y|}{|\vec{n}_z|} = \frac{|\vec{n}\sin\gamma\sin\phi|}{|\vec{n}\cos\gamma|} = |\tan\gamma\sin\phi| \Rightarrow \varphi = \arctan[|\tan\gamma\sin\phi|]$$（γ、ϕ 表示球坐标中角度）。

同理：$\tan\varphi_1 = \frac{|\vec{n}_x|}{|\vec{n}_z|} = \frac{|\vec{n}\sin\gamma\cos\phi|}{|\vec{n}\cos\gamma|} = |\tan\gamma\cos\phi| \Rightarrow \varphi_1 = \arctan[|\tan\gamma\cos\phi|]$，即可由依次转过 (ψ, φ, θ) 形成，即 ψ，$\arctan[|\tan\gamma\sin\phi|]$，$\arctan[|\tan\gamma\cos\phi|]$，由余弦可表示为 $a\cos n_3$、$a\cos n_1$、$a\cos n_2$。则沿 $x \times y$ 正方向转过 ψ 角后，$\vec{\sigma}'_3 = (0, 0, \sigma_3)^T$，$\vec{\sigma}_2 = (-\sigma_2\sin\psi, \sigma_2\cos\psi, 0)^T$，$\vec{\sigma}'_1 = (\sigma_1\cos\psi, \sigma_1\sin\psi, 0)^T$；即 $R_z(\vec{\sigma}_1, \vec{\sigma}_2, \vec{\sigma}_2) = (\vec{\sigma}'_1, \vec{\sigma}'_2, \vec{\sigma}'_2)$。

$$\boldsymbol{F} = \begin{bmatrix} \sigma_1 & 0 & 0 \\ 0 & \sigma_2 & 0 \\ 0 & 0 & \sigma_3 \end{bmatrix} \tag{4.2.1}$$

$$\boldsymbol{R}_z\boldsymbol{F} = \begin{bmatrix} \cos\psi & -\sin\psi & 0 \\ \sin\psi & \cos\psi & 0 \\ 0 & 0 & 1 \end{bmatrix}\begin{bmatrix} \sigma_1 & 0 & 0 \\ 0 & \sigma_2 & 0 \\ 0 & 0 & \sigma_3 \end{bmatrix} = \begin{bmatrix} \sigma_1\cos\psi & -\sigma_2\sin\psi & 0 \\ \sigma_1\sin\psi & \sigma_2\cos\psi & 0 \\ 0 & 0 & \sigma_3 \end{bmatrix} \tag{4.2.2}$$

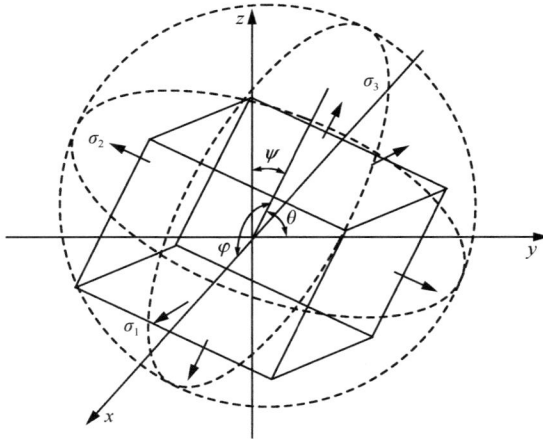

图 4.2.3 单元体在任意时刻主应力轴方向示意图

即旋转矩阵为：

$$\boldsymbol{R}_z = \begin{bmatrix} \cos\psi & -\sin\psi & 0 \\ \sin\psi & \cos\psi & 0 \\ 0 & 0 & 1 \end{bmatrix} \tag{4.2.3}$$

绕 x 轴顺时针转过 φ 角，则 $\vec{\sigma}'_1 = (\sigma_1, 0, 0)^{\mathrm{T}}$，$\vec{\sigma}'_2 = (0, \sigma_2\cos\varphi, \sigma_2\sin\varphi)^{\mathrm{T}}$，$\vec{\sigma}'_3 = (0, -\sigma_3\sin\varphi, \sigma_3\cos\varphi)^{\mathrm{T}}$，同时存在：

$$\begin{bmatrix} 1 & 0 & 0 \\ 0 & \cos\varphi & -\sin\varphi \\ 0 & \sin\varphi & \cos\varphi \end{bmatrix} \begin{bmatrix} \sigma_1 & 0 & 0 \\ 0 & \sigma_2 & 0 \\ 0 & 0 & \sigma_3 \end{bmatrix} = \begin{bmatrix} \sigma_1 & 0 & 0 \\ 0 & \sigma_2\cos\varphi & -\sigma_3\sin\varphi \\ 0 & \sigma_2\sin\varphi & \sigma_3\cos\varphi \end{bmatrix} \tag{4.2.4}$$

由式（4.2.4）得出：

$$\boldsymbol{R}_x = \begin{bmatrix} 1 & 0 & 0 \\ 0 & \cos\varphi & -\sin\varphi \\ 0 & \sin\varphi & \cos\varphi \end{bmatrix} \tag{4.2.5}$$

同理，绕 y 轴正方向顺时针的转换矩阵为 $\boldsymbol{R}_y$，则：

$$\boldsymbol{R}_y \begin{bmatrix} \sigma_1 & 0 & 0 \\ 0 & \sigma_2 & 0 \\ 0 & 0 & \sigma_3 \end{bmatrix} = \begin{bmatrix} \sigma_1\cos\theta & 0 & \sigma_3\sin\theta \\ 0 & \sigma_2 & 0 \\ -\sigma_1\sin\theta & 0 & \sigma_3\cos\theta \end{bmatrix} \tag{4.2.6}$$

$$\boldsymbol{R}_y = \begin{bmatrix} \cos\theta & 0 & \sin\theta \\ 0 & 1 & 0 \\ -\sin\theta & 0 & \cos\theta \end{bmatrix} \tag{4.2.7}$$

绕 z 轴定轴转动 ψ 角度，则连续转动全过程为：

$$\boldsymbol{R}_z\boldsymbol{R}_x\boldsymbol{R}_y\boldsymbol{F} = \begin{bmatrix} \cos\psi & -\sin\psi & 0 \\ \sin\psi & \cos\psi & 0 \\ 0 & 0 & 1 \end{bmatrix} \begin{bmatrix} 1 & 0 & 0 \\ 0 & \cos\varphi & -\sin\varphi \\ 0 & \sin\varphi & \cos\varphi \end{bmatrix} \begin{bmatrix} \cos\theta & 0 & \sin\theta \\ 0 & 1 & 0 \\ -\sin\theta & 0 & \cos\theta \end{bmatrix} \begin{bmatrix} \sigma_1 & 0 & 0 \\ 0 & \sigma_2 & 0 \\ 0 & 0 & \sigma_3 \end{bmatrix}$$

$$= \begin{bmatrix} \cos\psi\cos\theta - \sin\psi\sin\varphi\sin\theta & -\sin\psi\cos\varphi & \cos\psi\sin\theta + \sin\psi\sin\varphi\cos\theta \\ \sin\psi\cos\theta + \cos\psi\sin\varphi\sin\theta & \cos\psi\cos\varphi & \sin\psi\sin\theta - \cos\psi\sin\varphi\cos\theta \\ -\cos\varphi\sin\theta & \sin\varphi & \cos\varphi\cos\theta \end{bmatrix} \begin{bmatrix} \sigma_1 & 0 & 0 \\ 0 & \sigma_2 & 0 \\ 0 & 0 & \sigma_3 \end{bmatrix}$$

$$= \begin{bmatrix} \sigma_1(\cos\psi\cos\theta - \sin\psi\sin\varphi\sin\theta) & -\sigma_2\sin\psi\cos\varphi & \sigma_3(\cos\psi\sin\theta + \sin\psi\sin\varphi\cos\theta) \\ \sigma_1(\sin\psi\cos\theta + \cos\psi\sin\varphi\sin\theta) & \sigma_2\cos\psi\cos\varphi & \sigma_3(\sin\psi\sin\theta - \cos\psi\sin\varphi\cos\theta) \\ -\sigma_1\cos\varphi\sin\theta & \sigma_2\sin\varphi & \sigma_3\cos\varphi\cos\theta \end{bmatrix} \tag{4.2.8}$$

用 n_1、n_2、n_3 表示为：

$$\boldsymbol{R}_z \boldsymbol{R}_x \boldsymbol{R}_y \boldsymbol{F} = \begin{bmatrix} \sigma_1 (n_3 n_2 - \sqrt{1-n_3^2}\sqrt{1-n_1^2}\sqrt{1-n_2^2}) \\ \sigma_1 (\sqrt{1-n_3^2}n_3 + n_3\sqrt{1-n_1^2}\sqrt{1-n_2^2}) \\ -\sigma_1 n_1 n_2 \end{bmatrix}$$

$$\begin{matrix} -\sigma_2\sqrt{1-n_3^2}n_2 & \sigma_3(n_3\sqrt{1-n_2^2}+\sqrt{1-n_3^2}\sqrt{1-n_1^2}n_2) \\ \sigma_2 n_3 n_1 & \sigma_3(\sqrt{1-n_3^2}\sqrt{1-n_2^2}-n_3 n_2\sqrt{1-n_1^2}) \\ \sigma_2\sqrt{1-n_1^2} & \sigma_3 n_1 n_2 \end{matrix} \Bigg] \tag{4.2.9}$$

式 (4.2.8) 中表示任意位置处由初始欧拉坐标系表示的当前主应力矢量矩阵。

若记以当前单元体形心为原点,三根主轴与单元体三个面始终保持垂直的随体坐标系为 $\overline{X}\overline{Y}\overline{Z}$,则其可由新坐标系表示为:

$$\overline{\boldsymbol{F}} = \boldsymbol{R}_z \boldsymbol{R}_x \boldsymbol{R}_y \boldsymbol{F} \boldsymbol{R}_y^\mathrm{T} \boldsymbol{R}_x^\mathrm{T} \boldsymbol{R}_z^\mathrm{T} \tag{4.2.10}$$

由于 $\boldsymbol{F}$ 为对称矩阵,因而可得:

$$\boldsymbol{R}_y \boldsymbol{F} \boldsymbol{R}_y^\mathrm{T} = \boldsymbol{R}_y \boldsymbol{F}^\mathrm{T} \boldsymbol{R}_y^\mathrm{T} = (\boldsymbol{R}_y^\mathrm{T})^\mathrm{T} (\boldsymbol{R}_y \boldsymbol{F})^\mathrm{T} = (\boldsymbol{R}_y \boldsymbol{F} \boldsymbol{R}_y^\mathrm{T})^\mathrm{T} \tag{4.2.11}$$

同理可知,沿三物理空间主轴转动所得到的 $\overline{\boldsymbol{F}}$ 也为对称矩阵。

若只沿某一轴做单轴转动,则由原始坐标系可表示为:

$$\overline{\boldsymbol{F}} = \boldsymbol{R}_m \boldsymbol{F} \boldsymbol{R}_m^\mathrm{T} \tag{4.2.12}$$

对当前主应力矢量微分,可得当前主应力增量的表达式:

$$\mathrm{d}\overline{\boldsymbol{F}} = \mathrm{d}\boldsymbol{R}_m \boldsymbol{F} \boldsymbol{R}_m^\mathrm{T} + \boldsymbol{R}_m \mathrm{d}\boldsymbol{F} \boldsymbol{R}_m^\mathrm{T} + \boldsymbol{R}_m \boldsymbol{F} \mathrm{d}\boldsymbol{R}_m^\mathrm{T} \tag{4.2.13}$$

由式 (4.2.13) 可知,对于主应力的增量,由三项组成,其中,$\mathrm{d}\boldsymbol{R}_m$ 以及 $\mathrm{d}\boldsymbol{R}_m^\mathrm{T}$ 是由绕物理空间轴的转角所贡献的增量部分,而 $\mathrm{d}\boldsymbol{F}$ 是由主应力值大小变化所贡献的部分。显然,若只考虑纯主应力轴旋转的影响,则 $\mathrm{d}\boldsymbol{F} = 0$,可得:

$$\mathrm{d}\overline{\boldsymbol{F}} = \mathrm{d}\boldsymbol{R}_m \boldsymbol{F} \boldsymbol{R}_m^\mathrm{T} + \boldsymbol{R}_m \boldsymbol{F} \mathrm{d}\boldsymbol{R}_m^\mathrm{T} \tag{4.2.14}$$

由式 (4.2.14) 可知,当主应力值大小不变时,由主应力轴纯旋转所引发的影响是由转角增量所引起的。而主应力轴绕物理空间坐标轴的转角增量会引起一般剪应变增量,由一般剪应力的剪胀关系引发正应变增量以及体变增量,从而导致不可恢复的塑性应变。式 (4.2.14) 为主应力轴在物理空间旋转时,由主应力轴与物理空间坐标轴旋转角所表达的主应力轴旋转增量部分。由于主应力值大小保持不变,因而主应力差会形成一个"偏应力",此"偏应力"的大小也会对最终的塑性变形产生影响,在所提的 WB 模型中基于剪正应力比的增量部分对于此"偏应力"所带来的变形影响有所考虑。

2. 主应力轴旋转角与一般应力剪正比角关系

为得到主应力轴绕单轴时旋转角的变化规律,如图 4.2.4 所示,以 xy 平面为基准,

179

绕 z 轴做正方向旋转，符合右手螺旋法则。当单元体在 xy 平面内旋转角度 β 后，则旋转角 β 可以由作用于单元体面上的一般应力组合来表达。

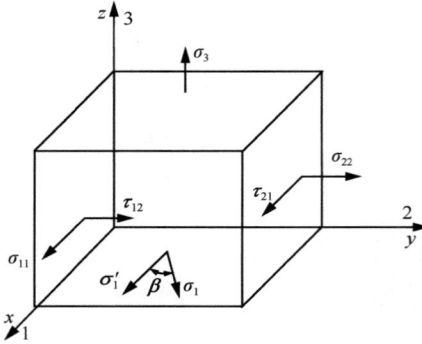

图 4.2.4　单元体中 σ_1-σ_2 应力平面绕 z 轴正方向示意图

对于图 4.2.5 中介于两小圆圆外与大圆圆内之间的区域，属于一般三维应力状态。可表示为：

$$\left.\begin{array}{l}\left[\sigma-\left(\dfrac{\sigma_2+\sigma_3}{2}\right)\right]^2+\tau^2=n_1^2(\sigma_1-\sigma_2)\\[3mm](\sigma_1-\sigma_3)+\left(\dfrac{\sigma_2-\sigma_3}{2}\right)^2=R_{23}^2\end{array}\right\} \qquad (4.2.15)$$

$$\left.\begin{array}{l}\left[\sigma-\left(\dfrac{\sigma_3+\sigma_1}{2}\right)\right]^2+\tau^2=n_2^2(\sigma_3-\sigma_2)\\[3mm](\sigma_1-\sigma_2)+\left(\dfrac{\sigma_3-\sigma_1}{2}\right)^2=R_{13}^2\end{array}\right\} \qquad (4.2.16)$$

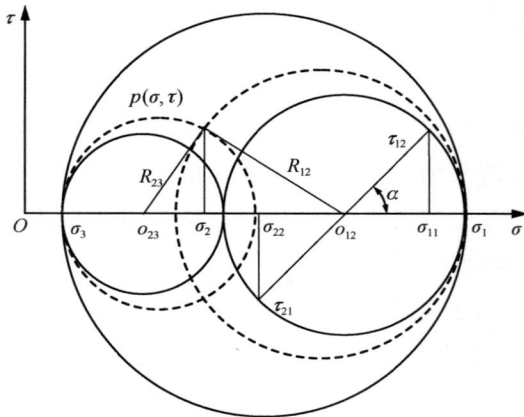

图 4.2.5　用应力摩尔圆表示
单元体中 σ_1-σ_2 应力平面绕 z 轴旋转时应力状态

$$\left.\begin{array}{l} \left[\sigma-\left(\dfrac{\sigma_1+\sigma_2}{2}\right)\right]^2+\tau^2=n_3^2(\sigma_1-\sigma_3) \\[2mm] (\sigma_2-\sigma_3)+\left(\dfrac{\sigma_1-\sigma_2}{2}\right)^2=R_{12}^2 \end{array}\right\} \tag{4.2.17}$$

对于三维应力状态点 p，岩土体内任意质点的应力状态位于图 4.2.5 中 σ_1-σ_2 圆与 σ_2-σ_3 圆外而在 σ_1-σ_3 圆内的区域。当 3 个主应力值大小完全确定后，则其应力状态点可由其 3 个主应力轴任意一个与物理空间坐标的 xyz 轴夹角确定，当确定完 n_1、n_2、n_3 中的任意 2 个时，可由图解法来找到 p 点位于 σ-τ 坐标中的位置，如图 4.2.5 所示。当第三主应力 σ_3 大小与方向完全确定后，则在 σ_1-σ_2 应力平面绕 z 轴正方向旋转时的应力状态，应位于图 4.2.5 中 σ_1-σ_2 圆上运动。对于图 4.2.4 中表征 σ_2 主应力轴在平面转动角度 β 与一般剪应力 τ_{12} 与正应力 σ_{11} 比值的反正切值 α 的关系，可建立关系表达式。

根据材料力学，对于单元体中任意一个斜截面，其上的应力可表示为 σ_t，而 σ_t 可分解为斜截面上正应力 σ 以及位于斜截面上的剪应力 τ。

正应力 σ_n 可由其他面上的一般应力表示为：

$$\sigma=\sigma_{11}n_1^2+\sigma_{22}n_2^2+\sigma_{33}n_3^2+2\tau_{12}n_1n_2+2\tau_{23}n_2n_3+2\tau_{31}n_3n_1 \tag{4.2.18}$$

$$\begin{aligned} \tau=\big[&(\sigma_{11}n_1+\tau_{12}n_2+\tau_{31}n_3)^2+(\sigma_{22}n_2+\tau_{12}n_1+\tau_{23}n_3)^2+ \\ &(\sigma_{33}n_3+\tau_{13}n_1+\tau_{23}n_2)^2-\sigma^2\big]^{0.5} \end{aligned} \tag{4.2.19}$$

$$\infty_{23}=0.5(\sigma_{22}+\sigma_{33}) \tag{4.2.20}$$

$$\infty_{12}=0.5(\sigma_{11}+\sigma_{22}) \tag{4.2.21}$$

式中，n_1、n_2、n_3 分别为一般应力 σ 与三个轴线 x、y、z 的夹角余弦。

（1）二维主应力轴旋转情况

考虑到简化情况，当第三主应力 σ_3 大小与方向完全确定后，只考虑 σ_1-σ_2 应力平面绕 z 轴正方向旋转情况，则：

$$n_3=0 \tag{4.2.22}$$

$$\tau_{23}=\tau_{31}=0 \tag{4.2.23}$$

当剪应力为 0 时，则截面上的法向应力 σ_n 与一般应力 σ 完全一致。由式（4.2.19）为 0 且考虑式（4.2.22）可得：

$$(\sigma_{11}n_1+\tau_{12}n_2)^2+(\sigma_{22}n_2+\tau_{12}n_1)^2=(\sigma_{11}n_1^2+\sigma_{22}n_2^2+2\tau_{12}n_1n_2)^2 \tag{4.2.24}$$

由图 4.2.5 可知，一般应力可由主应力表示为：

$$\sigma_{11}=\sigma_0+(\sigma_1-\sigma_0)\cos\alpha \tag{4.2.25}$$

$$\sigma_{22}=\sigma_0-(\sigma_1-\sigma_0)\cos\alpha \tag{4.2.26}$$

$$\tau_{12}=(\sigma_1-\sigma_0)\sin\alpha \tag{4.2.27}$$

$$\sigma_0=0.5(\sigma_1+\sigma_2) \tag{4.2.28}$$

将式（4.2.25）～式（4.2.28）代入式（4.2.24）中，可得到 n_1 与 $\sin(2\alpha)$ 的关系式：

$$(\sin2\alpha)^2 = 16n_1^2(1 - 5n_1^2 + 8n_1^4 - 4n_1^6) \tag{4.2.29}$$

$$n_1 = \cos\beta \tag{4.2.30}$$

联立式（4.2.29）、式（4.2.30），根据推导可得：

$$\alpha = 2\beta \tag{4.2.31}$$

根据图 4.2.5 中的摩尔圆，可知主应力轴转角与一般应力的关系为：

$$\beta = 0.5\tan^{-1}\left(\frac{2\tau_{12}}{\sigma_{11} - \sigma_{22}}\right) \tag{4.2.32}$$

由于在摩尔圆 σ_1-σ_2 圆上移动，因此可表示为：

$$\beta_{12} = 0.5\tan^{-1}\left(\frac{2\tau_{12}}{\sigma_{11} - \sigma_{22}}\right) \tag{4.2.33}$$

同理，当应力点轨迹在二维摩尔圆 σ_2-σ_3 圆上以及 σ_1-σ_3 圆上运动时，则主应力轴在物理空间中的转角与一般应力的关系为：

$$\beta_{23} = 0.5\tan^{-1}\left(\frac{2\tau_{23}}{\sigma_{22} - \sigma_{33}}\right) \tag{4.2.34}$$

$$\beta_{13} = 0.5\tan^{-1}\left(\frac{2\tau_{13}}{\sigma_{11} - \sigma_{33}}\right) \tag{4.2.35}$$

式中，β_{23}、β_{13} 分别为第二主应力轴在 yz 平面内以及第三主应力轴在 xz 平面内转动的角度。

（2）三维主应力轴旋转情况

考虑三维主应力轴旋转情况，则主应力轴在三维应力空间任意旋转时，可根据图 4.2.5 中摩尔圆的位置确定其状态点。在 3 个主应力值大小恒定的情况下，可由图 4.2.5 中的正切值得到转轴与 xyz 轴的夹角和剪正应力比角的关系。

根据图 4.2.5，则可得：

$$\alpha = \begin{cases} \operatorname{atan}\left(\dfrac{\tau}{\sigma - oo_{23}}\right) & (\sigma < \sigma_2) \\ \operatorname{atan}\left(\dfrac{\tau}{\sigma - oo_{12}}\right) & (\sigma > \sigma_2) \end{cases} \tag{4.2.36}$$

将式（4.2.18）～式（4.2.21）代入式（4.2.36）中，可最终得到用一般应力表示的三维应力状态下主应力轴的转角。

4.2.2 考虑主应力轴旋转增量（WB）模型

1. 一般剪应变构成式

将一般六面体单元中的剪应力 τ 与一般正应力 σ 之间的比值 R 定义为剪正应力比，而

一般剪应变 γ 为一般剪应力作用下产生的应变。由于威布尔函数是一种具有下降段的数学函数，能够用来描述应力应变关系曲线中的应变硬化以及应变软化等现象。因此可利用威布尔函数作为一般剪应变与剪正应力比的增量函数，并认为贡献一般剪应变的增量部分由三部分构成，第一部分由二维应力圆上圆周路径下的主应力轴旋转作用贡献构成；第二部分由剪正应力比的大小作用所构成；第三部分由球应力的大小变化作用所构成。且假设上述三部分对于一般剪应变的产生的贡献是相互独立的，因此可按照剪应变的成因将一般剪应变的增量分解为下述三部分：

$$\mathrm{d}\gamma = \mathrm{d}\gamma_a + \mathrm{d}\gamma_\varphi + \mathrm{d}\gamma_p \tag{4.2.37}$$

根据已有的成果，可直接列出表达式，则第一部分增量式可写为：

$$\mathrm{d}\gamma_a = \frac{\mathrm{e}^{\left(\frac{\gamma}{b}\right)^c}}{a\left[1 - c\left(\frac{\gamma}{b}\right)^c\right]} \frac{2\sin\varphi_\mathrm{m}\left[\cos(\alpha - 2\delta) + \sin\varphi_\mathrm{m}\right]}{\left[1 + \cos(\alpha - 2\delta)\sin\varphi_\mathrm{m}\right]^2}$$
$$\left[\frac{(\sigma_x - \sigma_y)\mathrm{d}\tau_{xy} - \tau_{xy}(\mathrm{d}\sigma_x - \mathrm{d}\sigma_y)}{(\sigma_x - \sigma_y)^2 + 4\tau_{xy}^2}\right] \tag{4.2.38}$$

其中：

$$\varphi_\mathrm{m} = \arcsin\left[\frac{\sqrt{(\sigma_x - \sigma_y)^2 + 4\tau_{xy}^2}}{(\sigma_x + \sigma_y)}\right] \tag{4.2.39}$$

$$a = \frac{k_1}{\ln\dfrac{p}{p_b}} \tag{4.2.40}$$

$$c = \frac{1}{\ln\dfrac{a\gamma_\mathrm{r}}{R_{1\mathrm{r}}}} \tag{4.2.41}$$

$$b = \frac{(ec)^{\frac{1}{c}}\sin2\alpha\sin\varphi_\mathrm{f}}{a(1 + \cos2\alpha\sin\varphi_\mathrm{f})} \tag{4.2.42}$$

式中，δ 为应变增量方向与应力主轴的偏转角；a、b、c 分别为由参数确定的过程变量；α 为二维应力摩尔圆中一般剪应力与正应力的反正切值；φ_m 为一般剪正应力比下二维摩尔圆所对应的摩擦角；k_1 为剪应力比剪应变关系曲线初始斜率的调整系数，表示土体单元在围压作用下剪切模量的增长系数；p_b 为剪应力比剪应变关系曲线初始斜率对于球应力 p 无量纲化的参数；γ_r 为剪应力比-剪应变关系曲线残余应力比对应的残余剪应变；$R_{1\mathrm{r}}$ 为剪应力比-剪应变关系曲线残余应力比；φ_f 为一般剪正应力比下二维摩尔圆所对应的摩擦角峰值。

第二部分增量式可表示为：

$$\mathrm{d}\gamma_\varphi = \frac{\mathrm{e}^{\left(\frac{\gamma}{b}\right)^c}}{a\left[1 - c\left(\frac{\gamma}{b}\right)^c\right]} \frac{\sin\alpha}{(1 + \cos\alpha\sin\varphi_\mathrm{m})^2 (\sigma_x + \sigma_y)^2}$$

岩土弹塑性力学行为及实用解析模型

$$\left\{\left[\frac{(\sigma_x^2-\sigma_y^2)}{\sqrt{(\sigma_x-\sigma_y)^2+4\tau_{xy}^2}}-\sqrt{(\sigma_x-\sigma_y)^2+4\tau_{xy}^2}\right]\mathrm{d}\sigma_x-\right.$$

$$\left[\frac{(\sigma_x^2-\sigma_y^2)}{\sqrt{(\sigma_x-\sigma_y)^2+4\tau_{xy}^2}}+\sqrt{(\sigma_x-\sigma_y)^2+4\tau_{xy}^2}\right]\mathrm{d}\sigma_y+$$

$$\left.\frac{4(\sigma_x+\sigma_y)\tau_{xy}\mathrm{d}\tau_{xy}}{\sqrt{(\sigma_x-\sigma_y)^2+4\tau_{xy}^2}}\right\} \tag{4.2.43}$$

第三部分增量式为：

$$\mathrm{d}\gamma_\mathrm{p}=\left\{\left\{\frac{\left(\frac{\gamma}{b}\right)^c\ln\left(\frac{\gamma}{b}\right)}{\left(\ln\frac{a\gamma_r}{R_{1r}}\right)^2}+\frac{c}{ab}\left(\frac{\gamma}{b}\right)^c(ec)^{\frac{1}{c}}R_{1\mathrm{f}}\cdot\right.\right.$$

$$\left.\left[\frac{\ln c}{c^2\left(\ln\frac{a\gamma_\mathrm{r}}{R_{1r}}\right)^2}-1\right]\right\}+1\right\}\bigg/\left\{2a\left[1-c\left(\frac{\gamma}{b}\right)^c\right]\cdot\right.$$

$$\left.p\left(\ln\frac{p}{p_\mathrm{b}}\right)^2\right\}k_1\gamma(\mathrm{d}\sigma_x+\mathrm{d}\sigma_y) \tag{4.2.44}$$

式中，$R_{1\mathrm{f}}$ 为剪应力比-剪应变关系曲线峰值点对应的剪应力比；k_1 为剪应力比-剪应变关系曲线初始斜率的调整系数，表示土体单元在围压作用下剪切模量的增长系数。

2. 本构方程

对于一般六面单元体，按照等方向压缩应力路径，在二维条件下，则在两个方向的应变增量可表示为：

$$\mathrm{d}\varepsilon_{ix}^\mathrm{p}=\mathrm{d}\varepsilon_{iy}^\mathrm{p}=\frac{\zeta(c_\mathrm{c}-c_\mathrm{e})}{2p(1+e_0)}\left(\frac{p}{p_\mathrm{b}}\right)^\zeta(\mathrm{d}\sigma_x+\mathrm{d}\sigma_y) \tag{4.2.45}$$

式中，c_c 为等向压缩时 $e-(p/p_\mathrm{b})^\zeta$ 坐标中压缩线的斜率；c_e 为等向压缩时 $e-(p/p_\mathrm{b})^\zeta$ 坐标中回弹线的斜率；ζ 为 $e-(p/p_\mathrm{b})^\zeta$ 坐标中各个球应力值下对应破坏应力比集合时两者直线型关系的指数；e_0 为初始孔隙比。且：

$$\begin{Bmatrix}\mathrm{d}\varepsilon_x^\mathrm{p}\\\mathrm{d}\varepsilon_y^\mathrm{p}\\\mathrm{d}\gamma_{xy}^\mathrm{p}\end{Bmatrix}=\mathbf{D}^{-1}\begin{Bmatrix}\mathrm{d}\sigma_x\\\mathrm{d}\sigma_y\\\mathrm{d}\tau_{xy}\end{Bmatrix}=\mathbf{M}\begin{Bmatrix}\mathrm{d}\sigma_x\\\mathrm{d}\sigma_y\\\mathrm{d}\tau_{xy}\end{Bmatrix}=\begin{bmatrix}M_{11}&M_{12}&M_{13}\\M_{21}&M_{22}&M_{23}\\M_{31}&M_{32}&M_{33}\end{bmatrix}\begin{Bmatrix}\mathrm{d}\sigma_x\\\mathrm{d}\sigma_y\\\mathrm{d}\tau_{xy}\end{Bmatrix} \tag{4.2.46}$$

式中，$\mathbf{M}$ 为塑性部分柔度矩阵。且：

$$M_{11}=k_4\left[-\frac{A_1\tau_{xy}}{(\sigma_x-\sigma_y)^2+4\tau_{xy}^2}+A_2+A_3\right]+\frac{\zeta(c_\mathrm{c}-c_\mathrm{e})}{2p(1+e_0)}\left(\frac{p}{p_\mathrm{b}}\right)^\zeta \tag{4.2.47}$$

式中，k_4、A_1、A_2、A_3 分别为系数，可表示为：

$$k_4=\frac{k_2-(R-k_3)}{2\sin2\alpha[k_2+(R-k_3)]}+\frac{1}{2\tan(2\alpha)} \tag{4.2.48}$$

式中，k_2 为剪胀关系中，σ_1/σ_3 与 $-\mathrm{d}\varepsilon_3/\mathrm{d}\varepsilon_1$ 的直线拟合关系式中的斜率；k_3 为剪胀关系中，σ_1/σ_3 与 $-\mathrm{d}\varepsilon_3/\mathrm{d}\varepsilon_1$ 的直线拟合关系式中的截距。以上公式中的参数定义如下：

$$A_1 = \frac{\mathrm{e}^{\left(\frac{\gamma}{b}\right)^c}}{a\left[1-c\left(\frac{\gamma}{b}\right)^c\right]} \frac{2\sin\varphi_\mathrm{m}\left[\cos2(\alpha-\delta)+\sin\varphi_\mathrm{m}\right]}{\left[1+\cos2(\alpha-\delta)\sin\varphi_\mathrm{m}\right]^2} \tag{4.2.49}$$

$$A_2 = \left\{\mathrm{e}^{\left(\frac{\gamma}{b}\right)^c}\sin(2\alpha)\left[\frac{(\sigma_x^2-\sigma_y^2)}{\sqrt{(\sigma_x-\sigma_y)^2+4\tau_{xy}^2}}-\right.\right.$$
$$\left.\left.\sqrt{(\sigma_x-\sigma_y)^2+4\tau_{xy}^2}\right]\right\}\bigg/\left\{a\left[1-c\left(\frac{\gamma}{b}\right)^c\right]\right.$$
$$\left.\left[1+\cos(2\alpha)\sin\varphi_\mathrm{m}\right]^2(\sigma_x+\sigma_y)^2\right\} \tag{4.2.50}$$

$$A_3 = \frac{k_1\gamma}{2a\left[1-c\left(\frac{\gamma}{b}\right)^c\right]p\left(\ln\frac{p}{p_\mathrm{b}}\right)^2}\left\{\left\{\frac{\left(\frac{\gamma}{b}\right)^c\ln\left(\frac{\gamma}{b}\right)}{\left(\ln\frac{a\gamma_\mathrm{r}}{R_\mathrm{1r}}\right)^2}+\frac{c}{ab}\left(\frac{\gamma}{b}\right)^c(ec)^{\frac{1}{c}}R_\mathrm{1f}\left[\frac{\ln c}{c^2}\left(\ln\frac{a\gamma_\mathrm{r}}{R_\mathrm{1r}}\right)^2-1\right]\right\}+1\right\}$$
$$\tag{4.2.51}$$

$$A_4 = -\left\{\mathrm{e}^{\left(\frac{\gamma}{b}\right)^c}\sin(2\alpha)\left[\frac{(\sigma_x^2-\sigma_y^2)}{\sqrt{(\sigma_x-\sigma_y)^2+4\tau_{xy}^2}}+\sqrt{(\sigma_x-\sigma_y)^2+4\tau_{xy}^2}\right]\right\}\bigg/\left\{a\left[1-c\left(\frac{\gamma}{b}\right)^c\right]\right.$$
$$\left.\left[1+\cos(2\alpha)\sin\varphi_\mathrm{m}\right]^2(\sigma_x+\sigma_y)^2\right\} \tag{4.2.52}$$

$$A_5 = \frac{\mathrm{e}^{\left(\frac{\gamma}{b}\right)^c}\sin(2\alpha)\left[\dfrac{4(\sigma_x+\sigma_y)\tau_{xy}}{\sqrt{(\sigma_x-\sigma_y)^2+4\tau_{xy}^2}}\right]}{a\left[1-c\left(\frac{\gamma}{b}\right)^c\right]\left[1+\cos(2\alpha)\sin\varphi_\mathrm{m}\right]^2(\sigma_x+\sigma_y)^2} \tag{4.2.53}$$

$$M_{12} = k_4\left[\frac{A_1\tau_{xy}}{(\sigma_x-\sigma_y)^2+4\tau_{xy}^2}+A_4+A_3\right]+$$
$$\frac{\zeta(c_\mathrm{c}-c_\mathrm{e})}{2p(1+e_0)}\left(\frac{p}{p_\mathrm{b}}\right)^\zeta \tag{4.2.54}$$

$$M_{13} = k_4\left[\frac{A_1(\sigma_x-\sigma_y)}{(\sigma_x-\sigma_y)^2+4\tau_{xy}^2}+A_5\right] \tag{4.2.55}$$

$$M_{21} = k_5\left[-\frac{A_1\tau_{xy}}{(\sigma_x-\sigma_y)^2+4\tau_{xy}^2}+A_2+A_3\right]+$$
$$\frac{\zeta(c_\mathrm{c}-c_\mathrm{e})}{2p(1+e_0)}\left(\frac{p}{p_\mathrm{b}}\right)^\zeta \tag{4.2.56}$$

其中，系数 k_5 表示为：

$$k_5 = \frac{k_2-(R-k_3)}{2\sin2\alpha\left[k_2+(R-k_3)\right]}+\frac{1}{2\tan(2\alpha)} \tag{4.2.57}$$

$$M_{22} = k_5\left[\frac{A_1\tau_{xy}}{(\sigma_x-\sigma_y)^2+4\tau_{xy}^2}+A_4+A_3\right]+$$
$$\frac{\zeta(c_\mathrm{c}-c_\mathrm{e})}{2p(1+e_0)}\left(\frac{p}{p_\mathrm{b}}\right)^\zeta \tag{4.2.58}$$

$$M_{23} = k_5 \left[\frac{A_1 (\sigma_x - \sigma_y)}{(\sigma_x - \sigma_y)^2 + 4\tau_{xy}^2} + A_5 \right] \tag{4.2.59}$$

$$M_{31} = -\frac{A_1 \tau_{xy}}{(\sigma_x - \sigma_y)^2 + 4\tau_{xy}^2} + A_2 + A_3 \tag{4.2.60}$$

$$M_{32} = \frac{A_1 \tau_{xy}}{(\sigma_x - \sigma_y)^2 + 4\tau_{xy}^2} + A_4 + A_3 \tag{4.2.61}$$

$$M_{33} = \frac{A_1 (\sigma_x - \sigma_y)}{(\sigma_x - \sigma_y)^2 + 4\tau_{xy}^2} + A_5 \tag{4.2.62}$$

其中，三维下的应变计算方法，可按照将每两对于物理空间轴向应变方向有贡献的增量部分两两相加得到，如下式所示：

$$\left. \begin{array}{l} \mathrm{d}\varepsilon_x = \mathrm{d}\varepsilon_{xy} + \mathrm{d}\varepsilon_{xz} \\ \mathrm{d}\varepsilon_y = \mathrm{d}\varepsilon_{yz} + \mathrm{d}\varepsilon_{yx} \\ \mathrm{d}\varepsilon_z = \mathrm{d}\varepsilon_{zx} + \mathrm{d}\varepsilon_{zy} \end{array} \right\} \tag{4.2.63}$$

式中，$\mathrm{d}\varepsilon_x$、$\mathrm{d}\varepsilon_y$、$\mathrm{d}\varepsilon_z$ 分别为沿着正应力方向的应变增量；$\mathrm{d}\varepsilon_{xz}$ 为在 xz 两轴二维条件下得到的沿着 x 方向的应变增量；$\mathrm{d}\varepsilon_{xx}$ 为在二维条件下两个正应力值相等条件下的应变增量。由式 (4.2.63) 可知，三维应变为原二维模型计算得到的应变两两叠加的结果，由于三个主应力轴两两相互正交，因而绕三个主轴自旋的加载作用并不耦合，可将二维结果进行叠加处理。

4.2.3 模型预测

分别在主应力轴循环旋转以及往返旋转、三轴压缩等路径下的应力应变关系对模型进行验证，参数如表 4.2.1 所示。

模型参数   表 4.2.1

k_1	p_b (kPa)	R_{1f}	R_{1r}	γ_r	k_2	k_3	c_c	c_e	ζ
12	6	3.1	3	10	2.6	0.3	0.005	0.0015	0.5
12	6	3.1	3	10	1.9	0.3	0.005	0.0015	0.5
12	6	3.1	3	10	1.6	0.3	0.005	0.0015	0.5
12	6	3.1	3	10	1.4	0.3	0.005	0.0015	0.5
360	50	2.05	1	12	1.0	8.4	0.005	0.0015	0.5
1050	50	2.05	1	12	0.2	2.4	0.020	0.0015	0.5
900	50	2.05	1	12	0.1	1.5	0.080	0.0015	0.5

图 4.2.6 中离散点表示为 Matsuoka 等关于铝棒堆积体所做的二维摩尔应力圆圆周路径测试结果，其中 x 方向表示竖向方向，y 方向表示水平方向。由于测试路径为主应力轴连续旋转试验，表示摩尔应力圆圆周连续四周逆时针旋转。大主应力 $\sigma_1 = 50\mathrm{kPa}$，小主应力 $\sigma_3 = 30\mathrm{kPa}$，大小保持恒定。图 4.2.6 表示第一~第四周内每一周的应变随剪正应力比反正切角的变化规律。其中，为对比观察方便，将第二~第四周内每次起始时刻的应变置为初始零值。则由图 4.2.6 可知，随着每一周的圆周路径加载，体变增量越来越小。考虑到铝棒堆积体模拟的是粒状无黏性土材料，因而实质上为应力状态相关材料。且由实测结

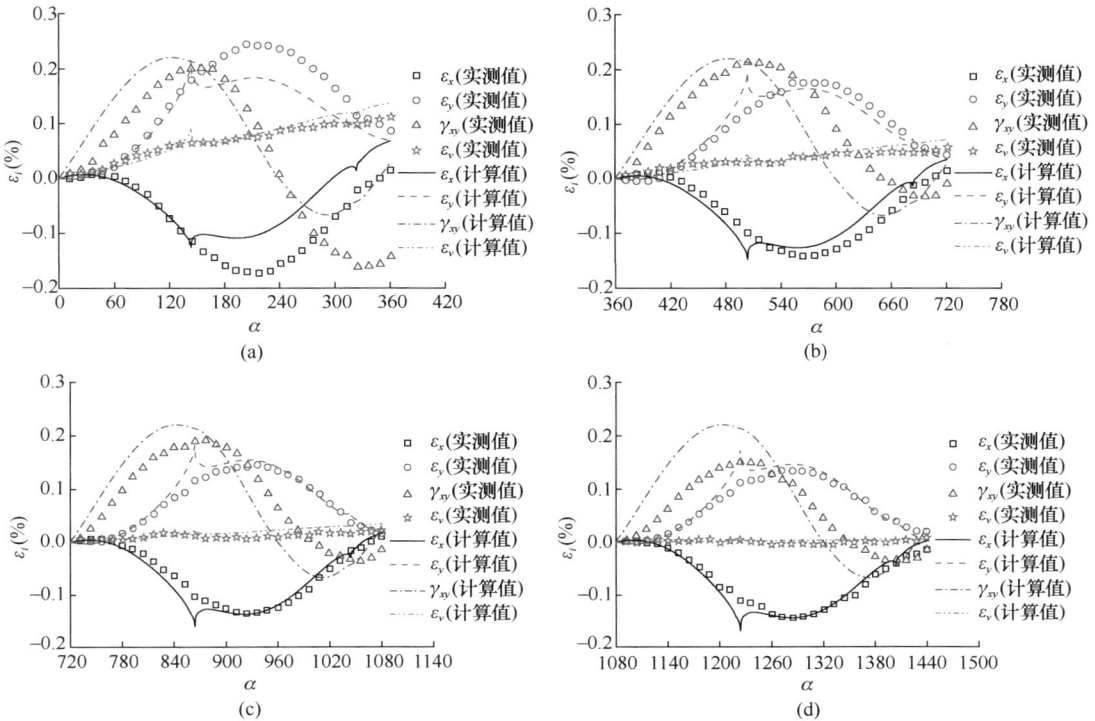

图 4.2.6　摩尔圆圆周应力路径预测对比

（a）第一周期应力；（b）第二周期应力；（c）第三周期应力；（d）第四周期应力

果表明，剪正应力比值随着四周内的连续加载，在每一周的体变增量与剪应变增量比发生变化，具体规律为随着周期次数的增大，对应的剪胀方程的直线曲线斜率逐渐减小，而截距逐渐增大。因而，对应于图 4.2.6 的每个周期内的一个圆周路径加载，其对应的剪胀参数产生变化，对于 k_2 可依次确定为 2.6、1.9、1.6、1.4。如图 4.2.6（a）所示，在第一周期内，ε_x、ε_y 计算值相比实测值较小，剪应变 γ_{xy} 计算幅值相对实测较小。体变吻合较好。图 4.2.6（b）～（d）中的 ε_x、ε_y 计算值与实测值吻合较好，剪应变 γ_{xy} 计算幅值相对于实测值稍大。图 4.2.7 中正方向加载所用参数与表 4.2.1 中第 1 行完全相同，由于反向加载时起始点对于堆积体有所扰动，因此在反向加载中，$k_1 = 26$，$k_2 = 1.4$。

图 4.2.7（a）分别为沿着摩尔圆圆周路径逆时针旋转从 0°到 180°，然后从 180°返回 0°，图 4.2.7（b）对应的是从 0°到 360°，然后从 360°返回 0°，由上述两条循环圆周应力路径，可得到如图 4.2.7 所示的预测对比结果。为便于 x 轴表示，将 180°～0°的应变曲线由 180°～360°表示，图 4.2.7 中的 360°～0°也由 360°～720°表示。由图 4.2.7 中的半周往返加载结果对比可知，ε_x、ε_y 计算值相比实测值较小，γ_{xy} 计算幅值在 240°～360°，即返回初始应力点时计算偏小。图 4.2.7（b）中的 ε_x、ε_y 计算值相比实测值较小，而 γ_{xy} 计算幅值则较实测值偏大。由图 4.2.7 可知，正向加载过程中，体变一直出现较大增长，而反向加载过程中，体变增量出现较大程度的减小。模型预测中也体现出上述体变规律特点。

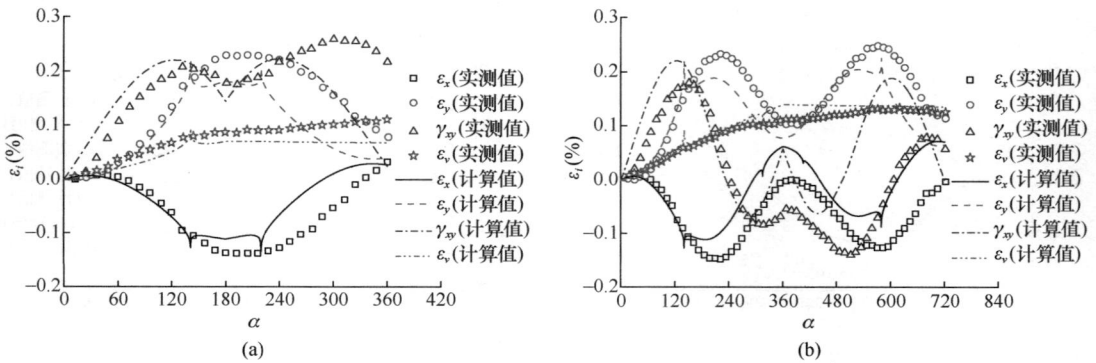

图 4.2.7 摩尔圆圆周应力路径预测对比

(a) 半周往返；(b) 全周往返

图 4.2.6 (a) 及图 4.2.7 (a) 分别为全周连续旋转一周和正反旋转各半周的对比结果。根据摩尔圆上的角度可知，对应于主应力轴转角为半角关系，图 4.2.6 (a) 相当于主应力轴转过 180°，在转过 90°后则一般剪应变的发展方向与 90°前方向相反，因此图 4.2.6 (a) 中的一般剪应变呈现近似正弦曲线的形态，且由于加载为连续旋转，因此体变一直处于累积状态。图 4.2.7 (a) 则相当于主应力轴在转到 90°即刻反转回到初始 0°的过程，在正向旋转半周中，与图 4.2.6 (a) 完全相同，然而反转相当于一般剪应变继续累积，而且是在 90°的基础上，因而剪应变会有一个非零的初始值。但由于发生反转，颗粒之间发生调整，因而体变增量会出现一定程度的滞后，待经过增加一定的反转角度后，体变累积增量继续增大。

图 4.2.8 为 D. A. Sun 等关于 Toyoura 砂土所做的常规三轴压缩试验结果，分别在围压为 200kPa、500kPa、1000kPa 下开展加载试验，其中，应力比为大主应力与小主应力之比，下侧的曲线为体变曲线，由图 4.2.8 可以看出，随着围压的增大，应力比逐渐减

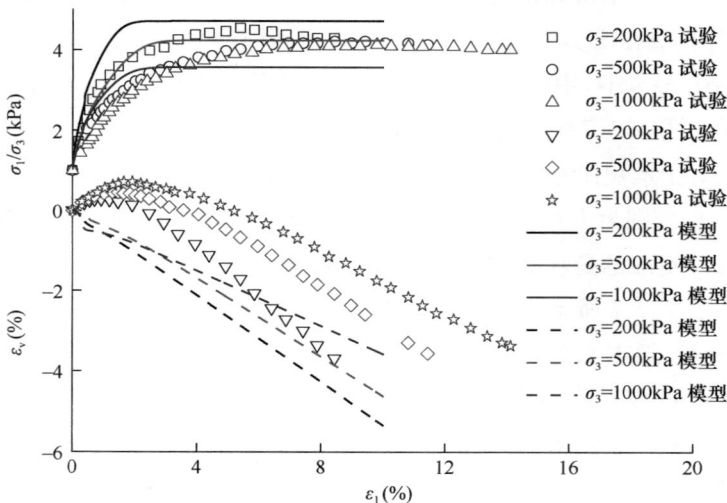

图 4.2.8 不同围压下常规三轴压缩下的应力应变关系模拟对比

小，而体缩逐渐增大，体胀幅度减小，用所提 WB 模型能够基本反映上述特性。

4.2.4 结论

本文分析了三维主应力空间中，纯主应力轴旋转过程中单元体主应力轴的旋转过程，将单元体在主应力空间中的一般旋转过程分解为单元体绕 3 个物理空间主轴的自旋相叠加过程，并推导得到单元体主应力轴旋转过程中一般旋转角与绕物理空间坐标自旋角的转换关系式。在二维主应力轴旋转条件下，推导得到主应力轴旋转角与应力摩尔圆上剪正应力比反正切角的半角关系式，并推导得到三维主应力旋转条件下，主应力旋转角与应力摩尔圆上剪正应力比反正切角的关系式。利用所提的 WB 模型，对主应力轴旋转连续加载以及往返加载分别进行了预测验证。根据结果，可得到如下结论：

（1）主应力轴旋转作用过程，可将主应力轴旋转角转化为物理空间坐标轴自转角。再利用物理坐标自转角得到应力摩尔圆上剪正应力比反正切角，从而最终由主应力轴转角转化为由一般剪应力、正应力来作为控制变量。

（2）基于一般应力应变关系构建的 WB 增量模型，可利用由主应力轴旋转所导出的一般应力值大小组合变化来模拟主应力轴旋转过程。对于一些复杂应力路径，如主应力轴连续旋转加载、主应力轴正、反向往返加载下的变形特性进行了模拟。模拟结果表明，所建议的 WB 模型可比较简单方便地应用于一般应力应变关系的模拟。

4.3 基于 UH 模型改进剪胀特性的黏土超固结模型

摘 要：超固结黏土力学特点反映出应力历史对于黏土当前的强度以及变形特性的影响，相对于正常固结黏土，超固结黏土往往表现出更高的强度应力比，以及更小的剪缩体变、更大的剪胀体变，还会伴随应变硬化、软化等现象。UH 模型是用来描述超固结土应力应变关系的一个简单又实用的模型，上述现象都可以由 UH 模型来反映。然而，超固结度对于剪胀存在直接影响，具体表现为两点：（1）超固结程度对于剪胀产生时所对应的变相应力比直接相关，超固结度越大，则变相应力比越小。（2）超固结度越大，则产生的体缩应变越小，体胀应变越大。UH 模型中由于变相应力比简化为与临界状态应力比相等，因而变相应力比固定，无法反映随超固结程度变化而产生的变化。为克服上述问题，将剪胀方程中的变向应力比表达为超固结应力比参数 R 的幂函数，为反映欠固结土的大体积剪缩特性，采用非相关联流动法则，引入状态参量修正屈服面形状为水滴形曲面，塑性势面为椭圆面。通过试验预测对比，改进模型可较好地反映超固结度对于剪胀特性的双重影响。

关键词：过度固结黏土；强度；变形；欠固结土壤；膨胀性

引言

自然沉积场地中的黏土或多或少地都会存在一定程度的超固结特性，超固结度被用来衡量黏土体单元在应力历史上曾经受到的最大应力。大量的室内试验证实，超固结度越大，超固结土体单元在剪切加载下则体积剪缩量越小，而体积剪胀量越大。另外，随着超固结度的增大，则剪胀越容易发生，即由剪缩到剪胀产生的应力比越小，一些重超固结度黏土甚至在剪切加载下直接产生剪胀。剪胀现象对于超固结黏土产生两个方面的影响，其一直观的影响是体变的变化规律以及最终的体变量，其二是对于超固结土强度的贡献。试验结果表明，重超固结土的剪胀量相当可观，在不排水条件下导致负孔压，有效应力进一步加大。应力比也始终处于临界状态线以上，最终随着加载进程渐渐趋近于临界状态线或达到临界状态线以上的某点。超固结黏土在越过峰值点后，剪胀增量逐渐减小，随着应力比趋于临界状态应力比，剪胀增量也趋于零。对于欠固结土而言，由于其未曾经历正常固结历程，因而在等方向压缩路径下表现出更大的体积压缩特性，但临界状态特性与正常固结黏土相同。在黏土模拟方面，基于正常固结重塑黏土试验规律得到的修正剑桥模型是最具有普适性的弹塑性本构模型。修正剑桥模型在等方向压缩即应力比 $\eta=0$ 应力路径下以及临界状态特性 $\eta=M$ 条件下准确地描述了应力比在两端条件下的体变压缩特性，因而可以利用插值函数来描述应力比在上述两者之间的体变压缩特性。修正剑桥模型所采用的剪胀方程可表示为：

$$\frac{\mathrm{d}\varepsilon_\mathrm{v}^p}{\mathrm{d}\varepsilon_\mathrm{d}^p} = \frac{M^2 - \eta^2}{2\eta} \qquad (4.3.1)$$

由式（4.3.1）可知，变相应力比与临界状态应力比 M 相等。由于临界状态应力比表示应力比的上限，因此塑性体积应变增量只能为正值，不能为负值，即表示只能剪缩，没有剪胀。为描述超固结土的剪胀特点，一个很自然的思路就是继续扩展修正剑桥模型，使其能够描述超固结土特有的性质。在这方面比较有代表性的成果是姚仰平等发展的 UH 模型，超固结土 UH 模型是在修正剑桥模型框架下增加了一个统一硬化参数，使模型能够描述超固结土的剪缩、剪胀、应变硬化、软化等特性，在超固结度为 1 的情况下自然退回到修正剑桥模型。采用基于抛物线的扶斯列夫线的强度来修正潜在强度参量后，所用参数也与修正剑桥模型完全相同，成为目前可以描述超固结土应力应变关系特性的最简单实用的本构模型。与之相类似的如 Hashiguchi 的下加载面模型、Nakai 的 tij 模型，都是在修正剑桥模型框架下独立发展的模型。下加载面模型认为在应力空间中存在与正常固结土屈服面呈现几何相似关系的下加载面，因当前应力点始终位于下加载面上，给出下加载面与正常固结土屈服面几何相似比的演化增量关系式，在此基础上通过解析推导得到描述超固结土的本构方程。tij 模型则是基于 SMP 准则构造变换张量，将普通应力表示的屈服面方程引入 t 空间中处理，能够更合理地描述三维应力应变关系。另一个比较典型的就是 Dafalias 提出的边界面模型，通过两段椭圆和一段双曲线来构造一个封闭的边界面，给出边界面的塑性模量公式，当前的塑性模量可通过当前应力点到像点的距离比为自变量所构造的插值函数得到。插值函数是直接给定的全量函数，在描述重超固结土的不排水强度时比较合理。但模型参数较多，且其中一些无法通过试验测定。关于描述土的剪胀量差异方面，Li 等引入了状态参量到剪胀方程中，使所建立的本构模型能够反映初始状态差异带来的剪缩以及剪胀量等的差异。Gao 等以边界面模型为框架，用相似比为自变量构造了变向应力比，并引入剪胀方程中，使之能够反映不同超固结度的剪胀量差异，然而用于修正边界面形状的参量是随超固结度变化的，目前关于屈服面形状与超固结度相关的做法尚值得商榷。

鉴于 UH 模型对于超固结黏土的剪胀特性具有较好的模拟特点，拟在超固结 UH 模型基础上做出两点改进，一是将反映欠固结土较大体积压缩特性用一个初始状态参量来表征，将该状态参量 χ 引入屈服面方程中，以期反映欠固结土的更大体积压密特点。二是采用非相关联流动法则，塑性势面中的变向应力比表达为初始超固结应力比参数 R 的幂函数形式，可简单合理地反映不同超固结度条件下不同的变相应力比，且剪缩量随超固结度的增大而减小，而剪胀量随之增大。修正模型一方面扩展了黏土从超固结到欠固结状态的描述范围，另一方面对于超固结土的剪胀特性的描述得到更为准确的结果。

4.3.1 模型基本方程

1. 参考屈服面与当前屈服面方程

采用的参考屈服面方程可表示为：

$$\bar{f} = \ln \frac{\bar{p}}{\bar{p}_0} + \ln\left(1 + \frac{\eta^2}{M^2 - \chi\eta^2}\right) - \frac{\varepsilon_v^p}{c_p} = 0 \tag{4.3.2}$$

当前屈服面方程可表示为：

$$f = \ln \frac{p}{p_0} + \ln\left(1 + \frac{\eta^2}{M^2 - \chi\eta^2}\right) - \frac{1}{c_p}\int \frac{M_f^4 - \eta^4}{M_c^4 - \eta^4} \mathrm{d}\varepsilon_v^p = 0 \tag{4.3.3}$$

塑性势面方程为：

$$g = \ln \frac{p}{p_0} + \ln\left(1 + \frac{\eta^2}{M_c^2}\right) - \frac{1}{c_p}\int \frac{M_f^4 - \eta^4}{M_c^4 - \eta^4} \mathrm{d}\varepsilon_v^p = 0 \tag{4.3.4}$$

其中，$\bar{p}$ 为参考屈服面上某一点的平均应力；$\bar{p}_0$ 则对应于 p_0 的参考初始平均应力；χ 为初始状态参量；η 为应力比，表示 q/p；ε_v^p 表示塑性体积应变；c_p 表示由参数所构成的一个常量表达式，$c_p = (\lambda - \kappa) / (1 + e_0)$。$M$ 为临界状态应力比；p 以及 p_0 分别为对应当前屈服面上的平均应力以及初始平均应力。M_c 为变相应力比，表示体应变从剪缩到剪胀过渡时刻所对应的应力比，也可表示从正孔压到负孔压转变时刻所对应的应力比。M_f 表示潜在强度应力比，表示超固结土所具有的强度势的概念。

图 4.3.1 为所对应屈服面形状，由椭圆到水滴形，χ 依次分别为 0、0.1、0.3、0.5、0.7、0.9、1 时所对应的屈服面。

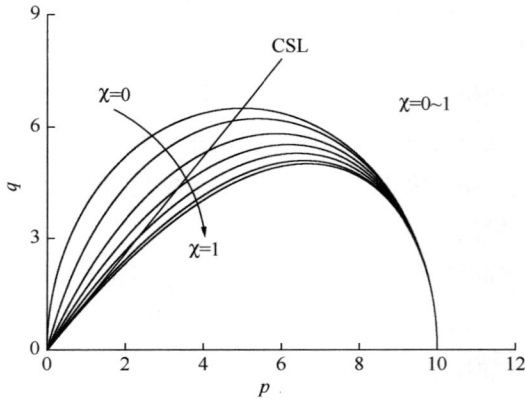

图 4.3.1　状态参量 χ 为不同值时对应的屈服面

如图 4.3.2 所示，对应的三条平行的斜直线分别为正常固结线 NCL、临界状态线 CSL、最密固结线 DCL。假定最密固结线为密度的上限，即对应孔隙比的下限。则考虑四种不同初始状态点 A、B、D、G，分别由上述四点开展等 p 路径剪切加载，由于 A 点位于 NCL 线上，则剪切全程恒为体积剪缩，沿着 AC 路径直接到达位于临界状态线上的 C 点，所对应的体应变为 $c_p\ln2$。当初始点位于 NCL 线的下方、DCL 线的上方，两条线之间的区域时，如 D 点，则会先剪缩到达 E 点，而后开始剪胀一直到达 F 点。当初始点位于 B 点时，由于对应的是当前平均应力下的最密状态，因而在剪切加载过程中全程处于剪胀过程，从 B 点到达 C 点。而当初始点位于 NCL 线上方区域，如 G 点，则对应的是欠固结土的状态，此时，会沿着 GH 路径直接剪切加载到 H 点，经历全程剪缩状态。

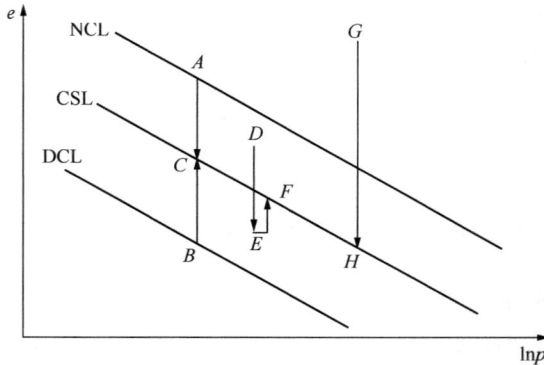

图 4.3.2　不同初始状态时对应的等 p
应力路径加载下的孔隙比变化规律

正常固结线的方程可表示为：

$$e = N - \lambda\ln p \tag{4.3.5}$$

临界状态线方程为：

$$e = \Gamma - \lambda \ln p \tag{4.3.6}$$

最密固结线方程:

$$e = D - \lambda \ln p \tag{4.3.7}$$

对于欠固结土的剪缩过程,可以采用初始状态参量 χ 进行表达。假定此时从 G 到 H 的过程,可以由体变方程来表达,则可写为:

$$\varepsilon_v^p = c_p \left[\ln \frac{p}{p_0} + \ln \left(1 + \frac{\eta^2}{M^2 - \chi \eta^2} \right) \right] \tag{4.3.8}$$

考虑为等 p 路径,则式(4.3.8)可简化为:

$$\varepsilon_v^p = c_p \ln \left(1 + \frac{1}{1 - \chi} \right) \tag{4.3.9}$$

且塑性体变与体应变相等,则:

$$\varepsilon_v^p = \varepsilon_v = \frac{\Delta e}{1 + e_0} = \frac{e_0 - \Gamma + \lambda \ln p_0}{1 + e_0} \tag{4.3.10}$$

联立式(4.3.9)、式(4.3.10),可得状态参量 χ 的表达式:

$$\chi = 1 - \frac{1}{\exp\left(\dfrac{e_0 - \Gamma + \lambda \ln p_0}{\lambda - \kappa} \right) - 1} \tag{4.3.11}$$

当 e_0 位于 NCL 线上时,由式(4.3.10)可得:

$$\chi = 1 - \frac{1}{\exp(\ln 2) - 1} = 0 \tag{4.3.12}$$

此时,与图 4.3.1 中的椭圆屈服面相对应。

当 e_0 位于 NCL 线上方区域时,由于 $\Delta e > (\lambda - \kappa) \ln 2$,此时代入式(4.3.11),则可知:

$$0 < \chi = 1 - \frac{1}{\exp\left(\dfrac{\Delta e}{\lambda - \kappa} \right) - 1} < 1 \tag{4.3.13}$$

对应的是初始欠固结状态。

由此可根据初始孔隙比与 NCL 线上的同等平均应力下的孔隙比相比来确定状态参量 χ 的值:

$$\chi = \begin{cases} 1 - \dfrac{1}{\exp\left(\dfrac{e_0 - \Gamma + \lambda \ln p_0}{\lambda - \kappa} \right) - 1} & e_0 > e_n \\ 0 & e_0 \leqslant e_n \end{cases} \tag{4.3.14}$$

2. 剪胀方程

由式(4.3.3)可知,采用的剪胀方程为:

$$\frac{\mathrm{d}\varepsilon_v^p}{\mathrm{d}\varepsilon_d^p} = \frac{M_c^2 - \eta^2}{2\eta} \tag{4.3.15}$$

其中，变相应力比表达式可由初始超固结应力比参数 R_0 确定得到，可由以下方程表示：

$$M_c = MR^{R_0} \tag{4.3.16}$$

其中，R_0 为初始状态所对应的初始超固结应力比参数 R。

潜在强度应力比可表示为：

$$M_f = 6(\sqrt{k(1+k)} - k) \tag{4.3.17}$$

$$k = \frac{M^2}{12(3-M)R} \tag{4.3.18}$$

超固结应力比参数 R 可表示为：

$$R = \frac{p\left[1 + \dfrac{(\eta/M)^2}{1 - \chi(\eta/M)^2}\right]}{\bar{p}_0 \exp(\varepsilon_v^p/c_p)} \tag{4.3.19}$$

对于欠固结土，由于未曾经历正常固结过程，因而在相同的平均应力下其初始孔隙比总是大于 NCL 线上的孔隙比。

由图 4.3.3 可知，对于超固结土，当沿着 NCL 线等向固结到点 C 后，卸载回弹到点 D，则此时的超固结度为 $\mathrm{OCR} = p_C/p_D$，$R = p_D/p_C$。若对于欠固结土，当初始状态位于 A 点时，已无法从 NCL 线上找到先期固结压力，考虑到在 $e-\ln p$ 空间内存在一条最松固结线，即 LCL 线，则对于当前初始状态 e_A、p_A，总能通过回弹线在 LCL 线上找到对应的一个先期欠固结压力 p_B，由于未完成固结，因此可定义此时的 $R = p_A/p_B$。

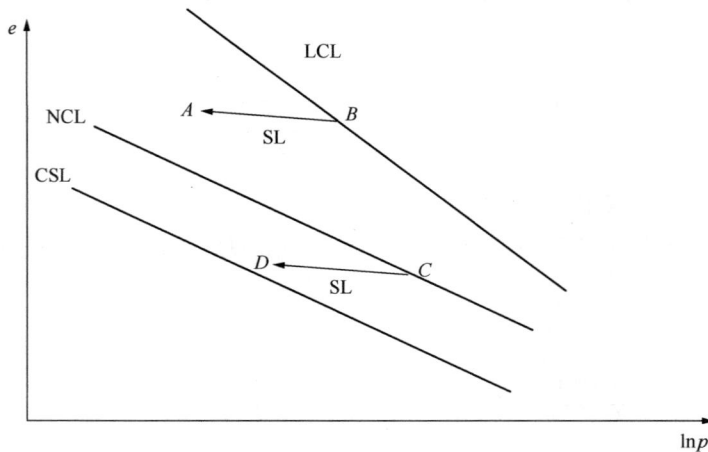

图 4.3.3　不同初始状态时由回弹线确定的超固结应力比参数 R

最松固结线可表示为：

$$e = T - \alpha \ln p \tag{4.3.20}$$

对于变相应力比的定义，可重新定义为：

$$M_c = \begin{cases} M & e_0 > e_n \\ MR^m & e_0 \leqslant e_n \end{cases} \tag{4.3.21}$$

变相应力 M_c 随 R 的变化规律如图 4.3.4 所示。

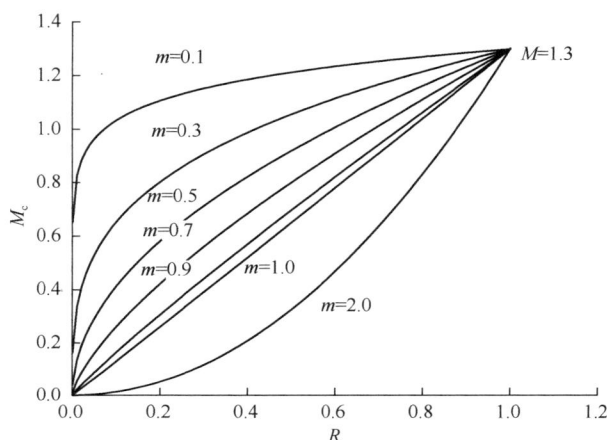

图 4.3.4 参数 m 不同值时确定的变

相应力比 M_c 随 R 的变化规律

4.3.2 模型本构方程

模型采用增量弹塑性本构关系，总应变增量分解为弹性应变增量和塑性应变增量两部分，其关系为：

$$d\varepsilon_{ij} = d\varepsilon_{ij}^e + d\varepsilon_{ij}^p \tag{4.3.22}$$

弹性应变增量可由广义虎克定律得到：

$$d\varepsilon_{ij}^e = \frac{1+\nu}{E} d\sigma_{ij} - \frac{\nu}{E} d\sigma_{mm}\delta_{ij} \tag{4.3.23}$$

弹性模量 E 可表示为：

$$E = \frac{3(1-2\nu)(1+e_0)p}{\kappa} \tag{4.3.24}$$

塑性应变增量可由一致性法则得到：

$$d\varepsilon_{ij}^p = \Lambda \frac{\partial g}{\partial \sigma_{ij}} \tag{4.3.25}$$

图 4.3.5 为典型的超固结土的应力应变关系以及强度参量的演化过程。当初始 OCR ＝8 时，在常规三轴压缩条件下，应力比随着偏应变的增长而出现应变硬化，应变软化现

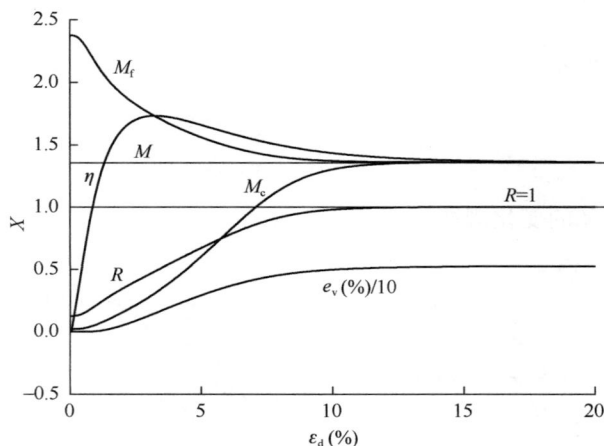

图 4.3.5　OCR＝8 时强度参数随偏应变的演化规律

象，同时出现先剪缩后剪胀的现象。超固结应力比参数 R 从初始值 0.125 逐渐增大，当偏应变达到 20％时刻趋近于 1，表明超固结程度随着加载过程逐渐衰减。变相应力比从初始时稍大于 1 的值逐渐增大，当与应力比相交时，表明此时是剪缩与剪胀的转换点，当应力比大于变相应力比后，始终处于剪胀状态，潜在强度 M_f 随着加载而逐渐衰减，当与应力比相交后，应力比由于大于潜在强度值，造成硬化参量增量 $dH<0$，此时塑性模量处于衰减状态，因而造成应力比逐渐减小，形成了应变软化结果。

当初始 $R_0=10$ 时，此时的应力比一直处于递增状态，趋近于临界状态应力比 M，潜在强度从初始的稍大于 0.5，逐步增大，而变相应力比始终与临界状态应力比 M 相等。硬化参量中，由于分子 $M_f<M_c$，因而造成硬化参量中系数 $\Omega=(M_f^4-\eta^4)/(M_c^4-\eta^4)<1$，导致塑性体积应变要大于 OCR $=1$ 时的体变。图 4.3.6 中 $R_0=10$ 的体变要显著大于 $R_0=1$ 时的体变。

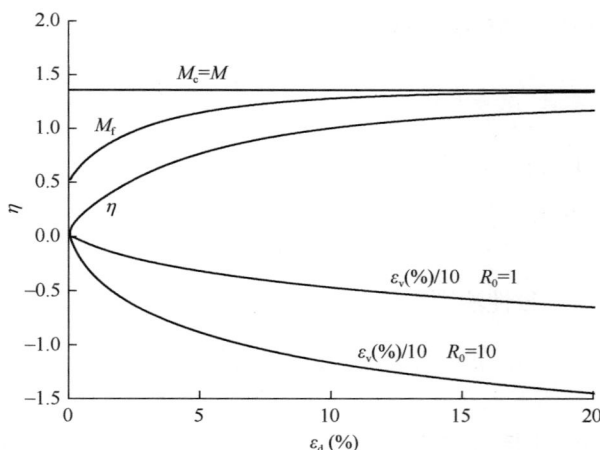

图 4.3.6　$R_0=10$ 时强度参数随偏应变的演化规律

图 4.3.7 为所对应的三种不同初始 R 值在加载过程中的演化曲线，随着偏应变逐步达到 20%，此时不同初始 R 值均逐步趋近于 1。R_0 分别为 10、1、0.125，随着加载过程，R 值都趋近于 1。

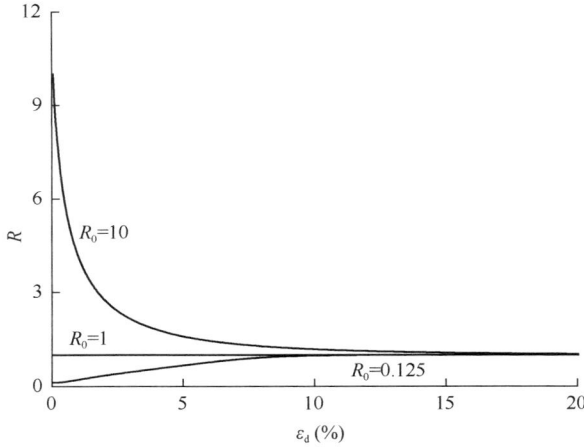

图 4.3.7 R_0 为不同初始值时候 R 随剪应变的演化规律

4.3.3 参数确定

1. 变相应力比参数 m 的确定

由式（4.3.20）可知，变相应力比 M_c 始终为超固结应力比参数 R 的函数，在体缩到体胀的转换点时刻，此时 R 值与初始 R_0 值是不同的。随着加载进程，R 从 R_0 一直到 1 之间过渡变化，因此可设在变相应力比时刻，此时的 R 与初始时刻的 R_0 值存在关系：

$$R^m = hR_0^m \tag{4.3.26}$$

其中，h 为大于 1 的数值。

由式（4.3.21），再结合式（4.3.26），可得：

$$\ln \frac{M_c}{M} = m\ln R_0 + \ln h \tag{4.3.27}$$

图 4.3.8 中离散点为根据 Nakai 关于滕森黏土所做的三轴压缩试验取得的变相点时刻的应力比，对于不同初始超固结度，OCR 分别选取 2、4、8 的三种试样，进行采集数据，用对数变换建立应力比与 R_0 的线性化关系。由图 4.3.7 中拟合的直线可知，m 值可取为 2。

2. 最松固结线截距及斜率的确定

由式（4.3.19）可知，$e-\ln p$ 空间中存在一条最松固结线。事实上，由于试样在固结过程中总会出现一定程度的固结，因而很难达到理想中的最疏松状态，可采用等向压缩线线族中的渐近线作为最松固结线来使用。

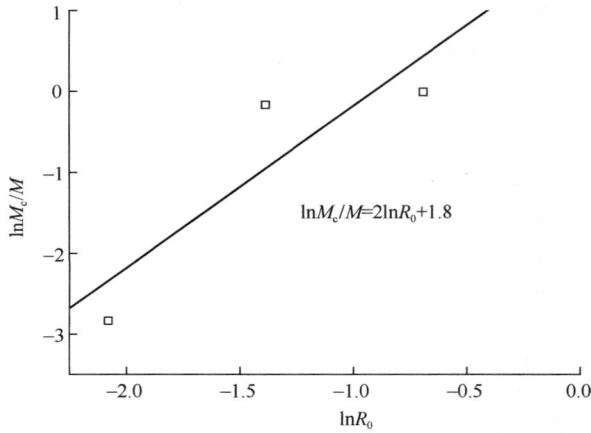

图 4.3.8　R_0 根据初始 R 值来确定变相应力比参数 m 值

事实上，由于黏土在自然沉积过程中总会存在一定程度的胶结特性，使之具备天然的结构性，因此在等方向压缩线上，通常会呈现两条典型先平台、后陡降段的曲线模式。图 4.3.8 中 NCL 线为正常固结重塑黏土的正常压缩线，CSL 表示临界状态线，而 SNCL 表示具有一定结构性的压缩线。通常由于其具有一定的平台特点，可由两条直线型的渐进线对该 SNCL 进行包络，因而具有一定结构特性的都可由上述两条渐进直线来近似表达。对于最松固结线，则可根据第二阶段的直线渐近线表示，由图 4.3.8 中的虚线表示。

3. 其余参数确定

剩余参数中，由于建立在超固结土 UH 模型基础上，因而其余参数与修正剑桥模型完全相同，为临界状态强度应力比 M，泊松比 ν，压缩线斜率 λ，回弹线斜率 κ，确定方法也完全由室内三轴压缩以及压缩试验确定。

4.3.4　模型验证

为验证所修正模型的适用性以及合理性，采用一系列黏土试验结果对模型的预测性能进行校验。图 4.3.9 及图 4.3.10 中离散点为 Pestana 等关于 Boston 蓝黏土在不排水三轴压缩条件下的试验成果。超固结度分别为 1、2、4、8，采用先期固结压力作为归一化的平均应力。由图 4.3.9 可知，对于正常固结黏土，预测的剪切模量基本与试验结果吻合，但最终强度值的预测值高估了实际结果，从 OCR＝4 及 OCR＝8 的对比来看，预测的剪切模量要稍微低于实测结果，最终应力比强度值基本能够吻合。从图 4.3.11 的有效应力路径可知，正常固结黏土的实测值要比预测值的体缩量更大，也更软。从超固结度 4、8 的应力路径对比来看，过高地估计了剪胀量，应力比强度基本一致，对于超固结度 2 最后阶段出现剪缩的状况，而预测结果出现了剪胀，初步分析认为是黏土的胶结结构性质对剪胀性产生影响，基于在 OCR 较小条件下固结的土样，或多或少地存在一些天然结构性，这些结构性在剪切作用下会产生较重塑土试样更大的体积收缩现象。材料参数见表 4.3.1。

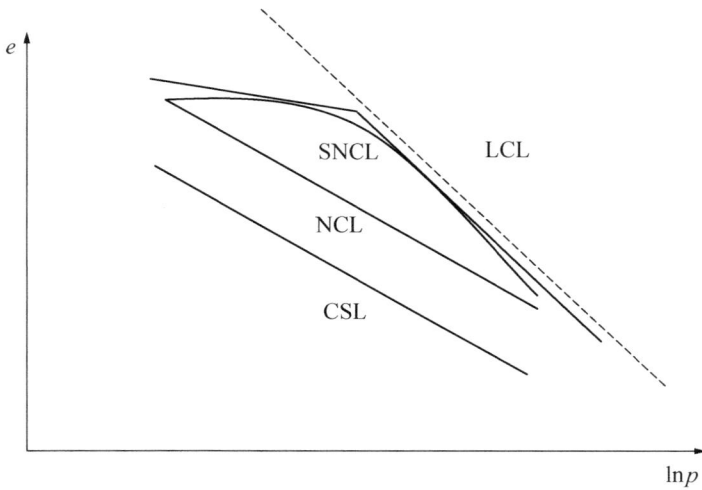

图 4.3.9　黏土等方向压缩路径下 LCL 线的确定

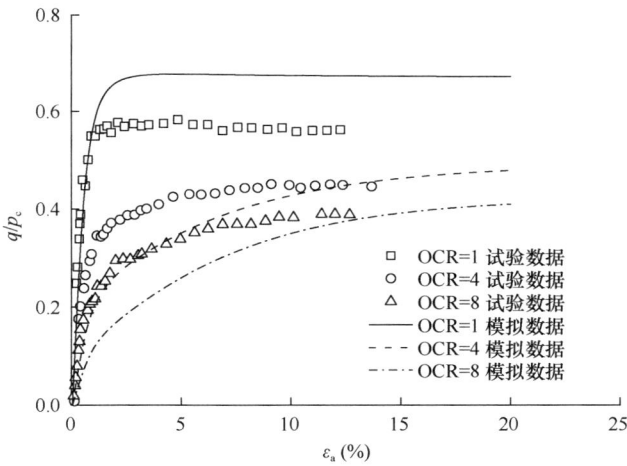

图 4.3.10　Boston blue clay 应力比与轴应变关系预测结果对比

材料参数　　　　　　　　　　　　　　　　　　　　　　　　表 4.3.1

参数	M	λ	κ	ν	m	T	α
波士顿蓝黏土	1.15	0.09	0.02	0.3	0.2	1.5	0.11
高岭土	1.04	0.14	0.058	0.3	0.2	1.5	0.11
黑高岭土	0.82	0.085	0.024	0.3	0.2	1.5	0.11
富金森黏土	1.36	0.09	0.02	0.3	2.0	1.5	0.11

图 4.3.12、图 4.3.13 中的离散点为 Stipho 等关于 Kaolin 黏土所做的三轴不排水剪切试验结果，细线则为采用修正模型进行预测的结果。所采用的试样状态分别是超固结度为 1、1.2、2、5、8、12 六种不同的初始固结状态。由图 4.3.12 可知，OCR＝1 及 OCR

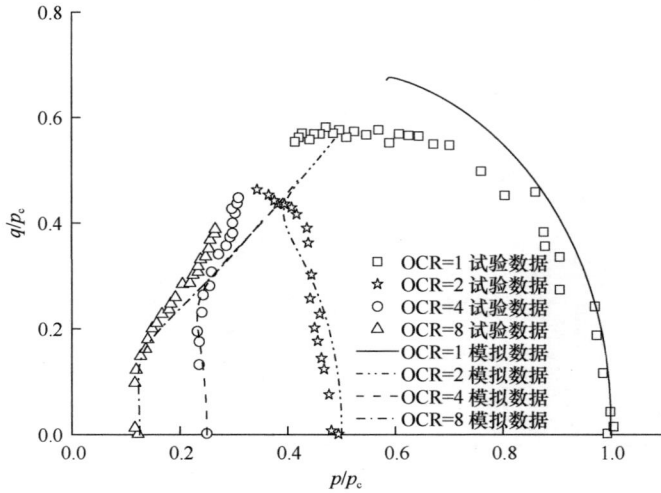

图 4.3.11　Boston blue clay 有效应力路径预测结果对比

＝1.2两种情况下，预测值高估了试验结果，从实际加载路径对比来看，试验结果表现出更大的体缩特点，较预测值更软。当 OCR＝2、5、8、12 时，从对比结果来看，应力比曲线以及应力路径都与试验结果基本一致。这说明，在较低的 OCR 下，土体试样中的胶结特性始终对于剪胀产生不可忽视的影响，直接的表现是更大的体积压缩特性以及更大的正孔压。

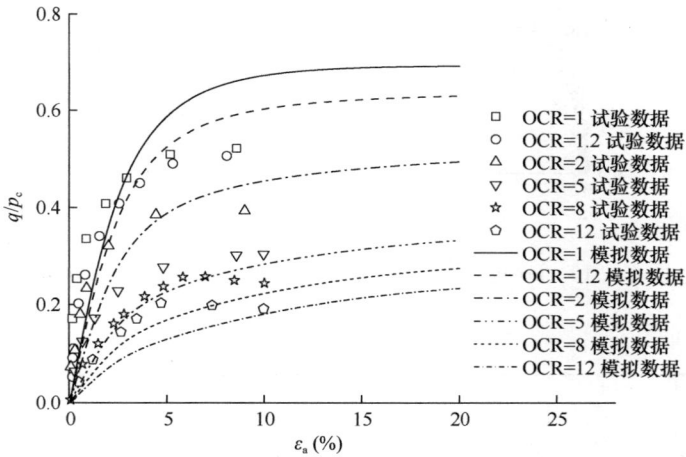

图 4.3.12　Kaolin clay 应力比与轴应变关系预测结果对比

　　图 4.3.14 及图 4.3.15 中离散点为 Zervoyanis 关于 Black kaolinite 黏土所做的常规排水三轴剪切试验结果，曲线为模型的预测结果。超固结度为 1、2、4、8。由对比可知，在正常固结黏土剪切过程中，体积剪缩量较预测值更大，同时剪切模量也较预测值小。而当 OCR＝2、4、8 时，无论是广义偏应力还是孔隙比，预测值与试验结果更加符合。广

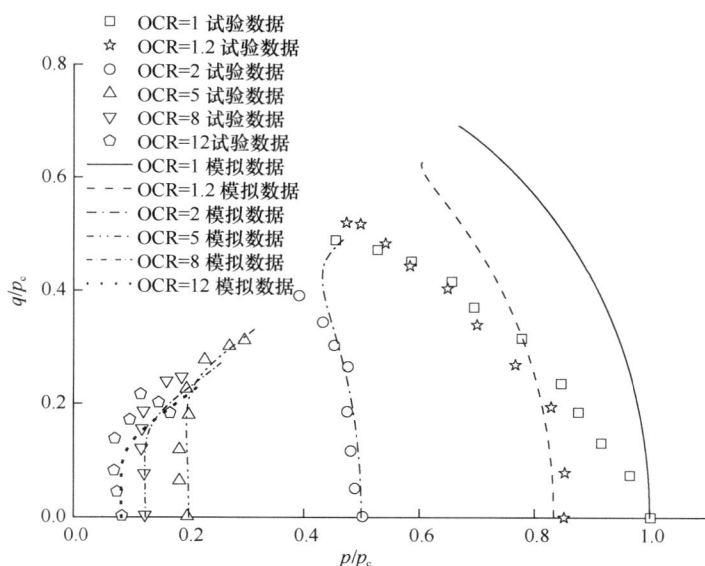

图 4.3.13　Kaolin clay 有效应力路径预测结果对比

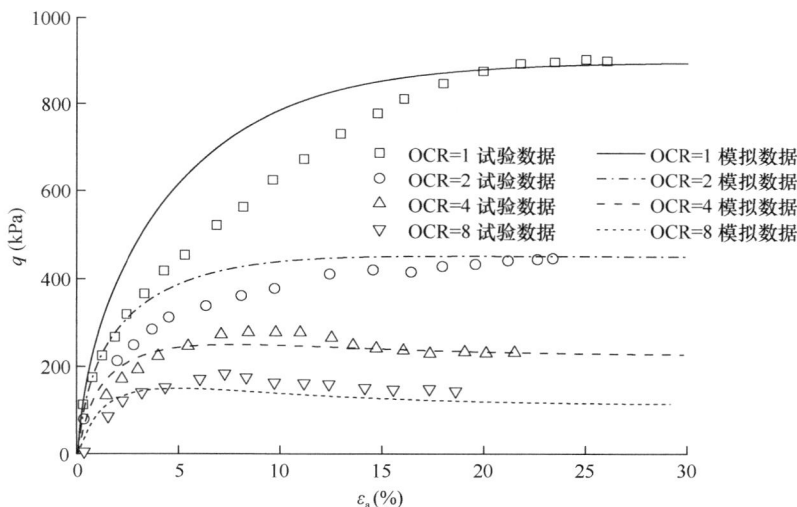

图 4.3.14　Black kaolinite clay 偏应力与轴应变关系预测结果对比

义偏应力随加载过程出现的材料软化现象都可由修正模型得到反映。另外，孔隙比先减小后增大也体现了修正模型能反映先剪缩后剪胀的变形特性。

图 4.3.16 及图 4.3.17 中离散点为 Nakai 等关于藤森黏土所做的等 p 路径下的排水三轴压缩以及三轴伸长试验结果。其中对于 OCR=8 的平均应力控制为 98kPa，而对于其余 OCR 的试样平均应力控制为 196kPa。由三轴压缩对比，应力比的预测值与实测值基本保持一致，右侧坐标表示体变结果的坐标值。由对比可知，随着 OCR 的增大，土体剪缩量逐渐减小，剪胀量逐步增大，且随着 OCR 的增大，剪胀发生时刻所对应的应力比 η 逐渐

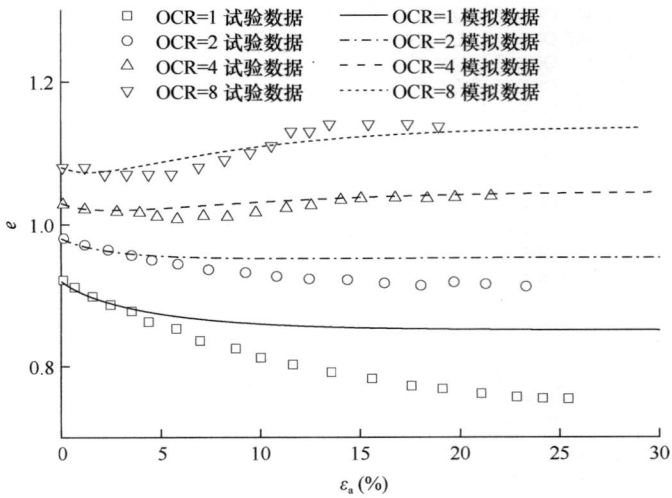

图 4.3.15　Black kaolinite clay 孔隙比变化过程预测结果对比

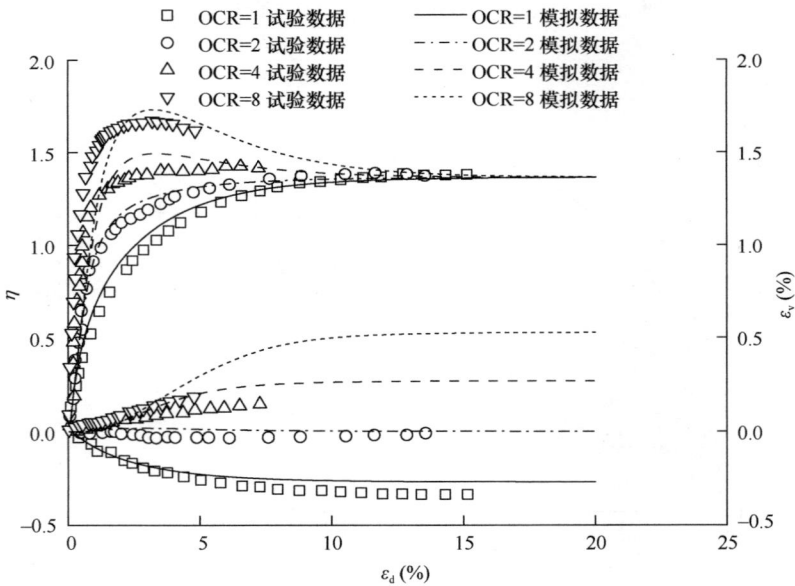

图 4.3.16　Fujinomori clay 偏应力与轴应变关系预测结果对比

减小。由图 4.3.17 可知，除了 OCR＝8 的应力比强度值预测偏小，其余应力比预测结果
与实测值基本吻合。土体先剪缩后剪胀以及变相应力比随 OCR 增大而减小的特性都能由
所提模型反映出来。由图 4.3.16 及图 4.3.17 对比可知，相同 OCR 条件下，三轴压缩对
应的应力比预测值要大于三轴伸长预测值，说明采用变换应力三维化方法可有效地反映应
力洛德角对于临界状态强度特性的影响。

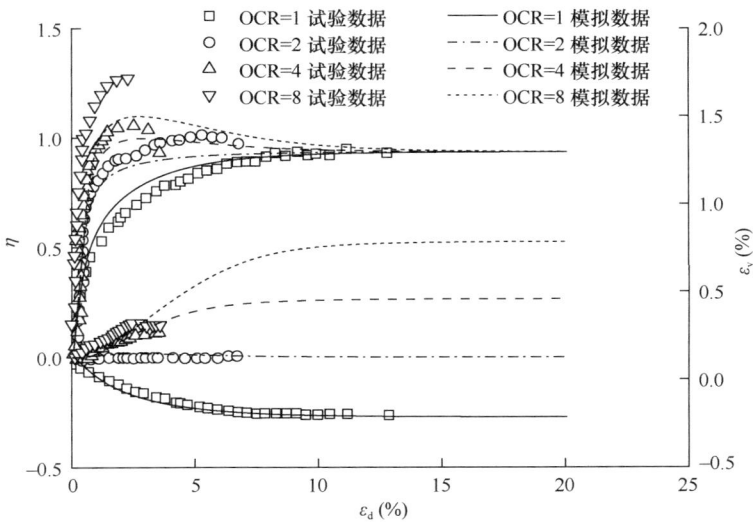

图 4.3.17 Fujinomori clay 偏应力与轴应变关系预测结果对比

4.3.5 结论

本文基于超固结土 UH 模型,鉴于 UH 模型无法反映变相应力比随 OCR 增大而减小的特性,无法反映欠固结土较大的体积压缩特性,提出了修正模型。该修正模型采用非相关联流动法则,一方面采用能反映欠固结状态的状态参量来修正屈服面方程,另一方面对于反映超固结土的塑性势面中变相应力比采用一个幂函数来修正该强度参数,使之能够满足剪缩剪胀转换点应力比的变化规律,也能更合理地反映剪缩剪胀压缩量。根据所提模型以及预测对比过程分析,可得出如下结论:

(1)采用修正模型拓展了超固结土 UH 模型的适用范围,将正常固结土、超固结土状态推广到欠固结土状态。模型中引入的状态参量可简单合理地反映欠固结土更大的体积压缩特性。

(2)采用基于超固结应力比参数 R 的幂函数修正的变相应力比,将该变相应力比引入塑性势面方程、硬化参数中,可有效地模拟剪缩到剪胀的应力比转换点,对于体应变的变化过程以及体应变的总量预估都更为合理。

(3)采用变换应力三维化方法,可简单直接地将修正模型推广为一般的三维模型,可以对三维应力加载路径下的土体单元实施有效模拟。

通过一系列黏土试验结果的预测对比,经检验,所提模型可简单有效地应用于欠固结、超固结状态的黏土一般应力应变关系的模拟中。

4.4 岩土材料弹塑性行为特性基本规律的分析

摘　要： 岩土材料本身具有十分复杂的应力应变关系，由于其变形与破坏机理完全异于金属材料，因而其本构关系行为在宏观层面表现出很多不同于金属材料的特点。而用于描述岩土材料的本构方程则需要满足一些基本的物理规律，以期使所得的岩土本构方程能够更加符合材料的实际响应。根据岩土材料的非共轴特性，可用如下三个条件确定本构方程的合理性。（1）本构方程需满足热力学三定律：能量守恒定律；熵增定律；永远达不到绝对零度。（2）根据伊留申公设，需要满足模量松弛效应或者刚度衰减效应。（3）本构方程中的应力应变关系曲线需要满足连续性以及光滑性条件。最后，根据屈服面的切向应变率效应，提出了一个小泡面模型，用以计算屈服面的切向应力的切向应变，所提的计算方法能够避免弹性假设以及直观给出塑性模量方法所带来的弊端。

关键词： 岩土材料；应力应变关系；热力学；非共轴；刚度衰减

引言

岩土材料由于细观组成成分的复杂性，以及细观层面上空间排列方式的随机性，在宏观变形方面具备相当复杂的性质。其中，非共轴特性就是岩土材料塑性应变增量方向与应力增量方向不一致的典型性质。在经典弹塑性理论框架下，屈服面往往由单一的应力空间封闭曲面表示，而采用相关联流动法则，塑性势面与屈服面相重合。采用相关联流动法则的缺陷很明显，对于应变软化性显著的结构性土或者松砂等材料，往往利用水滴形或者楔形屈服面来描述材料的屈服特性，此时若采用相关联流动法则，则会导致过大的剪胀体应变，与实际结果不符。另外，由于经典弹塑性规定，屈服面以内为纯弹性域，往往导致偏大的模量。为了解决上述问题，引入了非相关联流动法则，即独立于屈服面外，还存在一个塑性势面，两者相互独立，塑性势面决定塑性应变流动方向。在经典弹塑性理论下，塑性应变增量方向与塑性势面的外法向方向一致，虽然单独引入塑性势面能够克服诸如弹塑性模量过大以及体胀应变增量过大的一些弊端，但对于一些特殊的应力路径，则会出现一些新的问题。例如，当屈服面外一点应力增量方向位于屈服面外方向而对于塑性势面却是向内方向，则会导致无法满足德鲁克准则。另外，在沿着等塑性应变增量的路径模拟中，会导致应力增量值图形的突变，产生尖锐的大鼻子形状，这些都是造成模量畸变的结果。另外一种解决方案是采用广义塑性力学方法，采用多个屈服面并联的方法，但当应力点位于多个屈服面的交点时，应如何确定屈服面加卸载状态，且多个屈服面对应多个硬化参量，硬化参量的确定也是一个难点。

Hashiguchi 等建议采用下加载面思路，认为材料存在一个切应力率效应，在屈服面的切向应力率作用下，会相应地产生一个切向塑性应变，并给出一个定义切向塑性应变增量的表达式。然而，该切向塑性应变增量是由弹性模量与下加载面应力状态参量 R 共同确定得到的。显然，塑性应变切向应变增量由弹性模量表示，缺乏物理背景，且表达式中的参数无法确定。另一种解决非共轴塑性应变的方案是直接给出一个屈服面切向应力率的切向塑性模量，然后由切向应力分量求比值而直接得到，但塑性切向模量的确定大多根据直观以及试验修正得到，并无物理意义。基于此，提出了动态切向面模型，即对于一定的屈服面，在屈服面的轨迹上存在一个切向小泡面，该小泡面的中心为屈服面轨迹，由该小泡面决定应力增量的切向塑性应变增量，而屈服面则决定法向塑性应变增量。

4.4.1 岩土材料本构模型的热力学基础

基于热力学的塑性理论最初应用于金属材料，然后慢慢扩展到其他工程材料。应用热力学定律作为确定本构方程基本原则的方法，首先由 Ziegler 等提出来，随后 Lemaitr、Maugin 等不断发展完善，Collins 等以及 Houlsby 等将这种方法应用于岩土材料，并且利用热力学的观点分析了摩擦型材料在变形过程中的剪胀及强度关系，从机理上指出这种弹塑性变形会产生一种储存于土体内部的可恢复的自由能。

对于一个连续的介质体，对于其状态可以用绝对温度以及应变张量描述。由热力学定律可知，内能 u 为状态函数，可表达为上述两个量的函数 $u=u(\varepsilon_{ij},\theta)$。同理，熵的状态量也可表示为两者函数 $s=s(\varepsilon_{ij},\theta)$，热流速率为 $q_{i,i}$，根据能量守恒定律，热力学第一定律可表示为：

$$\dot{u}=\sigma_{ij}\dot{\varepsilon}_{ij}-q_{k,k} \tag{4.4.1}$$

热力学第二定律表示的是熵增原理，其表达式为：

$$\theta\dot{s}+q_{k,k}-\frac{q_k\theta_{,k}}{\theta}\geq 0 \tag{4.4.2}$$

热力学定律第三定律表示的是任何系统，永远不可能达到绝对零度状态。

根据上述热力学三定律，可作为指导定律建立岩土材料的本构方程。其建立本构方程的步骤为：首先根据经验以及试验规律给出自由能函数 Ψ 以及耗散势能函数增量表达式 $d\Phi$。然后利用自由能函数导出弹性本构关系，再令自由能函数导出移动应力关系，用耗散势增量函数导出耗散应力函数。利用勒让德变换建立耗散势能函数与屈服函数的关系。

4.4.2 刚度衰减效应

考察岩土材料的三轴压缩试验，岩土材料的应力应变关系分为两种类型：应变硬化型、应变软化型，无论哪种类型，在其一个应力增量内，由该应力增量所做的塑性功恒为正值。图 4.4.1 为应变硬化型曲线，由于是常规三轴压缩，广义偏应力增量与大主应力增量完全相等，横坐标表示轴应变。由此可知，在一个应力增量段内，由 a 加载到 b 点，对应的应力增量为 $d\sigma$，所对应的应变增量为 $d\varepsilon$，当从 b 点卸载回弹时，则为纯弹性阶段，该卸载段斜率为弹性模量 E，显然在卸载的 be 段，其所对应的弹性应变增量为 $d\varepsilon^e$，而剩

余的 ec 段所对应的应变增量段为塑性应变增量 $\mathrm{d}\varepsilon^{\mathrm{p}}$。与各段相对应的应力增量段分别为对应 ab 段的应力增量 $\mathrm{d}\sigma$，对应 bd 段的塑性应力增量 $\mathrm{d}\sigma^{\mathrm{p}}$，对应 df 段的弹性应力增量 $\mathrm{d}\sigma^{\mathrm{e}}$。

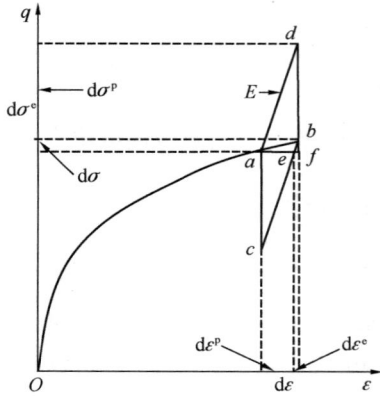

图 4.4.1 应变硬化型应力应变关系曲线

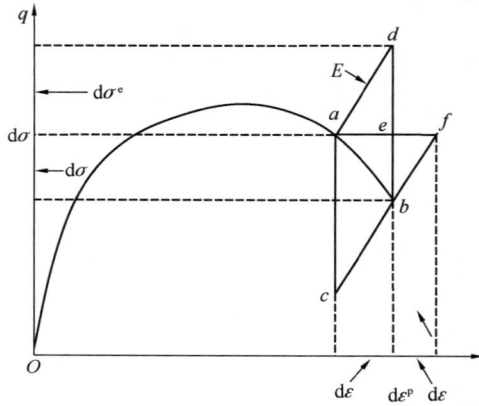

图 4.4.2 应变软化型应力应变关系曲线

图 4.4.2 中应力应变曲线为典型的应变软化型曲线。当加载路径沿着 a 点到达 b 点时，此时应力增量为 $\mathrm{d}\sigma$，由于为下降段，因而 $\mathrm{d}\sigma<0$，在卸载段，由 b 到 c 的路径中，所对应的为应变增量 $\mathrm{d}\varepsilon$，而关于 ab 段应力增量所对应的弹性应变增量为 $\mathrm{d}\varepsilon^{\mathrm{e}}$，根据应变增量由弹性与塑性两部分构成可知，$\mathrm{d}\varepsilon^{\mathrm{p}}=\mathrm{d}\varepsilon-\mathrm{d}\varepsilon^{\mathrm{e}}$，由于应力增量为负值，弹性应变增量也为负值，因此 $\mathrm{d}\varepsilon^{\mathrm{p}}$ 的值为 $\mathrm{d}\varepsilon$ 与 $\mathrm{d}\varepsilon^{\mathrm{e}}$ 幅值之和。

考虑图 4.4.1 及图 4.4.2 中的应变增量与应力增量之间的乘积，则 $\triangle abf = W/2 = \mathrm{d}\sigma\mathrm{d}\varepsilon/2$，与应变增量所对应的弹性功增量则为 $\triangle adf = W_{\mathrm{e}}/2 = \mathrm{d}\sigma^{\mathrm{e}}\mathrm{d}\varepsilon/2$，而应变增量所对应的塑性功增量可表示为：$\triangle adb = W_{\mathrm{p}}/2 = \mathrm{d}\sigma^{\mathrm{p}}\mathrm{d}\varepsilon/2$。由图 4.4.1、图 4.4.2 可知，无论应变硬化型或是应变软化型曲线，其所对应的塑性功增量都大于零，即 $W_{\mathrm{p}}>0$。

塑性功在变形中总是会产生，由 Drucker 公设可知，对于稳定性材料来说，任意小的

应力循环都会导致 $\mathrm{d}\sigma\mathrm{d}\varepsilon^\mathrm{P}>0$，由此也就导出 $\mathrm{d}\varepsilon^\mathrm{P}E\mathrm{d}\varepsilon>0$ 成立。由伊留申公设可知，无论是否为稳定性材料，其在一个应变增量循环内都将满足所做增量功为正值的条件。即满足：

$$\oint_\varepsilon \sigma\,\mathrm{d}\varepsilon \geqslant 0 \tag{4.4.3}$$

显然，对于任何材料来说，当进入塑性阶段后，由于塑性应变增量发生所导致的塑性功总是大于零的，因而存在刚度松弛效应。

如图 4.4.3 所示，当采用相关联流动法则时，对于某些应力路径可能满足上述条件，比如当应力路径沿着 $\mathrm{d}\sigma'$ 的应力路径进行加载时，由于 $\mathrm{d}\sigma'$ 的加载方向沿着塑性势面的外侧方向，因而应力增量与应变增量方向基本重合，因此可知 $\mathrm{d}\sigma'\mathrm{d}\varepsilon^\mathrm{P}>0$；若应力加载方向沿着 $\mathrm{d}\sigma$ 方向，虽然 $\mathrm{d}\sigma$ 在屈服面外侧的应力路径进行加载，但其方向却与塑性势面的外法线方向的夹角大于 $90°$，表明塑性流动方向将沿着塑性势面内部方向进行流动，由此可知 $\mathrm{d}\sigma\mathrm{d}\varepsilon^\mathrm{P}<0$，因而违背了塑性功总是大于零的规律，也因此违背了德鲁克和伊留申公设。

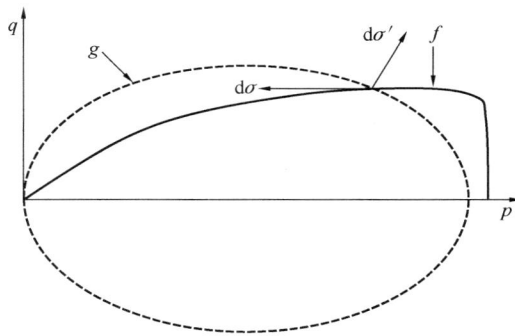

图 4.4.3 非相关联流动法则下的特殊应力路径

采用非相关联流动法则的一个弊端：当在塑性应变空间中做固定塑性应变幅值，且做与塑性应变方向相垂直的应力路径加载时，在相邻的塑性应变矢量中会存在应力增量的"凸起鼻子"现象，继而出现凹坑现象，显然违背了塑性功以及刚度松弛效应。假设不存在能够在一个微小应力增量循环下所产生的增量功大于纯弹性功的材料，也即不存在不满足熵增定律的材料。因而：

$$w_p \geqslant 0 \tag{4.4.4}$$

4.4.3 非相关联流动法则的缺陷

考虑一个在 $p-q$ 空间中的等 p 路径试验，从等方向压缩为 $p_0=196\mathrm{kPa}$ 开始沿着等 p 路径加载到偏应力 $q=80\mathrm{kPa}$ 时停止。此时，在该应力状态下做沿着各个方向的加载测试，采用应变增量控制，给出一个轴向应变增量值，则可计算在该单位应变增量下得到的应力增量值。采用修正剑桥模型作为拟比较用的模型，此时可得到对应的应力增量图。

图 4.4.4 与图 4.4.5 分别为对应的采用相关联与非相关联流动法则得到的应力增量矢

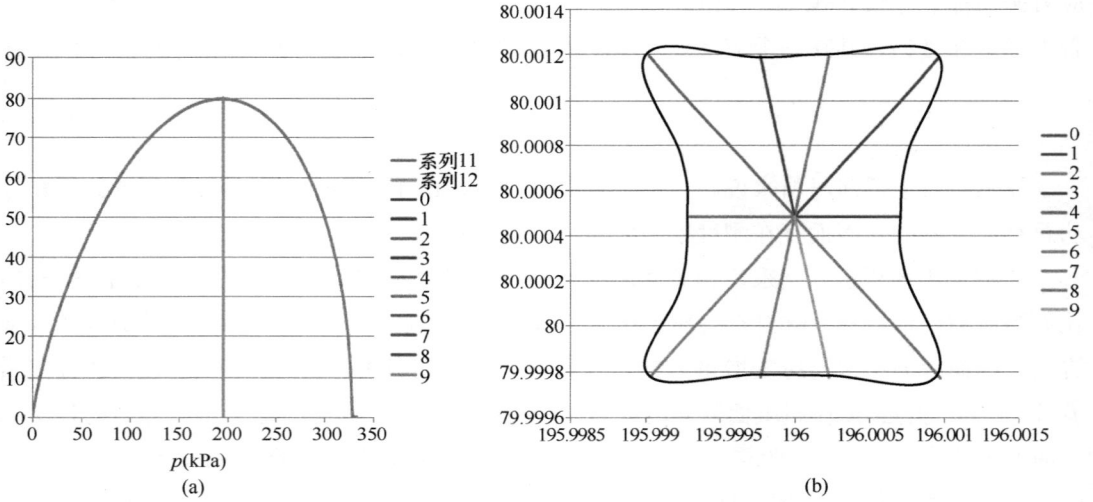

图 4.4.4　采用相关联流动法则得到的应力增量矢量图

（a）相关联流动法则的屈服面；（b）相关联流动法则得到的应力增量矢量图

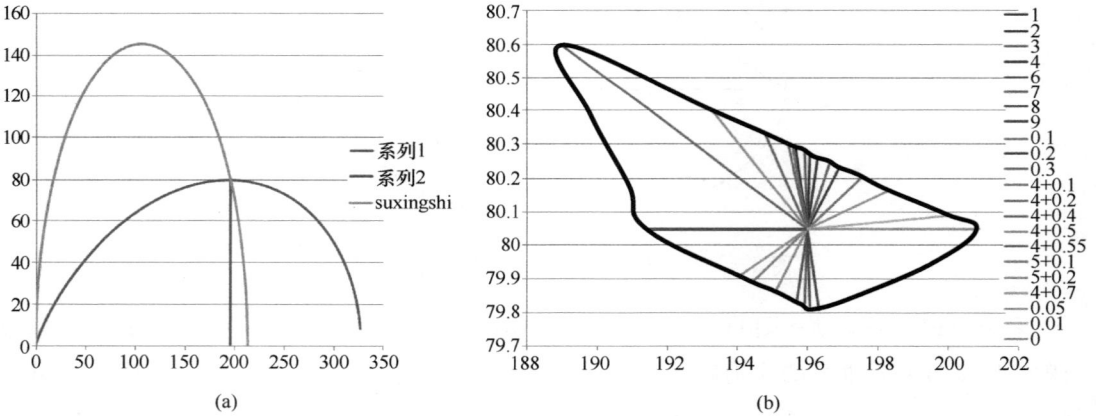

图 4.4.5　采用非相关联流动法则得到的应力增量矢量图

（a）非相关联流动法则的屈服面；（b）非相关联流动法则得到的应力增量矢量图

量图以及对应的屈服面和塑性势面。图 4.4.4 中由于塑性势面与屈服面为同一屈服面，因而在各个方向的应力增量基本相等。而图 4.4.5 中采用的是非相关联流动法则，由于塑性势面与屈服面存在一个相互叠合区域以及非叠合区域，当应力增量位于屈服面且向右侧方向加载时，此时处于塑性势面的外法线方向基本一致，都是处于加载方向。但当向屈服面左侧向上方向加载时，此时在屈服面外侧加载属于加载，但对于塑性势面而言，其方向是向内侧进行流动，因而根据塑性势面的判断，该塑性流动法向为负方向。由于采用应变增量进行控制，其弹性应变增量必然多出一大部分，用来平衡负向的塑性应变增量，以使总的应变增量恒定。因此出现了图 4.4.5（a）中，对应屈服面左向上加载的应力增量值剧烈增大的现象。上述出现的应力增量值"大鼻子"现象，与试验的测试结果相违背。因此，采用非相关联流动法则，存在应力增量值突变的现象。而采用相关联流动法则，则可以较好地回避上述问题。

4.4.4 应力应变关系曲线连续性及光滑性

对于岩土材料而言，在任意加载条件下，由应变的连续变化可导致应力的连续变化。因此，对应无穷小的应变条件下，一定对应着相应无穷小的应力。因此应力的增量可由极限表示为：

$$\dot{\sigma}(\dot{\varepsilon}+\delta\dot{\varepsilon},\sigma,H_i) \rightarrow \dot{\sigma}(\dot{\varepsilon},\sigma,H_i) \quad \delta\dot{\varepsilon} \rightarrow 0 \tag{4.4.5}$$

其中，$\dot{\sigma}$ 表示应力增量矢量；$\dot{\varepsilon}$ 表示相应的应变增量矢量，$\delta\dot{\varepsilon}$ 表示应变增量的变化量，σ 表示应力矢量，H_i 表示硬化参量的矢量形式。

反之，若由有限增量的应力可否导致有限增量的应变，显然是否定的。对于一般的硬化型材料，可能存在一一对应的关系，即存在相互唯一的映射关系。但对于理想弹塑性材料，则会导致应力增量无穷小，而对应的应变增量为有限大小，并非是无穷小的情况。同理，对于应变软化型材料，则对应一个应力的应变值不唯一。

对于应力应变曲线，除了存在连续性特点以外，还存在曲线的光滑性。即可由曲线不存在尖角作为比较直观的判断。实际上，应该由应力对应变的偏导数存在连续性这一条件作为判断准则，可以表示为：

$$\frac{\partial\dot{\sigma}(\dot{\varepsilon}+\delta\dot{\varepsilon},\sigma,\boldsymbol{H}_i)}{\partial\dot{\varepsilon}} \rightarrow \frac{\partial\dot{\sigma}(\dot{\varepsilon},\sigma,\boldsymbol{H}_i)}{\partial\dot{\varepsilon}} \quad \delta\dot{\varepsilon} \rightarrow 0 \tag{4.4.6}$$

因此，可将式（4.4.6）作为判断应力应变关系曲线是否光滑的判定准则。

由图 4.4.6 可知，采用经典弹塑性框架规范 MCC 模型，在等 p 路径下，在到达初始屈服面之前，屈服面以内是纯弹性域，而到达初始屈服面后，则开始进入弹塑性阶段。由于已经越过变相应力比，因此开始发生剪胀，同时屈服面由于剪胀而向内收缩，出现应变软化现象。但是在 C 点前后，由于使用不同的计算框架，C 点前为纯弹性阶段，C 点后则

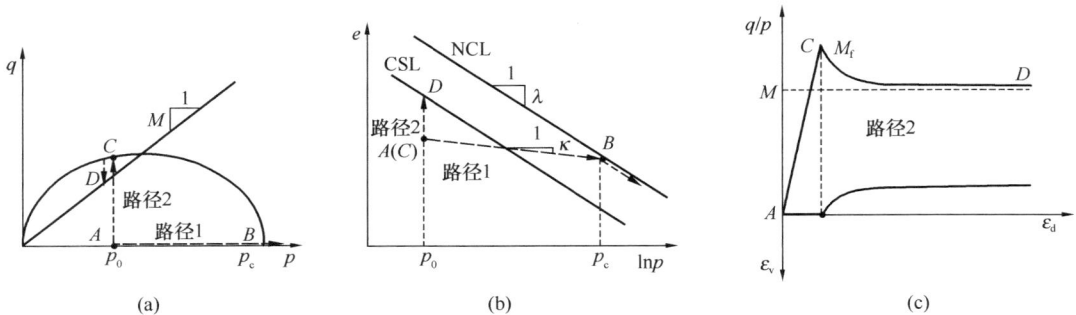

图 4.4.6 经典弹塑性条件下 MCC 模型描述超固结土的应力应变关系曲线
（a）应力路径以及屈服面；（b）e-$\ln p$ 空间中应力路径；（c）计算得到的应力比与偏应变关系

为弹塑性阶段。因而，C 点是应力应变关系曲线的尖点，该点不满足光滑性条件。图 4.4.7 中为采用下加载面理论的 UH 模型的模拟曲线。从一开始，应力点就在屈服面上，因而从一开始到最终阶段，始终是弹塑性阶段。C 点之前是斜率逐渐趋近为零，而到达 C 点后，应力应变曲线斜率为零，C 点前后斜率一致，满足连续性条件。而体变曲线表明了先剪缩后剪胀的规律特点。因而，采用下加载面的框架可以满足应力应变曲线的光滑性要求。后者较之于前者，更为符合实际测试结果。

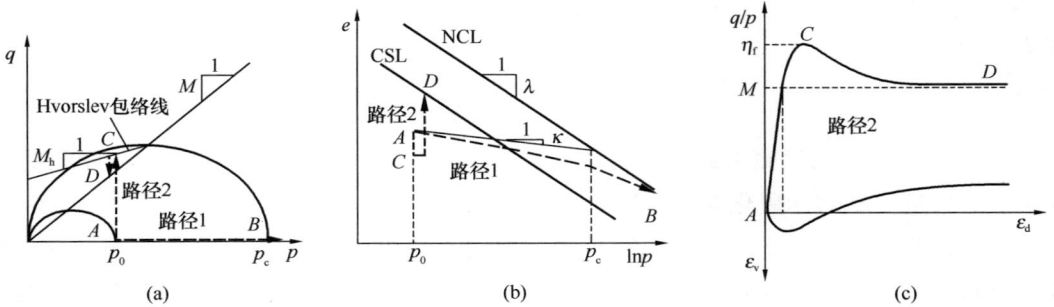

图 4.4.7　下加载面条件下 UH 模型描述超固结土的应力应变关系曲线

（a）应力路径以及屈服面；（b）e-$\ln p$ 空间中应力路径；（c）计算得到的应力比与偏应变关系

4.4.5　使用滑动小泡面来模拟切向应力率效应

先考虑小泡面的中心移动轨迹，给出中心移动法则（图 4.4.8）。

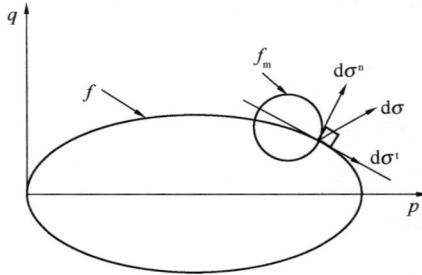

图 4.4.8　当前屈服面上的移动小泡面模型

假设应力增量沿着当前屈服面任意方向，则应力增量可分解为：

$$\Delta\vec{\sigma} = \Delta\vec{\sigma}^n + \Delta\vec{\sigma}^t = \Delta\vec{\sigma}^n + \Delta\vec{\sigma}^{td} + \Delta\vec{\sigma}^{tm} \tag{4.4.7}$$

沿着当前屈服面单位外法线方向向量可表示为：

$$\vec{e}^n = \frac{\dfrac{\partial f}{\partial\vec{\sigma}}}{\left\| \dfrac{\partial f}{\partial\vec{\sigma}} \right\|} \tag{4.4.8}$$

在当前应力点上，应力增量与外法线之间的空间夹角余弦可表示为：

$$\cos\alpha = \frac{\vec{\Delta\sigma} \cdot \vec{e}^{n}}{\| \vec{\Delta\sigma} \| \| \vec{e}^{n} \|} = \frac{\Delta\sigma_{ij}e_{ij}}{\sqrt{\Delta\sigma_{ij}\Delta\sigma_{ij}}} \tag{4.4.9}$$

沿着当前屈服面的外切线应力增量则为：

$$\vec{\Delta\sigma}^{t} = \vec{\Delta\sigma}\sin\alpha \tag{4.4.10}$$

$$\vec{\Delta\sigma}^{n} = \vec{\Delta\sigma}\cos\alpha \tag{4.4.11}$$

$\vec{\Delta\sigma}^{t}$ 作为小泡面的外法线应力增量，按照德鲁克准则或者伊留申公设，沿当前屈服面的外切方向的塑性应变增量方向可视为沿着小泡面的外法向塑性应变增量方向，因而可转化为计算小泡面的正交流动方向的塑性应变增量。$\vec{\Delta\sigma}^{n}$ 可按照当前屈服面按照相关联流动法则进行计算。

考虑小泡面为圆形，在应力空间中为圆球面，则小泡面作为切向应力屈服面可表示为：

$$f^{t} = \sqrt{(p-p_{c})^{2} + (q-q_{c})^{2}} - r(\varepsilon_{ij}^{tp}) = 0 \tag{4.4.12}$$

式中：$r(\varepsilon_{ij}^{tp})$ 为小泡面的硬化应力函数，表示切向塑性应变的函数。

而小泡面圆心 $pcqc$ 可依次表示为切向塑性应变与当前应力量的函数。根据小泡面圆心、当前应力点、应力增量点的切向点三者在一条直线的条件，可用如下公式确定圆心：

$$\frac{\Delta\sigma_{ij}^{t}}{\hat{\sigma}_{ij}} = \frac{\Delta\sigma_{ij}^{t}}{\sigma_{ij} - \sigma_{cij}} = h(\varepsilon_{ij}^{tp}) \tag{4.4.13}$$

因此可得到小泡面在空间中的球心：

$$\sigma_{cij} = \sigma_{ij} - \frac{\Delta\sigma_{ij}^{t}}{h(\varepsilon_{ij}^{tp})} \tag{4.4.14}$$

假设小泡面圆心的演化规则服从如下增量关系，则可表示为如下公式：

$$d\sigma_{ci} = b_{r}hm_{i}d\varepsilon_{d}^{p} \tag{4.4.15}$$

其中：

$$h = \sqrt{(\sigma_{1} - \sigma_{c1})^{2} + (\sigma_{2} - \sigma_{c2})^{2} + (\sigma_{3} - \sigma_{c3})^{2}} \tag{4.4.16}$$

$$m_{1} = \frac{l_{1} - n_{1}}{\sqrt{(l_{1} - n_{1})^{2} + (l_{2} - n_{2})^{2} + (l_{3} - n_{3})^{2}}} \tag{4.4.17}$$

$$m_{i} = \frac{l_{i} - n_{i}}{\sqrt{(l_{i} - n_{i})(l_{i} - n_{i})}} \tag{4.4.18}$$

$$l_{i} = \frac{\Delta\sigma_{i}}{\sqrt{\Delta\sigma_{i}\Delta\sigma_{i}}} \tag{4.4.19}$$

$$n_{i} = \frac{\dfrac{\partial f}{\partial\sigma_{i}}}{\sqrt{\dfrac{\partial f}{\partial\sigma_{i}}\dfrac{\partial f}{\partial\sigma_{i}}}} \tag{4.4.20}$$

$$\varepsilon_d^p = \frac{\sqrt{2}}{3}\sqrt{(\varepsilon_1 - \varepsilon_2)^2 + (\varepsilon_2 - \varepsilon_3)^2 + (\varepsilon_3 - \varepsilon_1)^2} \qquad (4.4.21)$$

其中 b_r 为小泡面几何中心随塑性应变偏应变增量的演化系数，相对于切向应力增量，假设服从弹塑性理论，则切向弹性刚度矩阵张量可表示为：E_{ijkl}^t，且其可表示为随应力比参量 R 和弹性刚度矩阵张量 E_{ijkl} 的减函数：

$$E_{ijkl}^t = -u \ln R E_{ijkl} \qquad (4.4.22)$$

对小泡面屈服面进行全微分，由一致性条件可得

$$df^t = \left(\frac{\partial f^t}{\partial p}\frac{\partial p}{\partial \sigma_{ij}^t} + \frac{\partial f^t}{\partial q}\frac{\partial q}{\partial \sigma_{ij}^t} + \frac{\partial f^t}{\partial p_c}\frac{\partial p_c}{\partial \sigma_{ij}^t} + \frac{\partial f^t}{\partial q_c}\frac{\partial q_c}{\partial \sigma_{ij}^t} \right)d\sigma_{ij}^t +$$

$$\left(\frac{\partial f^t}{\partial p_c}\frac{\partial p_c}{\partial \sigma_{ckl}^{tp}}\frac{\partial \sigma_{ckl}^{tp}}{\partial \varepsilon_{ij}^{tp}} + \frac{\partial f^t}{\partial q_c}\frac{\partial q_c}{\partial \sigma_{ckl}^{tp}}\frac{\partial \sigma_{ckl}^{tp}}{\partial \varepsilon_{ij}^{tp}} \right)d\varepsilon_{ij}^{tp} - \frac{\partial f^t}{\partial r}\frac{\partial r}{\partial \varepsilon_{ij}^{tp}}d\varepsilon_{ij}^{tp} = 0 \qquad (4.4.23)$$

又由应力增量可得：

$$d\sigma_{ij}^t = E_{ijkl}^t d\varepsilon_{kl}^{te} = E_{ijkl}^t (d\varepsilon_{kl}^t - d\varepsilon_{kl}^{tp}) \qquad (4.4.24)$$

且：
$$d\sigma_{cij}^t = d\sigma_{ij}^t - d\left[\frac{\Delta\sigma_{ij}^t}{h(\varepsilon_{ij}^{tp})} \right] \qquad (4.4.25)$$

将上述两式代入全微分方程，可得：

$$\left(\frac{\partial f^t}{\partial p}\frac{\partial p}{\partial \sigma_{ij}^t} + \frac{\partial f^t}{\partial q}\frac{\partial q}{\partial \sigma_{ij}^t} + \frac{\partial f^t}{\partial p_c}\frac{\partial p_c}{\partial \sigma_{ij}^t} + \frac{\partial f^t}{\partial q_c}\frac{\partial q_c}{\partial \sigma_{ij}^t} \right)E_{ijkl}^t d\varepsilon_{kl}^t +$$

$$\left[\frac{\partial f^t}{\partial p_c}\frac{\partial p_c}{\partial \sigma_{cmn}^{tp}}\frac{\partial \sigma_{cmn}^{tp}}{\partial \varepsilon_{kl}^{tp}} + \frac{\partial f^t}{\partial q_c}\frac{\partial q_c}{\partial \sigma_{cmn}^{tp}}\frac{\partial \sigma_{cmn}^{tp}}{\partial \varepsilon_{kl}^{tp}} - \right.$$

$$\left. \left(\frac{\partial f^t}{\partial p}\frac{\partial p}{\partial \sigma_{ij}^t} + \frac{\partial f^t}{\partial q}\frac{\partial q}{\partial \sigma_{ij}^t} + \frac{\partial f^t}{\partial p_c}\frac{\partial p_c}{\partial \sigma_{ij}^t} + \frac{\partial f^t}{\partial q_c}\frac{\partial q_c}{\partial \sigma_{ij}^t} \right)E_{ijkl}^t - \frac{\partial f^t}{\partial r}\frac{\partial r}{\partial \varepsilon_{kl}^{tp}} \right]d\varepsilon_{kl}^{tp} = 0$$

$$(4.4.26)$$

再由相关联流动法则，可得：

$$d\varepsilon_{kl}^{tp} = \lambda^t \frac{\partial f^t}{\partial \sigma_{kl}^t} \qquad (4.4.27)$$

联立上述两式，可得到小泡面的塑性因子：

$$\lambda^t = \frac{A_{kl}d\varepsilon_{kl}^t}{\left[A_{kl} + \frac{\partial f^t}{\partial r}\frac{\partial r}{\partial \varepsilon_{kl}^{tp}} - \left(\frac{\partial f^t}{\partial p_c}\frac{\partial p_c}{\partial \sigma_{cmn}^{tp}}\frac{\partial \sigma_{cmn}^{tp}}{\partial \varepsilon_{kl}^{tp}} + \frac{\partial f^t}{\partial q_c}\frac{\partial q_c}{\partial \sigma_{cmn}^{tp}}\frac{\partial \sigma_{cmn}^{tp}}{\partial \varepsilon_{kl}^{tp}} \right) \right]\frac{\partial f^t}{\partial \sigma_{kl}^t}} \qquad (4.4.28)$$

$$A_{kl} = \left(\frac{\partial f^t}{\partial p}\frac{\partial p}{\partial \sigma_{ij}^t} + \frac{\partial f^t}{\partial q}\frac{\partial q}{\partial \sigma_{ij}^t} + \frac{\partial f^t}{\partial p_c}\frac{\partial p_c}{\partial \sigma_{ij}^t} + \frac{\partial f^t}{\partial q_c}\frac{\partial q_c}{\partial \sigma_{ij}^t} \right)E_{ijkl}^t \qquad (4.4.29)$$

再将小泡面的塑性因子代入式（4.4.17）中，即可最终得到沿切向的应变增量：

$$d\sigma_{ij}^t = E_{ijkl}^t d\varepsilon_{kl}^{te} = E_{ijkl}^t (d\varepsilon_{kl}^t - d\varepsilon_{kl}^t) = E_{ijkl}^t d\varepsilon_{kl}^t - \lambda^t E_{ijkl}^t \frac{\partial f^t}{\partial \sigma_{kl}^t} \qquad (4.4.30)$$

$$d\sigma_{ij}^t = E_{ijkl}^{tt} d\varepsilon_{kl}^t \tag{4.4.31}$$

弹塑性刚度矩阵张量可表示为：

$$E_{ijkl}^{tt} = E_{ijkl}^t - \frac{E_{ijmn}^t \dfrac{\partial f^t}{\partial \sigma_{mn}^t} \left(\dfrac{\partial f^t}{\partial p} \dfrac{\partial p}{\partial \sigma_{st}^t} + \dfrac{\partial f^t}{\partial q} \dfrac{\partial q}{\partial \sigma_{st}^t} + \dfrac{\partial f^t}{\partial p_c} \dfrac{\partial p_c}{\partial \sigma_{st}^t} + \dfrac{\partial f^t}{\partial q_c} \dfrac{\partial q_c}{\partial \sigma_{st}^t} \right) E_{stkl}^t}{X}$$

$$\tag{4.4.32}$$

$$X = \Big[\left(\dfrac{\partial f^t}{\partial p} \dfrac{\partial p}{\partial \sigma_{ij}^t} + \dfrac{\partial f^t}{\partial q} \dfrac{\partial q}{\partial \sigma_{ij}^t} + \dfrac{\partial f^t}{\partial p_c} \dfrac{\partial p_c}{\partial \sigma_{ij}^t} + \dfrac{\partial f^t}{\partial q_c} \dfrac{\partial q_c}{\partial \sigma_{ij}^t} \right) E_{ijkl}^t$$

$$+ \dfrac{\partial f^t}{\partial r} \dfrac{\partial r}{\partial \varepsilon_{kl}^{tp}} - \left(\dfrac{\partial f^t}{\partial p_c} \dfrac{\partial p_c}{\partial \sigma_{cmn}^{tp}} \dfrac{\partial \sigma_{cmn}^{tp}}{\partial \varepsilon_{kl}^{tp}} + \dfrac{\partial f^t}{\partial q_c} \dfrac{\partial q_c}{\partial \sigma_{cmn}^{tp}} \dfrac{\partial \sigma_{cmn}^{tp}}{\partial \varepsilon_{kl}^{tp}} \right) \Big] \dfrac{\partial f^t}{\partial \sigma_{kl}^t} \tag{4.4.33}$$

对于沿当前屈服面法向方向的塑性增量，可按照相关联流动法则，对当前屈服面进行类似的推导得到，对于当前屈服面按照应力增量的法向方向增量进行求取。

对上述所提模型给出一个具体算例。计算沿着椭圆屈服面轨迹为有效应力路径的剪切加载工况。材料参数见表 4.4.1。

<table>
<tr><td colspan="7" align="center">材料参数</td><td align="right">表 4.4.1</td></tr>
<tr><td align="center">λ</td><td align="center">κ</td><td align="center">M</td><td align="center">u</td><td align="center">br</td><td align="center">R</td><td align="center">ν</td></tr>
<tr><td align="center">0.04</td><td align="center">0.01</td><td align="center">1.36</td><td align="center">5000</td><td align="center">4.5</td><td align="center">0.0005</td><td align="center">0.3</td></tr>
</table>

图 4.4.9 中黑实线为有效应力路径。其中，初始加载点为对应 $p_0 = 100\mathrm{kPa}$ 的球应力，而黑虚线为小泡面中心轨迹，黑色点划线则为临界状态线。

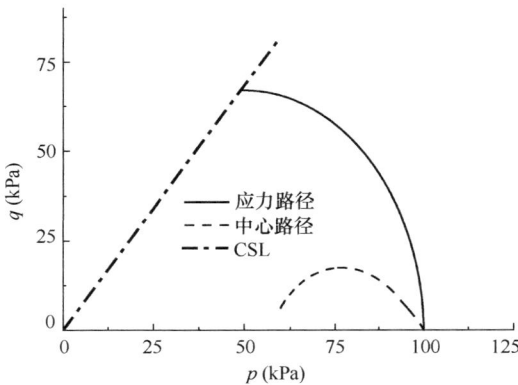

图 4.4.9 有效应力路径及小泡面中心轨迹

图 4.4.10 为应力比与偏应变之间的关系，虽然在加载初始时刻，应力比增加量非常小；加载初始阶段与中间阶段，应力比与偏应变曲线非常平缓；在末期加载阶段，应力比曲线剧烈增大。这主要是由于采用小泡面模型，而小泡面模型仍然采用正交流动法则，小泡面模型在初始阶段流动方向与大椭圆屈服面处于临界状态时的流动方向基本一致，因而导致应力比增加非常平缓。当应力比趋近于临界状态线时刻，此时小泡面的塑性流动方向

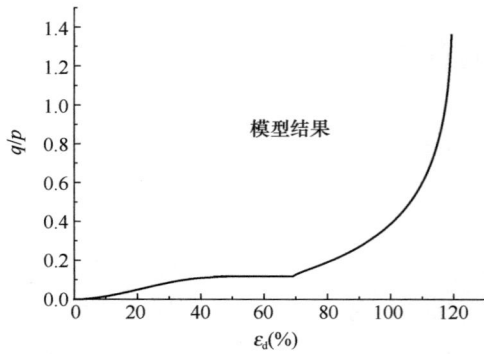

图 4.4.10 应力比与偏应变之间的关系

则与大椭圆面初始加载时刻的流动方向基本一致，因而对应较为陡直的应力比偏应变曲线。

图 4.4.11 为对应的体应变与偏应变曲线关系。由图 4.4.11 可知，随着偏应变的增大，体积剪缩导致的压缩体应变呈现单调增加现象。主要是由于小泡面采用的塑性体应变为硬化参量。

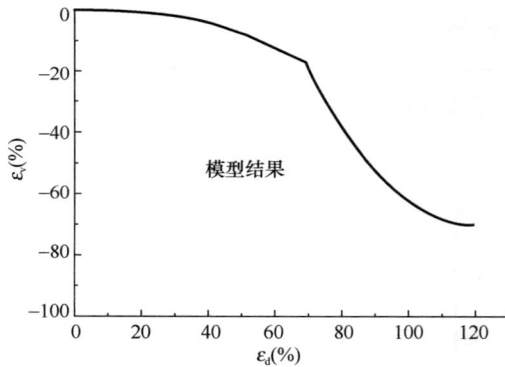

图 4.4.11 体应变与偏应变之间的关系

虽然采用小泡面模型计算得到的应力比与偏应变关系曲线，以及体应变与偏应变曲线与静力加载的应力应变曲线典型曲线存在一定的差异，但采用小泡面模型能够合理地考虑特殊路径下的塑性体应变，如沿着常规屈服面加载仍然可以计算得到所对应的屈服面切向塑性应变。且由于所模拟的应力应变关系曲线与动力应力应变关系曲线存在相似性质，考虑以后将所建议的小泡面模型应用于动力加载下的动应力动应变关系模拟中。

4.4.6 结论

本文通过理论分析现存针对岩土材料的本构理论，并通过更为普适性的热力学定律以及塑性公设进行比较分析，得到以下结论：

（1）对经典的弹塑性理论与下加载面的理论进行了比较分析，结果表明，对于岩土材料这种具有显著非线性特点的材料，采用下加载面更符合实测结果，且能描述卸载再加载后的弹塑性变形现象。

（2）岩土材料也需要满足热力学三定律，且需要满足伊留申公设的条件，而传统的采用非相关联流动法则，则会造成塑性势面与屈服面交叉区域的应力增量的突变现象。这不符合材料的连续均匀增加现象。

（3）提出了一种新的描述沿屈服面切向方向的塑性应变增量计算模型，采用所提的小泡面模型不违背德鲁克公社或者伊留申公设。与下加载面采用弹性理论来描述切向应变不同，所提的小泡面模型仍然沿用塑性流动法则来描述切向的塑性应变。

4.5 超固结黏土本构模型的比较研究

摘　要： 超固结黏土广泛分布于天然沉积物中，其力学特性在 20 世纪 60 年代至 70 年代得到广泛实验研究。基于这些结果，建立了许多本构模型。这些模型一般分为两类，一类是基于经典塑性理论的模型，另一类是基于边界面塑性理论的模型，后者更为流行和成功。BS 概念和下加载面（SS）概念是两种主要的 BS 塑性理论。本文分别介绍了这两个概念的特点和基于它们的代表性模型。OC 黏土的统一硬化（UH）模型也是基于 BS 塑性理论，但与其他模型不同的是，该模型将参考屈服面、统一硬化参数、潜在破坏应力比和转换应力张量进行了积分。本文对 UH 模型中使用的 Hvorslev 包络线进行了修改，以提高其对超高超固结比（OCR）黏土的描述能力。对 BS 模型、SS 模型和 UH 模型进行了比较，结果表明，这 3 种模型均能较好地表征 OC 黏土的应力剪胀、应变软化及达到临界状态等基本特性。采用改进的 Hvorslev 包络层的 UH 模型参数最少，且与改进的 Cam-Clay 模型参数相同。

关键词： 黏土；超固结；临界状态；边界面；次加载面；统一硬化模型

引言

大部分天然沉积的黏土由于反复地加载和卸载（如夯实、循环加载、侵蚀、开挖以及地下水位变化等过程）而涉及一定程度的超固结。超固结（OC）黏土与正常固结（NC）黏土表现出不同的行为，如应变软化和剪胀。OC 黏土本构模型的研究一直是热门话题，且成果丰硕。这些模型大致可以分为两类：一类基于经典塑性理论，另一类基于 BS 理论，后者更为成功和流行。本文将简要回顾第一类模型，并详细介绍和比较三种代表性的第二类模型。

原始和修正的 Cam-Clay 模型是黏土最基本的模型，它们基于经典的增量塑性理论和临界状态土力学发展而来。尽管这两种模型可以描述正常固结和轻微超固结黏土的行为，但对于高度超固结黏土的表现并不完全令人满意。这些模型连同临界状态土力学一起，为未来 OC 黏土本构模型的研究奠定了坚实的基础。

其他研究人员也基于经典塑性理论和临界状态土力学开发了超固结黏土（OC）的模型。Pender 提出了一个弹塑性模型，该模型通过引入不同应力路径的一些假设，基于常规三轴压缩试验结果和临界状态土力学来表征 OC 黏土的行为。该模型只有四个参数，可以描述 OC 黏土的基本行为。然而，它只关注中主应力和小主应力相等的施加应力系统下的黏土行为，因此没有考虑中主应力对 OC 黏土行为的影响。通过研究黏土在不排水剪切条件下的反应，Banerjee 等使用增量塑性理论推导出相关和非相关应力应变关系。Yu 基于临界状态土力学开发了一个用于黏土和砂的统一状态参数模型。OC 黏土的行为也可以由其建模。但是，经典塑性理论有其自身的限制，即在屈服面内不会发生塑性应变，并且对于 OC 黏土的应力应变关系，从弹性到弹塑性总会有一个突然的过渡。

Mroz 通过引入硬化模量场的概念，提出了一个用于金属的工作硬化模型，该模量场由一系列与大量状态变量相关的嵌套配置面组成。这一概念在某种程度上克服了上述经典塑性理论的限制。继 Mroz 之后，Prévost 开发了一个模型，用于描述黏土在不同应力路径（如单调和循环不排水加载）下的行为。这种模型的性能通常比基于经典塑性理论的模型更好，但需要更多的配置面以获得更高的精度。复杂性源于大量配置面和相应状态变量的记忆，这一概念启发了 BS 塑性理论的发展。BS 理论的显著特点是塑性变形可以在"参考"屈服面内发生。

尽管名称不同，BS 概念和次加载面（SS）概念是两大 BS 塑性理论。使用 BS 概念时不需要明确定义加载面，而对于 SS 概念则明确定义了正常屈服面，并假设次加载面与其在几何上相似。BS 模型最初是为循环加载下的金属开发的，后来被 Dafalias 等人应用于 OC 黏土的本构建模。其他研究人员也使用 BS 概念对 OC 黏土的行为进行了建模。Mroz 等人通过结合 BS 概念开发了一个 OC 黏土的一般模型。Whittle 等人提出的 OC 黏土 MIT-E3 本构模型也是基于 BS 概念。在 BS 塑性理论的框架内，Rouainia 和 Wood 通过整合参考面、泡泡面和结构面开发了一种运动硬化结构模型。该模型能够表征结构性和 OC 黏土的行为。Hashiguchi 等人开发了 SS 概念来描述具有弹塑性过渡的材料的行为，并将其应用于砂和 OC 黏土的本构建模。随后，SS 概念在黏土本构模型中的进一步应用也出现了。Nakai 等人通过整合 NC 黏土的 tij 模型和 SS 概念开发了 OC 黏土的次加载 tij 模型。Asaoka 通过引入超级加载面来描述黏土的结构演变，提出了结构黏土的超级加载面模型，该模型也可以描述 OC 黏土的行为。对于 OC 黏土，超级加载面模型与 SS 模型相同。

最近，Yao 等人通过整合当前屈服面、参考屈服面、潜在破坏应力比和统一硬化参数，并采用基于空间动员平面（SMP）准则的变换应力张量，提出了 OC 黏土的 UH 模型。BS 概念和 SS 概念为 OC 黏土本构模型的发展开辟了新的途径，并基于这些概念建立了各种模型。统一硬化参数、潜在破坏应力比和变换应力张量使 UH 模型不同于其他 OC 黏土模型，尽管它也基于 BS 塑性理论。以下将介绍基于 BS 和 SS 概念的两种 OC 黏土模型的代表性模型以及 UH 模型。对 UH 模型中采用的 Hvorslev 包络线进行了改进，以提高其描述高度 OC 黏土峰值强度特性的能力。通过比较模型预测与恒定平均应力三轴压缩试验中 Fujinomori 黏土的试验结果，分析这些模型在描述 OC 黏土行为方面的能力。在 q-p 平面中的预测不排水有效应力路径及其在 e-p 平面中的相应投影将被展示，以研究模型在描述 OC 黏土临界状态特性方面的能力。

4.5.1 边界面模型

Dafalias 和 Herrmann 开发的 OC 黏土 BS 模型是基于 BS 概念的代表性模型。该模型基于临界状态土力学，能够容易地描述 OC 黏土的临界状态特性。在该模型中，采用了应力变量 p、q、S 和 Lode 角 α。

$$p = \frac{\sigma_{kk}}{3}; \; q = \left(\frac{3}{2} s_{ij} s_{ij}\right)^{1/2}; \; S = \left(\frac{1}{3} s_{ij} s_{jk} s_{ki}\right)^{1/3}; \; -\frac{\pi}{6} \leqslant \alpha = \frac{1}{3} \sin^{-1}\left[\frac{27}{2}\left(\frac{S}{q}\right)^3\right] \leqslant \frac{\pi}{6}$$

$$(4.5.1)$$

其中 σ_{ij} 是库仑应力张量，$s_{ij} = \sigma_{ij} - p\delta_{ij}$，$p$ 是平均应力，q 是广义偏应力。

由于修正 Cam-Clay 模型的屈服面在高度 OC 黏土的峰值强度上预测过高，因此提出了由两个椭圆和一个双曲线组成的 BS 来克服这一缺点。硬化规则与修正 Cam-Clay 模型的相同，其表达式为：

$$\frac{dp_0}{de^p} = -\frac{\langle p_0 - p_1 \rangle + p_1}{\lambda - \kappa}; \quad de^p = -(1 + e_0) d\varepsilon_v^p \qquad (4.5.2)$$

其中 p_0 是 BS 与 p 轴的交点，e^p 被解释为与塑性体积应变 ε_v^p 相关的塑性孔隙比，p_1 是一个模型常数，以确保当平均应力为零时，弹性体积模量不会为零，λ 和 κ 分别为压缩指数和膨胀指数，e_0 为初始孔隙比，$\langle \rangle$ 为 Macauley 括号。

BS 模型采用径向映射规则，表达式为：

$$\bar{p} = b(p - p_c) + p_c; \bar{q} = bq; \bar{S} = bS; \bar{\alpha} = \alpha \qquad (4.5.3)$$

其中 p_c 代表映射中心在 p 轴上的位置，上方带有横杠的应力不变量与 BS 相关，是一个中间变量，b 用于表征当前应力点与"图像"应力点之间的距离，可以通过将径向映射规则方程代入 BS 函数来求解，条件是已知当前应力和 p_0。映射规则在 BS 模型中起着重要作用，因为它影响剪胀和硬化。BS 上采用了相关的流动规则，塑性流动方向在"图像"应力点处确定。

与"图像"应力状态相对应的边界塑性模量 $\bar{K}_p$ 可以基于一致性条件获得：

$$\bar{K}_p = \frac{3(1 + e_0)}{(\lambda - \kappa)}\left(\left\langle 1 - \frac{p_1}{p_0}\right\rangle + \frac{p_1}{p_0}\right)\frac{\partial F}{\partial \bar{p}}\left(\frac{\partial F}{\partial \bar{p}} + \frac{\partial F}{\partial \bar{q}}\right) \qquad (4.5.4)$$

当前应力状态的塑性模量 K_p 被定义为 $\bar{K}_p$ 和形状硬化函数 $\hat{H}$ 的函数。

$$K_p = \bar{K}_p + \hat{H} \left(\frac{b}{b-1} - s \right)^{-1} \tag{4.5.5}$$

$$\hat{H} = \frac{1+e_0}{\lambda - \kappa} g^{*2} p_a \left[z^m h(\alpha) + (1-z^m)h_0 \right] \tag{4.5.6}$$

其中：

$$g^{*2} = \left(\frac{\partial F}{\partial \bar{p}} \right)^2 + \left(\frac{\partial F}{\partial \bar{q}} \right)^2 \tag{4.5.7}$$

$$z = \frac{qR}{3\sqrt{3}Np_0} \tag{4.5.8}$$

$$h(\alpha) = \frac{2(h_e/h_c)}{1 + h_e/h_c - (1 - h_e/h_c)\sin 3\alpha} h_c \tag{4.5.9}$$

$$N = \frac{2(N_e/N_c)}{1 + N_e/N_c - (1 - N_e/N_c)\sin 3\alpha} N_c \tag{4.5.10}$$

$$R = \frac{2(R_e/R_c)}{1 + R_e/R_c - (1 - R_e/R_c)\sin 3\alpha} R_c \tag{4.5.11}$$

$$h_0 = (h_e + h_c)/2 \tag{4.5.12}$$

其中，F 为 BS 的函数，p_a 为大气压，m、s、h_e、h_c、N_e 和 N_c 为模型参数，〈〉为 Macauley 括号，δ_{ij} 是 Kronecker 矢量，式（4.5.9）～式（4.5.12）实际上是参数的插值函数，可以使 BS 模型在三维应力空间中再现更现实的 OC 黏土行为。当黏土处于超固结状态时，当前应力状态位于 BS 内部，$b>1$ 和 $K_p > \bar{K}_p$。随着塑性变形的进行，当前应力状态与"图像"应力状态之间的距离变得越来越小，最终在临界状态时趋近于零。在此过程中，超固结比（OCR）逐渐消失。当黏土处于正常固结或临界状态时，当前应力状态位于 BS 上，$b=1$ 和 $K_p = \bar{K}_p$。

4.5.2　次加载面模型

SS 概念最初是为展示从弹性到完全塑性状态逐渐过渡的材料（如金属）开发的。SS 概念的显著特点是当前应力状态总是位于 SS 上，SS 与正常屈服面保持几何相似性。当前应力状态下的塑性模量由 SS 的大小与正常屈服面的大小的比率描述。对于超固结（OC）黏土，该比率反映了超固结比（OCR），当该比率等于 1 时，可以描述正常固结（NC）黏土的行为。SS 模型也基于临界状态土力学。相关的流动规则被应用于次加载面和正常屈服面，塑性流动方向在当前应力状态下确定。

这里将介绍 Hashiguchi 和 Collins 提出的模型。对于在单调加载条件下的各向同性超固结（OC）黏土，可以假设 $\alpha_{ij} = \beta_{ij} = s_{ij} = \bar{\alpha}_{ij} = 0$。因此，次加载面的公式可以写为：

$$f = p(1 + \chi^2) = RF(H) \tag{4.5.13}$$

$$p = \text{tr}(\sigma_{ij}), \quad \sigma_{ij}^* = \sigma_{ij} - p\delta_{ij}, \quad \eta_{ij} = \sigma_{ij}^*/p, \quad \chi = \| \eta_{ij} \| /m \tag{4.5.14}$$

$$m = \frac{2\sqrt{6}\sin\varphi}{3 - \sin\varphi\sin3\theta}, \ \sin3\theta = -\sqrt{6}\frac{\mathrm{tr}(\eta_{im}\eta_{mn}\eta_{nj})}{\|\eta_{ij}\|^3} \tag{4.5.15}$$

其中，α_{ij} 和 $\bar{\alpha}_{ij}$ 为参考点，s_{ij} 为相似性中心，β_{ij} 为旋转硬化变量，φ 为摩擦角，R 为相似率，H 为正常屈服面的硬化变量，$F(H)$ 代表了正常屈服面的大小，这里与修正 Cam-Clay 模型相同。

相似率的演化定律为：

$$\mathrm{d}R = U \|D_{ij}^p\| \ \text{for} \ \|D_{ij}^p\| \geqslant 0 \tag{4.5.16}$$

$$U = -u\ln R \tag{4.5.17}$$

其中，D_{ij} 为塑性拉伸，$\|\ \|$ 代表大小，u 为材料常数。由此可以看出，由于塑性变形，R 会减小，并在临界状态时达到 1。

这里介绍的 SS 模型中，弹性体积模量 K 和剪切模量 G 不仅随平均应力变化，还随硬化函数 F 的大小变化。这种定义从热力学的角度来看更加合理，并能克服 BS 和 UH 模型中使用的某些内在不合理性。然而，本文的目的是分析 SS 模型如何描述 OC 黏土的行为，其塑性特性更为重要。因此，SS 模型将采用基于 e-$\ln p$ 线性关系的经典定义。

$$K = \frac{p(1 + e_0)}{\kappa} \tag{4.5.18}$$

$$G = \frac{3(1 - 2\nu)}{2(1 + \nu)}K \tag{4.5.19}$$

其中，ν 为泊松比。这也有助于模型之间的比较。

4.5.3　统一硬化模型

BS 模型和 SS 模型都能模拟 OC 黏土的特征行为，但引入了一些没有明确物理意义的参数。一个合适的土壤本构模型应该能够捕捉到土壤的特征行为，但其准确性的重要性较低。理想情况下，所有参数都具有明确的物理意义，并且可以直接通过常规实验室测试确定。具有修订 Hvorslev 包络线的 OC 黏土的 UH 模型具有与修正 Cam-Clay 模型相同的参数，并且可以捕捉 OC 黏土的特征行为。该模型的主要特点将在以下部分详细阐述。

UH 模型类似于 SS 模型。当前应力状态位于当前屈服面上，其硬化参数为统一硬化参数 H，参考应力点位于参考屈服面上，与修正 Cam-Clay 模型相同。这两个面的相似中心是 p-q 空间的原点。当前屈服面的大小与参考屈服面的大小的比值反映了超固结比（OCR）。当黏土处于正常固结或临界状态时，当前屈服面与参考屈服面重合。Hvorslev 包络线被广泛用于确定 OC 黏土的峰值强度，并在此模型中采用。模型中采用基于 SMP 准则的变换应力张量来描述 OC 黏土在三维应力空间中的行为。

参考屈服面与修正 Cam-Clay 模型的相同。

$$\bar{f} = \ln\frac{\bar{p}}{\bar{p}_0} + \ln\left(1 + \frac{\bar{q}^2}{M^2\bar{p}^2}\right) - \frac{1}{c_p}\int\mathrm{d}\varepsilon_v^p = 0 \tag{4.5.20}$$

其中，$\bar{p}$ 为参考应力点的平均主应力，$\bar{q}$ 为对应于参考应力点的偏应力，$\bar{p}_0$ 为参考屈服面与 p 轴的初始交点，$c_p = (\lambda - \kappa)/(1 + e_0)$，$M$ 为三轴压缩临界状态下的应力比。

当前屈服面和统一硬化参数可以表示为：

$$f = \ln \frac{p}{p_0} + \ln\left[1 + \frac{q^2}{M^2 p^2}\right] - \frac{1}{c_p}\int \mathrm{d}H = 0 \qquad (4.5.21)$$

$$H = \int \mathrm{d}H = \int \frac{M_f^4 - \eta^4}{M^4 - \eta^4} \mathrm{d}\varepsilon_v^p = \int \frac{1}{\Omega} \mathrm{d}\varepsilon_v^p \qquad (4.5.22)$$

$$M_f = \left(\frac{1}{R} - 1\right)(M - M_h) + M \qquad (4.5.23)$$

$$R = \frac{\bar{p}}{p} = \frac{\bar{q}}{q} = \frac{\bar{p}}{p_0}\left(1 + \frac{\eta^2}{M^2}\right)\exp\left(-\frac{\varepsilon_v^p}{c_p}\right) \qquad (4.5.24)$$

其中，p_0 为初始平均主应力，M_h 为 Hvorslev 包络线在 p-q 平面中的斜率，M_f 被定义为潜在破坏应力比，R 为 OC 参数，随着 OCR 的减小而增加。对于 OC 黏土，初始阶段的潜在应力比 M_f 大于临界状态应力比。随着塑性变形的进行，它会减小，并最终在临界状态时变得与临界状态应力比相等。相关流动规则应用于当前屈服面，塑性流动方向在当前应力状态下确定。

硬化参数 H 控制当前屈服面的硬化和软化，具有以下特点：

在硬化区域中，$\mathrm{d}H$ 始终为非负值。可以从式（4.5.22）得出以下结论：

（1）在各向同性压缩条件下，$\eta = 0$ 对于 NC 黏土有 $\mathrm{d}\varepsilon_v^p = \mathrm{d}H$，$M^4/M_f^4 < 1$ 对于 OC 黏土有 $\mathrm{d}\varepsilon_v^p = (M^4/M_f^4)\mathrm{d}H$，反映了 OC 黏土在各向同性压缩状态下的可压缩性小于相应的 NC 黏土。

（2）当 $0 < \eta < M$ 时，$\mathrm{d}\varepsilon_v^p > 0$，描述了正剪胀。

（3）当 $\eta = M$ 时，$\mathrm{d}\varepsilon_v^p = 0$，对应于特征状态点。请注意，在此状态下，由于 $M^4 - \eta^4 = 0$，$M_f^4 - \eta^4 > 0$ 和 $\mathrm{d}\varepsilon_v^p = 0$，因此 $\mathrm{d}H = \frac{M_f^4 - \eta^4}{M^4 - \eta^4}\mathrm{d}\varepsilon_v^p > 0$。因此当前的屈服面仍在扩展。

（4）当 $M < \eta < M_f$ 时，$\mathrm{d}\varepsilon_v^p < 0$，意味着负剪胀和应变硬化。

随着应力比 η 的增加和潜在应力比 M_f 的持续下降，η 最终会赶上 M_f 并在某个时间点超过它。此后，开始发生应变软化过程。在软化区域，由于 $\eta > M_f > M$，$\mathrm{d}\varepsilon_v^p < 0$，$\mathrm{d}H < 0$。在临界状态下，$\eta = M = M_f$ 和 $\mathrm{d}\varepsilon_v^p = \mathrm{d}H = 0$。

由此可知，与 OC 参数 R 和 Hvorslev 包络线斜率相关的潜在应力比 M_f 控制了当前屈服面的硬化和预测的 OC 黏土的峰值强度。因此，它在 UH 模型中起着重要作用。然而，Hvorslev 包络线高估了高 OCR 的 OC 黏土的强度，因为即使在平均有效应力为零时，它也给出了非零的强度。因此，UH 模型对高度 OC 黏土的峰值强度预测过高。将零应力线和 Hvorslev 包络线结合起来描述高度 OC 黏土的峰值强度是合理的。但由于它们不是连续的，因此在本构建模中采用它们并不方便。实际上，Dafalias 和 Herrmann 使用由两个椭圆和一个双曲线组成的 BS，并在连接点处具有连续的切线，而不是单一的椭圆来控制高度 OC 黏土的峰值强度。但预测的峰值应力比可能仍大于 3，这意味着黏土可以承受拉应力。对于 OC 黏土，适当的强度轨迹应随着 OCR 增加到无限大接近零应力线，并位于 q-p 空间中临界状态线（CSL）和通过点 C 的屈服面之间。如图 4.5.1 所示，可以提出一个满足这种要求的抛物线形 Hvorslev 包络。

$$(q_f - q_0)^2 = 2\beta(p - p_0) \tag{4.5.25}$$

其中，点 (p_0, q_0) 为抛物线的顶点，β 为控制抛物线曲率的参数，点 (p, q_f) 位于抛物线上。

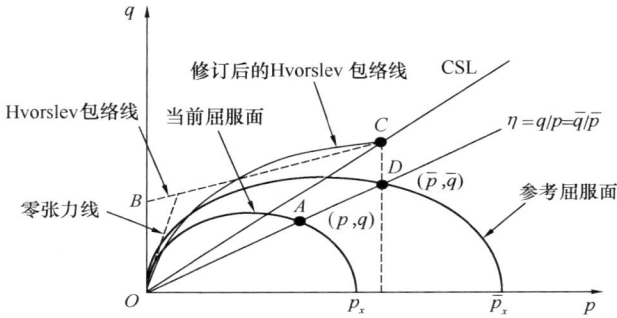

图 4.5.1 当前屈服面、参考屈服面和 Hvorslev 包络线

当 $R=1$ 时，修订后的 Hvorslev 包络线与 CSL 在点 C 处相交。因此：

$$(M\bar{p} - q_0)^2 = 2\beta(\bar{p} - p_0) \tag{4.5.26}$$

抛物线也通过原点，因此：

$$q_0^2 = -2\beta p_0 \tag{4.5.27}$$

当 OCR 等于无限大时，抛物线的斜率应等于 3。因此可以通过对式（4.5.25）进行微分得到以下方程：

$$(\partial q_f / \partial p)|_{(0,0)} = -\beta/q_0 = 3 \tag{4.5.28}$$

通过结合式（4.5.26）～式（4.5.28）可以解得 p_0、q_0 和 β 的值。最终可以得到抛物线的表达式：

$$q_f = \sqrt{\frac{-3M^2\bar{p}}{M-3}\left(p - \frac{M\bar{q}}{12(M-3)}\right)} + \frac{M\bar{q}}{2(M-3)} \tag{4.5.29}$$

当 $\bar{p} = p/R$ 时，可以通过令 $k = \dfrac{M^2}{12(3-M)}$ 得到以下方程：

$$q_f = \sqrt{36k\frac{p}{R}\left(p + k\frac{p}{R}\right)} - 6k\frac{p}{R} \tag{4.5.30}$$

221

因此，潜在破坏应力比表示为：

$$M_{\mathrm{f}} = \frac{q_{\mathrm{f}}}{p} = 6\left[\sqrt{\frac{k}{R}\left(1+\frac{k}{R}\right)} - \frac{k}{R}\right] \tag{4.5.31}$$

如图 4.5.2 所示，比较了使用原始和修订的 Hvorslev 包络线的 UH 模型的响应。在用 Yao 等获得的模型参数下，模拟在排水恒定 p 三轴压缩条件下进行。对于使用原始 Hvorslev 包络线的 UH 模型，当 OCR 为 100 或 200 时，峰值应力比大于 3。当 OCR 更大时，可以预测更高的峰值应力比。这显然不现实。使用修订后的 Hvorslev 包络线的 UH 模型在峰值强度方面可以再现更合理的结果。预测的峰值应力比永远不会超过 3。

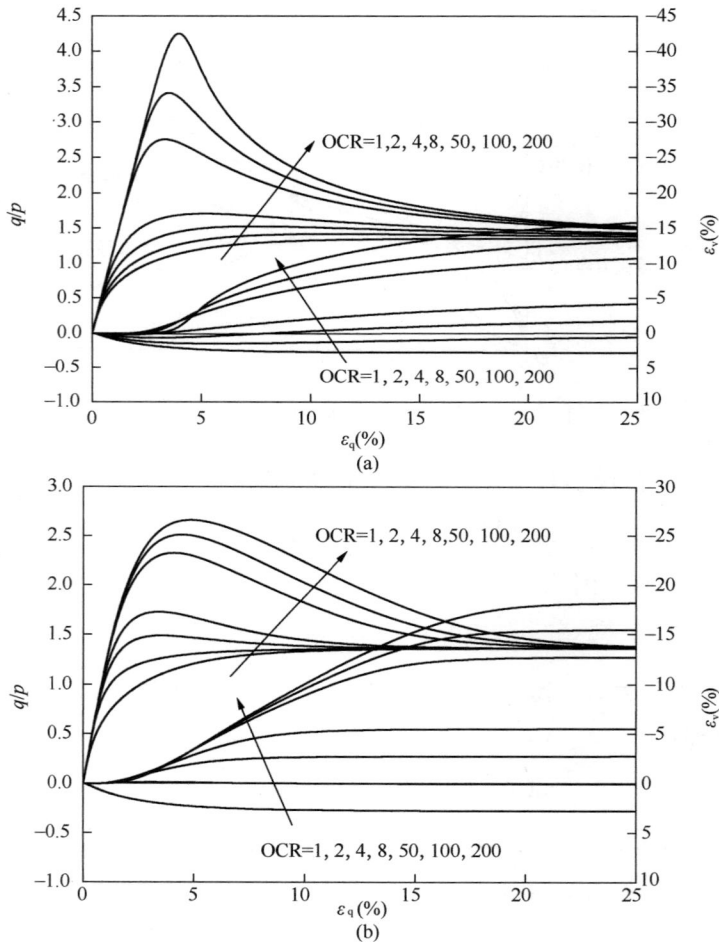

图 4.5.2　UH 模型在恒定 p 压缩条件下
(a) 原始 Hvorslev 包络线下的响应；(b) 修订 Hvorslev 包络线下的响应

SMP 准则是在三维应力空间中描述土壤剪切屈服和破坏行为的最佳准则之一，但其在 π 平面中的不规则几何形状使其难以应用于诸如修正 Cam-Clay 模型之类的本构模型。Yao 等推导的变换应力张量可以令人满意地解决上述问题。变换应力张量通过使 π 平面中的 SMP 曲线成为圆来推导，如图 4.5.3 中虚线所示，圆心为变换 π 平面的原点。变换应力张量已经应用于砂和黏土的本构建模，并获得令人满意的结果。

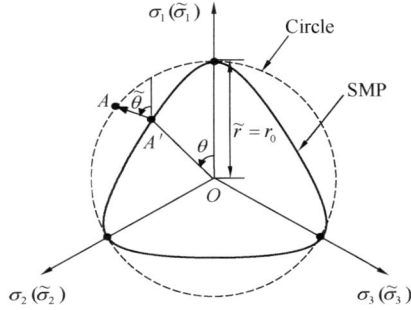

图 4.5.3　基于 SMP 准则的变换关系变换应力张量

$\tilde{\sigma}_{ij}$ 可表示为：

$$\tilde{\sigma}_{ij} = p\delta_{ij} + \frac{q^*}{q^s}(\sigma_{ij}^s - p^s\delta_{ij}) \tag{4.5.32}$$

其中：

$$p^s = \frac{1}{3}\sigma_{ii}^s, q^s = \sqrt{\frac{3}{2}(\sigma_{ij}^s - p^s\delta_{ij})(\sigma_{ij}^s - p^s\delta_{ij})}, \sigma_{ij}^s = (I_1^s\sigma_{ik} + I_3^s\delta_{ik})(\sigma_{kj} + I_2^s\delta_{kj})^{-1} \tag{4.5.33}$$

$$I_1^s = \sqrt{\sigma_1} + \sqrt{\sigma_2} + \sqrt{\sigma_3}, I_2^s = \sqrt{\sigma_1\sigma_2} + \sqrt{\sigma_2\sigma_3} + \sqrt{\sigma_3\sigma_1}, I_3^s = \sqrt{\sigma_1\sigma_2\sigma_3} \tag{4.5.34}$$

通过使用变换应力张量，UH 模型可以轻松推广到三维应力空间。

4.5.4　模型比较与实验验证

在本节中，对三种模型的能力进行了比较和分析。分析过程是根据三种典型模型的详细情况进行的。

1. 模型原理分析

（1）BS 模型

边界面模型的工作原理是在 p-q 空间中，边界面由两个椭圆和一个双曲线组成，整体形状接近椭圆。通过观察金属材料的循环拉伸和压缩试验曲线，发现金属的应力应变关系曲线中存在一条隐藏的边界曲线，将其扩展到主应力空间后，主应力空间中应有一个边界面。材料应力不能穿越边界面，只能在边界面内或达到边界面。与其他模型相比，映射方法用于将当前应力点与边界面上的图像点相关联。利用投影中心，通过当前应力点将一个图像点投影到边界面上。利用当前应力点与图像点之间的距离函数来反映塑性模量及土壤的硬度。

图 4.5.4 具有三个主要特征：

1）无论是硬化还是软化过程，当前应力点始终位于边界面内或达到边界面，不能超

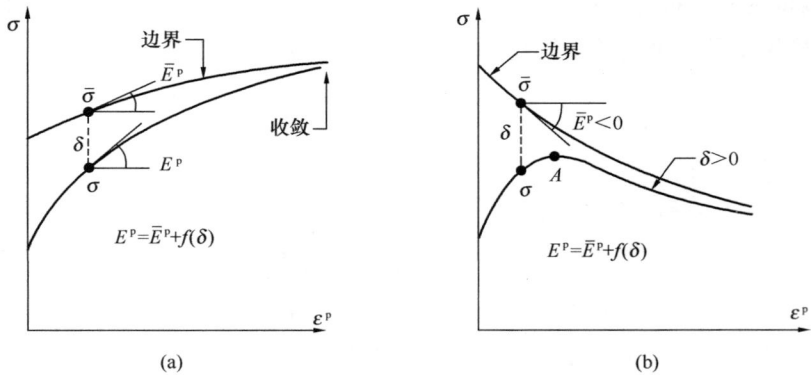

图 4.5.4　使用 BS 模型计算的土壤典型应力应变关系

（a）硬化过程下的应力应变曲线；（b）软化过程下的应力应变曲线

过边界面。对于以塑性变形为主的土壤材料，当弹性域半径为零时，弹性域退化为一个点，表示当前加载点。

2）选择合理的当前点和图像点之间距离的插值函数可以确保硬化或软化过程中的应力应变曲线收敛。

3）材料的塑性模量取决于当前点到图像点的距离。当距离较大时，塑性模量较大。距离越小，塑性模量越小。当应力点达到边界面并与图像点重合时，塑性模量退化为边界面的模量。

4）边界面作为一个吸引子，对当前点保持引力作用，直到其达到边界面。

（2）SS 模型

椭圆被采用为反映正常重塑黏土的屈服面，而小椭圆则作为加载面引入，其几何相似率为 R。当前应力点始终位于加载面上。与边界面不同，次加载面直接将塑性模量定义为当前点和边界面之间距离的插值函数。而在 SS 模型中，给出了几何相似率 R 的增量演化关系，R 的增量表示为增量塑性应变模量的负函数。可以通过相关的流动规则解析得到弹塑性刚度矩阵。SS 模型的另一个特点是没有弹性域。当应力点在较低加载面之外向法向移动时，被判断为弹塑性加载阶段。当它在屈服面中向法向移动时，被判断为弹性卸载阶段。因此，SS 模型可以用来描述屈服面内加载的塑性变形行为。

（3）UH 模型

在 UH 模型中，使用与修正剑桥模型完全相同的屈服面作为参考屈服面，而使用具有统一硬化参数的屈服面作为当前屈服面。与 SS 模型相似，当前屈服面表现得与较低的加载面相同。当前应力点始终位于当前屈服面上。作为状态参数，当前屈服面与参考屈服面之间的相似率 R 表示为统一硬化参数中潜在强度 M_f 的抛物线函数。与 SS 模型相比，SS 模型中的 R 增量公式直接根据试验规则给出，具有主观因素；而 UH 模型中的 R 演化公式是一个完整表达，直接由参考屈服面表示。对于上述三种模型，存在以下差异：

1）弹塑性行为的定义不同。三种模型都是弹塑性模型。边界面模型仍在经典弹塑性理论的框架内，并且始终存在一个纯弹性域。只有当应力点穿过弹性域时，才进入弹塑性阶段。然而，SS 模型和 UH 模型不属于经典弹塑性理论。加载阶段属于弹塑性行为阶段，而卸载阶段属于弹性行为。

2）弹塑性模量的表达式不同。BS 模型的塑性模量是由应力点和其图像点之间的距离构建的插值函数。而边界面是遵循相关流动规律的屈服面。因此，当前应力点的塑性模量是反映边界面模量的插值函数。SS 模型和 UH 模型基于较低的加载面或当前屈服面，遵循相关的流动规则，以计算增量塑性模量。

3）无论是 BS 模型还是 SS 模型，在模拟真实三维应力条件下的模型都采用 $g(\theta)$ 方法；即采用形状函数来修正临界状态强度参数的系数。UH 模型采用基于 SMP 强度准则的应力变换方法。这两种泛化方法的区别在于，采用 $g(\theta)$ 方法仅是对临界状态下强度参数的数值修正；而采用应力变换方法，屈服面在每个增量步骤中在偏移平面内采用 SMP 形状。主要区别如下：随着静水压力的增加，在静水压力影响下，岩土材料会发生应力诱导各向异性。在小球应力范围内，偏移平面的形状接近尖锐的曲线三角形。在大球应力范围内，偏移平面的形状接近圆。然而，由于 $g(\theta)$ 方法仅用于修正临界状态参数 M 的大小，上述静水压力引起的应力诱导各向异性无法得到适当反映。

4）当屈服面的初始对称轴不是 p 轴，而是在 K_0 固结线上时，即对于初始各向异性模型，如果仍然应用 $g(\theta)$ 方法，由于屈服面对称轴是在主应力偏角空间中的对称轴上，此时，在主应力空间中通过 $g(\theta)$ 方法修正的屈服面将超出闭合的凸形。屈服面的凸性仍然通过应力变换方法得到保证。

2. 模型参数及其确定技术

在本节中，通过比较 BS 模型、SS 模型和 UH 模型的预测结果与试验结果，分析它们在处理 OC 黏土行为方面的能力。试验由 Shimizu 在恒定平均有效应力路径下对饱和藤森黏土进行，以研究 OC 黏土的剪胀性。所有样品首先在 $p_c = 588\text{kPa}$ 下进行各向同性固结，然后卸载以达到不同的 OCR 值。

等效平均法向应力 p_e 定义为：

$$p_e = p_u \exp\left(\frac{N-e}{\lambda}\right) \tag{4.5.35}$$

其中，$p_u(=100\text{kPa})$ 为参考平均应力，N 为参考应力 p_u 下标准固结线（NCL）上点的孔隙比，e 为当前孔隙比。藤森黏土的 N 值为 0.9108。e-p 空间中的 CSL 是：

$$e_c = \Gamma - \lambda \ln(p/p_u) \tag{4.5.36}$$

其中，Γ 为参考应力 p_u 下 CSL 上点的孔隙比，e_c 为平均应力 p 下的临界状态孔隙比。藤森黏土的 Γ 值为 0.8448。

表 4.5.1～表 4.5.3 显示了三种模型的常见材料参数。参数 λ、κ 和 M 直接从试验数据中确定。泊松比 ν 通过经验确定，因为它对这些模型的整体响应没有显著影响。

BS 模型、SS 模型和 UH 模型的常见材料参数 表 4.5.1

λ	κ	M	ν
0.1146	0.0247	1.4	0.1

BS 模型共有十六个参数。参数 I_1、m 和 s 可被假定为常数，因此它们的值与 Dafalias 和 Herrmann 提出的值相同。参数 R_c、A_c、T、C 和 h_c 通过使用试错法从排水三轴压缩试验数据中确定。由于这里没有藤森黏土的三轴延展试验数据，所以三轴伸长的参数（R_e、A_e、h_e 和 N_e）未被确定。因此，本文中只列出了十二个模型参数。

SS 模型有五个参数。参数 ϕ 为藤森黏土的摩擦角，可以从 M 的值反算得出。参数 u 通过试错法确定，以最佳拟合测试数据。

统一 UH 模型的四个参数只是常见参数。

3. 预测与测试结果

有三组数据，分别为 $p/p_e - q/p_e$ 关系、$q/p - \varepsilon_v$ 关系和 $q/p - \varepsilon_q$ 关系，其中 ε_v 和 ε_q 分别为体积应变和偏应变。这些测试的 OCR 分别为 1、1.5、2、4、8 和 20。所有这些关系将在下一部分与模型预测进行比较。

预测结果与测试数据的比较如图 4.5.5～图 4.5.7 所示。实线为模型预测，空心标记为测试数据。比较表明，这三种模型大致都能够描述 OC 黏土的行为。需要注意的是，BS 模型预测的峰值偏应力 q 非常接近测试数据，但预测的峰值强度比更高。SS 模型也高估了峰值应力比。这是分别由 BS 模型的 BS 形状和 SS 模型的正常屈服面造成的。UH 模型对峰值偏应力和峰值应力比的控制较好，这是因为采用了修订的 Hvorslev 包络线。图 4.5.8（a）～（c）显示了三种模型在不排水三轴压缩条件下的响应。图的上半部分显示了由预固结压力 p_0 标准化的预测有效应力路径。下半部分显示了 p/p_0 与孔隙比 e 的预测关系。这些图清楚地表明，三种模型都可以描述 OC 黏土临界状态的达到，此时应力和体积保持恒定，而塑性偏应变持续增加。

BS 模型参数 表 4.5.2

N_c	R_c	A_c	$T = C$
0.2694	2	0.02	0
h_c	I_1	m	s
6.0	10 kPa	0.02	1

SS 模型参数 表 4.5.3

φ	u
33.7°	5

基于 SMP 准则的变换应力张量的采用是 UH 模型一个非常重要的特征，Yao 等对其进行了详细讨论。通过采用变换应力张量，UH 模型可以在三维应力空间中描述强度特征和塑性流动方向。不同的 $g(\theta)$ 方法被用于将 BS 和 SS 模型推广到三维应力空间。但使用这些方法总是需要引入额外的参数或新的插值函数。事实上，变换应力张量也可以用于将

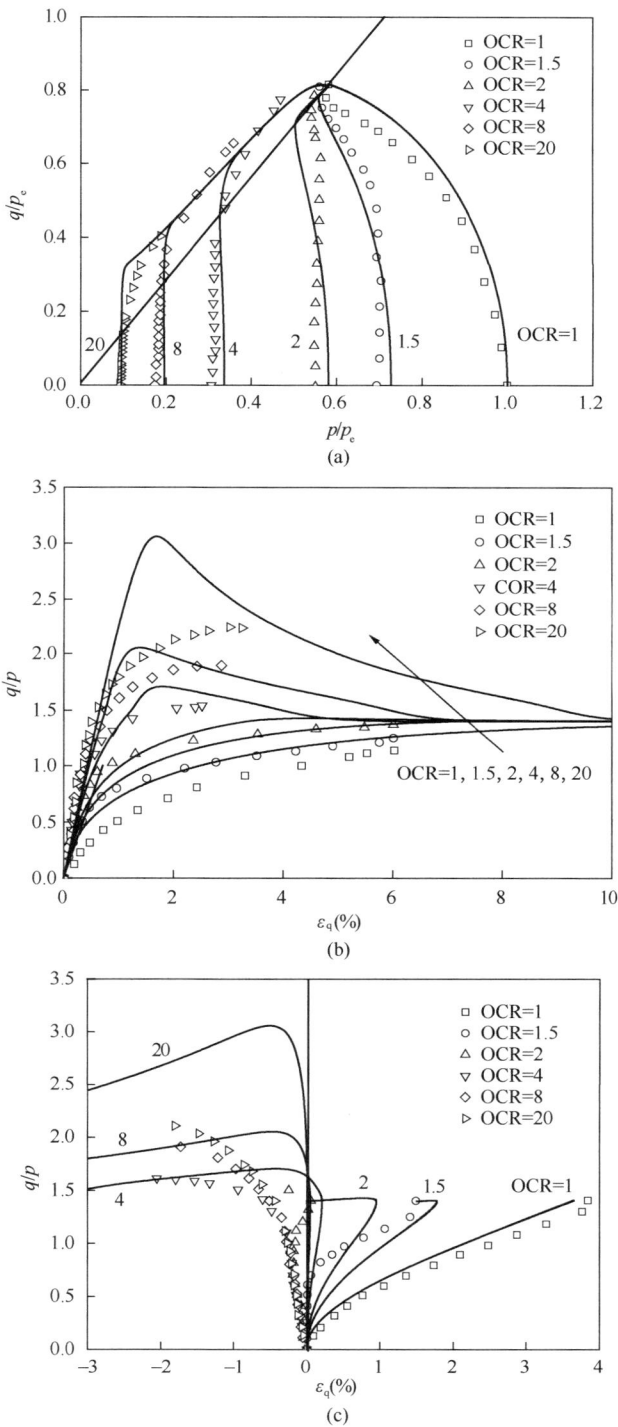

图 4.5.5 BS 模型预测与测试数据

（a）$p/p_e - q/p_e$ 关系；（b）$q/p - \varepsilon_v$ 关系；（c）$q/p - \varepsilon_q$ 关系

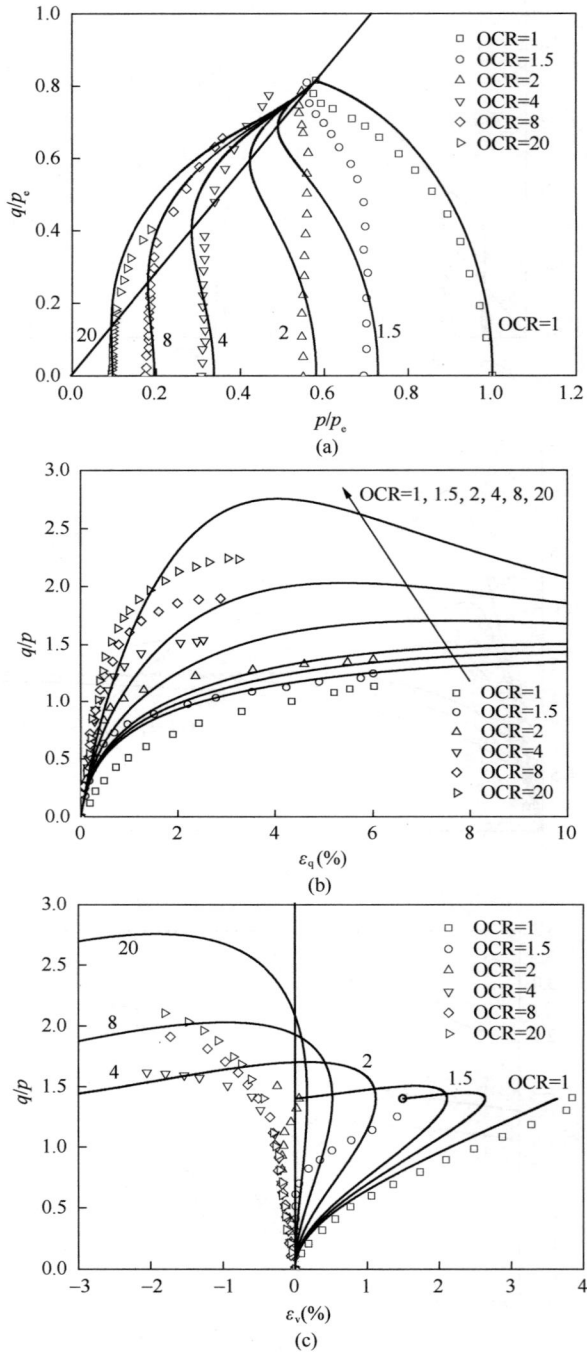

图 4.5.6 SS 模型预测与测试数据

（a）$p/p_e - q/p_e$ 关系；（b）$q/p - \varepsilon_v$ 关系；（c）$q/p - \varepsilon_q$ 关系

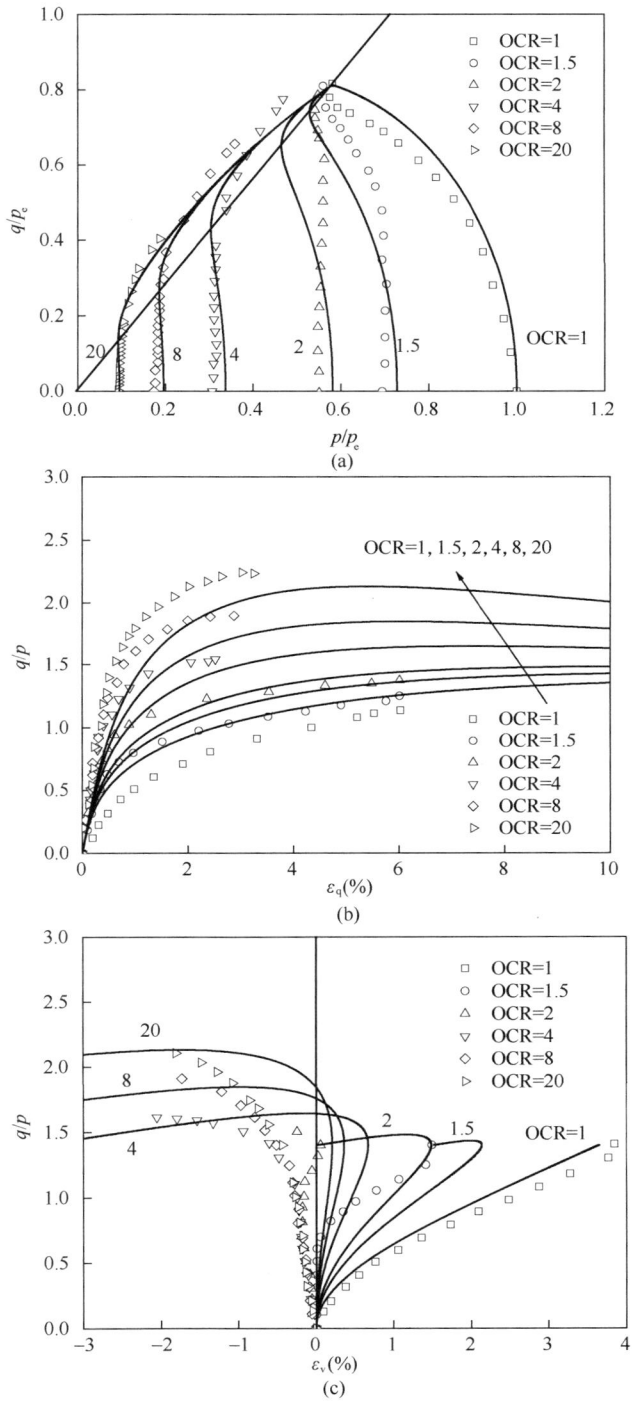

图 4.5.7 UH 模型预测与测试数据

(a) $p/p_e - q/p_e$ 关系；(b) $q/p - \varepsilon_v$ 关系；(c) $q/p - \varepsilon_q$ 关系

其他模型（如 BS 和 SS 模型）从各向同性材料推广到三维应力空间。

为了反映黏土在一般应力条件下的变形和强度特性，并展示中主应力对强度和变形的影响，选择了图 4.5.9 中显示的真实三轴应力路径下三种模型的测试结果进行预测和比较。图 4.5.9 显示了洛德角分别为 0°、15°、30°、45° 和 60° 的加载应力路径。试验结果是 Chowdhury 等在饱和藤森黏土上进行的真实三轴应力加载试验数据。球体应力保持恒定为 196kPa。初始孔隙比为 0.786，模型中使用的参数如表 4.5.4～表 4.5.6 所示。

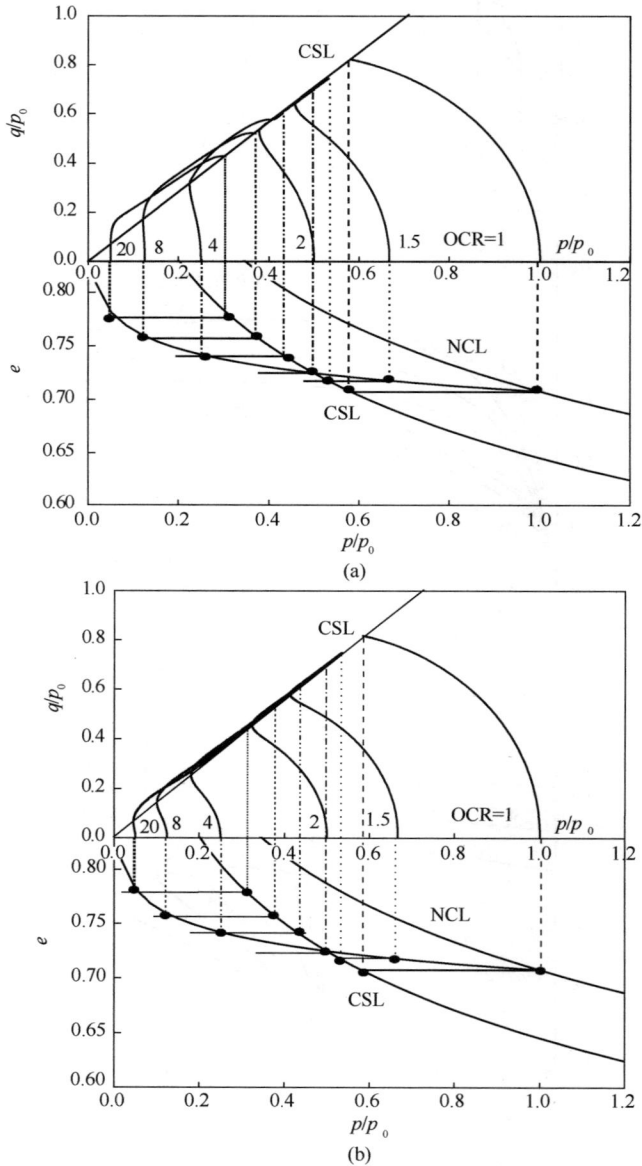

图 4.5.8　BS 模型（a）、SS 模型（b）和
UH 模型（c）在不排水三轴压缩条件下的响应示意图

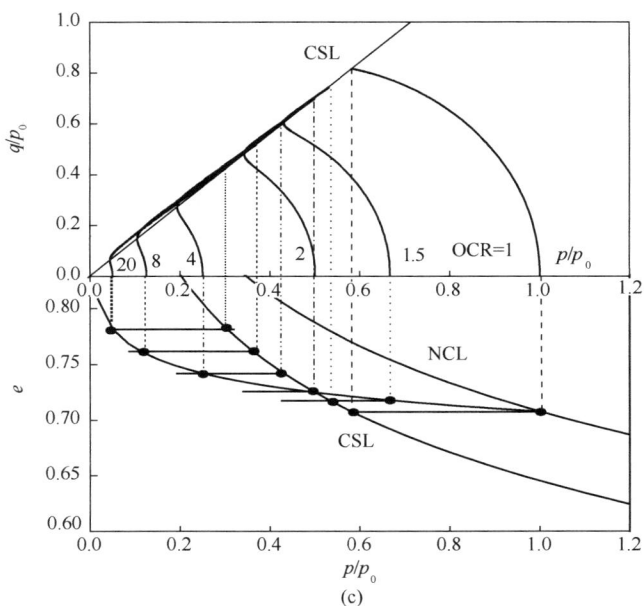

图 4.5.8 BS 模型（a）、SS 模型（b）和
UH 模型（c）在不排水三轴压缩条件下的响应示意图（续）

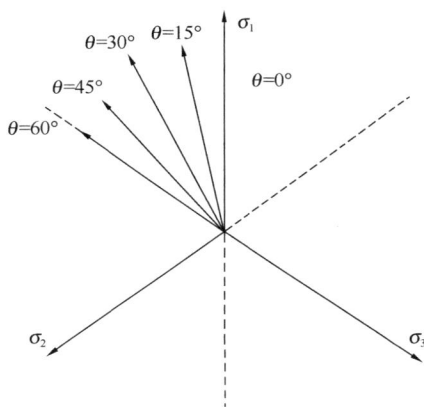

图 4.5.9 偏移平面上的真实三轴应力路径

BS 模型、SS 模型和 UH 模型的常见材料参数　　　　　　　　　表 4.5.4

λ	κ	M	ν
0.09	0.02	1.38	0.3

BS 模型参数　　　　　　　　　表 4.5.5

N_c	R_c	A_c	T	C
0.2617	2	0.04	0.04	0.02
h_c	I_1	m	s	
79	10 kPa	0.02	1	

SS 模型参数	表 4.5.6
φ	u
34°	5

图 4.5.10 显示了在恒定 p 三轴压缩条件下 SS 模型和 UH 模型的测试结果被用于预测比较。从比较中可以看出，对于主应变与次应变和应力比之间关系曲线的预测结果，SS 模型略微低估了应力比，而 UH 模型较好地预测了应变和应力比曲线。对于体积应变的预测，SS 模型略优于 UH 模型。

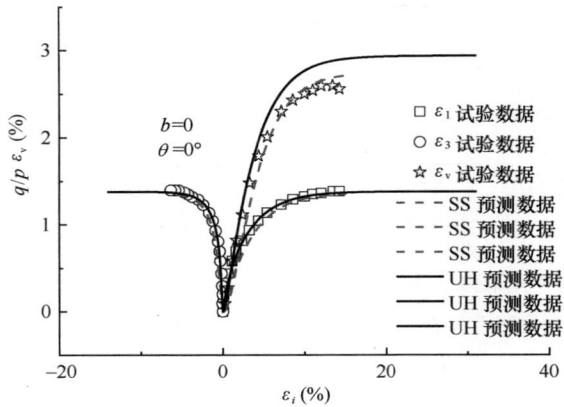

图 4.5.10 在三轴压缩试验下 SS 模型和 UH 模型预测与测试结果比较

图 4.5.11 显示了三轴延展条件下预测结果的比较。对于主要应变与次应变到应力比的预测结果，SS 模型的预测结果低于测试结果，而 UH 模型的预测结果较好地符合应力比曲线，但仍略低于峰值应力比的测试值。对于体积应变的预测，SS 模型和 UH 模型的结果均大于测试结果。

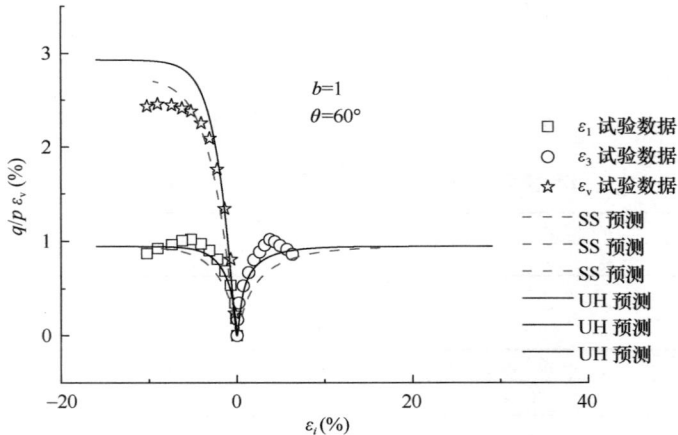

图4.5.11 在三轴延展试验下 SS 模型和 UH 模型预测与测试结果比较

图 4.5.12 为 Lode 角 $\theta=15°$ 条件下的预测比较结果。从比较结果可以看出，SS 模型仍然略微低估了主要应变和大小应力比曲线中的应力比。而 UH 模型较好地符合应力比曲线。在体积应变预测的比较中，UH 模型的预测结果与测试结果基本一致，而 SS 模型的预测结果略小。

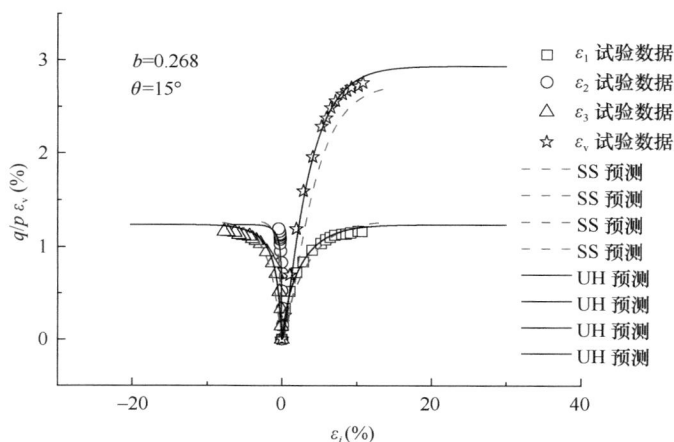

图 4.5.12 在真实三轴试验下 SS 模型和 UH 模型预测
结果与测试结果的比较（$\theta=15°$）

图 4.5.13 为 Lode 角 $\theta=30°$ 条件下的预测比较结果。对于应变到应力比曲线，UH 模型的预测结果仍优于 SS 模型。对于主要应变和体积应变关系曲线的预测结果，这两个模型都高估了体积应变，但 SS 模型的预测结果略小于 UH 模型的。

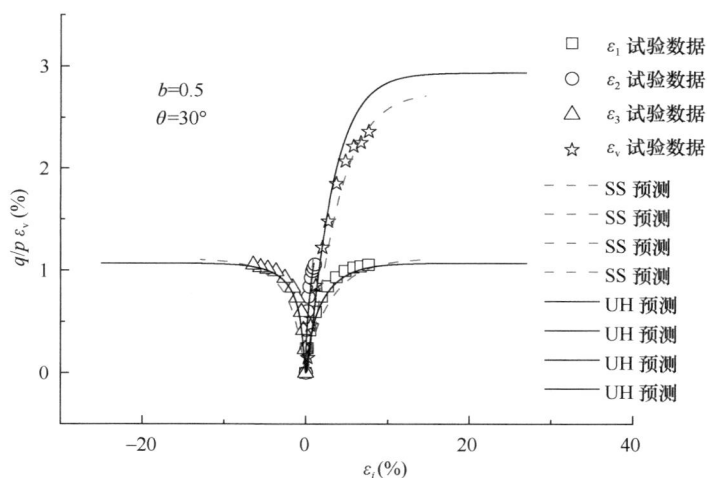

图 4.5.13 在真实三轴试验下 SS 模型和 UH 模型预测
结果与测试结果的比较（$\theta=30°$）

图 4.5.14 为 Lode 角 $\theta=45°$ 条件下的预测比较结果。对于主应变与应力比曲线，UH

模型的结果与测试结果更为一致。对于主应变和体积应变的关系曲线，这两个模型都低估了体积应变，但 UH 模型的预测结果更接近测试数据。

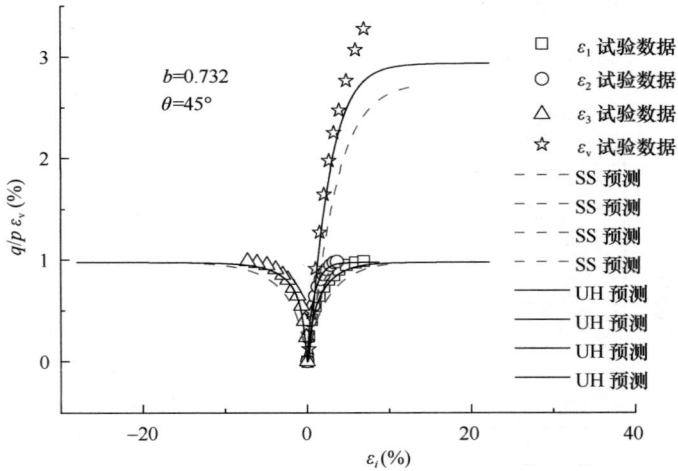

图 4.5.14　在真实三轴试验下 SS 模型和 UH 模型预测
结果与测试结果比较（$\theta=45°$）

图 4.5.15 显示了三轴压缩下预测结果的比较。对于主应变与应力比的曲线，BS 模型的预测值略高于 UH 模型的结果，而 UH 模型的结果与应力比的测试结果更一致。对于主应变和体积应变关系曲线的预测比较，两种模型都高估了体积应变，而 BS 模型的预测结果更接近体积应变的测试结果。

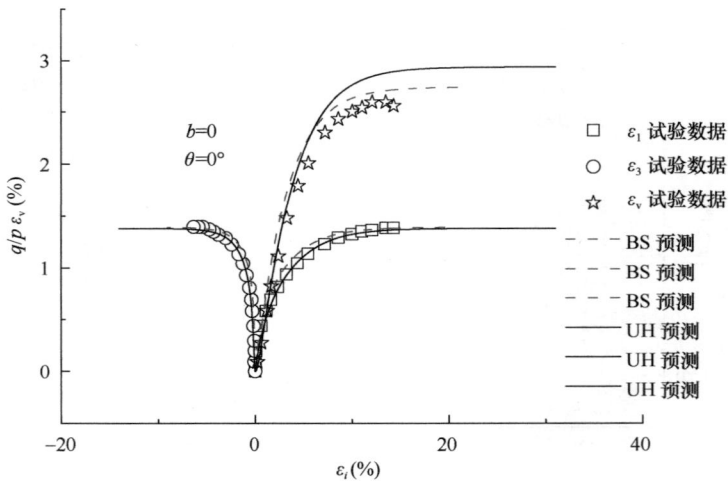

图 4.5.15　在三轴压缩试验下 BS 模型和 UH 模型预测与测试结果比较

图 4.5.16 显示了三轴延展条件下的测试比较结果。对于应力比曲线，BS 模型的预测结果更接近测试数据。对于主应变与体积应变关系的预测，BS 模型预测的体积应变过低，

而 UH 模型预测的体积应变过高。

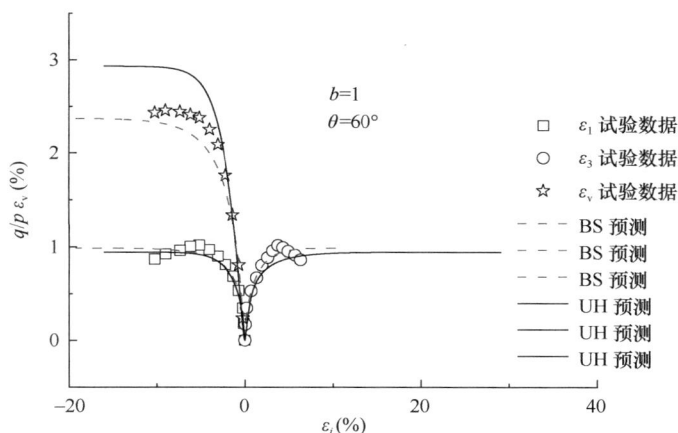

图 4.5.16　在三轴延展试验下 BS 模型和 UH 模型预测与测试结果比较

图 4.5.17 给出了 Lode 角 $\theta=15°$ 条件下的预测比较结果。UH 模型的预测结果更符合实验结果。值得注意的是，在中主应变与应力比曲线关系的预测中，中主应变接近于零，但仍为负值。然而，BS 模型预测的中主应变为正值，这与测量结果矛盾。UH 模型的预测结果为负值，更好地再现了中主应变的特征。

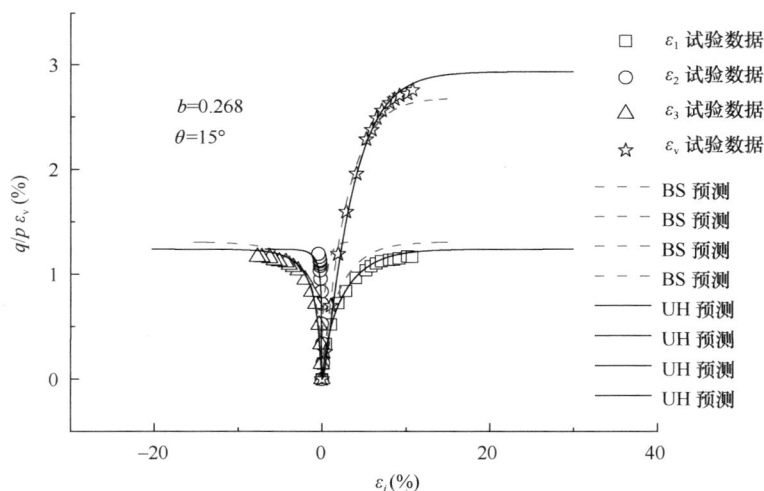

图 4.5.17　在真实三轴试验下 BS 模型和 UH 模型预测
结果与测试结果的比较（$\theta=15°$）

图 4.5.18 显示了 Lode 角 $\theta=30°$ 条件下的预测比较结果。BS 模型用于比较大、中、小值的应变与应力比关系曲线。可以看出，BS 模型预测的强度值略高于测量值，而 UH 模型基本与测量值一致。BS 和 UH 模型用于预测主应变与体积应变的关系。BS 模型的预测结果更接近测量值。

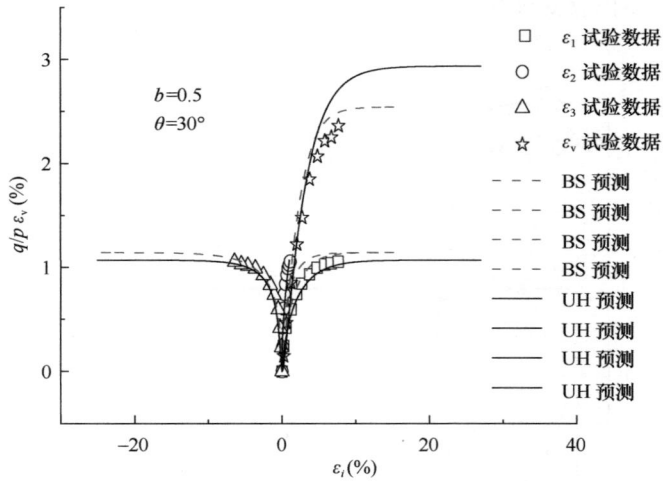

图 4.5.18 在真实三轴试验下 BS 模型和 UH 模型预测
结果与测试结果的比较（$\theta=30°$）

图 4.5.19 显示了 Lode 角 $\theta=45°$ 条件下的预测比较结果。从图 4.5.19 中可以看出，UH 模型和 BS 模型与大、中、小应变和应力比的强度曲线基本一致。至于主应变与体积应变之间的关系，这两个模型都低估了体积应变，而 UH 模型的预测结果与测量值更一致。

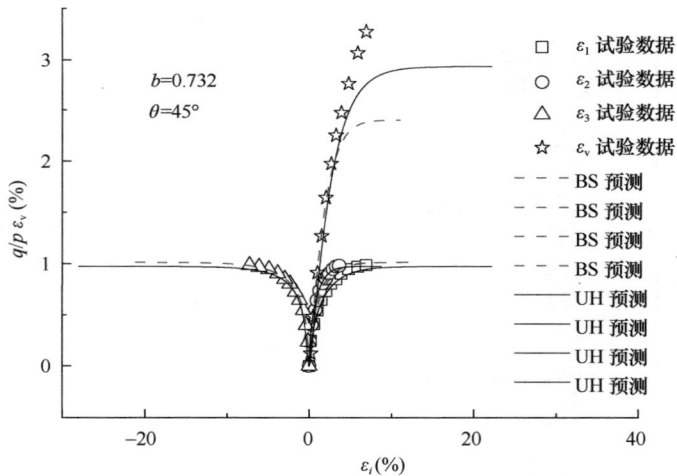

图 4.5.19 在真实三轴试验下 BS 模型和 UH 模型预测
结果与测试结果的比较（$\theta=45°$）

4.5.5 结论

本文回顾了超固结（OC）黏土的代表性模型。介绍了 BS 模型、SS 模型和 UH 模型的特点。对 UH 模型中采用的 Hvorslev 包络线进行了修改，以提高其描述高度 OC 黏土峰值强度的能力。随后，通过比较三种模型对藤森黏土试验数据的预测结果，分析了它们对 OC 黏土行为的描述能力。可以得出以下结论：

（1）这些超固结（OC）黏土的模型一般分为两类，一类基于经典塑性理论，另一类基于边界塑性理论。经典塑性理论有其自身的局限性，即在屈服面内不能发生塑性变形。BS 塑性可以克服这一缺陷。BS 模型、SS 模型和 UH 模型是第二类的代表。

（2）通过这三种代表性模型的比较表明，它们都足以描述 OC 黏土的主要特征行为，如应变软化和剪胀。

（3）UH 模型的参数最少，且具有明确的物理意义。

4.6　TS 方法在动力 UH 模型中的应用

摘　要： 无论原始剑桥模型或者修正剑桥模型都是在 pq 空间中建立的二维弹塑性模型，然而直接应用于三维应力应变关系的模拟将采用默认的广义 Mises 准则，而试验证实 SMP 或者 Lade 准则是更符合三维应力应变下土体的屈服准则。基于姚仰平等提出的动力 UH 模型，分别考虑直接将模型与 SMP 准则结合，以及采用 $g(\theta)$ 方法将模型实现应力一般化，分析结果表明：直接结合方法在三轴伸长路径下存在体变剪胀的问题，而采用 $g(\theta)$ 方法得到的动力模型屈服面在 pq 空间存在不连续的问题。最后，采用变换应力（TS）方法得到的三维动力 UH 模型均避免了上述问题，模型与预测结果表明了变换应力方法的优越性。

关键词： 弹塑性模型；SMP 准则；Lade 准则；动力；三维

引言

无论原始剑桥模型或者修正剑桥（MCC）模型都是基于三轴压缩的条件下建立的，因而模型中屈服面以及塑性势面都是以 p、q 变量表示的。若直接将上述模型应用于三维应力下土体的应力应变关系模拟，则实际上将任意应力路径下的应力应变关系都视为三轴压缩条件下的情况进行处理，也就是暗含了在偏平面上将广义 Mises 准则作为屈服准则的事实，而 Mises 准则是适用于金属材料的屈服准则，SMP 准则或者 Lade 准则才是适用于土体材料的屈服准则。为了将上述三维屈服准则应用于二维弹塑性模型，很多学者提出了将二维模型三维化的方法。Zienkiewicz 等于 1977 提出了 $g(\theta)$ 方法，而 Nakai 等于 1984 年提出了 t_{ij} 方法。上述方法被广泛地应用于静力模型中，而在实际中更具有应用前景的则是动力模型，姚仰平等已经指出当 $g(\theta)$ 方法被应用于初始各向异性弹塑性模型，比如说 Setouchi 等的下加载面模型或是 Dafalias 等的边界面模型时，会造成一定的问题。而如果采用 t_{ij} 方法，则模型所采用的本构方程将会被改变。姚仰平等提出了变换应力（TS）方法，其所采用的表达式是基于某一种破坏准则，比如 SMP 准则或者 Lade 准则。将 TS

方法应用于上述的各向异性弹塑性模型，能够避免出现 $g(\theta)$ 方法以及 t_{ij} 方法所造成的问题。本文将 TS 方法应用于动力 UH 模型中，结果显示了其相比另外两种三维化方法的优越性。

4.6.1　动力 UH 模型

1. 模型简介

如图 4.6.1 所示，参考屈服面与当前屈服面之间的关系可通过超固结参数 R 建立：

$$R = p/\bar{p} = q/\bar{q} \tag{4.6.1}$$

其中，p 表示当前屈服面上的有效球应力，而 $\bar{p}$ 表示参考屈服面上的有效球应力，q 与 $\bar{q}$ 是与之相对应的广义偏应力。采用相关联流动法则，则塑性势面与当前屈服面可表示为：

$$g = f = c_p\left[\ln\frac{p}{p_0} + \ln\left(1 + \frac{\eta^{*2}}{M^2 - \zeta^2}\right)\right] - H = 0 \tag{4.6.2}$$

其中，M 为临界状态应力比，$c_p = (\lambda - \kappa) / (1 + e_0)$，$\lambda$ 是 $e\text{-}\ln p$ 坐标系中正常压缩线的斜率，κ 是相应的回弹线斜率，e_0 是初始孔隙比。参考屈服面以塑性体应变 H 为硬化参量。转轴大小由 ζ 表示，ζ 可由其转轴分量 β_{ij} 表示为：

$$\zeta = \sqrt{\frac{3}{2}\beta_{ij}\beta_{ij}} \tag{4.6.3}$$

其几何意义为屈服面转轴在 $p\text{-}q$ 坐标系中的斜率。屈服面中的 η^* 是相对应力比，可表示为：

$$\eta^* = \sqrt{\frac{3}{2}\hat{\eta}_{ij}\hat{\eta}_{ij}} \tag{4.6.4}$$

其中，相对应力比的分量又可表示为：

$$\hat{\eta}_{ij} = \eta_{ij} - \beta_{ij} \tag{4.6.5}$$

其中，η_{ij} 为应力比分量，表示为：

$$\eta_{ij} = \frac{\sigma_{ij} - p\delta_{ij}}{p} \tag{4.6.6}$$

硬化参数 H 可表示为：

$$H = \int\left(\frac{M_f^4 - \eta^4}{M^4 - \eta^4}\mathrm{d}\varepsilon_v^p + \frac{\eta}{M}\frac{\partial f}{\partial \beta_{ij}}\mathrm{d}\beta_{ij}\right) \tag{4.6.7}$$

其中，潜在强度可表示为：

$$M_f = 6\left(\sqrt{k(1 + k)} - k\right) \tag{4.6.8}$$

其中，k 可由 R 的函数表示：

$$k = \frac{M^2}{12(3 - M)R^\alpha} \tag{4.6.9}$$

参数 α 为新增加的参数，用来调整潜在强度的大小。

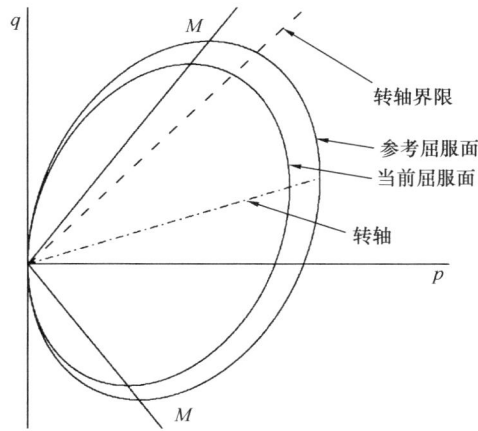

图 4.6.1 参考屈服面与当前屈服面

超固结参数 R 表示为：

$$R = \frac{p}{\bar{p}} = \frac{p}{\bar{p}_0}\left(1 + \frac{\eta^{*2}}{M^2 - \zeta^2}\right)\exp\left(-\frac{\varepsilon_v^p}{c_p}\right) \tag{4.6.10}$$

$\bar{p}_0$ 是先期固结压力，ε_v^p 是塑性体应变。

转轴分量的增量演化式为：

$$\mathrm{d}\beta_{ij} = \sqrt{3/2}\,\frac{b_r M}{c_p}(b_1 M - \zeta)\,\mathrm{d}\varepsilon_d^p\,\frac{\hat{\eta}_{ij}}{\eta^*} \tag{4.6.11}$$

其中，b_r 是转轴增长速率系数，控制转轴增长快慢。b_1 为旋转界限参数，$b_1 M$ 表示为转轴的界限。$\mathrm{d}\varepsilon_d^p$ 是塑性剪应变增量。

2. 三维化方法

若实现动力模型的应力一般化，需要将 SMP 准则与动力 UH 模型相结合，考虑一种简单的直接结合方法。若将 SMP 准则直接与修正剑桥模型相结合，即将 SMP 准则表达式与修正剑桥模型屈服面的表达式相联立，则将得到如图 4.6.2 所示的屈服面。

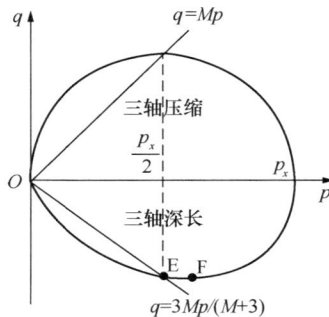

图 4.6.2 采用 SMP 准则直接修正 MCC 模型后的屈服面

在三轴压缩情况下，三维化后与三维化前的屈服面保持一致，然而在三轴伸长路径下，屈服面最低点是 F 点，而临界状态点是 E 点。显然，最低点与临界状态点不重合，这将导致在 EF 段塑性体应变增量为负的错误情形。因此，直接将 SMP 准则与模型相结合的方法行不通。

若考虑采用 $g(\theta)$ 方法，则采用给予 SMP 准则的形状函数，仍然将其与修正剑桥模型相结合，所得到的屈服面如图 4.6.3 所示。

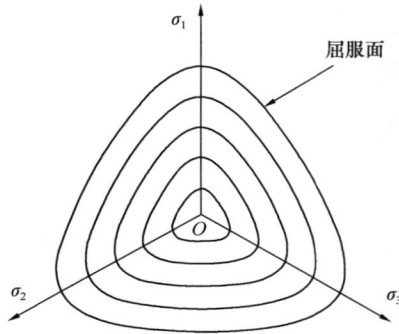

图 4.6.3 采用 $g(\theta)$ 方法修正 MCC 模型后的屈服面

由图 4.6.3 可知，随着球应力的增大，广义偏应力增大，但在偏平面上的屈服面形状始终保持相似，而无法反映球应力增大导致的屈服面形状变化。若将 $g(\theta)$ 方法用于反映初始各向异性模型，则以 K_0-MCC 模型为例，三维化后所得到的屈服面形状如图 4.6.4 所示。由图 4.6.4 可知，在三轴压缩路径到三轴伸长路径的过渡阶段，形成了屈服面的不连续，由此可见，$g(\theta)$ 方法用于各向异性模型存在的问题。

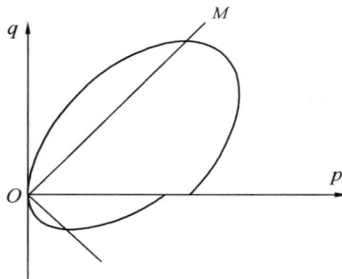

图 4.6.4 采用 $g(\theta)$ 方法修正 K_0-MCC 模型后的屈服面

4.6.2 变换应力（TS）方法

采用 TS 方法对所提的动力 UH 模型实现三维化。

如图 4.6.5 所示，采用姚仰平等提出的变换应力方法实现本构模型中应力的一般化。图中实线为普通应力空间中的 SMP 准则曲线，考虑将其上任一点 A 变换为三轴压缩情况时的破坏点，由于在 Mises 圆上任一点都与三轴压缩等效，因此，可将 A 点变换为与三轴压缩时等效的 B 点即可，即由与三轴压缩等效的点 B 来表示 SMP 曲线上任意一点屈服

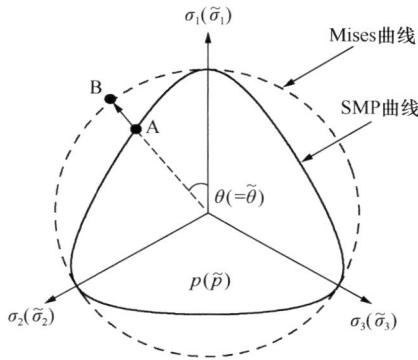

图 4.6.5 普通应力空间中 SMP 准则曲线与 TS 空间中 Mises 准则曲线

时的情况。则由普通应力空间中 SMP 准则变换为 TS 空间中 Mises 准则。

TS 公式可写为：

$$\begin{cases} \widetilde{\sigma}_{ij} = p\delta_{ij} + \dfrac{q^*}{q}(\sigma_{ij} - p\delta_{ij}) & q \neq 0 \\ \widetilde{\sigma}_{ij} = \sigma_{ij} & q = 0 \end{cases} \tag{4.6.12}$$

$$q^* = \frac{2I_1}{3\sqrt{(I_1 I_2 - I_3)/(I_1 I_2 - 9I_3)} - 1} \tag{4.6.13}$$

其中，I_1、I_2、I_3 分别为普通应力空间中第一、第二、第三应力不变量。

将上述所提的 MCC 模型采用 TS 方法进行三维化，则得到屈服面在偏平面上的形状如图 4.6.6 所示。由图 4.6.6 可知，随着球应力的增大，屈服面形状逐渐变成接近圆形，反映了屈服面受到球应力的影响。

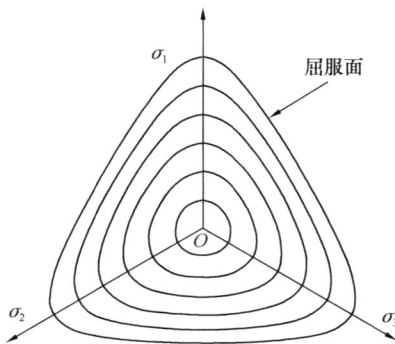

图 4.6.6 π 平面上用 TS 方法修正 MCC 模型后的屈服面

将 K_0-MCC 模型采用 TS 方法进行三维化进行修正，则得到其在 p-q 空间中的屈服面形态如图 4.6.7 所示。

由图 4.6.7 可知，虚线为未进行三维化之前的屈服面形态，而实线为经 TS 方法三维化后的屈服面形态，由此可知，TS 方法更合理地解决了前面方法所存在的问题。

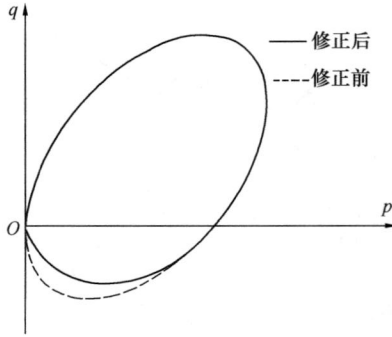

图 4.6.7　采用 TS 方法修正屈服面前后对比

4.6.3　三维动力 UH 模型本构方程

本节给出三维本构方程的表达式。弹性剪切模量 G 可表示为：

$$G = \frac{E}{2(1+\nu)} = \frac{3(1-2\nu)(1+e_0)p}{2(1+\nu)k} \tag{4.6.14}$$

拉梅常数为：

$$L = \frac{E}{3(1-2\nu)} - \frac{2}{3}G = \frac{(1+e_0)}{k}p - \frac{2}{3}G \tag{4.6.15}$$

对式（4.6.2）进行三维化后的屈服面可写为：

$$\widetilde{f} = c_p \left[\ln \frac{\overline{p}}{p_0} + \ln \left(1 + \frac{\widetilde{\eta}^{*2}}{M^2 - \widetilde{\zeta}^2} \right) \right] - \int \left(\frac{\widetilde{M}_{\mathrm{f}}^4 - \widetilde{\eta}^4}{M^4 - \widetilde{\eta}^4} \mathrm{d}\varepsilon_\nu^p + \frac{\widetilde{\eta}}{M} \frac{\partial \widetilde{f}}{\partial \widetilde{\beta}_{ij}} \mathrm{d}\widetilde{\beta}_{ij} \right) = 0 \tag{4.6.16}$$

其他各个表达式中的应力量 σ_{ij} 分别由变换应力空间中的 $\widetilde{\sigma}_{ij}$ 代替即可。对式（4.6.16）进行全微分，得到：

$$\mathrm{d}\widetilde{f} = \frac{\partial \widetilde{f}}{\partial \widetilde{\sigma}_{kl}} \frac{\partial \widetilde{\sigma}_{kl}}{\partial \sigma_{ij}} \mathrm{d}\sigma_{ij} + \frac{\partial \widetilde{f}}{\partial \widetilde{\beta}_{ij}} \mathrm{d}\widetilde{\beta}_{ij} - \left[\frac{\widetilde{M}_{\mathrm{f}}^4 - \widetilde{\eta}^4}{M^4 - \widetilde{\eta}^4} \mathrm{d}\varepsilon_\nu^p + \frac{\widetilde{\eta}}{M} \frac{\partial \widetilde{f}}{\partial \widetilde{\beta}_{ij}} d\widetilde{\beta}_{ij} \right] = 0 \tag{4.6.17}$$

其中，应力增量可表示为：

$$\mathrm{d}\sigma_{ij} = D_{ij\mathrm{kl}}^e \mathrm{d}\varepsilon_{\mathrm{kl}}^e = D_{ij\mathrm{kl}}^e (\mathrm{d}\varepsilon_{kl} - \mathrm{d}\varepsilon_{\mathrm{kl}}^p) \tag{4.6.18}$$

塑性应变增量可表示为：

$$\mathrm{d}\varepsilon_{\mathrm{kl}}^p = \Lambda \frac{\partial \widetilde{f}}{\partial \widetilde{\sigma}_{\mathrm{kl}}} \tag{4.6.19}$$

其中，Λ 为塑性因子。

对转轴的偏微分为：

$$\frac{\partial \widetilde{f}}{\partial \widetilde{\beta}_{ij}} \mathrm{d}\widetilde{\beta}_{ij} = \frac{c_p \left[\sqrt{6}\Lambda M b_r (b_l M - \widetilde{\zeta}) \widetilde{\eta}^{*2} (-2M^2 + 3\widetilde{\eta}_{ij}\widetilde{\beta}_{ij}) \right]}{(M^2 - \widetilde{\zeta}^2 + \widetilde{\eta}^{*2})^2 (M^2 - \widetilde{\zeta}^2) \widetilde{p}} \tag{4.6.20}$$

塑性体应变增量可写为：

$$\mathrm{d}\varepsilon_\nu^p = \Lambda \cdot \partial\widetilde{f}/\partial\widetilde{\sigma}_{ii} = \frac{\Lambda c_p(M^2 - \widetilde{\eta}^2)}{(M^2 - \widetilde{\zeta}^2 + \widetilde{\eta}^{*2})\widetilde{p}} \tag{4.6.21}$$

将式（4.6.18）～式（4.6.21）代入式（4.6.17），可得到塑性因子：

$$\Lambda = \frac{\partial\widetilde{f}}{\partial\sigma_{ij}}D_{ijkl}^e \cdot \mathrm{d}\varepsilon_{kl}/X \tag{4.6.22}$$

其中：

$$X = \frac{\partial\widetilde{f}}{\partial\sigma_{ij}}D_{ijkl}^e \cdot \frac{\partial\widetilde{f}}{\partial\widetilde{\sigma}_{kl}} + \frac{c_p T_{ms}}{(M^2 - \widetilde{\zeta}^2 + \widetilde{\eta}^{*2})\widetilde{p}} \tag{4.6.23}$$

分子 T_{ms} 可表示为：

$$T_{ms} = \frac{\widetilde{M}_f^4 - \widetilde{\eta}^4}{M^4 - \widetilde{\eta}^4}(M^2 - \widetilde{\eta}^2) +$$

$$\frac{\left(1 - \frac{\widetilde{\eta}}{M}\right)M\sqrt{6}b_r(b_1 M - \widetilde{\zeta})\widetilde{\eta}^{*2}(2M^2 - 3\widetilde{\eta}_{ij} \cdot \widetilde{\beta}_{ij})}{(M^2 - \widetilde{\zeta}^2 + \widetilde{\eta}^{*2})(M^2 - \widetilde{\zeta}^2)} \tag{4.6.24}$$

将应力增量写为：

$$\mathrm{d}\sigma_{ij} = D_{ijkl}\mathrm{d}\varepsilon_{kl} \tag{6.2.25}$$

弹塑性刚度张量表示为：

$$D_{ijkl} = D_{ijkl}^e - D_{ijmn}^e \frac{\partial\widetilde{f}}{\partial\widetilde{\sigma}_{mn}}\frac{\partial\widetilde{f}}{\partial\sigma_{st}}D_{stkl}^e/X \tag{4.6.26}$$

将弹性剪切模量与拉梅常数代入式（4.6.26）中，得到：

$$D_{ijkl} = L\delta_{ij}\delta_{kl} + G(\delta_{ik}\delta_{jl} + \delta_{il}\delta_{jk}) - \left(L\frac{\partial\widetilde{f}}{\partial\widetilde{\sigma}_{mn}}\delta_{ij} + 2G\frac{\partial\widetilde{f}}{\partial\widetilde{\sigma}_{ij}}\right)\left(L\frac{\partial\widetilde{f}}{\partial\widetilde{\sigma}_{mn}}\delta_{kl} + 2G\frac{\partial\widetilde{f}}{\partial\sigma_{kl}}\right)/X \tag{4.6.27}$$

其中，分母表示为：

$$X = L\frac{\partial\widetilde{f}}{\partial\sigma_{ii}}\frac{\partial\widetilde{f}}{\partial\widetilde{\sigma}_{kk}} + 2G\frac{\partial\widetilde{f}}{\partial\sigma_{ij}}\frac{\partial\widetilde{f}}{\partial\widetilde{\sigma}_{ij}} + \frac{c_p T_{ms}}{(M^2 - \widetilde{\zeta}^2 + \widetilde{\eta}^{*2})\widetilde{p}} \tag{4.6.28}$$

4.6.4 试验验证

采用 Tatsuoka 等关于 Toyoura 砂的双路不排水循环加载测试结果来验证采用变换应力方法三维化后的动力 UH 模型。模型选用参数如表 4.6.1 所示。

Toyoura 砂材料参数　　　　　　　　　　　表 4.6.1

M	λ	κ	ν	b_r	b_1	α
1.287	0.01	0.0035	0.3	0.5	0.95	0.05

如图 4.6.8 所示，途中圆圈表示测试结果，实线表示模型预测结果。由图 4.6.8 可

知，由于采用了变换应力方法，压缩路径与伸长路径存在显著差异。压缩的临界状态强度值要高于伸长路径下的临界状态强度值，预测趋势与试验规律相符。从轴应变与偏应力关系来看，在三轴伸长路径下的轴应变要大于三轴压缩路径下的轴应变量，采用 TS 方法的动力 UH 模型预测出了这一规律。

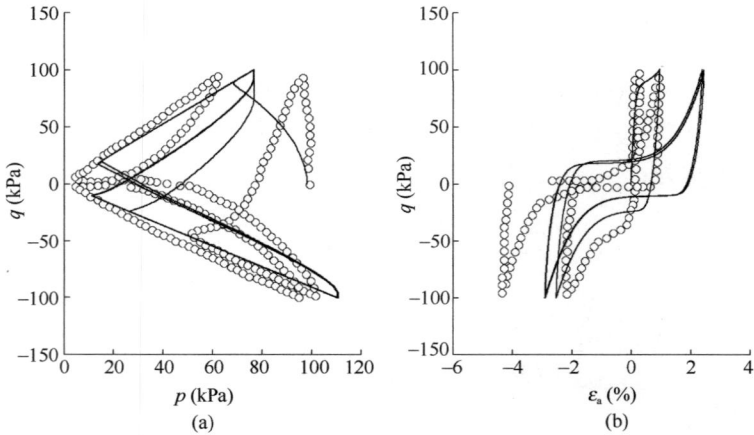

图 4.6.8　模型预测与试验结果对比

（a）有效应力路径；（b）轴应变与偏应力关系

4.6.5　结论

本文通过将 SMP 准则与动力 UH 模型相结合，得到如下结论：

（1）直接将 SMP 准则与模型相结合是不可行的，而采用 $g(\theta)$ 方法来三维化各向异性模型也是不可行的。采用变换应力方法对于静力或者动力模型进行三维化处理都是可行的。

（2）采用变换应力方法后的动力 UH 模型能够更合理地反映应力应变关系的应力路径相关性，从强度特性以及应力应变关系上都能更好地符合试验规律。

（3）采用变换应力方法，能够在不增加参数或是不改变本构模型的基础上更简单、合理地应用在动力弹塑性模型中。

4.7　砂土动力本构关系及其模拟

摘　要：在已发展的统一硬化超固结土模型基础上，采用旋转硬化规则，将其扩展为可考虑砂土应力应变关系的动力模型。为了合理考虑较大压力范围内的粗粒土的破碎特性，对原模型 $e\text{-}p$ 空间中的正常固结线与临界状态线的数学表达进行了改进，采用幂函数形式进行描述。模型具有如下特点：（1）重新定义了 $e\text{-}p$ 空间内的正常压缩线与临界状态线；（2）采用含有幂参数 α 的修正伏斯列夫线来描述潜在强度；（3）采用当前屈服面与参考屈服面之间演化关系以及旋转硬化规则描述动力特性；（4）利用基于 SMP 准则的变换应力方法实现三维化。模拟表明：对于大围压下的粗粒土破碎特性能够很好地描述，对于砂土的循环加载特性也能较好地模拟。

关键词：砂土；旋转硬化；变换应力方法；循环加载

引言

大量的黏土应力路径的试验表明：球应力与孔隙比具有明确的映射关系。正常固结黏土的正常压缩线在 e-$\ln p$ 空间成为规则直线，而临界状态线为与之相平行的直线，这反映了球应力与孔隙比唯一对应的特性。不同于黏土，砂土的孔隙比与球应力不具有唯一对应的特性。由于砂土中砂颗粒排列方式的不同，导致同一孔隙比下可对应不同的正常固结压力，在较大范围压力下，e-$\ln p$ 空间中的正常压缩线不再是直线，而砂土的临界状态线也将不是规则直线，在低应力范围，其斜率较正常压缩线斜率更高。与砂土类似，粗粒土也属于无黏性土，具有与砂土相似的特性，但在大围压作用下，粗粒土之间会发生颗粒破碎现象，从而导致大孔隙被破碎的岩土材料填充，孔隙比变小，体积变化较未破碎的粗粒土更大，随着围压的逐步增大，体积压缩量逐渐增大，当围压达到很大的程度时，则体积压缩的增加量变得平缓。Verdugo 和 Ishihara 以及 Yamamuro 和 Lade 等的不同砂土的试验已经观测到上述现象，Muir Wood 等对上述特性进行了相应的研究工作。

为了更准确地描述砂土变形特性，克服单对数坐标的缺陷，Hashiguchi 在 $\ln e$-$\ln p$ 空间采取了双对数坐标形式，将黏土以及砂土一并用统一的数学形式描述。双对数坐标可以在大应力范围内考虑砂土的体变与球应力的关系，也能自然考虑到在很大球应力下孔隙比不能为负数的问题，但由于孔隙比对于砂土是敏感参数，采用对数坐标相当于放大了孔隙比的单位，因此，在 $\Delta \ln p$ 较小范围内变化时，则会导致孔隙比变化较大，体变描述过大。Nakai 等采取幂函数形式来表达 e-p 空间的曲线关系，纵坐标采取孔隙比，而横坐标采取球应力被标准大气压无量纲化参数做底数的幂函数形式。Gudehus 等用非线性函数来模拟 e-p 空间中孔隙比与球应力的关系，能够在大范围球应力下很好地模拟。

不同于黏土，正常压缩线对应初始球应力与孔隙比的关系，而砂土没有黏土那样严格明确的正常压缩线。初始压缩线与孔隙比不唯一，因此，用超固结度来度量砂土的压密特性失去意义。Ishihara 以及张建民等的各种关于砂土应力路径的试验也证实：砂土的变形特性与以往的应力历史关联很小，或者应力路径对其变形影响可忽略，影响其变形的是当前应力状态。Li 等采用状态相关理论来描述砂土的这一特性，采用当前应力状态下的孔隙比与临界状态孔隙比之间的距离来表示当前密实状态。用状态参量 ψ 描述，能够较好地模拟砂土的剪缩、剪胀特性。但上述模型适用于静力加载条件，对于复杂加载条件下的模拟尚不多见。

4.7.1 正常压缩线与临界状态线

考虑在 e-p 空间中采用标准大气压无量纲化的幂函数作为横坐标，纵坐标为孔隙比，则在上述空间中存在对应正常压缩线 NCL。由于砂土的围压依存性，当围压为零，即球应力为零时，正常压缩线应与临界状态线的孔隙比重合为一点。但正常压缩线的斜率偏低，而临界状态线的斜率偏高。在低于正常压缩线下，存在参考线 CL，参考线是根据黏土的临界状态线得到。根据修正剑桥模型，在 e-$\ln p$ 空间等 P 路径下从正常固结线到临界状态线其塑性体应变为 $\ln 2(\lambda - \kappa)/(1 + e_0)$。类似的可确定出在 $e - (p/p_a)^m$ 空间正常压缩线到参考线在等 P 路径下的塑性体应变为一个确定值。

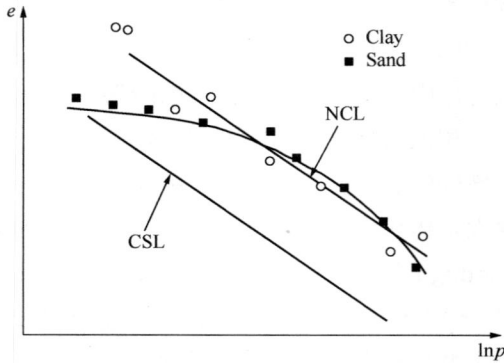

图 4.7.1　砂土和黏土在 e-$\ln p$ 中的正常压缩线与临界状态线

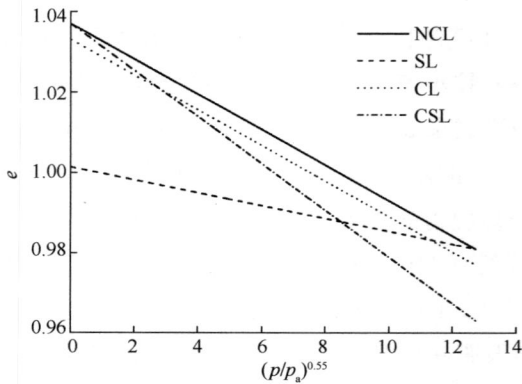

图 4.7.2　e-p 空间中的 NCL 和 CSL

图 4.7.1 为砂土及黏土在 e-$\ln p$ 空间中的正常压缩线与临界状态线，由图 4.7.1 可知，与黏土呈现较为规则的线性关系不同，黏土表现出明显的非线性特性。为了统一上述差异性，采用压力的幂函数曲线形式，由图 4.7.2 可知，参考线 CL 与临界状态线相交于一个交点，记为 p_{con}。当 $p \leqslant p_{con}$ 时，则体变小于或等于 $(c_t - c_e)\ln 2$。当 $p > p_{con}$ 时，体变大于 $(c_t - c_e)\ln 2$。随着球应力的增大，体应变也变大，能反映出随着围压的增大，体

应变增大的现象，而在低应力范围，体变较小，反映出砂土的体变随球应力改变而变化的现象。

NCL：
$$e_{N} = e_{N0} - c_t \left(\frac{p}{p_a}\right)^m \tag{4.7.1}$$

回弹线方程：

SL：
$$e_{s} = e_{s0} - c_e \left(\frac{p}{p_a}\right)^m \tag{4.7.2}$$

参考线方程：

CL：
$$e_{c} = e_{c0} - c_t \left(\frac{p}{p_a}\right)^m \tag{4.7.3}$$

临界状态线方程：

CSL：
$$e_{cs} = e_{N0} - \alpha_c \left(\frac{p}{p_a}\right)^m \tag{4.7.4}$$

参考点为参考线与临界状态线的交点：(e_{con}, p_{con})。

参考线与纵轴的交点为：
$$(e_{c0}, 0) \Rightarrow \left[(1+e_{N0})(1-\varepsilon_{vc}^p)-1, 0\right]$$

其中，
$$\varepsilon_{vc}^p = (c_t - c_e)\ln 2 \tag{4.7.5}$$

交点为：
$$\left(\frac{p_{con}}{p_a}\right)^m = \frac{(e_{c0}-e_{N0})}{(c_t-\alpha_c)} \tag{4.7.6}$$

则在任一球应力下，从 NCL 到 CSL 线等 P 路径下加载所产生的塑性体应变可表示为：
$$\varepsilon_v^p = \varepsilon_{vc}^p \frac{(p/p_a)^m}{(p_{con}/p_a)^m} = (c_t-c_e)\ln 2 \frac{(c_t-\alpha_c)}{(e_{c0}-e_{N0})}(p/p_a)^m = c_{p2}(p/p_a)^m \tag{4.7.7}$$

则对 $p_0 \rightarrow p$：
$$\varepsilon_v^p = c_{p2}\left[\left(\frac{p}{p_a}\right)^m - \left(\frac{p_0}{p_a}\right)^m\right] \tag{4.7.8}$$

4.7.2 参考屈服面与当前屈服面

1. 参考屈服面

采用变换应力方法对统一硬化动力模型进行三维化，得到变换应力空间中的参考屈服面与下加载面。

参考屈服面方程可表示为：
$$\tilde{f}_r = \frac{c_p}{p_a^m}\left\{\left[\bar{p}\left(1+\frac{\tilde{\eta}^{*2}}{M^2-\zeta^2}\right)\right]^m - (\bar{p}_0)^m\right\} - \varepsilon_v^p = 0 \tag{4.7.9}$$

其中，$c_p = (c_t - c_e)$，c_t 为正常压缩线的斜率，c_e 为回弹线的斜率。$p_a = 98\text{kPa}$，$\bar{p}_0$ 为历史上最大的压缩球应力。$\tilde{\zeta}$ 为屈服面转轴大小。

$$\widetilde{\zeta} = \sqrt{\frac{3}{2}\widetilde{\beta}_{ij} \cdot \widetilde{\beta}_{ij}} \tag{4.7.10}$$

$\widetilde{\eta}^*$ 为相对应力比：

$$\widetilde{\eta}^* = \sqrt{\frac{3}{2}\widehat{\widetilde{\eta}}_{ij} \cdot \widehat{\widetilde{\eta}}_{ij}} = \sqrt{\frac{3}{2}(\widetilde{\eta}_{ij} - \widetilde{\beta}_{ij}) \cdot (\widetilde{\eta}_{ij} - \widetilde{\beta}_{ij})} \tag{4.7.11}$$

应力比分量：

$$\widetilde{\eta}_{ij} = \widetilde{s}_{ij}/\widetilde{p} = (\widetilde{\sigma}_{ij} - \widetilde{p}\delta_{ij})/\widetilde{p} \tag{4.7.12}$$

转轴分量由增量方法得到，其增量公式为：

$$\mathrm{d}\widetilde{\beta}_{ij} = \frac{b_{\mathrm{r}}M}{c_{\mathrm{p}2}}(m_{\mathrm{b}}M - \widetilde{\zeta})\mathrm{d}\varepsilon_{\mathrm{d}}^{\mathrm{p}} \frac{\widehat{\widetilde{\eta}}_{ij}}{\|\widehat{\widetilde{\eta}}\|} \tag{4.7.13}$$

2. 当前屈服面

采用相关联流动法则，则塑性势面与下加载面相同。下加载面方程为：

$$\widetilde{f} = \frac{c_{\mathrm{p}}}{p_{\mathrm{a}}^m}\left\{\left[\widetilde{p}\left(1 + \frac{\widetilde{\eta}^{*2}}{M^2 - \widetilde{\zeta}^2}\right)\right]^m - (\widetilde{p}_0)^m\right\} - H = 0 \tag{4.7.14}$$

统一硬化参数为：

$$H = \int\left[\frac{M_{\mathrm{f}}^4 - \widetilde{\eta}^4}{M^4 - \widetilde{\eta}^4}\mathrm{d}\varepsilon_v^{\mathrm{p}} + A\mathrm{d}\varepsilon_{\mathrm{d}}^{\mathrm{p}}\right] \tag{4.7.15}$$

潜在强度参数：

$$M_{\mathrm{f}} = 6(\sqrt{k(1+k)} - k) \tag{4.7.16}$$

其中，$k = \dfrac{M^2}{12(3-M)R^\beta}$，$\beta$ 是参数。

超压缩应力比参数 R：

$$R = \widetilde{p}[1 + \widetilde{\eta}^{*2}/(M^2 - \widetilde{\zeta}^2)][(\overline{\widetilde{p}}_0)^m + (p_{\mathrm{a}})^m\varepsilon_v^p/c_{\mathrm{p}2}]^{-\frac{1}{m}} \tag{4.7.17}$$

$$A = \sqrt{\frac{3}{2}}b_{\mathrm{r}}\widetilde{\eta}(m_{\mathrm{b}}M - \widetilde{\zeta})\frac{m}{p_{\mathrm{a}}^m}\left[\widetilde{p}\left(1 + \frac{\widetilde{\eta}^{*2}}{(M^2 - \widetilde{\zeta}^2)}\right)\right]^{m-1}\left(\frac{\widetilde{p}\widetilde{\eta}^*(3\widetilde{\eta}_{ij}\widetilde{\beta}_{ij} - 2M^2)}{(M^2 - \widetilde{\zeta}^2)^2}\right) \tag{4.7.18}$$

4.7.3 弹塑性模量张量表示

1. 弹塑性刚度矩阵表示

应力增量可表示为：

$$\mathrm{d}\sigma_{ij} = D_{ij\mathrm{kl}}^e\mathrm{d}\varepsilon_{\mathrm{kl}}^e = D_{ij\mathrm{kl}}^e(\mathrm{d}\varepsilon_{\mathrm{kl}} - \mathrm{d}\varepsilon_{\mathrm{kl}}^{\mathrm{p}}) \tag{4.7.19}$$

$$D_{ij\mathrm{kl}}^e = L\delta_{ij}\delta_{\mathrm{kl}} + G(\delta_{ik}\delta_{jl} + \delta_{il}\delta_{jk}) \tag{4.7.20}$$

弹性模量：

$$E = \frac{3(1-2\nu)p_{\mathrm{a}}^m}{mc_{\mathrm{e}}p^{m-1}} \tag{4.7.21}$$

弹性剪切模量：

$$G = \frac{E}{2(1+\nu)} = \frac{3(1-2\nu)p_a^m}{2(1+\nu)mc_e p^{m-1}} \tag{4.7.22}$$

拉梅常数：

$$L = \frac{E}{3(1-2\nu)} - \frac{2}{3}G \tag{4.7.23}$$

对式（4.7.14）进行全微分，得到：

$$\mathrm{d}\tilde{f} = \frac{\partial f}{\partial \tilde{\sigma}_{ij}}\mathrm{d}\tilde{\sigma}_{ij} + \frac{\partial f}{\partial \tilde{\beta}_{ij}}\mathrm{d}\tilde{\beta}_{ij} - \left(\frac{M_f^4 - \tilde{\eta}^4}{M^4 - \tilde{\eta}^4}\mathrm{d}\varepsilon_v^p + A\mathrm{d}\varepsilon_d^p\right) = 0 \tag{4.7.24}$$

$$\frac{\partial f}{\partial \tilde{\sigma}_{kl}}\frac{\partial \tilde{\sigma}_{kl}}{\partial \sigma_{ij}}\mathrm{d}\sigma_{ij} + \frac{\partial f}{\partial \tilde{\beta}_{ij}}\mathrm{d}\tilde{\beta}_{ij} - \frac{M_f^4 - \tilde{\eta}^4}{M^4 - \tilde{\eta}^4}\lambda\frac{\partial f}{\partial \tilde{\sigma}_{ij}}\delta_{ij} - A\sqrt{\frac{2}{3}}\parallel D_s^p \parallel = 0 \tag{4.7.25}$$

将式（4.7.19）代入式（4.7.25）得到：

$$\frac{\partial f}{\partial \tilde{\sigma}_{kl}}\frac{\partial \tilde{\sigma}_{kl}}{\partial \sigma_{ij}}E_{ijkl}d\varepsilon_{kl} - \lambda\frac{\partial f}{\partial \tilde{\sigma}_{mn}}\frac{\partial \tilde{\sigma}_{mn}}{\partial \sigma_{ij}}E_{ijkl}\frac{\partial f}{\partial \tilde{\sigma}_{kl}} + \frac{\partial f}{\partial \tilde{\beta}_{ij}}\mathrm{d}\tilde{\beta}_{ij} - \frac{M_f^4 - \tilde{\eta}^4}{M^4 - \tilde{\eta}^4}\lambda\frac{\partial f}{\partial \tilde{\sigma}_{ij}}\delta_{ij} - A\sqrt{\frac{2}{3}}\parallel D_s^p \parallel = 0 \tag{4.7.26}$$

$$\frac{\partial f}{\partial \tilde{\beta}_{ij}}\mathrm{d}\tilde{\beta}_{ij} = \lambda\sqrt{6}b_r\frac{m^2}{p_a^{2m}}Mc_{p2}(m_bM-\tilde{\zeta})\left[\tilde{p}\left(1+\frac{\tilde{\eta}^{*2}}{(M^2-\tilde{\zeta}^2)}\right)\right]^{2m-2}\left(\frac{\tilde{p}\tilde{\eta}^{*2}(3\tilde{\eta}_{ij}\tilde{\beta}_{ij}-2M^2)}{(M^2-\tilde{\zeta}^2)^3}\right) \tag{4.7.27}$$

$$\frac{\partial f}{\partial \tilde{\sigma}_{ij}}\delta_{ij} = \frac{mc_{p2}}{p_a^m}\left[\tilde{p}\left(1+\frac{\tilde{\eta}^{*2}}{(M^2-\tilde{\zeta}^2)}\right)\right]^{m-1}\frac{(M^2-\tilde{\eta}^2)}{(M^2-\tilde{\zeta}^2)} \tag{4.7.28}$$

$$\parallel D_s^p \parallel = \lambda\sqrt{\frac{\partial \tilde{f}}{\partial \tilde{s}_{ij}}\frac{\partial \tilde{f}}{\partial \tilde{s}_{ij}}} \tag{4.7.29}$$

$$\frac{\partial f}{\partial \tilde{s}_{ij}} = \frac{3mc_{p2}}{p_a^m}\left[\tilde{p}\left(1+\frac{\tilde{\eta}^{*2}}{(M^2-\tilde{\zeta}^2)}\right)\right]^{m-1}\left(\frac{\hat{\tilde{\eta}}_{ij}}{(M^2-\tilde{\zeta}^2)}\right) \tag{4.7.30}$$

将式（4.7.18）、式（4.7.27）～式（4.7.30）代入式（4.7.26），得到塑性因子。

$$\lambda = \frac{\frac{\partial f}{\partial \tilde{\sigma}_{kl}}\frac{\partial \tilde{\sigma}_{kl}}{\partial \sigma_{ij}}E_{ijkl}d\varepsilon_{kl}}{\frac{\partial f}{\partial \tilde{\sigma}_{mn}}\frac{\partial \tilde{\sigma}_{mn}}{\partial \sigma_{ij}}E_{ijkl}\frac{\partial f}{\partial \tilde{\sigma}_{kl}} + T_m} \tag{4.7.31}$$

其中：

$$T_m = T_{m1}\left[T_{m3} - \sqrt{6}b_r(M-\tilde{\eta})(m_b-\tilde{\zeta})\right] \tag{4.7.32}$$

$$T_{m1} = \frac{m^2c_{p2}}{p_a^{2m}}\left[\tilde{p}\left(1+\frac{\tilde{\eta}^{*2}}{(M^2-\tilde{\zeta}^2)}\right)\right]^{2m-2}\left(\frac{\tilde{p}\tilde{\eta}^{*2}(3\tilde{\eta}_{ij}\tilde{\beta}_{ij}-2M^2)}{(M^2-\tilde{\zeta}^2)^3}\right) \tag{4.7.33}$$

$$T_{m3} = \frac{M_f^4 - \tilde{\eta}^4}{M^4 - \tilde{\eta}^4}\frac{(M^2-\tilde{\zeta}^2)^2(M^2-\tilde{\eta}^2)}{\frac{m}{p_a^m}\left[\tilde{p}\left(1+\frac{\tilde{\eta}^{*2}}{(M^2-\tilde{\zeta}^2)}\right)\right]^{m-1}\tilde{p}\tilde{\eta}^{*2}(3\tilde{\eta}_{ij}\tilde{\beta}_{ij}-2M^2)} \tag{4.7.34}$$

$$\mathrm{d}\varepsilon_{ij}^p = \lambda\,\frac{\partial f}{\partial \widetilde{\sigma}_{ij}} \tag{4.7.35}$$

$$\mathrm{d}\varepsilon_{ij}^e = \frac{1}{E}\big[(1+\nu)\mathrm{d}\sigma_{ij} - \nu\mathrm{d}\sigma_{kk}\delta_{ij}\big] \tag{4.7.36}$$

令分母为 X，则：

$$X = \frac{\partial f}{\partial \widetilde{\sigma}_{mn}}\frac{\partial \widetilde{\sigma}_{mn}}{\partial \sigma_{ij}}E_{ijkl}\frac{\partial f}{\partial \widetilde{\sigma}_{kl}} + T_m \tag{4.7.37}$$

将式（4.7.31）代入式（4.7.19），并写为弹塑性表达式：

$$\mathrm{d}\sigma_{ij} = D_{ijkl}\mathrm{d}\varepsilon_{kl} \tag{4.7.38}$$

$$D_{ijkl} = L\delta_{ij}\delta_{kl} + G(\delta_{ik}\delta_{jl}+\delta_{il}\delta_{jk}) - \Big(L\,\frac{\partial f}{\partial \widetilde{\sigma}_{mn}}\delta_{ij} + 2G\,\frac{\partial f}{\partial \widetilde{\sigma}_{ij}}\Big)\Big(L\,\frac{\partial f}{\partial \sigma_{mn}}\delta_{kl} + 2G\,\frac{\partial f}{\partial \sigma_{kl}}\Big)/X \tag{4.7.39}$$

2. 加卸载准则

加卸载准则按照上述求取得到的塑性因子来判断：

$$\begin{cases} \dfrac{\partial \widetilde{f}}{\partial \sigma_{ij}}D_{ijkl}^e \cdot \mathrm{d}\varepsilon_{kl} > 0 & loading \\[3mm] \dfrac{\partial \widetilde{f}}{\partial \sigma_{ij}}D_{ijkl}^e \cdot \mathrm{d}\varepsilon_{kl} \leqslant 0 & unloading \end{cases} \tag{4.7.40}$$

4.7.4 试验验证

1. 静力加载模拟

为了对其在大范围围压下的变形特性进行测试，选取了围压从 200kPa 到 8000kPa 范围内的砂土进行模拟，材料参数如表 4.7.1 所示。

材料参数　　　　　　　　　　　　表 4.7.1

M	c_t	c_e	ν	b_r	m_b	α	m	α_c
1.35	0.0044	0.0016	0.3	1.5	0.4	0.3	0.5	0.0158

图 4.7.3（a）为常规三轴压缩条件下的轴向应变与应力比的关系曲线，总体预测强度值较试验值偏大，不同围压水平下的强度值有所不同，在围压为 0.2MPa 与 0.5MPa 时，强度值偏高于试验值，而围压为 1.0MPa 时低于试验值，而围压在 2.0MPa 和 4.0MPa 时吻合较好，在 8.0MPa 时强度值过高，这很可能是由于在高围压作用下，砂土颗粒发生破碎，导致内摩擦角减小，从而导致强度值降低所致。随着轴向应变的增大，应力比趋向一致，向临界状态应力比靠近。图 4.7.3（b）为与图 4.7.3（a）相对应的轴应变与体应变关系图。由图可知，在围压为 0.2MPa 时，体变与试验值吻合较好，而当围压为 0.5MPa、1.0MPa、2.0MPa 时，体变剪胀幅度小于试验值，当围压为 4.0MPa 和 8.0MPa 时，体变基本与试验值吻合。

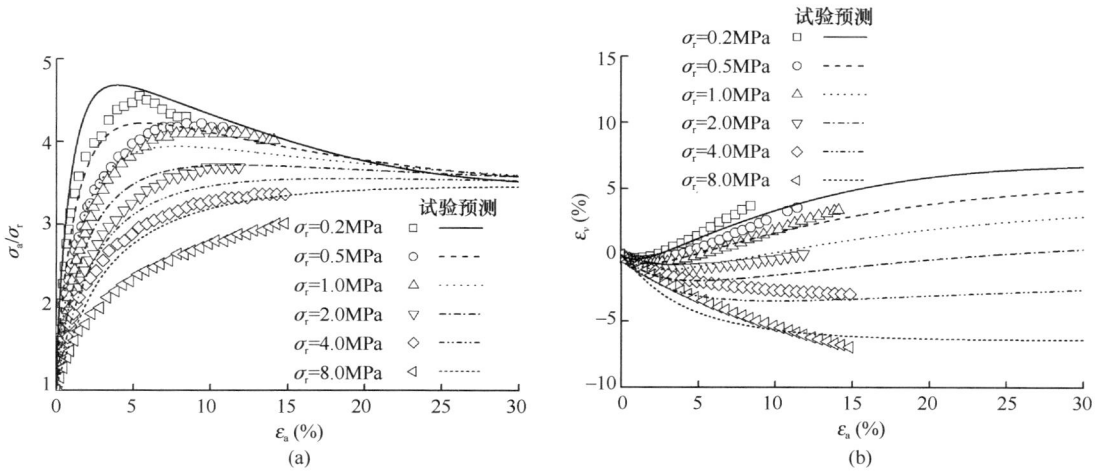

图 4.7.3 常规三轴压缩下模型预测与试验数据对比

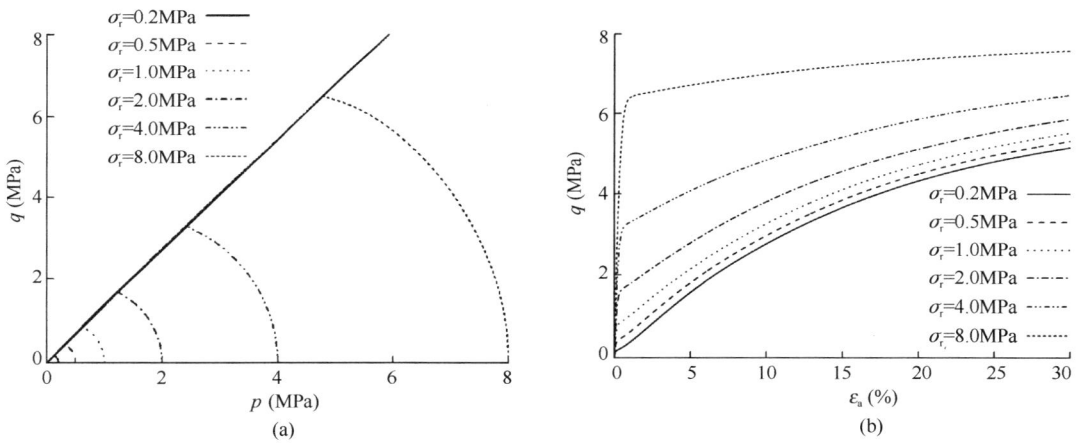

图 4.7.4 不排水压缩条件下模型模拟结果

图 4.7.4（a）与图 4.7.4（b）为对应的不排水模拟图。图 4.7.4（a）为不排水应力路径，由图可知，随着剪应变的增大，应力比最终都能回到临界状态线上。图 4.7.4（b）为相应的应力应变关系。

2. 动力加载模拟

为了对模型在循环加载条件下进行测试，选取了不同的砂土进行各种应力路径模拟。

图 4.7.5 为选取的 Hostun 密砂进行的常规三轴排水剪切模拟，材料参数见表 4.7.2。

材料参数 表 4.7.2

M	c_t	c_e	ν	b_r	m_b	α	m	α_c
1.36	0.0044	0.0016	0.3	1.5	0.6	0.3	0.55	0.0158

初始孔隙比为 0.61，初始固结压力为 350.0kPa，正常压缩线截距 $N=1.037$，初始

超固结应力比为 $R=0.1$。

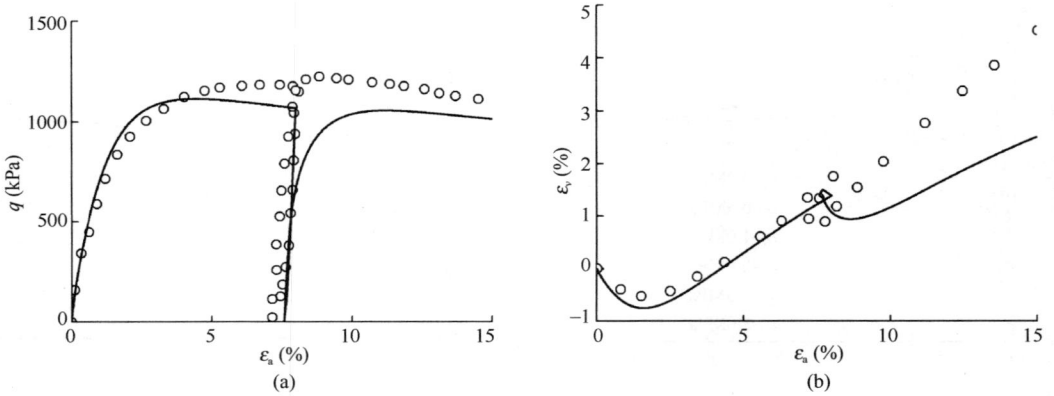

图 4.7.5 循环压缩条件下模型模拟与试验结果对比

图 4.7.5 （a）中第一次循环与试验值吻合较好，再加载曲线构成的滞回圈偏小，而峰值强度较试验值偏小。图 4.7.5 （b）为相应的轴应变与体应变关系曲线，第一个循环与试验值吻合很好，但在第二个循环时剪胀的幅度较试验值偏小。

图 4.7.6 为 Tatsuoka 和 Ishihara 等对 Fuji 松砂进行的应力比递增的循环试验，为常规三轴排水试验，材料参数见表 4.7.3。

材料参数 表 4.7.3

M	c_t	c_e	ν	b_r	m_b	α	m	α_c
1.48	0.0020	0.0010	0.3	5.6	0.2	0.05	0.5	0.0158

初始孔隙比为 0.74，初始球应力为 196.0kPa，正常压缩线截距为 $N=1.28$，初始超固结应力比 $R=1.0$。

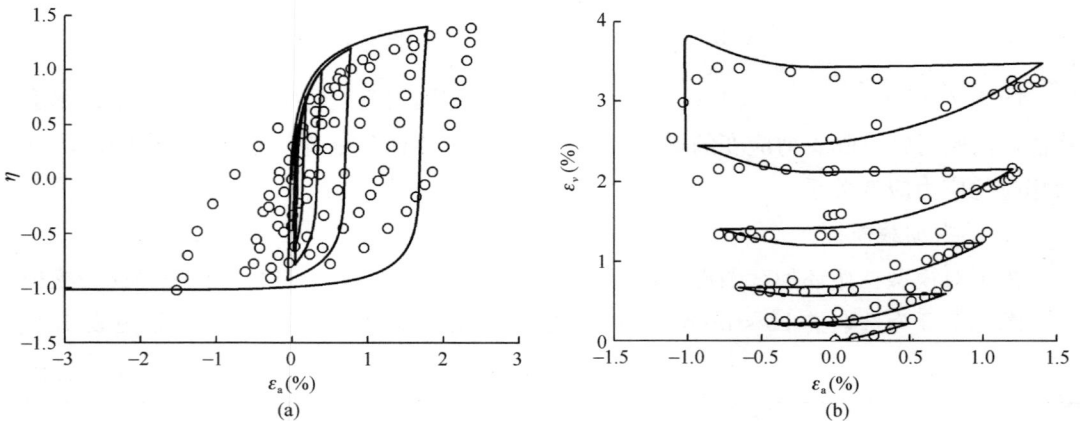

图 4.7.6 常规三轴路径下模型模拟与试验结果对比

图 4.7.6 （a）为轴应变与应力比的关系曲线，由图可知，砂土在应力比递增情况下

各向异性逐渐增强，滞回圈中心逐渐向压缩方向偏移，而剪应变幅值也逐渐增大。在压缩方向吻合较好，但在伸长方向与试验值吻合不好。图4.7.6（b）为相应的轴应变与体应变曲线，由图可知，随着应力比的递增，剪应变也随着增大，体变逐渐累积增大，吻合很好。

图4.7.7是由Ishihara做的关于Niigata松砂的不排水应力路径循环加载试验，材料参数见表4.7.4。

材料参数 　　　　　　　　　　　　　　　　　　　　　　　表4.7.4

M	c_t	c_e	ν	b_r	m_b	α	m	α_c
1.48	0.0070	0.0040	0.3	1.5	0.98	0.05	0.9	0.0188

初始孔隙比为0.737，初始球应力为212.6kPa，正常压缩线截距为$N=0.87$，初始超固结应力比$R=1.0$。

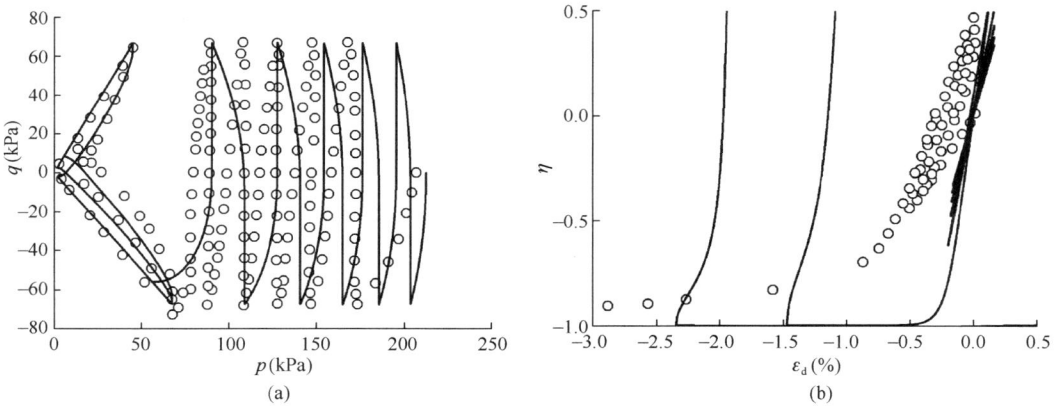

图4.7.7　不排水条件下往返活动性模拟与试验结果对比

图4.7.7（a）为不排水应力路径模拟，由图可知，在加载进行了5个周期后，应力状态开始进入往返活动性阶段，当应力状态点进入足够接近原点时，进行循环活动，图4.7.7（b）为相应的剪应变与应力比的关系曲线。由图可知，剪应变只截取了球应力从212.6kPa到达60kPa左右时这一阶段的值，而进入往返活动性阶段的剪应变过于不稳定，未能选取。由这一阶段可知，剪应变随应力比发展的趋势与试验值基本吻合。

图4.7.8为Pradhan关于Toyoura砂的等P应力路径试验，材料含有角质粒状的石英晶体颗粒（表4.7.5）。

材料参数 　　　　　　　　　　　　　　　　　　　　　　　表4.7.5

M	c_t	c_e	ν	b_r	m_b	α	m	α_c
1.24	0.0030	0.0010	0.3	1.5	0.6	0.2	0.5	0.0118

初始孔隙比为0.845，初始球应力为98.1kPa，正常压缩线截距为$N=0.969$，初始

超固结应力比 $R=1.0$。

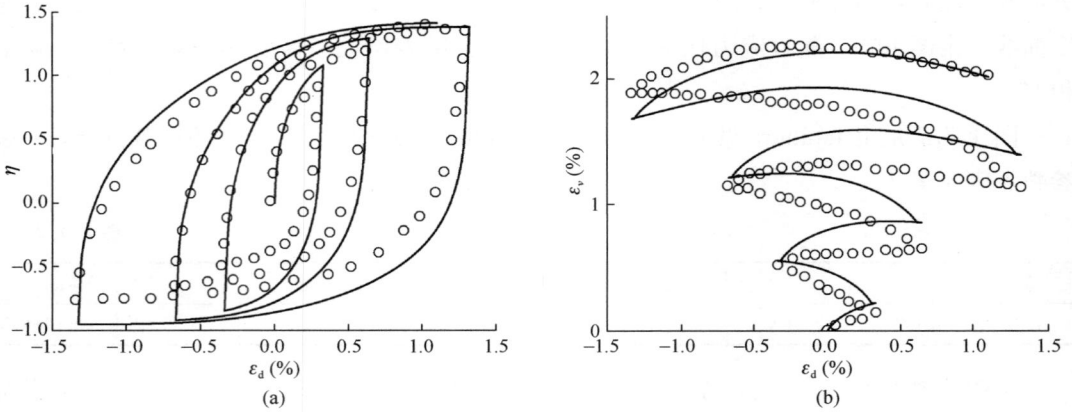

图 4.7.8 等 p 路径下模型模拟与试验结果对比

图 4.7.8（a）为剪应变与应力比的关系曲线，由图可以看出，在三轴压缩时预测值与试验值吻合很好，但在三轴伸长时，预测值较试验值偏大。而图 4.7.8（b）为剪应变与体应变的关系曲线，由图可知，与试验值吻合得较好，循环的体变累积特性能够得到充分反映。

图 4.7.9 为同种材料的密实 Toyoura 砂土。

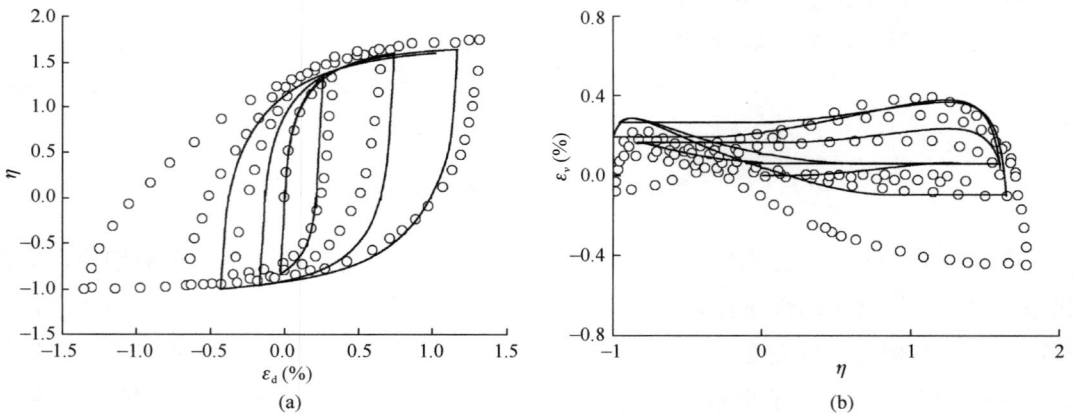

图 4.7.9 等 p 路径下模型模拟与试验结果对比

图 4.7.9（a）为密砂的剪应变与应力比关系曲线，其初始孔隙比为 0.653，初始超固结比 $R=0.005$。由图可知，当砂土变密实后，其峰值应力比较松砂有很大的提高，但剪应变幅值没有出现明显减小现象，而模型预测的剪应变较试验值偏小。图 4.7.9（b）为相应的应力比与体应变关系曲线，由图可知，在三轴压缩时，压缩体应变基本能够吻合，但伸长时的预测的体缩量偏大。而剪胀量无论三轴压缩或三轴伸长，预测值都较试验值偏小。

图 4.7.9（a）中三轴压缩时的峰值强度较试验值偏小，而三轴伸长时基本与试验值吻合。上述由于潜在强度值偏小，导致剪胀的体应变偏小。

4.7.5　结论

在统一硬化超固结土模型基础上，通过采取旋转硬化规则，并对正常压缩线以及临界状态线进行了修正，使模型能够较好地模拟饱和砂土的应力应变关系。模型所需的材料参数较少，只需 9 个物理参数，且每个参数物理意义明确，能够通过常规的基本试验确定。在较大范围下的围压下，对于粗粒土或者砂土都能较好地进行模拟。通过上述各种应力路径以及不同材料、不同状态的砂土进行了模拟，模拟结果验证了所提模型的合理性。

4.8　适用于循环加载响应的砂土和黏土的弹塑性模型

摘　要：饱和砂土不仅在单调加载下具有复杂的特性，在循环加载下也具有复杂的变形特性。在排水的循环加载路径下，砂土的塑性体积应变会随着循环次数的增加而逐渐增大，同时由广义偏应变与应力比形成的滞回环随着循环次数的增加而发生形态变化，逐渐由相对较宽的滞回环变为相对较窄的滞回环，且滞回环所代表的切线模量逐渐增大。在无排水的循环荷载作用下，饱和砂土会出现循环流动现象。在提出的 UH 模型基础上，将原有形状固定的椭圆屈服面改为短轴与长轴之比可变的椭圆屈服面，以塑性偏应变的增量为驱动力，以当前应力比为吸引屈服面旋转轴。引入旋转硬化规律来反映应力诱导各向异性对屈服面尺寸、形状和位置的影响，建立与临界状态特征相协调的混合硬化参数。最后，利用基于 SMP 准则的转变应力法，得到考虑复杂荷载条件的三维模型。通过预测对比，验证了所提模型的合理性和适用性。

关键词：饱和砂土；循环荷载；滞后回线；循环流动性；有限元模拟

引言

Verdugo 和 Ishihara、Yamamuro 和 Lade 等的试验中观察到了颗粒破碎现象，Muir Wood 等也对上述特性进行了相应研究。为了更加准确地描述砂土的变形特性，克服单一对数坐标的缺陷，Hashiguchi 在 $\ln e$-$\ln p$ 空间中采用了双对数坐标的形式，用统一的数学形式来描述黏土和砂土。双对数坐标可以考虑在大应力范围内体积应变与平均应力的关系，也很自然地认为在大平均应力下孔隙比不能为负值。但由于孔隙比对土体参数比较敏感，采用对数坐标单位相当于将孔隙比放大，因此当 $\Delta \ln p$ 在小范围内变化时，孔隙比的变化较大，体积应变过大。Nakai 等对黏土的变形特性进行了研究，提出了另一种表达方法，代替传统的平均应力和孔隙率的幂函数形式。

Gudehus 等在 e-p 空间中采用非线性函数模拟孔隙比与平均应力的关系，在较大的平均应力范围下都能很好地模拟。除了 Hashiguchi 提出以对数形式描述 e-p 关系外，Yao

等也采用了对数坐标。为了描述 e-$\ln p$ 空间中法向压缩线与临界状态线的曲线形状，在对数坐标下进行了平均应力的平移设定。因此，很自然地采用单一的对数坐标系来统一描述黏土和砂的压缩性质。与受应力历史影响较大的黏土不同，当前应力比强度与变形特性的差异是用超固结程度来描述的。显然，砂的当前变形-应力比强度特性受应力历史的影响很小。石原和张建民等对砂体应力路径的各类试验也证明，砂体的变形特征与以往的应力历史关系不密切，或可忽略应力路径对其变形的影响，其变形受现今应力状态的影响。

李等采用状态相关理论描述砂土的这一特性，用当前应力状态下的孔隙比与临界状态的距离来表示当前压实状态，状态参数 ψ 的引入可以更好地模拟砂土的剪缩、剪胀等特性。但上述模型适用于静态加载条件，复杂加载条件下的模拟并不多见，主要研究的是循环不排水加载引起的大变形，上述现象是典型的循环移动现象。目前，多采用移动硬化规律来反映应力诱导各向异性的影响，例如张等采用旋转硬化规律来反映该性质，采用加载面来反映液化现象，采用状态应力比参数 R 来反映压实程度对应力应变的影响。在反映加载条件下剪胀性方面，利用与组构张量和应力张量相关的应力不变量构建模型已成为一个发展方向，目前已取得一些进展，如以下研究人员：童等，孔等，Mortara 等，陆等，高等，田等，姚等发展了统一硬化模型（UH）等系列模型，其中基于修正剑桥模型（MCC 模型）框架，发展了能够反映黏土与砂土静力本构关系的模型。遗憾的是，由于没有充分考虑复杂加载条件下的变形特性，如卸载过程中的体积收缩现象，尚无法用黏土砂土的统一模型来描述循环流动现象。在超固结土体 UH 模型基础上，引入旋转硬化规则，利用屈服面旋转轴修正屈服面方程，并基于临界状态特性，提出了一种能够描述各向同性压缩硬化和旋转硬化的混合硬化参数。

4.8.1 基于均匀硬化参数的混合硬化参数

姚期智等在 MCC 模型基础上，提出了一种能考虑超固结土体特性的 UH 模型。该模型采用关联流动定律，屈服面和塑性势面均为椭圆面。为了能够考虑应力引起的各向异性的影响，考虑椭圆屈服面与形态会产生变化，引入转子变量 ζ 对屈服面方程进行修正，并利用旋转轴重量与建筑物中应力分量相对应力比变量 η^*，同样采用关联流动定律。因此，目前的屈服面和塑性势面可以统一表示为如下公式：

$$f = \frac{p}{p_x}\left(1 + \frac{\eta^{*2}}{M^2 - \zeta^2}\right) - 1 = 0 \tag{4.8.1}$$

式中，p 为有效平均应力，p_x 为屈服面与 p 轴右端的交点，M 为临界状态应力比，ζ 为椭圆屈服面轴的轴向应力比，η^* 为相对应力比变量。

其中，轴应力比可表示为下式：

$$\zeta = \sqrt{\frac{3}{2}\beta_{ij}\beta_{ij}} \tag{4.8.2}$$

β_{ij} 是旋转轴的分量。

相对应力比 η^* 可表示如下：

$$\eta^* = \sqrt{\frac{3}{2}\hat{\eta}_{ij}\hat{\eta}_{ij}} \tag{4.8.3}$$

$\hat{\eta}_{ij}$ 为相对应力比的分量形式，可进一步表示为：

$$\hat{\eta}_{ij} = \eta_{ij} - \beta_{ij} \tag{4.8.4}$$

应力比分量可用总应力 η_{ij} 和平均应力表示为下式：

$$\eta_{ij} = \frac{s_{ij}}{p} = \frac{\sigma_{ij} - p\delta_{ij}}{p} \tag{4.8.5}$$

s_{ij} 是异常应力分量。

参考屈服面的显式方程表达式可表示为如下公式：

$$f = c_{\mathrm{p}}\left[\ln\frac{\bar{p}}{\bar{p}_0} + \ln\left(1 + \frac{\eta^{*2}}{M^2 - \zeta^2}\right)\right] - \varepsilon_v^p = 0 \tag{4.8.6}$$

为了与当前屈服面中应力变量的表示区别，在参考屈服面的所有应力变量上都放置一个横线。$\bar{p}$ 表示参考屈服面上的平均应力，$\bar{p}_0$ 为初始加载时刻参考屈服面与 p 轴右交点的横坐标。当固结方式为各向同性固结时，固结压力等于先前固结压力。M 为临界应力比。$c_p = (\lambda - \kappa) / (1 + e_0)$。$\lambda$ 为 $e\text{-}\ln p$ 坐标系中法向压缩线的斜率。κ 为对应的回弹线斜率。e_0 为初始孔隙率。塑性体积应变 ε_v^p 为参考屈服面的硬化参数。当前屈服面的明确表示可以用下式表示：

$$f = c_{\mathrm{p}}\left[\ln\frac{p}{p_0} + \ln\left(1 + \frac{\eta^{*2}}{M^2 - \zeta^2}\right)\right] - H = 0 \tag{4.8.7}$$

H 值为零的初始时刻当前屈服平面与球应力轴右交点的横坐标。

如图 4.8.1 所示，内侧实线所示的椭圆屈服面为当前屈服面，外侧实线所示的椭圆屈服面为参考屈服面。实线表示临界状态线，虚线表示两个椭圆屈服面的轴线边界。点线表示当前应力状态点 (p,q) 与其 $(\bar{p},\bar{q})$ 在参考屈服面上的投影点之间的关系。虚线表示两个屈服面上的旋转轴。

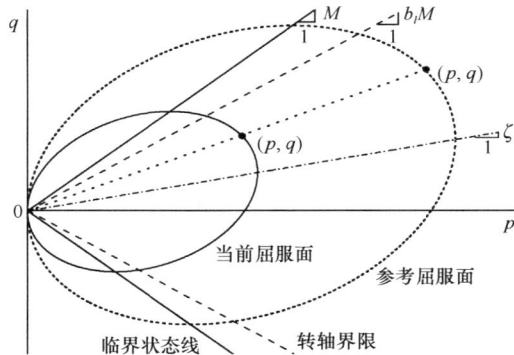

图 4.8.1 参考屈服面与当前屈服面关系

为了体现各类颗粒材料应力引起的各向异性特性，建议如下旋转硬化规律表达式：

$$\mathrm{d}\beta_{ij} = \frac{b_r M}{c_p}(b_1 M - \zeta)\mathrm{d}\varepsilon_d^p \frac{\hat{\eta}_{ij}}{\|\hat{\eta}\|} \tag{4.8.8}$$

式中，$\|\hat{\eta}\|$ 为相对应力比模量；b_r 为转轴增长率系数；b_1 为转轴极限参数，$b_1 M$ 为转轴极限；$\mathrm{d}\varepsilon_d^p$ 为塑性分应变增量。相对应力比模量可表示为：

$$\|\hat{\eta}\| = \sqrt{\hat{\eta}_{ij}\hat{\eta}_{ij}} \tag{4.8.9}$$

由于在屈服面方程中引入了旋转变量 ζ，在加载过程中，岩土材料除了发生各向同性硬化外，还发生了屈服面的旋转硬化，这是由剪应力诱导形成各向异性引起的。因此，原超固结土体 UH 模型中采用的统一硬化参数已不能直接应用于动态 UH 模型，必须构造新的硬化参数来协调各向同性硬化与异常应力引起的旋转硬化之间的关系。

为了简化硬化参数表达式，可将应力诱导各向异性表达式替换为塑性分应变增量表达式，屈服面向旋转轴分量的微分形式可表示为：

$$\frac{\eta}{M}\frac{\partial f}{\partial \beta_{ij}}\mathrm{d}\beta_{ij} = \sqrt{\frac{3}{2}}\frac{(3\eta_{ij}\beta_{ij} - 2M^2)\eta^* b_r \eta(b_1 M - \zeta)}{(M^2 - \zeta^2 + \eta^{*2})(M^2 - \zeta^2)}\mathrm{d}\varepsilon_d^p = A\mathrm{d}\varepsilon_d^p \tag{4.8.10}$$

上式中，A 为过程变量，用来表示塑性部分应变增量前的系数。

硬化参数可重新表示为下式：

$$H = \int\left(\frac{M_f^4 - \eta^4}{M^4 - \eta^4}\mathrm{d}\varepsilon_v^p + \frac{\eta}{M}\frac{\partial f}{\partial \beta_{ij}}\mathrm{d}\beta_{ij}\right) = \int\left(\frac{M_f^4 - \eta^4}{M^4 - \eta^4}\mathrm{d}\varepsilon_v^p + A\mathrm{d}\varepsilon_d^p\right) \tag{4.8.11}$$

平均应力可由式（4.8.6）求解，得到：

$$\bar{p} = \frac{\bar{p}_0}{[1 + \eta^{*2}/(M^2 - \zeta^2)]}\exp\left(\frac{\varepsilon_v^p}{c_p}\right) \tag{4.8.12}$$

超固结应力比参数 R 可表示为：

$$R = \frac{p}{\bar{p}} = \frac{p}{\bar{p}_0}\left(1 + \frac{\eta^{*2}}{M^2 - \zeta^2}\right)\exp\left(-\frac{\varepsilon_v^p}{c_p}\right) \tag{4.8.13}$$

硬化参数中采用改进的 Hovslv 线潜在强度表达式，M_f 可表示为临界状态应力比 M 与超固结应力比参数 R 的函数：

$$M_f = 6(\sqrt{k(1+k)} - k) \tag{4.8.14}$$

其中，k 可以用 R 函数表示为：

$$k = \frac{M^2}{12(3 - M)R^\alpha} \tag{4.8.15}$$

参数 α 是调控势强度应力比的幂参数，当 $\alpha < 1$ 时，R^α 趋向于 1，势强度应力比 M_f 趋向于 M；当 $\alpha > 1$ 时，R^α 趋向于 0，势强度应力比 M_f 趋向于 3。

4.8.2 模型体积应变特征分析

1. 松砂体积收缩

对于松砂，满足 $M_f < M$。塑性体积应变增量系数 $\Omega_1 = \frac{M_f^4 - \eta^4}{M^4 - \eta^4} < 1$。当应力比低于

相变强度应力比 M 时，会引起较大的体积收缩应变。屈服面的现行硬化参数可以有效反映松砂在颗粒破碎作用下体积收缩的特性。

2. 固结黏土或密实砂土的剪缩膨胀

当 $R=1$ 时，模型又回到修正剑桥模型（MCC），因此，黏土的体积应变特性与正常重塑黏土完全一致。当 $R<1$ 且 $M_f>M$ 时，对于密实砂土，塑性体积应变增量系数为 Ω_1 $=\dfrac{M_f^4-\eta^4}{M^4-\eta^4}>1$。当应力比低于相变应力比强度 M 时，会引起比正常重塑黏土小的体积收缩，此时可用来模拟超固结黏土或密实砂土的剪切收缩。当应力比 η 大于相变应力比强度 M 时，体积应变由剪缩转变为剪胀，此时发生体积膨胀，因此该模型可用来模拟超固结黏土或密实砂土的剪胀现象。

4.8.3　测试结果和模型预测

1. 砂体模型预测

为了验证所提模型的有效性，本文采用了 Saada 和 Bianchini 对 Hostun 砂土的试验数据，与模拟结果进行了比较。表 4.8.1 列出了材料参数。虽然各次试验的初始状态值不同，但密砂的初始孔隙比取 0.616，初始各向同性固结应力取 100kPa。当前屈服面的判定标准是参考屈服面。材料参数是以正常压缩砂土为基础得出的，与用密砂或松砂来标定材料参数有所不同。

Hostun 砂材料参数　　　　　　　　　　　　　　表 4.8.1

m	λ	κ	ν	b_r	b_l	α
1.6	0.0329	0.008848	0.3	0.2	0.75	0.2

图 4.8.2 模拟了 b 值为 0.286 的比例加载。图 4.8.2（b）中，试验数据中体积应变的

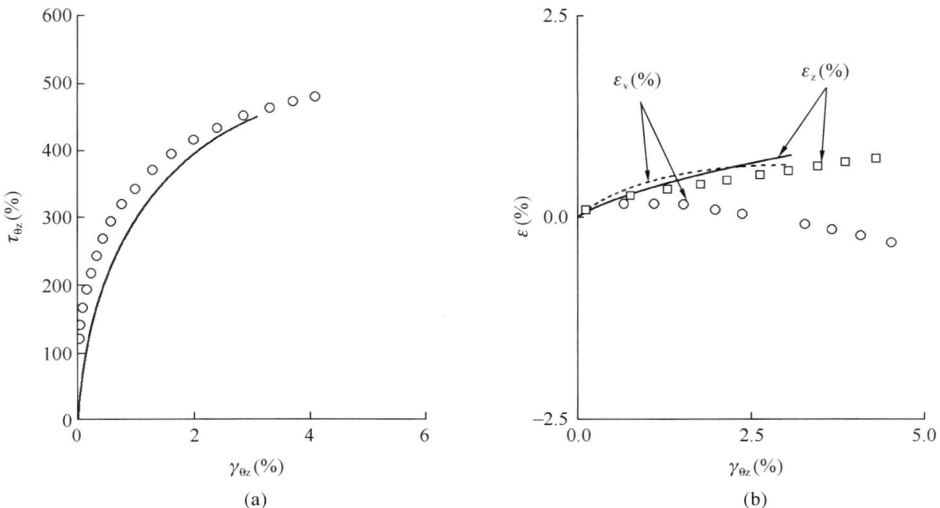

图 4.8.2　空心圆柱扭转荷载作用下预测结果与试验结果对比

变化趋势为先收缩后剪胀，由于变形应力比 M 固定，所提模型无法描述上述体积应变的变化趋势。初始各向同性应力取 500kPa，初始超固结度（OCR）取值等于 5. 随着比例保持，剪应力值 $\tau_{\theta z}$ 减小为 -450kPa，轴应力值 σ_z 增大为 $926.1\ \text{kPa}$ $\Delta\tau_{\theta z}/\Delta\sigma_z = -1.056$。从图 4.8.2（a）可以看出，模拟结果与试验结果比较吻合。从图 4.8.2（b）可以看出，模拟的轴向应变和正体积应变值均大于试验值。

模拟偏平面圆应力路径加载试验如图 4.8.3 所示，初始各向同性应力取 500kPa，初始 OCR 取 0.02，假设砂土不具刚性，累积塑性应变与现行应力-应变关系无关，由于砂土无黏结特性，其变形和强度特性与现行应力比有很大关系。此工况下材料参数 α 取 0.01，整个加载过程分为两个阶段，第一阶段，在恒定平均应力路径下，轴应力 σ_z 值增大至 843kPa，σ_x、σ_y 值减小至 328.5kPa；第二阶段，保持平均应力和偏应力值不变，分 2 次

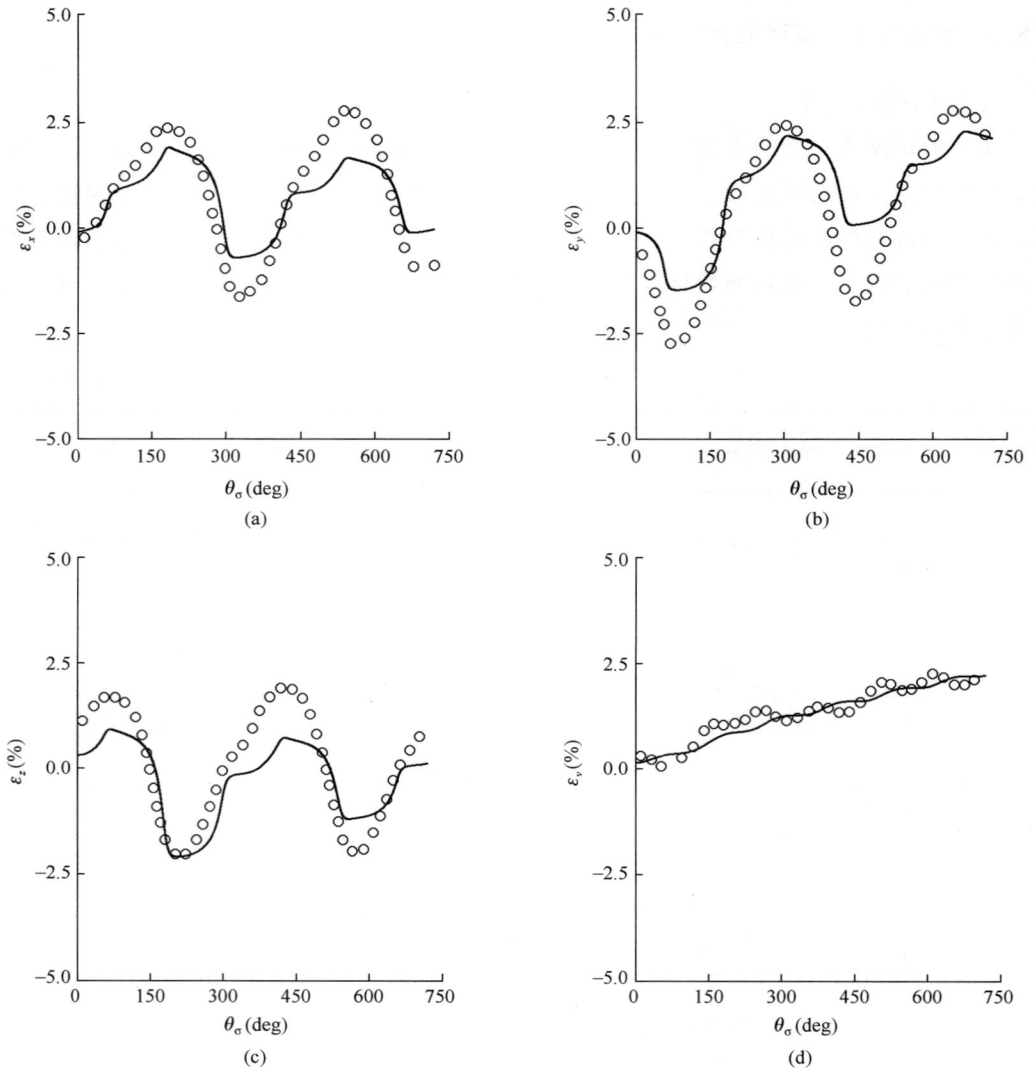

图 4.8.3　圆形应力路径下预测结果与试验结果对比

模拟圆周应力路径加载，Lode 角从 0°变为 720°。从图 4.8.3（a）至图 4.8.3（c），模拟的 3 个应变值均小于试验值，模拟的体积应变与试验值较为吻合。

Tatsuoka 等获得了密实 Toyoura 砂土的恒偏应力幅双向不排水循环加载试验数据，模拟结果如图 4.8.4 所示。Pradhan 等获得了松散试件 Toyoura 砂土的恒平均应力双向排水循环加载试验数据，模拟结果如图 4.8.5 所示。密实 Toyoura 砂土和松散 Toyoura 砂土试件的材料参数如表 4.8.2 所示。如图 4.8.4 所示，偏应力幅为 ±98kPa。如图 4.8.5 所示，恒平均应力 p 值为 98.1kPa。密实试件的初始孔隙比为 0.67，初始 OCR 为 6；松散试件的初始孔隙比为 1.09，初始 OCR 为 1。密实试件和松散试件均在初始各向同性应力状态 $\sigma_0 = 98.1$kPa 下制备。

丰浦砂材料参数　　　　　　　　　　　　　　　　表 4.8.2

致密标本	m	λ	κ	ν	b_r	b_l	α
	1.287	0.01	0.0035	0.3	0.5	0.95	0.05
松散标本	m	λ	κ	ν	b_r	b_l	α
	1.287	0.01	0.0035	0.3	2.5	0.3	0.05

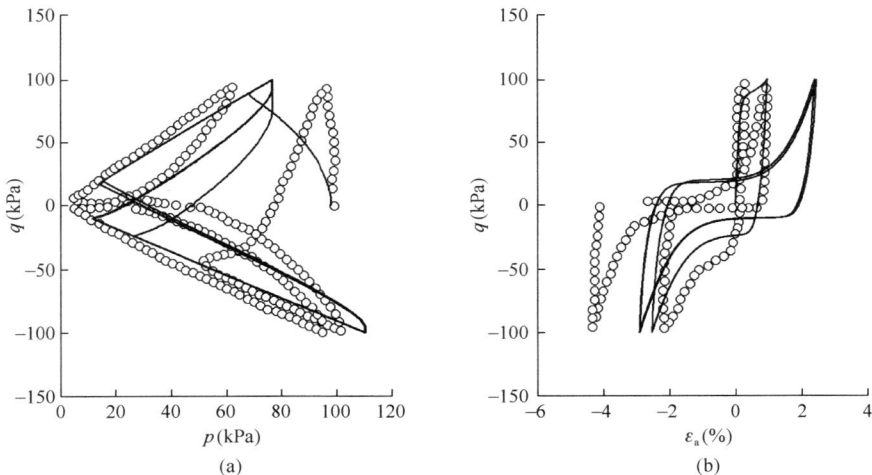

图 4.8.4　双向循环不排水试验预测结果与试验结果对比

模拟结果与试验结果对比如图 4.8.4、图 4.8.5 所示，从图 4.8.5（a）可以看出，与试验结果相比，能够较好地模拟出循环移动性；从图 4.8.5（b）可以看出，压缩加载条件下模拟的轴向应变大小大于试验数据的数值，拉伸加载条件下模拟的轴向应变大小小于试验数据的数值。

排水循环加载条件下的对比如图 4.8.5 所示，由图 4.8.5（a）可知，模拟的偏应力与偏应变关系与试验数据吻合较好；由图 4.8.5（b）可知，将偏应变与塑性体积应变关系与试验数据对比，在第 1 次和第 2 次循环过程中，模拟结果与试验数据吻合较好，但在第 3 次循环过程中，模拟的塑性体积应变值小于试验值。

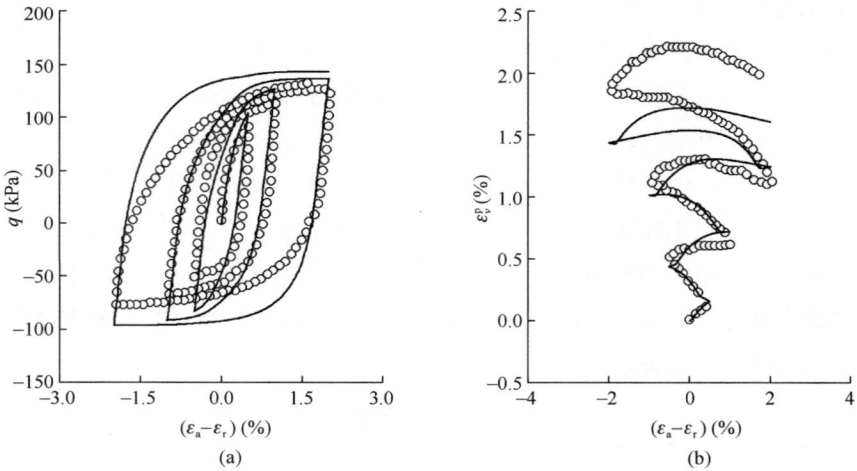

图 4.8.5　双向循环排水试验预测结果与试验结果对比

2. 黏土模型预测

　　所提模型不仅适用于模拟砂土的应力-应变关系，也可用于模拟黏土的本构关系。为验证其适用性的有效性，分别对排水和不排水条件下的试验结果进行了预测。

　　图 4.8.6～图 4.8.8 为 Nakai 等获得的排水条件下双向循环试验结果。试验材料为藤森黏土。材料参数如表 4.8.3 所示。除应力诱导各向异性参数和泊松比外，其余参数值与 t_{ij} 模型相同。图 4.8.6～图 4.8.8 给出了对比结果。白圈表示试验结果，实线表示预测结果。图 4.8.6 为恒定平均应力与恒定应力比幅值的对比，平均应力保持在 392kPa。应力比和偏应变的预测结果与图 4.8.6（a）中的试验结果一致。图 4.8.6（b）中预测的体积应变值大于试验结果。图 4.8.7 为随着应力比幅值的增加而产生的对比。平均应力保持在 196 kPa。图 4.8.7（a）中预测的偏应变幅度小于试验结果。预测的体积应变值也小于试

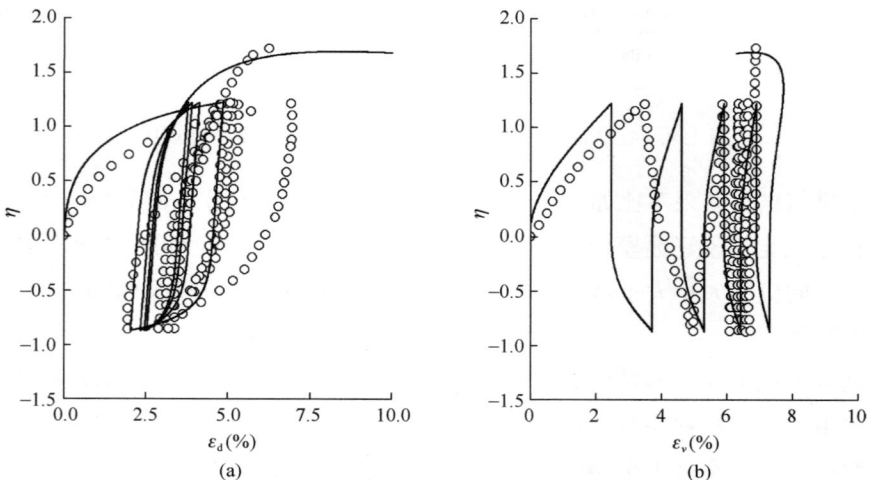

图 4.8.6　平均应力为 392kPa 的双向循环排水试验预测结果与试验结果对比

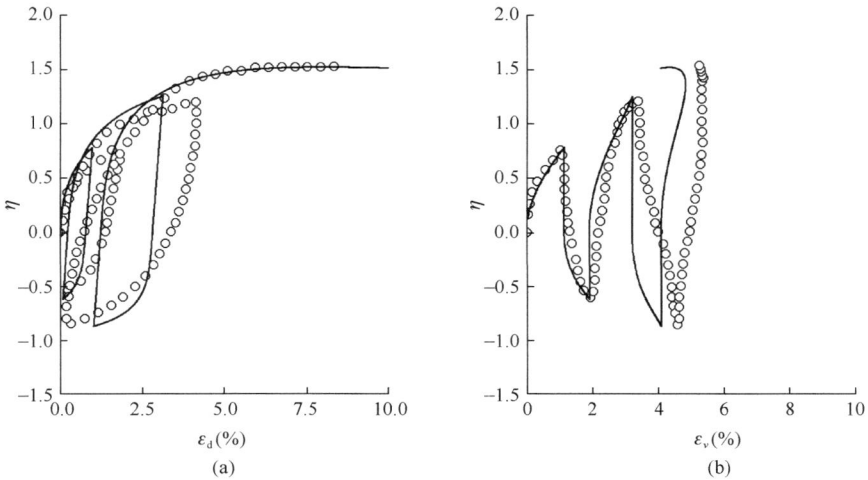

图 4.8.7　平均应力为 196kPa 的双向循环排水试验预测结果与试验结果对比

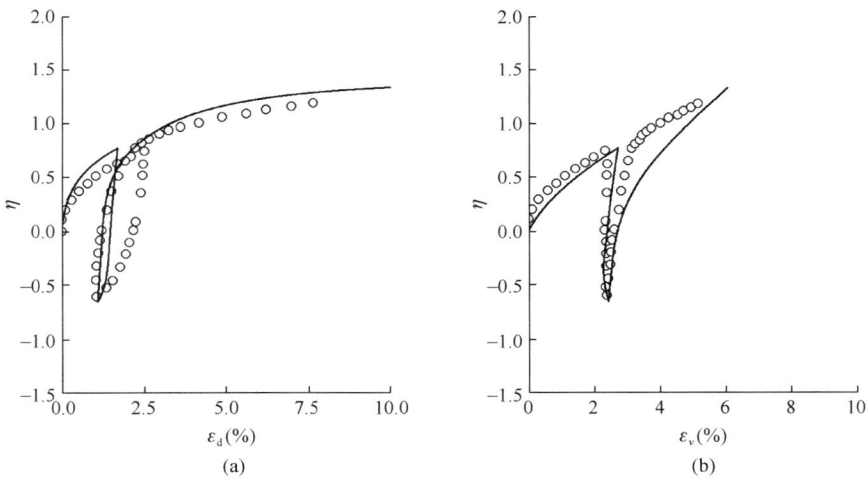

图 4.8.8　恒定径向应力 196kPa 双向循环排水试验预测结果与试验结果对比

验结果。图 4.8.8 显示了与恒定径向应力 196kPa 的比较。图 4.8.8（a）中预测的滞后回
线小于试验结果。图 4.8.8（b）中预测的体积应变值大于试验结果。

藤森黏土的材料参数 表 4.8.3

m	λ	κ	ν	b_r	b_l	α
1.36	0.0898	0.0198	0.0	0.5	0.0	1.0

为了检验所提模型在具有大量循环次数的不排水条件下的有效性，采用了 Li 和 Mei-
ssner 的试验结果。表 4.8.4 列出了商品黏土的参数。临界状态应力比、压缩斜率和膨胀
线的值与 Li 的值相同。根据模型标定了应力诱导各向异性参数值，对比结果如图 4.8.9
和图 4.8.10 所示。试验结果以白圈表示，模拟结果以实线表示。如图 4.8.9 所示，初始

263

有效平均应力值为 450kPa，孔隙压力值为 450kPa。初始 OCR 值为 1，偏应力幅值为 116kPa，循环数为 10。预测的孔隙压力值大于图 4.8.9（a）中的试验结果。预测的偏应变与偏应力关系与图 4.8.9（b）中的试验结果一致。图 4.8.10 为双向循环加载试验及模拟结果，初始有效平均应力为 350kPa，孔隙压力为 400kPa，正常固结黏土的 OCR 取 1.2，在此条件下 α 取 10.8，偏应力大小为 130kPa。预测的累积孔隙压力值与试验结果一致。预测的孔隙水压力的变化幅度大于图 4.8.10（a）中的试验结果。预测的偏应变与偏应力关系与图 4.8.10（b）中的试验结果一致。

市售黏土材料参数　　　　　　　　　　表 4.8.4

m	λ	κ	ν	b_r	b_l	α
0.772	0.173	0.034	0.0	0.5	0.94	3.8

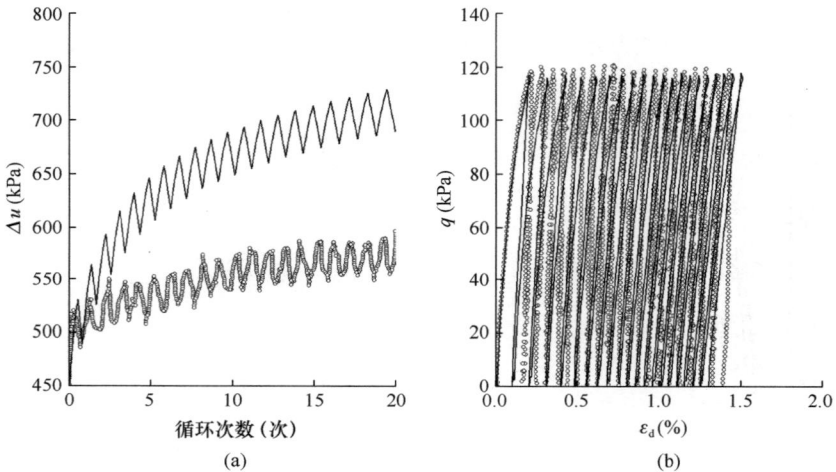

(a)　　　　　　　　　　　　　　　(b)

图 4.8.9　单向循环不排水试验预测结果与试验结果对比

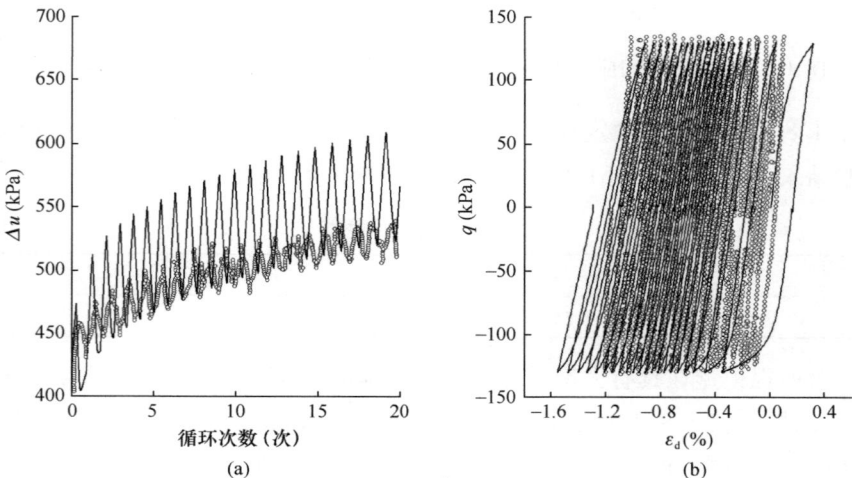

(a)　　　　　　　　　　　　　　　(b)

图 4.8.10　双向循环不排水试验预测结果与试验结果对比

4.8.4 结论

提出了一种新的动态 UH 本构模型，并将其方便地嵌入 Abaqus 有限元软件中。对超固结黏土的 UH 模型进行了 3 个方面的修正。

（1）在所提出的模型中引入旋转硬化规则来描述应力引起的各向异性。

（2）合理地描述循环迁移和动态加载行为。

（3）用户资料程序（Umat）开发了基于动态 UH 模型，并成功嵌入有限元软件中，在排水条件下合理地模拟了地基荷载试验。

5 强度准则及本构模型应用

5.1 基于各向异性 UH 模型的弹塑性圆柱扩孔解析解

摘　要： 目前应用于管桩的柱孔扩张理论多局限于各向同性土体假定，然而自然沉积场地均具有强烈的各向异性性质，其对地层土体的变形及破坏特性具有无法忽视的影响。(1) 采用所提出的 VML 强度准则，用来描述黏土、砂土及岩石的破坏与屈服特性。(2) 引入了组构张量来描述黏土的各向异性性质，并基于各向异性特性的各向同性表示方法推导得到联合应力张量，联合应力张量 R_{ij} 用于表示各向同性应力空间。利用普通应力空间中的 VML 准则映射到 R_{ij} 空间中的 Von-Mises 准则，由此可建立反映各向异性性质的变换应力法。(3) 由上述基于各向异性变换应力法来一般化 UH 模型，并推导得到相应的物理方程。(4) 根据管桩压入地层过程中径向位移假定得到相应的径向应变以及相应的切向应变，再结合物理方程得到一种新的反映管桩静压挤入地层的各向异性土体应力分析方程。通过分析以及与试验资料比较表明，本文所提的反映各向异性地层土体应力分析方法具有一定的合理性与适用性。

关键词： 各向异性；柱孔扩张；破坏；屈服；组构张量

引言

岩土工程实践中存在大量的地下结构与土体相互作用问题，如预制桩的挤土过程、砂土中打入桩的过程、土体中拉锚与土体的作用问题、地下管线施工中顶管过程，包括土体中桩基受到水平向作用力下对土体的挤压作用，上述地下结构与土体作用都可以用小孔扩张描述。由于土体材料具有高度的材料与几何的非线性，因而依靠全量理论的解析表达来求解土体中的应力非常困难，很难满足对挤入桩定量描述进行精确分析的需求。另外，土体材料无论是黏土或者砂土都具有较为明显的各向异性性质，由于土体在沉积固结过程中，土颗粒自身在沉积作用下会形成趋于某一方向的定向作用，表现为非球形颗粒的长轴在某一空间平面上有选择的定向特性，除此之外，由土颗粒之间形成的空隙结构的空隙体长轴以及土颗粒之间的法向接触的向量方向在统计数据上均表现出一定的方向性。上述这种定向特性在宏观结构上表现为层理现象，由于在沉积固结过程中重力起到主导作用，而水平方向 xy 两个方向则表现为随机分布特点，因而自然沉积场地中的土体通常表现出较为显著的横观各向同性性质。

266

传统的扩孔过程利用基于摩尔库伦准则的理想弹塑性模型，将土体简化为理想弹塑性材料或者具有一定剪胀行为性质的摩擦性材料，利用屈服应力将土体圆柱体由内径从内到外依次划分为完全塑性体、弹塑性边界、弹性体。利用土体的强度参数以及内孔压力、无穷远处的侧向土压力以及弹塑性边界应力分量连续性可依次求解得到对应的应力解答。上述解答虽然较为明确简明，但存在一些问题，如无法考虑黏土由于应力历史而带来的超固结特性，对超固结黏土的应变硬化以及应变软化过程无法得到合理反映，体积剪切收缩以及剪切膨胀等特性无法准确描述，横观各向同性对体积剪缩及剪胀以及破坏应力比性质的影响也无法得到合理表达。另一个非常显著的特性是土体材料具有显著的应力诱导各向异性性质，其中的一个典型表现形态是偏平面上的破坏偏应力强度值，若观察摩擦性材料在偏平面上的破坏形状，会发现具有非常明显的曲边三角形形态，且对应三轴压缩路径下的剪切强度值最大，对应的三轴伸长路径下的剪切强度值最小，而真三轴路径下的剪切强度值介于上述两者之间。与此同时，对应不同加载路径下的广义偏应力强度有明显差异，同时对应的体应变以及偏应变也差异显著。对于圆柱扩孔下沿着径向的土体单元体，根据单元分析可知，其所受到的加载状态为轴对称条件下的真三轴加载路径，在径向上受到扩孔的挤压力，同时由于预制桩的挤入，且土体具有一定的剪切强度，因而沿着径向传递自上而下分布在 z-θ 面上的剪应力，在环向上也存在环向正应力，在单元体上下面则分布着竖向正应力。上述的三对正应力以及一对剪应力都互不相等，因而本质上形成了真三轴加载路径。经典的理想弹塑性解析模型利用三轴压缩路径下的内摩擦角作为强度参数，过高估计了实际的破坏应力比。同时未能合理考虑横观各向同性对于土体破坏以及变形所带来的影响性质。

本文针对土体的横观各向同性性质，利用各向异性的各向同性化表示定理，将描述土体各向异性特性的组构张量与普通应力张量表达为一个各向同性二阶张量，也就是一个各向同性空间的 Rij 联合应力张量。利用上述联合应力张量来考虑原生各向异性的特性。同时利用已提出的修正 VML 准则来反映应力诱导各向异性的影响，利用联合应力量表达的修正 VML 准则可同时反映原生各向异性以及应力诱导各向异性的影响。基于上述联合应力量的 VML 准则的应力一般化方法来对 UH 模型的物理方程实现应力一般化，再利用基于圆柱扩孔的体应变与径向应变的自相似方法求取相应的增量方程，依次得到对应的土体的应力量与应变量。

5.1.1　联合应力张量

对于土体颗粒在空间中的分布规律。Oda 及 Yang 等分别对组构状态量 Δ 给出了各自的表达式，但基于将土体颗粒简化为空间椭球体，并利用椭球体长轴在空间中分布角的三角函数值在统计数据上的某种平均化定义得到相应的各向异性状态量。如 Yang 等提出的如下对于平面内各向异性状态量的表达式。其中角度 θ 为对应第 k 个椭球体颗粒长轴与平面内横坐标轴的夹角，对于黏土而言，则可用于片状体法向量与横坐标轴的夹角。

$$\Delta = \frac{1}{2N}\sqrt{\left[\sum_{k=1}^{2N}\cos 2\theta^{(k)}\right]^2 + \left[\sum_{k=1}^{2N}\sin 2\theta^{(k)}\right]^2} \qquad (5.1.1)$$

若考虑在三维空间内表达各向异性状态量，至少需要两个独立的组构状态量 Δ_1 及 Δ_2，相应地可以得到对应于三维正交各向异性的组构张量。式（5.1.2）即为可用于表达土体的三维正交各向异性的组构张量表达式。

$$F_{ij} = \begin{bmatrix} \dfrac{1+\Delta_1+\Delta_2+\Delta_1\Delta_2}{3+\Delta_1+\Delta_2-\Delta_1\Delta_2} & 0 & 0 \\[3mm] 0 & \dfrac{1+\Delta_1-\Delta_2-\Delta_1\Delta_2}{3+\Delta_1+\Delta_2-\Delta_1\Delta_2} & 0 \\[3mm] 0 & 0 & \dfrac{1-\Delta_1+\Delta_2-\Delta_1\Delta_2}{3+\Delta_1+\Delta_2-\Delta_1\Delta_2} \end{bmatrix} \qquad (5.1.2)$$

对于横观各向同性材料，在沉积面内则为各向同性状态，因而此时对应的 Δ_1 与 Δ_2 相等，则上述表达式可退化为如下公式：

$$F_{ij} = \begin{bmatrix} \dfrac{1+2\Delta+\Delta^2}{3+2\Delta-\Delta^2} & 0 & 0 \\[3mm] 0 & \dfrac{1-\Delta^2}{3+2\Delta-\Delta^2} & 0 \\[3mm] 0 & 0 & \dfrac{1-\Delta^2}{3+2\Delta-\Delta^2} \end{bmatrix} \qquad (5.1.3)$$

图 5.1.1 为当局部坐标系与整体坐标系重合时的土单元体，用局部坐标系 xyz 表示为应力单元体的空间坐标系，而整体坐标系 XYZ 则表示为组构张量的空间坐标系。由此可知，当组构张量与普通应力张量主元方向一致时，可利用各向异性各向同性化表示方法，将普通应力张量与组构张量合成为联合应力量 R_{ij}。

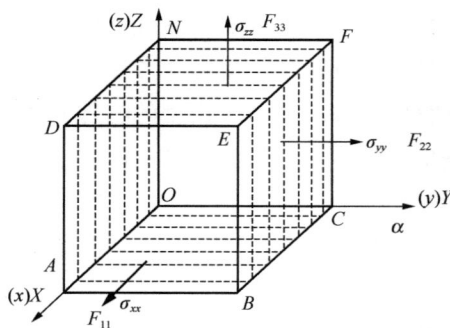

图 5.1.1　沉积面与 yz 面重合时一般单元体

对于各向异性材料而言，土体的应力应变关系应该同时考虑各向异性因素的影响，因而对于传统的应力应变之间的关系，可以引入上述组构张量。考虑将普通应力张量与上述组构张量进行某种运算得到一种各向同性联合应力张量 R_{ij}，则相应的 R_{ij} 空间即为各向同性应力空间，而由上述各向同性应力空间内建立的本构方程，即可自然而然地考虑各向异性对于变形与破坏性质的影响。观察到普通应力张量为对称二阶张量，而式（5.1.2）组构张量也是二阶对称张量，由此由各向同性二阶张量函数表示定理可知，联合应力张量可表达为如下关系：

$$
\begin{aligned}
R_{ij} = {} & \psi_0 \delta_{ij} + \psi_1 F_{ij} + \psi_2 \sigma_{ij} + \psi_3 F_{ik}F_{kj} + \psi_4 \sigma_{ik}\sigma_{kj} + \psi_5 (F_{ik}\sigma_{kj} + \sigma_{ik}F_{kj}) \\
& + \psi_6 (F_{il}F_{lk}\sigma_{kj} + \sigma_{il}F_{lk}F_{kj}) + \psi_7 (F_{il}\sigma_{lk}\sigma_{kj} \\
& + \sigma_{il}\sigma_{lk}F_{kj}) + \psi_8 (F_{il}F_{lm}\sigma_{mk}\sigma_{kj} + \sigma_{il}\sigma_{lm}F_{mk}F_{kj})
\end{aligned} \tag{5.1.4}
$$

利用理想弹塑性条件以及一元二次张量方程的性质，可得到如下的简化关系式：

$$
R_{ij} = \psi_2 \sigma_{ij} + \psi_3 F_{ik}F_{kj} + \psi_6 (F_{il}F_{lk}\sigma_{kj} + \sigma_{il}F_{lk}F_{kj}) \tag{5.1.5}
$$

其中，系数 ψ_2、ψ_3、ψ_6 依次为对应的组构张量各向异性程度的影响系数，其确定见后文。

当表示组构张量的主元方向与应力正应力方向不一致时，则可利用基于组构张量主元方向的坐标系 XYZ 与普通应力正应力方向 xyz 之间的应力转换关系来建立连接关系式，便能得到对应的联合应力不变量的一般表达式。

$$
\left\{
\begin{aligned}
\sigma_X &= l_1^2 \sigma_x + m_1^2 \sigma_y + n_1^2 \sigma_z + 2(l_1 m_1 \tau_{xy} + m_1 n_1 \tau_{yz} + n_1 l_1 \tau_{zx}) \\
\sigma_Y &= l_2^2 \sigma_x + m_2^2 \sigma_y + n_2^2 \sigma_z + 2(l_2 m_2 \tau_{xy} + m_2 n_2 \tau_{yz} + n_2 l_2 \tau_{zx}) \\
\sigma_Z &= l_3^2 \sigma_x + m_3^2 \sigma_y + n_3^2 \sigma_z + 2(l_3 m_3 \tau_{xy} + m_3 n_3 \tau_{yz} + n_3 l_3 \tau_{zx}) \\
\tau_{XY} &= l_1 l_2 \sigma_x + m_1 m_2 \sigma_y + n_1 n_2 \sigma_z + (l_1 m_2 + l_2 m_1)\tau_{xy} + (m_1 n_2 + m_2 n_1)\tau_{yz} + (n_1 l_2 + n_2 l_1)\tau_{zx} \\
\tau_{YZ} &= l_2 l_3 \sigma_x + m_2 m_3 \sigma_y + n_2 n_3 \sigma_z + (l_2 m_3 + l_3 m_2)\tau_{xy} + (m_2 n_3 + m_3 n_2)\tau_{yz} + (n_2 l_3 + n_3 l_2)\tau_{zx} \\
\tau_{ZX} &= l_3 l_1 \sigma_x + m_3 m_1 \sigma_y + n_3 n_1 \sigma_z + (l_3 m_1 + l_1 m_3)\tau_{xy} + (m_3 n_1 + m_1 n_3)\tau_{yz} + (n_3 l_1 + n_1 l_3)\tau_{zx}
\end{aligned}
\right. \tag{5.1.6}
$$

$$
R_{ij} = \begin{bmatrix}
(\psi_2 + 2\psi_8 F_{11} + 2\psi_6 F_{11}^2)\sigma_X & [\psi_2 + \psi_8(F_{11}+F_{22}) + \psi_6(F_{11}^2+F_{22}^2)]\tau_{XY} & [\psi_2 + \psi_8(F_{11}+F_{33}) + \psi_6(F_{11}^2+F_{33}^2)]\tau_{ZX} \\
[\psi_2 + \psi_8(F_{11}+F_{22}) + \psi_6(F_{11}^2+F_{22}^2)]\tau_{XY} & (\psi_2 + 2\psi_8 F_{22} + 2\psi_6 F_{22}^2)\sigma_Y & [\psi_2 + \psi_8(F_{22}+F_{33}) + \psi_6(F_{22}^2+F_{33}^2)]\tau_{YZ} \\
[\psi_2 + \psi_8(F_{11}+F_{33}) + \psi_6(F_{11}^2+F_{33}^2)]\tau_{ZX} & [\psi_2 + \psi_8(F_{22}+F_{33}) + \psi_6(F_{22}^2+F_{33}^2)]\tau_{YZ} & (\psi_2 + 2\psi_8 F_{33} + 2\psi_6 F_{33}^2)\sigma_Z
\end{bmatrix} \tag{5.1.7}
$$

如图 5.1.2 所示，当沉积面与一般主应力单元所在的空间坐标系为一般位置关系时，XYZ 为所在的沉积面的空间坐标，xyz 则为相应的单元应力正应力方向。对于三维正交各向异性材料而言，由于在 XYZ 三方向都存在不同的组构状态参量分量，因而其相应的组构坐标系与单元坐标系之间的夹角余弦可由图 5.1.2 中的向量间点积表达。当沉积面为横观各向同性时，由于在 XY 平面内为各向同性，因而所需角余弦可分别由图 5.1.2 中 OZ 的向量确定得到相应的夹角余弦。对于表 5.1.1 中横观各向同性情况，如图 5.1.3 所

269

示，其中 $OBCG$ 为沉积面，角度 γ 表示为单元体正应力方向与沉积面法向方向之间的夹角，根据单元体整体坐标系与沉积面所在的局部坐标系之间的位置关系，可确定得到对应的坐标轴间的夹角余弦，再代入式（5.1.6）与式（5.1.7），由此可得到横观各向同性组构张量与普通应力张量之间建立联合应力张量的关系式。

角度余弦   表 5.1.1

角的余弦	x	y	z
X	$l_1 = \cos\alpha_2 \cos\beta_2$	$m_1 = \sin\alpha_2 \cos\beta_2$	$n_1 = \sin\beta_2$
Y	$l_2 = \cos\alpha_1 \sin\alpha_1 \sin\beta_2$ $-\cos\beta_2 \sin\alpha_2 \sin\beta_1$	$m_2 = \cos\alpha_2 \cos\beta_2 \sin\beta_1$ $-\cos\alpha_1 \cos\beta_1 \sin\beta_2$	$n_2 = \cos\beta_1 \cos\beta_2 \cos\alpha_1 \sin\alpha_2$ $-\cos\beta_1 \cos\beta_2 \cos\alpha_2 \sin\alpha_1$
Z	$l_3 = \cos\alpha_1 \cos\beta_1$	$m_3 = \sin\alpha_1 \cos\beta_1$	$n_3 = \sin\beta_1$
横向同性			
	x	y	z
X	$l_1 = \cos\gamma$	$m_1 = 0$	$n_1 = -\sin^2\gamma$
Y	$l_2 = 0$	$m_2 = 1$	$n_2 = 1$
Z	$l_3 = \sin^2\gamma$	$m_3 = 0$	$n_3 = \cos\gamma \sin^2\gamma$

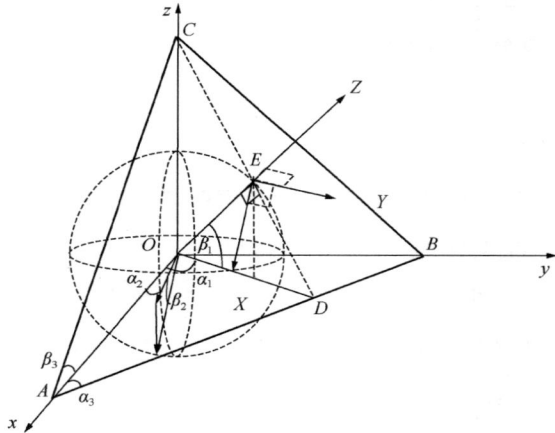

图 5.1.2 沉积面为 XEY 平面时与一般应力单元空间关系图

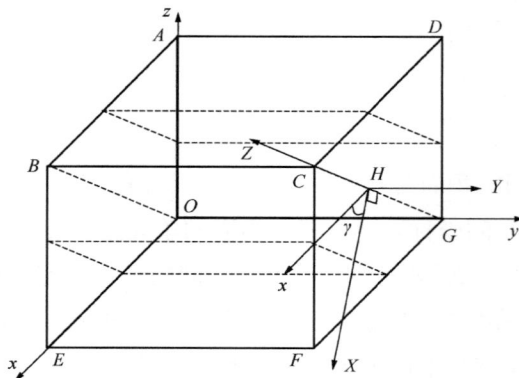

图 5.1.3 横观各向同性时沉积面与一般应力单元空间关系图

5.1.2　基于联合应力量的 RVML 准则及其三维化方法

基于 R_{ij} 空间应力张量表达的在各向同性空间中的破坏准则表达式如下（图 5.1.4）：

$$\frac{(3-n)(1+2m-n)}{648\,(1-m)^2\,\xi_{\mathrm{R0}}^{\frac{1}{1-m}}3^{\frac{3-n}{2(1-m)}}}\eta^4 - \frac{2\cos3\theta}{729}\eta^3 + \left(\frac{1}{81} - \frac{3-n}{18(1-m)\xi_{\mathrm{R0}}^{\frac{1}{1-m}}3^{\frac{3-n}{2(1-m)}}}\right)\eta^2 + \frac{1}{\xi_{\mathrm{R0}}^{\frac{1}{1-m}}3^{\frac{3-n}{2(1-m)}}} - \frac{1}{27} = 0$$

$$(5.1.8)$$

其中，$\eta = q_{\mathrm{R}}/p_{\mathrm{R}}$，表示在各向同性应力空间中的一般应力比，其中对应的 q_{R} 与 p_{R} 分别为广义偏应力与球应力，m 与 n 为控制偏平面上形态的影响参数。

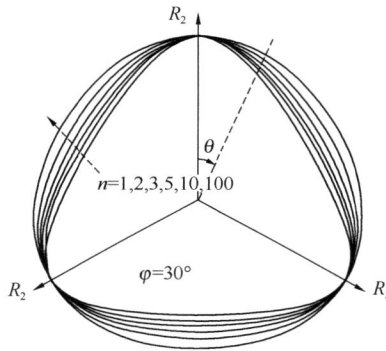

图 5.1.4　R_{ij} 主应力空间偏平面上 RVML 准则的破坏形态

与普通应力空间类似，R_{ij} 空间中的主应力不变量形式可表达为如下关系：

$$\begin{cases} I_{\mathrm{R1}} = R_1 + R_2 + R_3 = 3p_{\mathrm{R}} \\ I_{\mathrm{R2}} = R_1R_2 + R_2R_3 + R_3R_1 \\ I_{\mathrm{R3}} = R_1R_2R_3 \end{cases}$$

$$(5.1.9)$$

相应的偏差应力分量可表达为如下关系：

$$s_{\mathrm{R}ij} = R_{ij} - \frac{I_{\mathrm{R1}}}{3}\delta_{ij}$$

$$(5.1.10)$$

广义偏应力可表示为如下公式：

$$q_{\mathrm{R}} = \sqrt{1.5s_{\mathrm{R}ij}s_{\mathrm{R}ij}}$$

$$(5.1.11)$$

另外一种用偏应力分量表达的不变量形式可表达为如下关系：

$$\begin{cases} J_{\mathrm{R1}} = 0 \\ J_{\mathrm{R2}} = I_{\mathrm{R2}} - \frac{I_{\mathrm{R1}}^2}{3} \\ J_{\mathrm{R3}} = I_{\mathrm{R3}} - \frac{I_{\mathrm{R1}}I_{\mathrm{R2}}}{3} + \frac{2I_{\mathrm{R1}}^3}{27} \end{cases}$$

$$(5.1.12)$$

在偏平面上的应力洛德角表达式为如下方程：

$$\theta = \frac{1}{3} \cos^{-1} \left[\frac{3\sqrt{3} J_{R3}}{2 (-J_{R2})^{1.5}} \right] \tag{5.1.13}$$

过程参量 ξ_{R0} 可由如下的主应力不变量表达式：

$$\xi_0 = \left[\frac{2(3-n)(1+2m-n)\sin^4\varphi - 2(3-n)(1-m)\sin^2\varphi}{\varphi(3-\sin\varphi)^2 + (1-m)^2(3-\sin\varphi)^4} \right]^{1-m} \tag{5.1.14}$$

由图 5.1.4 可知，在偏平面上仍然存在由应力诱导各向异性所导致的剪切强度的差异性，上述差异性是由加载路径所决定的。为了能够合理地考虑这种应力诱导各向异性对于强度以及变形的影响，借鉴 Yao 等的基于 SMP 准则的变换应力三维化方法，将 RVML 准则与 Von-Mises 准则之间建立映射关系，通过 R_{ij} 建立 $\widetilde{R}_{ij}$ 之间的映射函数，从而用来反映应力诱导各向异性性质的影响。由此可知，上述变换应力方法共分为两个步骤：(1) 先通过组构张量与普通应力张量利用各向同性化方法建立各向同性应力空间的联合应力张量 R_{ij}，从而实现对原生各向异性影响的考虑。(2) 再通过在 R_{ij} 空间中 RVML 准则到 Von-Mises 准则之间建立映射关系，从而实现对于应力诱导各向异性影响的考虑。

在 R_{ij} 空间中，由一般的真三轴路径到三轴压缩路径的变换，就是先建立从 RVML 准则上任一点应力状态点到其投影到 Von-Mises 圆面上的镜像点的关系，由图 5.1.5 可知，虚线曲线表示为偏平面上 R_{ij} 空间中的 RVML 准则，对应的圆形准则则为对应变换应力空间中的 Von-Mises 准则，该变换的核心是将 R_{ij} 空间中的偏应力强度对应的 A 点投影到对应的变换应力空间中圆形的 B 点。由于极半径 OA 与极半径 OB 的比值随对应的洛德角的变化而变化，因而该比值随洛德角相应调整。其本质是将偏应力分量按照应力点与镜像点半径的比值来缩放相应的倍数，以此将曲边三角形完全投影到圆形曲线上，由此建立了一一对应的映射关系。由于变换应力空间中的偏应力强度与 R_{ij} 空间中的三轴压缩偏应力强度值相等，可将任意洛德角下的偏应力强度放大到对应三轴压缩路径下的偏应力强度值。首先需要建立任意洛德角下由主应力不变量来表达的对应三轴压缩的广义偏应力强度。根

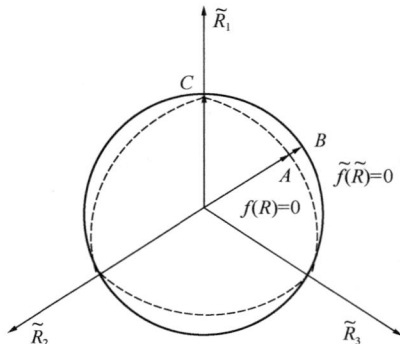

图 5.1.5 R_{ij} 应力空间到变换应力空间中的映射关系

据对式（5.1.8）的求解，可得到对应的广义偏应力强度表达式。

$$q_{\mathrm{R}}^{*} = p_{\mathrm{R}}\eta_0 = \begin{cases} 0.5p_{\mathrm{R}}\Big\{-0.5\big[b_0 + \sqrt{8x + b_0^2 - 4c}\big] \\ \quad + \sqrt{0.25\big[b_0 + \sqrt{8x + b_0^2 - 4c}\big]^2 - 4\Big[x + \dfrac{b_0 x}{\sqrt{8x + b_0^2 - 4c}}\Big]}\Big\} & n \neq 1, n \neq 3 \\[4ex] 3p_{\mathrm{R}}\Big(1 - \dfrac{3}{\xi_{\mathrm{R}0}}\Big)\Big\{\cos\Big\{\dfrac{1}{3}\cos^{-1}\Big[1 - \dfrac{2\big(1 - \frac{9}{\xi_{\mathrm{R}0}}\big)}{\big(1 - \frac{3}{\xi_{\mathrm{R}0}}\big)^3}\Big] + \dfrac{4\pi}{3}\Big\} + 0.5\Big\} & n = 1 \\[4ex] 3p_{\mathrm{R}}\Big\{\cos\Big\{\dfrac{1}{3}\cos^{-1}\Big[1 - \dfrac{2\big(1 - \frac{9}{\xi_{\mathrm{R}0}}\big)}{\big(1 - \frac{3}{\xi_{\mathrm{R}0}}\big)^3}\Big] + \dfrac{4\pi}{3}\Big\} + 0.5\Big\} & n = 3 \end{cases}$$

$$\tag{5.1.15}$$

$$b_0 = -\frac{16(1-m)^2 \xi_{\mathrm{R}0}^{\frac{1}{1-m}} 3^{\frac{3-n}{2(1-m)}}}{9(3-n)(1+2m-n)} \tag{5.1.16}$$

$$c = \Big(\frac{\xi_{\mathrm{R}0}^{\frac{1}{1-m}} 3^{\frac{3-n}{2(1-m)}}}{9} - \frac{3-n}{2(1-m)}\Big)\frac{72(1-m)^2}{(3-n)(1+2m-n)} \tag{5.1.17}$$

$$e = \Big(1 - \frac{\xi_{\mathrm{R}0}^{\frac{1}{1-m}} 3^{\frac{3-n}{2(1-m)}}}{27}\Big)\frac{648(1-m)^2}{(3-n)(1+2m-n)} \tag{5.1.18}$$

$$r = \frac{1}{3\sqrt{3}}\sqrt{\Big(\frac{c^2}{12} + e\Big)^3} \tag{5.1.19}$$

$$\omega = \frac{1}{3}\arccos\Bigg[-\frac{3\sqrt{3}\Big(\frac{ec}{3} - \frac{eb_0^2}{8} - \frac{c^3}{108}\Big)}{2\sqrt{\Big(\frac{c^2}{12} + e\Big)^3}}\Bigg] \tag{5.1.20}$$

$$x = 2r^{\frac{1}{3}}\cos\Big(\omega + \frac{4\pi}{3}\Big) + \frac{c}{6} \tag{5.1.21}$$

经过校验，当 $m=0$ 且 $n=1$ 时，对应 SMP 准则的偏应力强度公式，当 $m=0$ 且 $n=3$ 时，则对应 Lade 准则的偏应力强度公式。而当 n 不为 1 或 3 时，则对应介于两者之间的偏应力强度公式。变换应力公式形式仍然采用 Yao 等建议的公式：

$$\widetilde{R}_{ij} = p_{\mathrm{R}}\delta_{ij} + \frac{q_{\mathrm{R}}^{*}}{q_{\mathrm{R}}}(R_{ij} - p_{\mathrm{R}}\delta_{ij}) \tag{5.1.22}$$

其中广义偏应力表达为如下公式：

$$q_{\mathrm{R}} = \sqrt{1.5(R_{ij} - p_{\mathrm{R}}\delta_{ij})(R_{ij} - p_{\mathrm{R}}\delta_{ij})} \tag{5.1.23}$$

5.1.3　超固结 UH 模型简介

通常在荷载较大的建筑物或者构筑物下打设预应力管桩作为桩基础，在地下室存在情况下管桩的桩顶标高要低于地面以下一定深度，而桩顶以上的土体要进行开挖处理，这样管桩周围的土体通常处于超固结状态。当前用于描述超固结黏土的本构模型不少，如Dafalias 的边界面模型、Hashiguchi 的下加载面模型、Nakai 等的 t_{ij} 模型，此外还有修正剑桥模型等，但上述用于模拟超固结黏土的本构模型都有或多或少的缺陷。如边界面模型的参数过多，有多达 14 个材料参数，下加载面模型所采用的一般化应力方法是利用 $g(\theta)$ 方法，而 $g(\theta)$ 方法修正后的各向异性屈服面会存在内凹问题。t_{ij} 模型则由于将普通应力通过垂直于 SMP 面向量进行变换，分解为垂直于 SMP 面和平行于 SMP 面的两种作用力 t_N、t_S，在上述应力坐标系内存在分区假定，分别为纯弹性区 I 区、弹塑性软化区 II 区和弹塑性硬化区 III 区。然而在计算 III 区的塑性因子时有时会出现负值的问题，这与硬化区的概念相违背。修正剑桥模型由于采用经典弹塑性规则，一方面在加载卸载之后的再加载路径中，需要应力点达到上一次初始卸载发生的应力状态才能产生塑性变形，这与再加载一经发生即产生塑性变形相违背；另一方面，由于对超固结土的计算采用左侧椭圆面，通常会造成应力应变曲线的一阶导数不连续，也就是应力应变曲线不光滑问题，剪胀曲线同样如此。

由 Yao 等提出的针对超固结土的 UH 模型，目前是较为简单且能反映超固结土剪切硬化、应变软化以及剪缩、剪胀特性的实用模型，且不存在上述模型的诸类问题，可以方便应用于岩土工程实践模拟。下面对其进行简要介绍。

如图 5.1.6 所示，超固结土的单调加载以及循环加载可用参考屈服面与当前屈服面之间的关系表达。对于一定超固结度的黏土，在初始应力状态加载时，其屈服面对应为内部的椭圆，p_x 表示为当前所对应的硬化球应力，$\bar{p}_x$ 则表示为对应的先期最大固结球应力。对等方向固结之后卸载到当前应力的超固结土而言，当前屈服面与参考屈服面的几何相似比为 S，也就是对应超固结度的倒数。对于加载过程中体积剪缩以及剪胀主要通过硬化参数实现，而硬化参数的主要构成式如下：

$$H = \int \mathrm{d}H = \int \frac{M_f^4 - \eta^4}{M^4 - \eta^4} \mathrm{d}\varepsilon_v^p = \int \frac{1}{\Omega} \mathrm{d}\varepsilon_v^p \qquad (5.1.24)$$

其中，分母中的 M 为临界状态应力比；η 为对应的普通应力比；M_f 为潜在强度应力

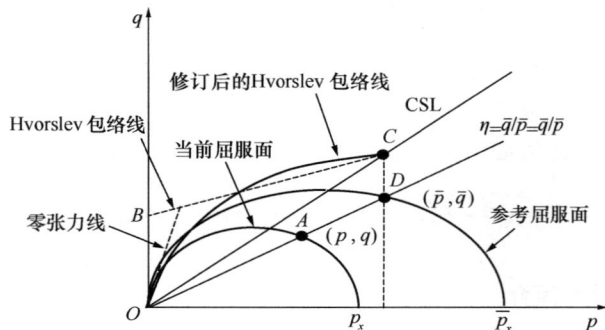

图 5.1.6　超固结 UH 模型中参考屈服面与当前屈服面之间的关系

比，是过程参量；$d\varepsilon_v^p$ 是塑性体应变增量。M_f 构造为关于两屈服面几何相似比 S 的抛物线函数。

$$M_f = \frac{q_f}{p} = 6\left[\sqrt{\frac{k}{S}\left(1+\frac{k}{S}\right)} - \frac{k}{S}\right] \tag{5.1.25}$$

$$k = \frac{M^2}{12(3-M)} \tag{5.1.26}$$

（1）当初始 $S<1$ 时，则 M_f 落在图 5.1.4 的抛物线上，其对应的斜率显然大于 M，因而当初始加载时，$\eta<M<M_f$，此时 $d\varepsilon_v^p$ 前的系数大于 1，由于硬化参数增量项左侧使用与 MCC 模型一样的应力组合项，因而会产生与 MCC 模型计算相比更为偏小的塑性体缩应变增量，这符合超固结加载试验规律。

（2）当普通应力比 $\eta=M$ 时，由于变相应力比与临界状态应力比相等，此时为塑性体应变增量由剪缩变为剪胀的转折点。当 $M<\eta<M_f$ 时，普通应力比在增大，同时随着加载进程，超固结度逐渐丧失，几何相似比参数 S 随之增大，而潜在强度应力比 M_f 则更加趋近于 M，处于单调减小阶段。虽然此时硬化参数前系数部分 $1/\Omega<0$，但由于进入剪胀阶段，因而对应的塑性体应变增量 $d\varepsilon_v^p<0$ 也同时满足，塑性增量部分 $dH>0$，即虽然处于体积剪胀阶段，但此时仍然处于弹塑性模量硬化阶段。这一点也与试验规律相符合。

（3）当潜在强度应力比一直减小，而普通应力比由于加载硬化而持续增大时，两者会交之后，此时 $M<M_f<\eta$，通过分析硬化参数中塑性体应变增量前系数构成式，$1/\Omega>0$，同时由于剪胀 $d\varepsilon_v^p<0$ 仍然成立，则硬化参数增量 $dH<0$，此时弹塑性模量处于软化状态，即应力比随着应变而出现软化现象。此时普通应力比由于应变软化而处于减小阶段。

（4）随着加载的持续发展，当几何相似比参数满足 $S=1$ 时，此时相应的潜在强度应力比与普通应力比同时达到临界状态应力比，即 $M=M_f=\eta$，且此时塑性体应变增量为零。参考屈服面与当前屈服面重合为一个屈服面，此时应力增量为零，且塑性体应变为零，而塑性偏应变持续增大，表明土体达到最终的临界状态。

通过分析上述超固结土模型，可知该模型可简单方便地反映超固结黏土的主要力学特性，可方便地用于土工分析。

5.1.4 基于 RVML 准则的三维超固结 UH 模型的本构方程

利用本文提出的基于 RVML 准则的变换应力方法对上述模型实现为一般应力状态模型。在变换应力空间中的屈服面方程为：

$$\widetilde{f} = \widetilde{g} = c_p\left[\ln\frac{\widetilde{p}_R}{p_{R0}} + \ln\left[1+\frac{\widetilde{\eta}_R^2}{M_R^2}\right]\right] - H = 0 \tag{5.1.27}$$

其中，M 对应于临界状态应力比强度指标：

$$\widetilde{\eta}_R = \frac{\widetilde{q}_R}{\widetilde{p}_R} \tag{5.1.28}$$

硬化参数为:

$$H = \int \mathrm{d}H = \int \frac{M_{\mathrm{Rf}}^4 - \eta_{\mathrm{R}}^4}{M_{\mathrm{R}}^4 - \eta_{\mathrm{R}}^4} \mathrm{d}\varepsilon_v^p \tag{5.1.29}$$

超固结比参数:

$$S = \frac{p_{\mathrm{R}}}{p_{\mathrm{R0}}} \Big(1 + \frac{\eta_{\mathrm{R}}^2}{M_{\mathrm{R}}^2}\Big) \exp\Big(-\frac{\varepsilon_v^p}{c_p}\Big) \tag{5.1.30}$$

潜在强度参数:

$$M_{\mathrm{Rf}} = 6\big(\sqrt{k(1+k)} - k\big) \tag{5.1.31}$$

其中:

$$k = \frac{M_{\mathrm{R}}^2}{12(3 - M_{\mathrm{R}})S} \tag{5.1.32}$$

考虑弹性模量的表达公式:

$$E = \frac{3(1 - 2\mu)(1 + e_0)p_{\mathrm{R}}}{k} \tag{5.1.33}$$

弹性剪切模量为:

$$G = \frac{E}{2(1 + \mu)} = \frac{3(1 - 2\mu)(1 + e_0)p_{\mathrm{R}}}{2(1 + \mu)k} \tag{5.1.34}$$

弹性拉梅参量为:

$$L = \frac{E}{3(1 - 2\mu)} - \frac{2G}{3} = \frac{3\mu(1 + e_0)p_{\mathrm{R}}}{(1 + \mu)k} \tag{5.1.35}$$

假设满足相关联流动法则,由屈服面的一致性条件可推导得到弹塑性刚度矩阵张量为如下关系式:

$$D_{ijkl} = L\delta_{ij}\delta_{kl} + G(\delta_{ik}\delta_{jl} + \delta_{il}\delta_{jk}) - \frac{\Big(L\,\dfrac{\partial \widetilde{f}}{\partial \widetilde{R}_{mn}}\delta_{ij} + 2G\,\dfrac{\partial \widetilde{f}}{\partial \widetilde{R}_{ij}}\Big)\Big(L\,\dfrac{\partial \widetilde{f}}{\partial \sigma_{mn}}\delta_{kl} + 2G\,\dfrac{\partial \widetilde{f}}{\partial \sigma_{kl}}\Big)}{L\,\dfrac{\partial \widetilde{f}}{\partial \sigma_{ii}}\dfrac{\partial \widetilde{f}}{\partial \widetilde{R}_{kk}} + 2G\,\dfrac{\partial \widetilde{f}}{\partial \sigma_{ij}}\dfrac{\partial \widetilde{f}}{\partial \widetilde{R}_{ij}} + \Big(\dfrac{M_{\mathrm{Rf}}^4 - \widetilde{\eta}_{\mathrm{R}}^4}{M_{\mathrm{R}}^4 - \widetilde{\eta}_{\mathrm{R}}^4}\Big)\dfrac{\partial \widetilde{f}}{\partial \widetilde{R}_{mn}}} \tag{5.1.36}$$

考虑到除了径向应力、竖向应力、环向应力以及竖向切应力以外的应力都为零,因而可简化弹塑性本构关系为如下方程:

$$\mathrm{d}\sigma_{ij} = D_{ijkl}\,\mathrm{d}\varepsilon_{kl} \tag{5.1.37}$$

其中,利用链式法则,变换应力空间中屈服面对于一般应力的偏导数需要通过变换应力作为中间变量予以导出:

$$\frac{\partial \widetilde{f}}{\partial \sigma_{ij}} = \frac{\partial \widetilde{f}}{\partial \widetilde{R}_{kl}} \frac{\partial \widetilde{R}_{kl}}{\partial \sigma_{ij}} \qquad (5.1.38)$$

其中，屈服面对于变换应力的偏导数可以利用屈服面表达式直接求解。而变换应力对一般应力的求导公式则可参见本文附录5.1。

5.1.5 各向异性地层挤入桩过程土体应力分析

1. 管桩挤压入土分析

如图5.1.7所示，预应力管桩在静压加载作用下会逐渐挤入地层，并在水平面上形成扩孔效果，图5.1.7中虚线对应的土体为对应初始时刻的位置，如初始时刻 t_0 时的初始孔半径为 a_0，在管桩挤压作用下初始孔半径扩展为 a，相应的初始时刻对应的土体中任一点半径 r_0 也扩展到对应半径为 r 处。仔细分析土体中的土单元体的受力过程，发现位于桩半径以外的土体单元，如图5.1.7所示，当桩端距离土单元体较远时，此时土单元体仍然处于半无限体空间中的平衡状态，此时大主应力为竖向应力，而四周围向的两对正应力相等，处于三轴压缩应力状态。当桩端扩孔作用距离土单元体逐渐位于同一水平面时，此时桩端周围的土单元体不仅承受了偏应力增大、应力比增大的过程，同时经历了主应力轴旋转的作用，大主应力轴由初始的竖直方向逐渐逆时针转动，并接近于水平方向，由于土体能够承担一定的切应力，因而土单元体同时承受竖直向下的切应力，连同径向压应力，其合力方向会稍偏离水平方向。同时，根据土体的横观各向同性性质，可知当土体单元体在绕垂直于图5.1.8中 zx 平面的轴进行旋转时，会产生一定的不可逆变形，而初始各向异性构成这种不可逆变形的影响因素之一。

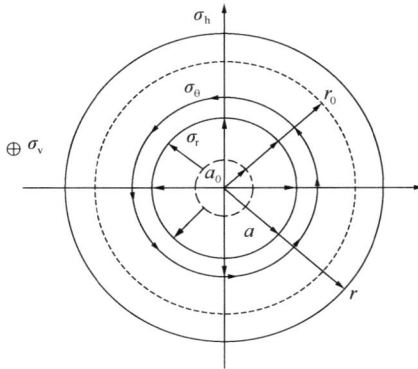

图5.1.7　预应力桩挤入地层土体水平面应力分布状态

2. 主应力轴旋转效应

根据桩径外的土体的单元体，可以先忽略球应力变化导致的变形，而先考察由主应力轴旋转所导致的变形特性。考虑主应力轴旋转，其变形同时受到主应力轴方向与沉积面法向夹角以及沉积面组构张量的双重影响。如图5.1.9所示，在挤压桩入土过程中，桩身周

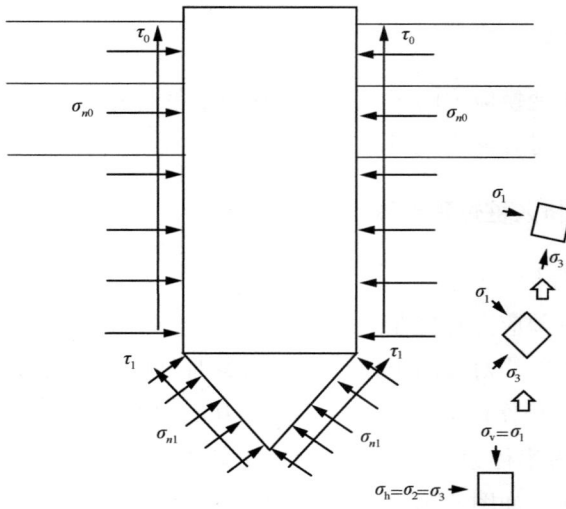

图 5.1.8 桩挤入土层过程中伴生着土体主应力轴旋转过程

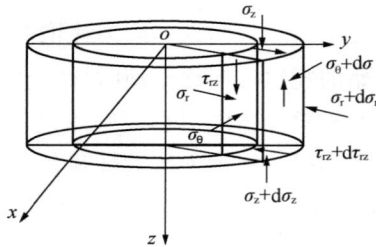

图 5.1.9 桩周围土层中土体单元主应力轴旋转模拟过程

围土体承受着相当一部分主应力轴旋转作用，由于单纯的主应力轴旋转相当于主应力值大小不变，而主应力加载方向在环绕着空间的柱坐标环向 θ 轴线转动。如图 5.1.10 所示，摩尔圆上任意一点所对应的主应力为相应的摩尔圆左右两端的小大主应力值。对于普通的以主应力大小为基本变量的本构模型，则无法反映上述旋转作用下的变形现象，主要原因是相关的主应力模型无法反映由一般正应力与切应力变化下所导致的土体的压剪耦合下的不可逆变形现象，然而采用本文所建议的联合应力量 R_{ij}，不仅考虑了土体微观颗粒的组构张量排列状态，同时在宏观层面考虑了土体沉积面与正应力及剪切应力之间的夹角的影

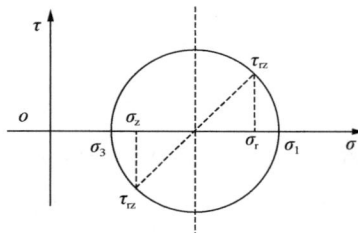

图 5.1.10 土体单元主应力轴旋转的摩尔应力圆

响，因此利用上述 R_{ij} 修正的三维主应力模型可以计算由主应力旋转所导致的塑性变形。

3. 柱孔扩张自相似性解法

对于柱孔扩展这种典型的加载问题，Hill 指出轴对称加载问题是典型的自相似性问题，自相似性问题具有变形与尺度无关等特征，因而利用上述特征可构造出与尺度无关的、与变形相关的方程。一方面利用已有资料可获取周围单元土体的径向应变与体应变的关系曲线，另一方面由 Chen 等建议可采取大变形的建议，将径向位移表达为径向位移的对数形式。上述做法可带来的直接好处是：一方面可以方便地建立径向位移与径向应变及体应变的关系，另一方面可以通过提供位移边界条件来得到径向应变，进而利用本构方程来求取相应的应力量。

相应的应变定义公式可表达为如下关系式：

$$\varepsilon_r = -\ln\left(\frac{\mathrm{d}r}{\mathrm{d}r_0}\right) \tag{5.1.39}$$

$$\varepsilon_\theta = \ln\left(\frac{r_0}{r}\right) \tag{5.1.40}$$

$$\varepsilon_z = 0 \tag{5.1.41}$$

$$\mathrm{d}\gamma_{zr} = -\left[\frac{\partial(\mathrm{d}r)}{\partial z} + \frac{\partial(\mathrm{d}w)}{\partial r}\right] \tag{5.1.42}$$

考虑轴对称特性及大变形条件，引入变量 $\zeta = u_r/r$：

$$\zeta = \frac{u_r}{r} = \frac{r - r_0}{r} = 1 - \frac{r_0}{r} \tag{5.1.43}$$

$$\frac{\mathrm{d}\zeta}{1-\zeta} = \frac{\mathrm{d}r}{r} \tag{5.1.44}$$

$$\varepsilon_r = 1 - \frac{v_0}{v(1-\zeta)} \tag{5.1.45}$$

$$\mathrm{d}\varepsilon_\theta = -\frac{\mathrm{d}r}{r} \tag{5.1.46}$$

$$\mathrm{d}\varepsilon_v = \mathrm{d}\varepsilon_r + \mathrm{d}\varepsilon_\theta \tag{5.1.47}$$

根据 Chen 等关于考虑大变形条件的研究结果，则体应变可表达为：

$$\frac{\mathrm{d}u_r}{\mathrm{d}r} = \zeta + r\frac{\mathrm{d}\zeta}{\mathrm{d}r} = 1 - \frac{\exp(\varepsilon_v)}{1-\zeta} \tag{5.1.48}$$

根据从扩孔中心 a_0 到任意一个半径 r，则可对应积分求解相应的体应变与状态变量 ζ 之间的关系：

$$\frac{r}{a} = \exp\left[\int_{\zeta(a)}^{\zeta}\frac{\mathrm{d}\zeta}{1-\zeta-\frac{\exp(\varepsilon_v)}{1-\zeta}}\right] \tag{5.1.49}$$

积分可求解得到对应的体应变表达式：

$$\varepsilon_v = \ln\left\{(1-\zeta)^2 - \frac{\{[1-\zeta(a)]^2 - (1-\zeta)^2\}}{\left(\frac{r}{a}\right)^2 - 1}\right\} \tag{5.1.50}$$

上述公式建立了径向上距离原点任一点产生一定径向位移后的圆柱土体单元的体应变与径向位移的关系。

考虑桩周围土体在切应力作用下的切应变状态，距离桩周土体为 r 的环形土单元体受到的剪应变与沉降关系为：

$$\gamma = -\frac{\mathrm{d}w}{\mathrm{d}r} \tag{5.1.51}$$

根据 Randolph 等的建议，桩侧土体沉降可表示为径向距离 r 的对数函数，与 z 无关，可表达为：

$$\mathrm{d}w = -\frac{\tau_0 r_0 \mathrm{d}r}{G_s r} \tag{5.1.52}$$

$$\mathrm{d}\gamma = -\frac{\tau_0 r_0}{G_s r^2}\mathrm{d}r = -\frac{\tau_0 r_0}{G_s r(1-\zeta)}\mathrm{d}\zeta \tag{5.1.53}$$

土体中剪应力可由推荐公式表达为：

$$\tau = \frac{\tau_0 a_0}{r} \tag{5.1.54}$$

由此，桩周围土体的切向应力可由式（5.1.54）表达。考虑到管桩挤入扩孔过程中，桩周围土体同时存在径向位移以及竖向位移，根据 Carter 等的研究，土体的径向位移随着桩距比为典型的指数衰减特性曲线（图 5.1.11），因而径向位移可利用幂函数来表达：

$$u_r = u_1 a_1^{-m_1\left(\frac{r}{a_0}-a_2\right)} + a_3 \tag{5.1.55}$$

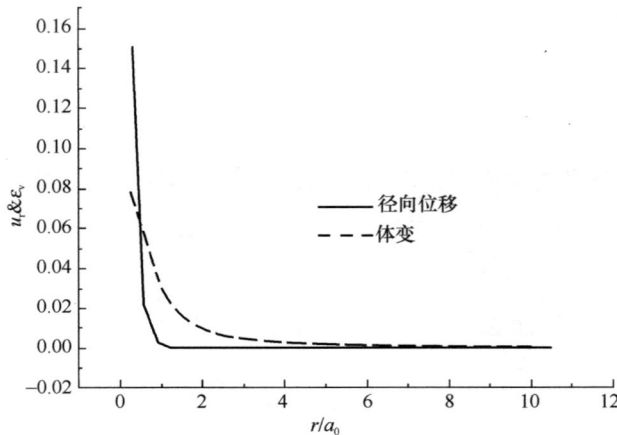

图 5.1.11　管桩静压入土时桩周围土体的径向位移及体变曲线

利用上述位移关系可以计算相应的土体的应力状态。计算桩周围土体的位移以及应力的思路流程如下：可根据土工室内试验得到相应的土体的材料参数如 λ、κ、μ、M 与状态参数如 K_0、OCR 等，再利用径向位移与竖向位移插值得到对应的状态量状态变量 ζ（ε_r）与 ζ（ε_v），得到对应土单元体的应变增量，调用三维化后的土体本构方程，计算得到对应的土体的应力量。

5.1.6 解析解特性分析

利用上文建议的三维模型以及自相似分析方法来对挤入桩对周边土体的作用过程进行分析。其中表 5.1.2 的第一行为对应的材料以及状态参量，第四行则对应的位移边界条件相应的状态参量。

土体材料及状态参数 表 5.1.2

Par	λ	κ	μ	M	σ_z (kPa)	OCR	K_0
富士黏土	0.09	0.02	0.3	1.2	300	1	0.5
London 黏土	0.097	0.003	0.3	0.87	280/400	3/4	0.4
	u_r	u_1	a_1	m_1	a_0 (m)	a_2	a_3
		3.5	9.8	0.86	0.3	−0.6	0.0
上海黏土	0.39	0.093	0.3	0.38	54/108/162	1	0.4

为了便于分析各向异性对于圆柱扩孔下土体单元的应力影响，选取在沉积面夹角 $\gamma=0°$ 时不同组构状态参量下的应力解析解进行分析。如图 5.1.12 所示，在不排水加载路径下，不同的组构状态参量会在一定程度上影响应力解。对于 F_{11} 逐渐从 0.28 到 0.39 的增加过程中，径向应力在同等的轴应变条件下相应增大，这主要是由于对应 F_{11} 值增大的过程中，位于偏平面上的偏应力剪切强度也单调增大，即其对应的剪切强度值提高了径向应力的上限，因而会对应较高的径向应力。由于孔压的累积，导致竖向有效应力与环向有效应力均出现随着轴应变增大而减小的现象。组构张量状态量对于两者的影响则相反，对于

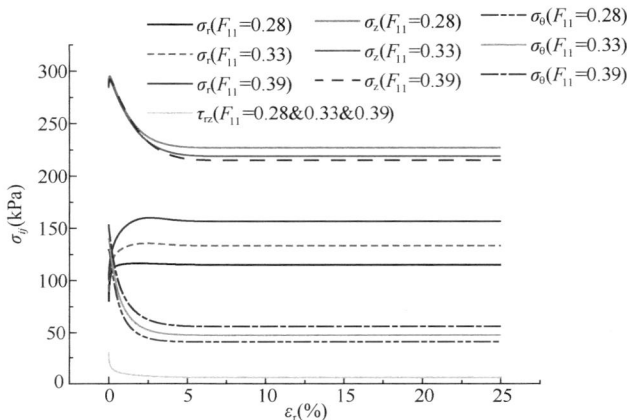

图 5.1.12 沉积面夹角 $\gamma=0°$ 时不同组构张量参量下不排水路径单元的扩孔应力解

竖向应力，随着 F_{11} 的增大则出现更为偏小的竖向应力，这是源于随着 F_{11} 的增大而导致 F_{22} 的减小，引起了 Z 方向偏应力剪切强度的减小，同时增加环向方向的剪切强度，因而导致随着 F_{11} 的增大而逐渐增大的环向应力。

对图 5.1.13 中排水扩孔加载路径下单元土体的应力状态进行分析，由对比可见，F_{11} 的变化对于单元土体的应力变化规律与不排水相一致。但由于是排水加载路径，不存在孔压，因而竖向应力随着径向应变的增大而单调增加，这一点符合试验规律，环向应力则出现一定程度的应变软化现象，环向应力随着径向应变先增大后减小，源于环向方向承受了一定程度的张拉作用。

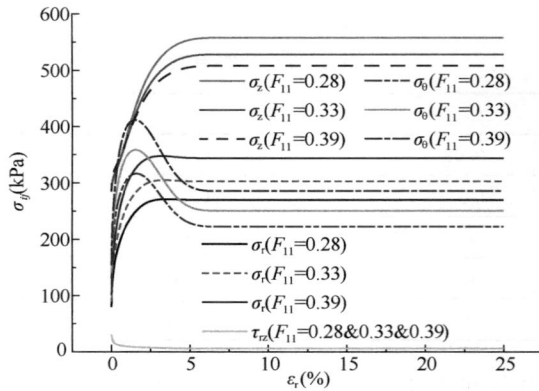

图 5.1.13　沉积面夹角 $\gamma=0°$ 时不同组构张量参量下
排水路径单元的扩孔应力解

如图 5.1.14 所示，为了探究宏观沉积面对于应力应变的影响，特选取组构状态参量为一恒定量下而沉积面夹角不同时的状况。宏观沉积面法向方向与竖向应力方向一致，由于对应 $\gamma=0°$ 时对应更高的应力比强度，因而会导致偏差应力增大，也就是径向应力与竖向应力以及环向应力之间的差值增大，随着沉积面夹角的减小，对应较小的应力比强度，

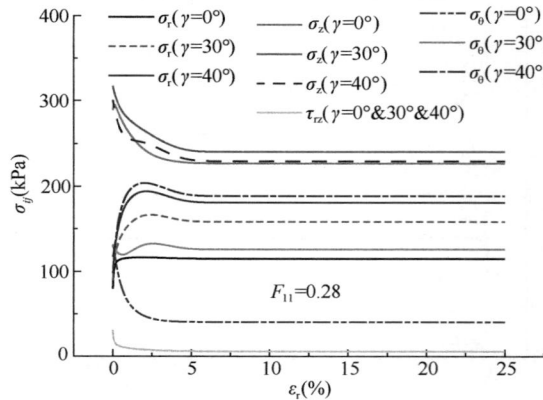

图 5.1.14　组构张量参量恒定下不同沉积面夹角时
不排水路径单元的扩孔应力解

因而导致三个正应力之间的差值减小，且由于在不排水加载下，在竖直方向由于竖直方向与沉积面法向越接近越会导致较大的孔压，因而造成当 $\gamma=0°$ 时较小的竖向有效应力。而径向应力则随着与沉积面之间夹角的增大则逐渐出现增大现象，这与试验规律相一致。

图 5.1.15 为对应的排水条件下的不同沉积面夹角下的土单元体的应力应变结果，由于是排水加载路径，因而规律较为明显，沉积面法向为竖直方向，当 $\gamma=0°$ 时则沉积面为水平方向，此时对应最大的竖向应力。随着 γ 的增大，沉积面法向逐渐偏离竖直方向，此时对应逐渐减小的竖向应力。同时，对应逐渐增大的径向应力。

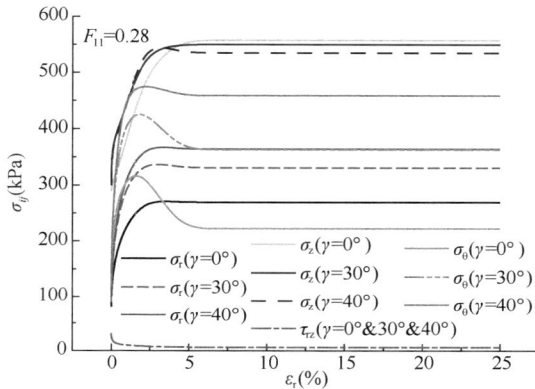

图 5.1.15 组构张量参量恒定下不同沉积面夹角时
排水路径单元的扩孔应力解

如图 5.1.16 所示，为了探究在组构张量状态量对于圆柱扩孔加载路径下的土体的应力场，利用圆柱扩孔加载的自相似性加载历程，计算得到对应不同 F_{11} 值且宏观沉积面法向为竖直方向条件下的应力场。由于是不排水路径加载，因而在距径比较小的范围内会导致较大的孔隙水压力，此时对应较小的竖向应力与环向应力，径向应力则受到距径比的影响较小，这主要是源于径向方向为加载方向，且对应较大 F_{11} 值的偏差应力比强度越大，

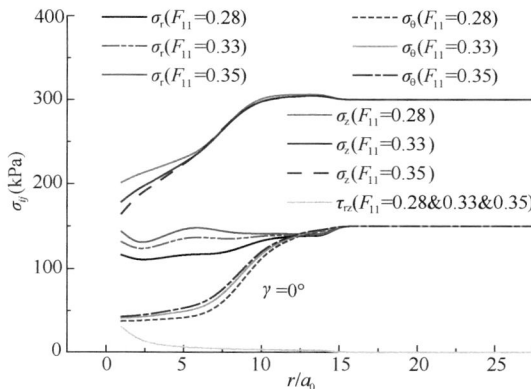

图 5.1.16 沉积面夹角恒定而不同组构张量参量下圆柱
扩孔不排水路径下土体应力场

因而对应同一距径比下随着 F_{11} 增大而单调增大的径向应力。竖向应力与环向应力受到组构张量的影响与前述单元结果规律相同。

图 5.1.17 为对应排水加载路径下的圆柱扩孔下的应力场与距径比的关系结果。由图 5.1.17 可知，由于孔压的缺失，随着距径比的增大，竖向应力与径向应力都出现了单调减小，环向应力则随着距径比的增大出现先减小后增大再减缓的趋势。当距径比小于 4 时，径向应力与竖直应力出现了大幅度的衰减，而环向应力也表现为类似的规律；当距径比大于 4 时，径向应力与竖直应力的减小非常缓慢，此时环向应力出现缓慢的增大现象。随着距离的增大，径向应力与环向应力渐渐趋于一致，达到 K_0 应力状态。组构张量因素对于三个正应力的影响规律与不排水路径基本相同。

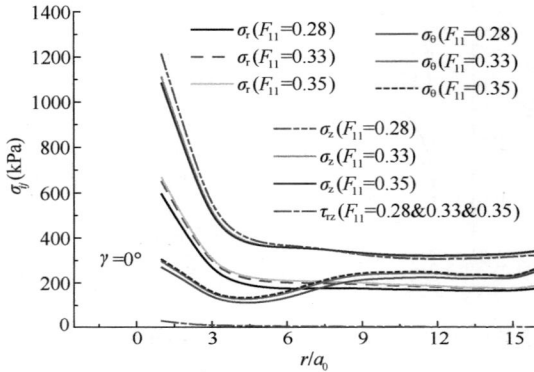

图 5.1.17 沉积面夹角恒定而不同组构张量参量下圆柱
扩孔排水路径下土体应力场

图 5.1.18 中离散点为 Carter 等关于圆柱扩孔利用 FEM 进行模拟实验的测试结果。采用本文建议的考虑各向异性影响本构模型解析解计算后，由对比结果可知，采用的解析解得到的径向应力与距径比曲线与测试结果基本相一致。

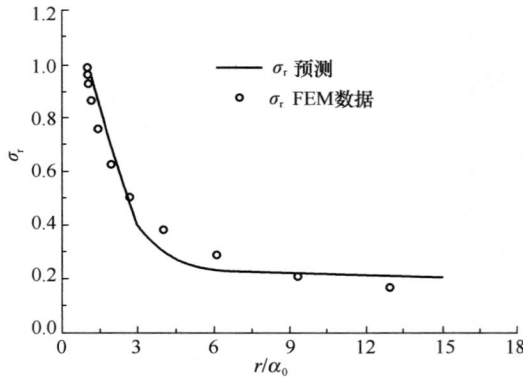

图 5.1.18 圆柱扩孔下土体径向应力场
的解析解与测试解对比结果

图 5.1.19 中的离散点为 Rouainia 等关于 London 黏土的 SBPM 测试结果，其中方框点为对应的地下 14m 深度处的测试结果，而圆圈点则对应地面以下 20m 深度处的测试结果。仍然采用本文所建议的考虑各向异性的本构模型，利用自相似性解析解方法计算得到图 5.1.19 中的两条曲线。由对比可知，当合理考虑土体的超固结状态以及各向异性影响因素后，可得到较为一致的预测结果。

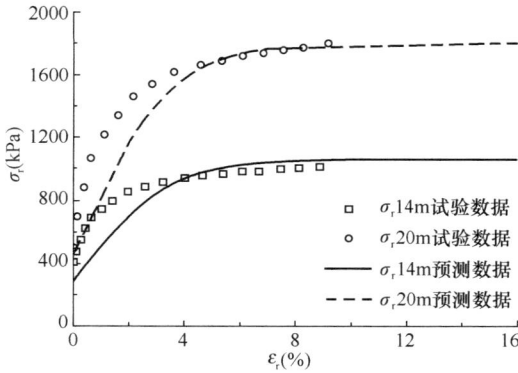

图 5.1.19 London 黏土地层圆柱扩孔下土体径向
应力场的解析解与测试解对比结果

考察管桩静压挤入土层中地层中应力的分布状态，利用桩端挤入土层时考虑为柱孔扩张状态，利用本文所提解析解方法计算得到相应的径向应力，孔径从零逐渐过渡到桩半径，基于本文所提利用桩端挤入过程中沿着径向预设径向位移的方法，再将位移转化为应变量，利用 UH 本构模型可计算得到对应的柱坐标系下的应力量。对于非桩端位置的桩周围土体应力，可利用 Collins 和 Wang 所建议的方法，利用本文调用本构模型计算得到的基于桩径的扩孔径向应力可求取得到对应的塑性球半径。再利用塑性区与弹性区分区域的处理方法，可相应求取对应的径向及切向应力场。相关公式如下所示。

塑性区半径公式可表达为如下公式：

$$c_{\mathrm{rp}} = a_0 \left\{ \frac{(k_{\mathrm{t}} + \alpha)\left[Y + (\alpha - 1)\sigma_{\mathrm{r}0}\right]}{\alpha(1 + k_{\mathrm{t}})\left[Y + (\alpha - 1)K_0\sigma_{z0}\right]} \right\}^{\frac{\alpha}{k_{\mathrm{t}}(\alpha-1)}} \tag{5.1.56}$$

$$\alpha = \frac{1 + \sin\varphi}{1 - \sin\varphi} \tag{5.1.57}$$

$$Y = \frac{2c\cos\varphi}{1 - \sin\varphi} \tag{5.1.58}$$

其中，c_{rp} 为塑性区球半径，a_0 为桩半径，$\sigma_{\mathrm{r}0}$ 为桩端桩半径所对应的径向应力，σ_{z0} 为对应桩端深度的土层竖向应力，K_0 为土层的侧压力系数，k_{t} 为柱孔与球孔扩张类型系数，柱孔时对应为 1，而球孔时对应为 2。

塑性区应力场表达为如下公式：

$$\begin{cases} \sigma_r = \dfrac{Y}{\alpha - 1} + A r^{-\frac{k_t(\alpha-1)}{\alpha}} \\ \sigma_\theta = \dfrac{Y}{\alpha - 1} + \dfrac{A}{\alpha} r^{-\frac{k_t(\alpha-1)}{\alpha}} \end{cases} \qquad (5.1.59)$$

弹性区应力场为如下公式：

$$\begin{cases} \sigma_r = - K_0 \sigma_z - B r^{-(1+k_t)} \\ \sigma_\theta = - K_0 \sigma_z + \dfrac{B}{k_t} r^{-(1+k_t)} \end{cases} \qquad (5.1.60)$$

其中，过程变量 A 及 B 分别表达为如下关系式：

$$\begin{cases} A = - \dfrac{(1+k_t)\alpha [Y + (\alpha-1)K_0\sigma_z]}{(\alpha-1)(k_t+\alpha)} c_{rp}^{\frac{k_t(\alpha-1)}{\alpha}} \\ B = \dfrac{k_t [Y + (\alpha-1)K_0\sigma_z]}{(k_t+\alpha)} c_{rp}^{(1+k_t)} \end{cases} \qquad (5.1.61)$$

选取国内学者李镜培等关于桩挤入土层中的室内模型测试结果作为验证对象。其中图 5.1.20 中离散点为对应压入桩入土深度达到 3m 时刻下土体中的径向应力场分布数据，分别采用传统的摩尔库伦解析解与本章所建议的基于三维各向异性本构方程的自相似性解法作为对比。由对比可知，采用本章解析结果更为接近测试结果。

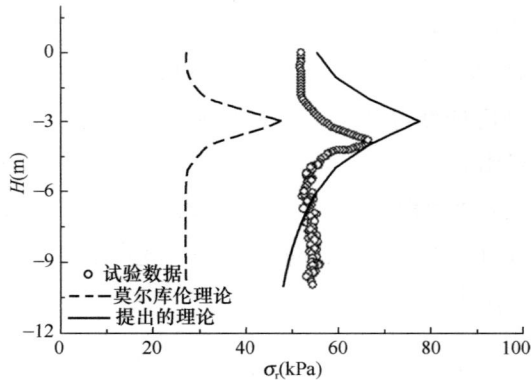

图 5.1.20　桩端入土深度为 3m 时土体径向应力场分布

图 5.1.21 中离散点为对应的压入桩入土深度达到地面以下 6m 时刻下土体中的径向应力测试数据，而采用本文建议结果与传统解析解作为对比可知，采用本文建议的自相似性解法与测试结果更为吻合。

图 5.1.22 为对应压入桩入土深度达到 9m 时土体中径向应力的分布结果。由对比可知，采用本文自相似性解法可以较好地模拟土体中径向应力的分布规律。利用本文所建议方法整体上高估了土层径向应力场的数值，且塑性区半径高估了实际测试结果，这可能是因未考虑实际土体固结过程中所形成的部分结构性对强度及模量的积极影响所致。

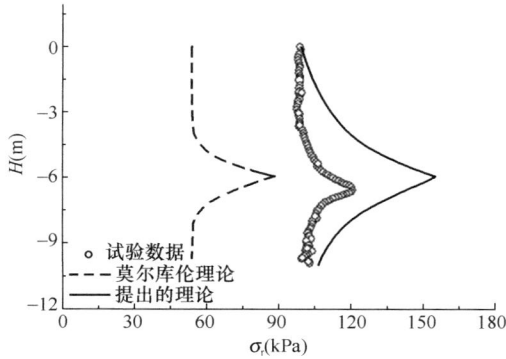

图 5.1.21 桩端入土深度为 6m 时土体径向应力场分布

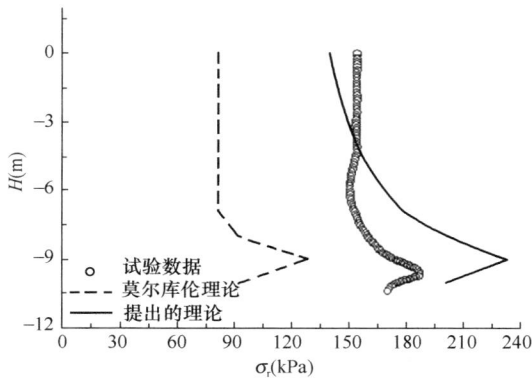

图 5.1.22 桩端入土深度为 9m 时土体径向应力场分布

5.1.7 结论

针对岩土工程实践中管桩静压入土的施工工艺，对这一施工过程中周围土体的应力场进行了分析，并利用本文所提的考虑原生各向异性性质影响的三维本构方程作为土体的物理方程，利用挤入桩在圆柱扩孔过程中土体的自相似性变形原理，提出了一种计算土体应力场的自相似性计算方法，并利用该方法计算得出反映各向异性性质及超固结性影响的土体应力解析解。通过分析解析解的结果，可得到如下结论：

（1）利用各向异性性质的各向同性化表示方法，将表示各向异性状态的组构张量与应力张量表达为一种联合应力量，利用上述联合应力量表达 RVML 准则，并基于各向异性的 RVML 准则推导得到将一般二维应力量本构模型表达为三维应力本构模型具有应力一般化方法公式。

（2）通过分析挤入桩圆柱扩孔过程中土体变形的自相似性特性，并利用该自相似性质，提出了利用大变形状态参量 ζ 来建立径向位移与径向应变及体应变之间的关系式，由此可给出圆柱扩孔过程中的位移条件，再调用三维物理方程，可由此计算得到对应的土体

287

的应力解析解。

（3）通过探究在原生各向异性因素影响下圆柱扩孔的应力解析解，表明土体的组构张量状态参量不仅能够改变在较小距径比范围内的应力场，同时径向应力、竖向应力与环向应力三者中最大正应力与宏观沉积面法向间夹角也会影响距径比小于某个定值以内的应力场，但当距径比较大时，则由各向异性引起的差异消失。通过圆柱扩孔以及 SBPM 测试及室内物理模型实测数据对本文所建议的解析模型进行验证，预测与对比结果表明，本文所建议的反映各向异性土体圆柱扩孔的解析模型具有合理性与适用性。

附录 5.1：

关于变换应力对一般应力的偏导公式可由如下公式表达：

$$\frac{\partial \widetilde{R}_{kl}}{\partial \sigma_{ij}} = \frac{\partial \widetilde{R}_{kl}}{\partial R_{mn}} \frac{\partial R_{mn}}{\partial \sigma_{ij}} = \left\{ \frac{1}{3} \delta_{kl} \delta_{mn} + \frac{(R_{kl} - p_R \delta_{kl})}{q_R} \frac{\partial q_R^*}{\partial R_{mn}} + \frac{q_R^*}{q_R} \right.$$

$$\left. \left(\delta_{mk} \delta_{nl} - \frac{1}{3} \delta_{kl} \delta_{mn} - \frac{3(R_{mn} - p_R \delta_{mn})(R_{kl} - p_R \delta_{kl})}{2q_R^2} \right) \right\} \frac{\partial R_{mn}}{\partial \sigma_{ij}} \quad (5.1.62)$$

$$\frac{\partial q_R^*}{\partial R_{mn}} = \frac{1}{6} \delta_{mn} \left\{ -0.5 \left[b_0 + \sqrt{8x + b_0^2 - 4c} \right] + \right.$$

$$\sqrt{0.25 \left[b_0 + \sqrt{8x + b_0^2 - 4c} \right]^2 - 4 \left[x + \frac{b_0 x}{\sqrt{8x + b_0^2 - 4c}} \right]} \right\} + 0.5 p_R \left\{ -0.5 - \frac{0.5 b_0}{\sqrt{8x + b_0^2 - 4c}} + \right.$$

$$\frac{0.5 \left(b_0 + \sqrt{8x + b_0^2 - 4c} \right) \left(1 + \frac{b_0}{\sqrt{8x + b_0^2 - 4c}} \right)}{\sqrt{\left[b_0 + \sqrt{8x + b_0^2 - 4c} \right]^2 - 16 \left[x + \frac{b_0 x}{\sqrt{8x + b_0^2 - 4c}} \right]}} +$$

$$\frac{\frac{4b_0^2 x}{\sqrt{(8x + b_0^2 - 4c)^3}} - \frac{4x}{\sqrt{8x + b_0^2 - 4c}}}{\sqrt{\left[b_0 + \sqrt{8x + b_0^2 - 4c} \right]^2 - 16 \left[x + \frac{b_0 x}{\sqrt{8x + b_0^2 - 4c}} \right]}} \right\} \frac{\partial b_0}{\partial R_{mn}} + 0.5 p_R \left\{ \frac{1}{\sqrt{8x + b_0^2 - 4c}} - \right.$$

$$\frac{\left(\frac{(b_0 + \sqrt{8x + b_0^2 - 4c})}{\sqrt{8x + b_0^2 - 4c}} \right) + \frac{8 b_0 x}{\sqrt{(8x + b_0^2 - 4c)^3}}}{\sqrt{\left[b_0 + \sqrt{8x + b_0^2 - 4c} \right]^2 - 16 \left[x + \frac{b_0 x}{\sqrt{8x + b_0^2 - 4c}} \right]}} \right\} \frac{\partial c}{\partial R_{mn}} + p_R \left\{ -\frac{1}{\sqrt{8x + b_0^2 - 4c}} + \right.$$

$$\frac{\left(\frac{(b_0 + \sqrt{8x + b_0^2 - 4c})}{\sqrt{8x + b_0^2 - 4c}} \right) - 2}{\sqrt{\left[b_0 + \sqrt{8x + b_0^2 - 4c} \right]^2 - 16 \left[x + \frac{b_0 x}{\sqrt{8x + b_0^2 - 4c}} \right]}}$$

$$\left.\dfrac{\dfrac{8b_0x}{\sqrt{(8x+b_0^2-4c)^3}}-\dfrac{2b_0}{\sqrt{(8x+b_0^2-4c)}}}{\sqrt{\left[b_0+\sqrt{8x+b_0^2-4c}\right]^2-16\left[x+\dfrac{b_0x}{\sqrt{8x+b_0^2-4c}}\right]}}\right\}\dfrac{\partial x}{\partial R_{mn}} \tag{5.1.63}$$

$$\dfrac{\partial x}{\partial R_{mn}}=\dfrac{\partial x}{\partial b_0}\dfrac{\partial b_0}{\partial R_{mn}}+\dfrac{\partial x}{\partial c}\dfrac{\partial c}{\partial R_{mn}}+\dfrac{\partial x}{\partial e}\dfrac{\partial e}{\partial R_{mn}}=\dfrac{-0.5eb\sqrt{\left(\dfrac{c^2}{12}+e\right)}}{\sqrt{4\left(\dfrac{c^2}{12}+e\right)^3-27\left(\dfrac{eb^2}{8}+\dfrac{c^3}{108}-\dfrac{ec}{3}\right)^2}}$$

$$\left\{\sin\dfrac{1}{3}\cos^{-1}\left[\dfrac{\sqrt{27}\left(\dfrac{eb^2}{8}+\dfrac{c^3}{108}-\dfrac{ec}{3}\right)}{2\left(\dfrac{c^2}{12}+e\right)^{1.5}}\right]+\dfrac{\pi}{3}\right\}\dfrac{\partial b_0}{\partial R_{mn}}+\left\{\begin{array}{l}\dfrac{1}{6}-\dfrac{27^{\frac{5}{6}}c}{162\sqrt{\left(\dfrac{c^2}{12}+e\right)}}\\[6mm]\cos\left\{\dfrac{1}{3}\cos^{-1}\left[\dfrac{\sqrt{27}\left(\dfrac{eb^2}{8}+\dfrac{c^3}{108}-\dfrac{ec}{3}\right)}{2\left(\dfrac{c^2}{12}+e\right)^{1.5}}\right]+\dfrac{\pi}{3}\right\}\end{array}\right.+$$

$$\dfrac{1}{81}\left\{\left[\dfrac{-4\times27^{\frac{5}{6}}\left(\dfrac{c^2}{12}+e\right)^2}{\sqrt{4\left(\dfrac{c^2}{12}+e\right)^3-27\left(\dfrac{eb^2}{8}+\dfrac{c^3}{108}-\dfrac{ec}{3}\right)^2}}\right]\left[\dfrac{\sqrt{3}\left(\dfrac{c^2}{12}-e\right)}{2\left(\dfrac{c^2}{12}+e\right)^{1.5}}-\dfrac{\sqrt{27}c\left(\dfrac{eb^2}{8}+\dfrac{c^3}{108}-\dfrac{ec}{3}\right)}{8\left(\dfrac{c^2}{12}+e\right)^{2.5}}\right]\right.$$

$$\left.\sin\left\{\dfrac{1}{3}\cos^{-1}\left[\dfrac{\sqrt{27}\left(\dfrac{eb^2}{8}+\dfrac{c^3}{108}-\dfrac{ec}{3}\right)}{2\left(\dfrac{c^2}{12}+e\right)^{1.5}}\right]+\dfrac{\pi}{3}\right\}\right\}\dfrac{\partial c}{\partial R_{mn}}\left\{\begin{array}{l}\dfrac{1}{27^{\frac{1}{6}}\sqrt{\left(\dfrac{c^2}{12}+e\right)}}\\[6mm]\cos\left\{\dfrac{1}{3}\cos^{-1}\left[\dfrac{\sqrt{27}\left(\dfrac{eb^2}{8}+\dfrac{c^3}{108}-\dfrac{ec}{3}\right)}{2\left(\dfrac{c^2}{12}+e\right)^{1.5}}\right]+\dfrac{\pi}{3}\right\}\end{array}\right.+$$

$$\dfrac{1}{81}\left\{\left[\dfrac{4\times27^{\frac{5}{6}}\left(\dfrac{c^2}{12}+e\right)^2}{\sqrt{4\left(\dfrac{c^2}{12}+e\right)^3-27\left(\dfrac{eb^2}{8}+\dfrac{c^3}{108}-\dfrac{ec}{3}\right)^2}}\right]\left[\dfrac{\sqrt{27}\left(\dfrac{b^2}{8}-\dfrac{c}{3}\right)}{2\left(\dfrac{c^2}{12}+e\right)^{1.5}}\dfrac{9\sqrt{3}\left(\dfrac{eb^2}{8}+\dfrac{c^3}{108}-\dfrac{ec}{3}\right)}{4\left(\dfrac{c^2}{12}+e\right)^{2.5}}\right]\right.$$

$$\left.\sin\left\{\dfrac{1}{3}\cos^{-1}\left[\dfrac{\sqrt{27}\left(\dfrac{eb^2}{8}+\dfrac{c^3}{108}-\dfrac{ec}{3}\right)}{2\left(\dfrac{c^2}{12}+e\right)^{1.5}}\right]+\dfrac{\pi}{3}\right\}\right\}\dfrac{\partial e}{\partial R_{mn}}$$

$$\dfrac{\partial b_0}{\partial R_{mn}}=\dfrac{-16(1-m)^2\times3^{\frac{3-n}{2(1-m)}}}{9(3-n)(1+2m-n)}\left(\dfrac{\partial \xi_{R0}}{\partial I_{R1}}\dfrac{\partial I_{R1}}{\partial R_{mn}}+\dfrac{\partial \xi_{R0}}{\partial I_{R2}}\dfrac{\partial I_{R2}}{\partial R_{mn}}+\dfrac{\partial \xi_{R0}}{\partial I_{R3}}\dfrac{\partial I_{R3}}{\partial R_{mn}}\right) \tag{5.1.64}$$

$$\tag{5.1.65}$$

$$\dfrac{\partial c}{\partial R_{mn}}=\dfrac{8(1-m)^2\times3^{\frac{3-n}{2(1-m)}}}{(3-n)(1+2m-n)}\left(\dfrac{\partial \xi_{R0}}{\partial I_{R1}}\dfrac{\partial I_{R1}}{\partial R_{mn}}+\dfrac{\partial \xi_{R0}}{\partial I_{R2}}\dfrac{\partial I_{R2}}{\partial R_{mn}}+\dfrac{\partial \xi_{R0}}{\partial I_{R3}}\dfrac{\partial I_{R3}}{\partial R_{mn}}\right) \tag{5.1.66}$$

$$\dfrac{\partial e}{\partial R_{mn}}=\dfrac{-24(1-m)^2\times3^{\frac{3-n}{2(1-m)}}}{(3-n)(1+2m-n)}\left(\dfrac{\partial \xi_{R0}}{\partial I_{R1}}\dfrac{\partial I_{R1}}{\partial R_{mn}}+\dfrac{\partial \xi_{R0}}{\partial I_{R2}}\dfrac{\partial I_{R2}}{\partial R_{mn}}+\dfrac{\partial \xi_{R0}}{\partial I_{R3}}\dfrac{\partial I_{R3}}{\partial R_{mn}}\right)$$

$$\tag{5.1.67}$$

$$\dfrac{\partial \xi_{R0}}{\partial I_{R1}}=\left\{\dfrac{(3-n)(3I_{R2}-I_{R1}^2)\left[(n+3-6m)I_{R1}^2+3(1+2m-n)I_{R2}\right]+8(1-m)^2I_{R1}^4}{8(1-m)^23^{\frac{3-n}{2(1-m)}}I_{R1}I_{R3}}\right\}^{-m}$$

$$\left\{\frac{3(n-3)\left[(n-6m+3)I_{R1}^4+2(4m-n-1)I_{R1}^2I_{R2}+3(1+2m-n)I_{R2}^2\right]+24\,(1-m)^2I_{R1}^4}{8(1-m)3^{\frac{3-m}{2(1-m)}}I_{R1}^2I_{R3}}\right\}$$

$$(5.1.68)$$

$$\frac{\partial\xi_{R0}}{\partial I_{R2}}=\left\{\frac{(3-n)(3I_{R2}-I_{R1}^2)\left[(n+3-6m)I_{R1}^2+3(1+2m-n)I_{R2}\right]+8\,(1-m)^2I_{R1}^4}{8\,(1-m)^23^{\frac{3-n}{2(1-m)}}I_{R1}I_{R3}}\right\}^{-m}$$

$$\left\{\frac{6(3-n)\left[(n-4m+1)I_{R1}^2+3(1+2m-n)I_{R2}\right]}{8(1-m)3^{\frac{3-n}{2(1-m)}}I^{R1}I_{R3}}\right\}$$

$$(5.1.69)$$

$$\frac{\partial\xi_{R0}}{\partial I_{R3}}=-\left\{\frac{(3-n)(3I_{R2}-I_{R1}^2)\left[(n+3-6m)I_{R1}^2+3(1+2m-n)I^{R2}\right]+8\,(1-m)^2I_{R1}^4}{8\,(1-m)^23^{\frac{3-n}{2(1-m)}}I_{R1}I_{R3}}\right\}^{-m}$$

$$\left\{\frac{(n-3)(3I_{R2}-I_{R1}^2)\left[(n+3-6m)I_{R1}^2+3(1+2m-n)I_{R2}\right]-8\,(1-m)^2I_{R1}^4}{8(1-m)3^{\frac{3-n}{2(1-m)}}I_{R1}I_{R3}^2}\right\}$$

$$(5.1.70)$$

$$\frac{\partial I_{R1}}{\partial R_{mn}}=\delta_{mn}$$

$$(5.1.71)$$

$$\frac{\partial I_{R2}}{\partial R_{mn}}=I_{R1}\delta_{mn}-R_{mn}$$

$$(5.1.72)$$

$$\frac{\partial I_{R3}}{\partial R_{mn}}=R_{mn}^2-I_{R1}R_{mn}+I_{R2}\delta_{mn}$$

$$(5.1.73)$$

$$\frac{\partial R_{mn}}{\partial\sigma_{ij}}=A_{mn}\left[\delta_{mi}\delta_{nj}-(-1)^{m+i}\cos^2\alpha\right](1-\delta_{i3}\delta_{j3})(1-\delta_{m3}\delta_{n3})+\delta_{m3}\delta_{n3}\delta_{i3}\delta_{j3}A_{33}+$$

$$\delta_{mi}\left(\delta_{n1}\delta_{j2}-\frac{\delta_{n2}\delta_{j1}}{2}\right)\sin2\alpha A_{mn}+\delta_{nj}\left(\frac{\delta_{m1}\delta_{i2}}{2}-\delta_{m2}\delta_{i1}\right)\sin2\alpha A_{mn}$$

$$-\delta_{mi}\delta_{nj}\delta_{m1}\delta_{n2}A_{12}+\delta_{m2}\delta_{n3}\delta_{mi}\delta_{nj}\sin\alpha A_{mn}+\delta_{mj}\delta_{n1}\delta_{i2}\cos\alpha A_{31}-\delta_{ni}\delta_{m2}\delta_{j1}\cos\alpha A_{23}$$

$$(5.1.74)$$

5.2　基于剪胀特性 UH 模型的圆柱扩孔分析

摘　要： 自然沉积场地中的超固结黏土兼具各向异性与剪胀性质，但能同时准确描述上述特性的本构模型较少，而能将模型应用于土体的扩孔应力场分析就更为少见。为此本文做了三点工作：（1）在超固结黏土 UH 模型基础上，引入随超固结度变化的变相应力比，并利用非相关联流动法则反映受超固结度影响的剪胀特性。（2）采用修正的旋转硬化规则，利用塑性应变增量来驱动屈服面及塑性势面的转轴，使之反映初始各向异性以及循环加载下应力诱导各向异性特性，并采用基于 SMP 准则的变换应力方法得到三维修正 UH 模型。（3）提出了一种自相似性模拟土体柱孔扩张方法。实测数据表明，在剪切加载下正常固结或者轻微超固结黏土处于体积收缩变形模式，而中度超固结处于先剪缩后剪胀的变形模式，重度超固结黏土则是完全剪胀变形模式。K_0 固结黏土表现为更高的剪切刚度以及稍高的残余强度，所提模型能够描述上述剪胀规律以及各向异性特性。采用所提修正 UH 模型的三维本构方程及自相似性方法，分析了考虑超固结度以及 K_0 固结条件下的柱孔扩张过程中的土体应力场分布状态，并通过一系列各类型黏土的室内试验以及现场原位测试试验与所提模型及解析解方法的预测进行对比，验证了所提模型及解析方法的合理性及适用性。

关键词：柱孔扩张；各向异性；剪胀；K_0 固结；本构方程

引言

小孔扩张现象普遍地存在于岩土工程实践中，如土体中挤压贯入管桩的过程，预应力悬索桥两端的巨型锚栓对土体的作用，桩基础受到水平荷载时桩对土体的挤压作用，隧道开挖过程伴随着柱形孔收缩过程，又如旁压仪和锥形贯入仪在野外现场测试过程中，都离不开小孔扩张的作用过程。然而当前小孔扩张现象中结构与土体的作用力评估一直是岩土工程中的一大难题，这主要源于土体的小孔扩张现象是一个强烈的材料非线性与几何大变形问题，而其中材料非线性又居于主导地位因素。自然沉积场地中的原状土体通常是 K_0 超固结土，K_0 超固结土兼具超固结性质与初始各向异性性质，上述两点特性对于材料非线性具有显著的影响。虽然当前用于描述材料非线性现象的土体本构模型不少，但都未能准确把握土体的超固结性质与初始各向异性性质对土体材料非线性方面的影响规律。下面重点从上述两点特性阐述现存模型的优缺点。

超固结特性对于黏土的直接影响是剪胀性质与强度特性方面的变化。当前描述超固结土的本构模型都存在一些固有的缺陷。以修正剑桥模型为代表的一批经典弹塑性模型，由于采用屈服面内存在纯弹性域的做法，导致在屈服面内加载为纯弹性变形的结果，且在卸载再加载阶段由于屈服面停留在硬化应力峰值点，导致在加载路径下会过高预测峰值应力比强度值，屈服面内加载路径也会造成部分塑性体积应变的缺失，这显然违背了超固结土剪胀特性试验规律。UH 模型采用下加载面的思路，当前屈服面随着当前应力而移动，能够避免经典弹塑性模型的缺陷，而且能够描述超固结黏土的剪缩、剪胀、应变硬化与软化现象，但仍然存在以下不足：模型中假定剪胀发生时的应力比为固定值，然而试验结果表明，不同超固结度下的黏土在剪切加载下发生剪胀变形时刻所对应的应力比并不固定，且随着超固结度的逐渐增大，变相应力比逐渐减小，表明由应力比所驱动的土体剪胀变形越发容易产生，且对于重度超固结黏土在纯剪切加载路径下所表现出来的全过程剪胀变形这一剪胀模式无法描述。

K_0 固结黏土具有典型的初始各向异性性质，初始各向异性性质对于黏土的直接影响是大主应力方向与沉积面法向方向的夹角对于变形以及强度的影响显著。具体表现为以下方面：K_0 固结黏土在大主应力作用方向与沉积面法线相一致时，土体剪切加载时会表现出更高的刚度，而当大主应力作用方向与沉积面法线方向相互垂直时，在剪切加载下会表现出更低的刚度。虽然主流的采用倾斜转轴的椭圆屈服面能够用于描述上述各向异性导致的力学性质变化，但是存在一些缺陷，如 K_0 超固结土模型，由于屈服面引入了倾斜的初始固结应力比转轴，导致临界状态应力比强度值高于正常固结黏土的临界状态应力比，而临界状态应力比由摩擦角表达，显然仅由于初始固结各向异性影响无法改变土体颗粒的材料特性，且相关实验也证实了临界状态应力比不因初始固结状态的差异而显现出明显的差异性。

为了克服上述存在的一些问题，本文拟采用一种修正的 K_0 超固结黏土 UH 模型，用来反映 K_0 初始各向异性以及超固结度对变形及强度的影响性质。主要做法有以下三点：一是采用长短轴之比为变化的椭圆屈服面，使其能够反映当达到临界状态时需要满足的临界状态应力比强度以及临界状态孔隙比特性。二是利用非相关联流动法则，将塑性势面中的剪胀方程表达为超固结应力比这一状态参量的演化关系式，在特殊情况下可以退化为修正剑桥模型的塑性势面方程。三是采用一种修正的旋转硬化法则，将屈服面转轴分量表达为由塑性偏应变增量来驱动的关系式，且能满足临界状态特性。将上述修正的 K_0UH 本构模型利用基于 SMP 准则的变换应力方法转换为三维本构模型，将写出的本构方程作为土体的物理方程。基于小孔扩张的自相似特性，提出了一种利用径向位移作为控制条件的小孔扩张问题求解方法，结合所提的物理方程，将其表达为反映小孔扩张问题的解析解。

5.2.1 修正 K_0 超固结黏土模型

1. 当前屈服面与参考屈服面

当前屈服面可由下述公式表达：

$$f = \ln\frac{p}{p_0} + \ln\left(1 + \frac{\eta^{*2}}{M^2 - \zeta^2}\right) - \frac{1}{c_p}\int\frac{M_f^4 - \eta_\zeta^4}{M_c^4 - \eta_\zeta^4}d\varepsilon_v^p = 0 \tag{5.2.1}$$

其中，p 为球应力，p_0 表示为初始的求应力，M 为临界状态应力比，ζ 为屈服面的转轴斜率。η^* 表示为相对应力比，而 $c_p = (\lambda - \kappa)/(1 + e_0)$，$M_c$ 为变相应力比，M_f 表示为潜在强度应力比，η_ζ 表示为绝对应力比，$d\varepsilon_v^p$ 表示为塑性体积应变增量。

参考屈服面可表达为如下关系式：

$$f_r = \ln\frac{\bar{p}}{\bar{p}_0} + \ln\left(1 + \frac{\eta^{*2}}{M^2 - \zeta^2}\right) - \frac{1}{c_p}\varepsilon_v^p = 0 \tag{5.2.2}$$

其中，$\bar{p}_0$ 表示对应先期固结应力所对应的球应力，$\bar{p}$ 表示参考屈服面上任意一点的球应力。引入超固结应力比 R 作为描述超固结加载历史影响的状态参量。而 R 在 p-q 空间中本质上是当前屈服面与参考屈服面的几何相似比，由此根据定义可得到 R 的全量表达关系式：

$$R = \frac{p}{\bar{p}} = \frac{p}{\bar{p}_0}\left(1 + \frac{\eta^{*2}}{M^2 - \zeta^2}\right)\exp\left(-\frac{\varepsilon_v^p}{c_p}\right) \tag{5.2.3}$$

采用非相关联流动法则描述塑性应变增量方向，则塑性势面可表达为如下关系式：

$$g = \ln \frac{p}{p_x} + \ln\left(1 + \frac{\eta^{*2}}{M_c^2}\right) = 0 \tag{5.2.4}$$

其中塑性势面方程中的变相应力比 M_c 可表达为超固结应力比的函数,由下述关系式表达:

$$M_c = MR^m \tag{5.2.5}$$

潜在强度应力比 M_f 则采用原有的抛物线型公式表达:

$$M_f = 6\left(\sqrt{\frac{M^2}{12(3-M)R^{c_0}}\left(1 + \frac{M^2}{12(3-M)R^{c_0}}\right)} - \frac{M^2}{12(3-M)R^{c_0}}\right) \tag{5.2.6}$$

一般应力比分量张量可表达为如下关系:

$$\eta_{ij} = \frac{s_{ij}}{p} = \frac{\sigma_{ij} - p\delta_{ij}}{p} \tag{5.2.7}$$

其中,δ_{ij} 表示为克罗内克符号。

相对应力比则由如下关系表达:

$$\eta^* = \sqrt{1.5\hat{\eta}_{ij}\hat{\eta}_{ij}} = \sqrt{1.5(\eta_{ij} - \beta_{ij})(\eta_{ij} - \beta_{ij})} \tag{5.2.8}$$

其中,β_{ij} 表示为屈服面转轴的分量。

而硬化参量中绝对应力比可表示为:

$$\eta_\zeta = \sqrt{|\eta^2 - \zeta^2|} \tag{5.2.9}$$

图 5.2.1 中虚线表示参考屈服面,而内部实线小椭圆则表示当前屈服面,加载路径上的应力点始终位于当前屈服面上。外面实线大椭圆表示塑性势面,其法线方向表示塑性应变增量方向。其中,由于当前屈服面与参考屈服面受到 K_0 固结的影响,初始位置始终处于倾斜状态,且屈服面的形状受到转轴斜率的影响,当转轴斜率增大时,椭圆的长短轴比也随之增大。塑性势面的形状处于变化状态,有两点变化:其一是椭圆的长短轴之比为超

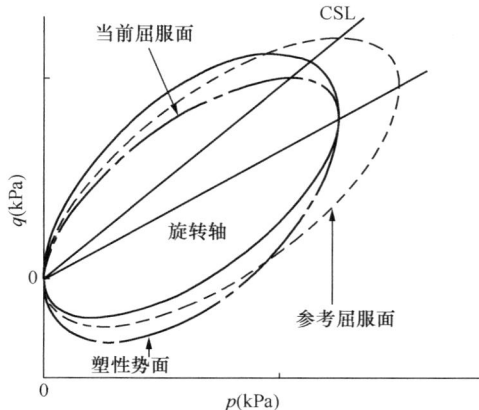

图 5.2.1 当前屈服面与参考屈服面及塑性势面

固结应力比 R 的幂函数，超固结应力比 R 越小，则对应的变相应力比 M_c 越小，也就是达到剪胀时刻所需触发的应力比越小，剪胀越容易产生。其二是椭圆在空间中受到转轴的拖曳，也就是塑性势面始终与屈服面共用一个转轴。两者之间的差异仅是屈服面的"胖瘦"受转轴斜率 ζ 的影响，而塑性势面的"胖瘦"受超固结应力比 R 的影响。

2. 剪胀规律

图 5.2.2 中为对应变相应力比与超固结应力比 R 之间的关系曲线，同时可见到幂参数 m 对于变相应力比曲线的形态影响规律。考虑到超固结黏土在剪切加载过程中出现剪胀，本质机理是源于土体颗粒之间在外荷载作用下发生空间位置重新调整的过程，在这个过程中，由于剪胀导致体积膨胀，其密度显然在某种程度上恢复了一部分，也就是在向同等球应力下正常固结黏土对应的密度方向前进，因而是超固结度的逐步损失过程。上述这一过程可用超固结应力比 R 来描述，当 R 初值越小，则对应的超固结度越大。而当随着加载逐步增加，R 值逐渐趋近于1，此时超固结度逐渐损失殆尽，当达到临界状态时，此时 $R=1$，而对应的变相应力比也达到 M，此时超固结土完全退化为正常固结土。图 5.2.2中参数 m 用来刻画变相应力比受到 R 增加而趋近于临界状态应力比的快慢程度。

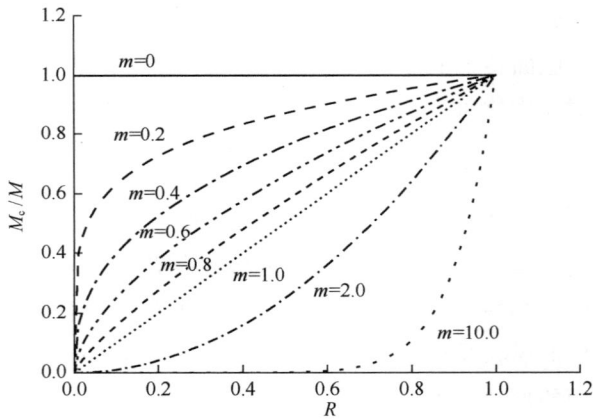

图 5.2.2　变相应力比与超固结应力比参量 R 之间的关系

3. 旋转硬化规律

考虑引入旋转硬化规则来反映应力诱导各向异性对于屈服面的影响。考虑到土体主要是摩擦性材料，而非凝聚性材料，因而在移动硬化规则中，选用有别于金属的旋转硬化规则。屈服面及塑性势面转轴由塑性偏应变增量来驱动。转轴增量分量可利用如下修正的增量关系式表达：

$$\mathrm{d}\beta_{ij} = \sqrt{1.5}\,b_\mathrm{r}\left(1-\frac{\eta}{M}\right)^2 (m_\mathrm{b}-\zeta)\frac{\hat{\eta}_{ij}}{\eta^*}\mathrm{d}\varepsilon_\mathrm{s}^p \tag{5.2.10}$$

$$\mathrm{d}\varepsilon_\mathrm{s}^p = \sqrt{1.5\left(\mathrm{d}\varepsilon_{ij}^p-\frac{1}{3}\mathrm{d}\varepsilon_v^p\delta_{ij}\right)\left(\mathrm{d}\varepsilon_{ij}^p-\frac{1}{3}\mathrm{d}\varepsilon_v^p\delta_{ij}\right)} \tag{5.2.11}$$

如式（5.2.10）所示，其中转轴增量由塑性偏应变增量来驱动，而相对应力比则是转轴增量的方向，表示将转轴向当前应力比增加的方向来拖曳，而 m_b 表示为转轴的旋转界限，显然转轴斜率不能逾越某一个界限，这表明转轴斜率存在某一上限值，反映了应力诱导各向异性程度始终存在一个天然上限，这一点符合对黏土的试验观测。同样地，当处于临界状态时，此时土体是存在各向异性状态的，但当处于这个状态时，各向异性不能继续增大或者减小，否则由各向异性增加量所导致的屈服面及塑性势面发生变化，反过来进一步导致应力增量以及塑性应变增量的大小及方向发生变化，而这显然与临界状态的特征相互矛盾，因而在式（5.2.10）中引入了反映临界状态特性时转轴增量所需遵守的约束条件。这一点是对传统旋转硬化规则的一点修正。

5.2.2 三维修正 K_0 超固结黏土本构方程

利用基于 SMP 准则的变换应力方法对上述所提模型实现应力的一般化表达，并推导相应的弹塑性本构方程。考虑在变换应力空间中的当前屈服面及塑性势面可表达为如下关系式：

$$\widetilde{f} = \ln\frac{\widetilde{p}}{\widetilde{p}_0} + \ln\left(1 + \frac{\widetilde{\eta}^{*2}}{M^2 - \widetilde{\zeta}^2}\right) - \frac{1}{c_\mathrm{p}}\int\frac{M_\mathrm{f}^4 - \widetilde{\eta}_\zeta^4}{M_\mathrm{c}^4 - \widetilde{\eta}_\zeta^4}\mathrm{d}\varepsilon_\mathrm{v}^p = 0 \tag{5.2.12}$$

$$\widetilde{g} = \ln\frac{\widetilde{p}}{\widetilde{p}_x} + \ln\left(1 + \frac{\widetilde{\eta}^{*2}}{M_\mathrm{c}^2}\right) = 0 \tag{5.2.13}$$

对式（5.2.12）进行全微分，可得到如下关系式：

$$\mathrm{d}\widetilde{f} = \frac{\partial\widetilde{f}}{\partial\widetilde{\sigma}_{ij}}\mathrm{d}\widetilde{\sigma}_{ij} + \frac{\partial\widetilde{f}}{\partial\widetilde{\beta}_{ij}}\mathrm{d}\widetilde{\beta}_{ij} - \frac{1}{c_\mathrm{p}}\frac{M_\mathrm{f}^4 - \widetilde{\eta}_\zeta^4}{M_\mathrm{c}^4 - \widetilde{\eta}_\zeta^4}\mathrm{d}\varepsilon_\mathrm{v}^p = 0 \tag{5.2.14}$$

根据非相关联流动法则，相应的塑性体应变可表达为如下关系式：

$$\mathrm{d}\varepsilon_\mathrm{v}^p = \lambda\frac{\partial\widetilde{g}}{\partial\widetilde{\sigma}_{ij}}\delta_{ij} \tag{5.2.15}$$

由链式法则，对普通应力的偏导数可由变换应力导出，因而可得到如下关系式：

$$\mathrm{d}\widetilde{f} = \frac{\partial\widetilde{f}}{\partial\widetilde{\sigma}_{kl}}\frac{\partial\widetilde{\sigma}_{kl}}{\partial\sigma_{ij}}\mathrm{d}\sigma_{ij} + \frac{\partial\widetilde{f}}{\partial\widetilde{\beta}_{ij}}d\widetilde{\beta}_{ij} - \frac{1}{c_\mathrm{p}}\frac{M_\mathrm{f}^4 - \widetilde{\eta}_\zeta^4}{M_\mathrm{c}^4 - \widetilde{\eta}_\zeta^4}\mathrm{d}\varepsilon_\mathrm{v}^p = 0 \tag{5.2.16}$$

$$\mathrm{d}\sigma_{ij} = D_{ijkl}^e\mathrm{d}\varepsilon_{kl}^e = D_{ijkl}^e(\mathrm{d}\varepsilon_{kl} - \mathrm{d}\varepsilon_{kl}^p) = D_{ijkl}^e\left(\mathrm{d}\varepsilon_{kl} - \lambda\frac{\partial\widetilde{g}}{\partial\widetilde{\sigma}_{kl}}\right) \tag{5.2.17}$$

相应的变换应力空间中转轴增量关系式可表示为：

$$\mathrm{d}\widetilde{\beta}_{ij} = \sqrt{1.5}b_\mathrm{r}\left(1 - \frac{\widetilde{\eta}}{M}\right)^2(m_\mathrm{b} - \widetilde{\zeta})\frac{\widetilde{\widehat{\eta}}_{ij}}{\widetilde{\eta}^*}\mathrm{d}\varepsilon_\mathrm{s}^p = \sqrt{1.5}b_\mathrm{r}\left(1 - \frac{\widetilde{\eta}}{M}\right)^2(m_\mathrm{b} - \widetilde{\zeta})\frac{\widetilde{\widehat{\eta}}_{ij}}{\widetilde{\eta}^*}\lambda\sqrt{\frac{\partial\widetilde{g}}{\partial\widetilde{s}_{ij}}\frac{\partial\widetilde{g}}{\partial\widetilde{s}_{ij}}}$$

$$\tag{5.2.18}$$

对应弹性刚度矩阵的元素可由下属关系表达。其中，弹性模量用下列关系式表示：

$$E = \frac{3(1-2\mu)(1+e_0)p}{k} \tag{5.2.19}$$

弹性剪切模量为：

$$G = \frac{E}{2(1+\mu)} = \frac{3(1-2\mu)(1+e_0)p}{2(1+\mu)k} \tag{5.2.20}$$

弹性拉梅参量为：

$$L = \frac{E}{3(1-2\mu)} - \frac{2G}{3} = \frac{3\mu(1+e_0)p}{(1+\mu)k} \tag{5.2.21}$$

将式（5.2.15）～式（5.2.18）联立可求解得到对应的塑性因子。再将塑性因子代入式（5.2.17），由此可得如下关系式：

$$d\sigma_{ij} = D_{ijkl}\,d\varepsilon_{kl} \tag{5.2.22}$$

$$D_{ijkl} = D_{ijkl}^e - D_{ijmn}^e \frac{\partial g}{\partial \sigma_{mn}} \frac{\partial f}{\partial \sigma_{st}} D_{stkl}^e / X \tag{5.2.23}$$

$$D_{ijkl} = L\delta_{ij}\delta_{kl} + G(\delta_{ik}\delta_{jl} + \delta_{il}\delta_{jk}) - \left(L\frac{\partial g}{\partial \sigma_{mn}}\delta_{ij} + 2G\frac{\partial g}{\partial \sigma_{ij}}\right)\left(L\frac{\partial f}{\partial \sigma_{mn}}\delta_{kl} + 2G\frac{\partial f}{\partial \sigma_{kl}}\right)\Big/ X \tag{5.2.24}$$

$$X = L\frac{\partial f}{\partial \sigma_{ii}} \frac{\partial g}{\partial \sigma_{kk}} + 2G\frac{\partial f}{\partial \sigma_{ij}} \frac{\partial g}{\partial \sigma_{ij}} + T_1 + T_2 \tag{5.2.25}$$

$$T_1 = \frac{1}{c_p} \frac{(M_f^4 - \eta_\zeta^4)}{(M_c^4 - \eta_\zeta^4)} \frac{\partial g}{\partial \sigma_{ij}}\delta_{ij} \tag{5.2.26}$$

$$T_2 = \frac{-9b_r\widetilde{\eta}^{*2}\left(1-\dfrac{\widetilde{\eta}}{M}\right)^2\left(\widehat{\widetilde{\eta}}_{ij}\widetilde{\beta}_{ij} + \dfrac{2}{3}\widetilde{\zeta}^2 - \dfrac{2}{3}M^2\right)(m_b - \widetilde{\zeta})}{\widetilde{p}(M^2 - \widetilde{\zeta}^2 + \widetilde{\eta}^{*2})(M^2 - \widetilde{\zeta}^2)(M_c^2 + \widetilde{\eta}^{*2})} \tag{5.2.27}$$

5.2.3　模型功能分析

1. 等方向固结黏土剪胀分析

本节对所建议的修正 K_0UH 模型的功能进行分析。考虑到其中一个较大的改进是剪胀剪缩的体应变规律，下面将三轴压缩路径下的应力比与偏应变的关系以及体应变与偏应变的计算结果分别列出。

图 5.2.3 为对应正常固结黏土在三轴压缩路径下的应力比与剪切体应变变化规律，由此可知，对应正常等方向压缩下固结黏土，由于所建议模型完全退化为修正剑桥模型，因而其应力比与偏应变关系以及体应变与偏应变结果完全与修正剑桥模型的结果一致。

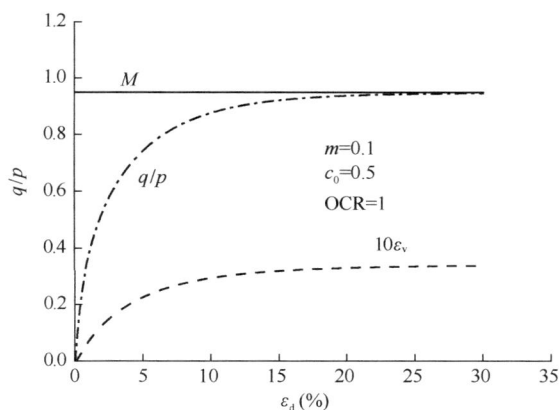

图 5.2.3 正常固结黏土的体应变剪缩模拟

图 5.2.4 为对应中度超固结黏土下的应力比及偏应变与体应变及偏应变的计算结果。由图可知，体应变表现出先剪缩后剪胀的体积变化规律，而应力比出现了轻微的应变软化现象。这对应四个阶段：（1）剪缩硬化阶段，当应力比 q/p 小于变相应力比 M_c 时，此时由剪胀方程可知，所对应的体应变为正向体应变，为体积收缩，此时对应的潜在强度应力比由于持续的剪切导致 M_f 持续减小，相应的变相应力比由于 R 的持续增大而导致持续增大。考察硬化参量，$\mathrm{d}H = \dfrac{1}{c_p} \dfrac{M_f^4 - \widetilde{\eta}_\zeta^4}{M_c^4 - \widetilde{\eta}_\zeta^4} \mathrm{d}\varepsilon_v^p$，此时由于 $M_f > \eta$，$M_c > \eta$，塑性体应变增量 $>$ 0，因而导致硬化参量增量 $\mathrm{d}H > 0$，此时始终处于硬化阶段。（2）当应力比持续增大而介于变相应力比与潜在强度应力比之间时，$M_c < \eta < M_f$，此时，虽然系数项小于零，但硬化参数中塑性体应变增量同时小于零，因而硬化参量增量 $\mathrm{d}H > 0$，此时处于体积剪胀硬化阶段。（3）当应力比持续增大而潜在强度应力比持续减小，当 $M_f < \eta$，同时 $M_c < \eta$，此时硬化参数中系数项大于零，而塑性体应变增量小于零，因而导致 $\mathrm{d}H < 0$。此时处于剪胀软化阶段，应力比开始持续减小。（4）当潜在强度应力比与变相应力比分别达到临界状态

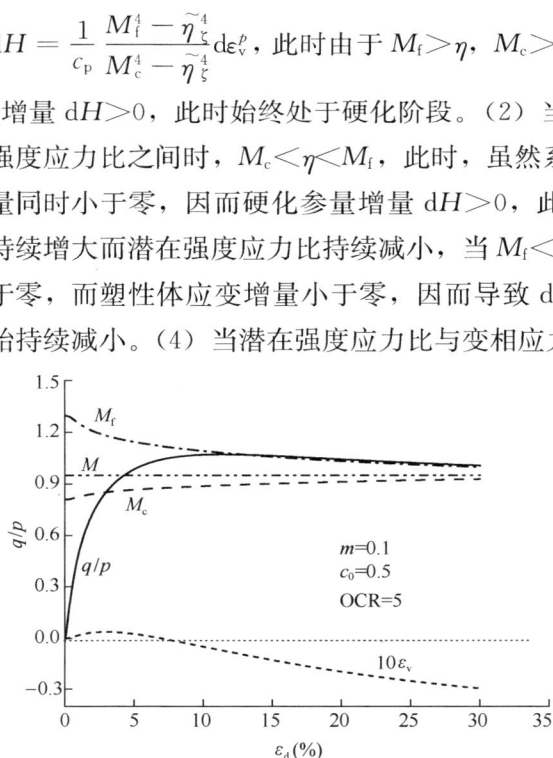

图 5.2.4 轻度及中度超固结黏土的体应变先剪缩后剪胀模拟

应力比时，此时应力比达到临界状态应力比 M，而相应的硬化参数中系数项为 1，塑性体应变增量为零，此时完全退化到临界状态。

对于重度超固结黏土，也会划分为三个阶段：（1）当应力比 η 小于潜在强度应力比 M_f 而同时大于变相应力比 M_c 时，也就是一开始加载阶段，变相应力比 M_c 就恒小于应力比 η，根据剪胀方程可知，此时对应的塑性体应变增量为负值，对应为剪切膨胀变形现象。考察硬化参数中的构成式可知，$M_c < \eta < M_f$，同时塑性体应变增量小于零，因而 $dH > 0$，此时处于剪胀硬化阶段。（2）当 $\eta > M_f$ 时，此时 $M_c < M_f < \eta$，因而硬化参数中的系数项大于零，然而塑性体应变增量小于零，因而导致 $dH < 0$，此时处于剪胀软化阶段，对应图 5.2.5 中应力比与潜在强度线相交后应力比一直下降的阶段。（3）随着超固结应力比 R 逐渐增大并最终达到 1 时，则变相应力比随着 R 的增大也逐渐达到 M，同时潜在强度应力比 M_f 与普通应力比 η 也都处于下降段，并最终达到临界状态应力比 M，同时塑性体应变增量也为零，此时应力比以及体应变都达到临界状态。

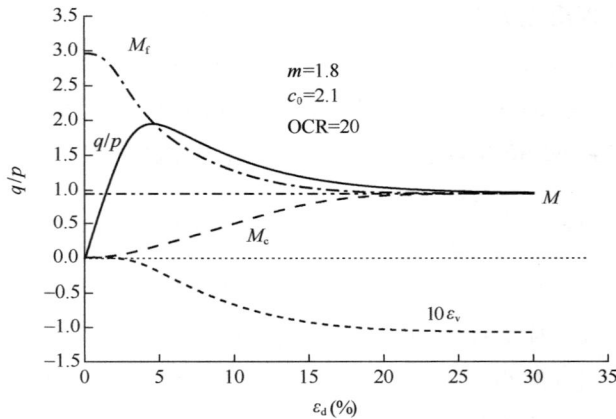

图 5.2.5　重度超固结黏土的体应变剪胀模拟

图 5.2.6 中离散点为 Hattab 与 Hicher 等关于 P300 高岭土在不同超固结度下的球应力恒定值的三轴压缩测试结果，横坐标为剪胀比，而纵坐标为一般应力比。竖直虚线右侧表明变形为剪缩，左侧为剪胀，横向点线为对应 $M = 1.05$ 的临界状态应力比。图中分别为超固结度从小到大的测试结果，对于 OCR＝1 的正常固结土，从初始加载直到临界状态，剪胀比始终大于零，在达到临界状态时为零。而对于 2.7 与 5 的中度超固结度黏土，则在应力比较小时为剪缩，当应力比较大时出现剪胀，且最终随着应力比的增大向右趋近于临界状态应力比。由此存在如下三点规律：（1）正常固结以及轻微超固结黏土在剪切全程中处于剪缩阶段，而中度超固结黏土先剪缩后剪胀，重度超固结则全程处于完全剪胀阶段。（2）随着超固结度的增大，剪胀关系曲线从右侧逐渐转移至左侧，曲线表现出更大的剪胀体应变，并且对应的峰值应力比越大，在图形上为向左上方的"汤匙"形态曲线，且最终加载阶段剪胀的体应变变化率绝对值越来越小，表现为曲线先向左上方而后向右上

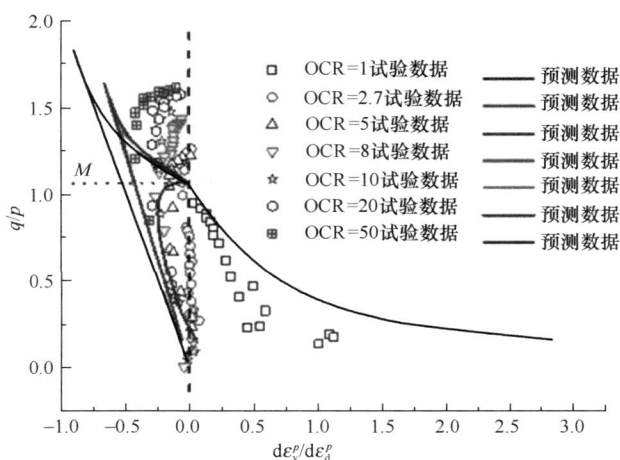

图 5.2.6 不同超固结度黏土的剪胀关系

方，最后趋于临界状态线的 M 点。（3）正常固结土的剪胀比即横坐标值在加载初始阶段
较大，当达到临界状态时为零。而重度超固结土随着加载的进行，剪胀比绝对值先逐渐增
大而后逐渐趋近于零。中度超固结土如 2.7 则基本变化不大，表明其体积剪胀量很小。图
5.2.6 中曲线为利用建议的修正模型模拟的结果，由对比结果可知，上述三点规律基本能
够得到有效的反映。

2. K_0 固结黏土剪胀分析

如图 5.2.7 所示，对于 K_0 正常固结黏土开展等 p 三轴压缩加载路径模拟，其中 $K_0 =$
7/16，则对应的 K_0 固结的应力比为 0.9，黑色实线为对应的应力比曲线，而对应的绝对
应力比为黑色虚线，由于采用非相关联流动法则，对应塑性势面的剪胀方程中变相应力比
为 M，因而此时不会产生剪胀，双点划线为对应的剪缩体积应变。由图 5.2.7 可知，由
于存在初始 K_0 固结，因而在加载初始时刻，对应比等方向固结情况更高的切线模量与更
高的强度应力比。

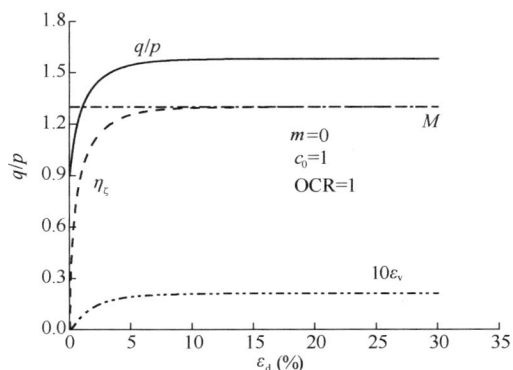

图 5.2.7 正常 K_0 固结黏土的体应变剪缩模拟

图 5.2.8 中为对应的轻度及中度 K_0 超固结黏土在等 p 三轴剪切加载时的计算结果。由体应变可知，对应的体积应变经历了先剪缩后剪胀的发展过程，图中黑色实线为对应的一般应力比曲线，而虚线为对应的绝对应力比曲线，单点划线为对应的变相应力比曲线。分析硬化参数构成，当变相应力比 $M_f > M_c > \eta_\zeta$ 时，由于对应三轴压缩，因而对应为体应变剪缩，$\mathrm{d}\varepsilon_v^p > 0$，而硬化参数中的系数为 $\dfrac{M_f^4 - \widetilde{\eta}_\zeta^4}{M_c^4 - \widetilde{\eta}_\zeta^4} > 0$，因而对应的硬化参数增量 $\mathrm{d}H > 0$，此时处于剪缩硬化阶段。当绝对应力比 $M_c < \eta_\zeta < M_f$ 时，对应体积剪胀，此时 $\mathrm{d}\varepsilon_v^p < 0$，然而由于 $\dfrac{M_f^4 - \widetilde{\eta}_\zeta^4}{M_c^4 - \widetilde{\eta}_\zeta^4} < 0$，因而对应的硬化参数增量 $\mathrm{d}H > 0$，此时仍然处于体积剪胀硬化阶段，即应力比持续增大，绝对应力比也持续增大，而潜在强度随着 R 的逐步增大而逐渐减小，当达到 $M_c < M_f < \eta_\zeta$ 时，此时 $\dfrac{M_f^4 - \widetilde{\eta}_\zeta^4}{M_c^4 - \widetilde{\eta}_\zeta^4} > 0$，但由于塑性体应变仍为剪胀状态，因而 $\mathrm{d}\varepsilon_v^p < 0$，由此对应的硬化参量增量为 $\mathrm{d}H < 0$，此时处于剪胀软化阶段，由图 5.2.8 可知，对应的一般应力比处于峰值点之后的下降段，表明处于应变软化阶段。由于改进了旋转硬化规则，对应的转轴随着加载一直在向转轴界限值 m_b 演化，当 m_b 越小，由于对应的非关联流动法则所对应的临界状态应力比为 $\sqrt{M^2 + \zeta^2}$，即越接近 M。当 $m_b = 0$ 时，此时普通应力比完全退化到临界状态应力比。

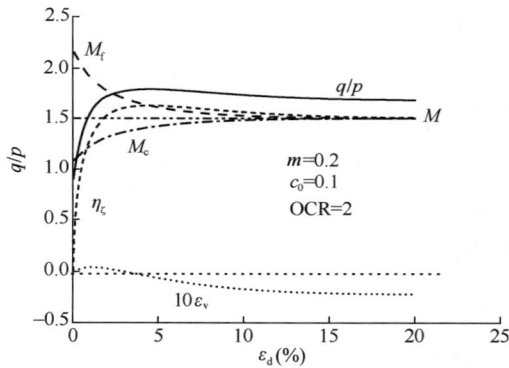

图 5.2.8 轻度及中度 K_0 超固结黏土的体应变先剪缩后剪胀模拟

图 5.2.9 为重度 K_0 超固结黏土所对应的等 p 三轴剪切加载路径模拟。由图可知，所提模型具有完全模拟加载即产生剪胀的功能，此时完全没有体积剪缩。由于此时对应的变相应力比曲线 M_c 在初始加载阶段一直从零很缓慢地增大，而此时对应的绝对应力比始终保持高于变相应力比曲线，即 $M_c < \eta_\zeta$，而在 $\eta_\zeta < M_f$ 时，处于体积剪胀硬化阶段。当潜在强度曲线持续下降，满足 $M_c < M_f < \eta_\zeta$ 时，由于一直是剪胀阶段，因而发生体积剪胀软化，对应的普通应力比经过峰值点，呈现应变软化现象，并随着超固结应力比 R 演化到 1 的过程，逐步达到临界状态应力比，最终达到临界状态阶段。

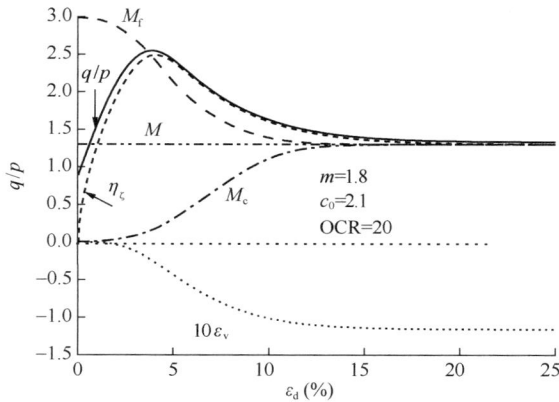

图 5.2.9 重度 K_0 超固结黏土的体应变剪胀模拟

3. 循环加载下应力诱导各向异性分析

由于采用了旋转硬化规则来反映应力诱导各向异性对变形以及强度等的影响，因而考察在双路不排水循环压缩及伸长加载下的模拟结果。对于一些受孔压敏感的土体材料，如粉砂土，当在不排水加载测试下，超静孔隙水压力会逐渐累积，其变形特性趋近于剪切偏应变的大变形现象。图 5.2.10 中为有效应力路径在不排水循环中的模拟结果，由图可知，在两个循环周期后，变形趋向于出现往返活动性现象。

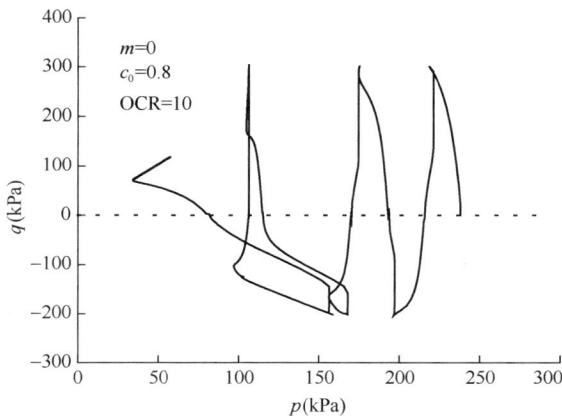

图 5.2.10 双路不排水循环加载有效应力路径模拟

图 5.2.11 为对应的循环加载下的偏应力与偏应变之间的关系，随着加载周期的增加，加卸载之间形成的滞回圈逐渐膨胀，且滞回圈的轴线逐渐倾斜，表明土体的切线模量在降低。在最后一次压缩加载路径下，偏应力未达到预定的控制偏应力值，而偏应变则剧烈增大，表明出现了大变形现象。

图 5.2.12 为对应的屈服面转轴随着加载路径的演化过程。由图可知，随着初始加载，转轴从零出发，达到第一个三轴加载限制值后转轴达到第一个峰值平台，出现平台表明在

301

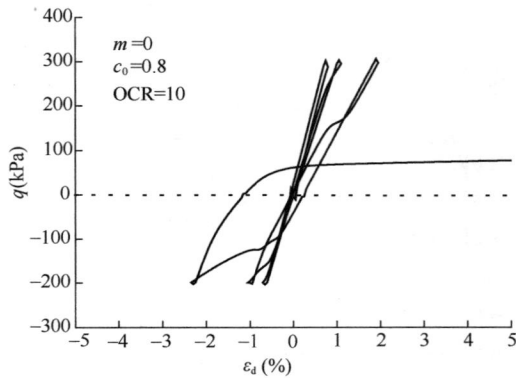

图 5.2.11　双路不排水循环加载偏应力与偏应变关系模拟

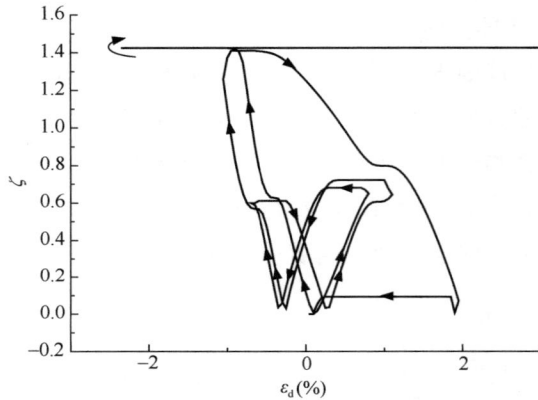

图 5.2.12　双路不排水循环加载下屈服面转轴的演化过程

反向卸载阶段出现了弹性变形，此时由于未产生塑性偏应变，无法驱动屈服面转轴出现变化，由于此时转轴斜率为 0.7，屈服面形态为细长形状的椭圆。当应力点突破椭圆内部的弹性区后达到屈服面下端，此时产生塑性变形，为反方向拉伸加载，转轴开始反方向转动，直到椭圆屈服面达到三轴拉伸偏应力预定值。由此可知，转轴斜率随着正向及反向加载而随之增减，当达到临界状态应力时，偏应变趋于无限大，而应力增量为零。

5.2.4　模型参数标定

1. 参数物理意义

本文所提剪胀 UH 模型材料参数共计 7 个，状态变量为超固结应力比参数 R 以及 K_0 值，其初始值可利用超固结度 OCR 确定。反映压缩性的参数为 λ，反映弹性变形的回弹性参数为 κ，反映临界状态参数为 M，反映剪胀性质的参数为 m，反映转轴斜率界限参数为 m_b，反映转轴转动速率系数参数为 b_r，反映潜在强度应力比衰减速率参数为 c_0。其中参数 λ、κ 可利用一维压缩的加载及卸载试验确定，M 则利用三轴压缩试验确定。参数 m

和 c_0 利用等方向固结下不同超固结度下的三轴压缩试验确定。反映应力诱导各向异性的参数 m_b 和 b_r 可利用双路三轴压缩及伸长循环试验确定。

2. 参数标定方法

对于常规参数如 λ、κ、M 可通过与修正剑桥模型完全相同的确定方法来获取参数，此处不再赘述。下面具体讨论新参数的确定方法。

（1）参数 m 确定方法

参数 m 是用来描述变相应力比的参数，可利用不同超固结度的黏土在球应力为恒定值的三轴压缩试验确定。通过式（5.2.5），可将其变形为如下关系式：

$$\ln\left(\frac{M_c}{M}\right) = m\ln R_c \tag{5.2.28}$$

其中 R_c 为剪胀发生时刻所对应的超固结应力比状态参量值，根据统计可知，其与初始超固结应力比 R_0 存在简单关系。$R_c = e^{0.3}R_0$，通过测试轴应变与应力比的关系可提取得到相应的不同超固结度的变相应力比数据，由此可近似利用 R_c 与 R_0 之间的关系。可利用式（5.2.28）得到如下的线性关系：

$$\ln\left(\frac{M_c}{M}\right) = m(\ln R_0 + 0.3) \tag{5.2.29}$$

如图 5.2.13、图 5.2.14 所示，为了确定变相应力比中 m 以及潜在应力比 M_f 中 c_0 的数值。采用 Nakai 关于藤森 I 型黏土以及 Mahdia 关于 P300 高岭土等在不同 OCR 的球应力为恒定值的压缩测试数据，利用式（5.2.29）整理可得到如图 5.2.12 所示的数据分布关系，利用线性拟合两者的关系，由此得到的直线斜率就是所要确定的 m 值。

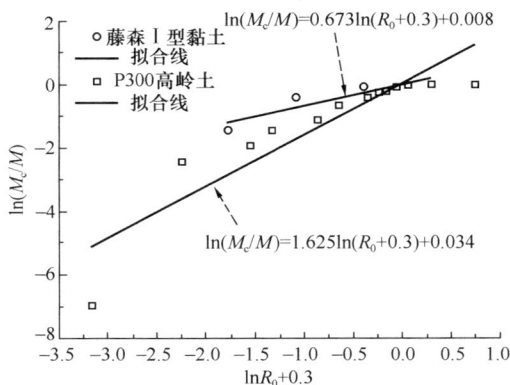

图 5.2.13　藤森 I 型黏土及 P300 高岭土变相应力比与初始超固结应力比的线性拟合关系

（2）参数 c_0 确定方法

如图 5.2.14 所示，通过分析本文模型可知，潜在应力比 M_f 与应力比曲线的峰值点重合，且在重合后进入应变软化阶段。因而可直接利用在峰值点之处的潜在强度应力比公式来求取相应的 c_0 值。然而对应峰值点的 R 值并非初始状态时的 R_0 值，根据 R 的衰减规律，可得到峰值点处 R 与初始值 R_0 的近似关系：

$$R = 1.4\sqrt{R_0} \tag{5.2.30}$$

由此可利用式（5.2.30）与式（5.2.6）联立求解，可得到如下的关系：

$$\ln\left[\frac{(3-M_\mathrm{f})M^2}{(3-M)M_\mathrm{f}^2}\right] = c_0\ln(1.4\sqrt{R_0}) \tag{5.2.31}$$

利用式（5.2.31），将藤森 I 型黏土的峰值点数据提取出来，并在如图 5.2.14 所示的坐标系中表示出线性关系，由此该直线的斜率即为所要确定的 c_0 值。

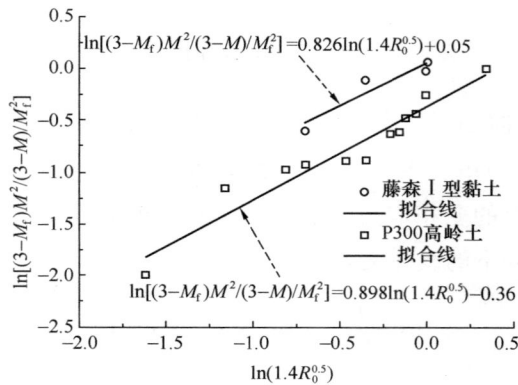

图 5.2.14　藤森 I 型黏土及 P300 高岭土峰值应力比与初始超固结应力比的拟合关系

（3）参数 m_b 确定方法

事实上参数 m_b 为转轴的上限值，但由于正常固结黏土试样在偏压固结过程中，其应力比通常介于 0 与 M 之间，应力比 0 对应于等方向固结状态，而应力比为 M 则处于临界状态，但处于临界状态显然偏应变处于不稳定阶段。但转轴上限应低于临界状态应力比 M，对于等方向正常固结黏土，可测出临界状态应力比 M，而对于偏压正常固结黏土，相应地也可利用三轴压缩试验测出对应的临界状态应力比 M_a，可利用式（5.2.32）计算得到相应的参数 m_b 值：

$$m_\mathrm{b} = \sqrt{M_\mathrm{a}^2 - M^2} \tag{5.2.32}$$

（4）参数 b_r 确定方法

由于参数 b_r 为描述各向异性转轴斜率分量增量的速率影响系数，因而可通过两个试验确定该参量。首先对于等方向正常固结黏土试样，施加球应力恒定值的三轴压缩试验，可得到对应的体应变与应力比的关系曲线。其次通过 K_0 正常固结试样，做等方向加载试验，以此求取相应的体应变与偏应变的关系曲线。具体可利用如下方法求取。

对于增量型转轴斜率分量增量公式，等方向固结完成的试样可利用球应力恒定值的三轴压缩试验路径，由于为等比例加载试验，因而假定其变形结果值可利用积分求解得到。由此，对式（5.2.18）积分可得到如下关系式：

$$d\zeta = \sqrt{1.5 d\beta_{ij} d\beta_{ij}} = \sqrt{1.5} b_r \left(1 - \frac{\eta}{M}\right)^2 (m_b - \zeta) d\varepsilon_s^p \qquad (5.2.33)$$

假定等方向正常固结黏土在球应力恒定值下三轴压缩到应力比为 η，此时对应的偏应变值为 ε_s^p，由此可得积分式（5.2.33），并求解参数 b_r 可得到如下关系式：

$$b_r = \frac{\ln\left(\dfrac{m_b}{m_b - \zeta_0}\right)}{\sqrt{1.5}\left(1 - \dfrac{\eta}{M}\right)^2 \varepsilon_s^p} \qquad (5.2.34)$$

其中，ζ_0 为对应偏应变为 ε_s^p 下屈服面的转轴斜率值，可通过在等方向正常固结试样在偏压应力作用下达到相同偏应变 ε_s^p 所对应的应力比确定，如通过常规三轴压缩试验加载当达到对应的偏应变 ε_s^p 时所对应的应力比即为 ζ_0。

5.2.5　柱孔扩张的自相似性解法

图 5.2.15 中初始孔半径为 a_0，当孔内受到挤压作用时，内径的 a_0 会扩充到当前的 a 处，而相应的周围土体半径由初始时刻的 r_0 处变为当前的 r 处。随着内部径向压力的增加，则相应的内孔处位置的径向应变以及环向应变随着加载逐步增大，周围土体位置的 r_0 处也会经历与 a_0 相似的径向应变与环向应变，相应的应力会逐步传递到 r_0 处。由此可知，扩孔过程本质上是周围土体应力场的逐步传递，而变形具有自相似性质。

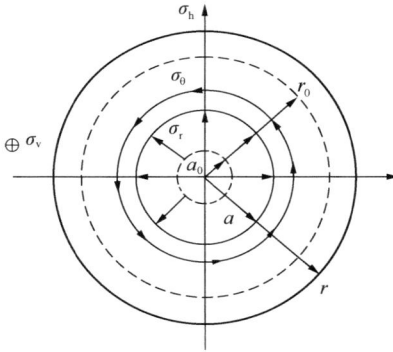

图 5.2.15　柱孔扩张时土体的周围水平应力场状态

自相似性问题具有变形与尺度无关等特征，因而利用上述特征可构造出与尺度无关的、与变形相关的方程。一方面利用已有资料可获取到周围单元土体的径向应变与体应变的关系曲线，另一方面由 Chen 等建议可采取大变形的建议，将径向位移表达为径向位移的对数形式。上述做法可直接带来的好处是：一方面可以方便地建立径向位移与径向应变及体应变的关系，另一方面可以通过提供位移边界条件来得到径向应变，进而利用本构方程来求取相应的应力量。

相应的应变定义公式可表达为如下关系式：

$$\varepsilon_r = -\ln\left(\frac{dr}{dr_0}\right) \tag{5.2.35}$$

$$\varepsilon_\theta = \ln\left(\frac{r_0}{r}\right) \tag{5.2.36}$$

$$\varepsilon_z = 0 \tag{5.2.37}$$

$$d\gamma_{zr} = -\left(\frac{\partial(dr)}{\partial z} + \frac{\partial(dw)}{\partial r}\right) \tag{5.2.38}$$

考虑轴对称特性及大变形条件，引入变量 $\zeta = u_r/r$。

$$\zeta = \frac{u_r}{r} = \frac{r - r_0}{r} = 1 - \frac{r_0}{r} \tag{5.2.39}$$

$$\frac{d\zeta}{1-\zeta} = \frac{dr}{r} \tag{5.2.40}$$

$$\varepsilon_r = 1 - \frac{v_0}{v(1-\zeta)} \tag{5.2.41}$$

$$d\varepsilon_\theta = -\frac{dr}{r} \tag{5.2.42}$$

$$d\varepsilon_v = d\varepsilon_r + d\varepsilon_\theta \tag{5.2.43}$$

根据 Chen 等关于考虑大变形条件的研究结果，体应变可表达为：

$$\frac{du_r}{dr} = \zeta + r\frac{d\zeta}{dr} = 1 - \frac{\exp(\varepsilon_v)}{1-\zeta} \tag{5.2.44}$$

根据从扩孔中心 a_0 到任意一个半径 r，可对应积分求解相应的体应变与状态变量 ζ 之间的关系：

$$\frac{r}{a} = \exp\left(\int_{\zeta(a)}^{\zeta} \frac{d\zeta}{1 - \zeta - \frac{\exp(\varepsilon_v)}{1-\zeta}}\right) \tag{5.2.45}$$

积分可求解得到对应的体应变表达式：

$$\varepsilon_v = \ln\left\{(1-\zeta)^2 - \frac{\left[(1-\zeta(a))^2 - (1-\zeta)^2\right]}{\left(\frac{r}{a}\right)^2 - 1}\right\} \tag{5.2.46}$$

上述公式建立了径向上距离原点任一点产生一定径向位移后此时的圆柱土体单元的体应变与径向位移的关系。

考虑桩周围土体在切应力作用下的切应变状态，距离桩周土体为 r 的环形土单元体受到的剪应变与沉降关系为：

$$\gamma = -\frac{dw}{dr} \tag{5.2.47}$$

根据 Randolph 等的建议，桩侧土体沉降可表示为径向距离 r 的对数函数，与 z 无关，可表达为：

$$\mathrm{d}w = -\frac{\tau_0 r_0 \mathrm{d}r}{G_s r} \tag{5.2.48}$$

$$\mathrm{d}\gamma = -\frac{\tau_0 r_0}{G_s r^2}\mathrm{d}r = -\frac{\tau_0 r_0}{G_s r(1-\zeta)}\mathrm{d}\zeta \tag{5.2.49}$$

土体中剪应力可由推荐公式表达为：

$$\tau = \frac{\tau_0 a_0}{r} \tag{5.2.50}$$

由此，桩周围土体的切向应力可由上式表达。考虑到管桩挤入扩孔过程中，桩周围土体同时存在径向位移及竖向位移，根据 Carter 等的研究，土体的径向位移随着桩距比为典型的指数衰减特性曲线，如图 5.2.16 所示，因而径向位移可利用幂函数表达为如下关系式：

$$u_{\mathrm{r}} = u_1 a_1^{-m_1\left(\frac{r}{a_0}-a_2\right)} + a_3 \tag{5.2.51}$$

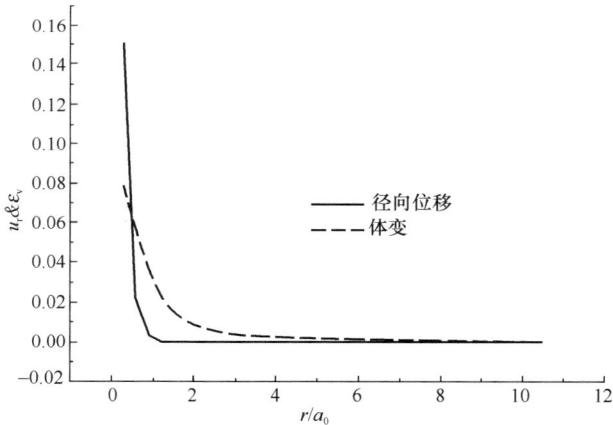

图 5.2.16　管桩静压入土时桩周围土体的径向位移及体变曲线

利用上述位移关系可以计算相应的土体的应力状态。计算桩周围土体的位移以及应力的思路流程如下：可根据土工室内试验得到相应的土体的材料参数与状态参数如 K_0、OCR 等，再利用径向位移与竖向位移插值得到对应的状态量状态变量 $\zeta(\varepsilon_{\mathrm{r}})$ 与 $\zeta(\varepsilon_{\mathrm{v}})$，得到对应的土单元体的应变增量，调用三维化后的土体本构方程，计算得到对应的土体的应力量。

5.2.6　模型预测及验证

为了对所提模型以及模型在圆柱扩孔中的应用进行验证，采用一系列不同的黏土室内试验以及现场原位测试结果进行预测分析。表 5.2.1 为对应的土体的材料参数，表 5.2.2

是对应的地层位移参数。

材料参数

表 5.2.1

类型	λ	κ	M	m	c_0	m_b	b_r
高膨土	0.09	0.02	1	2	1	1	0.1
高岭土 I	0.13	0.04	0.95	1.8	2.1	1	0.1
高岭土 II	0.15	0.04	0.93	1.6	1.8	1	0.1
藤森 I 黏土	0.099	0.016	1.37	0.673	0.826	0.05	1
P300 高岭土	0.07	0.005	1.05	1.625	0.89	0.05	1
藤森 II 黏土	0.08	0.016	1.4	0.35	1.3	1.25	0.05
Kawasaki 黏土	0.08	0.015	1.6	0.2	8.6	1.04	16
Kawasaki 黏砂土	0.08	0.015	1.45	0.2	9.4	0.94	18
Fuji 黏土	0.09	0.02	1.2	0.1	1	0.5	0.1
London 黏土	0.097	0.03	0.87	0.2	1	0.2	0.05

地层位移参数

表 5.2.2

参量	u_r	u_1	a_1	m_1	a_0 (m)	a_2	a_3
参数	—	3.5	9.8	0.86	0.3	−0.6	0.0

图 5.2.17～图 5.2.19 中离散点为 Herrmann 等关于高岭土与膨润土的混合物材料进行的不排水三轴压缩测试结果，其中土体固结状态为等方向固结，并依次制备出不同超固结度的试样，分别为 1、1.3、2、6 四种状态土体。图 5.2.17～图 5.2.19 为采用本文所建议的修正 UH 模型进行的预测及试验对比结果，其中图 5.2.17 为对应的三轴压缩不排水加载下的有效应力路径。由图 5.2.17 可知，除了超固结度为 6 的预测对于不排水抗剪偏应力低估以外，其他三种状态与预测趋势基本符合。图 5.2.18 为对应的广义偏应力与

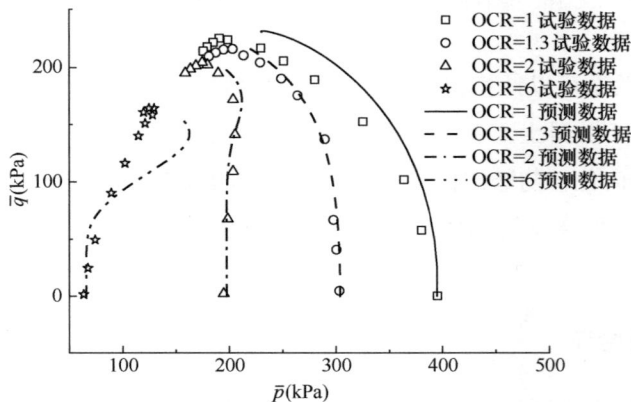

图 5.2.17 高岭土膨润土混合物在三轴不排水路径下的试验与预测对比

轴应变的预测与试验对比结果，由结果可知，超固结度为 6 的预测值对于其切线模量存在低估问题，而另外三种轻超固结度则符合良好。图 5.2.19 为对应的超孔隙水压力与轴应变关系的试验及预测对比结果，对于轻度超固结土，由于对应较大的剪缩体应变，因而对应较大的孔压，且对应前三种轻度超固结度的土样并未表现出负孔压，即对应排水剪切的剪胀体应变，但对于 OCR＝6 的土样，通过试验数据可观察到出现了先剪缩后剪胀的规律，对应的孔压也是先出现正孔压然后逐渐变化为负孔压，采用本文所建议模型较好地模拟了这种孔压的变化规律。

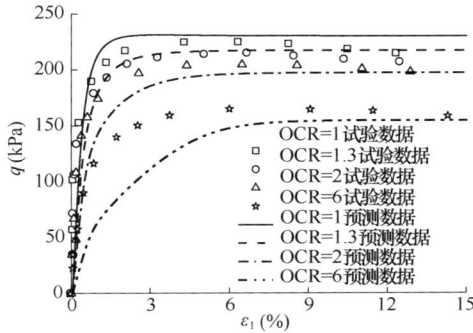

图 5.2.18 高岭土膨润土混合物在三轴不排水路径下的偏应力与
轴应变关系试验与预测对比

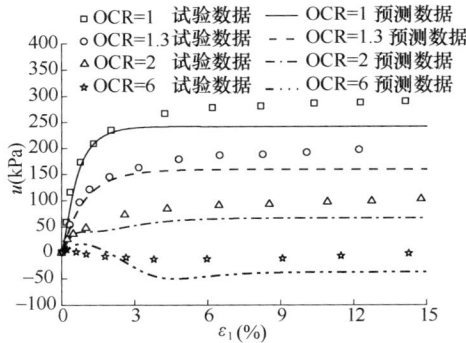

图 5.2.19 高岭土膨润土混合物在三轴不排水路径下的超静孔隙水压力
与轴应变关系试验与预测对比

图 5.2.20～图 5.2.23 中的离散点为 Banerjee 等关于 Ⅰ 型高岭土黏土所做的三轴不排水测试结果。其中图 5.2.20 为对应的三种超固结度试样在不排水三轴压缩以伸长路径下的测试与预测对比结果。由图 5.2.20 可知，除了对应超固结度为 2 的三轴压缩过高地估计了偏应力强度值，其他两种超固结度的预测对比较好。图 5.2.21 为对应的广义偏应力与轴应变的对比结果，由图可知，采用本文建议模型高估了抗剪强度值，而轻度超固结度为 1.2 的对比则符合良好。图 5.2.22 为对应三轴伸长路径下的对比结果，由于采用了基

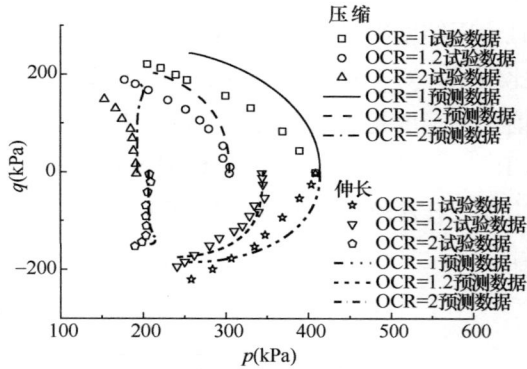

图 5.2.20　高岭土 I 在三轴不排水路径下试验与预测对比

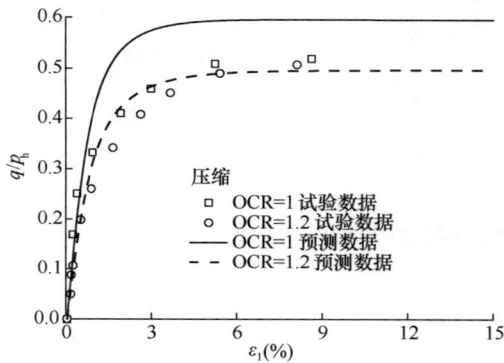

图 5.2.21　高岭土 I 在三轴压缩不排水路径下的偏应力与轴应变关系试验与预测对比

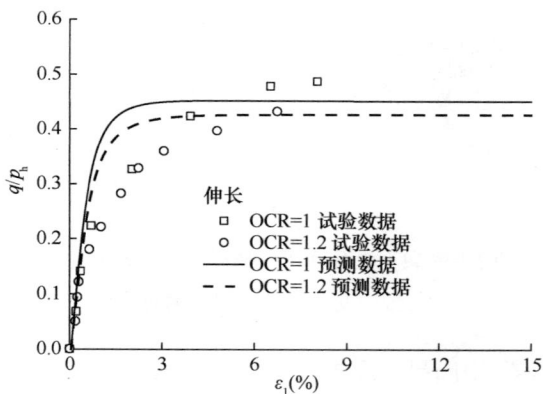

图 5.2.22　高岭土 I 在三轴伸长不排水路径下的偏应力与轴应变关系试验与预测对比

于 SMP 准则的变换应力方法，因而在三轴伸长路径下的不排水抗剪强度要明显小于三轴压缩的不排水抗剪强度值，这一点从预测结果可明显观察到，同样该规律与试验结果相符合。图 5.2.23 为对应的孔压预测与试验对比结果，无论是三轴压缩路径或是三轴伸长路

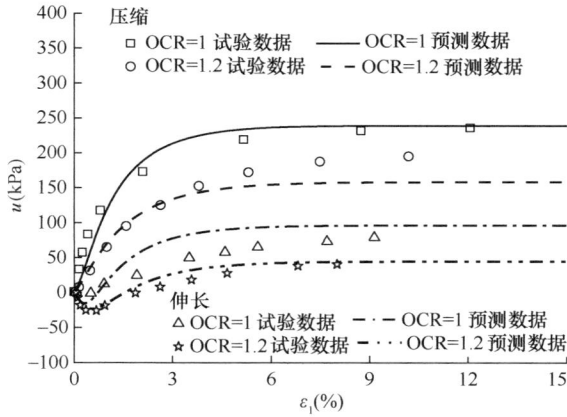

图 5.2.23 高岭土 I 在三轴压缩不排水路径下的超静孔隙水压力与
轴应变关系试验与预测对比

径，预测结果与试验结果符合良好。

图 5.2.24、图 5.2.25 中离散点为 Banerjee 等关于 II 型高岭土黏土所做的三轴不排水测试结果。其中图 5.2.24 为对应的 5 种不同超固结度，三轴压缩与三轴伸长不排水两种路径下，广义偏应力与轴应变关系的预测与测试对比结果。由图可知，对应三轴压缩下的预测与试验对比基本符合良好，然而对于三轴伸长路径，预测的切线模量要略低于测试结果。图 5.2.25 为对应的超静孔隙水压力的预测与试验对比结果，随着超固结度的增大，先出现正孔压随后出现负孔压的规律得到证实，同时正孔压逐步减小，而负孔压逐渐增大，该规律与预测完全一致。但对于三轴伸长加载路径，预测过高地预估了负孔压。

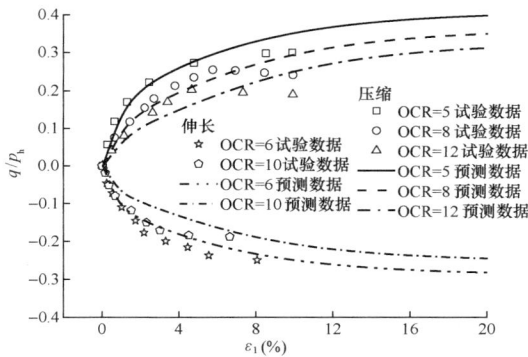

图 5.2.24 高岭土 II 在三轴不排水路径下的偏应力与轴应变关系试验与预测对比

图 5.2.26、图 5.2.27 中离散点分别为 Nakai 等关于藤森 I 型黏土开展的平均应力恒定的三轴压缩与三轴伸长的试验结果，其中对应超固结度为 1、2、4 的初始球应力为 196kPa，而 OCR＝8 的初始球应力为 98kPa。由对比可知，采用本文建议的考虑变化的变相应力比可较好地描述随着超固结度变化而变化的剪胀关系，对应的体应变变化规律描述

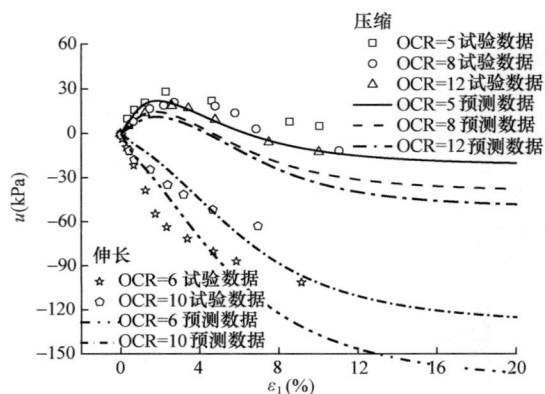

图 5.2.25　高岭土Ⅱ在三轴不排水路径下的超静孔隙水压力与
轴应变关系试验与预测对比

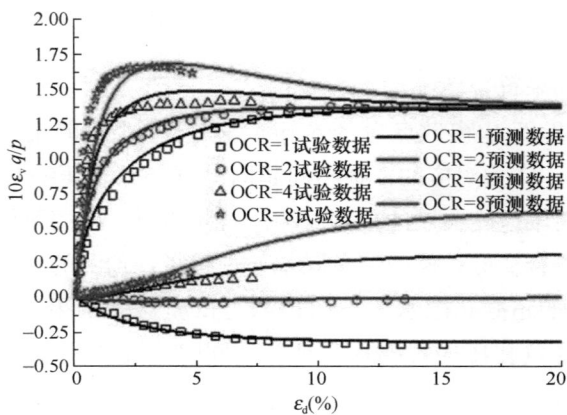

图 5.2.26　藤森Ⅰ型黏土在等 p 三轴压缩路径下应力比与
偏应变关系试验与预测对比

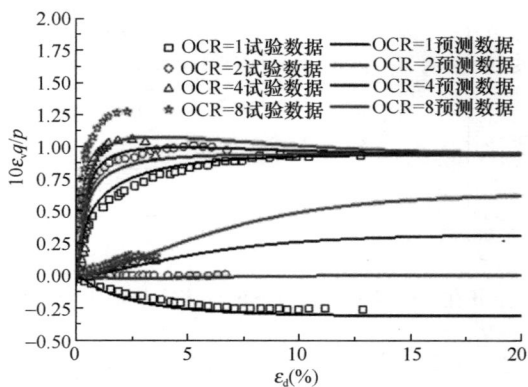

图 5.2.27　藤森Ⅰ型黏土在等 p 三轴伸长路径下应力比与
偏应变关系试验与预测对比

得较为准确。为了对预测效果进行更为准确的评价，对其进行定量分析。对应每条曲线选取对应偏应变分别为 2.5％、5％、10％ 的预测点与试验测试点进行偏差值计算，偏差值为两者的差值绝对值与两者的大值之比值为偏差百分比，而表 5.2.3～表 5.2.5 中最右端的对应为三点的算术平均值。

藤森 I 型黏土三轴压缩试验与预测偏差值表　　　　表 5.2.3

OCR	类型 / ε_d (%)	偏差百分比（%）			平均值（%）
		2.5	5	10	
1	q/p	7.14	1.67	1.11	3.31
1	ε_v	5.56	1.15	6.25	4.32
2	q/p	3.39	2.27	0.58	2.08
2	ε_v	39.06	35.90	73.20	49.39
4	q/p	2.84	6.71	4.08	4.54
4	ε_v	16.92	21.40	28.25	22.19
8	q/p	1.81	2.99	—	1.60
8	ε_v	13.00	21.74	—	11.58

藤森 I 型黏土三轴伸长试验与预测偏差值表　　　　表 5.2.4

OCR	类型 / ε_d (%)	偏差百分比（%）			平均值（%）
		2.5	5	10	
1	q/p	9.21	2.89	0.37	4.16
1	ε_v	18.76	13.85	13.67	15.42
2	q/p	5.49	7.80	3.61	5.63
2	ε_v	79.17	75.79	137.14	97.37
4	q/p	7.62	6.06	—	4.56
4	ε_v	32.80	7.27	—	13.36
8	q/p	16.54	—	—	5.51
8	ε_v	26.67	20.22	—	15.63

P300 高岭土三轴压缩试验与预测偏差值表　　　　表 5.2.5

OCR	类型 / ε_d (%)	偏差百分比（%）			平均值（%）
		2.5	5	10	
1	q/p	28.95	14.42	4.29	15.89
1	ε_v	2.30	24.20	40.00	22.17
2	q/p	14.74	1.89	7.83	8.15
2	ε_v	3.51	105.56	101.31	70.13

OCR	类型 ε_d （%）	偏差百分比（%）			平均值（%）
		2.5	5	10	
3	q/p	17.74	17.19	20.60	18.51
	ε_v	67.44	21.43	25.71	38.19
5	q/p	21.49	11.67	14.29	15.81
	ε_v	52.94	58.39	57.58	56.30
8	q/p	19.26	20.70	27.03	22.33
	ε_v	39.84	60.00	38.00	45.95
10	q/p	12.41	20.14	27.03	19.86
	ε_v	50.00	51.92	43.10	48.34
20	q/p	16.67	22.01	31.21	23.30
	ε_v	53.13	63.77	57.83	58.24
50	q/p	4.74	21.02	37.71	21.16
	ε_v	38.89	55.95	59.13	51.32

由表 5.2.3 可知，当 OCR=1、8 时，预测效果最好，而当 OCR=4 时较差，对应 OCR=2 时最差，这是由于 OCR=2 对应的是轻微超固结土，由于此时体应变曲线接近于横坐标轴，因而用比值的表示方法对偏差值的差异特别敏感，本质上实测值与预测值的绝对差值却很小。由表 5.2.4 可知，对应三轴伸长路径下的实测与对比结果同样出现相似的问题。其中对于 OCR=2 的对应偏应变为 10% 的测点体应变偏差值大于 1，这主要是由于体应变预测值与实测值处于符号相反状态导致的结果。表格中缺失的部分数据是由于测试曲线出现了应变局部化问题导致峰值应力比曲线后的数据失真，因而仅使用有效的数据。

图 5.2.28 中离散点为 Hattab 与 Hicher 等关于 P300 高岭土在不同超固结度下的球应力恒定值的三轴压缩测试结果。

表 5.2.5 中为对应的预测值与实测值的偏差统计结果。由数据可知，对于 OCR=1、2、3 的对比结果，应力比曲线与体应变曲线的预测较好。而对于 OCR 较大的预测结果数据，应力比在偏应变小于 10% 以内的曲线吻合较好，由于模型应力比在加载进程中逐渐趋近于临界状态应力比，而实测结果峰值后的应变软化现象很弱，因此差异较大。对应的体应变则是预测值过高地估计了剪切膨胀的体应变结果。

图 5.2.29、图 5.2.30 中离散点为 Masayoshi 关于藤森Ⅱ型黏土在球应力 p 为恒定值路径下的测试结果。其中先期固结压力为 588kPa，根据对应的不同的超固结度，由 588kPa 等方向回弹卸载到对应的固结压力下，共计 6 种超固结度。图 5.2.29 为对应的应力比与体应变关系的试验及预测对比结果，随着超固结度逐渐增大，体应变从完全剪缩逐

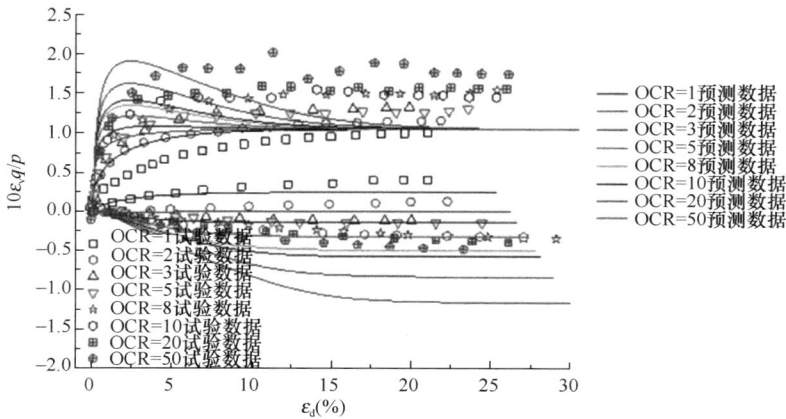

图 5.2.28　P300 高岭土在等 p 三轴伸长路径下应力比及体应变与偏应变关系试验与预测对比

步过渡到先剪缩后剪胀，最后到完全剪胀的变形模式。利用所提模型表现出上述规律性，同时利用模型计算得到的体变量与试验结果基本吻合。图 5.2.30 为对应的应力比与偏应变的试验与预测对比结果，从下到上依次为对应的超固结度从小到大的顺序曲线。除了正常固结土的切线模量的预测值偏高外，其他五种超固结度的预测对比结果与试验结果吻合良好。顺便指出，试验中的测试点仅加载到峰值点，由于在峰值点之后试样出现了剪切带，即出现了应变局部化问题，因而后面的试验测试结果数据出现失真问题，因此并未给出。

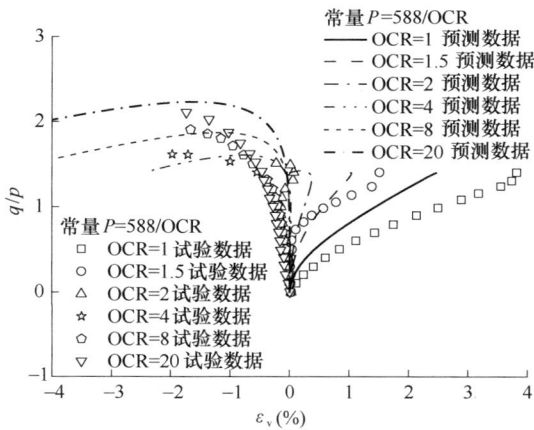

图 5.2.29　藤森 Ⅱ 型黏土在等 p 三轴压缩路径下应力比与体应变关系试验与预测对比

　　图 5.2.31、图 5.2.32 中离散点为对应 Takeshi 等关于 Kawasaki 黏土在不排水三轴压缩及伸长路径下的测试结果。其中试样采用偏压固结，初始固结应力比为 0.97。图 5.2.31为对应的有效应力路径的试验及预测对比结果，除了 OCR＝2 轻超固结度预测的负孔压不充分外，其他三种超固结度的预测基本与试验结果规律相一致。另外，由于采用了基于 SMP 准则的变换应力方法，对于三轴伸长路径下的剪切强度值，预测值相较于实验值偏低。

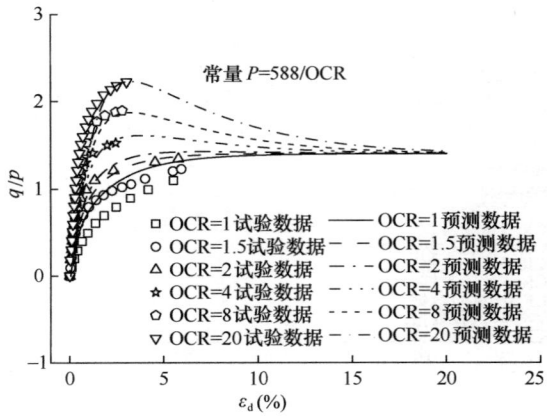

图 5.2.30　藤森Ⅱ型黏土在等 p 三轴压缩路径下应力比与偏应变关系试验与预测对比

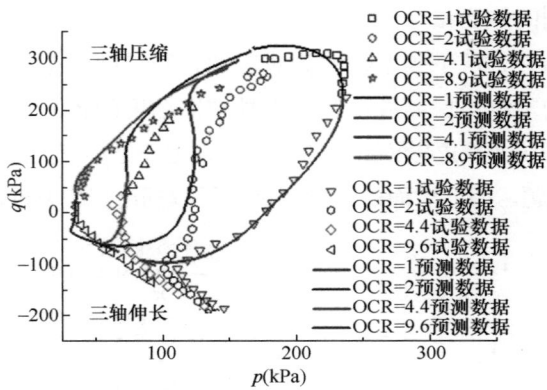

图 5.2.31　Kawasaki 黏土在三轴不排水路径下试验与预测对比

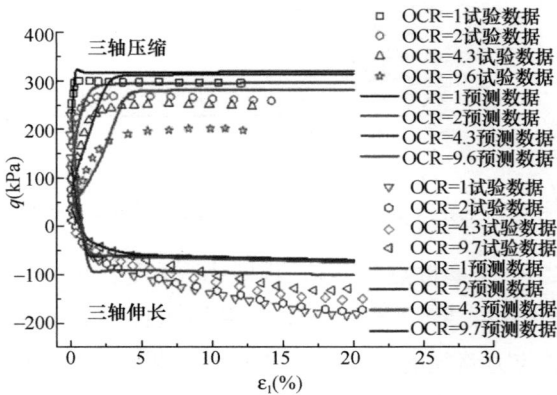

图 5.2.32　Kawasaki 黏土在三轴不排水路径下偏应力与轴应变关系试验与预测对比

图 5.2.33、图 5.2.34 中离散点为对应的 Takeshi 等关于 Kawasaki 黏土与砂土混合物在不排水三轴压缩及伸长路径下的测试结果。试样采用偏压固结，初始固结应力比为0.97。由图可知，所采用的模型预测与试验结果基本项吻合。由图 5.2.34 对比可知，预测的三轴拉伸抗剪强度值低估了试验值，这可能是未能充分考虑黏土中结构性因素导致的结果。

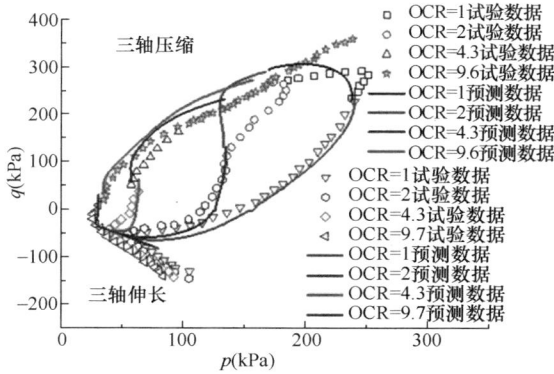

图 5.2.33 Kawasaki 黏土与砂混合物在三轴不排水路径下试验与预测对比

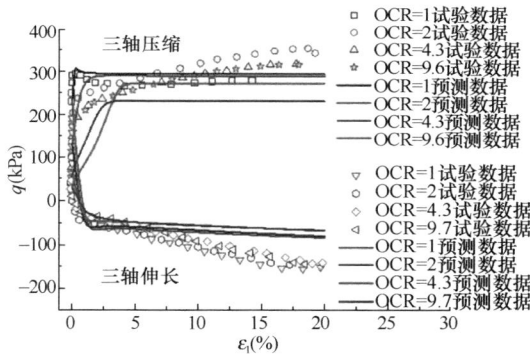

图 5.2.34 Kawasaki 黏土与砂混合物在三轴不排水路径下偏应力与轴应变试验与预测对比

利用本文所提的三维本构方程作为物理方程，结合所提的土体扩孔的自相似方法分析当 OCR＝1 时土体的应力场。如图 5.2.35 所示，横坐标 a_0 表示初始孔的半径，r/a_0 表示距离柱孔中心的径向距离与初始柱孔半径之比，纵坐标表示四个应力分量对于初始球应力的比值。由图可知，随着距径比的增大，竖向应力，径向应力以及环向应力都在初始孔半径附近出现大幅度降低现象，当距径比大于 5 后，各个应力的变化趋于平缓，其中径向应力与环向应力最终收敛于侧压力值。切向应力考虑为当存在桩基挤入土层时，土体中由于存在抗切刚度，切应力会存在一定的衰减。

当考虑 OCR＝5 时超固结土体的圆柱扩孔问题时，图 5.2.35 对应的土体变形状况是体积完全剪切收缩情况，而图 5.2.36 对应的土体是土体剪切膨胀情况。根据存在一定超

317

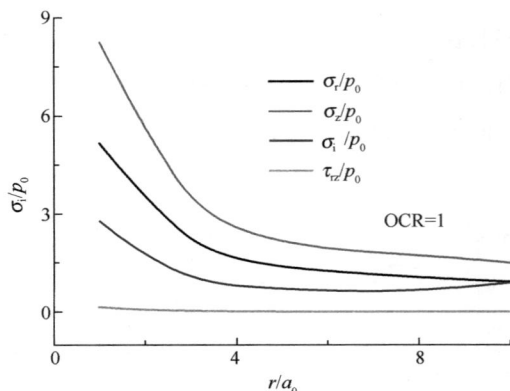

图 5.2.35　OCR＝1 时柱孔扩张的土体应力场分布

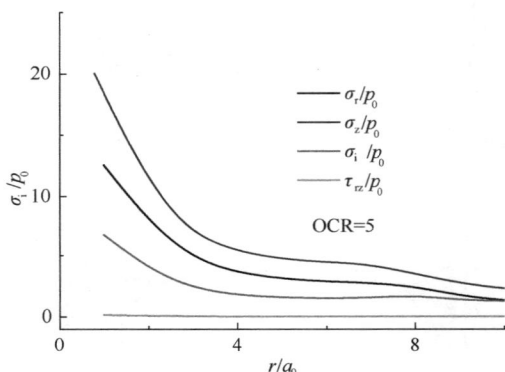

图 5.2.36　OCR＝5 时柱孔扩张的土体应力场分布

固结度下潜在强度应力比较高，而对应的普通应力比存在剪切硬化而峰值应力比相较于正常固结土更高的情况，会对应更高的应力分量。同样，在距径比小于 5 的范围各个应力分量出现剧烈减小的现象，当距径比大于 5 的范围，则出现缓慢减小的现象。由于剪胀性质导致超固结土体的强度潜力充分发挥，在较高的应力比下以及相应的围压下会得到较高的应力分量。

　　图 5.2.37 中离散点为 Carter 等关于圆柱扩孔利用 FEM 进行模拟实验的测试结果，采用本文建议的自相似性解析解计算圆柱扩孔后，由对比结果可知，采用的解析解得到的径向应力与距径比曲线基本与测试结果相一致。

　　图 5.2.38 中离散点为 Rouainia 等关于 London 黏土的 SBPM 测试结果，其中方框点为对应的地下 14m 深度处的测试结果，而圆圈点对应的是地下 20m 深度处的测试结果。仍然采用本文所建议的考虑剪胀性及各向异性的本构模型，利用自相似性解析解方法计算得到的是图 5.2.38 中的两条曲线。由对比可知，当合理考虑土体的超固结状态以及各向异性影响因素后，可得到较为一致的预测结果。

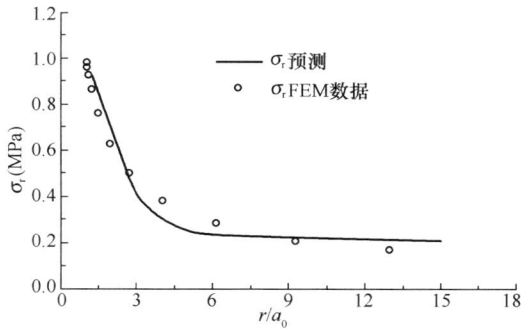

图 5.2.37　圆柱扩孔下土体径向应力场的解析解与测试解对比结果

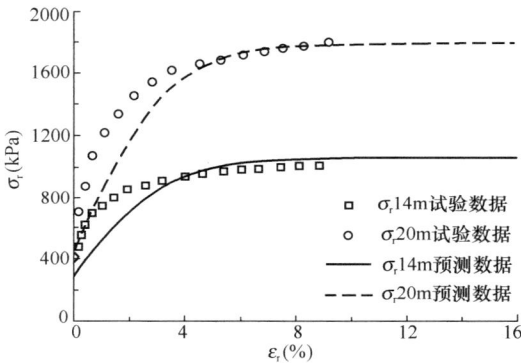

图 5.2.38　London 黏土地层圆柱扩孔下土体径向应力场的解析解与测试解对比结果

5.2.7　结论

本文通过将初始超固结度相关的状态参量超固结应力比 R 引入剪胀方程中，使剪胀的产生条件同时受到超固结度的影响。为了反映初始 K_0 固结的影响，将屈服面及塑性势面的对称轴与 K_0 固结线重合，并引入旋转硬化规则来反映应力诱导各向异性的影响。通过基于 SMP 准则的变换应力三维化方法，得到相应的三维本构方程。基于圆柱扩孔的自相似性质，提出了一种基于土体径向位移的自相似性解析解方法，并调用上述三维本构方程作为土体的物理方程，使圆柱扩孔的应力场解析解能同时考虑超固结度以及 K_0 固结的影响。由此得到如下三点结论。

（1）采用了非相关联流动法则，使修正 UH 模型具有对超固结土的三种典型体应变模式，即完全剪缩、先剪缩后剪胀、完全剪胀等具有代表性的变形模式进行全方面覆盖的描述能力。

（2）通过倾斜屈服面及塑性势面对称轴，并利用塑性偏应变增量驱动屈服面转轴，使模型能够描述 K_0 固结所形成的切线模量提高效应。同时应力诱导各向异性所带来的土体刚度衰减、强度减小等现象也得到有效的反映。

319

（3）利用所提出的自相似性解法，可以使具有一定超固结度以及 K_0 固结的土体在圆柱扩孔下的应力场解析解更接近真实土体的应力状态。

通过一系列的各类等方向、K_0 超固结黏土的室内试验，验证了所提修正 UH 模型在描述体应变三种典型变形模式的全覆盖能力，同时具备描述初始各向异性以及应力诱导各向异性性质的能力。利用现场原位试验，验证了所提的自相似性解析解用于圆柱扩孔分析的正确性及适用性。

5.3 双状态参量模型在桩-土水平相互作用分析中的应用

摘　要：利用径向返回算法将反映岩土材料初始密度和围压依存特性的岩土本构模型开发成用户子程序嵌入 ABAQUS 软件，实现模型应用。利用 DPUH 模型在桩土水平相互作用分析中进行了具体应用。对单桩水平静载实验进行了模拟，证明模型的适用性，得到主要结论包括：通过摩尔库伦模型和 DPUH 模型分别对桩土水平静力相互作用模拟分析可知，两种模型模拟结果较为接近，与试验结果趋势基本相同。但是由对比结果可知，选用 DPUH 模型的结果略优于摩尔库伦模型，说明 DPUH 模型在桩土相互作用数值分析中的适用性。

关键词：本构模型；库伦模型；密度和围压依存特性；径向返回算法；桩土相互作用

引言

桩基础能够更好地适应软土、冻土等特殊的地质条件和复杂荷载环境，在承载能力、稳定性和沉降等方面具有明显优势。除了承受较大竖向荷载外，桩基础通常还承受较大的水平荷载和力矩，从而导致桩基的受力情况更为复杂。在水平荷载作用下，基桩的工作性能涉及桩身半刚性结构部件和土体之间的相互作用问题，这是极其复杂的。基桩的水平承载能力不仅与桩本身的材料强度和截面尺寸有关，而且很大程度上取决于桩侧土的水平抗力。根据《建筑桩基技术规范》JGJ 94—2008，主要是通过现场单桩水平承载力试验或者既有经验参数来确定单桩水平承载力。由于许多特殊工程领域的大型土工构筑物的兴建，尤其是在核电站、海洋风机等特殊工程领域，因试验成本巨大，缺乏足够的工程经验，因而数值计算方法能够为这类工程决策提供强有力的辅助支持。在正常工作状态下，桩本身一般处于弹性工作状态，而土体会先于桩进入塑性状态。土体本构模型的选取，对于土体的塑性变形计算至关重要，进而影响桩基础的工作性能计算。因而，土体本构模型对于桩基础工作性能的研究分析有着重要的影响，研究土体本构模型在桩基工程中的适用性极具工程价值。

有限元分析是岩土工程数值计算中的一种基本方法。在处理难以做出解析解的问题时，数值计算一般能给出一定的初步结论，具有应用通用性。本构模型是有限元计算中的核心问题之一，选取合适的本构模型在很大程度上影响土体变形的结果。同时，本构模型的有限元应用是本构模型研究成果可以指导工程实践的最有效方法。ABAQUS 软件是一种能够考虑材料非线性和几何非线性功能的大型有限元软件，然而对于岩土材料的本构模型数量有限，无法满足工程应用需求，缺乏能够对岩土材料应力—应变关系具有影响的相关特性的子程序。选择相应的 ABAQUS 接口函数，利用径向返回算法对双状态参量模型进行了 ABAQUS 子程序开发，并利用开发的双状态参量本构模型子程序进行了桩基水平向荷载试验的模拟，验证了模型在桩土水平相互作用分析中的适用性。

5.3.1 基于双状态参量模型 ABAQUS 子程序开发

1. ABAQUS 软件介绍

ABAQUS 是一款功能强大的通用有限元软件，包含丰富的材料属性、单元形式、荷载施加边界条件，被广泛应用于工程或科研领域的静力、动力等方面。特别是在求解非线性问题方面，具有优异的性能，在岩土工程领域有很好的适用性，被科研技术人员广泛使用。对于大多数数值模拟问题，只需要提供结构的几何形状、材料属性、边界条件、荷载情况的工程数据。对于非线性问题的分析，ABAQUS 能在分析过程中自动选择合适的荷载增量和收敛准则，并对相关参数进行调整，保证计算的收敛性和结果的精确性。尽管 ABAQUS 为用户提供了大量的单元库和求解算法，但是实际工程中存在很多复杂的未知问题，也会出现既有单元库无法满足的计算场景，ABAQUS 提供了大量的用户自定义子程序，使软件具备很强的扩展性，能够允许用户自行定义与自己的问题相匹配的模型。

2. ABAQUS 的整体迭代及 UMAT 的调用

ABAQUS 中采用 Newton-Raphson 迭代法进行非线性有限元求解，按照一定规则对每一个分析步下的增量步进行多次迭代，寻求近似的平衡构型，使每个增量步达到收敛，进而得到该分析步下的收敛解。如图 5.3.1、图 5.3.2 所示，分别表示 ABAQUS 整体迭代过程的载荷位移变化和应力应变变化。图 5.3.3 为第 n 个增量步下的 ABAQUS 整体迭代及调用 UMAT 的流程图。

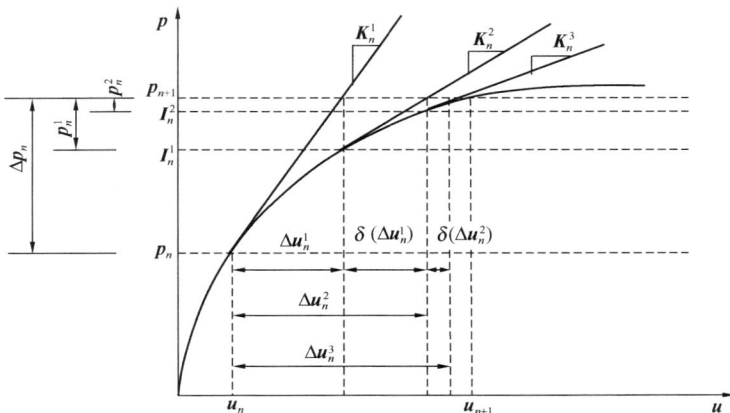

图 5.3.1 ABAQUS 的整体迭代时的荷载位移变化

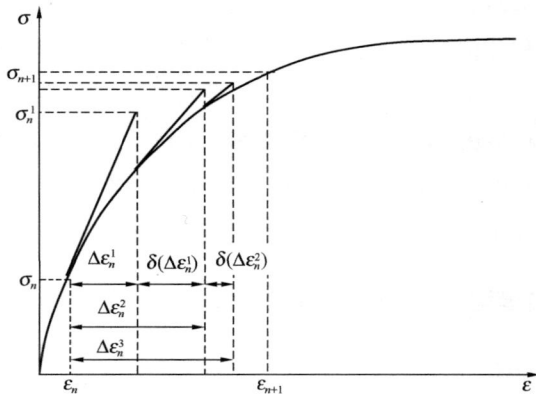

图 5.3.2　ABAQUS 的整体迭代时的应力应变变化

（1）第 n 个增量步后的应力应变分别为 $\{\sigma_n\}$、$\{\varepsilon_n\}$，继续施加荷载增量 Δp_n；

（2）调用 UMAT 形成该增量步下第 1 次迭代的弹塑性刚度矩阵 $[D_{\mathrm{ep}}]_n^1$，对其进行积分形成单元刚度矩阵 $\boldsymbol{k}^{\mathrm{e}} = \iiint [B]^T([D_{\mathrm{ep}}]_n^1)[B]\mathrm{d}x\mathrm{d}y\mathrm{d}z$，进而集成得到该增量步下第 1 次迭代的整体刚度矩阵 $\boldsymbol{K}_n^1$；

（3）根据方程组 $\boldsymbol{K}_n^1 \Delta\boldsymbol{u}_n^1 = \Delta\boldsymbol{p}_n$ 得到位移增量 $\Delta\boldsymbol{u}_n^1$，进而得到应变增量 $\{\Delta\varepsilon\}_n^1 = [B](\{\Delta u\}_n^1)^{\mathrm{e}}$；

（4）将第 i 次迭代的应变增量 $\{\Delta\varepsilon\}_n^i$ 传入 UMAT 应力更新 $\{\sigma\}_n^i = \{\sigma\}_n + \{\Delta\sigma\}_n^i$（$i=1$，$2$，$\cdots$，$m$），并更新得第 $i+1$ 次迭代弹塑性刚度矩阵 $[D_{\mathrm{ep}}]_n^{i+1}$；

（5）积分形成第 $i+1$ 次迭代单元刚度矩阵 $\boldsymbol{k}^{\mathrm{e}} = \iiint [B]^T([D_{\mathrm{ep}}]_n^{i+1})[B]\mathrm{d}x\mathrm{d}y\mathrm{d}z$，并集成该增量步下整体刚度矩阵 $\boldsymbol{K}_n^{i+1}$；

（6）根据更新的应力 $\{\sigma\}_n^i$ 计算迭代不平衡力和位移增量的修正量 $\delta(\Delta\boldsymbol{u}_n^i = (\boldsymbol{K}_n^{i+1})^{-1}\boldsymbol{R}_n^i$；

（7）判断 $\|\boldsymbol{R}_n^i\| \leqslant \varepsilon_{\mathrm{r}}$，$\|\delta(\Delta\boldsymbol{u}_n^i)\| \leqslant \varepsilon_{\mathrm{u}}$，若不成立，则计算应变增量修正量 $\delta(\{\Delta\varepsilon\}_n^i) = [B](\{\delta(\Delta u)\}_n^i)^{\mathrm{e}}$，令 $\{\Delta\varepsilon\}_n^{i+1} = \{\Delta\varepsilon\}_n^i + \delta(\{\Delta\varepsilon\}_n^i)$，转到第（4）步继续迭代循环；直到满足判别式，完成该增量步，进入第（8）步；

（8）第 $n+1$ 个增量步后的应力应变变为 $\{\sigma\}_{n+1} = \{\sigma\}_n + \{\Delta\sigma\}_n^m$，$\{\varepsilon\}_{n+1} = \{\varepsilon\}_n + \{\Delta\varepsilon\}_n^m$。

3. 双状态参量模型 UMAT 子程序简介

根据双状态参量模型的基本理论、变换应力法和切线刚度矩阵对称化算法，用 Fortran 语言编写得到相应的 UMAT 子程序。模型程序采用回映应力更新算法，该更新算法包括弹性预测和塑性修正两个分析步骤：（1）初始弹性预测，即先假定应变增量均为弹性应变增量，得到试探应力状态，该步骤计算得到的应力空间屈服面会存在偏移；（2）塑性修正，将偏离的应力调整回到更新的屈服面。

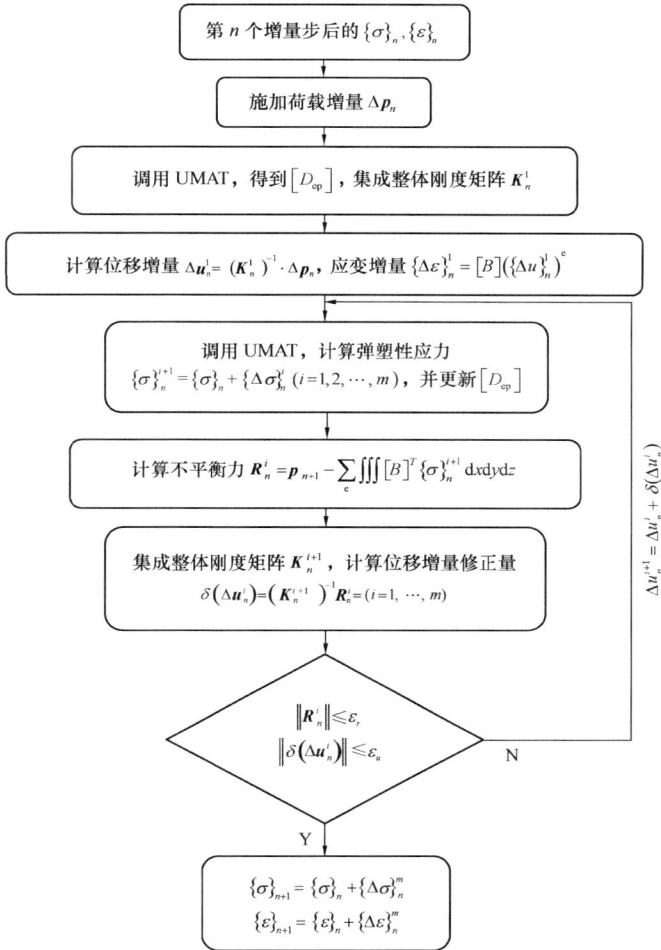

第 n 个增量步后的 $\{\sigma\}_n$，$\{\varepsilon\}_n$

施加荷载增量 $\Delta \boldsymbol{p}_n$

调用 UMAT，得到 $[D_{\mathrm{ep}}]$，集成整体刚度矩阵 $\boldsymbol{K}_n^1$

计算位移增量 $\Delta \boldsymbol{u}_n^1 = (\boldsymbol{K}_n^1)^{-1} \cdot \Delta \boldsymbol{p}_n$，应变增量 $\{\Delta \varepsilon\}_n^1 = [B] (\{\Delta u\}_n^1)^e$

调用 UMAT，计算弹塑性应力
$\{\sigma\}_n^{i+1} = \{\sigma\}_n + \{\Delta \sigma\}_n^i$ $(i=1,2,\cdots,m)$，并更新 $[D_{\mathrm{ep}}]$

计算不平衡力 $\boldsymbol{R}_n^i = \boldsymbol{p}_{n+1} - \sum_e \iiint [B]^T \{\sigma\}_n^{i+1} \, \mathrm{d}x\mathrm{d}y\mathrm{d}z$

集成整体刚度矩阵 $\boldsymbol{K}_n^{i+1}$，计算位移增量修正量
$\delta(\Delta \boldsymbol{u}_n^i) = (\boldsymbol{K}_n^{i+1})^{-1} \boldsymbol{R}_n^i = (i=1, \cdots, m)$

$\|\boldsymbol{R}_n^i\| \leqslant \varepsilon_r$
$\|\delta(\Delta \boldsymbol{u}_n^i)\| \leqslant \varepsilon_u$

N

$\Delta u_n^{i+1} = \Delta u_n^i + \delta(\Delta u_n^i)$

Y

$\{\sigma\}_{n+1} = \{\sigma\}_n + \{\Delta \sigma\}_n^m$
$\{\varepsilon\}_{n+1} = \{\varepsilon\}_n + \{\Delta \varepsilon\}_n^m$

图 5.3.3 ABAQUS 的整体迭代及 UMAT 调用流程图

回映应力更新分为两类：显示积分算法和隐式积分算法，隐式积分算法分为半隐式积分算法和完全隐式积分算法。这里选用半隐式积分算法开展 DPUH 模型进行子程序开发。图 5.3.4 表示的是半隐式回映应力积分算法几何示意图，即塑形流动方向采用显示算法，

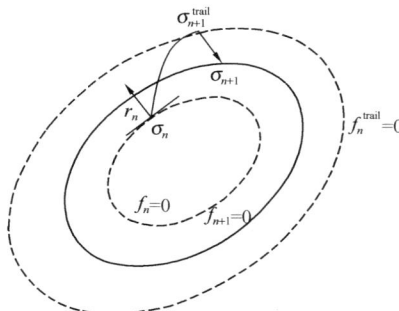

图 5.3.4 半隐式回映算法几何示意图

塑形参数采用隐式算法。图 5.3.5 为 DPUH 模型 UMAT 子程序计算流程图，流程图中包含回映应力更新算法的两个步骤。

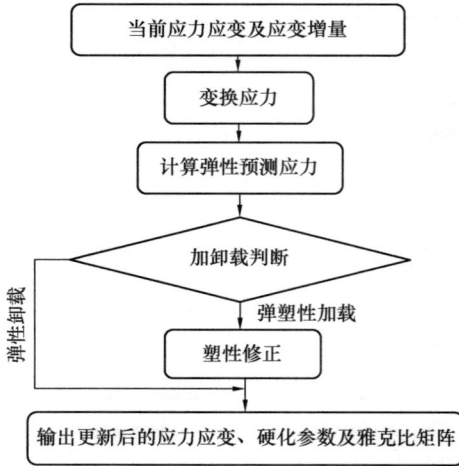

图 5.3.5　DPUH 模型 UMAT 子程序加卸载判断

4. 双状态参量模型 UMAT 子程序计算流程图（图 5.3.6）

5.3.2　基于双状态参量模型的桩基水平静载试验及数值模拟

为了验证双状态参量模型的 ABAQUS 子程序在工程分析中的适用性，使用不同的土体本构模型对单桩水平静载试验进行模拟，并对不同模型的计算结果进行对比。本试验主要研究桩基水平静载试验中不同本构模型对土体弹塑性变形的模拟效果，故需要最大限度地减少试验和模拟过程中桩身进入塑性状态所带来的非线性问题，由于钢管混凝土桩弹性性能更优，因而选取钢管桩进行水平静载试验。同时，对试验场地土体试样做相关土工试验，获得可以用于双状态参量模型应用的相关参数。试验在中国建筑科学研究院地基基础研究所地基基础实验室的试验槽内进行，试验槽内土体为人工换填的均匀粉土，分层回填夯实，换填的粉土深度为 3.5m，其下为天然地基粉质黏土。共进行 4 组钢管混凝土桩水平静载试验，测量钢桩水平荷载—位移关系及桩身应变。如图 5.3.7 所示。

1. 桩土的相关参数

钢管混凝土桩桩身截面设计参数表如表 5.3.1 所示。

桩身设计参数表　　　　　　　　　　　　　　表 5.3.1

桩型	桩长（cm）	桩径（mm）	钢管型号	混凝土强度等级
钢管混凝土桩	350	150	$\phi120\times4$　Q235	C30

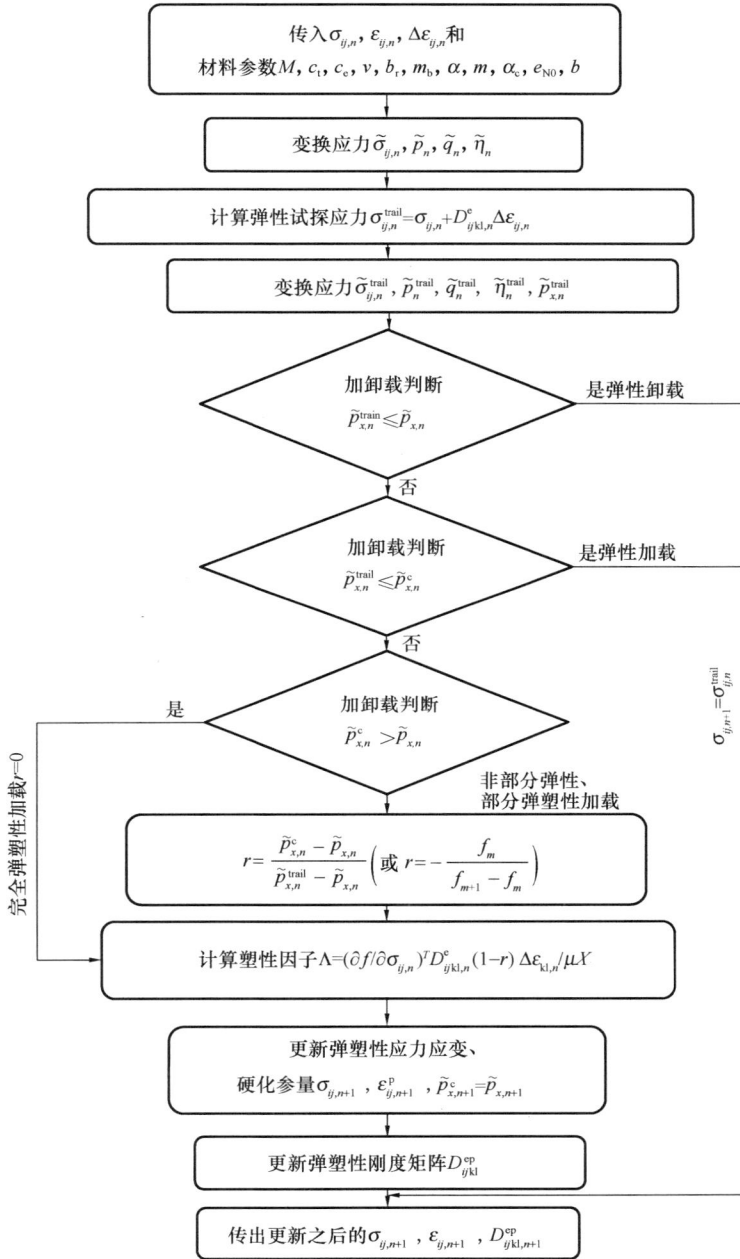

图 5.3.6　DPUH 模型 UMAT 子程序计算流程图

实验室试验槽内土体为人工换填的均匀粉土，分别在 0.2m、0.6m 和 1m 深度处取样完成常规土工试验，获得基本物理和力学参数，如表 5.3.2、表 5.3.3 所示。同时，取 0.1m 深度处土样完成压缩回弹测试，获得土样压缩回弹曲线，如图 5.3.8 所示，并计算得到土样的压缩回弹指标，如表 5.3.4 所示。

图 5.3.7　单桩水平荷载—位移试验

土样基本物理参数　　　　　　　　　　　　　　　表 5.3.2

土样编号	深度 (m)	土性	含水率 w (%)	密度 ρ (g/cm³)	孔隙比 e_0	W_L (%)	W_P (%)	I_P
1	0.2	粉土	11.0	1.93	0.556	22.3	13.4	8.9
D2	0.6	粉土	10.4	1.95	0.529	22.3	13.4	8.9
3	1	粉土	11.1	1.93	0.554	22.5	13.9	8.6

土样基本力学参数　　　　　　　　　　　　　　　表 5.3.3

土样编号	深度 (m)	a (MPa⁻¹)	E_s (MPa)	黏聚力 c (kPa)	内摩擦角 ϕ (°)
1	0.2	0.2	7.78	31.8	37.1
2	0.6	0.18	8.49	41.8	36.3
3	1	0.17	9.06	31.8	36.9

土样压缩回弹指标　　　　　　　　　　　　　　　表 5.3.4

压缩指数 C_c	回弹指数 C_s	OCR
0.0329	0.00697	5.49

2. 加载与测试

（1）试验反力装置

试验使用行程为 1000mm、量程为 100t 的液压千斤顶作为加载设备，试验加载装置如图 5.3.9 所示。

（2）试验加载方法

根据《建筑基桩检测技术规范》JGJ 106—2014，试验采取拟静力单向循环加卸载法。

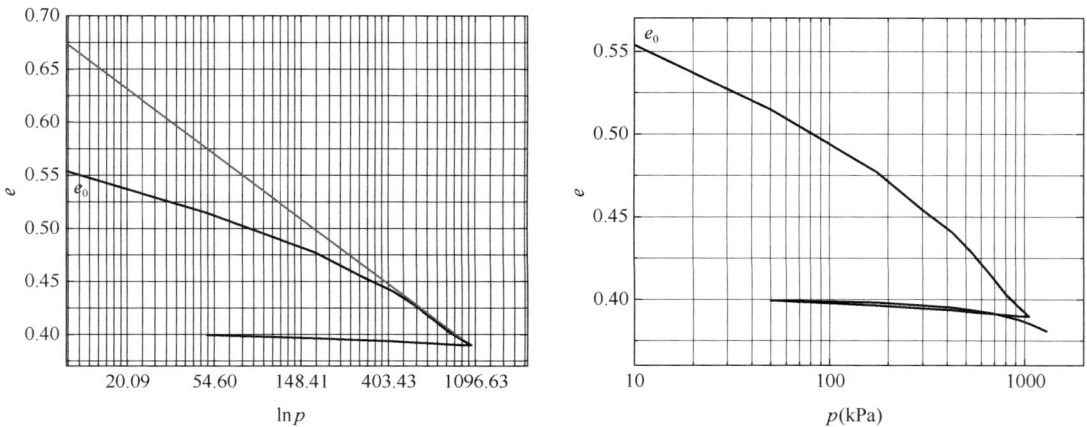

图 5.3.8 土样压缩回弹曲线

图 5.3.9 试验水平加载设备安装示意图

取预估水平极限承载力的 1/10 分级加载，每级荷载施加持续 4min，变形稳定后，读取加载点水平位移及桩身应变。然后卸载至零稳定 2min 后，测读桩顶的残余水平位移及桩身应变，至此完成一个加卸载循环。每级荷载如此循环 5 次。为了准确测得临界荷载，对局部范围内的荷载分级可以做调小处理。

（3）试验测试内容

1）加载点荷载及位移：沿荷载方向在加载点两侧各布设一个位移传感器测加载点位移，千斤顶出顶端布设力传感器测试实际加载荷载值。

2）桩身应变：内力测试的桩布置为电阻应变片，采用静态电阻应变仪对应变值进行采集。桩顶至距离桩顶 1.4m 深度之间每隔 100mm 设置 1 个应变片，共计 14 个。桩身 1.4m 深度处至桩底之间每隔 200mm 设置 1 个应变片，共计 10 个。

3. ABAQUS 数值模拟分析

（1）模型尺寸

模型关于 x-z 平面对称，为了提高计算效率，模型使用对称模型，如图 5.3.10 所示。土体水平方向范围取桩径的 50 倍 6m，垂直方向取 5m。根据经验可知，桩基桩顶水平位移对桩底以下土体影响较小，故模型垂直方向大小选取与试验槽侧壁同样的深度。

（2）材料属性

该数值模拟主要研究土体三维弹塑性双状态参量模型的适用性，故不考虑桩身材料钢

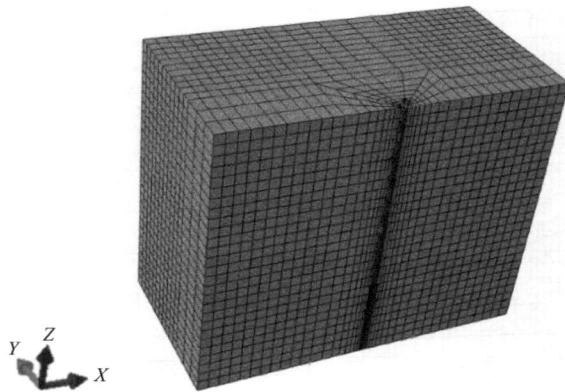

图 5.3.10 单桩水平向静载实验模型示意图

管和混凝土的塑性问题。桩身材料采用弹性模型，材料参数如表 5.3.5、表 5.3.6 所示。土体材料分别采用 Mohr-Coulomb 模型和 DPUH 模型，进行对比分析，材料参数如表 5.3.7、表 5.3.8 所示。

混凝土材料参数取值　　　　　　　　　　　　　　　　表 5.3.5

ρ（kg/m³）	E（MPa）	υ
2500	3×10^4	0.16

钢管材料参数取值　　　　　　　　　　　　　　　　表 5.3.6

ρ（kg/m³）	E（MPa）	υ
7850	2×10^5	0.3

场地土体摩尔—库伦模型参数取值　　　　　　　　　　表 5.3.7

ρ（kg/m³）	E（MPa）	υ	ϕ（°）	c（kPa）
1930	8.49×10^3	0.35	36.9	3.18

场地土体双状态参量模型参数取值　　　　　　　　　　表 5.3.8

M	c_t	c_e	ν	b_r	m_b	α	m	α_c	e_{N0}	b
1.5013	0.0019	0.0092	0.3	1	0.01	1	0.5	0.012	0.67	0

（3）接触单元

桩—土相互接触时，接触面上既传递法向接触力，也传递切向接触力。两者均通过接触面对其之间建立的接触约束进行传递。其中，在接触面上建立的离散单元节点对之间，法向接触力满足位移协调条件和胡克定律。当主从接触面发生分离时，接触约束取消，不再传递接触力。对于切向接触力，切向力超过一个临界值，即接触面之间发生相对滑动，可以采用库仑摩擦定律进行计算。

如下式所示：

$$\tau_{\text{crit}} = \mu \cdot p \qquad (5.3.1)$$

式中，μ 为摩擦系数，本模型中摩擦系数取 0.3；p 为法向接触力。

（4）施加边界条件及荷载

在初始分析步中，限定土体底边 x、y、z 方向的位移，左右两侧 x 方向的位移，前后两侧 y 方向的位移。

在地应力场分析步中首先对土体和桩的所有区域施加重力荷载，并通过预定义场定义地应力，完成地应力平衡。由于 ABAQUS 对于位移输入的计算分析更加容易收敛，故荷载施加形式使用位移控制，桩顶处分步施加沿 x 正向的水平位移。

（5）单元类型与网格划分

ABAQUS 提供了多种类型的单元，主要分为完全积分单元和缩减积分单元。完全积分单元计算精度较高，但是可能导致单元过于刚硬和计算挠度偏小的问题，且计算时间较长。为了提高计算速度，缓解可能出现的过刚硬问题，在满足计算精度的情况下，该模型运用 8 节点减缩积分实体单元（C3D8R）来模拟地基土和桩。

有限元计算的精度和收敛性均会受到网格划分的影响。网格划分过疏，将会导致较大的误差；网格划分过密，自由度数越多，计算精度越高，但是会大大增加计算工作量。初步粗算结果显示，桩基水平位移达到 40mm 时，最大影响范围未超过桩周 1m 距离。故如图 5.3.10 所示，对模型重点关注的桩周 1m 范围内土体网格进行加密处理，远离基桩土体网格划分逐渐变大。

（6）数值模拟分析

土体分别采用 Mohr-Coulomb 模型和 DPUH 模型进行了模拟计算。分别提取不同模型的荷载—位移关系、相同荷载下不同模型的桩身弯矩分布与试验结果进行对比分析，并提取相同桩顶位移下不同计算模型土体的位移场分布做对比分析。

如图 5.3.11 所示，整理不同模型的桩顶荷载—位移关系曲线，与试验结果进行对比。

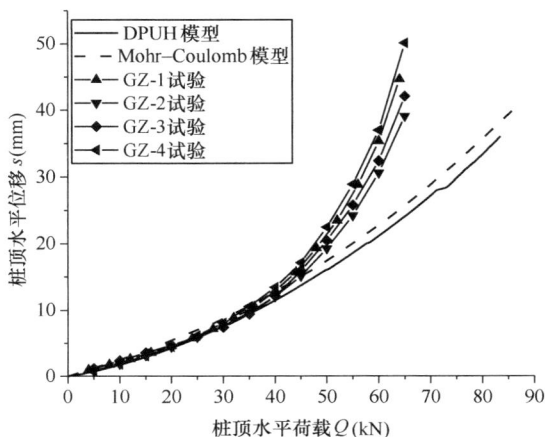

图 5.3.11　桩顶荷载—位移关系曲线实验与模拟结果对比

桩顶位移在 0~8mm，荷载在 0~35kN，桩顶水平荷载—位移呈线性关系。无论土体模型采用摩尔库伦模型还是 DPUH 模型，与试验结果均能较好地吻合。在相同荷载下，摩尔库伦模型位移计算结果略大于 DPUH 模型计算结果。当荷载大于 35kN 或桩顶位移大于 8mm，桩顶水平荷载—位移关系进入非线性阶段，说明桩身和土体出现塑性变形。由于模型中桩身使用弹性材料，无法反映钢管桩的屈服特性，故在相同荷载作用下模拟结果的位移值要小于试验结果。

提取不同模型在 12kN、24kN、32kN 和 40kN 荷载下基桩各截面上的弯矩值，与试验结果进行对比，结果如图 5.3.12 所示。土体使用摩尔库伦模型和 UH 模型获得的桩身

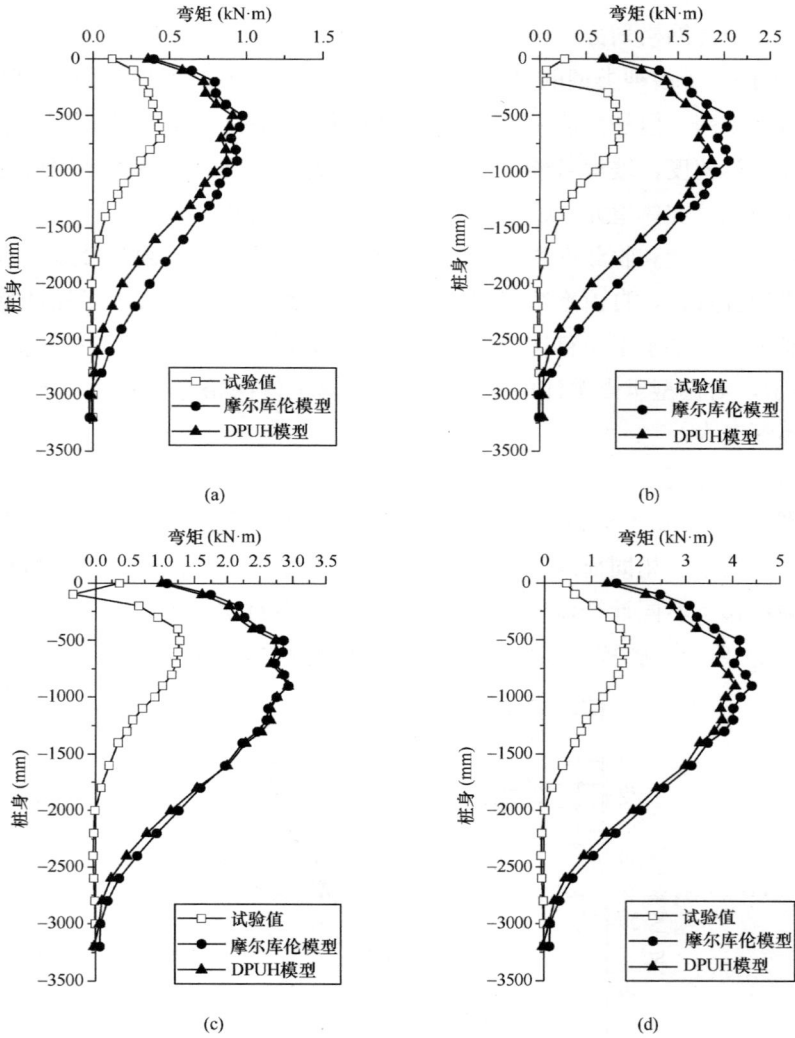

图 5.3.12　桩顶不同荷载下桩身弯矩实验与模拟结果对比

(a) 钢管混凝土桩—12kN；(b) 钢管混凝土桩—24kN；

(c) 钢管混凝土桩—32kN；(d) 钢管混凝土桩—40kN

弯矩，均与试验结果的桩身弯矩分布形状大致相同，且随着荷载变大，桩身弯矩变化趋势也相同。最大弯矩出现在桩身 $0.5\mathrm{m}\sim0.8\mathrm{m}$ 深度范围内，即 $4d\sim6d$（d 为桩身直径）范围内，随着荷载增大而逐渐下移。在相同荷载下，DPUH 模型的模拟结果弯矩值大于试验结果。摩尔库伦模型模拟结果弯矩值大于 DPUH 模型模拟结果。

整理不同模型在相同桩顶位移下土体的位移场云图分布，结果如图 5.3.13～图 5.3.15 所示。总体来说，两种模型随桩顶位移增大，土体变形影响范围逐渐增大，并向土体深处逐渐发展。但是在相同桩顶位移下，使用摩尔库伦模型的计算结果显示对桩周土体的位移影响范围要大于使用 DPUH 模型的计算结果，具体数值如表 5.3.9 所示。同时，由位移云图可以看出，桩顶水平位移达到 40mm 时，此时桩土早已发生脱离。摩尔库伦模型的计算结果，在桩土脱离一侧土体产生一定位移，说明摩尔库伦模型过高地估计了土的抗拉强度，与事实不符。DPUH 模型的计算结果，在桩土脱离一侧土体未发生位移，与事实相符。除桩顶外，桩底存在类似的问题。

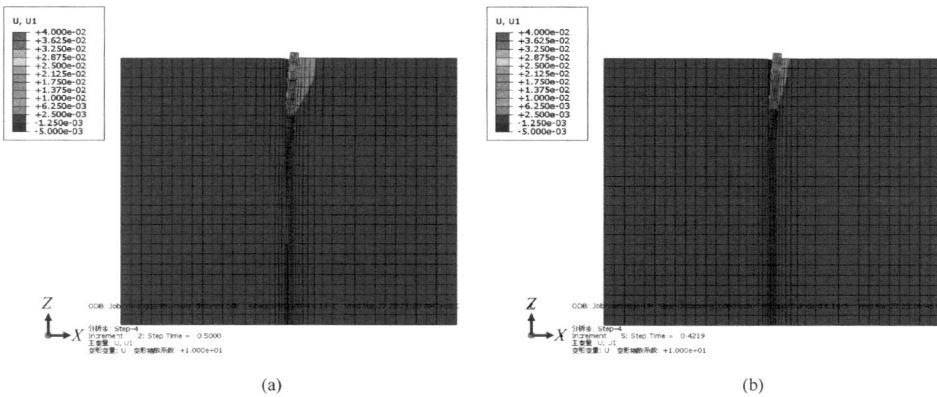

(a)　　　　　　　　　　　　　　(b)

图 5.3.13　桩顶水平位移为 10mm 不同模型位移场结果对比

（a）Mohr-Coulomb 模型；（b）DPUH 模型

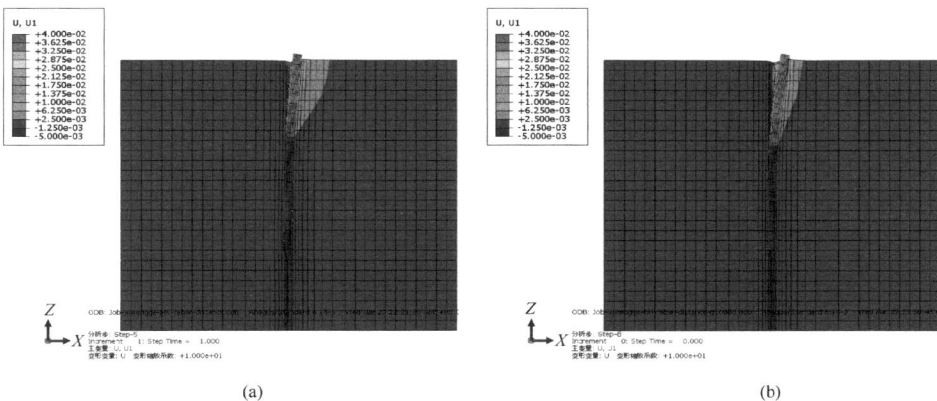

(a)　　　　　　　　　　　　　　(b)

图 5.3.14　桩顶水平位移为 20mm 不同模型位移场结果对比

（a）Mohr-Coulomb 模型；（b）DPUH 模型

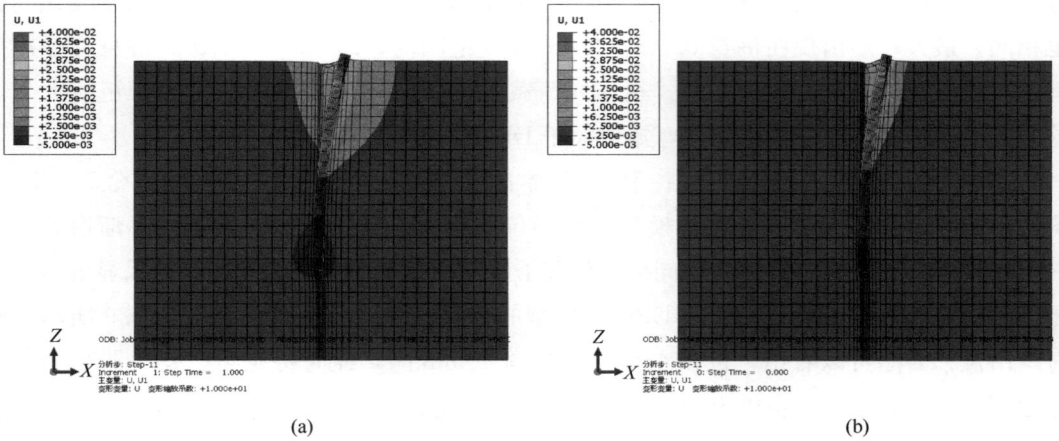

图 5.3.15　桩顶水平位移为 40mm 不同模型位移场结果对比

（a）Mohr-Coulomb 模型；（b）DPUH 模型

不同模型计算结果位移影响范围对比　　　　　　　　表 5.3.9

桩顶水平位移	Mohr-Coulomb 模型	DPUH 模型
10mm	0.38m	0.18m
20mm	0.71m	0.38m
40mm	1.11m	0.52m

5.3.3　小结

　　本章利用径向返回算法将反映岩土材料初始密度和围压依存特性的岩土本构模型开发成用户子程序嵌入 ABAQUS 软件中，实现模型应用。利用 DPUH 模型在桩土水平相互作用分析中进行了具体应用。对单桩水平静载试验进行了模拟，证明了模型的适用性，得到主要结论包括：通过摩尔库伦模型和 DPUH 模型分别对桩土水平静力相互作用模拟分析可知，两种模型模拟结果较为接近，与试验结果趋势基本相同。但是由对比结果可知，选用 DPUH 模型的结果略优于摩尔库伦模型，说明 DPUH 模型在桩土相互作用数值分析中的适用性。

6　岩土材料动力学试验简介

6.1　天然地基浅基础在冲击荷载作用下响应试验研究

摘　要：针对天然地基浅基础在冲击荷载下土体与基础板的动力相互作用问题，采用对比方法，分别选用天然土体与浅基础在冲击荷载作用下动力响应作为研究内容。通过开展对比试验，分别得到天然地基与浅基础在冲击荷载下的测试结果。结果表明：（1）随着冲击能的升高，天然地基的冲击谱表明，其最大动压力值单调增大，但对应的峰值动压力频率先减小后增大。在渐次远离冲击点的地表加速度峰值频率，在一定冲击能的作用下，出现先减小后增大再减小的现象。（2）对于浅基础的冲击荷载响应结果，随冲击能增大，基础板动压力峰值对应的频率先减小后增大，与天然地基工况规律类似。而在渐次远离的地表加速度峰值对应的频率，在一定冲击能的作用下，由近至远峰值加速度频率逐渐减小。天然场地与浅基础工况对比结果表明，采用浅基础使浅基础所在区域土体整体刚度加强，因而对应相同冲击能作用下，得到更大的动压力及加速度峰值，且地表加速度峰值对应的频率随距离增大呈现单调减小的规律。根据试验结果，采用指数函数可较好地用于表达震源与测点地表距离与峰值加速度的关系曲线。结果表明，采用刚性基础可有效地迅速吸收冲击能量，并迅速减小冲击带来的波动振幅能量。

关键词：浅基础；基础板；动力响应；冲击荷载；波动

引言

岩土工程实践中经常遇到动力荷载作用问题，如强夯、打桩以及动力机械施工时，对地基以及基础产生冲击荷载作用。冲击所产生的动能以波的形式在地基中传播，并由此对周围环境产生波动影响。基于动力荷载实践以及研究的需要，国内外学者针对冲击荷载对环境的振动影响开展了大量的理论与实测研究，在波动理论、土体的动力本构关系以及隔振、减振等方面都取得一定的研究成果。

目前，研究地基基础在动力相互作用以及波在地层中的传播方面，主要采取的措施包括理论推导、数值模拟以及现场实测。而采用小比例模型试验做法较少，相较于现场原型试验，小比例模型试验具有相似程度高、土层参数以及场地条件不受外界干扰，且操作简单易行、测试数据稳定可靠等优点。

目前，针对自由场地下的直接振动已经有了大量的研究成果，且实测资料数据较为丰富。而针对地基中浅基础受冲击荷载作用下的响应,以及浅基础在地层中所产生的波动实测数据,目前还较为少见。事实上,天然地基浅基础受冲击荷载作用的工况具有一定的工程背景。如核工业中,测试核废料罐的跌落试验,需要在基岩场地上进行自由落体冲击试验,若场地难以满足,则需要在基础厚板上进行跌落试验。再如大型锻压机在锻造零件时,需要对锻压机基础在土层中的振动特性进行分析,以减小其在地层中引发的振动能量。

6.1.1 试验方法

1. 试验地层及土层物理性质

本次试验场地选用中国建筑科学研究院建筑地基基础研究所模型实验室试验槽内土体,土体为常见的黏质粉土,模型地基土物理力学参数的平均值见表 6.1.1。

模型地基土的物理力学参数　　　　　　　　　　　　表 6.1.1

含水率 (%)	容重 (kN/m³)	孔隙比 (e)	α_{1-2} (MPa⁻¹)	E_s (MPa)	剪切波速 v (m/s)
14.6	20.13	0.54	0.16	9.86	260

2. 试验器材

(1) 重锤 50kg

(2) 传力底座装置

如图 6.1.1 所示,由于采用圆柱形夯锤作为加载源,为便于测量柱锤施加的动压力,采用定制的一个圆柱形传力底座作为加载过渡装置,一方面可以有效传递动力荷载到地层及基础板上,另一方面可以准确有效地测量所施加的动压力值。传力底座周围布置应变片,用来测量所施加的动压力时程曲线。其实物布置图如图 6.1.2 所示。

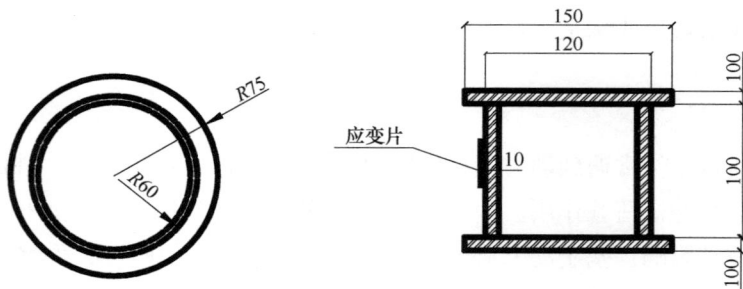

图 6.1.1　传力底座示意图

3. 试验方案

如图 6.1.3 所示,沿远离冲击点方向每隔 0.7m 埋置加速度传感器,共 4 个,编号为①~④。传力底座侧壁贴 4 个应变片。浅基础厚板如图 6.1.4 所示,设置的地表加速度传感器距离板底中心在水平方向上分别为 0.35m、0.7m、2.1m,共 3 个,在板侧设置一个加速度传感器。

图 6.1.2 基础厚板冲击振动实物布置图

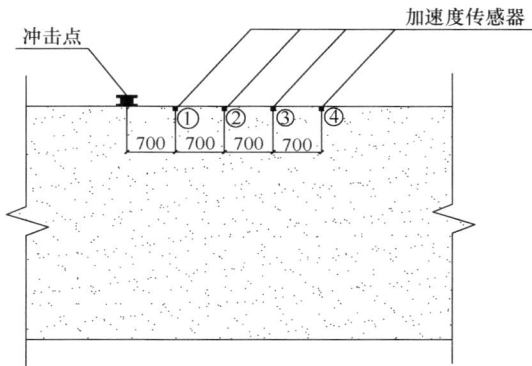

图 6.1.3 自由场冲击振动试验传感器布置

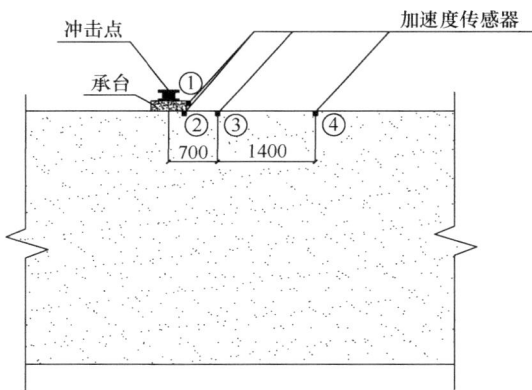

图 6.1.4 基础厚板冲击振动试验传感器布置

采用柱锤自由落体冲击传力底座的方式施加冲击荷载，柱锤质量为 50kg，落距分别定为 0.5m、1m、1.5m、2m 高度，分别用来考察在不同的冲击能作用下的基础动力响应以及地基中波的传播规律。

335

图 6.1.5 为采用捕捉加速度时程的数据采集软件界面。

图 6.1.5　加速度传感器数据采集系统

6.1.2　试验结果与分析

1. 自由场的冲击加载测试结果

50kg 的重锤，分别于 0.5m、1m、1.5m、2m 高度处自由落下。

图 6.1.6 为在 0.5m 落距下的冲击力时程曲线以及所对应的冲击力傅里叶频谱区曲线。由频谱分析可知，当对应为 1198Hz 时，其所对应的冲击力幅度值为 1.556，由此可知，对于土体自由场，对应 1198Hz 频率时，此时可得到最大幅度的冲击力。

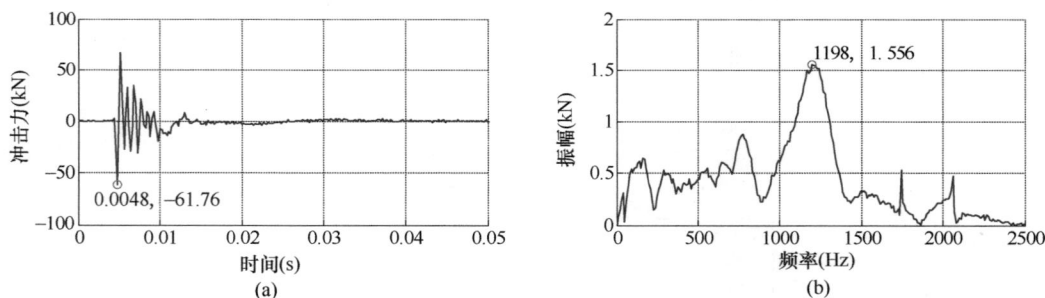

图 6.1.6　自由场落距 0.5m 冲击力时程与冲击谱
（a）冲击力时程；（b）冲击谱

图 6.1.7 由上到下分别为通道 1～4 的加速度时程曲线以及所对应的傅里叶频谱曲线。显然，由近及远，所对应的水平向加速度最大值的频率由大变小。这说明随着水平应力波的传输，地层将高频部分进行了吸收，而低频进行了过滤，随着更远的距离，最终会得到较为稳定的频谱曲线。

图 6.1.8 分别为 4 个地表测点的峰值加速度值以及对应频谱特性的频率与幅值随距离的关系。由图可知，随着距离的增大，加速度呈现指数函数规律递减，同时对应的加速度峰值频率呈现类似的关系。而对应的频率幅值则呈现先减小后增大的规律。

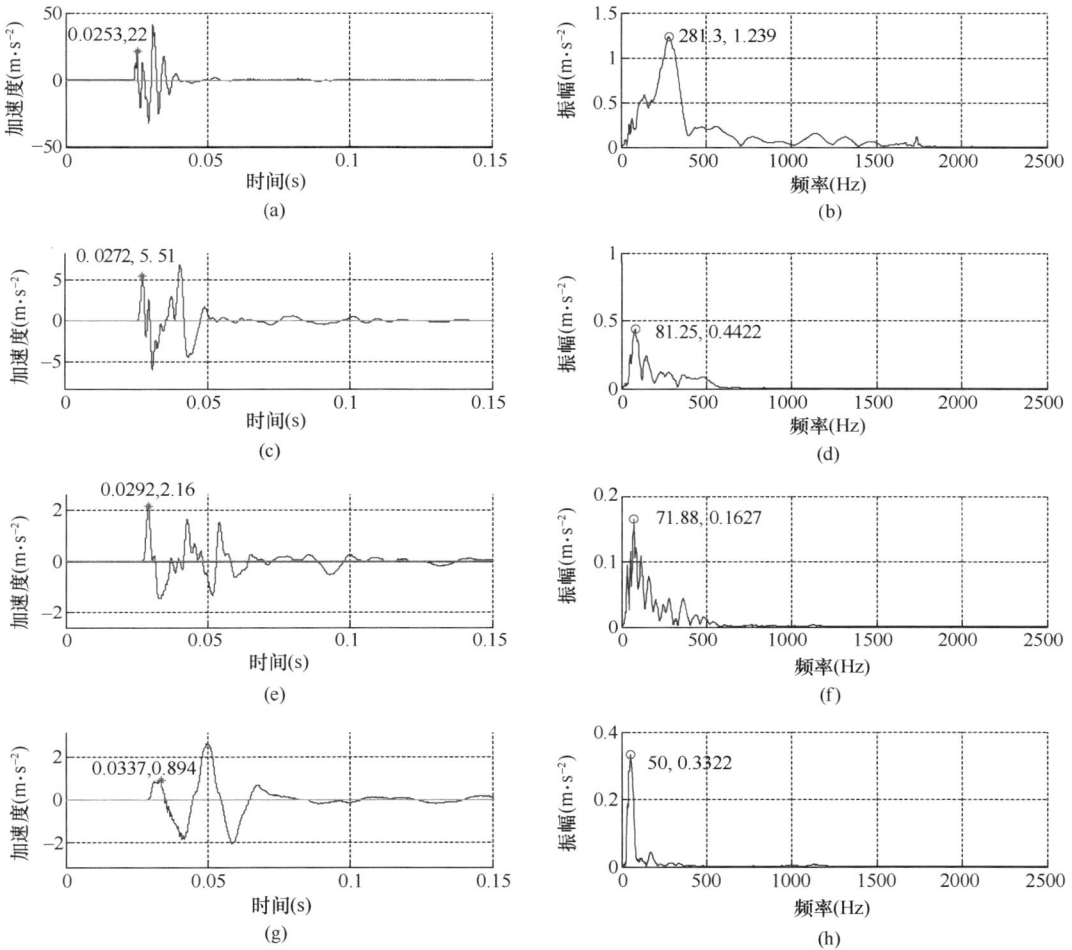

图 6.1.7　自由场落距 0.5m 各采集点加速度响应时程及响应谱

（a）通道 1 加速度时程；（b）通道 1 加速度频谱；（c）通道 2 加速度时程；（d）通道 2 加速度频谱；
（e）通道 3 加速度时程；（f）通道 3 加速度频谱；（g）通道 4 加速度时程；（h）通道 4 加速度频谱

当落距为 1.0m 时，此时对应的冲击力时程曲线如图 6.1.9（a）所示，而其对应的傅里叶频谱曲线则如图 6.1.9（b）所示。冲击力峰值频率为 86.04Hz，其幅值为 2.453。

图 6.1.10（a）为地表 4 个测点的水平向加速度的峰值随距离的关系，而图 6.1.10（b）为对应的加速度峰值频率以及幅值随距离的关系曲线。由图可知，规律与落距为 0.5m 基本相似。

图 6.1.11（a）为落距 1.5m 时冲击力时程曲线与对应的冲击力傅里叶频谱曲线，由图 6.1.11（b）可知，其对应的冲击力峰值频率为 575.5Hz，而对应幅值为 2.85。

由图 6.1.12 可知，加速度峰值随距离的关系仍然类似以往的特点，但频谱特性的加速度峰值频率却出现先减小后增大再减小的波浪特点，幅值则出现先减小后增大的规律。

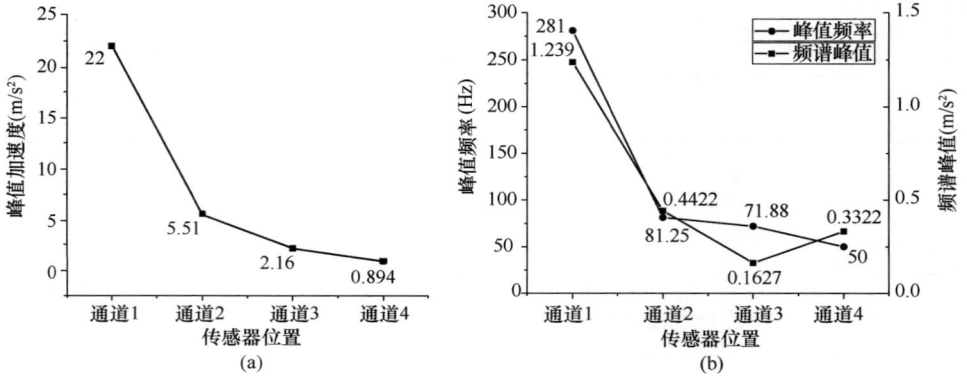

图 6.1.8　自由场落距 0.5m 不同位置峰值加速度响应对比

（a）不同位置加速度时程首个峰值对比；（b）不同位置加速度频谱响应对比

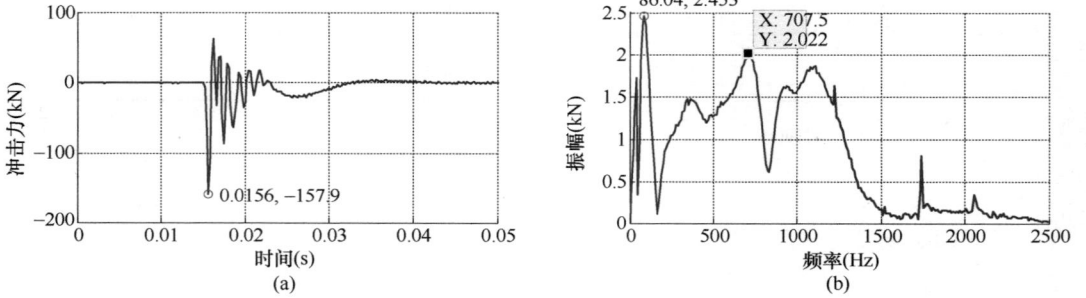

图 6.1.9　自由场落距 1.0m 冲击力时程与冲击谱

（a）冲击力时程；（b）冲击谱

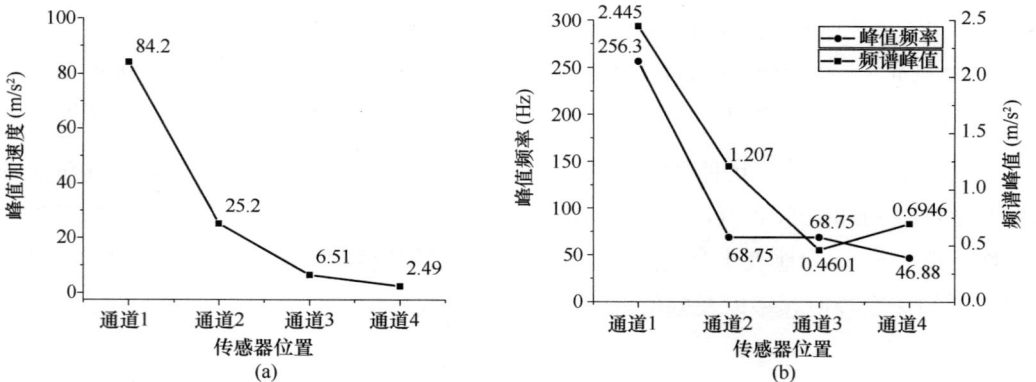

图 6.1.10　自由场落距 1.0m 不同位置峰值加速度响应对比

（a）不同位置加速度时程首个峰值对比；（b）不同位置加速度频谱响应对比

图 6.1.13 为对应落距 2.0m 的冲击力时程以及频谱曲线，由图可知，随着冲击动能的增大，对应峰值冲击力的时间越来越短，而冲击力峰值对应的频率越来越高，且幅值也

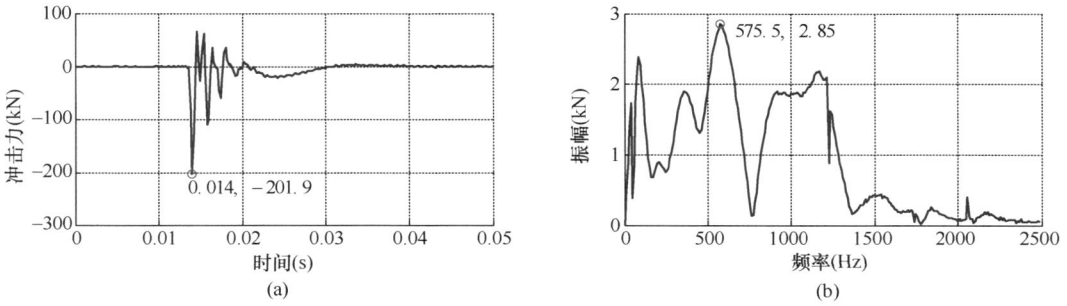

图 6.1.11 自由场落距 1.5m 冲击力时程与冲击谱

（a）冲击力时程；（b）冲击谱

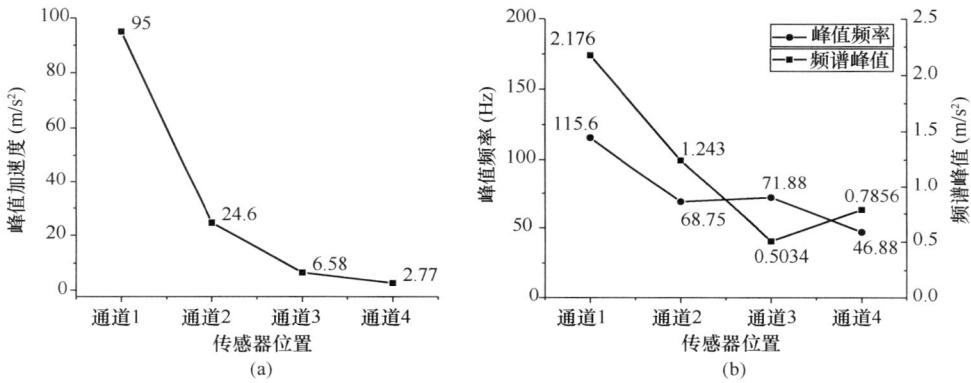

图 6.1.12 自由场落距 1.5m 不同位置峰值加速度响应对比

（a）不同位置加速度时程首个峰值对比；（b）不同位置加速度频谱响应对比

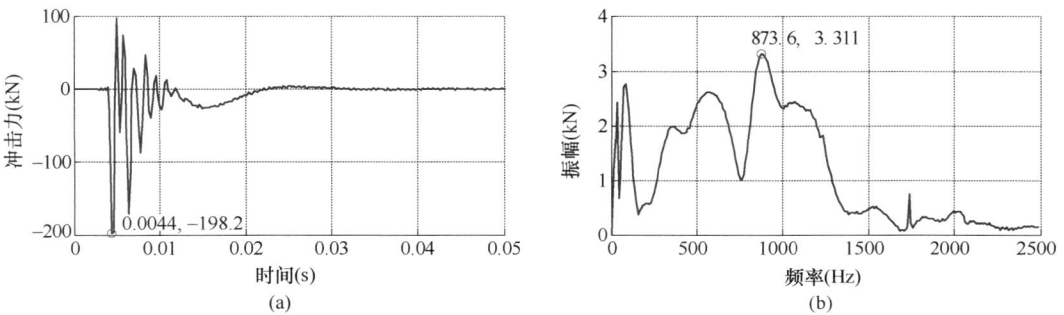

图 6.1.13 自由场落距 2.0m 冲击力时程与冲击谱

（a）冲击力时程；（b）冲击谱

越来越大。

自由场地 4 个测点加速度的频谱曲线如图 6.1.14(b) 所示，落距为 2.0m 的规律与落距为 1.5m 的结果完全相似。

由图 6.1.15 可知，图 6.1.15(a) 为归纳了 4 个通道在不同落距下的峰值加速度曲线

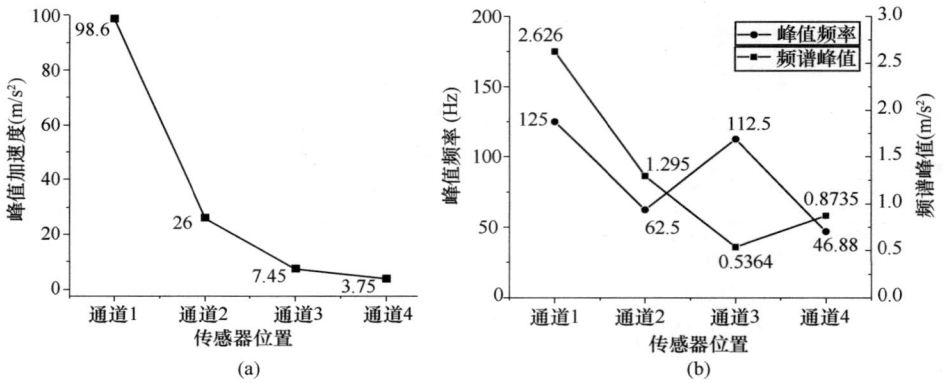

图 6.1.14　自由场落距 2.0m 不同位置峰值加速度响应对比

（a）不同位置加速度时程首个峰值对比；（b）不同位置加速度频谱响应对比

关系，由图可知，随着落距的增大，峰值加速度增大幅度逐渐减缓，而随着测点与冲击点距离的增大，峰值加速度的增长曲线的斜率越来越小，逐渐平行于 x 轴，说明距离足够大的话，场地土层对应力波形成了过滤，吸收了振动能量。

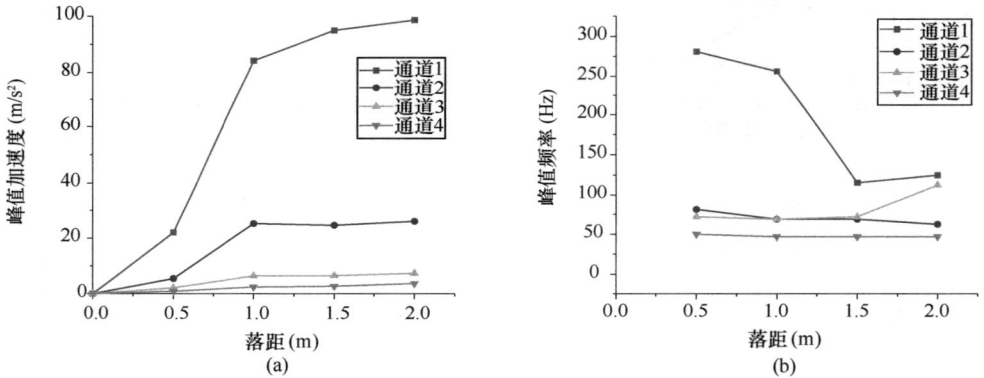

图 6.1.15　自由场不同落距同位置峰值加速度响应对比

（a）不同落距同位置加速度时程首个峰值对比；（b）不同落距同位置加速度峰值频谱对比

2. 厚板基础的冲击加载测试结果

图 6.1.16 为对应的落距为 0.5m 的冲击力时程曲线以及傅里叶频谱特性曲线。冲击力峰值频率为 238.5Hz，其幅值为 3.019。

由图 6.1.17 可知，地表 4 个测点的水平向加速度的时程曲线以及频谱曲线随着距离的增大，对应的加速度峰值频率逐渐减小，对应的幅值也一次减小。

图 6.1.18 为对应的加速度峰值随距离的关系以及频率幅值随距离的关系。由图 6.1.18(a) 可知，由于测点 1 位于基础板侧壁，测点 2 位于基础底板板下，考虑在冲击能较低情况下厚板自身的振动较弱，而板下的土体振动较强，因而会造成测点 1 的峰值加速度值低于测点 2 的情况。由于基础厚板加强了附近土体的整体竖向刚度，因而厚板与部分

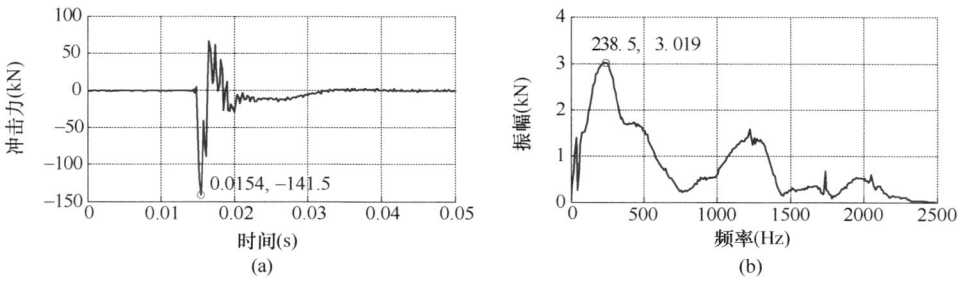

图 6.1.16　厚板基础落距 0.5m 冲击力时程与冲击谱

（a）冲击力时程；（b）冲击谱

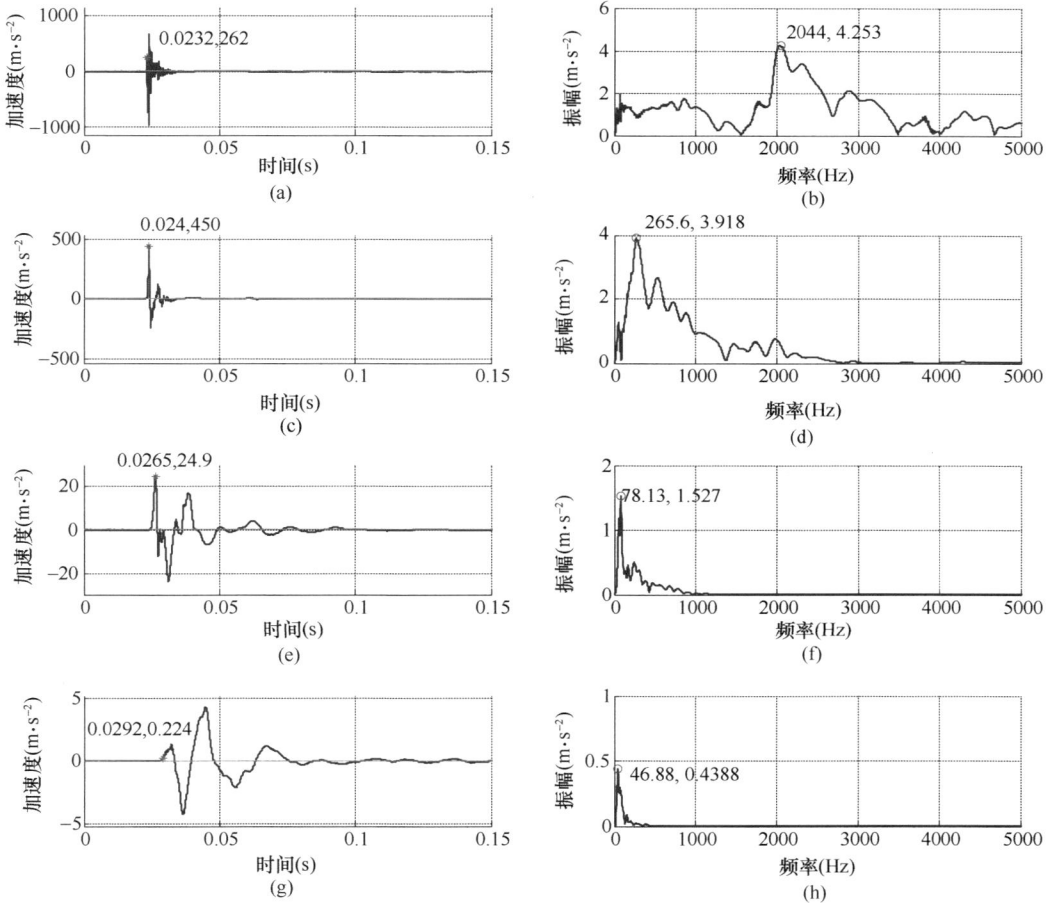

图 6.1.17　厚板基础落距 0.5m 各采集点加速度响应时程及响应谱

（a）通道 1 加速度时程；（b）通道 1 加速度频谱；（c）通道 2 加速度时程；（d）通道 2 加速度频谱；

（e）通道 3 加速度时程；（f）通道 3 加速度频谱；（g）通道 4 加速度时程；（h）通道 4 加速度频谱

参与振动的土体形成了参与振动质量系统。随着距离的增大，加速度峰值随距离逐渐减小，且相应的幅值逐渐减小。

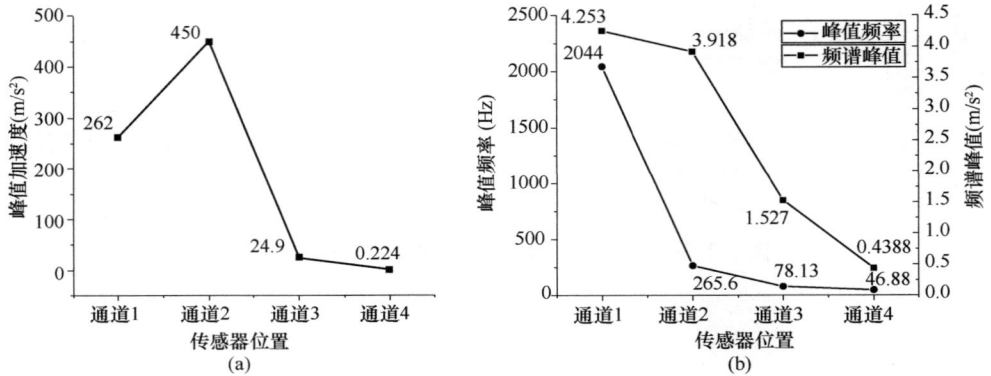

图 6.1.18　厚板基础落距 0.5m 不同位置峰值加速度响应对比

（a）不同位置加速度时程首个峰值对比；（b）不同位置加速度频谱响应对比

图 6.1.19 为落距 1.0m 时的冲击力时程曲线以及相对应的频谱特性曲线。随着冲击能的增大，其对应的冲击力峰值频率为 1233Hz，且幅值为 4.422。图 6.1.20 为对应工况下的加速度测试数据。

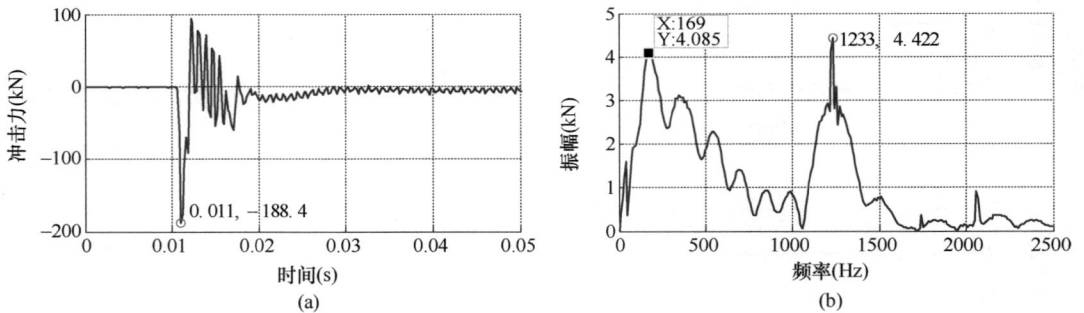

图 6.1.19　厚板基础落距 1.0m 冲击力时程与冲击谱

（a）冲击力时程；（b）冲击谱

落距 1.0m 工况下的地表加速度峰值随距离关系以及频谱特性随距离关系都与落距 0.5m 类似。唯一不同的是，对应加速度幅值随距离变化关系为先增大后减小的规律。

对于落距为 1.5m 及 2.0m 的工况，由图 6.1.21～图 6.1.24 可知，其傅里叶频谱特性相似。各个测点地表加速度峰值频率随距离增大而减小，且幅值相应减小。图 6.1.25(a) 为对应的各个测点随落距的变化曲线。显然，对于贴在厚板侧壁的测点 1 以及布设在板底的测点 2，其加速度峰值曲线较为接近，而对于逐渐远离厚板的地表测点 3、4，曲线则变得非常平缓。由图 6.1.25(b) 可知，由于测点 1 位于厚板侧壁上，因此受厚板自振影响严重。而其余三个测点都位于土体上，受到土体的特征频率影响严重，因此这三个测点的加速度峰值频率变化不大，基本保持比较稳定的趋势。

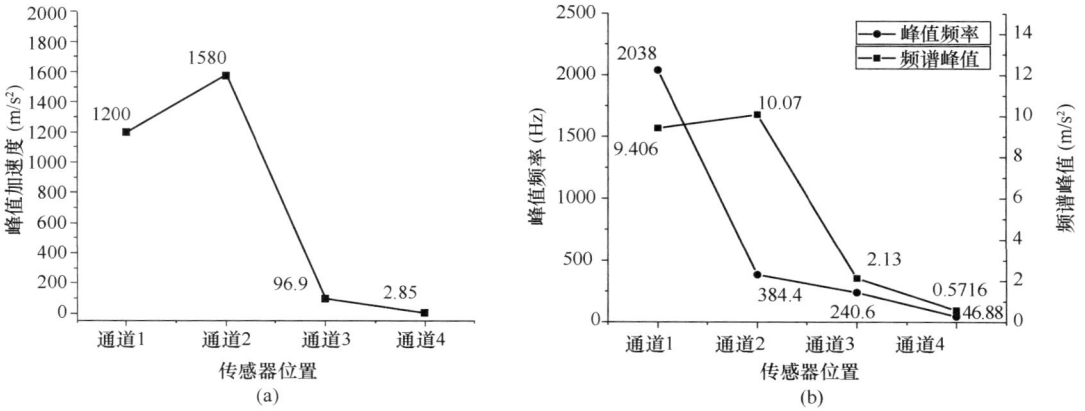

图 6.1.20 厚板基础落距 1.0m 不同位置峰值加速度响应对比

（a）不同位置加速度时程首个峰值对比；（b）不同位置加速度频谱响应对比

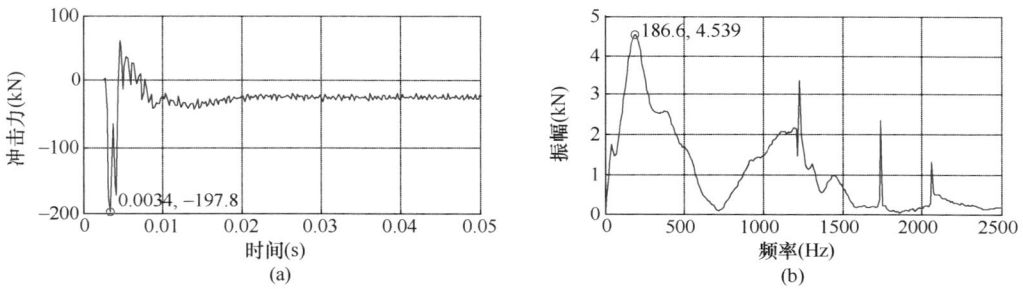

图 6.1.21 厚板基础落距 1.5m 冲击力时程与冲击谱

（a）冲击力时程；（b）冲击谱

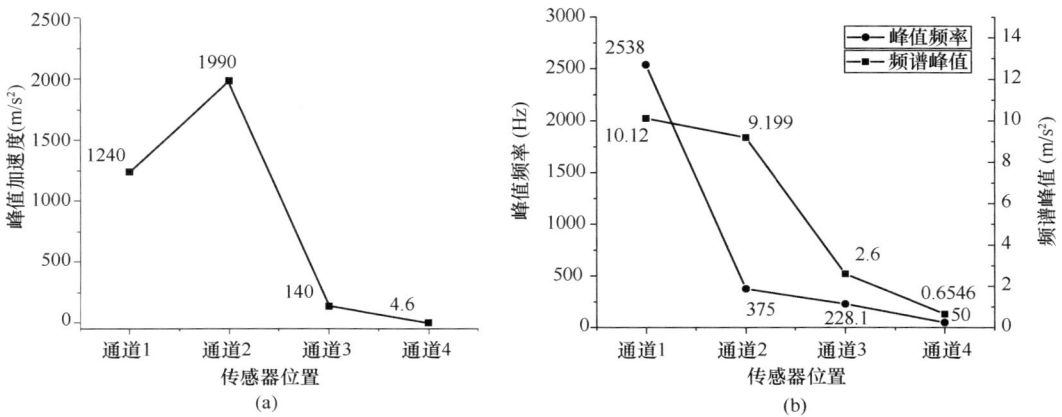

图 6.1.22 厚板基础落距 1.5m 不同位置峰值加速度响应对比

（a）不同位置加速度时程首个峰值对比；（b）不同位置加速度频谱响应对比

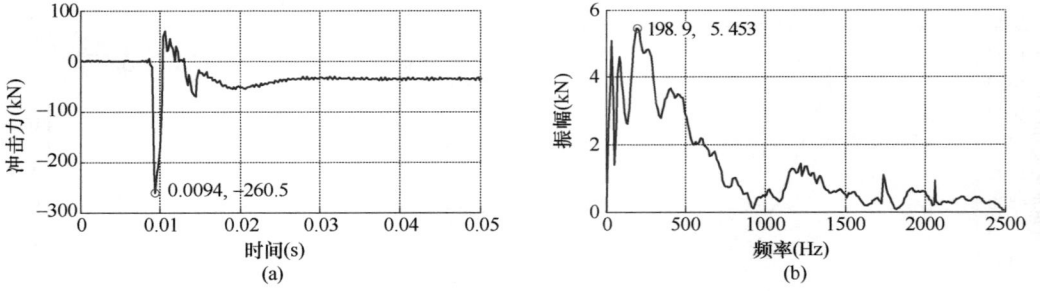

图 6.1.23　厚板基础落距 2.0m 冲击力时程与冲击谱

（a）冲击力时程；（b）冲击谱

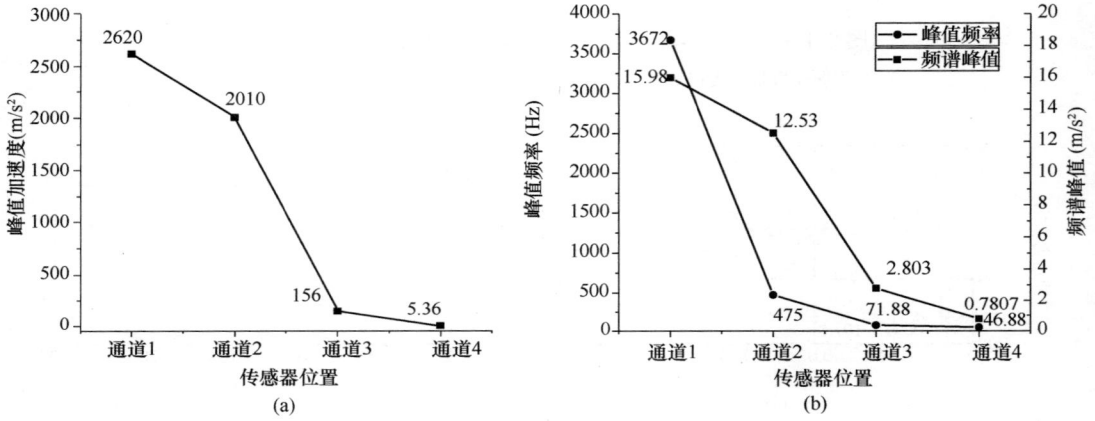

图 6.1.24　厚板基础落距 2.0m 不同位置峰值加速度响应对比

（a）不同位置加速度时程首个峰值对比；（b）不同位置加速度频谱响应对比

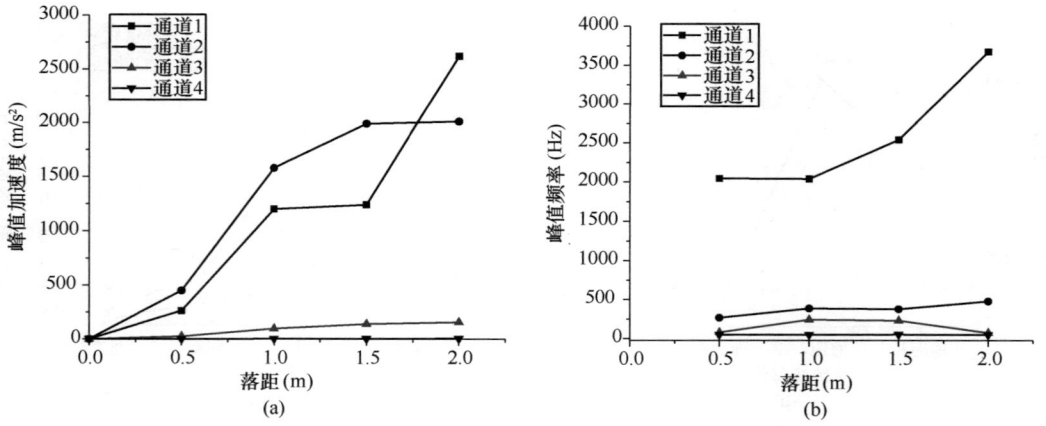

图 6.1.25　厚板基础不同落距同位置峰值加速度响应对比

（a）不同落距同位置加速度时程首个峰值对比；（b）不同落距同位置加速度峰值频谱对比

6.1.3 厚板冲击力以及地表加速度规律分析

根据自由场地与厚板的峰值冲击力及冲击动能的测试数据，可得到相应的拟合曲线。由图 6.1.26 可知，◆测点为对应天然地基土的工况，而■测点对应的是厚板工况。除了动能增大可以有效提高峰值冲击力外，由于厚板的刚度相较于天然地基土体有较大的提高，因而会形成较高的冲击力。相应而言，也形成较高的冲击加速度。

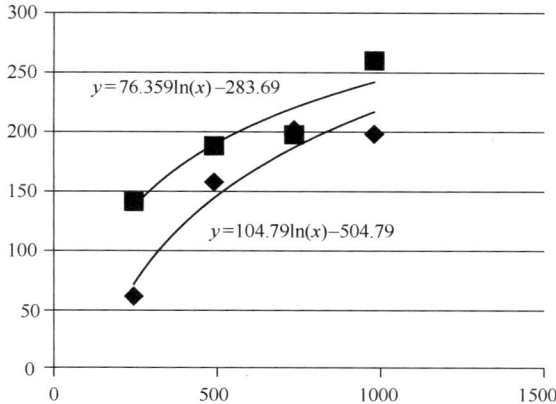

图 6.1.26 峰值冲击力与冲击动能的关系拟合曲线

对于自由场地的水平向加速度峰值与落距高度以及随落距中心距离的关系，可根据对自由场地的测点数据，通过回归分析，提出采用如下经验公式来对水平距离的地表水平峰值加速度进行计算：

$$a_{smax} = (172.2\ln h + 154)\exp(-1.623x) \tag{6.1.1}$$

其中，h 为落距高度，表示冲击势能的信息量；x 表示地表测点距离振动中心的水平距离。a_{smax} 则表示该测点最大水平向加速度值。

对于天然地基的厚板基础，可根据厚板工况的地表测试数据，由回归得到如下公式：

$$a_{pmax} = (3087.5\ln h + 3625.6)\exp(-3.36x) \tag{6.1.2}$$

通过对比天然地基以及厚板基础在冲击荷载下的响应结果可知：对于天然地基土体，冲击荷载所引发的应力波在地层表面衰减形成指数规律；对于厚板基础，由于厚板形成的刚度很大，在临近厚板附近形成很高的应力波幅值，且由于土层的吸收作用，在同样水平距离下，厚板工况的地表加速度峰值要小于天然地基工况的结果。天然地基下的波动幅值减小得更为缓慢。

6.1.4 结论

通过开展天然地基以及厚板基础在冲击荷载测试下的对比试验，可得到如下结论：
（1）对于天然地基工况，在初始落距为 0.5m 时，由于初次加载，此时地基土还具有一定的胶结结构强度，地基刚度较高，因此第一次的结果为：冲击力峰值时的时间较短。随后的三次落距下的工况，由于地基土的结构性遭到夯击破坏，因此地基刚度有所减小，导致后续的三次落距下的工况落距下得到的峰值冲击力时间较长。

（2）对于厚板工况，由于厚板显著的刚度特性，在冲击荷载施加于厚板基础时，厚板基础产生强烈的受迫振动。由于地基土体参与振动，因而会形成参与质量。厚板基础与土体存在接触面，且由于厚板基础刚度与土体相比非常大，因而应力波在板和土的界面会产生强烈的反射波。在板的临近区域，应力波较为显著，但达到一定距离后，应力波衰减得很快。由对比可知，在较远的距离位置上，厚板工况要比天然地基工况的地表加速度小很多。

（3）由地表测试结果可知，地表面的水平振动加速度可表示为冲击能与振中距离的指数函数。冲击能可由落距表示。同时影响上述衰减公式的还有地基或者基础板的刚度，当刚度越大，指数衰减系数越大，且指数前的系数表达为落距的对数关系式。刚度越大，对数前系数也越大。

6.2　带承台桩基与单桩在冲击荷载作用下的响应对比试验研究

摘　要： 针对单桩以及带承台单桩在冲击荷载下与土体动力相互作用问题，采用对比方法，分别选用单桩以及带承台单桩在冲击荷载作用下动力响应作为研究内容。通过开展对比试验，分别得到单桩以及带承台单桩在冲击荷载下的测试结果。结果表明：（1）随着冲击能的升高，无论是否带承台，桩身动压应力峰值随落距从 0.5m 到 1.5m 单调增大，但落距为 2.0m 时的桩身动压力介于落距 0.5 到落距 1.0m 之间。对于单桩工况，其桩侧最大动压力位置点位于桩顶下 1.6m 处，而对于带承台单桩工况，其桩侧最大动压力位置位于桩顶以下 0.4m 处。（2）对于纯单桩的冲击荷载响应结果，随着冲击能的增大，纯单桩动压力峰值单调增大，而其傅里叶反应谱表明对应的峰值频率先增大后减小，对应的幅值也是类似的规律。带承台单桩峰值频率随落距的增大出现先增大后减小再增大的规律，对应的幅值则呈现单调增大规律。（3）在渐次远离的地表加速度峰值对应的频率，低于纯单桩工况，随测点距离的增大，其测点的峰值加速度对应的频率逐渐减小，但对于落距 1.0m、1.5m 的工况，出现先减小后增大的现象。对于带承台单桩工况，测点峰值加速度对应的傅里叶频率属于单调减小的规律。总体而言，无论是否带承台，单桩受冲击荷载下，桩周土体的地表加速度峰值对应的频率随距离增大而呈现单调减小的规律。根据试验结果，采用指数函数可较好地表达震源与测点地表距离与峰值加速度的关系曲线。结果表明，采用刚性基础可有效地迅速吸收冲击能量，并迅速减小冲击带来的波动振幅能量。

关键词： 冲击荷载；桩基；承台；反应谱；频率

引言

桩基工程中经常要处理动荷载加载问题，如振动沉管或者锤击成桩过程中，以及对桩基的高应变测试中，都需要对桩顶施加冲击荷载，由此造成外荷载对地基以及基础产生冲击荷载作用。桩基在地基土层中受到冲击荷载作用，会在地层中产生受迫振动，由外荷载产生的冲击动能通过桩基向周围的地层以应力波的形式向半平面体无限传播，进而对周围环境以及构筑物设施产生振动干扰。关于桩基承受冲击荷载以及桩基和桩周土体的振动响应问题，国内外学者开展了大量的理论与实测研究，在波动理论、桩基在地层中的自振特性方面以及地层隔振、减振等方面都取得一定的研究成果。

目前，研究桩基与地层的动力相互作用以及桩身自振和波在地层中的传播方面，主要采取的措施包括理论推导、数值模拟以及现场实测。采用大比例模型试验做法较少，相较于现场原型试验，大比例模型试验具有相似程度高、土层参数以及场地条件不受外界干扰，且操作简单易行、测试数据稳定可靠等优点。

目前，针对自由场地下的直接振动已经有了大量的研究成果，且实测资料数据较为丰富。而针对地基中的桩基础受冲击荷载作用下的响应，以及桩基础在地层中所产生的波动实测数据，目前还较为少见。事实上，桩基础受冲击荷载作用的工况具有一定的工程背景。如预应力管桩在现场施工中，需要振动沉管或者锤击加载。再如对长桩进行高应变检测时，需要重锤在桩顶施加一个冲击荷载，以确定其承载力。

6.2.1 试验方法

1. 试验地层及土层物理性质二级标题

本次试验场地选用中国建筑科学研究院建筑地基基础研究所模型实验室试验槽内土体，土体为常见的黏质粉土，模型地基土物理力学参数的平均值见表 6.2.1。

模型地基土的物理力学参数   表 6.2.1

含水率 （%）	容重 （kN/m³）	孔隙比 （e）	α_{1-2} （MPa⁻¹）	E_s （MPa）	剪切波速 v（m/s）
14.6	20.13	0.54	0.16	9.86	260

2. 试验器材

（1）重锤 50kg

（2）传力底座装置

如图 6.2.1 所示，采用圆柱形夯锤作为加载源，为便于测量柱锤施加的动压力，采用定制的一个圆柱形传力底座作为加载过渡装置，一方面可以有效传递动力荷载到地层以及基础板上，另一方面可以准确有效地测量所施加的动压力值。传力底座周围布置应变片，用来测量所施加的动压力时程曲线。其实物图如图 6.2.2、图 6.2.3 所示。

3. 试验方案

如图 6.2.4、图 6.2.5 所示，分别选用纯单桩以及带承台单桩进行冲击加载测试。

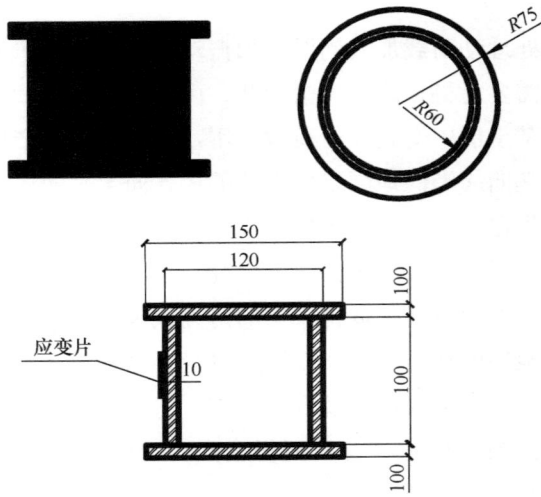

图 6.2.1　传力底座示意图

图 6.2.2　桩身布置模拟钢筋笼配筋布置图

图 6.2.3　柱锤加载单桩图

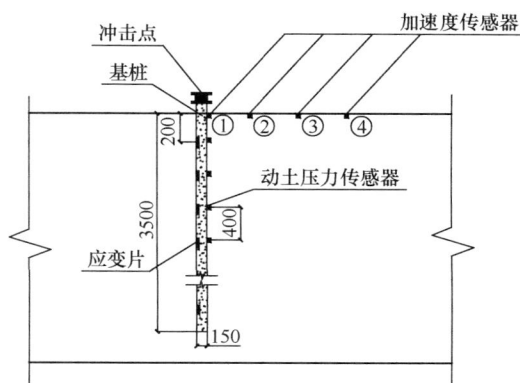

图 6.2.4 单桩冲击振动试验传感器布置

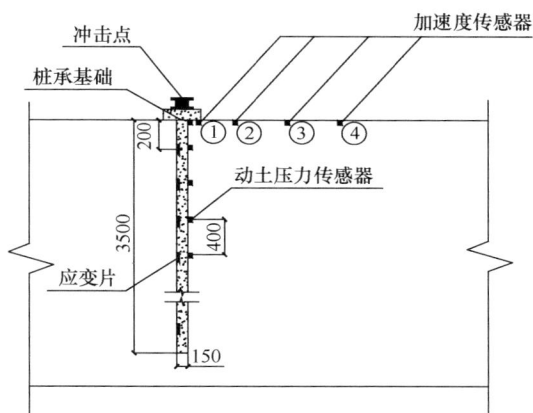

图 6.2.5 带承台单桩冲击振动试验传感器布置

（1）采用柱锤自由落体冲击传力底座的方式施加冲击荷载，柱锤质量为 50kg，落距分别定为 0.5m、1m、1.5m、2m 高度，分别考察在不同的冲击能作用下的基础动力响应以及地基中波的传播规律。承台配筋 ϕ10@90，上下两层钢筋网；

（2）沿桩长方向每隔 0.2m 设置一个应变片；

（3）沿远离基桩方向，每隔 0.7m 埋置一个加速度传感器，共 4 个，编号为①～④；

（4）从基桩土体表面处开始，沿桩长方向每隔 0.4m 设置一个土动压力传感器（图 6.2.6），共 6 个，从上到下编号为Ⅰ～Ⅵ。

6.2.2 试验结果与分析

1. 单桩的冲击加载测试结果

50kg 重的重锤，分别于 0.5m、1.0m、1.5m、2.0m 高度处自由落下。

图 6.2.7 为 0.5m 落距下的冲击力时程曲线以及所对应的冲击力傅里叶频谱曲线。在时间点为 0.004s 时达到峰值冲击力，瞬时冲击力峰值为 350.7kN。由频谱分析可知，当

349

图 6.2.6　加速度传感器数据采集系统

对应为 133.2Hz 时，其所对应的冲击力的振幅值为 5.976kN。

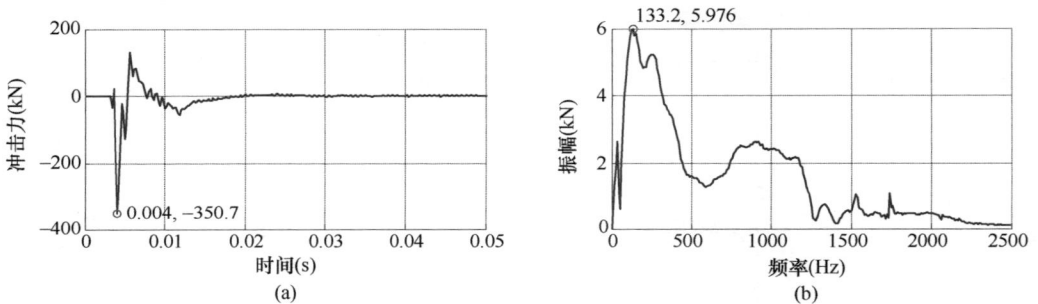

图 6.2.7　纯单桩工况落距 0.5m 冲击力时程与冲击谱

（a）冲击力时程；（b）冲击谱

　　图 6.2.8 由上到下分别为通道 1～4 的加速度时程曲线以及所对应的傅里叶频谱曲线。显然，由近及远，所对应的水平向加速度最大值的频率由大变小。这说明随着水平应力波的传输，地层将高频部分进行了吸收，而低频进行了过滤，随着更远的距离，最终会得到较为稳定的频谱曲线。

　　图 6.2.9 分别为 4 个地表测点的峰值加速度值以及对应频谱特性的频率与幅值随距离的关系。由图可知，随着距离的增大，加速度呈现指数函数规律递减，同时对应的加速度峰值频率呈现类似的关系。而对应的频率幅值则呈现为单调减小的规律。

　　图 6.2.10 为单桩在冲击荷载作用下桩身钢筋的动应变时程以及所对应的频谱曲线。分别选取桩身的三个典型位置——桩顶、桩身中段、桩端位置作为测点。测试结果表明，桩顶的动应变峰值最大，达到 310.8 微应变，其次是桩身中段，为 151.2 微应变，桩端位置处为 34.2 微应变。由频谱分析可知，对应桩端位置处的傅里叶谱的振幅最大，为 8.498 微应变，其次为桩顶，为 6.032 微应变，桩身中段为 3.191 微应变。桩端位置的动应变谱出现很多峰值，表明存在桩底的应力波反射及折射现象。

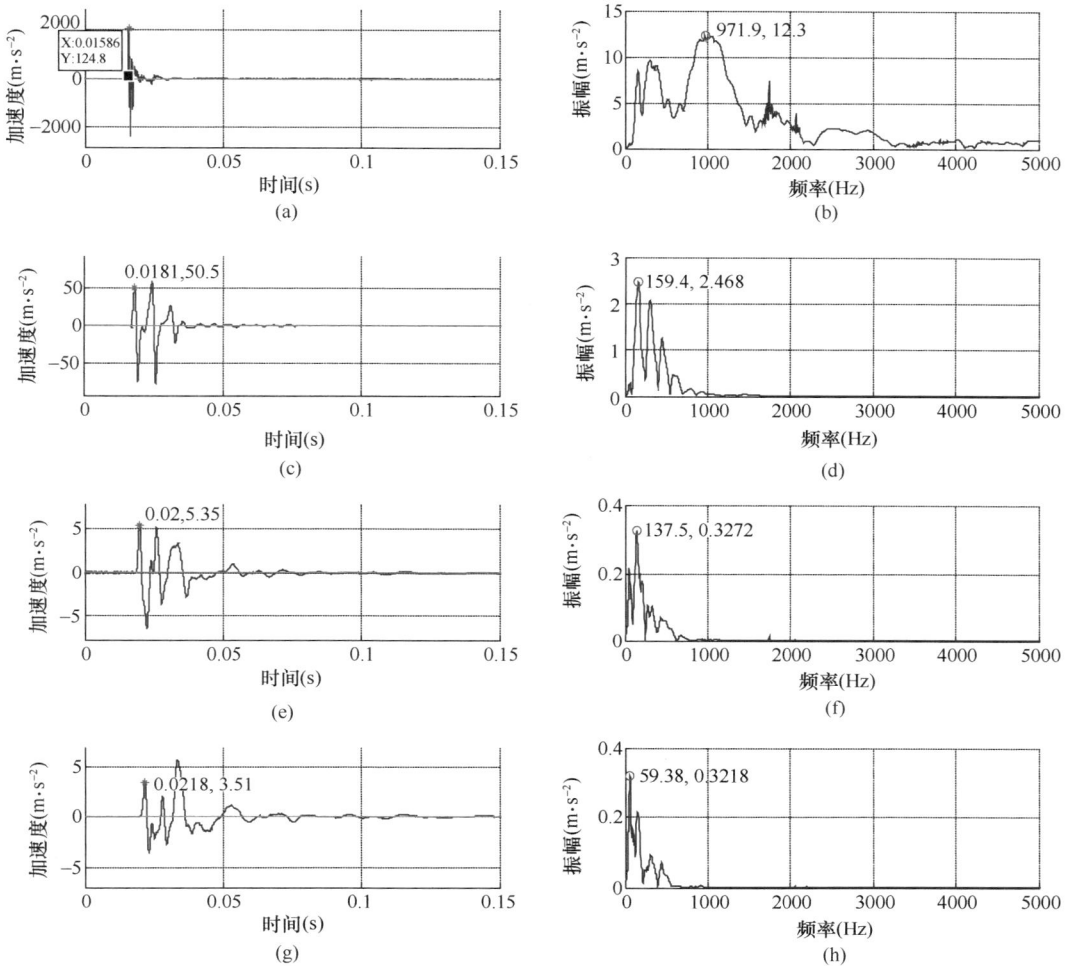

图 6.2.8　纯单桩工况落距 0.5m 各采集点加速度响应时程及响应谱

（a）通道 1 加速度时程；（b）通道 1 加速度频谱；（c）通道 2 加速度时程；（d）通道 2 加速度频谱；

（e）通道 3 加速度时程；（f）通道 3 加速度频谱；（g）通道 4 加速度时程；（h）通道 4 加速度频谱

　　图 6.2.11 为对应的在桩侧埋设的水平方向土的动压力测试结果。图 6.2.11（a）为对应的动土压力时程曲线，而图 6.2.11（b）为对应的傅里叶频谱曲线。图中所示桩顶以下 1.6m 处的水平向动土压力峰值最大，达到 5.695MPa，而其对应的频谱曲线中，振幅也达到 0.2446MPa。对于水平向动土压力在靠近桩身中段附近出现峰值，初步分析是由于入射波以及反射波相互叠加导致的结果。

　　当落距为 1.0m 时，此时对应的冲击力时程曲线如图 6.2.12（a）所示，而其对应的傅里叶频谱曲线如图 6.2.12（b）所示，冲击力振幅峰值对应的频率为 148.4Hz，其振幅为 10.81kN。

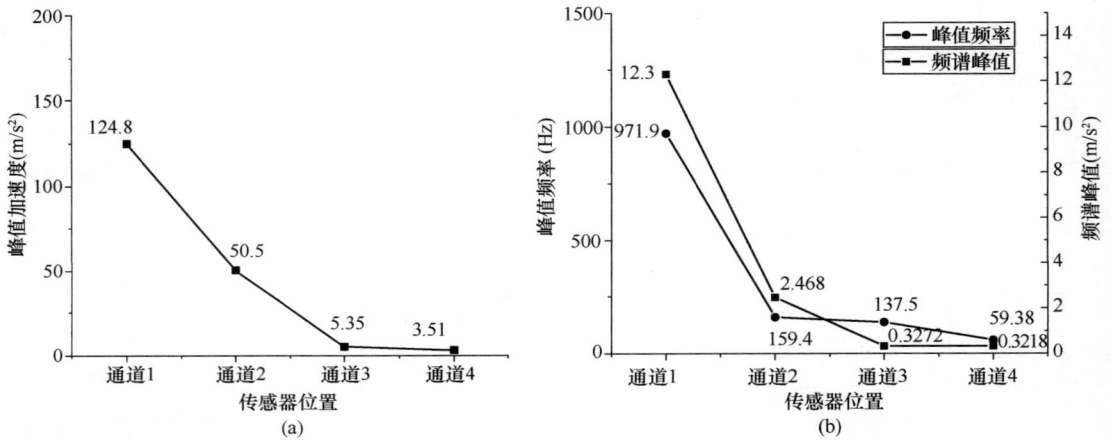

图 6.2.9　纯单桩工况落距 0.5m 不同位置加速度响应对比

（a）不同位置加速度时程首个峰值对比；（b）不同位置加速度频谱响应对比

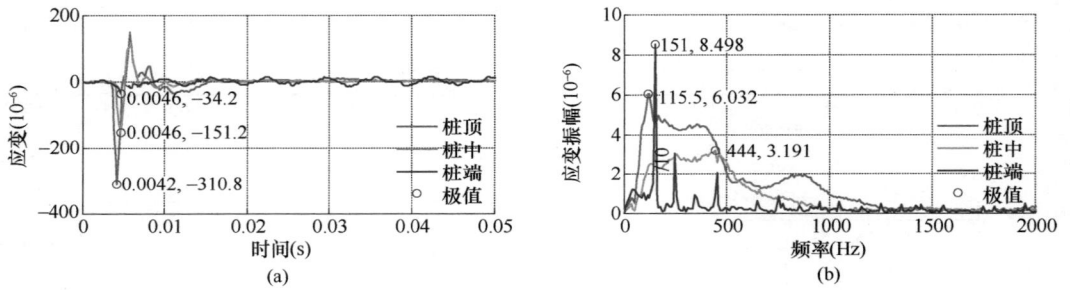

图 6.2.10　单桩基础落距 0.5m 桩身各采集点应变响应时程及响应谱

（a）桩身动应变时程；（b）桩身动应变响应谱

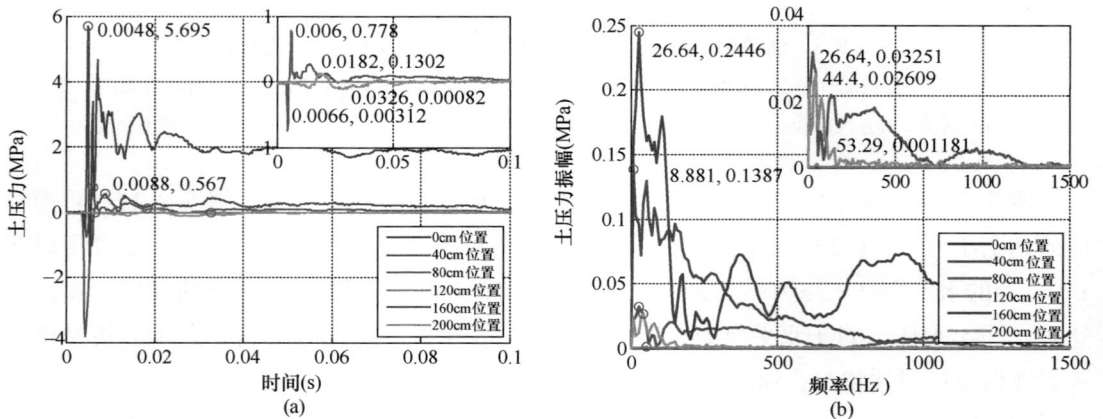

图 6.2.11　单桩基础落距 0.5m 桩侧土压力响应时程及响应谱

（a）桩侧土动压力时程；（b）桩侧土动压力响应谱

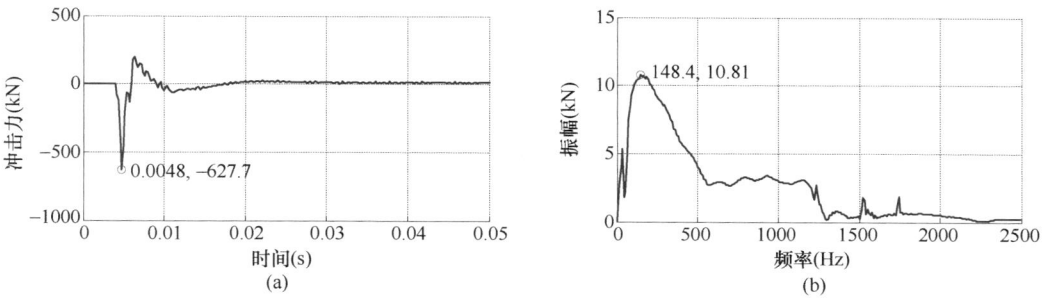

图 6.2.12 纯单桩工况落距 1.0m 冲击力时程与冲击谱
(a) 冲击力时程；(b) 冲击谱

图 6.2.13(a) 为地表 4 个测点的水平向加速度的峰值随距离的关系，而图 6.2.13(b) 为对应的加速度振幅峰值频率以及振幅峰值随距离的关系曲线。由图可知，规律与落距为 0.5m 基本相似。

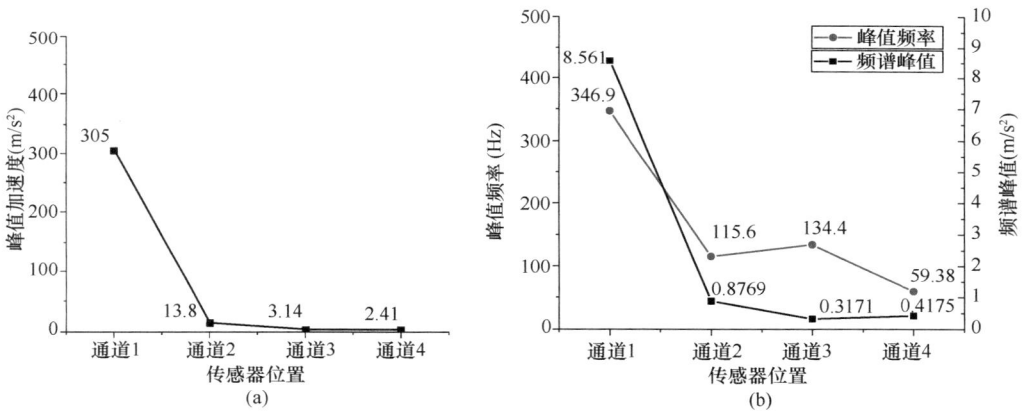

图 6.2.13 纯单桩工况落距 1.0m 不同位置加速度响应对比
(a) 不同位置加速度时程首个峰值对比；(b) 不同位置加速度频谱响应对比

图 6.2.14 为对应的桩身动应变时程曲线以及对应的傅里叶反应谱，图 6.2.14(a) 中依次沿桩顶、桩身中段、桩端的测点动应变呈现相应单调减小的规律特点，表明应力波在沿桩身传播时，应力波能量出现衰减。图 6.2.14(b) 的频谱表明，桩顶的峰值振幅最大，达到 9.167 微应变，其次是桩端的 7.606 微应变，最小的是桩身中段的 6.567 微应变。

图 6.2.15 为对应的桩侧动土压力测试结果。图 6.2.15(a) 为时程曲线，显示位于桩顶以下 1.6m 位置处的动土压力值峰值最大，为 8.758MPa，而对应的傅里叶反应谱其振幅峰值为 0.4154MPa。

图 6.2.16 为对应的落距 1.5m 工况下的冲击力时程以及对应的傅里叶反应谱曲线。峰值冲击力为 −652.6kN，对应的振幅峰值为 11.43kN，峰值振幅对应的频率为 141.8Hz。

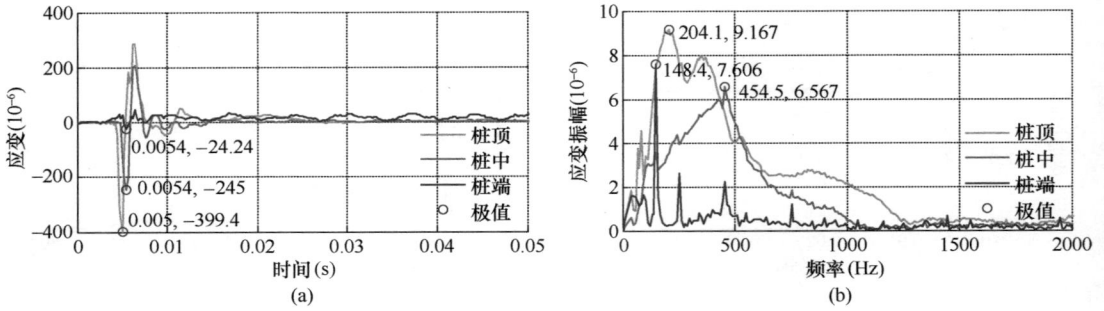

图 6.2.14　单桩基础落距 1.0m 桩身各采集点应变响应时程及响应谱

（a）桩身动应变时程；（b）桩身动应变响应谱

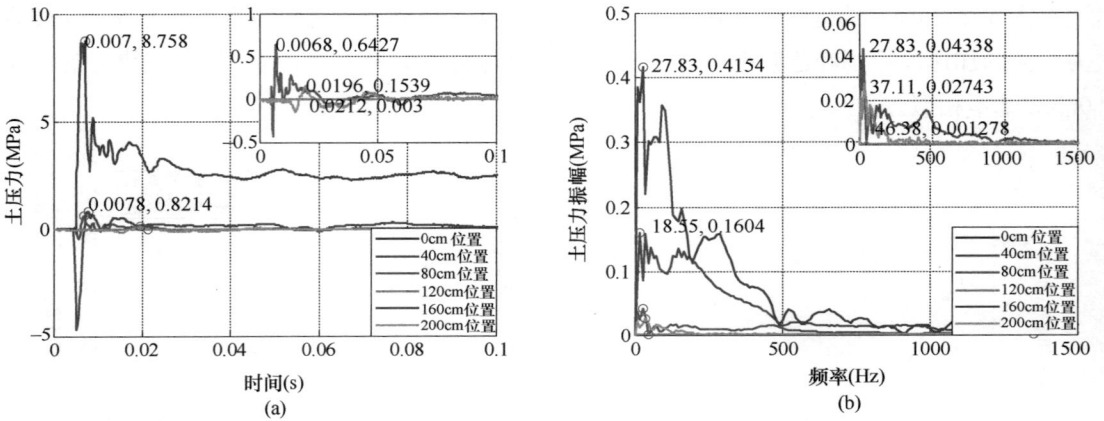

图 6.2.15　单桩基础落距 1.0m 桩侧土压力响应时程及响应谱

（a）桩侧土动压力时程；（b）桩侧土动压力响应谱

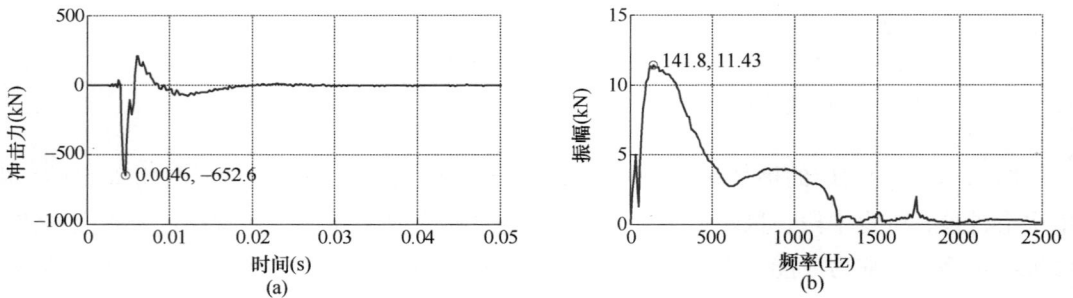

图 6.2.16　纯单桩工况落距 1.5m 冲击力时程与冲击谱

（a）冲击力时程；（b）冲击谱

　　如图 6.2.17 所示，加速度峰值随距离的关系仍然是类似以往的特点，但频谱特性的加速度峰值频率却出现先减小后增大再减小的波浪特点，幅值出现先减小后增大的规律。

　　如图 6.2.18 所示，在落距为 1.5m 工况下，桩身动应变时程以及相对应的傅里叶频谱曲线表现出与之前 0.5m、1.0m 工况相类似的规律。

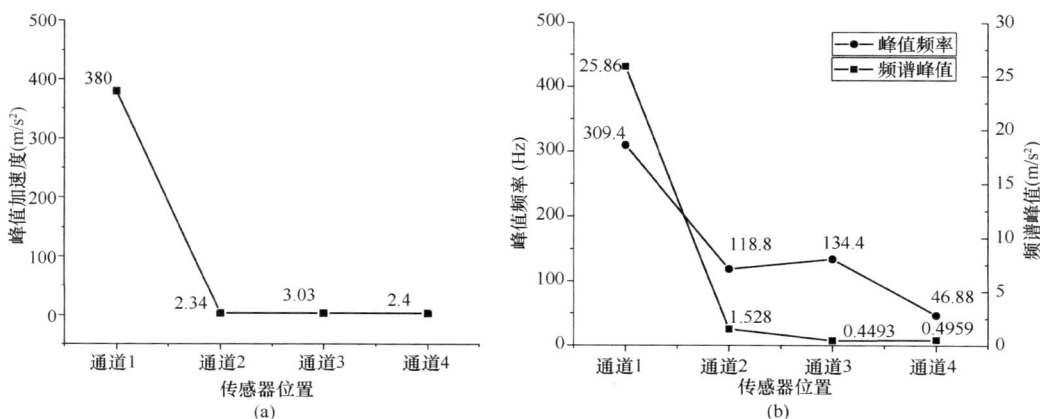

图 6.2.17 地表落距 1.5m 不同位置加速度响应对比

（a）不同位置加速度时程首个峰值对比；（b）不同位置加速度频谱响应对比

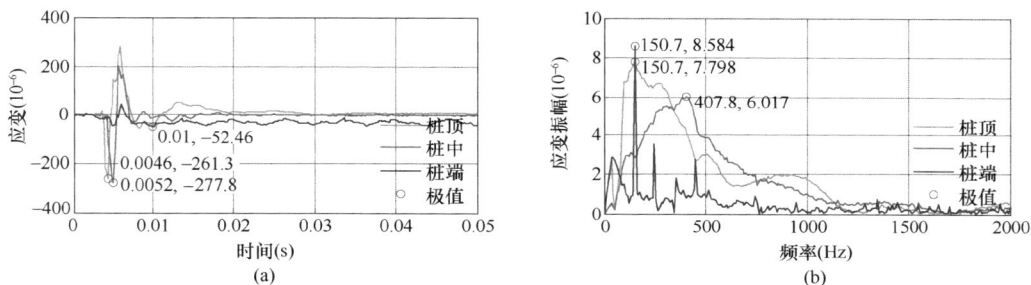

图 6.2.18 单桩基础落距 1.5m 桩身各采集点应变响应时程及响应谱

（a）桩身动应变时程；（b）桩身动应变响应谱

如图 6.2.19 所示，单桩在冲击荷载落距 1.5m 时由自振在土体中的水平向动土压力时程对应的峰值动土压力在桩顶以下 1.6m 位置处，而对应的傅里叶谱振幅峰值也位于同一位置处。

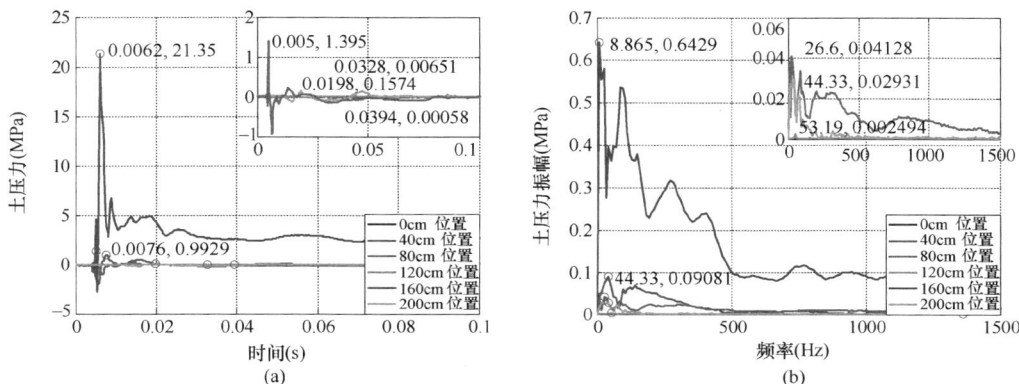

图 6.2.19 单桩基础落距 1.5m 桩侧土压力响应时程及响应谱

（a）桩侧土动压力时程；（b）桩侧土动压力响应谱

图 6.2.20 为对应落距为 2.0m 时的冲击力时程以及频谱曲线，由图可知，随着冲击动能的增大，对应峰值冲击力的时间越来越短，而冲击力峰值对应的频率越来越高，且幅值也越来越大。

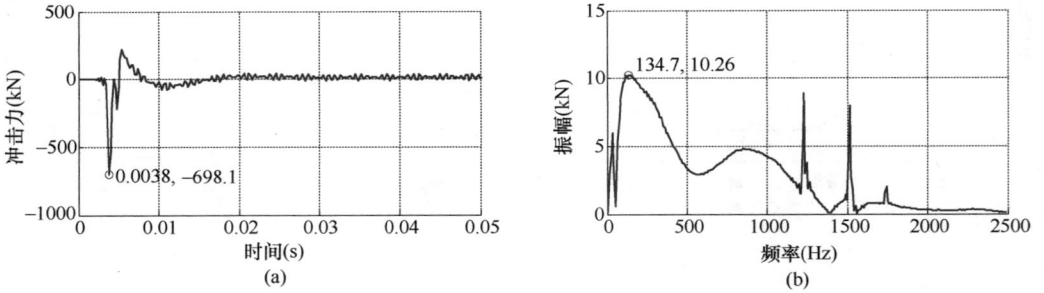

图 6.2.20 纯单桩工况落距 2.0m 冲击力时程与冲击谱
(a) 冲击力时程；(b) 冲击谱

纯单桩工况的 4 个测点加速度的首个峰值对比及频谱曲线如图 6.2.21(b) 所示，落距 2.0m 的规律与落距 1.5m 的结果完全相似。

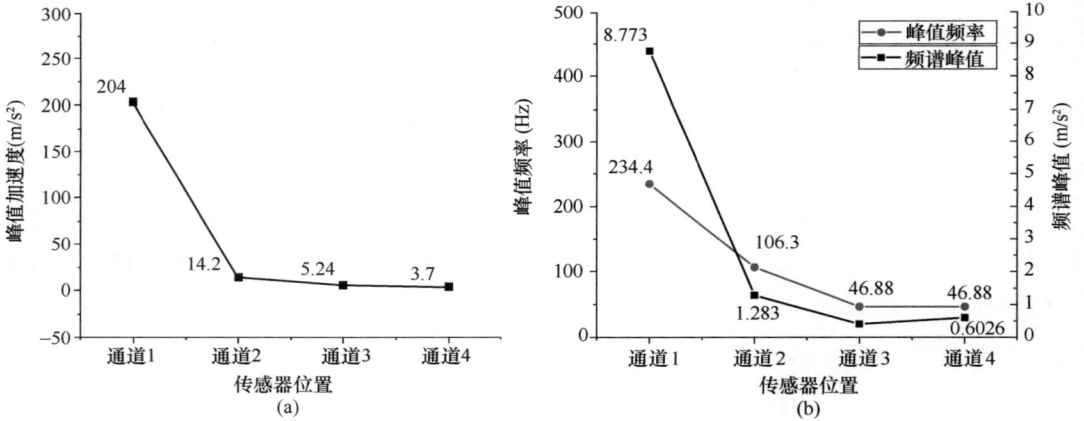

图 6.2.21 单桩基础地表落距 1.5m 不同位置加速度响应对比
(a) 不同位置加速度时程首个峰值对比；(b) 不同位置加速度频谱响应对比

如图 6.2.22 所示，对于落距 2.0m 的工况，桩身动应变的傅里叶反应谱如图 6.2.22(b) 所示，桩顶的振幅峰值最大，为 11.39 微应变，其次是桩端的 9.591 微应变，最低是位于桩身中段的 6.928 微应变。

桩侧动土压力时程曲线及响应谱如图 6.2.23 所示，峰值土压力最大值仍然位于桩顶以下 1.6m 位置处，而对应的傅里叶峰值振幅值为 0.8146MPa。

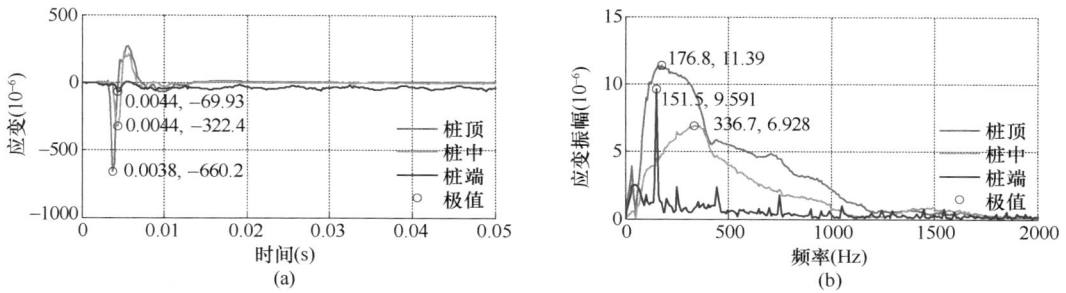

图 6.2.22 单桩基础落距 2.0m 桩身各采集点应变响应时程及响应谱

（a）桩身动应变时程；（b）桩身动应变响应谱

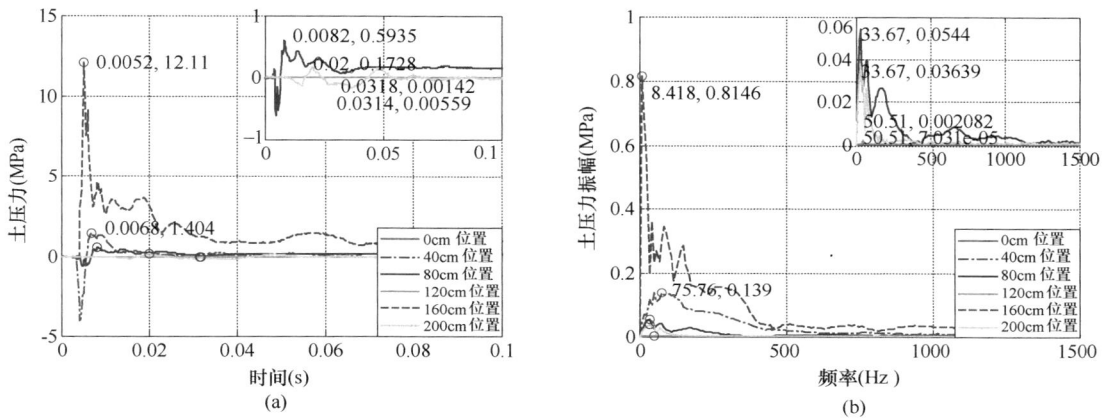

图 6.2.23 单桩基础落距 2.0m 桩侧土压力响应时程及响应谱

（a）桩侧土动压力时程；（b）桩侧土动压力响应谱

2. 带桩承台基础冲击振动实验

图 6.2.24 为对应的落距为 0.5m 的冲击力时程曲线以及傅里叶频谱特性曲线。傅里叶响应谱表明冲击力振幅峰值频率为 836.5Hz，其振幅为 1.047。

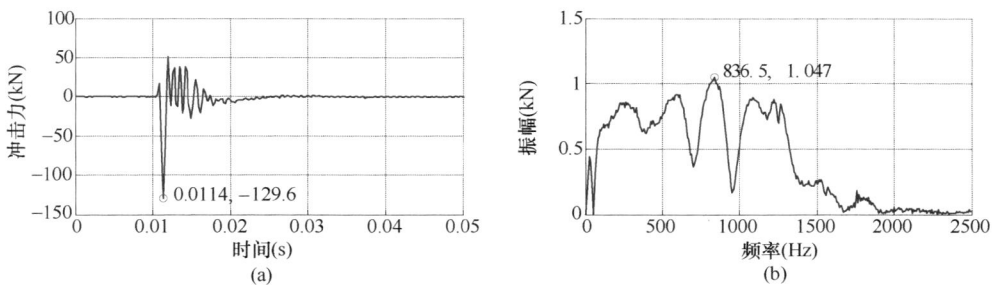

图 6.2.24 桩承基础落距 0.5m 冲击力时程与冲击谱

（a）冲击力时程；（b）冲击谱

图 6.2.25 为地表 4 个测点的水平向加速度的时程曲线以及频谱曲线，随着距离的增大，对应的加速度峰值频率逐渐减小，对应的幅值也相应减小。

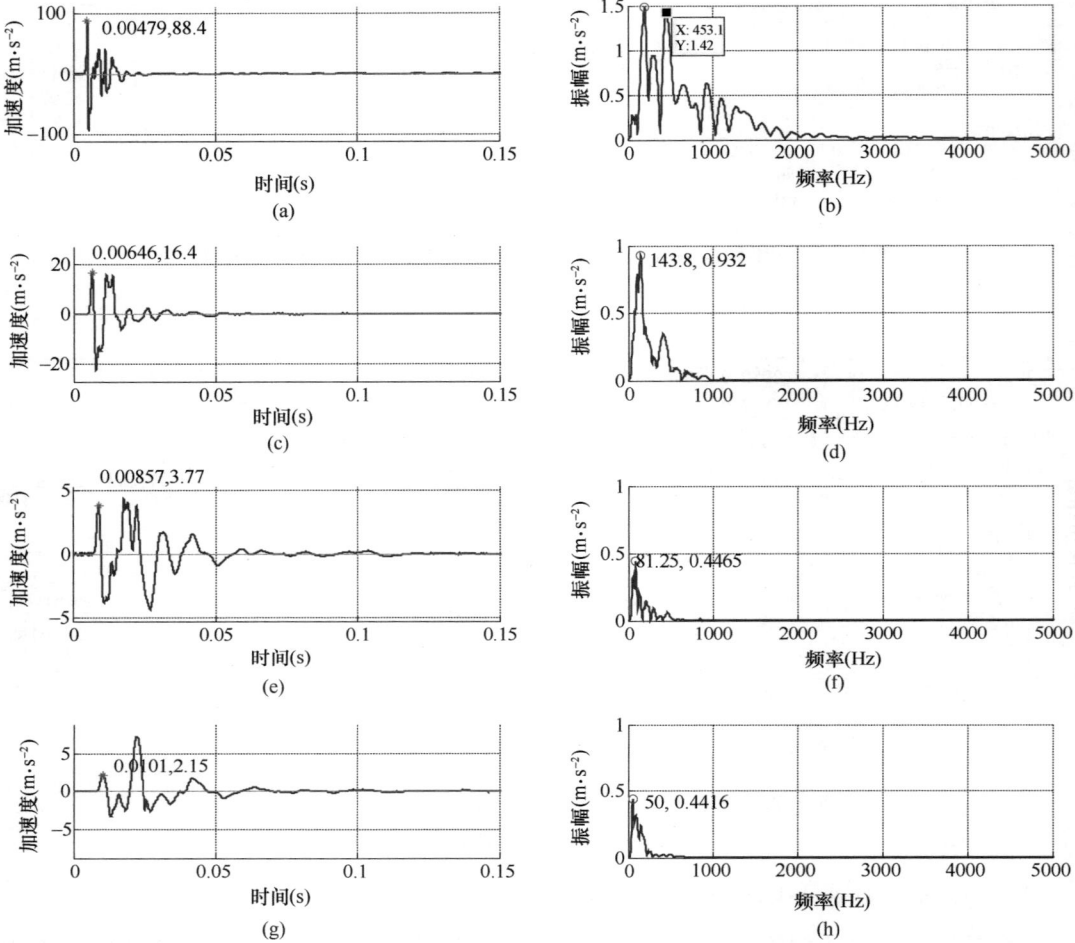

图 6.2.25 承台基础落距 0.5m 各采集点加速度响应时程及响应谱

(a) 通道 1 加速度时程；(b) 通道 1 加速度频谱；(c) 通道 2 加速度时程；(d) 通道 2 加速度频谱；
(e) 通道 3 加速度时程；(f) 通道 3 加速度频谱；(g) 通道 4 加速度时程；(h) 通道 4 加速度频谱

如图 6.2.26、图 6.2.27 所示，对于单桩承台基础，桩身动应变时程曲线表现出与纯单桩差异较大的特点。桩身中段的动应变峰值最大，达到 −113.6 微应变。而三个位置的傅里叶频谱曲线表明，桩端位置的振幅峰值最大，达到 5.121 微应变，其次为桩身中段，最小为桩顶位置。

图 6.2.28 分别为带桩承台基础的桩侧动土压力时程曲线以及相对应的傅里叶反应谱曲线。由图可知，其峰值动土压力对应的位置为桩顶以下 0.4m 处，而对应的傅里叶反应谱的振幅峰值为 3.589MPa。由于承台参与了桩身的自振，表明桩身的重心向桩顶位置移动。

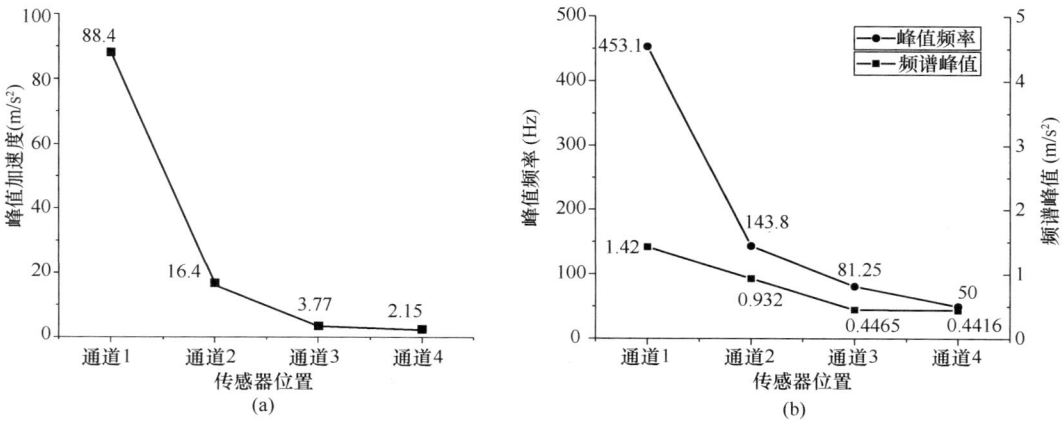

图 6.2.26 桩承基础落距 0.5m 工况地表不同位置加速度响应对比

（a）不同位置加速度时程首个峰值对比；（b）不同位置加速度频谱响应对比

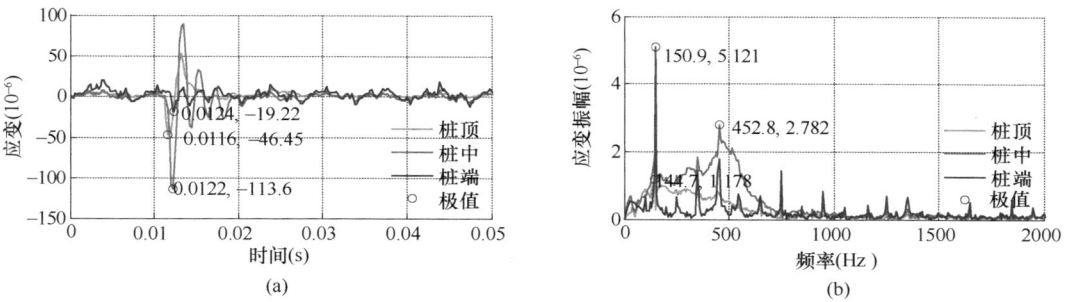

图 6.2.27 桩承基础落距 0.5m 工况桩身各采集点应变响应时程及响应谱

（a）桩身动应变时程；（b）桩身动应变响应谱

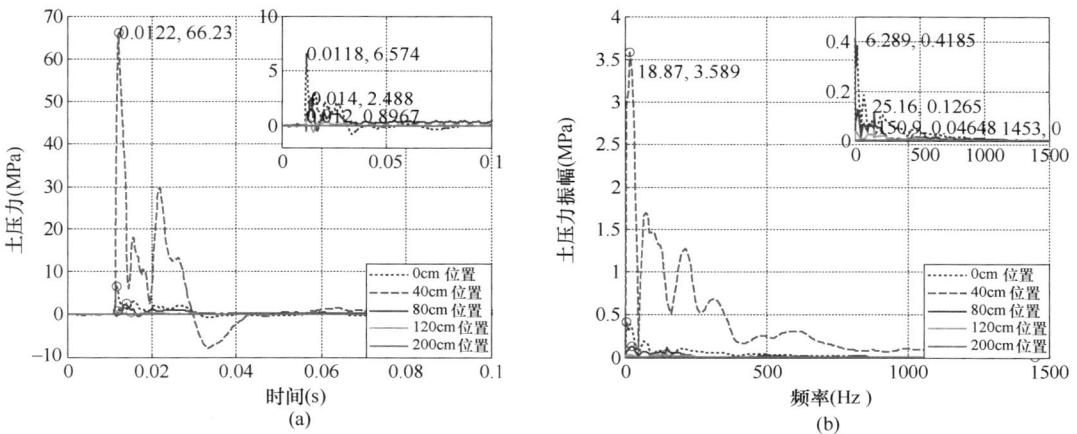

图 6.2.28 桩承基础落距 0.5m 桩侧土压力响应时程及响应谱

（a）桩侧土动压力时程；（b）桩侧土动压力响应谱

图 6.2.29 为落距 1.0m 时的冲击力时程曲线以及相对应的频谱特性曲线。随着冲击能的增大，由反应谱可以看出，其对应的冲击力振幅峰值为 4.594kN，对应的频率为 865Hz。图 6.2.30 为测试结果。

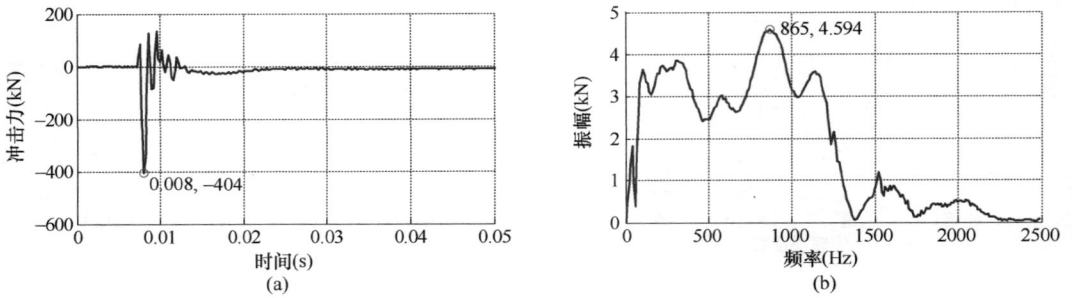

图 6.2.29 桩承基础落距 1.0m 冲击力时程与冲击谱

（a）冲击力时程；（b）冲击谱

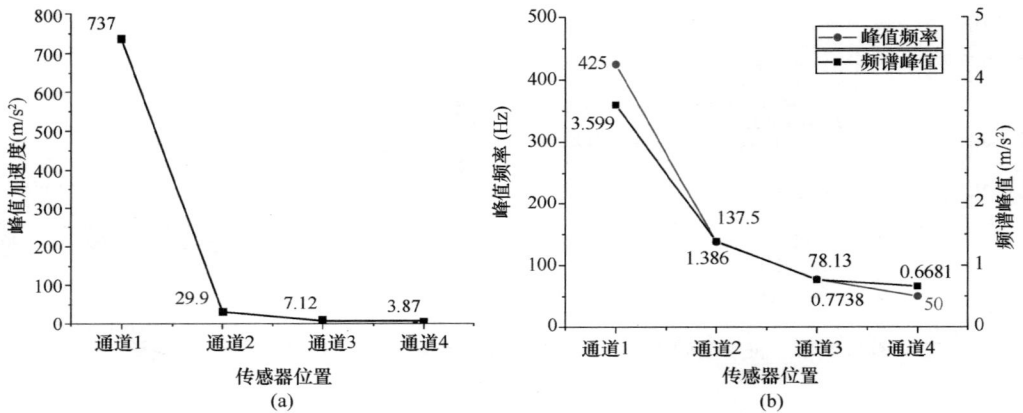

图 6.2.30 桩承基础落距 1.0m 工况不同地表位置处的加速度响应对比

（a）不同位置加速度时程首个峰值对比；（b）不同位置加速度频谱响应对比

图 6.2.31 为桩身动应变时程及其频谱曲线。由图可知，其反应谱中的振幅峰值为对应桩端的 4.654 微应变，稍高于桩身中段的 4.523 微应变。

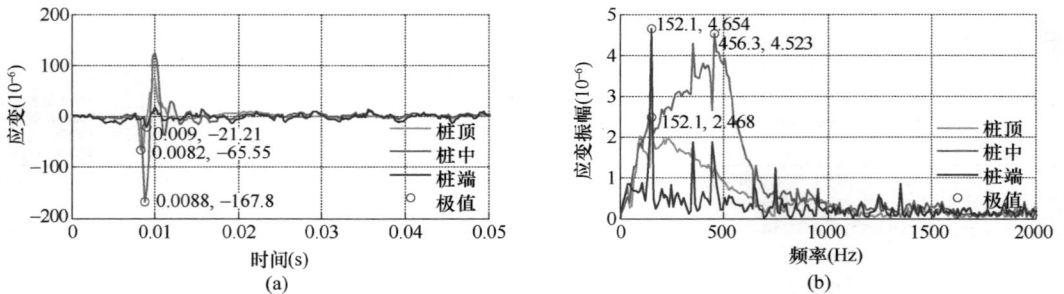

图 6.2.31 桩承落距 1.0m 工况桩身各采集点应变响应时程及响应谱

（a）桩身动应变时程；（b）桩身动应变响应谱

如图 6.2.32 所示，带桩承台基础在落距 1.0m 工况下的桩侧动土压力时程及其频谱曲线与 0.5m 工况结果表现出相似的规律。

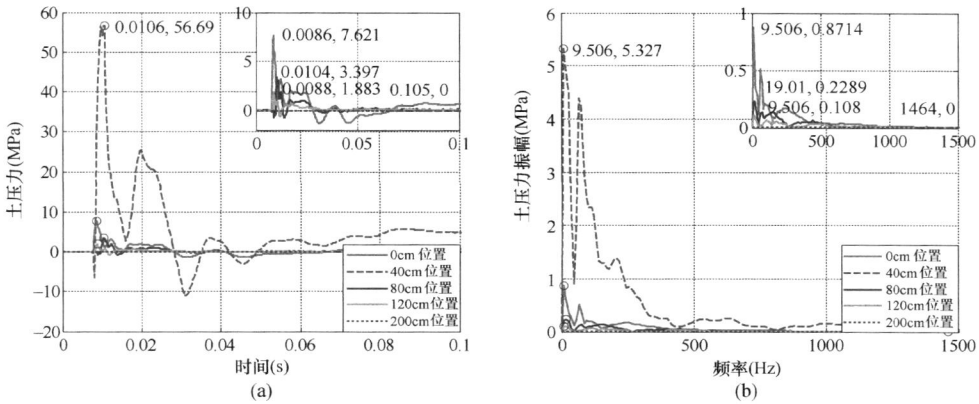

图 6.2.32 桩承基础落距 1.0m 工况桩侧土压力响应时程及响应谱

（a）桩侧土动压力时程；（b）桩侧土动压力响应谱

对于落距为 1.5m、2.0m 的工况，由图 6.2.33～图 6.2.40 可知，其冲击力的时程以及相应的傅里叶频谱特性曲线相似，表现出图形几何相似的性质。桩身所承受的应力波对

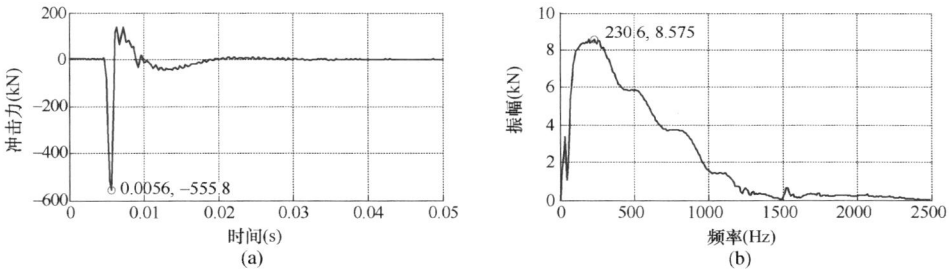

图 6.2.33 承台基础落距 1.5m 冲击力时程与冲击谱

（a）冲击力时程；（b）冲击谱

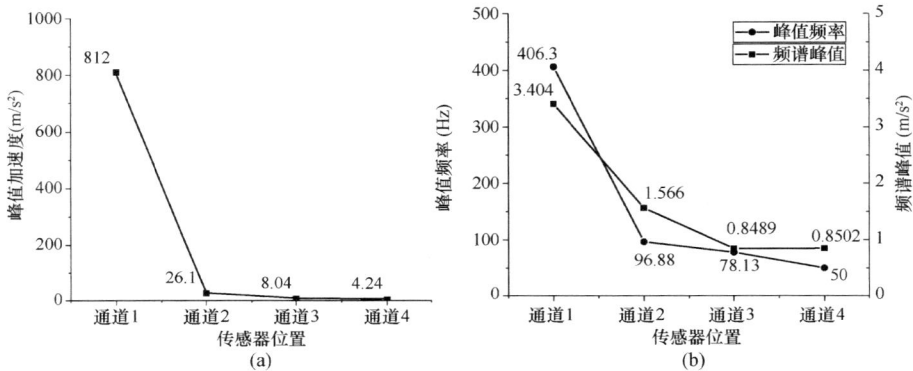

图 6.2.34 桩承基础落距 1.5m 不同位置加速度响应对比

（a）不同位置加速度时程首个峰值对比；（b）不同位置加速度频谱响应对比

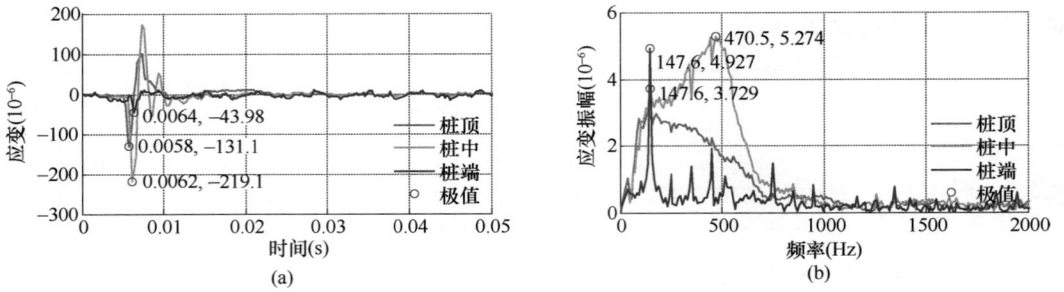

图 6.2.35 桩承基础落距 1.5m 桩身各采集点应变响应时程及响应谱

(a) 桩身动应变时程；(b) 桩身动应变响应谱

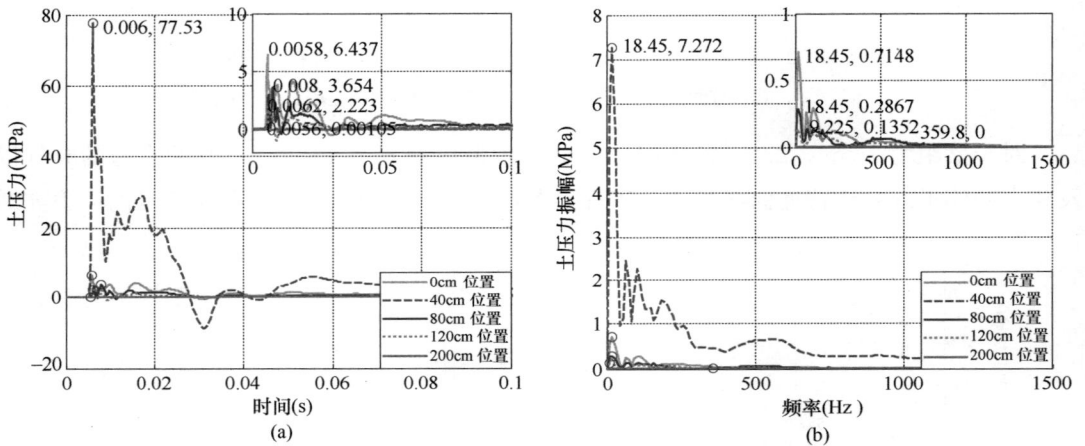

图 6.2.36 桩承基础落距 1.5m 桩侧土压力响应时程及响应谱

(a) 桩侧土动压力时程；(b) 桩侧土动压力响应谱

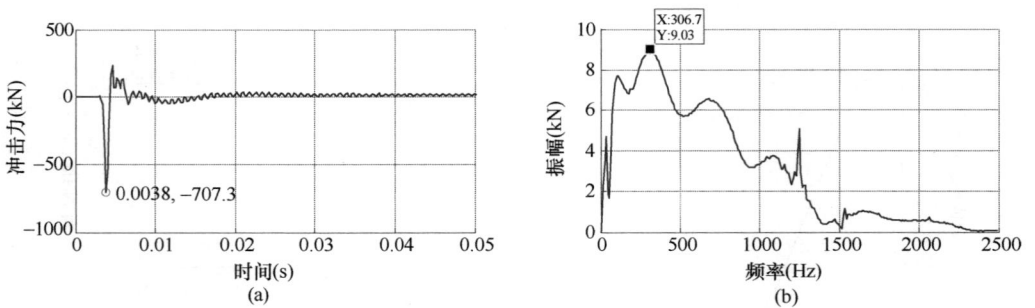

图 6.2.37 落距 2.0m 冲击力时程与冲击谱

(a) 冲击力时程；(b) 冲击谱

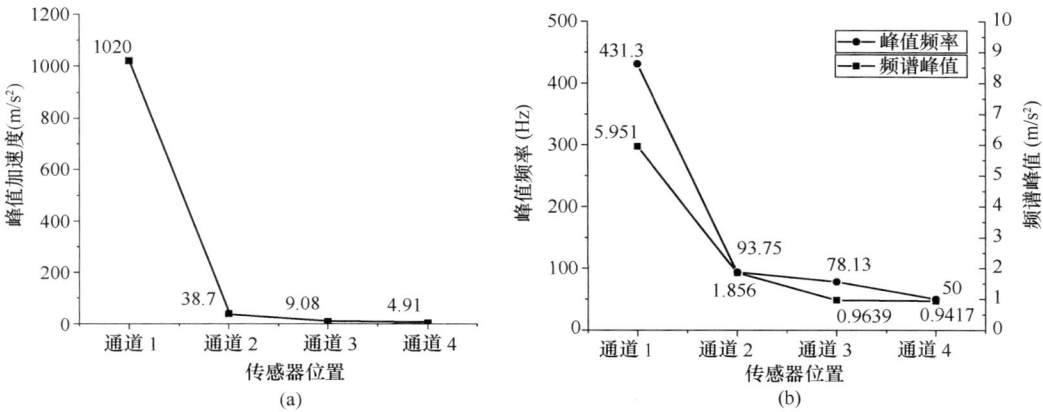

图 6.2.38 桩承基础落距 2.0m 不同位置加速度响应对比

（a）不同位置加速度时程首个峰值对比；（b）不同位置加速度频谱响应对比

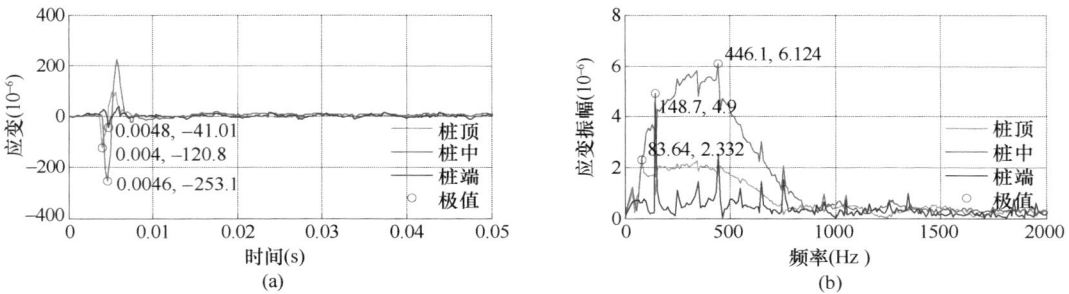

图 6.2.39 桩承基础落距 2.0m 桩身各采集点应变响应时程及响应谱

（a）桩身动应变时程；（b）桩身动应变响应谱

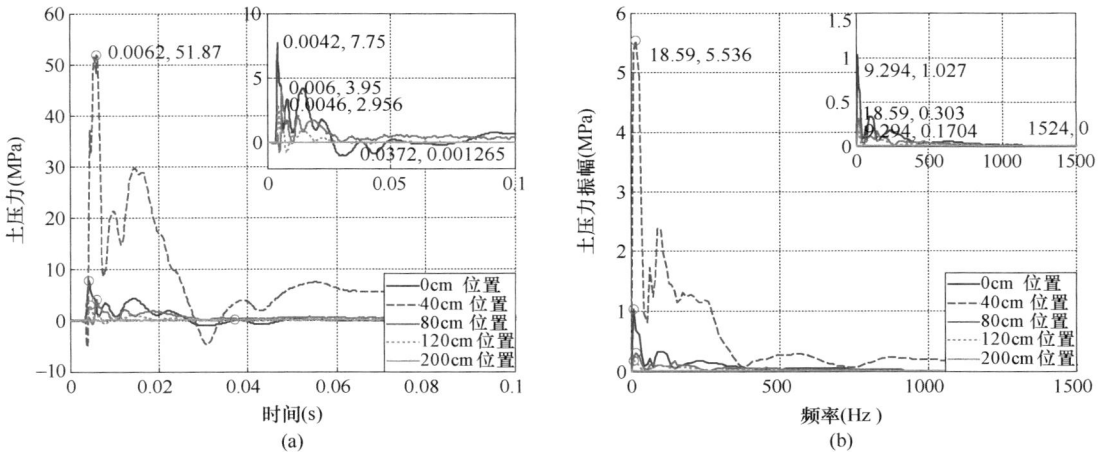

图 6.2.40 桩承基础落距 2.0m 桩侧土压力响应时程及响应谱

（a）桩侧土动压力时程；（b）桩侧土动压力响应谱

应的应变时程曲线以及傅里叶频谱曲线也呈现几何相似的特点，在靠近桩身中段出现的应变值峰值为三者中的最大值，其次为桩顶应变峰值，最低为桩端应变峰值。对应三者的傅里叶频谱表明，对应的桩身中段的应变值振幅峰值最大，且其频谱曲线呈现"λ"形态，而对应的桩端频谱的应变值振幅峰值仅次于桩身中段，且其频谱形态曲线呈现突变的脉冲曲线形态特点，对应桩顶的应变值振幅值峰值为三者最低值，且其频谱曲线表现出在低频阶段出现一个宽幅的振幅平台的特点，而后在高频阶段，其振幅值都趋于零值。

桩身自振造成的地表水平向加速度时程曲线，落距从 0.5m～2.0m 共 4 个工况，其所对应的地表加速度时程曲线以及对应的频谱曲线表现出相似的特点，其加速度峰值与振动距离都可表示为指数函数，其频谱曲线对应的峰值振幅值以及对应的频率值都可随距离表示为指数衰减型函数。

3. 承台冲击力以及地表加速度规律分析

根据单桩与带承台单桩的峰值冲击力及冲击动能的测试数据，可得到相应的拟合曲线。由图 6.2.41 可知，蓝色测点为对应单桩的工况，而灰色测点对应的为带承台单桩工况。除了动能增大可以有效提高峰值冲击力外，在小落距工况下，由于承台以及承台下土体参与振动，会形成较小的冲击力峰值，而单桩情况基本是由桩身承担振动冲击力，桩侧土的影响较小，而带承台工况则是承台底部土体以及外侧土体承担冲击力，因而形成较小的冲击力峰值。但在大落距工况下，带承台单桩中桩逐渐承担了更多的冲击力荷载，因此在大落距情况下，两者逐渐趋近于一个共同值。两者的峰值冲击力与落距冲击能关系可由对数函数描述。

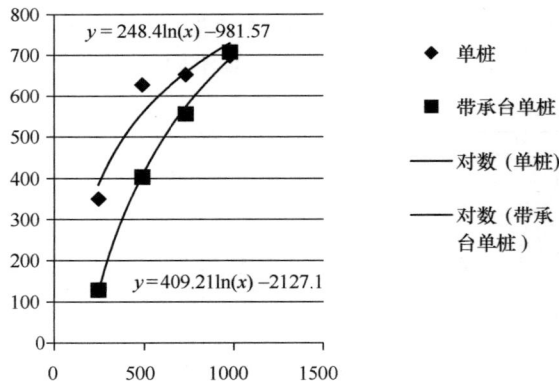

图 6.2.41　峰值冲击力与冲击动能的关系拟合曲线

对于纯单桩工况地的水平向加速度峰值与落距高度以及随落距中心距离的关系，可根据对纯单桩工况地的测点数据，通过回归分析，提出采用如下经验公式来对水平距离的地表水平峰值加速度峰值进行计算：

$$a_{smax} = (24.5h + 115.6)\exp(-2.11x) \quad (6.2.1)$$

其中，h 为落距高度，表示冲击势能的信息量；x 表示地表测点距离振动中心的水平距离。a_{smax} 则表示该测点的最大水平向加速度值。

对于带承台的单桩基础，可根据单桩基础工况的地表测试数据，由回归得到如下公式：

$$a_{pmax} = (258.9h + 3)\exp(-2.29x) \tag{6.2.2}$$

通过对比单桩基础以及带承台的单桩基础在冲击荷载下的响应结果可知：对于单桩基础，冲击荷载引发的应力波在地层表面衰减形成指数规律；对于带承台的单桩基础，承台与土体共同承担的冲击荷载很大，在邻近承台侧壁以及底部附近形成很高的应力波幅值，但由于土层的吸收作用，在同样水平距离下，带承台工况的地表加速度峰值要大于单桩基础工况的结果。带承台工况下的波动幅值减小得更为缓慢。

6.2.3 结论

通过开展纯单桩以及带承台单桩基础在冲击荷载下的对比试验，可得到如下结论：

（1）无论是否带承台，纯单桩以及带承台单桩基础在桩顶冲击荷载作用下自身产生振动，在地表水平向产生振动加速度，加速度值与测点至桩的距离呈现指数衰减规律。而峰值冲击力与冲击动能的关系也可以表示对数增长规律。

（2）对于桩身内力的动态变化，监测结果表明：对于纯单桩，其动应力峰值最大值产生于桩顶位置处，而对于带承台单桩基础，其动应力峰值最大值产生于桩身中段位置处。且由傅里叶频谱曲线可知，对于纯单桩基础，桩顶以及桩中位置出现的频谱曲线为"λ"形态的曲线，且桩顶对应的振幅平台大于桩中位置的振幅，而桩端呈现脉冲形状曲线。对于带承台单桩基础，桩顶与桩中位置也出现形状为"λ"形态的曲线，但桩中位置出现的振幅平台要大于桩顶位置处，桩端的脉冲形状与纯单桩工况基本一致。

（3）对于桩侧土动压力的监测结果，纯单桩工况下在桩顶下 1.6m 处出现水平向土动压力峰值的最大值，而对于带承台单桩工况，则是在桩顶以下 0.4m 位置处。这是由于纯单桩桩端位置的应力波反射与入射波叠加，因而在靠近桩身中段附近产生较大的动土压力结果。而对于带承台单桩，由于承台参与自振，带桩承台整体质心上移，其桩身最大动土压力结果显示在桩顶以下 0.4m 处。

（4）由地表的测试结果可知，地表面的水平振动加速度可表示为冲击能与振中距离的指数函数。冲击能可由落距表示。同时影响上述衰减公式的还有地基或者基础板的刚度，当刚度越大，指数衰减系数越大，且指数前的系数表达为落距的线性关系式。刚度越大，则线性关系式系数也越大。

7 本构关系研究展望

7.1 岩土本构关系研究现状分析

随着 20 世纪 60 年代 Roscoe 等建立了剑桥模型，一方面标志着描述土体可以利用金属的弹塑性理论体系；另一方面由于首次引入了孔隙比，将密度因素考虑到土体的硬化过程中，从而首次在应力-孔隙比空间中建立了模型框架。此后，按照从简单到复杂的原则，按照土的力学特性、外在因素影响特性划分，可以统括两大类建模体系。

7.1.1 力学特性主导的建模类型

1. 结构性

按照土体受到自身形成特性时具有的性质，相较于正常重塑土，天然结构性黏土由于自然沉积作用从而具有天然的大孔隙率特征。国外学者对于结构性软黏土的应力应变关系特性进行了大量的探索性工作。对于一维压缩下的双折线特点，Liu 等对相对密度塑土与结构性土在相同应力水平下的孔隙比差值进行研究，将其表述为应力的指数函数，并用结构性破损指数 b 来反映土的结构性破损特征，建立了结构性土的剑桥模型。Rouainia 等采用运动硬化以及边界面的框架体系，建立了可以考虑塑性应变对于结构性扰动的影响的一个模型。Kavvadas 等建立了双边界面模型，可以有效反映土体结构的形成和破损过程对其工程特性的影响。Asaoka 等在修正剑桥模型的基础上，引入了一个反映结构性特点的上屈服面，该上屈服面可以反映一维压缩条件下结构性土在屈服压力下所产生的较大的体积压缩特性。Yin 等通过分析软黏土的微观结构特性，考虑了土体颗粒间的胶结作用以及胶结破坏效果，建立了一个反映结构性软黏土的模型。Desai 等基于扰动状态概念，认为岩土体状态分为相对完整状态及完全完整状态，在外载荷作用下，岩土体会从相对完整状态向完全完整状态过渡调整，在上述思想指导下建立了扰动状态模型。

国内学者针对天然结构性黏土的力学性状也进行了长期不懈的研究。沈珠江等首先将损伤力学理论引入土体本构建模过程中，建立了弹塑性损伤模型以及非线性损伤力学模型，利用堆砌体模型来考虑天然结构性土的变形特性。刘恩龙等在岩土损伤力学框架内，引入了反映破损过程的结构参数，建立了结构性土的二元介质模型。谢定义等针对土体结构性的影响，提出了一个能反映岩土体结构性变形特性的综合结构势的概念，并利用该结构势建立了一个定量化反映结构性特点的模型。黄茂松等、魏星等通过建立黏土结构破损与累积塑性应变的关系，将硬化参量反映到一个屈服面中，在边界面框架下建立了一个天然结构性土模型。周成等基于扰动状态概念，针对结构性软黏土建立了一个次塑性扰动状态模型。郭林等对温州结构性软黏土开展了长期循环荷载作用下以及不排水剪切加载的循环加载试验。结果表明，较低围压对于结构性损伤影响较小，而高于结构性屈服压力的围压下，土体结构性完全破坏掉，此时强度与重塑土相同，结构性对于应力应变关系的影响过程差异显著。此外，王军等以及蒋军都曾对结构性软黏土在循环荷载作用下的变形特性开展了试验研究。蒋明镜等定义了与重塑土模型中屈服面几何相似的结构性屈服面，并引入表征结构性损伤的破损参数，确定了结构性土加载过程中的硬化规律，该模型对室内一维压缩以及三轴压缩均表现出较好的吻合特点。

2. 蠕变特性

针对软黏土的蠕变现象，Yin 等受到 Bjerrum 关于等效时间概念的启发，提出了明确的等效时间、参考时间线以及弹性线的概念，并基于等效时间、蠕变率与加载历史及路径无关的试验基础，提出了一维的 EVP 黏弹塑性模型，并在此基础上给出了三维 EVP 模型。Borja 以及 Kaliakin 认为弹性、塑性以及黏性应变都是可以解耦的，因而可以将总应变由上述三者叠加考虑。Hinchberger 等评价了两种弹黏塑性本构模型。Zhu 等对香港软黏土的蠕变特性展开了试验研究。类似于 Yin 等所提出的参考时间线的概念，姚仰平等在超固结 UH 模型基础上，在一维压缩体变中，提出了瞬时加载线的概念，并给出表征时间效应的时间相关参数，结合变换应力方法，建立了三维黏弹塑性本构模型。孔令伟等针对湛江黏土开展了蠕变试验研究，并基于 6 元件扩展 Burgers 模型模拟了该种软黏土的蠕变特性。尹振宇等基于大量一维压缩蠕变试验，建议双对数坐标下次固结系数和孔隙比的直线关系，并在此基础上给出了一个次固结系数非线性演化的本构关系式。此外，还有众多学者针对地区性的软黏土的蠕变性质进行了研究，得到具有一定意义的结果。

3. 非饱和特性

非饱和土是以水土气三相构成的混合物为研究对象，其变形及强度特性一直是土力学中的热点及难点。1987 年西班牙 Alonso 等建立了针对非饱和土的弹塑性模型-巴塞罗那模型，其基本核心思想是基于修正剑桥模型的临界状态框架，增加了一项基质吸力项作为状态变量，在这个体系中，基质吸力与应力量同样是一个力学量，基于原有的 p-q 空间中增加了一个维度-基质吸力项 s，在 p-q-s 空间中可绘制出屈服面，其中在 p-s 坐标中，左侧用一个过原点的斜直线表达，而右端采用 LC 屈服面表示。该模型能够描述随着基质吸力增大则对应 p-q 屈服面左侧存在一个拉应力强度值，表明土体的凝聚性增强，LC 屈服面表明随着基质吸力降低，增加 LC 屈服面的外侧移动，导致更大的体积收缩，这一点能用于描述浸水湿陷性质。在非饱和土强度特性方面，Fredlund 在饱和土抗剪强度公式基础上考虑了孔隙气压力与孔隙水压力的双重影响，将其拓展为双变量的非饱和土抗剪强度公式。基于非饱和土的实用化考虑，陈正汉提出了一种非线性模型，其中采用了与 Fredlund 相同的净应力 σ-u_a，基质吸力为 u_a-u_w，基于上述的双变量作为修正应力来构建增量型应力应变关系式。沈珠江主张一切增加抗滑阻力的因素都可以视为广义吸力，广义吸力构成则是折减吸力和胶结吸力。广义吸力模型将应变等效为两部分，一部分为有效应力的变化，另一部分为吸力损失而产生的部分。广义有效应力为 $\sigma = p - u_a + s$，采用广义吸力模型可兼具考虑湿陷性和湿胀性。Gens 等曾在巴塞罗那模型基础上提出了一个膨胀土概念模型，其中引入了一个核心观点，认为宏观变形不会影响微观变形，但微观变形反过来会导致宏观孔隙尺寸产生不可逆的变化，即认为基质吸力会导致塑性体应变，但外加荷载不会影响基质吸力。此外，徐永福、缪林昌、卢再华等也发展了关于膨胀土的弹塑性模型。

4. 饱和砂土大变形及液化特性

在反映砂土静力荷载作用下的应力应变特性方面，基于塑性硬化模量场的概念，Mroz 首先提出了多屈服面模型，其发展的饱和砂土模型不仅可有效地模拟密砂在循环不排水条件下的往返活动特性，还能反映振动压密特性、扭剪下剪应变发展以及体应变累积和液化现象。

通过分析往返活动性现象的应力应变关系特性，Elgamal 等基于多屈服面塑性模型的理论框架，建立了用来模拟砂土往返活动性反应机制和相关剪切应变积累模式的本构模型。

Taiebat 等基于临界状态土力学框架和边界面塑性理论，建立了砂土的各向异性模型，模型可以反映密度与围压依存性以及临界状态特性，可有效地模拟松砂液化现象。

Papadimitriou 等在临界状态土力学体系下，采用边界面塑性理论和 Ramberg-Osgood 类型的非线性滞回模型公式，建立了描述砂土在循环荷载作用下应力应变关系的塑性本构模型。

Li 以边界面模型为基础，通过引入状态变量作为调节砂土强度的自变量，砂土的变相应力比与峰值应力比都表示为状态变量的幂函数形式，状态变量定义为当前有效平均应力下对应的孔隙比与相同有效平均应力对应的临界状态线上的孔隙比之差。因此，在临界状态线确定的情况下，剪缩或者剪胀完全由当前应力状态以及孔隙比确定。由于在模型中引入了状态参量，因此模型能够模拟从松砂到密砂等各种密实程度砂土的应力应变关系，往返活动性以及液化特性也能得到较好的反映。

Hashiguchi 在剑桥模型框架下，为反映应力历史及应力路径对于当前应力应变关系的影响，首先提出下加载面的概念。下加载面的核心思想是在当前应力点上始终存在一个下加载面，在下加载面的外面存在一个与之几何相似的正常屈服面，正常屈服面采用塑性体应变为硬化参量，以当前应力状态点与正常屈服面上的投影点的相似比 R 来构造超固结应力比的演化规律式，利用旋转硬化规则来描述土体的应力诱导各向异性，从而进一步扩展了下加载面模型，使其能反映排水和不排水条件下的单调和循环荷载作用过程中砂土的应力应变关系。

Ishihara 等在前期进行一系列砂土的单调和循环加载试验的基础上，提出了关于砂土在不排水循环加载条件下的孔压特征、剪切应变特征、屈服条件、屈服条件方向独立性和液化激发条件的五条基本假定。基于这些基本假定，建立了用于描述正常压密的饱和砂土在不排水条件下受到不规则循环荷载作用过程中孔隙水压力发展和剪切应变积累的本构模型。

在弹塑性理论框架内，国内学者在针对复杂应力路径下饱和砂土应力应变关系的研究也取得一定的成果。

沈珠江借用理性力学及内时理论中的减退记忆原理和老化原理的同时，提出了塑性应变的惯性原理、协同作用原理及驱动应力等新概念，在此基础上提出了一个反映砂土在循环荷载作用下应力应变关系的广义弹塑性模型。

徐干成等建立了饱和砂土的瞬态动力学理论体系。该理论体系的一个重要特点是将循环荷载作用下饱和砂土的应力、应变、强度及破坏视为一个有机联系的发展过程，并针对这一过程的不同点提出反向剪缩、空间特性域、时域特性段即瞬态模量场等具有理论和实际意义的新概念，开辟了对动强度和变形瞬态变化过程进行定量分析的新途径。

张建民等针对饱和砂土液化后的变形与强度特性进行了重点研究，将剪切引起的体应变分为可逆和不可逆体应变两部分，采用体应变划分的方法和规律解释了不同排水条件下饱和砂土不同的应力应变响应。

章根德和韦昌富从工程实用的观点出发，通过引入初次加载与再次加载两种过程，从而提出一个描述砂质土在循环荷载条件下主要特性的本构模型。

丰土根等将边界面塑性理论与多重剪切机构塑性理论相结合，在多重剪切机构塑性模型的基本框架内引入边界面模型的思想，从而建立了模拟砂土在复杂荷载作用下的主应力轴偏转及地震液化剪切大位移特性的新的动力本构模型——多机构边界面塑性模型。

刘汉龙等根据多重剪切机构塑性模型以及边界面模型的特点，建立了一个砂土多机构边界面模型。该模型将土体复杂的变形分解为体积变形及一系列简单剪切变形，采用边界面模型来模拟原多重剪切机构模型中的虚拟剪切机构，避免了原多重剪切机构模型在模拟单剪应力-应变关系时确定比例参数的复杂性。预测与试验结果表明模型有较好的动力模拟特性。

许成顺、栾茂田等在复杂应力路径下的试验结果上，分析了主应力方向对于应力应变关系的影响，并利用饱和砂土的状态参量提出了基于应力-剪胀和应力应变拟双曲线关系的弹塑性本构模型。模型通过应力应变拟双曲线关系来反映主应力的方向对于应力应变关系的影响。模型能够考虑初始各向异性状态对于饱和砂土应力应变关系的影响。黄茂松等基于材料状态相关砂土临界状态概念，将 Pietruszczak 等提出的砂土本构模型进行了改进，在考虑材料状态相关砂土临界状态单屈服面基础上，同时考虑剪切变形与压缩变形机理的基础上又提出了一个双屈服面模型。模型仅需一套参数即可描述在不同围压、不同孔隙比下饱和砂土的应力应变关系。

7.1.2 外在因素影响力学特性的建模类型

1. 温度因素

常年冻土或者季节性冻土地区通常处于低温状态，此时土体内部的水一般呈现冰的形态，因而本质上属于混合物固体范畴。关于冻土的力学性质，国内外学者早已注意并对其进行了一系列研究。

朱元林对冻土在单轴压缩下的应力应变关系进行了大量的试验研究，根据含水率以及加载应变率划分类型，将冻土的应力应变性状分为 9 种类型。土体的冻胀作用是由于土的温度降至冰点以下，土体孔隙中的液体水结冰而发生体积膨胀现象，由于外部荷载作用或者吸力作用导致的沿水势梯度流动，未冻区的水体流向冻结前缘，并逐渐聚集形成冰晶，进而导致土体的膨胀现象。陈肖柏将寒区冻土对建构筑物的冻胀力进行了系统的分类以及整理，由于地区冻土具有典型的区域性以及特殊性，因而各地区的冻胀力计算方法及模式都只限于各个地区范围。Miller 针对冻胀提出次冻胀模型，假定冰透镜体生长在比冻结锋面温度低的区域，当冻结区土颗粒有效应力降为零时才会发生，当土中孔隙压力超过上覆土压力时就会产生冻胀。当温度逐渐降低，冰压力逐渐增大，颗粒间有效应力逐步转移到冰体上，从而降为零，冰透镜体产生，这是能够解释多层冰透镜体的一种理论。Taber 以及 Takagi 等都认为吸力是冻胀产生的驱动力，该理论认为吸力吸附水分迁移，由于水膜张力作用，诱导水分向冻结前缘移动，并进一步形成冰体，水膜的动态厚度取决于吸力的大小。Konrad 和 Morgenstern 将冻结前缘附近的水分迁移率与温度梯度比值定义为分凝势，认为冻胀是水分向冰透镜体的水分补给所致，水分迁移取决于生长的冰透镜体表面的相平衡所产生的吸力与冻结前缘附近的渗透系数，渗透系数与未冻水含量有关。

对于冻土的融沉研究，目前主要分为两大类：一类是按照所有可能影响融沉的各因素，统计回归得到的经验公式，齐吉琳等采用人工神经网络方法，基于人工神经网络的多因素处理方法是一种新的途径，可通过对含水率、干密度以及诸多土性参数因素与融沉系数之间建立一个经验曲线关系。另一大类是基于物理概念的方法，从物理机理着手来试图建立一个物理模型，Morgenstern 等试图基于一维太沙基固结理论，结合纽曼热传导方程得到一维情况的变边界融化固结理论。Foriero 等基于一维大变形固结理论，建立了一维大变形融化固结理论。Cater 利用现时构型得到三维情况下的大变形固结理论，物理意义明确，方程形式简洁，可以描述冻土融化下的大变形固结问题。高含冰量冻土的融化过程不仅是热力作用的简单叠加，而是热力相互耦合作用的结果。Gibson 等发展了现时构型的三维大变形固结理论，但应该同时考虑相变的热传导方程，进而得到高含冰量冻土的融化问题。冻土中的冰融化过程中由于相转换发生，因而对土体中物理属性产生了改变，首先对土的渗透性以及孔隙比等产生特定的影响。另外，对于土体力学性质影响的机理方面，主要从以下两个方面发起：一是土结构形态的变化，由于冻融交替循环作用会导致土体微观结构形态的变化，进而从宏观上对土体结构性产生影响；二是土颗粒之间的接触连接形式发生变化。超固结特性对于冻胀体变也有影响，Chamberlain 等分析比较了不同超固结度下冻胀体变的规律。

关于冻土强度特性的研究，对于无侧限抗压强度多建议采用应变率的幂次函数表示。剪切速率和降温幅度值对内摩擦角影响很小，主要是对于凝聚力的影响较大。对于静水压力的影响，由于冰存在压融效应，因而当围压达到某一个阈值后，受到压融影响，强度开始降低。马巍等通过细观分析证实了上述效应。

朱元林对单轴压缩响应开展深入研究，提出了单轴压缩本构模型及动三轴蠕变模型。蔡中民等提出了适用于静载与反复加载的黏弹塑性模型。由于存在压融效应，即外力引发冰水之间的相变过程，因而形成了四相比例的变化，反过来又影响到下一步加载进程的变形特性。上述力与热耦合特点造成了冻土本构关系研究的进展非常缓慢。苗天德将损伤力学的方法引入冻土的本构关系中，用损伤观点从细观角度解释和阐明冻土在加载下的强度演化机理。何平依托连续介质力学与热力学原理建立了黏弹塑性损伤耦合本构模型。宁建国则利用复合材料细观力学的方法，试图建立各相的弹性常数与宏观冻土的弹性常数之间的关系，并进一步将损伤理论应用于冻土中，试图建立考虑损伤的冻土本构模型。刘增利建立了考虑损伤的单轴压缩本构关系。此外，其他学者的研究成果也各具特色。

2. 大气植被非饱和土相互作用

地表植被的根系也会对表层土体的非饱和特性产生重要影响。为了探究植被以及大气降水对于非饱和土的影响规律，香港科技大学吴宏伟等系统设计了一系列试验，选取百慕大草和鸭脚木两种典型性植物作为受试对象，从试验结果中揭示了一系列植被与土体的相互作用机理：

（1）无论是干燥或是降雨条件下植物根系均能明显提高土体的基质吸力，从而提高边坡稳定性。

（2）由植物引起的基质吸力可以用叶片面积指数和根系表面积系数等参数将植物对基质吸力的影响因素量化表达。

（3）真菌能够显著提高植物根系的抗拉强度，提升植物根系对于非饱和土体的力学加筋作用。

（4）通过比较分析均布形根系、三角形根系、指数型根系以及椭圆形根系四种典型根系，法线指数型根系最有利于提高边坡稳定性。在此基础上，提出了新的理论模型，可预测植被对土体的持水能力，构建了考虑植物根系形状影响的地下水渗流与地表径流耦合运移的新模型，推导了用于计算植被边坡基质吸力分布与稳定性安全系数的解析解。

7.2 岩土材料研究前沿热点以及前景

虽然从 1963 年至今现代土力学已经发展了一甲子的时间，但仍然局限在临界状态土力学框架体系中，迄今为止仍然是做对以往传统弹塑性力学进行查漏补缺的修缮工作，尚未见到具有里程碑式的突破性理论成果，究其根本可能存在如下一些原因：

（1）弹塑性理论应用到土力学中是完全借鉴金属材料体系，而金属材料的发展远远早于土力学学科，不同学科的科学发展深度与速度存在差异性是客观事实，即便到今天，金属材料的本构理论也远远较土体本构理论成熟，因而借鉴金属材料力学先进思想以及最新理论成果仍然不过时。

（2）一方面由于土体材料是天然材料，而金属材料属于人工材料，从构成来说土体材料要更复杂多样；另一方面土体属于开放性介质，受到大气降雨植物根系以及阳光辐射地热温度影响等多因素影响，且与外部大气及地下水存在介质以及能量交换现象，而室内试验只能研究其局部的一些力学特性或者影响因素，无法全面反映上述诸多因素的相互作用。而土力学的应用恰恰是在自然环境中，因而若忽略主要影响因素将导致不必要甚至灾难性的损失。

（3）临界状态土力学框架采用了弹塑性理论，较以往的全量型理论更能反映土体材料特性，很明显是采用了更为先进的计算方法，而目前暂时处于土力学发展的停滞期的一大原因是数学手段不先进。将主要影响因素以及主要力学性质加以定量化，需要采用更为先进的集合理论以及概率密度理论进行描述，并结合力学中宏细观结合、多场耦合及相变状态思想相结合才可能形成新的理论体系。

参 考 文 献

［1］ A Halabian，F Askarinejad，SH Hashemolhosseini. New viscoplastic bounding surface subloading model for Time-dependent behavior of sands［J］. International Journal of Geomechanics，2021，21(4).

［2］ A. Bidarmaghz，G. A. Narsilio. Heat exchange mechanisms in energy tunnel systems［J］. Geomechanics for Energy and the Environment，2018，16(2)，83-95.

［3］ A. F. R. Loria，A. Di Donna，M. Zhang. Stresses and deformations induced by geothermal operations of energy tunnels［J］. Tunnelling and Underground Space Technology，2022，124(16)：1-15.

［4］ A. Insana，M. Barla，J. Sulem. Energy tunnel linings thermomechanical performance：comparison between field observations and numerical modelling［J］. in E3S Web of Conferences，vol. 205. EDP Sciences，2020，p. 06008.

［5］ Abelev，A. ，Lade，P. V. Characterization of failure in cross-anisotropic soils［J］. J. Eng. Mech. ASCE. 2004，130(5)，599-606.

［6］ Abelev，A. V. ，Lade，P. V. Effects of cross-anisotropy on three-dimensional behavior of sand. I：stress-strain behavior and shear banding［J］. J. Eng. Mech. ASCE，2003，129 (2)，160-166.

［7］ Ai，Z. Y. ，Wang，L. J. Three-dimensional thermo-hydro-mechanical responses of stratified saturated porothermoelastic material［J］. Appl. Math. Model，2016，40 (21-22)，8912-8933.

［8］ Ajalloeian，R. ，Yu，H. S. Chamber studies of the effects of pressuremeter geometry on test results in sand［J］. Géotechnique，1998，48(5)，621-636.

［9］ Allirot D，Boehler J P，Sawczuk A. Irreversible deformations of an anisotropic rock under hydrostatic pressure［J］. Int. J. Rock Mech. Min. Sci. & Geomech. Abstr，1977，14，pp. 77-83.

［10］ Alonso E E，Gens A，Josa A. A constitutive model for partially saturated soils［J］. Geotechnique，1990，40(3)：405-430.

［11］ Arthur J R F，Chua K S，Dunstan T. Dense sand weakened by continuous principal stress direction rotation［J］. Geotechnique，1979，29(1)：91-96.

［12］ Arthur J R F，Chua K S，Dunstan T. Induced anisotropy in sand. ［J］. Geotechnique，

1977，27(1)：613-682.

[13] Asaoka A，Nakano M，Noda T. Superloading yield surface concept for highly structured soil behavior[J]. Soils and Foundations，2000，40(2)：99-110.

[14] Asaoka A，Noda T，Yamada E，et al. An elstoplastic description of two distinct volume change mechanisms of soils. Soils and Foundations，2000，42(5)：47-57.

[15] Asaoka A. Consolidation of clay and co mpaction of sand-an elasto-plastic // 12 Asian Regional Conference on Soil Mechanics and Geotechnical Engineering[C]. World Scientific Publishing Company，2004：1157-1195.

[16] Balasubramanian A S，Hang Z M.. Yielding of weathered Bankok clay. Soils and Foundations，1980，20(2)：1-15.

[17] Balasubrarnaniam A S，Chaudhry A R. Deformation and strength characteristics of soft Bangkok clay[J]. Journal of geotechnical engineering division，ASCE，1978，104(9)：1153-1167.

[18] Baldi,G.，Hueckel，T.，Peano，A. et al. Developments in modelling of thermo-hydro-mechanical behaviour of Boom clay and clay-based buffer materials，vols 1 and 2，EUR13365/1 and 13365/2. Luxembourg：Commission of European Communities，1991.

[19] Banerjee P K，Yousif N B. A plasticity model for the mechanical behavior of anisotropically consolidated clay. International Journal for Numerical and Analytical Methods in Geomechanics，1986，10：521-541.

[20] Banerjee，P. K.，Stipho，A. S.. An elastoplastic model for undrained behavior of heavily overconsolidated clay [J]. International Journal for Numerical and Analytical Methods in Geomechanics，1979，(3)：97-103.

[21] Banerjee，P. K.，Stipho，A. S.. Associated and non-associated constitutive relations for undrained behavior of isotropic soft clays[J]. International Journal for Numerical and Analytical Methods in Geomechanics，1978，(2)：35-56.

[22] Banerjee，P. K.，Yousif，N. B.. A plasticity model for the mechanical behaviour of anisotropically consolidated clay. Int. J. Numer. Anal. Meth. Geomech，1986，10(5)，521-541.

[23] Bazant Z P，Caner F C. Microplane model M4 for concrete I：Formulation with work conjugate deviatoric stress. Journal of Engineering Mechanics，ASCE，2000，126(9)：944-953.

[24] Bazant Z P，Carol I，Adley M，et al. Microplane model M4 for concrete：I formulation with work-conjugate deviatoric stress. Journal of Engineering Mechanics，ASCE，2000，126：944-954.

[25] Been K，Jefferies M G. A state parameter for sands[J]. Geotechnique，London，1985，

35(2): 99-112.

[26] Biarez J, Hicher P Y. Elementary mechanics of soil behaviour: saturated remoulded soils. Rotterdam, Brookfield, A. A. Balkema Press, 1994.

[27] Bjerrum L. Seventh rankine lecture: engineering geology of Norwegian normally-consolidated marine clays as related to settlement of buildings. Geotechnique, 1967, 17(2): 81-118.

[28] Boehler J. P. , Sawczuk. A. On yielding of oriented solids[J]. Acta Mechanica, 1977, 27(1): 185-204.

[29] Borja R I, Kavazanjian E. A constitutive model for the stress-strain-time behavior of 'wet clays'[J]. Géotechnique, 1985, 35(3): 283-298.

[30] Bowen Han, Guoqing Cai, Annan Zhou, et al. A bounding surface model for unsaturated soils considering the microscopic pore structure and interparticle bonding effect due to water menisci [J]. Acta Geotechnica, 2021, 16: 1331-1354.

[31] C. Ma, A. Di Donna, D. Dias. Numerical study on the thermo-hydromechanical behaviour of an energy tunnel in a coarse soil. Computers and Geotechnics, 2022, 151, p. 105003.

[32] Cai Z Y, Li X S. Deformation characteristics and critical state of sand[J]. Chinese Journal of Geotechnical Engineering, 2004, 26(5).

[33] Carter J P, Booker J R, Yeung S K. Cavity expansion in cohesive frictional soils[J]. Géotechnique, 1986, 36(3): 349-358.

[34] Carter J P, Small J C, Booker J R. A theory of finite elastic consolidation[J]. International Journal of Solids and Structures, 1977, 13: 467-478.

[35] Carter J P, Yeung S K. Analysis of cylindrical cavity expansion in a strain weakening material[J]. Comuputers and Geotechnics, 1985, 29(1): 161-180.

[36] Casagrande A, Carillo N. Shear failure of anisotropica materials[J]. Boston Society of Civil Engineering Journal, 1944, 31(2): 74-87.

[37] Cedolin L, Crutzen Y R J, Poli S D. Triaxial stress-strain relationship for concrete. Journal of Engineering Mechanics, 1977, 103(3): 423-439.

[38] Cekerevac, C. Laloui, L. Experimental study of thermal effects on the mechanical behaviour of a clay. Int. J. Numer. Anal. Methods Geomech, 2004, 28(3): 209-228.

[39] Chamberlain Edwin J, Gow Anthony J. Effect of freezing and thawing on the permeability and structure of soils[J]. Engineering Geology, 1979, 13(14): 73-92.

[40] Chang, C. S. Bennett, K. Micromechanical modeling for the deformation of sand with noncoaxiality between the stress and material axes. J. Engng Mech, 2017, 143(1): 1-15.

［41］ Chaudhry, A. A. , Buchwald, J. , Kolditz, O. , et al. Consolidation around a point heat source(correction and verification). Int. J. Numer. Anal. Meth. Geomech, 2019, 43 (18), 2743-2751.

［42］ Chen E S, Buyukozturk O. Constitutive model for concrete in cyclic compression. Journal of Engineering Mechanics, ASCE, 1985, 111(6): 797-814.

［43］ Chen S L, Abousleiman Y N. Exact undrained elasto-plastic solution for cylindrical cavity expansion in modified Cam Clay soil[J]. Géotechnique, 2012, 62(5): 447-456.

［44］ Chen S L, Liu K. Undrained cylindrical cavity expansion in anisotropic critical state soils [J]. Géotechnique, 2019, 69(3): 189-202.

［45］ Cheng Guodong. Permafrost studies in the Qinghai-Tibet plateau for road construction[J]. ASCE Journal of cold regions Engineering, 2005, 19(1): 19-29.

［46］ Chowdhury, E. Q. , Nakai, T. Consequence of the tijconcept and a new modelling approach. Comput. Geotech, 1998, 23(4): 131-164.

［47］ Collins I F, Hilder T. A theoretical framework for constructing elastic/plastic constitutive models of triaxial tests. Int J Numer Anal Met, 2002, 26: 1313-1347.

［48］ Collins I F, Kelly P A. A thermomechanical analysis of a family of soil models. Geotechnique, 2002, 52: 507-518.

［49］ Collins I F, Wang Y. Similarity solutions for the quasi-static expansion of cavities in frictional materials. Research report No. 489, Department of Engineering Science, University of Auckland, New Zealand.

［50］ Collins I F. Elastic/plastic models for soils and sands. Int J Mech Sci, 2005, 47: 493-508.

［51］ Collins I F. The concept of stored plastic work or frozen elastic energy in soil mechanics. Geotechnique, 2005, 55: 373-382.

［52］ Coombs, W. M. . Continuously unique anisotropic critical state hyperplasticity. Int. J. Numer. Anal. Meth. Geomech, 2017, 41(4), 578-601.

［53］ Coop, M. R. . The mechanics of uncemented carbonate sands. Ge'otechnique, 1990, 40 (4), 607-626.

［54］ Costa, A. M. D. , Cardoso, C. D. O. , Amaral, C. D. S. , et al. Soil-structure interaction of heated pipeline buried in soft clay. Proceeding of IPC2002 4th International Pipeline Conference, ASME, Calgary, Canada, 2002.

［55］ Cotecchia F, Chandler R J. A general framework for the mechanical behaviour of clays [J]. Geotechnique, 2000, 50(4): 431-447.

［56］ D. M. Wood, K. Belkheir, Strain softening and state parameter for sand modelling, 1994, 44: 335-339.

［57］ Dafalias Y F, Papadimitriou A G, Li X S. Sand plasticity model accounting for inherent fabric anisotropy. Journal of Engineering Mechanics, 2004, 130(11): 1319-1333.

[58] Dafalias Y F, Taiebat M. Rotational hardening with and without anisotropic fabric at critical state. International Journal of plasticity, 2014, 5(3): 227-246.

[59] Dafalias Y F. Must critical state theory be revisited to include fabric effects? [J]. Acta Geotechnica, 2016, 11(3): 479-491.

[60] Dafalias Y F, Manzari M T. Simple plasticity sand model accounting for fabric change effects[J]. Journal of Engineering Mechanics, 2004, 130(6): 622-634.

[61] Dafalias Y F, Papadimitriou A G, LI X S. Sand plasticity model accounting for inherent fabric anisotropy[J]. 2004, 130(11): 1319-1333.

[62] Dafalias Y. F., Taiebat M., Papadimitriou A. G.. Saniclay: simple anisotropic clay plasticity model[J]. International journal for numerical and analytical methods in geomechanics, 2006, 30(12): 1 231-1257.

[63] Dafalias Y F. Bounding surface plasticity I: mathematical foundation and hypoplasticity [J]. Journal of Engineering Mechanics, 1986, 112: 966-987.

[64] Dafalias, Y. F., Taiebat, M.. Rotational hardening with and without anisotropic fabric at critical state. Geotechnique, 2015, 64(6): 507-511.

[65] Dafalias, Y. F., Taiebat, M.. Anatomy of rotational hardening in clay plasticity. Géotechnique, 2013, 63(16), 1406-1418.

[66] Dakoulas, P., Sun, Y.. Fine Ottawa sand: experimental behavior and theoretical predictions. Journal of Geotechnical and Geoenvironmental Engineering, 1992, 118(12): 1906-1923.

[67] David Z, Hans W R. Model for cyclic compressive behavior of concrete. Journal of Engineering Mechanics, ASCE, 1987, 113(2): 228-240.

[68] Dayal U, Allen J H. The effect of penetration rate on the strength of remolded clay and sand samples[J]. Canadian Geotechnical Journal, 1975, 12(3): 336-348.

[69] Desai C S, Somasundaram S, Frantziskonis G. A hierarchical approach for constitutive modeling of geologic materials. International Journal for Numerical and Analytical Mechods in Geomechanics, 1986, (10): 225-257.

[70] Desai C S, Toth J. Disturbed state constitutive modeling based on stress-strain and nondestructive behavior. International Journal of Solids and Structures, 1996, 33(11): 1619-1650.

[71] DESAI C S. Mechanics of materials and interfaces: the disturbed state concept[M]. Boca Raton: CRC Press, 2001.

[72] Di Donna, A., Laloui, L.. Advancements in the geotechnical design of energy piles. Proceedings of international workshop on geomechanics and energy, Lausanne, Switzerland,

2013：26-28.

[73] Di Donna，A.，Laloui，L.. Numerical analysis of the geotechnical behaviour of energy piles. Int. J. Numer. Analyt. Methods Geomech，2015，39(8)：861-888.

[74] Di Donna，A.，Ferrari，A.，Laloui，L.. Experimental investigation of the soil-concrete interface：physical mechanisms，cyclic mobilisation and behaviour at different temperatures. Can. Geotech. J.，2016，53(4)：659-672.

[75] Dong Keon Kim，Gary F.，Dargush，et al. A two surface plasticity model for the simulation of uniaxial ratchetting response. [J]. Journal of Mechanical Science and Technology，2012，26(1)：145-152.

[76] Drucker，D. C.. Conventional and unconventional plastic response and representation. Appl. Mech. Rev. (ASME)，1988，41，151-167.

[77] Drucker，D. C.，Prager，W.. Soil mechanics and plastic analysis or limit design. Quart. Appl. Math，1952，10，157-165.

[78] Duncan，J. M.，Seed，H. B.. Strength variation along failure surfaces in clay. J. Geotech. Eng. Div. ASCE 92(SM6)，1966，81-104.

[79] Elgamal A，Yang Z H，Parra E. Computational modeling of cyclic mobility and post-liquefaction site response[J]. Soil dynamics and earthquake engineering，2002，22(4)：259-271.

[80] Everett D H. Thermodynamics of damage to porous solids[J]. Transactions of the faraday society，1961，57：1541-1551.

[81] J. C. Fang，G. Q. Kong，Q. Yang. Group performance of energy piles under cyclic and variable thermal loading[J]. Geotech. Geoenviron. Eng，2022，148(8)：04022060.

[82] J. C. Fang，G. Q. Kong，Y. D. Meng，et al. Thermomechanical behavior of energy piles and interactions within energy pile-raft foundations[J]. Geotech. Geoenviron. Eng，2020，146(9)：04020079.

[83] Feng Dai，Kaiwen Xia. Loading rate dependence of tensile strength anisotropy of barre granite[J]. Pure and applied geophysics，2010(11).

[84] Fincato R.，Tsutsumi S.. An overstress elasto-viscoplasticity model for high/low cyclic strain rates loading conditions：part I - formulation and computational aspects[J]. International journal of solids and structures，2020，207：279-294.

[85] Foriero A，Ladanyi B. FEM assessment of largestrain thaw consolidation[J]. Journal of Geotechnical Engineering，1995，121(2)：126-138.

[86] Gallipoli D，Wheeler S，Karstunen M. Modelling the variation of degree of saturation in a deformable unsaturated soil[J]. Geotechnique，2003，53(1)：105-112.

[87] Gao Z W，Zhao J D，Li X S，et al. A critical state sand plasticity model accounting for

fabric evolution [J]. International Journal for Numerical and Analytical Methods in Geomechanics, 2014, 38(4): 370-390.

[88] Gao Z W, Zhao J D. Efficient approach to characterize strength anisotropy in soils[J]. Journal of Engineering Mechanics, 2012, 138(12): 1447-1456.

[89] Gao Z W, Zhao J D. A non-coaxial critical-state model for sand accounting for fabric anisotropy and fabric evolution[J]. International Journal of Solids and Structures, 2017, 106: 200-212.

[90] Gao Z W, Zhao J D. Constitutive modeling of anisotropic sand behavior in monotonic and cyclic loading[J]. Journal of Engineering Mechanics, 2015, 141(8): 1-15.

[91] Gao Zhiwei, Zhao Jidong, Yin Zhen-Yu. Dilatancy relation for overconsolidated clay[J]. International Journal of Geomechanics, 1986, 112: 966-987.

[92] Gao Z W, Zhao J D, Yao Y P. A generalized anisotropic failure criterion for geomaterials. International Journal of Solids and Structures 2010, 47(22): 3166-3185.

[93] Geng Dajiang, Dai Ning, Guo Peijun, et al. Implicit numerical integration of highly nonlinear plasticity models[J]. Computers and Geotechnics, 2021, 132(2): 1-10.

[94] Gens A. Stress-strain and strength characteristics of a low plasticity clay(PhD Thesis). Imperial College, London, 1982.

[95] Gens. A. , Alonso E.. A framework for the behavior of unsaturated expansive clays[J]. Canadian Geotechnique of Journal, 1992, 29: 1013-1032.

[96] Gerstle K H, Linse D H, et al. Strength of concrete under multi-axial stress states. // Proc, McHenry Symposium on Concrete and Concrete Structures, Special Publication, SP55, ACI, 1978, 103-131.

[97] Gerstle K H. Simple formulation of biaxial concrete behavior. ACI Structure Journals, 1981, 78(1): 62-68.

[98] Gibson R E, England G l, Hussey M J L. The theory of one dimensional consolidation of saturated clays I: finite non-linear consolidation of thin homogeneous layers[J]. Geotechnique, 1967, 17(2): 261-273.

[99] Gold L W. A possible force mechanism associated with the freezing of water in porous materials[J]. Highway Research Board Bulletin, 1957, 168: 65-72.

[100] Gray K E. Some rock mechanics problems of petroleum engineering. Proc, 9th Symp, Rock Mechanics. The Colorado School of Mines, 1967, 405-433.

[101] Guo N. , Zhao J.. The signature of shear-induced anisotropy in granular media. Comput. Geotech, 2013, 47, 1-15.

[102] Gutierrez M, Ishihara K. Non-coaxiality and energy dissipation in granular material[J]. Soils and Foundations, 2000, 40(2): 49-59.

［103］ Gutierrez M，Ishihara K，Towhata I. Flow theory for sand during rotation of principal stress direction［J］. Soils and Foundations，1991，31(4)：121-132.

［104］ Guymon G，Luthin J N. A coupled heat and moisture transport model for arctic soils［J］. Water Resources Research，1974，10(5)：995-1001.

［105］ Harlan R L. Analysis of coupled heat-fluid transport in partially frozen soil［J］. Water Resources Research，1973，9：1314-1323.

［106］ Hashicguchi K. Subloading surface model in unconventional plasticity［J］. International Journal of Solids and Structures，1989，25(8)：917-945.

［107］ Hashiguchi K，Chen Z P. Elastoplastic constitutive equation of soils with the subloading surface and the rotational hardening［J］. International journal for numerical and analytical methods in geomechanics，2015，22(3)：197-227.

［108］ Hashiguchi K，Ozaki S，Okayasu T. Unconventional friction theory based on the subloading surface concept［J］. International Journal of Solids and Structures，2005，42(5)：1705-1727.

［109］ Hashiguchi K，Tsutsumi S. Elastoplastic constitutive equation with tangential stress rate effect［J］. International Journal of Plasticity，2001，17(1)：117-145.

［110］ Hashiguchi K. General description of elastoplastic deformation/ sliding phenomena of solids in high accuracy and numerical efficiency：subloading surface［J］. Archives of Computational Methods in Engineering，2013，20(4)：361-417.

［111］ Hashiguchi K. Subloading surface model in unconventional plasticity［J］. International Journal of Solids and Structures，1989，25(8)：917-945.

［112］ Hashiguchi K.，Generalized plastic flow rule. Int. J. Plasticity，2005，21，321-351.

［113］ Hashiguchi K.，Ozaki, S.，Okayasu, T.. Unconventional friction theory based on the subloading surface concept. International Journal of Solids and Structures，2005，42，1705-1727.

［114］ Hashiguchi K.，Protasov，A.. Localized necking analysis by the subloading surface model with tangentialstrain rate and anisotropy. Int. J. Plasticity，2004，20，1909-1930.

［115］ Herrmann，L. R.，et al. A verification study for the bounding surface plasticity model for cohesive soils. Final Report to Civil Engineering Laboratory，Naval Construction Center，Port Hueneme，Calif.，Order No. USN N62583-81 M R320，Dec，1981.

［116］ Hight，D. W.，Gens，A.，Symes，M. J.. The development of a new hollow cylinder appratus for investigating the effects of principal stress rotation in soils. Géotechnique，1983，33(4)，355-383.

［117］ Hill，R. The mathematical theory of plasticity，Oxford，1950.

［118］ Hinchberger S D，Rowe R K. Evaluation of the predictive ability of two elastic-viscoplastic constitutive models[J]. Canadian Geotechnical Journal，2005，42：1675-1694.

[119] Hoek E，Brown E T. Practical estimates of rock mass strength. International Journal of Rock Mechanics and Mining Sciences，1997，34(8)：1165-1186.

[120] Horpibulsuk S，Miura N，Bergado DT. Undrained shear behaviour of cement admixed clay at high water content. Journal of Geotechnical and Geoenvironmental Engineering (ASCE)，2004，130(10)：1096-1105.

[121] Houlsby G T，Puzrin A M. A thermomechanical framework for constitutive models for rate-independent dissipative materials. Int J Plasticity，2000，16：1017-1047.

[122] Houlsby，G. T.，Amorosi，A.，Rollo，F.. Non-linear anisotropic hyperelasticity for granular materials. Comput. Geotech，2019，115，103167.

[123] Hromadka T V，Guymon G L，Berg R L. Some approaches to modeling phase change in freezing soils[J]. Cold Regions Science and Technology，1981，4：137-145.

[124] Hsieh S S，Ting E C，Chen W F. A plastic-fracture model for concrete[J]. International Journal of Solids and Structures，1982，18(3)：181-197.

[125] Hueckel，T.，Baldi，G.. Thermoplasticity of saturated clays：experimental constitutive study. J. Geotech. Engng 116，1990(12)：1778-1796.

[126] I. Jefferson，C. D. F. Rogers，I. J. Smalley. Discussion：'temperature effects on undrained shear characteristics of clay' by kuntiwattanakul et al，Soils Found，1996(36) 141-143.

[127] Imran I，Pantazopoulou S J. Plasticity model for concrete under triaxial compressions. Journal of Engineering Mechanics，ASCE，2001，127：281-290.

[128] Indraratna，B. Engineering properties of a clay shale with particular reference to construction problems. Proc.，Int. Symp. on Geotechnical Engineering on Hard Soils and Soft Rocks，Taylor and Francis，London，1993，561-568.

[129] Ishihara K，Tatsuoka F，Yasuda S. Undrained deformation and liquefaction of sand under cyclic stresses[J]. Soils and Foundations，1975，15(1)：29-44.

[130] Ishihara K，Towhata K. Sand response to cyclic rotation of principal stress directions as induced by wave loads[J]. Soils and Foundations，1983，23(4)：11-26.

[131] J Carter，M F Randolph，C P Wroth. Stress and pore pressure changes in clay during and after the expansion of a cylindrical cavity. International Journal for Numerical & Analytical Methods in Geomechanics，1979，29(3)：305-322.

[132] J. Zannin，A. Ferrari，T. Kazerani，et al. Experimental analysis of a thermoactive underground railway station. Geomechanics for Energy and the Environment，2022(29)：100275.

[133] Jingyu Liang，Dechun Lu，Xiuli Du，et al. A 3D non-orthogonal elastoplastic constitu-

tive model for transversely isotropic soil[J]. Acta geotechnica, 2022, 17(1): 19-36.

[134] Joer H A, Lanier J, Fahey M. Deformation of granular materials due to rotation of principal axes[J]. Geotechnique, 1998, 48(5): 605-619.

[135] Jovicic V, Coop M R. The measurement of stiffness anisotropy in clays with bender elements tests in the triaxial apparatus[J]. Geotechnical Testing Journal, 1998, 21(1): 3-10.

[136] Kaliakin V N, Dafalias Y F. Theoretical aspects of elastoplastic-viscoplastic bounding surface model for cohesive soils[J]. Soils and Foundations, 1990, 30(3): 11-24.

[137] Karsan I D, Jirsa J O. Behavior of concrete under compressive loadings. Journal of the Structural Division, ASCE. 1969, 95(12): 2543-2563.

[138] Kavvadas M, Amorosi A. A constitutive model for structured soils[J]. Géotechnique, 2000, 50(3): 263-273.

[139] Khojastehpour M, Hashiguchi K. Axisymmetric bifurcation analysis in soils by the tangential-subloading surface model[J]. Journal of the Mechanics and Physics of Solids, 2004, 52(10): 2235-2262.

[140] Khojastehpour M, Hashiguchi K. The plane strain bifurcation analysis of soils by the tangential-subloading surface model[J]. International Journal of Solids and Structures, 2004, 41(20): 5541-5563.

[141] Khojastehpour M, Murakami Y, Hashiguchi K. Antisymmetric bifurcation in a circular cylinder with tangential plasticity[J]. Mechanics of Materials, 2006, 38(11): 1061-1071.

[142] Kim Dong-Keon, Shin Sung-Woo, Dargush Gary F. A two surface plasticity model for uniaxial ratchetting of cyclically stabilized material[J]. Advanced Science Letters, 2012, 8(6): 783-788.

[143] Kim, T., Finno, R. J.. Anisotropy evolution and irrecoverable deformation in triaxial stress probes. J. Geotech. Geoenviron. Eng, 2012, 138(2), 155-165.

[144] Kirkgard M. M, Lade P V. Anisotropic three-dimensional behavior of a normally consolidated clay. Canadian Geotechnical Journal, 1993, 30(4): 848-858.

[145] Kirkgard, M. M., Lade, P. V.. Anisotropy of normally consolidated San Francisco bay mud[J]. Geotechnical Testing Journal, 1991, 14(3), 231-246.

[146] Koichi Hashiguchi, Masami Ueno. Elastoplastic constitutive equation of metals under cyclic loading[J]. International Journal of Engineering Science, 2017, 111: 86-112.

[147] Kong Y X, Zhao J D, Yao Y P. A failure criterion for cross-anisotropic soils considering microstructure[J]. Acta Geotechnica, 2013, 8(6): 665-673.

[148] Kong, G. Q., D. Wu, H. L. Liu, et al. Performance of a geothermal energy deicing

system for bridge deck using a pile heat exchanger[J]. International Journal of Energy Research, 2019, 43(1): 596-603.

[149] Konrad J M, Morgenstern N R. A mechanistic theory of ice lens formation in fine-grained soils[J]. Canadian Geotechnical J, 1980, 17: 473-486.

[150] Kumar, A., V. N. Khatri, S. K. Gupta. Numerical and analytical study on uplift capacity of under-reamed piles in sand[J]. Marine. Georesources. & Geotechnology, 2022, 40(1): 104-124.

[151] Kunio Watanabe, Masaru Mizoguchi. Amount of unfrozen water in frozen porous media saturated with solution[J]. Cold Regions Science and Technology, 2002, 34(2): 103-110.

[152] Kuntiwattanakul, P., Towhata, I., Ohishi, K. & Seko, I. Temperature effects on undrained shear characteristics of clay[J]. Soils and Foundations, 1995, 35(1): 147-162.

[153] Kupfer H, Hilesdorf H K, Rusch H. Behavior of concrete under biaxial stress. ACI Structure Journals, 1969, 66(2): 656-666.

[154] L. Laloui, B. Francois. ACMEG-T: soil thermo-plasticity model[J]. Journal of Engineering Mechanics, 2009, 135(9): 932-944.

[155] L. G. Eriksson. Temperature effects on consolidaton properties of sulphide clays, 12th International Conference on Soil Mechanics and Foundation Engineering, 1989: 2087-2090.

[156] L. Laloui, C. Cekerevac, Thermoplasticity of clays: An isotropic yield mechanism[J]. Computers and Geotechnics, 2003, 30(8): 649-660.

[157] Lade P V, Bopp P A. Relative density effects on drained sand behavior at high pressures. Soils and Foundations, 2005, 45(1): 1-13.

[158] Lade P V, Inel S. Rotational kinematic hardening model for sand, Part Ⅰ concept of rotating yield and plastic potential sufaces[J]. Computers and Geotechnics, 1997, 21(3): 183-216.

[159] Lade P V, Inel S. Rotational kinematic hardening model for sand, Part Ⅱ characteristic work hardening law and predictions[J]. Computers and Geotechnics, 1997, 21(3): 217-234.

[160] Lade P V, Kirkgard M M. Effects of stress rotation and changes of b-values on cross-anisotropic behavior of natural K_0-consolidated soft clay[J]. Soils and Foundations, 2000, 40(6): 93-105.

[161] Lade PV, Musante H M. Three dimensional and strength characteristics of remolded clay. Journal of the Geotechnical Engineering Division, ASCE, 1978, 104(2): 193-

209.

[162] Lagioia R, Nova R. An experimental and theoretical study of the behaviour of a calcarenite in triaxial compression[J]. Geotechnique, 1995, 5(4): 633-648.

[163] L. Laloui, M. Matteo, L. Vulliet. Comportement d'un pieu bifonction, fondation et échangeur de chaleur[J]. Can. Geotech. J, 2003, 40(2): 388-402.

[164] Lam, W. K. , Tatsuoka, F. Effects of initial anisotropicfabric and $\sigma 02$ on strength and deformation characteristics of sand[J]. Soils Found, 1988, 28(1), 89-106.

[165] Launay P, Gachon H. Strain and ultimate strength of concrete under triaxial stresses. Special Publication, SP-34, ACI Journal, 1970, I: 269-282.

[166] Lee K L, Seed H B. Drained strength characteristics of sands [J]. Journal of the Soil Mechanics and Foundations Division. Proceedings of the American Society of Civil Engineers. 1967, 93(SM6): 117-141.

[167] Lee K L, Farhoomand I. Compressibility and crushing of granular soil in anisotropic triaxial compression[J]. Canadian Geotechnical Journal, 2011, 4(1): 68-86.

[168] Lemaitr J L, Chaboehe J L. Mechanics of solid materials. Cambridge: Cambridge University Press, 1990.

[169] Leroueil S, Tardif J, Roy M, et al. Effects of frost on the mechanical behaviour of Champ lain Sea clays[J]. Canadian Geotechnical Journal, 1991, 28(5): 690-697.

[170] Li X S, Dafalias Y F. A constitutive framework for anisotropic sand including nonproportional loading. Geotechnique, 2004, 54(1): 41-55.

[171] Li X S, Dafalias Y F, Wang Z L. State-dependent dilatancy in critical state constitutive modelling of sand[J]. Canadian Geotechnical Journal, 1999, 336(4): 599-611.

[172] Li X S, Dafalias Y F. Anisotropic critical state theory: role of fabric[J]. Journal of Engineering Mechanics, 2012, 138(3): 263-275.

[173] Li X S, Li X. Micro-macro quantification of the internal structure of granular materials [J]. Journal of Engineering Mechanics, 2009, 135(7): 641-656.

[174] Li, X. S. , Dafalias, Y. F.. (2002). Constitutive modeling of inherently anisotropic sand behavior. J. Geotech. Geoenvir. Eng. ASCE 128(10), 868-880.

[175] Ling, H. , Yue, D. , Kaliakin, V. , et al. (2002). Anisotropic elastoplastic bounding surface model for cohesive soils. J. Eng. Mech. , 10. 1061/(ASCE)0733-9399(2002)128: 7(748), 748-758.

[176] Liu M D, Carter J P. A structured cam clay model[J]. Canadian Geotechnical Journal, 2002, 39(6): 1313-1332.

[177] Liu M. D, Carter J. P, Desai C. S, et al. Analysis of the compression of structured soils using the disturbed state concept. International Journal for Numerical and Analytical

Methods in Geomechanics, 2000, 24(8): 723-735.

[178] Liu M. D, Carter J P. Modelling the destructuring of soils during virgin compression. Géotechnique, 2000, 50(4): 479-483.

[179] Liu M. D, Carter J P. Virgin compression of structured soils. Géotechnique, 1999, 49 (1): 43-57.

[180] Lu D C, Li X Q, Du X L, et al. A simple 3D elastoplastic constitutive model for soils based on the characteristic stress. Computers and Geotechnics, 2019, 109(5): 229-247.

[181] Lu D C, Liang J Y, Du X L, et al. Fractional elastoplastic constitutive model for soils based on a novel 3D fractional plastic flow rule. Computers and Geotechnics, 2019, 105 (2): 277-290.

[182] Lu D C, Ma C, Du X L, et al. Development of a new nonlinear unified strength theory for geomaterials based on the characteristic stress concept. International Journal of Geomechanics, 2017, 17(2): 4016058.

[183] Lu DC, Liang JY, Du XL, Wang GS, Shire T. A novel transversely isotropic strength criterion for soils based on a mobilised plane approach. Geotechnique, 2018, 69(3): 234-250.

[184] Luo T, Yao Y P, Chu J. Asymptotic state behaviour and its modeling for saturated sand [J]. Science China-Technological Sciences, 2009, 52(8): 2350-2358.

[185] Ma Wei, Wu Ziwang, Zhang Lixin, et al. Analyses of process on the strength decrease in frozen soils under high confining pressures[J]. Cold Regions Science and Technology, 1999, 29: 1-7.

[186] Madkour H. Thermodynamic modeling of the elastoplastic-damage model for concrete [J]. Journal of Engineering Mechanics. 2021, 147(4).

[187] Mahdi T, Yannis F. D, Ralf P. (2010). A destructuration theory and its application to SANICLAY model. International Journal for Numerical and Analytical Methods in Geomechanics, 24: 723-735.

[188] Mahdia Hattab, Pierre Yves Hicher. Dilating behaviour of overconsolidated clay[J]. Soils and Foundations, 2004, 44(4): 27-40.

[189] Masayoshi S. Effect of overconsolidation on dilatancy of a cohesive soil[J]. Soils and Foundations, 1982, 22(4): 121-135.

[190] Matsuoka H, Yao Y P, Sun D A. The Cam-clay models revised by the SMP criterion. Soils and Foundations. 1999, 39(1): 81-95.

[191] Matsuoka H, Jun-Ichi H, Kiyoshi H. Deformation and failure of anisotropic and deposits [J]. Soil Mechanics and foundation Engineering, 1984, 32(11): 31-36.

385

［192］ Matsuoka H，Nakai T，Ishizaki H. A stress-strain relationship for anisotropic soils based on spatial mobilized plane［J］. Proc. of JSCE，1980，304：105-111.

［193］ Matsuoka H，Nakai T. Stress-deformation and strength characteristics of soil under three difference principal stresses［A］. Proceedings fo the Japan Society of Civil Engineers［C］. 1974，232：59-70.

［194］ Matsuoka H，Sakakibara K. A constitutive model for sands and clays evaluating principal stress rotation［J］. Soils and Foundations，1987，27(4)：73-88.

［195］ Matsuoka H，Nakai T. Stress-deformation and strength characteristics of soil under three different principle stresses［C］// Proceedings of JSCE，1974，232：59-70.

［196］ Matsuoka H，Suzuki Y，Murata T. A constitutive model for soils evaluating principal stress rotation and its application to some deformation problems［J］. Soils and Foundations，1990，30(1)：142-154.

［197］ Matsuoka H. On the significance of the "spatialmobilized plane". Soils and Foundations，1976，16(1)：91-100.

［198］ Maugin G A. The thermomechanics of plasticity and fracture. Cambridge：Cambridge University Press，1992.

［199］ McKinstry，H. A. (1965). Thermal expansion of clay minerals. American Mineralogist：Journal of Earth and Planetary Materials 50(1-2)：212-222.

［200］ Mc Roberts E C，Law T C，Moniz E. Thaw settlement studies in discontinuous permafrost zone［C］//Proc. 3rd Int. Cont. permafrost，Edmonton，Canada：［s. n.］，1978：700-706.

［201］ Miller R D. Freezing and heaving of saturated and unsaturated soils［J］. Highway Research Record，1972，393：1-11.

［202］ Mills L L，Zimmerman R M. Compressive strength of plain concrete under multiaxial loading conditions. Journal of the American Concrete Institute，1970，67(10)：802-807.

［203］ Mitchell，J. K. ，Soga，K. (2005). Fundamentals of soil behavior. Vol. 3：John Wiley & SonsNew York.

［204］ Miura K，Miura S，Toki S. Deformation behavior of anisotropic dense sand under principal stress axes rotation ［J］. Soils and Foundations，1986，26(1)：36-52.

［205］ Miura K，Toki S，Miura S. Deformation prediction for anisotropic sand during the rotation of principal stress axes［J］. Soils and Foundations，1986，26(3)：42-56.

［206］ Miura，S. ，Toki，S. . (1984). Anisotropy in mechanical properties and its simulation of sands sampled from natural deposits. Soils Found. 24(3)，69-84.

［207］ Mogi K. Fracture and flow of rocks under high triaxial compression［J］. Journal of Geophysical Research，1971，76(5)：1255-1269.

[208] Mogi，K. Effect of the intermediate principal stress on rock failure[J]. Geophys. Res. 1967，72(20)：5117-5131.

[209] Mogi，K. Failure and flow of rocks under high triaxial compression. Geophys. Res. 1971，76(5)，1255-1269.

[210] Morgenstern N R，Nixon J F. One-dimensional consolidation of thawing soils[J]. Can. Geotech. J.，1971，8：558-565.

[211] Morgenstern N R，Smith L B. Thaw-consolidation tests on remoulded clays[J]. Can. Geotech. J.，1973，10：25-40.

[212] Mortara G. A new yield and failure criterion for geomaterials. Geotechnique，2008，58 (2)：125-132.

[213] Mroz Z，Norris V A，Zienkiewicz O C. An anisotropic critical state model for soils subject to cyclic loading [J]. Geotechnique，1981，31(4)：451-469.

[214] Mroz，Z.，Maciejewski，J.. Failure criteria of anisotropically damaged materials based on the critical plane concept. Int. J. Numer. Anal. Meth. Geomech. 2002，26，407-431.

[215] Nakai，Mihara Y. A new mechanical quantity for soils and its application to elastoplastic constitutive models. Soils and Foundations，1984，24(2)：82-94.

[216] Nakai T，Matsuoka H. Relationship among tresca，mises，mohr-coulomb and matsuoka-nakai failure criteria. Soils and Foundations. 1985，25(4)：123-128.

[217] Nakai，T.，Hinokio，M. A simple elastoplastic model for normally and over-consolidated soils with unified material parameters. Soils and Foundations.，2004，44(2)：53-70.

[218] Nakai，T.，Tsuzuki，K.，Ishikawa，K.，et al. Analysis of plane strain tests on normally consolidated clay by an elastoplastic constitutive model. Proc 22th Japan National conference on Soil Mechanics and Fouindation. Engrg.，JGS，Niigata，I，419-420.

[219] Nelson R A，Luscher U，Rooney J W，et al. Thaw strain data and thaw settlement predictions for Alaskan soils[C]. Proceedings of the 4th International Conference on Permafrost. Washington，DC：USA Natl Acad Press，1983：912-917.

[220] Nguyen，D. Unconcept de rupture unifie′ pour les mate′riaux rocheux derises et poreux. PhD thesis，E′cole Polytechnique de Montre′al. 1972.

[221] Niandou H，Shao J F，Henry J P，et al. Laboratory investigation of the behaviour of tournemire shale[J]. International Journal of Rock Mechanics and Mining Sciences，1997，34(1)：3-16.

[222] Nieto Leal Andrés；Kaliakin Victor N. Additional insight into generalized bounding surface model for saturated cohesive soils [J]. International Journal of Geomechanics，2021.

[223] Nishimura, S., Minh, N. A., Jardine, R. J.. (2007). Shear strength anisotropy of natural London clay. Géotechnique, 57(1), 49-62.

[224] NM Rodriguez, PV Lade. Effects of principal stress directions and mean normal stress on failure criterion for cross-Anisotropic sand. Journal of Engineering Mechanics, 2013, 139(11): 1592-1601.

[225] Oboudi, M., Pietruszczak, S., Razaqpur, A. G.. Description of inherent and induced anisotropy in granular media withparticles of high sphericity. Int. J. Geomech., ASCE 16, No. 4, 04016006. material axes. J. Engng Mech. 2016, 143(1): 1-15.

[226] Oda M, Nemat-Nasser S, Konishi J. Stress-induced anisotropy in granular masses. Soils and Foundations 1985, 25(3): 85-97.

[227] Oda M, Konishi J. Microscopic deformation mechanism of granular material in simple shear[J]. Soils and Foundations, 1974, 14(4): 25-38.

[228] Oda M. Initial fabrics and their relations to mechanical properties of granular material [J]. Soils and Foundations, 1972, 12(1): 17-36.

[229] Oda M, H Kazama, J Konishi. Effects of induced anisotropy on the development of shear bands in granular materials mechanics of materials, 1998, 28(1-4): 103-111.

[230] Oda, M. Anisotropic strength of cohesionless sands. J. geotech. engrg. div, 1981, 107(9): 1219-1231.

[231] Oda, M. Experimental study of anisotropic shear strength of sand by plane strain test. Journal of the Japanese Society of Soil Mechanics, Foundation Engineering, 2009, 18 (1): 25-38.

[232] Oda, M. Yield function for soil with anisotropic fabric. Journal of Engineering Mechanics, 1989, 115(1): 89-104.

[233] Oda, M., Koishikawa, I., Higuchi, T. Experimental study of anisotropic shear strength of sand by plane strain test. Soils Found, 1978, 18(1), 25-38.

[234] Oda, M., Nakayama, H.. (1989). Yield function for soil with anisotropic fabric. J. Eng. Mech. ASCE, 115(1): 89-104.

[235] Ohta H, Nishihara A. Anisptropy of undrained shear strength of clays under axi-symmetric loading conditions[J]. Soils and Foundations, 1985, 25(2): 73-86.

[236] Oliver Sass. Rock moisture fluctuations during freeze-thaw cycles: preliminary results from electrical resistivity measurements[J]. Polar Geography. 2004(1).

[237] Ottosen N S, A failure criterion for concrete. Journal of Engineering Mechanics, 1977, 103(4): 527-535.

[238] Ozaki S, Hashiguchi K. Numerical analysis of stick-slip instability by a rate-dependent elastoplastic formulation for friction[J]. Tribology International, 2010, 43(11): 2010-

2133.

[239] Kuntiwattanakul. P, Towhata. I, Ohishi. K, Temperature effects on undrained shear characteristics of clay, Soils Found, 1995, 35: 147-162.

[240] Pang Li, Jiang Chong, Ding Xin, et al. A parameter calibration method in two-surface elastoplastic model for sand-structure interface under monotonic shear loading[J]. Computers and Geotechnics. 2021, 134.

[241] Park, C. S. , Tatsuoka, F.. Anisotropic strength and deformation in sands in plane strain compression. Proc. , 13th Int. Conf. on Soil Mechanics and Foundation Engineering, 1994, Vol. 1, CRC, Boca Raton, FL, 1-4.

[242] Pestana, J. M. , Whittle, A. J.. (1999). Formulation of a unified constitutive model for clays and sands. Int. J. Numer. Anal. Methods Geomech. , 23(12), 1215-1243.

[243] Pietruszczak S, Guo P. Description of deformation process in inherently anisotropic granular materials. International Journal for Numerical and Analytical Methods in Geomechanics 2013, 37(5): 478-490.

[244] Pietruszczak S, Mroz Z. Formulation of anisotropic failure criteria incorporating a microstructure tensor. Computers and Geotechnics 2000, 26(2): 105-112.

[245] Poorooshasb H B, Pietruszczak S. On yielding and flow of sand, a generalized two-surface model[J]. Computers and Geotechnics, 1985, 1: 33-58.

[246] Pradhan TBS, Tatsouka F, Sato Y. Experimental stress-dilatancy relations of sand subjected to cyclic loading. Soils and Foundations, 1989, 29(1): 45-64.

[247] Pradhan, T. B. S. , Tatsuoka, F. , Horii, N.. (1988). Simple shear testing on sand in a torsional shear apparatus. Soils Found, 28(2): 95-112.

[248] Prevost. Anisotropic undrained stress-strain behavior of clays. Journal of the Geotechnical Engineering Division, 1978, 104(8): 1075-1090.

[249] Puzrin A M, Kirschenboim E. Kinematic hardening model for overconsolidated clays[J]. Computers and Geotechnics, 2001, 28(1): 1-36.

[250] PV Lade. Failure criterion for cross-anisotropic soils. Journal of Geotechnical and Geoenvironmental Engineering. 2008, 134(1): 117-124.

[251] Qi Jilin, Ma Wei, Sun Chongshao, et al. Seismic response of seasonally frozen ground [J]. Cold Regions Sciences and Technology, 2006, 44(2): 111-120.

[252] Ramamurthy, T. , R. C. Rawat. Shear strength of sand under general stress system, Proc. 8th ICSMFE, Vol. 1. 2, 1973, pp. 339-342.

[253] Randolph H. Generalising the Cam-clay models[C]// Proceedings of Symposium on the Implementation of Critical State Soil Mechanics in FE Computations. Cambridge: Cambridge University Press, 1982: 1-5.

[254] Randolph M F，Wroth C P．Analysis of vertical deformation of pile groups[J]．Géotechnique，1979，29(4)：423-439.

[255] Randolph，H．(1982)．Generalising the Cam-clay models．Symp，on the Implementation of Critical State Soil Mech in F. E. Computations，Cambridge University Press，1-5.

[256] Riccardo Fincato，Seiichiro Tsutsumi．A numerical study of the return mapping application for the subloading surface model[J]．Engineering Computations. 2018，35(3)：1314-1343.

[257] Richart F E，Hall J R，Woods R D．土与基础的振动[M]．徐筱在，徐国彬，曾国熙，等译．北京：中国建筑工业出版社，1976.

[258] Roscoe K H，Schofield A N，Thurairajah A．Yielding of clays in state wetter than critical. Geotechnique，1963(13)：211-240.

[259] Rouainia M，Muir Wood D．A kinematic hardening constitutive model for natural clays with loss of structure[J]．Géotechnique，2000，50(2)：153-164.

[260] Rouainia，M.，Panayides，S.，Arroyo，M.，et al. A pressuremeter-based evaluation of structure in London clay using a kinematic hardening constitutive model．Acta Geotech. 2020，15：2089-2101.

[261] Rowe P W．The stress-dilatancy relation for static equilibrium of an assembly of particles in contact[C]// Proceedings of Royal Society A. 1962，269(1339)：500-527.

[262] Satake M．Stress-deformation and strength characteristics of soil under three different principal stresses[J]．Proceedings of Japan Society of Civil Engineers，1976，23(2)：59-70.

[263] Schweiger HF，Wiltafsky C，Scharinger F，et al．A multilaminate framework for modelling induced and inherent anisotropy of soils．Géotechnique，2009，59(2)：87-101.

[264] Seed H B，Martin P P，Lysmer J．Pore pressure changes during soil liquefaction[J]．Journal of Geotechnical Engineering Division，ASCE，1976，102(4)：323-346.

[265] Shao Long-tan，Liu Gang，Zeng Fei-tao，et al．Recognition of the stress-strain curve based on the local deformation measurement of soil specimens in the triaxial test[J]．Geotechnical Testing Journal，2016，39(4)：658-672.

[266] Sill R C，Skapski A S．Method for the determination of the surface tension of solids，from their melting points in thin wedges[J]．J. Chem. Physics，1956，24：644-651.

[267] Simith P R，Jordine R J，Hight D W．The yielding of Bothkennar clay[J]．Geotechnique，1992，42(2)：257-274.

[268] Simpson，B..(2017)．Anisotropic linear elastic materials subject to undrained plane strain deformation．Géotechnique，67(8)：728-732.

[269] Sivasithamparam，N.，Castro，J..(2016)．An anisotropic elastoplastic model for soft

clays based on logarithmic contractancy. Int. J. Numer. Anal. Meth. Geomech. 40(4): 596-621.

[270] Sivasithamparam,N. , Rezania, M.. (2017). The comparison of modelling inherent and evolving anisotropy on the behaviour of a full-scale embankment. Int. J. Geotech. Eng. 11(4): 343-354.

[271] Sivathayalan S, Vaid Y P. Influence of generalized initial state and principal stress rotation on the undrained response of sands[J]. Canadian Geotechnical Journal, 2002, 39 (1): 63-76.

[272] Skempton, A. W. , Hutchinson, J. (1969). Stability of natural slopes and embankment foundations. 7th Int. Conf. Soil Mech. Fdn. Engng, Mexico City, 291-340.

[273] Songhua Huang, Yugong Xu, Geng Chen, et al. A numerical shakedown analysis method for strength evaluation coupling with kinematical hardening based on two surface model[J]. Engineering Failure Analysis. 2019, 103: 275-285.

[274] Sparks P R. The influence of rate of loading and material variability on the fatigue characteristics of concrete. ACI Publication SP-75, 1982, 331-343.

[275] Stipho, A. S. A. (1978). Experimental and theoretical investigation of the behavior of anisotropically consolidated kaolin. Ph. D. thesis, Univ. College, Cardiff, U. K.

[276] Sun D A, Huang W X, Sheng D C, et al. An elastoplastic model for granular materials exhibiting particle crushing[J]. Key Engineering Materials, 2007, 341: 1273-1278.

[277] Sun Dean, Matsuoka H, Yao Yangping, et al. An elasto-plastic model for unsaturated soil in three-dimensional stresses [J]. Soils and Foundations, 2000, 40(3): 17-28.

[278] Sutherland, H. B. , M. S. Mesdary. The influence of the intermediate principal stress on the strength of sand. Proc. 7th ICSMFE, Vol. 1, 1969, pp. 391-399.

[279] Symes M, Gens A, Hight D W. Undrained anisotropy and principal stress rotation in saturated sand [J]. Géotechnique, 1984, 34(1): 11-27.

[280] T. Hueckel, A. Peano, R. Pellegrini. A constitutive law for thermo-plastic behaviour of rocks: an analogy with clays, Surv Geophys, 1993, 15: 643-671.

[281] T. Hueckel, B. Francois, L. Laloui. Explaining thermal failure in saturated clays, Geotechnique, 2009(3): 197-212.

[282] T. C. Chen, M. R. Yeung, N. Mori. Effect of water saturation on deterioration of welded tuff due to freeze-thaw action[J]. Cold Regions Science and Technology. 2004 (2).

[283] Taber S. The mechanics of frost heaving[J]. J. Geology, 1930, 38: 303-317.

[284] Taiebat M, Dafalias Y F. Sanisand: simple anisotropic and plasticity model. International Journal for Numerical and Analytical Methods in Geomechanics, 2008, 32(8): 915-948.

[285] Takagi S. The adsorption force theory of frost heaving[J]. Cold Regions Science and Technology, 1980, 1: 57-81.

[286] Takahashi M, Koide H. Effect of the intermediate principal stress on strength and deformation behavior of sedimentary rocks at the depth shallower than 2000 m[C]//ISRM international symposium. Pau, France: ISRM, 1989.

[287] Takeshi K, Akio N. Undrained shear strength anisotropy of K_0-ovconsolidated cohesive soils[J]. Soils and Foundations, 1989, 29(3): 145-151.

[288] Takuya Anjiki, Masanori Oka, Koichi Hashiguchi. Complete implicit stress integration algorithm with extended subloading surface model for elastoplastic deformation analysis [J]. International Journal for Numerical Methods in Engineering, 2020, 121(5): 945-966.

[289] Tasuji M E, Slate F O, Nilson A H. Stress-strain response and fracture of concrete in biaxial loading. Journal of the American Concrete Institute, 1978, 75(7): 306-312.

[290] Tatsuoka, F., Nakamura, S., Huang, C. C., et al. 1990. Strength anisotropy and shear band direction in plane strain tests of sand. Soils Found. 30(1), 35-54.

[291] Tobita Y. Fabric tensors in constitutive equations for granular materials. Soils and Foundations, 1989, 29(4): 91-104.

[292] Tong Z X, Yu Y L, Zhang J M, et al. Deformation behavior of sands subjected to cyclic rotation of principal stress axes[J]. Chinese Journal of Geotechnical Engineering, 2008, 30(8): 1196-1202.

[293] Towhata I, Ishihara K. Undrained strength of sand undergoing cyclic rotation of principal stress axes[J]. Soils and Foundations, 1985, 25(2): 135-147.

[294] Towhata, I., Kuntiwattanakul, P., Seko, I., et al. (1993). Volume change of clays induced by heating as observed in consolidation tests. Soils Found. 33, No. 4, 170-183.

[295] Tsutsumi S, Hashiguchi K. General non-proportional loading behavior of soils[J]. International Journal of Plasticity, 2005, 21(10): 1941-1969.

[296] Vasquez L, Rodriguez A, Roemer R. Threedimensional noncoaxial plasticity modeling of shear band formation in geomaterials[J]. Journal of Engineering Mechanics, 2008, 134 (4): 322-329.

[297] Verdugo R, Ishihara K. The steady state of sandy soils[J]. Soils and Foundations, 1996, 36(2): 81-91.

[298] Vesic A S. Expansion of cavities in infinite soil mass[J]. Journal of Soil Mechanics and Foundations Division, 1972, 98(3): 265-290.

[299] Wan Zheng, Song Chenchen. An elastoplastic model of sand under complex loading conditions [J]. Strength of materials 2018, 50(4): 772-780.

［300］ Wan Zheng. A cyclic UH model for sand. Earthquake Engineering and Engineering Vibration, 2015, 14(2): 229-238.

［301］ Wan Zheng, Song Chenchen, Xue Songtao, et al. Elastoplastic constitutive model describing dilatancy behavior of overconsolidated clay[J]. International Journal of Geomechanics, 21(3): 04021008.

［302］ Wang Y, Dusseaul T. Borehole yield and hydraulic fracture initiation in poorly consolidated rock strata—Part II. Permeable media[J]. International Journal of Rock Mechanics and Mining Sciences, Geomechanics Abstracts, 1991, 28(4): 247-260.

［303］ Ward,W. H. , Marsland, A. , Samuels, E. Properties of the London clay at the Ashford Common shaft: In-situ and undrained strength tests. Géotechnique, 1965, 15 (4): 321-344.

［304］ Watson G H, Slusarchuk W A, Rowley R K. Determination of some frozen and thawed properties of permafrost soils[J]. Canadian Geotechnical Journal, 1973, 10: 592-606.

［305］ Wheeler S J, Na Atanen A, Karstunen M, et al. An anisotropic elastoplastic model for soft clays[J]. Canadian Geotechnlcal Journal, 2003, 40(2): 403-418.

［306］ White C. S. A two surface plasticity model with bounding surface softening[J]. Journal of Engineering Materials and Technology. 1996, 118(1): 37-42.

［307］ Whittle A J. Evaluation of a constitutive model for overconsolidated clays[J]. Geotechnique, 1993, 43(2): 289-313.

［308］ Winnicki A, Cichon C. Plastic model for concrete in plane stress state. II: Numerical validation[J]. Journal of Engineering Mechanics, 1998, 124(6): 603-613.

［309］ Wood D M, Graham J. Anisotropic elasticity and yielding of a natural plastic clay[J]. International Journal of Plasticity, 1990, 6(4): 377-388.

［310］ Wood D M. Truly triaxial stress-strain behavior of Kaolin[C]// PALMER A C ed. Proceedings of the Symposium on Plasticity and Soil Mechanics. London: John Wiley and Son, 1973: 67-78.

［311］ Wood D M. Soil behaviour and critical state soilmechanics[M]. Cambridge: Cambridge University Press, 1990.

［312］ Wood R D. Screening of surface waves in soils[J]. Journal of the Soil Mechanics and Foundations Divisions, ASCE, 94(4): 951-979.

［313］ Wroth,C. , Loudon, P.. The correlation of strains within a family of triaxial tests on overconsolidated samples of kaolin. Proc. Geotechn. Conf. , Oslo, 1967, 1: 159-163.

［314］ X Lü, M Huang, JE Andrade. Strength criterion for cross-anisotropic sand under general stress conditions. Acta Geotechnica, 2016, 11(6): 1-12.

［315］ Xia H W, Moore I D. Estimation of maximum mud pressure in purely cohesive material during directionaldrilling[J]. Geomechanics and Geoengineering, 2006, 1(1): 3-11.

[316] Xia Li, Hai-Sui Yu, Xiang-Song Li. A virtual experiment technique on the elementary behaviour of granular materials with DEM, International Journal for Numerical and Analytical Methods in Geomechanics, 2013, 37(1): 75-96.

[317] Xia Li, Hai-Sui Yu. Particle-scale insight into deformation non-coaxiality of granular materials. International Journal of Geomechanics, 2015, 15(4): 04014061.

[318] Xia Li, Hai-Sui Yu. On the Stress-Force-Fabric relationship for granular materials. International Journal of Solids and Structures, 2013, 50: 1285-1302.

[319] Y Tian, YP Yao. Constitutive modeling of principal stress rotation by considering inherent and induced anisotropy of soils. Acta Geotechnica, 2018: 1-13.

[320] Y Yao, A Zhou. Non-isothermal unified hardening model: a thermo-elastoplastic model for clays. Geotechnique, 2013, 63(15): 1328-1345.

[321] Y Yao, D Lu, A Zhou, et al. Generalized non-linear strength theory and transformed stress space. Science in China, 2004, 47(6): 691-709.

[322] Yamada, Y., Ishihara, K., 1979. Anisotropic deformation characteristics of sand under three-dimensional stress conditions. Soils Found. 19(2): 79-94.

[323] Yang L T, Li X, Yu H S, et al. A laboratory study of anisotropic geomaterials incorporating recent micromechanical understanding. Acta Geotechnica, 2016, 11 (9): 1111-1129.

[324] Yanhu Zhao, Yuanming Lai, Jing Zhang, et al. A bounding surface model for frozen sulfate saline silty clay considering rotation of principal stress axes [J]. International Journal of Mechanical Sciences, 2020.

[325] Yanni Chen, Zhongxuan Yang. A bounding surface model for anisotropically overconsolidated clay incorporating thermodynamics admissible rotational hardening rule. 2020, 44 (5): 668-690.

[326] Yao Y P, Cui W J, Wang N D. Three-dimensional dissipative stress space considering yield behavior in deviatoric plane[J]. Science China-Technological Sciences, 2013, 56 (8): 1999-2009.

[327] Yao Y P, Gao Z W, Zhao J D, et al. Modified UH model: constitutive modeling of overconsolidated clays based on a parabolic Hvorslev envelope[J]. Journal of Geotechnical and Geoenvironmental Engineering, 2012, 138(7): 860-868.

[328] Yao Y P, Hou W, Zhou A N. Constitutive model for overconsolidated clays. Science China-Technological Sciences, 2008, 51(2): 179-191.

[329] Yao Y P, Hou W, Zhou A N. UH model: three-dimensional unified hardening model for overconsolidated clays. Geotechnique, 2009, 59(5): 451-469.

［330］　Yao Y P, Kong L M, Hu J. An elastic-viscous-plastic model for overconsolidated clays [J]. Science China- Technological Sciences, 2013, 56(2): 441-457.

［331］　Yao Y P, Kong Y X. Extended UH model: three-dimensional unified hardening model for anisotropic clays[J]. Journal of Engineering Mechanics, 2011, 138(7): 853-866.

［332］　Yao Y P, Lu D C, Zhou A N, et al. Generalized non-linear strength theory and transformed stress space[J]. Science in China Ser. E, 2004, 47(6): 691-709.

［333］　Yao Y P, Matsuoka H, Sun D A. A unified elastoplastic model for clay and sand with the SMP criterion[C]//Proc., 8th Australia New Zealand Conf. on Geomechanics, Hobart, 1999, Vol. II: 997-1003.

［334］　Yao Y P, Niu L, Cui W J. Unified hardening(UH) model for overconsolidated unsaturated soils[J]. Canadian Geotechnical Journal, 2014, 51(7): 810-821.

［335］　Yao Y P, Sun D A, Luo T. A critical state model for sands dependent on stress and density[J]. International Journal for Numerical and Analytical Methods in Geomechanics, 2004, 28: 323-337.

［336］　Yao Y P, Sun D A, Matsuoka H. A unified constitutive model for both clay and sand with hardening parameter independent on stress path[J]. Computers and Geotechnics, 2008, 35(2): 210-222.

［337］　Yao Y P, Sun D A. Application of Lade's criterion to Cam-clay model [J]. Journal of Engineering Mechanics, 2000, 126(1): 112-119.

［338］　Yao Y P, Yamamoto H, Wang N D. Constitutive model considering sand crushing[J]. Soils and Foundations, 2008, 48(4): 603-608.

［339］　Yao Y P, Zhou A N. Non-isothermal unified hardening model: a thermo-elasto-plastic model for clays[J]. Geotechnique, 2013, 63(15): 1328-1345.

［340］　Yao Y P, Tian Y, Gao Z W. Anisotropic UH model for soils based on a simple transformed stress method[J]. International Journal for Numerical and Analytical Methods in Geomechanics, 2017, 41(1): 54-78.

［341］　Yao Y P, Gao Z W, Zhao J D, et al. Modified UH model: constitutive modeling of overconsolidated clays based on a parabolic Hvorslev envelope. Journal of Geotechnical and Geoenvironmental Engineering 2012, 138(7): 860-868.

［342］　Yao Y P, Lu D C, Zhou A N , et al. Generalized non-linear strength theory and transformed stress space. Science in China Series E: Technological Sciences 2004, 47(6): 691-709.

［343］　Yao Y P, Sun D A. Application of Lade's criterion to Cam-clay model. Journal of Engineering Mechanics, ASCE, 2000, 126(1): 112-119.

［344］　Yao Y P, Wang N D. Transformed stress method for generalizing soil constitutive models. Journal of Engineering Mechanics 2014，140(3)：614-629.

[345] Yao Y P, Zhou Annan, Lu Dechun. Extended transformed stress space for geomaterials and its application. Journal of Engineering Mechanics，ASCE，2007，133(10)：1115-1123.

[346] Yao，Y P.，Kong Y X. Extended UH model：three-dimensional unified hardening model for anisotropic clays. Journal of Engineering Mechanics.（ASCE），2012，138(7)：853-866.

[347] Yao，Y P.，Tian，Y.，Gao，Z W. Anisotropic UH model for soils based on a simple transformed stress method. International Journal for Numerical and Analytical Methods in Geomechanics，2017，41(1)：54-78.

[348] Yimsiri S, Soga K. Effects of soil fabric on behaviors of granular soils：microscopic modeling. Computers and Geotechnics 2011，38(7)：861-874.

[349] Yin J H, Graham J. Equivalent times and elastic visco-plastic model ling of time-dependent stress-strain behaviour of clays. Canadian Geotech. J.，1994，31：42-52.

[350] Yin J H, Graham J. Elastic visco-plast is modelling of one-dimential consolidation. Geotechnique，1996，46(3)：515-527.

[351] Yin J H, Graham J. Viscous-elastic-plastic modeling of one-dimensional time-dependent behaviour of clays[J]. Canadian Geotechnical Journal，1989，26：199-209.

[352] Yin Z Y, Hattab M, Hicher P Y. Multiscale modeling of a sensitive marine clay[J]. International Journal for Numerical and Analytical Methods in Geomechanics，2011，35：1682-1702.

[353] Yong，R. N.，Silvestri，V..（1979）. Anisotropic behaviour of a sensitive clay. Can. Geotech. J. 16，335-350.

[354] Yoshimine M, Ishihara K, Vargas W. Effects of principal stress direction and intermediate principal stress on undrained shear behavior of sand［J］. Soils and Foundations，1998，38(3)：179-188.

[355] Yuepeng Wang, Xiangjun Liu, Lixi Liang. Influences of bedding planes on mechanical properties and prediction method of brittleness index in shale，Lithologic Reservoirs，2018，30(4)：149-160.

[356] Z Tong, P Fu, S Zhou, et al. Experimental investigation of shear strength of sands with inherent fabric anisotropy. Acta Geotechnica，2014，9(2)：257-275.

[357] Z. Wan, Y. P. Yao, Z. W. Gao. Comparison study of constitutive models for overconsolidated clays［J］. Acta Mechanica Solida Sinica，2020，33(4)：98-120.

[358] Zdravkovic L, Jardine R J. The effect on anisotropy of rotating the principal stress axes during consolidation［J］. Geotechnique，2001，51(1)：69-83.

[359] Zervos A, Papanastasiou P, Vardoulakis I. Shear localisation in thick-walled cylinders under internalpressure based on gradient elastoplasticity[J]. Journal of Theoretical and Applied Mechanics, 2008, 38(1-2): 81-100.

[360] Zervoyanis, C. (1982). Etude synth! etique des propri! et! es m! ecaniques des argiles et des sables sur chemin oedom! etrique et triaxial de revolution. Thèse de Docteur-Ing! enieur, Ecole Centrale de Paris, Paris(in French).

[361] Zhang J M, Wang G. A constitutive model for evaluating small to large cyclic strains of saturated sand during liquefaction process [J]. Chinese Journal of Geotechnical Engineering, 2004, 26(4): 546-552.

[362] Zhaofeng Li, Yu Hsing Wang, Xia L, et al. (2017). Validation of discrete element method by simulating a 2D assembly of randomly packed elliptical rods, Acta Geomechanica, Vol. 12, 541-557.

[363] Zheng Wan, Yuanyuan Liu, Wei Cao, et al. One kind of transverse isotropic strength criterion and the transformation stress space [J]. International Journal for Numerical and Analytical Methods in Geomechanics, 2022, 46(4): 798-837.

[364] Zhou An-Nan, Sheng Dai-chao, Carter J P. Modelling the effect of initial density on soil-water characteristic curves[J]. Geotechnique, 2012, 62(8): 669-680.

[365] Zhou Chao, Tai Pei, Yin JianHua. A bounding surface model for saturated and unsaturated soil-structure interfaces[J]. International Journal for Numerical and Analytical Methods in Geomechanics, 2020, 44(18): 2412-2429.

[366] Zhou H, Kong G, Liu H, et al. A semi-analytical solution for cylindrical cavity expansion in elastic-perfectly plastic soil under biaxial in situ stress field[J]. Géotechnique, 2016, 66(7): 584-595.

[367] Zhou H, Liu H, Kong G, et al. Analytical solution of undrained cylindrical cavity expansion in saturated soil under anisotropic initial stress[J]. Computers and Geotechnics, 2014, 55: 232-239.

[368] Zhu E Y, Yao Y P. Structured UH model for clays. Transportation Geotechnics, 2015, 3: 68-79.

[369] Ziegler H. An introduction to thermomechanics. 2nd edn. Amsterdan: North-Holland, 1983.

[370] Ziegler H, Wehrli C. The derivation of constitutive relations from the free energy and the dissipation function. Advances in Applied Mechanics, 1987, 25: 183-238.

[371] Zienkiewicz O C, Pande G N. Some useful forms of isotropic yieldsurface for soil and rock mechanics. In: Pande GW. Finite Elements in Geomechnaics. London: Wiley, 1977: 179-190.

[372] 蔡中民，朱元林，张长庆. 冻土的黏弹塑性本构模型及材料参数的确定[J]. 冰川冻土，1990，12(1)：31-40.

[373] 曹威，王睿，张建民. 横观各向同性砂土的强度准则[J]. 岩土工程学报，2016，38(11)：2026-2032.

[374] 陈成，周正明. 一个考虑剪胀性和应变软化的土体非线性弹性模型[J]. 岩土工程学报，2013，35(增1)：39-43.

[375] 陈国兴，庄海洋. 基于 Davidenkov 骨架曲线的土体动力本构关系及其参数研究[J]. 岩土工程学报，2005，27(8)：860-864.

[376] 陈生水，沈珠江，郦能惠. 复杂应力路径下无黏性土的弹塑性数值模拟[J]. 岩土工程学报，1995，17(2)：20-28.

[377] 陈肖柏. 土冻结作用研究近况[J]. 力学进展，1991，21(2)：226-235.

[378] 陈育民，刘汉龙，邵国建，等. 砂土液化及液化后流动特性试验研究[J]. 岩土工程学报，2009，31(9)：1408-1413.

[379] 陈正汉，周海清，Fredlund D G. 非饱和土的非线形模型及其应用[J]. 岩土工程学报，1999，21(5)：603-608.

[380] 迟明杰，赵成刚，李小军. 砂土剪胀机理的研究[J]. 土木工程学报，2009，42(3)：99-104.

[381] 单仁亮，白瑶，黄鹏程，等. 三向受力条件下淡水冰破坏准则研究[J]. 力学学报. 2017，49(2)：467-477.

[382] 邓楚键，郑颖人，朱建凯. 平面应变条件下 M-C 材料屈服时的中主应力公式[J]. 岩土力学，2008，29(2)：310-314.

[383] 董彤，刘元雪，郑颖人. 考虑主应力轴旋转的土体本构关系研究进展[J]. 应用数学和力学，2013，34(4)：327-335.

[384] 董全杨，蔡袁强，王军，等. 松散砂土不稳定性试验研究[J]. 岩石力学与工程学报，2014，33(3)：623-630.

[385] 董晓丽，赵成刚，张卫华. 考虑相变状态的较密实饱和砂土弹塑性模型[J]. 工程力学，2017，34(1)：51-57.

[386] 杜修力，马超，路德春. 岩土材料的非线性统一强度模型[J]. 力学学报，2014，46(3)：389-397.

[387] 杜修力，马超，路德春. 正常固结黏土的三维弹塑性本构模型[J]. 岩土工程学报，2015，37(2)：235-241.

[388] 杜修力，王国盛，路德春. 混凝土材料非线性多轴动态强度准则[J]. 中国科学 E 辑，2014，44(12)：1319-1332.

[389] 方新宇，许金余，刘石，等. 岩石 SHPB 试验中子弹形状对加载波形的数值模拟[J]. 地下空间与工程学报，2013，9(5)：1000-1005.

[390] 丰土根，刘汉龙，高玉峰，等. 砂土多机构边界面塑性模型初探[J]. 岩土工程学报，2002，24(3)：382-385.

[391] 陈仲颐，张在明，陈逾炯. 非饱和土土力学[M]. 北京：中国建筑工业出版社，1997.

[392] 付磊，王洪瑾，周景星. 主应力偏转角对砂砾料动力特性影响的试验研究[J]. 岩土工程学报，2000，22(4)：435-440.

[393] 高红，郑颖人，冯夏庭. 材料屈服与破坏的探索[J]. 岩石力学与工程学报，2006，25(12)：2515-2522.

[394] 高红，郑颖人，冯夏庭. 岩土材料能量屈服准则研究[J]. 岩石力学与工程学报. 2007，26(12)：2437-2443.

[395] 高江平，杨华，蒋宇飞，等. 三剪应力统一强度理论研究[J]. 力学学报，2017，49(6)：1322-1334.

[396] 高延法，陶振宇. 岩石强度准则的真三轴压力试验检验与分析[J]. 岩土工程学报，1993，15(4)：26-32.

[397] 高彦斌，楼康明. 上海软黏土强度固有各向异性[J]. 同济大学学报（自然科学版），2013，41(11)：1658-1663.

[398] 高彦斌. 两种 K_0 固结土样的强度比及其各向异性[J]. 同济大学学报（自然科学版），2019，47(5)：634-639.

[399] 耿大将，Peijun Guo，周顺华. 结构性软土弹塑性模型的隐式算法实现[J]. 力学学报，2018，50(1)：78-86.

[400] 郭莹，栾茂田，何杨，等. 复杂应力条件下饱和松砂孔隙水压力增长特性的试验研究[J]. 地震工程与工程振动，2004，24(3)：139-144.

[401] 郭莹，栾茂田，许成顺，等. 主应力方向变化对松砂不排水动强度特性的影响[J]. 岩土工程学报，2003，25(6)：666-670.

[402] 郭林，蔡袁强，王军，等. 长期循环荷载作用下温州结构性软黏土的应变特性研究[J]. 岩土工程学报，2012，34(12)：2249-2254.

[403] 过镇海. 混凝土的强度和变形[M]. 北京：清华大学出版社，1997，156.

[404] 韩同春，豆红强. 柱孔扩张理论的空间轴对称解在沉桩挤土效应中的应用[J]. 岩石力学与工程学报，2012，31(s1)：3209-3215.

[405] 何军杰，刘曼曼，苏立彬，等. 冻融循环作用下花岗岩力学特性和破坏过程研究[J]. 水科学与工程技术，2024，40(2)：76-79.

[406] 何平，程国栋，朱元林. 冻土粘弹塑损伤耦合本构理论[J]. 中国科学 D 辑，1999，29（增刊）：34-39.

[407] 胡小荣，俞茂宏. 岩土类介质强度准则新探[J]. 岩石力学与工程学报. 2004，23(18)：3037-3043.

[408] 黄茂松，李学丰，钱建固. 各向异性砂土的应变局部化分析 [J]. 岩土工程学报，2012，

34(10)：1772-1780.

[409] 黄茂松，钟辉虹，李永盛. 天然状态结构性软黏土的边界面弹塑性模型[J]. 水利学报，2003(12)：47-52.

[410] 黄茂松，李学丰，贾仓琴. 基于材料状态相关临界状态理论的砂土双屈服面模型[J]. 岩土工程学报，2010，32(11)：1764-1771.

[411] 黄茂松，杨超，崔玉军. 循环荷载下非饱和结构性土的边界面模型[J]. 岩土工程学报，2009，31(6)：817-823.

[412] 黄文熙，濮家骝，陈愈炯. 土的硬化规律和屈服函数[J]. 岩土工程学报，1981，3(3)：19-26.

[413] 贾尚华，赵春风，赵程. 砂土中柱孔扩张问题的扩孔压力与扩孔半径分析[J]. 岩石力学与工程学报，2015，34(1)：182 188.

[414] 姜华. 一种简便的岩石三维 Hoek-Brown 强度准则[J]. 岩石力学与工程学报，2015，34(s1)：2996-3004.

[415] 蒋军. 循环荷载作用下黏土应变速率试验研究[J]. 岩土工程学报，2002，24(4)：528-531.

[416] 蒋明镜，沈珠江. 考虑材料应变软化的柱形孔扩张问题[J]. 岩土工程学报，1995，17(4)：10-19.

[417] 蒋明镜，沈珠江. 考虑剪胀的线性软化柱形孔扩张问题[J]. 岩石力学与工程学报，1997，16(6)：550-557.

[418] 蒋明镜，刘静德，孙渝刚. 基于微观破损规律的结构性土本构模型[J]. 岩土工程学报，2013，35(6)：1134-1139.

[419] 蒋维强，欧阳立胜. 强夯地震效应特征研究[J]. 防灾减灾工程学报，2005，25(1)：45-48.

[420] 孔令明，姚仰平. 考虑时间效应的 K_0 各向异性 UH 模型[J]. 岩土工程学报，2015，37(5)：812-820.

[421] 孔令伟，张先伟，郭爱国，等. 湛江强结构性黏土的三轴排水蠕变特征[J]. 岩石力学与工程学报，2011，30(2)：365-372.

[422] 李刚，谢云，陈正汉. 平面应变状态下黏性土破坏时的中主应力公式[J]. 岩石力学与工程学报，2004，23(18)：3174-3177.

[423] 李广信. 高等土力学[M]. 北京：清华大学出版社，2004：2.

[424] 李镜培，操小兵，李林，等. 静压沉桩与 CPTU 贯入离心模型试验及机制研究[J]. 岩土力学，2018，39(12)：4305-4312.

[425] 李林，李镜培，龚卫兵，等. K_0 固结天然饱和黏土中柱孔扩张弹塑性解[J]. 哈尔滨工业大学学报，2017，49(6)：90-95.

[426] 李吴刚，杨庆，刘文化，等. 基于 SFG 模型的非饱和膨胀土本构模型研究[J]. 岩土工

程学报，2015，37（8）：1449-1453.

[427] 李夕兵. 岩石动力学基础与应用[M]. 北京：科学出版社，2014.

[428] 李潇旋，李涛，李舰. 超固结非饱和土的弹塑性双面模型[J]. 水利学报，2020，51（10）：1278-1288.

[429] 李小春，许东俊，刘世煜，等. 真三轴应力状态下拉西瓦花岗岩的强度、变形及破裂特性试验研究//中国岩石力学与工程学会编. 中国岩石力学与工程学会第三次大会论文集，北京：中国科学技术出版社，1994：153-159.

[430] 李校兵，谷川，蔡袁强. 循环偏应力和循环围压耦合应力路径下饱和软黏土动模量衰减规律研究[J]. 岩土工程学报，2014，36（7）：1218-1226.

[431] 李修磊，李起伟，杨超，等. 基于三轴极限峰值偏应力的岩石非线性破坏强度准则[J]. 煤炭学报，2019，44（s2）：517-525.

[432] 李学丰，黄茂松，钱建固. 宏细观结合的砂土各向异性破坏准则[J]. 岩石力学与工程学报，2010，29（9）：1885-1892.

[433] 李砚召，王肖均，郭晓辉，等. 部分预应力混凝土梁抗冲击性能试验研究[J]. 爆炸与冲击，2006，26（3）：256-261.

[434] 李月健，陈云敏，凌道盛. 土体内空穴球形扩张问题的一般解及应用[J]. 土木工程学报，2002，35（1）：93-98.

[435] 梁发云，陈龙珠. 应变软化 Tresca 材料中扩孔问题解答及其应用[J]. 岩土力学，2004，25（2）：261-265.

[436] 梁靖宇，杜修力，路德春，等. 特征应力空间中土的分数阶临界状态模型[J]. 岩土工程学报，2019，41（3）：581-587.

[437] 林皋. 地下结构地震响应的计算模型[J]. 力学学报，2017，49（3）：528-542.

[438] 林燕清. 混凝土疲劳累积损伤与力学性能劣化研究[D]. 哈尔滨：哈尔滨建筑大学，1998.

[439] 刘洋. 砂土的各向异性强度准则：原生各向异性[J]. 岩土工程学报，2013，35（8）：1526-1534.

[440] 刘恩龙，沈珠江. 结构性土的二元介质模型[J]. 水利学报. 2005，36（4）：391-395.

[441] 刘恩龙，沈珠江. 结构性土压缩曲线的数学模拟[J]. 岩土力学，2006，27（4）：615-620.

[442] 刘汉龙，丰土根，高玉峰，等. 砂土多机构边界面塑性模型及其试验验证[J]. 岩土力学，2003，24（5）：696-700.

[443] 刘汉龙，周云东，高玉峰. 砂土地震液化后大变形特性试验研究[J]. 岩土工程学报，2002，24（2）：142-146.

[444] 刘新荣，郭建强，王军保，等. 基于能量原理盐岩的强度与破坏准则[J]. 岩土力学，2013，34（2）：305-310.

401

[445] 刘元雪，蒋树屏，赵燕明. 原状欠固结土的力学特性试验研究[J]. 岩石力学与工程学报，2004，23(s1)：4409-4413.

[446] 刘元雪，郑颖人，陈正汉. 含主应力轴旋转的土体一般应力-应变关系[J]. 应用数学和力学，1998，19(5)：407-413.

[447] 刘增利，张小鹏，李洪升. 基于动态 CT 识别的冻土单轴压缩损伤本构模型[J]. 岩土力学，2005，26(4)：542-546.

[448] 刘祖华，朱伯龙. 钢筋混凝土槽形板受冲击荷载作用的全过程分析[J]. 同济大学学报，1985，27(4)：47-56.

[449] 柳艳华，谢永利. 基于结构性及各向异性的软黏土变形性状试验[J]. 地球科学与环境学报，2014，36(2)：135-142.

[450] 卢再华，王权民，陈正汉. 非饱和膨胀土本构模型的试验研究及分析[J]. 地下空间，2001，21(5)：379-385.

[451] 路德春，曹胜涛，程星磊，等. 欠固结土的弹塑性本构模型[J]. 土木工程学报，2010，43(s)：320-326.

[452] 路德春，杜修力，闫静茹，等. 混凝土材料三维弹塑性本构模型[J]. 中国科学 E 辑：技术科学，2014，44(8)：847-860.

[453] 路德春，李萌，王国盛，等. 静动组合载荷下混凝土率效应机理及强度准则[J]. 力学学报，2017，49(4)：940-952.

[454] 路德春，韩佳月，梁靖宇，等. 横观各向同性黏土的非正交弹塑性本构模型[J]. 岩石力学与工程学报，2020，39(4)：793-803.

[455] 路德春，江强，姚仰平. 广义非线性强度理论在岩石材料中的应用[J]. 力学学报，2005，37(6)：729-736.

[456] 路德春，梁靖宇，王国盛，等. 横观各向同性土的三维强度准则[J]. 岩土工程学报，2018，40(1)：54-63.

[457] 路德春，罗汀，姚仰平. 砂土应力路径本构模型的试验验证[J]. 岩土力学，2005，26(5)：717-722.

[458] 路德春，姚仰平. 砂土的应力路径本构模型[J]. 力学学报，2005，37(4)：451-459.

[459] 栾茂田，李波. 基于广义 SMP 破坏准则的柱形孔扩张问题理论分析[J]. 岩土力学，2006，27(12)：2105-2110.

[460] 栾茂田，许成顺，何杨，等. 主应力方向对饱和松砂不排水单调剪切特性影响的试验研究[J]. 岩土工程学报，2006，28(9)：1085-1089.

[461] 罗汀，姚仰平，Chu Jian. 饱和砂土的渐近状态特性及其模拟[J]. 中国科学 E 辑，2009，39(1)：39-47.

[462] 罗汀，李萌，孔玉侠，等. 基于 SMP 的岩土各向异性强度准则[J]. 岩土力学，2009，30(s2)：127-131.

[463] 罗汀,姚仰平,松岗元. 基于 SMP 准则的土的平面应变强度公式[J]. 岩土力学,2001,21(4):390-393.

[464] 苗天德,魏雪霞,张长庆. 冻土蠕变过程的微结构损伤理论[J]. 中国科学 B 辑,1995,25(3):309-317.

[465] 缪林昌. 非饱和膨胀土的变形与强度特性研究[D]. 南京:河海大学,1999.

[466] 宁建国,王慧,朱志武,等. 基于细观力学方法的冻土本构模型研究[J]. 北京理工大学学报,2005,25(10):847-851.

[467] 彭放. 复杂应力状态下多种混凝土的破坏准则及本构模型研究. [D]. 大连:大连理工大学,1990.

[468] 齐吉琳,马巍. 冻融作用对超固结土强度的影响[J]. 岩土工程学报,2006,28(12):2082-2086.

[469] 钱建固,杜子博. 纯主应力轴旋转下饱和软黏土的循环弱化及非共轴性[J]. 岩土工程学报,2016,38(8):1381-1390.

[470] 钱建固,黄茂松. 土体变形分叉的非共轴理论[J]. 岩土工程学报,2004,26(6):777-781.

[471] 阮滨,赵丁凤,陈国兴,等. 基于修正 Davidenkov 本构模型与 Byrne 孔压增量模型的有效应力算法及其验证 [J]. 应用基础与工程科学学报,2017,25(5):956-965.

[472] 邵生俊,许萍,陈昌禄. 土的剪切空间滑动面分析及各向异性强度准则研究[J]. 岩土工程学报,2013,35(3):422-435.

[473] 沈扬,陶明安,王鑫,等. 交通荷载引发主应力轴旋转下软黏土变形与强度特性试验研究[J]. 岩土力学,2016,37(6):1569-1578.

[474] 沈珠江. 结构性黏土的弹塑性损伤模型[J]. 岩土工程学报,1993,33(4):637-642.

[475] 沈珠江. 结构性黏土的堆砌体模型[J]. 岩土力学,2000,21(1):1-4.

[476] 沈珠江. 结构性黏土的非线性损伤力学模型[J]. 水利水运科学研究,1993(3):247-255.

[477] 沈珠江. 黏土的双硬化模型[J]. 岩土力学,1995,16(1):1-8.

[478] 沈珠江. 土体结构性的数学模型——21 世纪土力学的核心问题[J]. 岩土工程学报,1996,18(1):95-97.

[479] 栾茂田. 土动力学理论与实践——第五届全国土动力学学术会议论文集[M]. 大连理工大学出版社,1998.

[480] 沈珠江. 广义吸力和非饱和土的统一变形理论[J]. 岩土工程学报,1996,18(2):1-9.

[481] 史宏彦,谢定义,汪闻韶. 平面应变条件下主应力轴旋转产生的应变[J]. 岩土工程学报,2001,23(2):162-166.

[482] 宋世雄,张建民. 砂土流变行为的热力学本构模型研究[J]. 岩土工程学报,2015,37

（增1）：129-133.

[483] 宋玉普. 多种混凝土材料的本构关系和破坏准则[M]. 北京：中国水利水电出版社，2002.

[484] 谭悍华，孙进忠，祁生文. 强夯振动衰减规律的研究[J]. 工程勘察，2001(5)：11-14.

[485] 唐世栋，何连生，傅纵. 软土地基中单桩施工引起的超孔隙水压力[J]. 岩土力学，2002，23(6)：725-730.

[486] 田攀，周航，尹锋，等. 考虑软黏土率效应和强度软化的圆柱扩孔理想弹塑性解析解[J]. 中南大学学报，2018，49(6)：1498-1503.

[487] 童朝霞，张建民，张嘎. 考虑应力主轴循环旋转效应的砂土弹塑性本构模型[J]. 岩石力学与工程学报，2009，28(9)：1918-1927.

[488] 童长江. 我国冻土融化压缩特性研究[J]. 冰川冻土，1989，10(3)，327-331.

[489] 万征，秋仁东，赵晓光. 考虑主应力轴旋转作用的一个增量模型[J]. 岩石力学与工程学报，2018(待刊).

[490] 万征，孟达. 基于t准则的各向异性强度准则及变换应力法[J]. 力学学报，2020，52(5)：1519-1537.

[491] 万征，孟达，宋琛琛. 一种适用于岩土的扩展强度及屈服准则[J]. 力学学报，2019，51(5)：1545-1556.

[492] 万征，秋仁东，郭金雪. 岩土的一种强度准则及其变换应力法[J]. 力学学报，2017，49(3)：726-740.

[493] 万征，宋琛琛，孟达. 一种非线性强度准则及转换应力法[J]. 力学学报，2019，51(4)：1210-1222.

[494] 万征，姚仰平，孟达. 复杂加载下混凝土的弹塑性本构模型[J]. 力学学报，2016，48(5)：1159-1171.

[495] 万征，姚仰平. 考虑压剪耦合特性的岩土材料广义非线性屈服准则[J]. 岩石力学与工程学报，2014，33(2)：376-389.

[496] 万征，宋琛琛，赵晓光. 一种横观各向同性强度准则及变换应力空间[J]. 力学学报. 2018，50(5)：1168-1184.

[497] 王磊，朱斌，来向华. 砂土循环累积变形规律与显式计算模型研究[J]. 岩土工程学报，2015，37(11)：2024-2029.

[498] 王伟，卢廷浩，周干武. 黏土非线性模型的改进切线模量[J]. 岩土工程学报，2007，29(3)：458-462.

[499] 王传志，过镇海，张秀琴. 二轴和三轴受压混凝土的强度试验[J]. 土木工程学报，1987，20(1)：15-26.

[500] 王国盛，路德春，杜修力，等. 基于S准则发展的混凝土动态多轴强度准则[J]. 力学学报，2016，48(3)：636-653.

[501] 王海峰，范厚彬，周联英. 软黏土路基三轴蠕变特性试验及模型研究[J]. 地下空间与工程学报，2012，8(增 1)：1450-1454.

[502] 王怀亮，任玉清，宋玉普. 基于黏塑性理论的碾压混凝土动态剪切本构模型[J]. 工程力学，2014，31(9)：120-125.

[503] 王怀亮，宋玉普. 多轴应力状态下混凝土的动态强度准则[J]. 哈尔滨工业大学学报，2014，46(4)：93-97.

[504] 王杰贤. 动力地基与基础[M]. 北京：科学出版社，2001.

[505] 王靖涛，李国成. 岩土材料屈服轨迹的弯曲及相关问题[J]. 华中科技大学学报(自然科学版)，2015，43(10)：92-95.

[506] 王军，蔡袁强，徐长节. 循环荷载作用下软黏土刚度软化特征试验研究[J]. 岩土力学，2007，28(10)：2138-2144.

[507] 王丽琴，鹿忠刚，邵生俊. 岩土体复合幂-指数非线性模型[J]. 岩石力学与工程学报，2017，36(5)：1-10.

[508] 王明洋，王德荣，宋春明. 钢筋混凝土梁在低速冲击下的计算方法[J]. 兵工学报，2006，27(3)：399-405.

[509] 王松鹤，骆亚生，董晓宏，等. 黄土剪切蠕变特性试验研究[J]. 岩石力学与工程学报，2010，29(增 1)：3088-3092.

[510] 王星华，周海林. 砂土液化动稳态强度分析[J]. 岩石力学与工程学报，2003，22(1)：96-102.

[511] 王者超，乔丽苹，李术才. 荷载水平和孔隙比对土次压缩性质影响研究[J]. 土木工程学报，2013，46(1)：112-118.

[512] 魏星，黄茂松. 天然结构性黏土的各向异性边界面模型[J]. 岩土工程学报，2007，29(8)：1225-1229.

[513] 吴宏伟，李青，刘国彬. 上海黏土一维压缩特性的试验研究[J]. 岩土工程学报，2011，33(4)：630-636.

[514] 吴世明. 土动力学[M]. 北京：中国建筑工业出版社，2000.

[515] 伍婷玉，郭林，蔡袁强，等. 交通荷载应力路径下 K_0 固结软黏土变形特性试验研究[J]. 岩土工程学报，2017，39(5)：859-868.

[516] 夏唐代，郑晴晴，陈秀良. 基于累积动应力水平的间歇加载下超孔压预测[J]. 岩土力学，2019，40(4)：1483-1490.

[517] 肖昭然，张昭，杜明芳. 饱和土体小孔扩张问题的弹塑性解析解[J]. 岩土力学，2004，25(9)：1373-1378.

[518] 谢定义，齐吉琳. 土结构性及其定量化参数研究的新途径[J]. 岩土工程学报，1999，21(6)：651-656.

[519] 徐干成，谢定义，郑颖人. 饱和砂土循环动应力应变特性的弹塑性模拟研究[J]. 岩土

工程学报，1995(2)：1-12.

[520] 徐永福. 膨胀土弹塑性本构理论的初步研究[J]. 河海大学学报，1997，25(4)：97-99.

[521] 许成顺，高英，杜修力，等. 双向耦合剪切条件下饱和砂土动强度特性试验研究[J]. 岩土工程学报，2014，36(12)：2335-2340.

[522] 许成顺，栾茂田，郭莹，等. 考虑初始各向异性的砂土弹塑性本构模型及试验验证[J]. 岩土工程学报，2009，31(4)：546-551.

[523] 严佳佳，周建，龚晓南，等. 主应力轴纯旋转条件下原状黏土变形特性研究[J]. 岩土工程学报，2014，36(3)：474-481.

[524] 杨超，戴国亮，龚维明，等. 望江淤泥质粉质黏土蠕变特性及模型研究[J]. 地下空间与工程学报，2015，11(增2)：558-563.

[525] 杨木秋，林泓. 混凝土单轴受压受拉应力-应变全曲线的试验研究[J]. 水利学报，1992，(6)：60-66.

[526] 杨彦豪，周建，温晓贵，等. 杭州软黏土非共轴特性的试验研究[J]. 岩土力学，2014，35(10)：2861-2867.

[527] 姚仰平，孔玉侠. 横观各向同性土强度与破坏准则的研究[J]. 水利学报，2012，43(1)：43-50.

[528] 姚仰平，李自强，侯伟，等. 基于改进伏斯列夫线的超固结土本构模型[J]. 水利学报，2008，39(11)：1244-1250.

[529] 姚仰平，路德春，周安楠，等. 广义非线性强度理论及其变换应力空间[J]. 中国科学E辑：技术科学，2004，34(11)：1283-1299.

[530] 姚仰平，侯伟，周安楠. 基于Hvorslev面的超固结土本构模型[J]. 中国科学：技术科学，2007，37(11)：1417-1429.

[531] 姚仰平，孔令明，胡晶. 考虑时间效应的UH模型[J]. 中国科学：技术科学，2013，43(3)：298-314.

[532] 姚仰平，路德春，周安楠. 岩土材料的变换应力空间及其应用[J]. 岩土工程学报，2005，29(1)：24-29.

[533] 姚仰平，万征，秦振华. 动力UH模型及其有限元应用[J]. 力学学报，2012，44(1)：132-139.

[534] 姚仰平，余亚妮. 基于统一硬化参数的砂土临界状态本构模型[J]. 岩土工程学报，2011，33(12)：1827-1832.

[535] 姚仰平. UH模型系列研究[J]. 岩土工程学报，2015，37(2)：193-217.

[536] 俞茂宏，何丽南，宋凌宇. 广义双剪应力强度理论及其推广[J]. 中国科学A辑，1985，28(12)：1113-1121.

[537] 俞茂宏，赵坚，关令苇. 岩石、混凝土强度理论：历史、现状、发展[J]. 自然科学进

展，1997(6)：653-660.

[538] 俞茂宏. 线性和非线性的统一强度理论[J]. 岩石力学与工程学报，2007，26(4)：662-669.

[539] 俞茂宏. 岩土类材料的统一强度理论及其应用[J]. 岩土工程学报，1994，16(2)：1-10.

[540] 昝月稳，俞茂宏. 岩石广义非线性统一强度理论[J]. 西南交通大学学报，2013，48(4)：616-624.

[541] 臧濛，孔令伟，曹勇. 描述循环荷载作用下黏土累积变形的改进模型[J]. 岩土力学，2017，38(2)：435-442.

[542] 张建民，谢定义. 饱和砂土瞬态动力特性与机理分析[M]. 陕西：科学技术出版社，1995.

[543] 张连卫，张建民，张嘎. 基于 SMP 的粒状材料各向异性强度准则[J]. 岩土工程学报，2008，30(8)：1107-1111.

[544] 张卫兵，谢永利，杨晓华. 压实黄土的一维次固结特性研究[J]. 岩土工程学报，2007，29(5)：765-768.

[545] 张玉，邵生俊，王丽琴，等. 平面应变条件下土的强度准则分析及验证[J]. 岩土力学，2015，36(9)：2501-2509.

[546] 张云，薛禹群，吴吉春，等. 饱和黏性土蠕变变形试验研究[J]. 岩土力学，2011，32(3)：672-676.

[547] 章定文，刘松玉，顾沉颖. 各向异性初始应力状态下圆柱孔扩张理论弹塑性分析[J]. 岩土力学，2009，30(6)：1631-1634.

[548] 章根德，韦昌富. 循环荷载下砂质土的本构模型[J]. 固体力学学报，1998(4)：299-304.

[549] 章峻豪，陈正汉，赵娜，等. 非饱和土的新非线性模型及其应用[J]. 岩土力学，2016，37(3)：616-624.

[550] 郑付刚，吴中如，顾冲时，等. 混凝土结构裂缝的双标量塑性损伤模型[J]. 中国科学E辑，技术科学，2012，42(12)：1430-1439.

[551] 郑金辉，齐昌广，王新泉，等. 考虑砂土颗粒破碎的柱孔扩张问题弹塑性分析[J]. 岩土工程学报，2019，41(11)：2156-2164.

[552] 郑晴晴，夏唐代，张孟雅，等. 间歇性循环荷载下原状淤泥质软黏土应变预测模型[J]. 浙江大学学报(工学版)，2020，54(5)：1-10.

[553] 郑颖人，孔亮. 塑性力学中的分量理论——广义塑性力学[J]. 岩土工程学报，2000，22(3)：269-274.

[554] 郑颖人，孔亮. 岩土塑性力学[M]. 北京：中国建筑工业出版社，2010：80-83.

[555] 周成，沈珠江，陈生水，等. 结构性土的次塑性扰动状态模型[J]. 岩土工程学报，2004，26(4)：435-439.

[556] 周健，史旦达，吴峰，等. 基于数字图像技术的砂土液化可视化动三轴试验研究[J]. 岩土工程学报，2011, 33(1)：81-87.

[557] 朱晟，魏匡民，林道通. 筑坝土石料的统一广义塑性本构模型[J]. 岩土工程学报，2014, 36(8)：1394-1399.

[558] 朱元林，张家彭，彭万巍，等. 冻土的单轴压缩本构关系[J]. 冰川冻土，1992, 14(3)：210-217.

[559] 祝恩阳，姚仰平. 结构性土 UH 模型[J]. 岩土力学，2015, 36(11)：3101-3110.

[560] 邹金峰，徐望国，罗强，等. 饱和土中劈裂灌浆压力研究[J]. 岩土力学，2008, 29(7)：1802-1806.